SAP® Retail

SAP PRESS

SAP PRESS ist eine gemeinschaftliche Initiative von SAP SE und der Rheinwerk Verlag GmbH. Ziel ist es, Anwendern qualifiziertes SAP-Wissen zur Verfügung zu stellen. SAP PRESS vereint das fachliche Know-how der SAP und die verlegerische Kompetenz von Rheinwerk. Die Bücher bieten Expertenwissen zu technischen wie auch zu betriebswirtschaftlichen SAP-Themen.

Michael Anderer

SAP® Retail

Prozesse, Funktionen, Customizing

Rheinwerk Publishing

Liebe Leserin, lieber Leser,

vielen Dank, dass Sie sich für ein Buch von SAP PRESS entschieden haben.

Mein Mann arbeitet für einen großen Onlinehändler, und als ich ihm erzählte, an welchem SAP-Buch ich gerade arbeite, sagte er schmunzelnd: »Endlich liest du mal was Richtiges!«. Ich hoffe, dass wir Ihren Informationsbedarf mit diesem Buch genauso getroffen haben: Endlich ein Buch, das sich auf die spezifischen Anforderungen konzentriert, die Handelsunternehmen an ein SAP-System stellen.

Die Abbildung branchenspezifischer Prozesse in SAP Retail steht in diesem Buch im Zentrum, z. B. von Lieferantenbestellungen und der Verteilung der Ware an die Filialen. Die Schnittstelle zu den Kassensystemen wird ebenso beschrieben wie die Anbindung von Reportingwerkzeugen, damit Sie aussagekräftige Analysen auf Basis Ihrer Kunden- und Transaktionsdaten erstellen können. Darüber hinaus gehen die Autoren auf Funktionen ein, die SAP für spezielle Waren wie Modeartikel oder Frischware bereitstellt. So können Sie Ihre Prozesse mit SAP Retail lückenlos abdecken. Und ich kann nach der Lektüre dieses Buches beim Abendessen ein bisschen mit meinem Mann fachsimpeln.

Wir freuen uns stets über Lob, aber auch über kritische Anmerkungen, die uns helfen, unsere Bücher zu verbessern. Scheuen Sie nicht, mich zu kontaktieren. Ihre Fragen und Anmerkungen sind jederzeit willkommen.

Ihre Janina Karrasch
Lektorat SAP PRESS

janina.karrasch@rheinwerk-verlag.de
www.sap-press.de

Rheinwerk Verlag
Rheinwerkallee 4
53227 Bonn

Auf einen Blick

Lektorat Janina Karrasch
Korrektorat Alexandra Müller, Olfen
Herstellung Denis Schaal
Typografie und Layout Vera Brauner
Einbandgestaltung Nadine Kohl
Coverbild Fotolia: 58138576 © dred2010
Satz Typographie & Computer, Krefeld
Druck und Bindung C.H. Beck, Nördlingen

Gerne stehen wir Ihnen mit Rat und Tat zur Seite:
janina.karrasch@rheinwerk-verlag.de bei Fragen und Anmerkungen zum Inhalt des Buches
service@rheinwerk-verlag.de für versandkostenfreie Bestellungen und Reklamationen
hauke.drefke@rheinwerk-verlag.de für Rezensionsexemplare

Bibliografische Information der Deutschen Nationalbibliothek
Die Deutsche Nationalbibliothek verzeichnet diese Publikation in der Deutschen Nationalbibliografie; detaillierte bibliografische Daten sind im Internet über *http://dnb.d-nb.de* abrufbar.

ISBN 978-3-8362-4072-7

1. Auflage 2017

Inhalt

Einleitung

Der Handel, d. h. der Einzel- und Großhandel, erlebt derzeit in einem noch nie da gewesenen Ausmaß einen Wandel und neue Herausforderungen. Verantwortlich dafür ist – neben sich verändernden Konsumentengewohnheiten – auch und gerade die zunehmende Digitalisierung der gesamten Ökonomie. Im Einzelnen lassen sich die folgenden Megatrends feststellen, die Joachim Zentes, Dirk Morschett und Hanna Schramm-Klein in ihrer Publikation »Strategic Retail Management. Text and Initial Cases« (3. Auflage, Gabler Verlag 2017, S. 15 ff.) formuliert haben:

- Seit fast zwei Jahrzehnten wächst der Onlinehandel stetig.
- Es gibt zunehmend nahtlose kanalübergreifende Prozesse in Form des Omni-Channel-Handels.
- Neue mobile Technologien werden vom Kunden auch beim Einkauf im stationären Handel genutzt.
- Die Grenzen zwischen Herstellern und Händlern verschwimmen durch Vertikalisierung und Rückwärtsintegration.
- Durch die Digitalisierung entsteht eine neue Transparenz hinsichtlich der Preise, Produkteigenschaften und Bezugsquellen gegenüber dem Kunden (auch mobil).
- Der Point of Sale (POS) wird zunehmend technologisiert.
- Global effiziente Beschaffungsprozesse (Supply Chain Management) gewinnen an Bedeutung.
- Corporate Social Responsibility wird relevanter, womit auch die Transparenz der gesamten Wertschöpfungskette bis hin zu den Rohstoffen an Bedeutung zunimmt.
- Die Kundenansprache erfolgt in Echtzeit und wird, basierend auf Big-Data-Analysen, zunehmend individualisiert.

Um diese Trends für sich zu nutzen oder sie gar aktiv mitzugestalten, bedarf es verlässlicher betriebswirtschaftlicher Informationssysteme als Ausgangslage. In diesem Sinne beschäftigen wir uns in diesem Buch mit der SAP-Warenwirtschaft im Handel oder einfach *SAP Retail*. Dieses Buch richtet sich vornehmlich an Anwender, die entweder vor einer Implementierung stehen, gerade dabei sind, SAP Retail einzuführen, oder die Einführung bereits hinter sich haben und weitere Möglichkeiten kennenlernen möchten, die die Welt von SAP Retail bietet. Darüber hinaus können Sie dieses Buch auch zur Einarbeitung und Vertiefung einzelner fachspezifischer Funktionsbereiche von SAP Retail heranziehen oder lediglich, um sich einen Gesamtüberblick über die Lösung zu verschaffen. Sie erhalten Einblick in die prozessunterstützenden Funktionen sowie in das Customizing, um ein tieferes technisches Verständnis zu erlangen.

Aufbau dieses Buches

Die einzelnen Kapitel dieses Buches bauen zwar aufeinander auf, bilden aber jeweils eine in sich geschlossene Einheit und können daher auch einzeln durchgearbeitet werden.

In **Kapitel 1**, »Architektur von SAP Retail«, erhalten Sie zunächst einen grundlegenden Überblick über die SAP-Retail-Architektur und die wichtigsten angekoppelten Systeme sowie deren Interaktion. Darüber hinaus geben wir Ihnen einen Ausblick auf die weitere Entwicklung von SAP Retail in Form einer Roadmap.

Teil I, »Standardprozesse«, stellt umfassende Informationen zu den Prozessen und Funktionen von SAP Retail zur Verfügung.

In **Kapitel 2**, »Stammdaten«, erhalten Sie einen umfassenden Überblick über die Stammdaten in SAP Retail. Diese umfassen Organisationsstrukturen, artikel-, lieferanten- und vertriebsspezifische Stammdaten sowie weitere zentrale Konstrukte von SAP Retail wie Warengruppen, die Sortimentierung, Preise und Konditionen.

In **Kapitel 3**, »Datenmanagement und Datenaustausch«, beschäftigen wir uns mit den Themen Datenqualitätsmanagement und Qualitätssicherung. Außerdem gehen wir auf Datenpools ein und erläutern die Möglichkeiten, die SAP Retail zum Datenaustausch mit diesen Pools bereitstellt.

In **Kapitel 4**, »Beschaffung«, erläutern wir sämtliche Möglichkeiten, die SAP Retail im Rahmen des Einkaufs bietet. Das beinhaltet Rahmenverträge, Disposition und Bedarfsplanung, Bestellungen, Bestelloptimierung und Versand, Wareneingang, Rechnungsprüfung sowie die nachträgliche Abrechnung. Darüber hinaus stellen wir Ihnen die Funktionen von SAP Forecasting and Replenishment – einer zusätzlichen SAP-Softwarekomponente – vor.

In **Kapitel 5**, »Logistik und Warenverteilung«, erklären wir, wie ein Lager grundsätzlich aufgebaut ist und wie Lagerstrukturen in SAP Retail abgebildet werden. Außerdem erläutern wir den Wareneingang sowie die Einlagerung von Ware. Darüber hinaus erhalten Sie einen Einblick in die Funktion des Aufteilers – eines zentralen Logistikelements in SAP Retail. Abschließend beschäftigt sich das Kapitel mit den Themen Logistikoptimierung, Inventur und Chargenverwaltung.

Durch den erhöhten Wettbewerbsdruck im Handel werden die Informationen am POS immer bedeutender für eine kundenindividuelle Marktbearbeitung. **Kapitel 6**, »Verkaufsprozesse und Point of Sale«, stellt Ihnen die Funktionen und Schnittstellen für diese Prozesse vor. Sie lernen die (mobilen) Filialprozesse wie Inventur, Bestandsabfragen, Wareneingang, Filialauftrag und weitere Funktionen kennen. Darüber hinaus erhalten Sie Informationen darüber, wie sich Inventurdifferenzen durch Fraud Detection verringern lassen.

In **Teil II**, »Erweiterte Prozesse«, beschreiben wir Spezialprozesse im Umfeld von SAP Retail (z. B. die Frischeabwicklung). Zu diesen Prozessen gehören auch die Funktionen, die ein SAP-Retail-System erweitern, wie SAP Promotion Management for Retail, SAP Fashion Management und das Omni-Channel Retailing. In diesem Teil erläutern wir auch, wie Sie SAP Business Warehouse und SAP-BusinessObjects-Tools anbinden können.

In **Kapitel 7**, »Aktionsprozess«, beschäftigen wir uns mit den Funktionen des Tools SAP Promotion Management for Retail (SAP PMR), das als Add-on für SAP Retail angeboten wird. Hier lernen Sie die über SAP Retail hinausgehenden Möglichkeiten der Promotionsplanung, die verschiedenen Promotionsarten, die Preisgestaltung sowie die Integration mit SAP Retail kennen.

Insbesondere im Lebensmitteleinzelhandel ist das Thema Frische (Früchte und Gemüse, Molkereiprodukte, Fleisch und Fisch etc.) von zentraler Bedeutung. In **Kapitel 8**, »Frischeabwicklung«, beschreiben wir die grundsätzlichen Funktionen und Abläufe in der Frischedisposition, die als SAP-GUI-basierte Lösung und als auf dem SAP NetWeaver Business Client basierende Lösung bereitgestellt wird.

In **Kapitel 9**, »Fashion Management«, erläutern wir die planerischen und warenwirtschaftlichen Prozesse im textilen Einzelhandel. Dazu stellen wir Ihnen den geschlossenen Retail Loop im Bereich Fashion anhand eines Referenzmodells vor. Darauf aufbauend betrachten wir den Planungsprozess von der strategischen Finanzplanung bis zur Waren- und Sortimentsplanung. Darüber hinaus finden Sie Erläuterungen zur saisonalen Bestellabwicklung, der Bestellfreigabe und der Open-to-buy-Prüfung. Auch das anschließende In-Season Management bzw. das Slowseller-Management kommen nicht zu kurz.

Die Funktionen, die SAP im Rahmen der nahtlosen, kanalübergreifenden Kundenansprache, d. h. für das Omni-Channel Retailing, bietet, erläutern wir in **Kapitel 10**, »Omni-Channel Retailing«. Hier geht es u. a. um die Integration von Aktionen aus SAP Promotion Management for Retail und Echtzeitbeständen aus dem SAP Customer Activity Repository sowie um die Anbindung und Integration von SAP Hybris Marketing und SAP Hybris Commerce.

Abschließend erfahren Sie in **Kapitel 11**, »Management-Informationssysteme«, wie Sie SAP Business Warehouse und die SAP-BusinessObjects-Tools unterstützen und welche vielfältigen Möglichkeiten für die Analyse und das Reporting im Handel auf der Datenbasis von SAP Retail bestehen.

In hervorgehobenen Informationskästen finden Sie in diesem Buch Inhalte, die wissenswert und hilfreich sind, aber etwas außerhalb der eigentlichen Erläuterung stehen. Damit Sie die Informationen in den Kästen sofort einordnen können, haben wir die Kästen mit Symbolen gekennzeichnet:

[»] In Kästen, die mit diesem Symbol gekennzeichnet sind, finden Sie Informationen zu *weiterführenden Themen* oder wichtigen Inhalten, die Sie sich merken sollten.

[!] Dieses Symbol weist Sie auf *Besonderheiten* hin, die Sie beachten sollten. Es *warnt* Sie außerdem vor häufig gemachten Fehlern oder Problemen, die auftreten können.

[zB] *Beispiele*, durch dieses Symbol kenntlich gemacht, weisen auf Szenarien aus der Praxis hin und veranschaulichen die dargestellten Funktionen.

Danksagung

Ein ganz herzliches Dankeschön geht an alle Co-Autoren sowie an Frau Martina Püschel, die uns bei allen Kapiteln tatkräftig, inspirierend und motivierend unterstützt hat.

Dr. Michael Anderer

Kapitel 1
Architektur von SAP Retail

Ziel dieses einführenden Kapitels ist es, Ihnen einen Überblick über die vielfältige Systemlandschaft des SAP-Warenwirtschaftssystems SAP Retail mit all seinen Kernkomponenten und Satelliten zu geben.

Wir sprechen an dieser Stelle und im weiteren Buch der Einfachheit halber nur von *SAP Retail*, auch wenn es über die Zeit viele marketingtechnisch bedingte weitere Bezeichnungen für die Einzelhandelslösung von SAP gab und sicher noch geben wird. Zunächst lernen Sie in diesem Kapitel einige technische Termini kennen, die für das Verständnis und den Betrieb von SAP Retail wichtig sind. Anschließend betrachten wir – nach einem ersten Gesamtüberblick – die einzelnen Komponenten von SAP Retail. Dabei gehen wir noch nicht auf die Funktionen im Einzelnen ein – dies erfolgt in den folgenden themenspezifischen Kapiteln. Abschließend erhalten Sie einen Ausblick im Sinne einer Roadmap, d. h., Sie erfahren, wie sich SAP Retail in den nächsten Jahren voraussichtlich weiterentwickeln wird.

1.1 Von SAP R/3 zu SAP S/4HANA

Die klassische Client-Server-Architektur in SAP R/3 bzw. SAP ERP, wie sie bei vielen SAP-Bestandskunden im Einsatz ist, besteht aus den folgenden Systemkomponenten bzw. Schichten:

- Präsentationsschicht/Benutzeroberfläche (User Interface)
- Applikationsserver
- Datenbankserver

Als *Präsentationsschicht* wird bei den meisten Komponenten das SAP Graphical User Interface (SAP GUI) verwendet. SAP hat in den letzten Jahren immer wieder Anläufe unternommen, um diese Präsentationsschicht zu verbessern, etwa mit den auf Java basierenden *Business Server Pages* (BSP) oder dem *SAP NetWeaver Business Client* (NWBC), *Web Dynpro* und weiteren Technologien. Die neueste Initiative ist die Oberflächentechnologie *SAP Fiori* (ein erweitertes HTML5-Protokoll), mit dem die Vereinheitlichung und Vereinfachung aller neuen Produkte, v. a. im Umfeld der neuen In-Memory-Plattform SAP HANA, vorangetrieben werden soll.

Im *Applikationsserver* steckt die gesamte betriebswirtschaftliche Prozesslogik. In dieser Schicht werden die Komponenten konfiguriert, erweitert oder modifiziert.

Die Schicht der *Datenbank* setzt eine relationale Architektur inklusive eines Datenbank-Management-Systems voraus. SAP unterstützt hier mehrere Hersteller, wie z. B. Oracle, IBM DB2 und Microsoft SQL. Die zum jeweiligen SAP-Release freigegebenen Datenbanken, Kernels und Betriebssysteme finden Sie in der Product Availability Matrix (PAM) im SAP Help Portal (*http://s-prs.de/v407200*).

SAP Release-Konzept

Seit der Einführung von SAP ERP 6.0 mit der *Enterprise Central Component* (ECC) 6.0 gibt es keine klassischen Release-Upgrades des SAP-Systems mehr. Die Idee ist stattdessen, den Kern des SAP-ERP-Systems nicht weiterzuentwickeln, sondern an dessen Stelle neue Funktionen mit sogenannten *Enhancement Packages* (EHPs) anzubieten. Dies soll umfangreiche Testarbeiten ersparen und dem Kunden ermöglichen, über Jahre keine Upgrades vornehmen zu müssen – eben nur dann, wenn die neuen Funktionen auch benötigt werden. Auf niedrigerer Ebene gibt es die *Service Packages* (SP), die Fehlerkorrekturen oder erweiterte Funktionen beinhalten. EHPs sind kumulativ, d. h., mit dem »Einspielen« des aktuellen EHP 8 erhalten Sie alle Funktionen der vorangegangenen EHPs (1 bis 7) mit dazu. Eine Übersicht über die Inhalte der EHPs und der zugehörigen SPs finden Sie im SAP Help Portal unter *help.sap.com/erp608*. Wählen Sie hier den Bereich **Release Notes (German)**. Nach EHP 8 wird es keine weiteren Releases mehr für SAP Retail geben. SAP stellt komplett auf die SAP-HANA-Datenbank und das für diese Datenbank optimierte Produkt *SAP S/4HANA Retail for Merchandise Management* um, das wir uns im folgenden Abschnitt etwas genauer ansehen.

Switch Framework und Business Functions

Bei der Installation eines SAP-ERP-Systems erhalten Sie die Möglichkeit, eine bestimmte Branchenvariante oder *Industry Solution* (IS) zu aktivieren, z. B *IS Retail* (ISR) oder *IS Oil*. Damit wird ein ganzes Set branchenspezifischer Funktionen aktiviert. Darüber hinaus haben Sie die Möglichkeit, noch weitere *Business Functions* zu aktivieren, z. B. die Frischebeschaffung als Portallösung (`ISR_RET_PERISH_PROCUREMENT`), auf die wir in Kapitel 8, »Frischeabwicklung«, eingehen.

Abbildung 1.1 zeigt einen Ausschnitt einiger aktivierter Business Functions eines SAP-Retail-Systems auf der Basis von SAP S/4HANA.

ISR_APPL_AGENCY_4	Trade, Agenturgeschäft 4	Business Function bleibt eingeschaltet	S4CORE	605	LO-MD
ISR_APPL_AGENCY_5	Trade, Agenturgeschäft 5	Business Function bleibt eingeschaltet	S4CORE	606	LO-MD
ISR_APPL_AGENCY_6	Trade, Agenturgeschäft 6	Business Function bleibt eingeschaltet	S4CORE	617	LO-MD
ISR_APPL_CRM_INTEG	Retail, Stammdatenintegration in CRM 01	Business Function bleibt eingeschaltet	S4CORE	605	LO-RFM-SWT
ISR_APPL_USABILITY	Retail, Usability	Business Function bleibt eingeschaltet	S4CORE	605	LO-RFM-SWT
ISR_GLT_COMMODITY_4	Trade, Commodity Management 4	Business Function bleibt eingeschaltet	S4CORE	605	LO-MD
ISR_GLT_COMMODITY_5	Trade, Commodity Management 5	Business Function bleibt eingeschaltet	S4CORE	606	LO-MD
ISR_GLT_VENDOR_FUND	Trade, Vergütungsabrechnung mit Hilfe des Rückvergütungsmanagement	Business Function bleibt eingeschaltet	S4CORE	606	LO-MD
ISR_GLT_VENDOR_FUND_2	Handel, Abrechnung zu Lieferantenvergütung im Vergütungsmanagement	Business Function bleibt eingeschaltet	S4CORE	617	LO-MD
ISR_RETAIL_MATERIAL_LEDGER	Business Function für Material-Ledger im Retail	Business Function bleibt eingeschaltet	S4CORE	618	LO-RFM-OBS
ISR_RETAIL_USABILITY	Retail, Usability (EA-RETAIL)	Business Function bleibt eingeschaltet	S4CORE	605	LO-RFM-OBS
ISR_RET_AGENCY	Trade, Agenturgeschäft	Business Function bleibt eingeschaltet	S4CORE	602	LO-MD
ISR_RET_AGENCY_2	Trade, Agenturgeschäft 2	Business Function bleibt eingeschaltet	S4CORE	603	LO-MD
ISR_RET_AGENCY_3	Trade, Agenturgeschäft 3	Business Function bleibt eingeschaltet	S4CORE	604	LO-MD
ISR_RET_COMMODITY	Trade, Commodity Management	Business Function bleibt eingeschaltet	S4CORE	602	LO-MD
ISR_RET_COMMODITY_2	Trade, Commodity Management 2	Business Function bleibt eingeschaltet	S4CORE	603	LO-MD
ISR_RET_COMMODITY_3	Trade, Commodity Management 3	Business Function bleibt eingeschaltet	S4CORE	604	LO-MD

Abbildung 1.1 Business Functions im Customizing von SAP Retail (Transaktion SFW5)

Dies zeigt, dass auch die Systeme der neuen SAP Business Suite SAP S/4HANA Business Functions enthalten – allerdings hat SAP deren Anzahl beim Release SAP S/4HANA 1610 deutlich reduziert, da viele Funktionen im Rahmen der im Vergleich zur Architektur von SAP ERP vorgenommenen *Simplifizierung* entweder weggefallen sind oder im Kernsystem verankert wurden oder zukünftig noch werden. Die Verlagerung von Branchenfunktionen zurück in den Kern von SAP S/4HANA bezeichnet SAP mit dem Schlagwort *Back to Core*.

[«]

Bereitstellungmodelle von SAP Retail im Rahmen von SAP S/4HANA

SAP Retail wird im Rahmen von SAP S/4HANA als *On-Premise-Lösung* angeboten. Dieser Begriff bezeichnet ein System, das der Kunde selbst installiert und im eigenen Rechenzentrum betreibt. Des Weiteren bietet SAP eine *Private-Cloud-Lösung* an, also eine Hosting-Lösung, die exklusiv für den einzelnen Kunden zur Verfügung gestellt wird. Eine Public-Cloud-Lösung, bei der mehrere Kunden auf ein System in der Cloud zugreifen, ist derzeit noch nicht verfügbar (Stand Q2/2017).

Mit dem ersten SAP-HANA-basierten System für den Handel, SAP S/4HANA Retail for Merchandise Management, ändert SAP seine bisherige Datenbankstrategie. Das neue für SAP HANA optimierte SAP Retail nutzt als Datenbank ausschließlich SAP HANA. Das gilt gleichermaßen für die anderen für SAP HANA optimierten Produkte, etwa SAP S/4HANA Simple Finance.

Die Datenbank SAP HANA, die zunächst für Business-Intelligence-Anwendungen von SAP konzipiert wurde, also um Performance-Gewinne für das Online Analytical Processing (OLAP) zu erzielen, nutzt dabei die In-Memory-Technologie des Hauptspeichers (Random Access Memory, RAM). Die Daten werden nicht mehr zeilenorientiert, sondern spalten- und zeilenweise im RAM gehalten. Dies ermöglicht deutlich schnellere Datenzugriffe.

Aber nicht nur die Datenhaltung erfolgt im Hauptspeicher. Auch einige rechenintensive Teile des Codings werden durch sogenanntes *Code Pushdown* im Hauptspeicher von SAP HANA gehalten und prozessiert. Beispiele sind etwa der neue Bedarfsplanungslauf (Material Requirements Planning, MRP), der als *Rapid Replenishment* direkt in der SAP-HANA-Datenbank prozessiert wird oder das *Unified Demand Forecast* (UDF), eine Prognosemethode, die die bisherigen Methoden nach und nach ablösen wird (siehe Abschnitt 1.3, »Ausblick«).

Diese neuen Funktionen zeigen die grundlegende Idee der In-Memory-Technologie, nämlich die Verlagerung von performance-intensiven Applikationen von der Applikationsschicht auf die In-Memory-Datenbank (in den Cache-Speicher). Der ehemalige Flaschenhals zwischen Festplatte und Hauptspeicher wird auf diese Weise vermieden. Die In-Memory-Technologie hat aber auch einige Nachteile. So sind die Kosten für Prozessoren und Hauptspeicher relativ hoch. Außerdem wird eine Persistenzschicht mit Wiederaufsatzpunkten und Transaktionslogs benötigt, um bei Datenverlust eine Wiederherstellung (Recovery) durchführen zu können. Die Persistenzschicht in SAP S/4HANA Retail vor Merchandise Management basiert auf der Datenbank SAP MaxDB.

Der Umstieg von der SAP Business Suite auf SAP S/4HANA hat sowohl einen technischen als auch einen anwendungsspezifischen Aspekt. Der technische Anteil dieser Transformation ist die Datenbankmigration. Um auf die SAP-HANA-Datenbank umzustellen, muss das Quellsystem mindestens EHP 7 aufweisen und unicodefähig sein. Außerdem muss das neue Hauptbuch (General Ledger) aktiviert sein. Bei den technischen Anpassungen unterstützen Sie die Werkzeuge *Maintenance Planner*, *Software Update Manager* (SUM) und die *Database Migration Option* (DMO), z. B. mit geführten Anleitungen (*Guided Procedures*).

Was die Umstellung der Anwendung angeht, sollten Sie wissen, welche Funktionen von SAP Retail gestrichen, entschlackt oder vereinfacht wurden. Die entsprechenden Hinweise finden Sie in der *SAP S/4HANA Simplification List*. Die Simplification List für SAP S/4HANA 1610 finden Sie in SAP-Hinweis 2313884. Sie umfasst über 400 Themen über die gesamte SAP-ERP-Lösung hinweg, davon knapp 50 Themen für die Bereiche Retail und Fashion. Im Rahmen von *Pre-Checks* muss geprüft werden, ob die im Altsystem verwendeten Funktionen im Zielsystem noch vorhanden sind oder ob diese gegebenenfalls durch neue Funktionen ersetzt wurden. Dies hat einen wesentlichen Einfluss auf den Umfang und die Vorgehensweise im Migrationsprojekt.

Darüber hinaus ist es essenziell, das kundenspezifische Coding auf die Kompatibilität mit SAP S/4HANA zu prüfen und anschließend in das neue 1610-Release einzuspielen. Dazu bieten sowohl SAP selbst als auch SAP-Partner entsprechende Services an.

In Abbildung 1.2 sehen Sie die erforderlichen Schritte beim Umstieg auf SAP S/4HANA im Überblick.

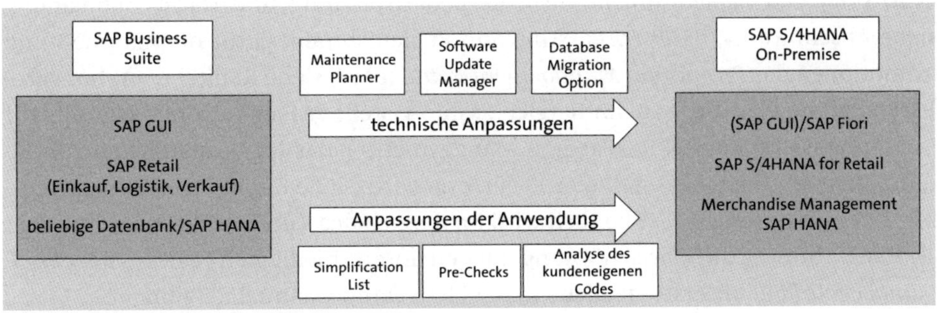

Abbildung 1.2 Umstieg von der SAP Business Suite auf SAP S/4HANA

1.2 Elemente der Architektur von SAP Retail

Gliedert man die Aktivitäten im Handel nach primär, wertschöpfenden und unterstützenden Aktivitäten, ergibt sich das Bild aus Abbildung 1.3.

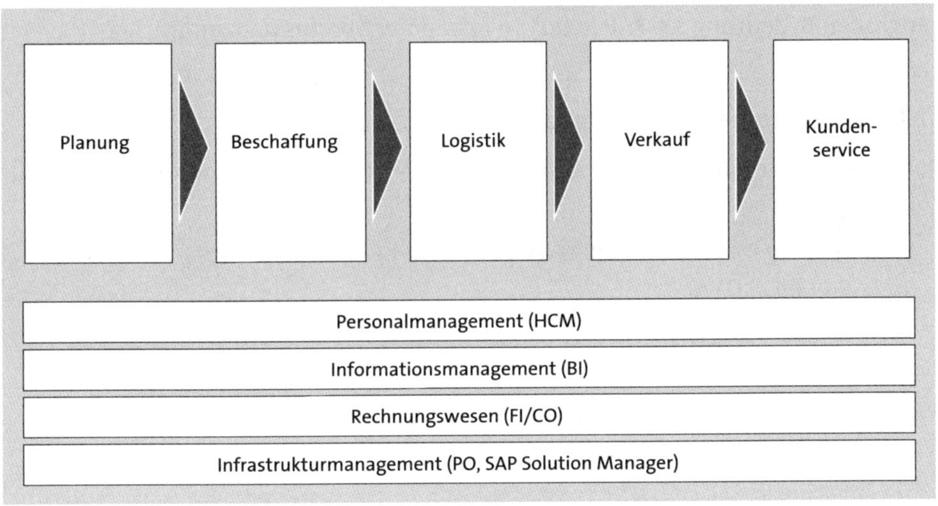

Abbildung 1.3 Wertschöpfungskette im Handel

Diese Grafik verdeutlicht ebenso, welche Funktionen SAP Retail abdeckt. Das Kernwarenwirtschaftssystem deckt die Bereiche *Beschaffung, Logistik und Warenverteilung* sowie *Verkauf* ab. Diese Bereiche behandeln wir in Kapitel 4, »Beschaffung«, Kapitel 5, »Logistik und Warenverteilung«, und Kapitel 6, »Verkaufsprozesse und Point of Sale«. Die Stammdaten bilden für all diese Bereiche das Fundament. Auf sie gehen wir daher in Kapitel 2, »Stammdaten«, und Kapitel 3, »Datenmanagement und Datenaustausch«, gesondert ein.

Zusätzlich gibt es – aus IT-Sicht – weitere Softwarekomponenten, die diese primären Aktivitäten unterstützen und ergänzen. Für die Beschaffung ist das z. B. der Bereich *Forecasting und Replenishment*, also die Bedarfsplanung und Nachschubplanung (siehe Abschnitt 4.4, »SAP Forecasting and Replenishment«), für die Aktionen und Promotionen das *Promotion Management Retail* (PMR, siehe Kapitel 7, »Aktionsprozess«). Für die Planung, v. a. im Bereich Fashion, stellt SAP ein eigenes Konzept zur Verfügung (siehe Kapitel 9, »Fashion Management«), das im Wesentlichen von BI-Komponenten (Business Intelligence) versorgt wird (siehe Kapitel 11, »Management-Informationssysteme«). Schließlich wird im Bereich des Kundenmanagements über alle Kanäle hinweg die Wertschöpfung mit den unterschiedlichen Features des *Omni-Channel Retailing* unterstützt (siehe Kapitel 10, »Omni-Channel Retailing«).

Gerade letzteres Thema gewinnt für alle Händler und damit auch für SAP zunehmend an Bedeutung. Hier werden – technisch gesehen – der Kunde und seine Einkaufsdaten umfangreich analysiert, um ein ganz neues Einkaufserlebnis zu ermöglichen. Mit dem *SAP Customer Activity Repository* (SAP CAR) stellt SAP Ihnen ein mächtiges Werkzeug zur Verfügung, das im Zusammenspiel mit SAP Retail und SAP Hybris ganz neue Möglichkeiten zur Kundeninteraktion bietet (siehe Kapitel 11, »Management-Informationssysteme«). Dieses Repository erläutern wir wegen seiner großen Bedeutung für SAP Retail im folgenden Abschnitt ausführlicher.

1.2.1 SAP Customer Activity Repository

Der Funktionsumfang von SAP CAR umfasst die folgenden Elemente (siehe Abbildung 1.4):

- *SAP POS Data Management* (SAP POS DM) oder *POS Data Transfer and Audit* (POS DTA)
- Bestände (*Inventory*)
- Preise
- Forecasting Engine (Unified Demand Forecast, UDF)
- *Omni-Channel Article Availability* (OAA)
- *On-Shelf Availability* (OSA)
- *Fraud Management* (optional)

SAP CAR ist eine eigene Datenhaltungsebene und benötigt deswegen Stammdaten von SAP Retail (Artikel, Betriebe, Warengruppen, Preise etc.); dies gilt gleichermaßen für die Bestandsdaten. Um eine aktuelle unternehmensweite Bestandssituation für einen Artikel in SAP CAR zu erhalten, greift dieses Repository auf die aktuellen Bestandsdaten im SAP-Retail-System zu und verrechnet diese mit noch nicht verarbeiteten Verkaufsdaten.

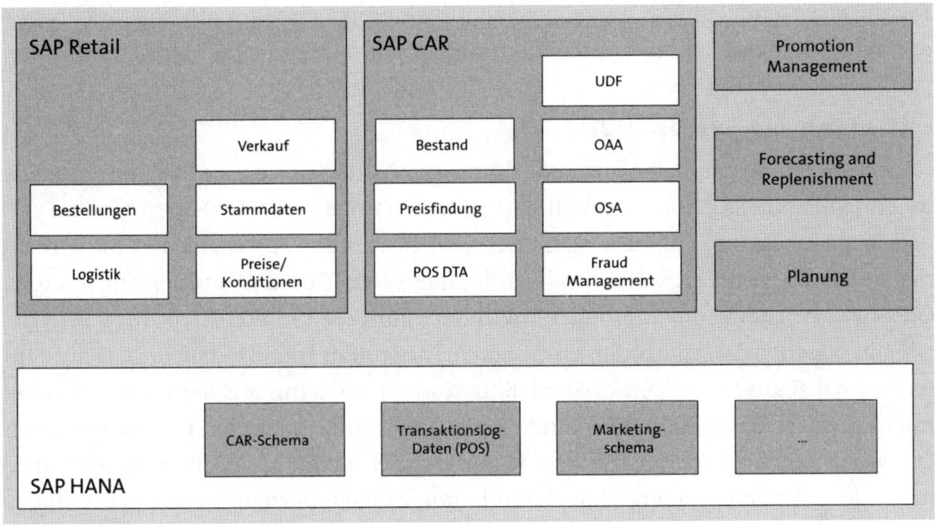

Abbildung 1.4 Komponenten von SAP Customer Activity Repository

Diese Daten befinden sich in einem aktuellen Arbeitsvorrat einer eigens dafür vorgesehenen Datenbanktabelle. Werden Verkaufstransaktionen online über das SAP POS Data Management oder über POS Data Transfer and Audit übertragen und Kundenauftragsdaten über die Transitbestände ebenfalls berücksichtigt, kann SAP CAR jederzeit den tatsächlich verfügbaren Bestand einer Filiale oder eines Verteilzentrums berechnen. Diese Information ist entscheidend für den E-Commerce und das Omni-Channel Retailing.

1.2.2 Central Price and Promotion Repository

Mit dem *Central Price and Promotion Repository* innerhalb von SAP CAR wird sichergestellt, dass in jedem Verkaufskanal die gleichen Preise, insbesondere Aktionspreise, verfügbar sind. Durch die vielfältigen und teilweise dezentral prozessierten Aktionspreisberechnungen (z. B. an der Kasse/auf dem Kassenserver, im Onlineshop, im ERP-System) kann es zu unterschiedlichen Preisen in den verschiedenen Verkaufskanälen kommen. Komplexität und Variabilität von Aktionen kommen hier noch hinzu. Mit dem Central Price and Promotion Repository und der Funktion des *Omni-Channel Pricing and Promotion* werden die folgenden Aspekte sichergestellt:

- zentrales Preis-Repository
- einheitliche Logik zur Preisfindung
- Berücksichtigung des jeweiligen Kundenkontextes (z. B. Happy Hour, Produktkombinationen, Einkaufspreis gesamt etc.)
- Versorgung alle Kanäle (Point of Sale, Webanwendungen, ERP-System, CRM-System)

Technisch gesehen, gibt es neben dem zentralen Preis-Repository in SAP CAR korrespondierende lokale Repositories für den Point of Sale (POS) und SAP Hybris Commerce.

Unified Demand Forecast (UDF)

Nachdem sich im Laufe der Zeit – u. a. durch Akquisitionen – einige Prognosemodelle im Portfolio von SAP angesammelt hatten, wurde mit SAP CAR 2.0 erstmals eine einheitliche Forecasting Engine ausgeliefert: *Unified Demand Forecast* (UDF). Sie berechnet aufgrund von Zeitreihen und Einflussfaktoren (Demand Influencing Factors, DIFs) wie Wochen- und Feiertagen, Aktionen, Jahreszeiten etc. zukünftige Bedarfe. Die historischen Daten werden zunächst auf Ausreißer hin untersucht, z. B. auf fehlende Artikel am Lager (Out-of-Stock-Situationen), die dann aus der Kalkulation herausgerechnet werden. Sind für einen Artikel zu wenige oder gar keine historischen Daten vorhanden, können ähnliche Warengruppen-Filial-(Lokationen-)Kombinationen oder (ähnliche) Referenzprodukte herangezogen werden – etwa bei Fashion-Artikeln.

UDF berechnet die Bedarfsvorhersage nun auf Basis der historischen Daten sowie der Bedarfseinflussfaktoren. Für jeden berechneten Abverkauf wird eine Wahrscheinlichkeit bzw. ein Vertrauensindex auf der Ebene des Produkts bzw. der Lokation mit errechnet, der sogenannte *Forecast Confidence Index* (CFI). Die prognostizierten Bedarfe lassen sich desaggregiert, d. h. auch nach der Menge einzelner Bedarfseinflussfaktoren, anzeigen.

Die Engines *Promotion Management Retail* (PMR) sowie *Assortment and Merchandise Planning* docken sich als *konsumierende Applikationen* an die UDF in SAP CAR an. Sie werden gemeinsam unter dem Namen *Application Bundle* (AP) ausgeliefert. Die Komponente SAP Forecasting and Replenishment wird erst mit einem der nächsten Releases an SAP CAR und UDF angebunden werden.

Omni-Channel Availability (OAA)

Die Funktion OAA zur Messung der Artikelverfügbarkeit in den verschiedenen Kanälen unterstützt eine Online-ATP-Prüfung über alle bestandsführenden Betriebe hinweg. (ATP bedeutet *Available-to-Promise*, eine Bestandsberechnung, mit der bestimmt werden kann, bis wann und mit welchen Mengen Kundenaufträge bzw. Bestellungen erfüllt werden können.) Diese Prüfung ist zentral, um eine Aussage über die Bestandssituation gegenüber den Endkunden treffen zu können, und wird in Abschnitt 10.6.4, »Omni-Channel-Artikelverfügbarkeit«, genauer beschrieben.

On-Shelf Availability (OSA)

Da SAP Retail die Bestände auf Filialebene führt und ggf. noch Lagerorte mit einbezieht, kann es auf Regalebene in den Filialen zu Out-of-Stock-Situationen kommen,

d. h., ein Artikel ist entgegen der Aussage im Warenwirtschaftssystem nicht mehr im Regal oder in der Filiale. Gründe dafür können sein:

- Diebstahl
- Bruch
- Verderb
- sonstiger Schwund

Um solche Bestandslücken und damit entgangene Umsätze zu vermeiden, nutzt die Funktion OSA die untertägigen transaktionalen Daten der POST-Systeme auf Artikelebene (also nicht kumuliert). Auf der Basis der Daten aus den Transaktions-Logs (TLogs) der Kassen werden durch den *Out-of-Shelf-Algorithmus*, der verschiedene Drehklassen (Schnelldreher/Langsamdreher), Saisons, Werbemaßnahmen, Ausreißer etc. berücksichtigt, Wahrscheinlichkeiten für Bestandslücken errechnet. Dabei lässt sich die statistische Sensitivität – das *Konfidenzniveau* – einstellen, um kritische Artikel genauer (sensitiver) zu verfolgen als weniger kritische. Auf diese Weise lassen sich die Alarmmeldungen für den Filialmanager kalibrieren.

Die Präsentationsschicht der OSA-Funktion ist eine mobile App, die Bestandslücken stundengenau prognostiziert. Eine Produktliste in dieser App zeigt Artikel an, die eine hohe Wahrscheinlichkeit für Regallücken aufweisen. Dadurch muss der verantwortliche Filialmitarbeiter bzw. -manager nicht mehr ganze Abteilungen nach möglicherweise fehlenden Artikeln untersuchen.

Voraussetzung für eine hohe Prognosequalität ist eine mehrmonatige Analyse der Bondaten für jedes relevante Produkt in jeder Filiale. Dies erfordert eine Rechenleistung, die nur auf einer SAP-HANA-Datenbank zur Verfügung gestellt werden kann.

1.2.3 SAP Fiori

Im Zuge der Vereinfachungs- und Erneuerungsstrategie im Rahmen von SAP S/4HANA hat SAP die Oberfläche *SAP Fiori* lanciert. Mit dem konsequenten Umbau aller bisherigen Oberflächen (SAP GUI, NWBC etc., siehe auch Abschnitt 1.1, »Von SAP R/3 zu SAP S/4HANA«) soll dem Endanwender eine neue, leichtere Bedienung des Systems ermöglicht werden. SAP-Fiori-Oberflächen sind rollenbasiert und *responsiv*, d. h., dass sich die Oberfläche jedem Endgerät anpasst, unabhängig davon, ob der Nutzer gerade am Desktop, am Laptop oder dem Smartphone arbeitet.

Man unterscheidet bei SAP Fiori generell die folgenden App-Typen:

- transaktionale Apps
- analytische Apps
- Fact Sheets

Transaktionale Apps bieten Zugang zu Systemfunktionen und greifen auf SAP Retail zu. Über eine solche App kann man z. B. eine Bestellung anlegen oder ändern. *Analytische Apps* setzen auf SAP Business Warehouse (BW) oder auf SAP BusinessObjects auf und präsentieren Key Performance Indicators (KPIs), etwa den Abverkauf von Erdbeeren in den letzten vier Wochen. *Fact Sheets* zeigen wesentliche Daten und Kontextinformationen. Man kann von einem Fact Sheet zum nächsten navigieren – etwa von der Bestandsübersicht eines Artikels zu dessen erwarteten Wareneingängen.

Für die klassischen SAP-Retail-Anwendungen werden in Zukunft Apps entwickelt, die gewisse SAP-Fiori-basierte Visualisierungsmittel enthalten, allerdings auch klassische grafische Elemente wie Registerkarten (Tabstrips).

Zunehmend an Bedeutung gewinnen SAP-Fiori-Apps im Bereich *Business to Employee* (B2E), etwa in den klassischen Filialprozessen (*SAP Fiori for In-Store Merchandising*). Hier existieren bereits heute Apps wie **Produkte anzeigen** (Bestandsabfrage), **Produkte empfangen** (Wareneingang), **Bestand zählen** (Inventur) und weitere. Informationen zu den verfügbaren Apps finden Sie im SAP Store (*www.sapstore.com*). Diese Apps werden auf dem *SAP Fiori Launchpad* rollenabhängig gruppiert. Das Fiori Launchpad ist eine personalisierbare Oberfläche und der Einstiegspunkt für mehrere für eine Rolle relevante Apps. Abbildung 1.5 zeigt ein SAP Fiori Launchpad für einen Filialleiter.

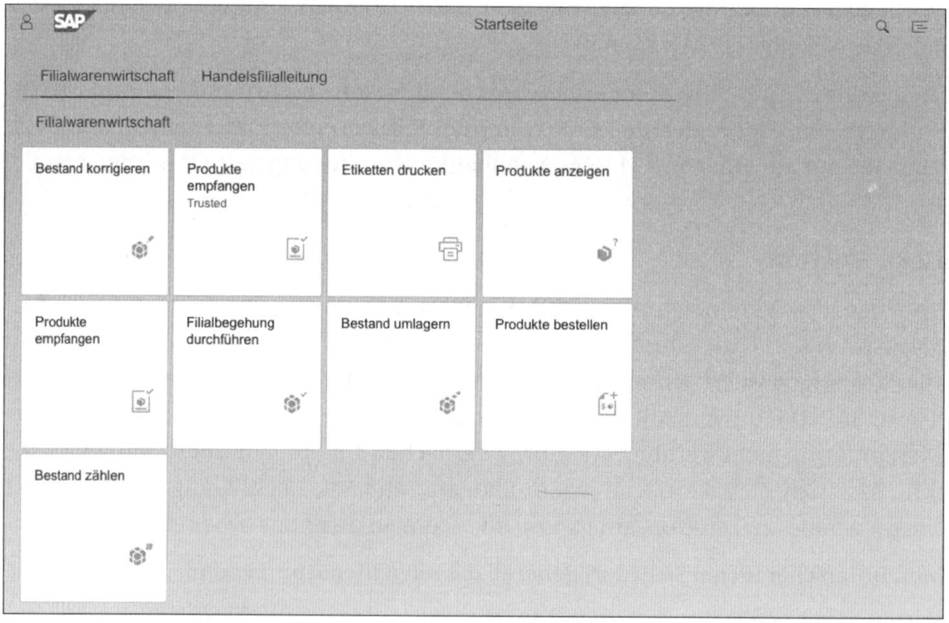

Abbildung 1.5 SAP Fiori Launchpad für den Filialleiter

Die genaue Architektur von SAP Fiori ergibt sich aus den Apps, die man benutzen möchte. So ist im Filialgeschäft der Einsatz der *Retail-Store-Apps* relevant. Diese basieren auf einem SAP-Retail-System. Ein anderes Beispiel wäre die PMR-App *Manage Promotional Offers*, die auf einem SAP-CAR-System installiert ist.

Generell werden bei SAP Fiori immer ein Frontend-Server und ein Backend-Server eingesetzt, um die UI-Schicht von der Datenebene zu trennen. Als *Frontend-Server* wird *SAP Gateway* verwendet. Dieses System läuft auf einem SAP NetWeaver Application Server und beinhaltet die Softwarekomponenten mit der Benutzeroberflächentechnologie der SAP-Fiori-Apps, die auf JavaScript, SAPUI5 etc. basiert). Dem Frontend-Server können aus Sicherheits- und Performance-Gründen ein SAP Web Dispatcher, ein Reverse Proxy, ein Load Balancer etc. vorgeschaltet sein.

Als *Backend-Server* wird für die Retail-Store-Apps ein SAP-Retail-System als Backend-System eingesetzt. Darauf befinden sich die Funktionsbausteine und Applikationen, aus denen die Daten ausgelesen werden, sowie der OData-Service, über den die Daten vom und ans Frontend übertragen werden. Dieser OData-Service ist auf dem Frontend-Server registriert und leitet von dort gemäß einer Zielzuordnung Informationen an das gewünschte Backend weiter. Die Kommunikation zwischen Backend- und Frontend-Server erfolgt dann üblicherweise über trusted Remote Function Calls (RFCs).

Abbildung 1.6 zeigt die Architektur von SAP Fiori im Überblick. Üblicherweise sind der Frontend-Server (SAP Gateway) und der Backend-Server (SAP Retail) zwei unterschiedliche Systeme.

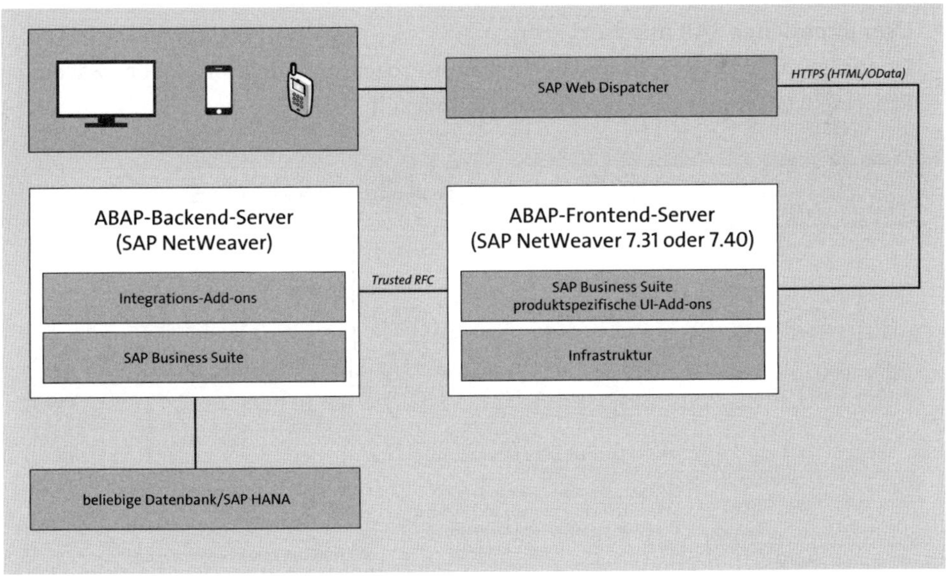

Abbildung 1.6 Architektur von SAP Fiori

Diese getrennte Architektur nennt man *Hub-Architektur*. Es ist jedoch auch möglich, die SAP-Gateway-Komponenten auf dem SAP-Retail-System zu installieren. Diese

Architektur nennt man *Embedded-Architektur*. In diesem Fall laufen also Frontend und Backend auf dem gleichen SAP-System.

Mit der Nutzung der *SAP Cloud Platform* (früher SAP HANA Cloud Platform, HCP) ist es möglich, die Frontend-Server-Aufgaben von der SAP Cloud Platform übernehmen zu lassen. In diesem Fall ist also kein ABAP-basierter Frontend-Server (SAP Gateway) notwendig, sondern die Benutzeroberfläche und die SAP-Fiori-Laufzeit befinden sich auf der SAP Cloud Platform.

1.3 Ausblick

In Abbildung 1.7 sehen Sie die weitere Entwicklung von SAP Retail in Form einer Roadmap. Sämtliche Jahreszahlen und Funktionen sind vorläufig und können von SAP jederzeit wieder geändert werden. Sie sollten jedoch die grundsätzlichen Themen, die strategisch von der SAP-Produktentwicklung weiterverfolgt werden, kennen:

- **Simplifizierung**
  Nicht mehr benötigte Funktionen werden weiterhin gestrichen.
- **Back to Core**
  Die vielen Ableger von SAP Retail werden in den Kern der Applikation zurückgeführt. Dies gilt insbesondere für Fashion-Funktionen.
- **User Experience SAP mit Fiori**
  Es erfolgt eine weitere Mobilisierung von Prozessen. Für komplexere Backend-Prozesse werden neue SAP-Fiori-Apps entwickelt.

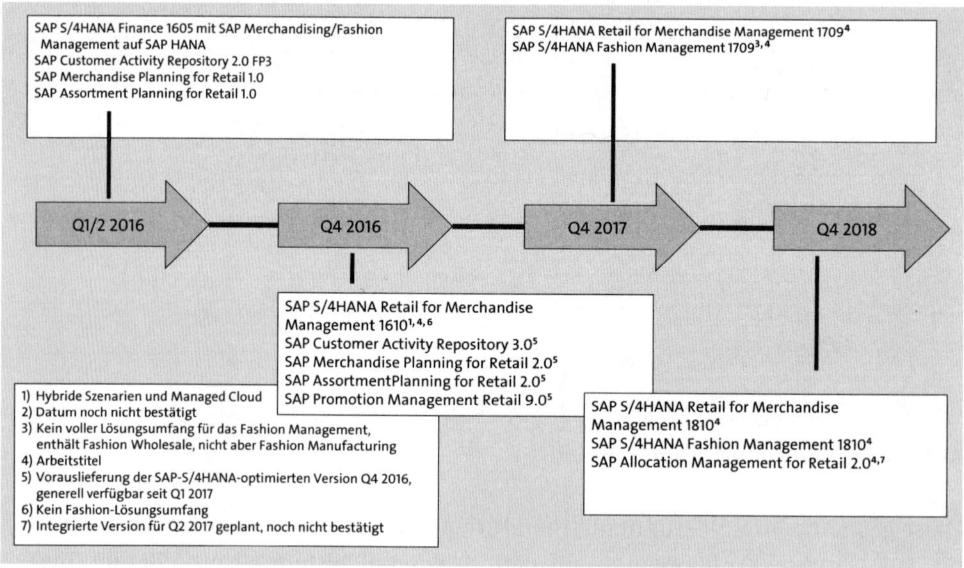

Abbildung 1.7 Roadmap für SAP Retail

TEIL I
Standardprozesse

Kapitel 2
Stammdaten

Stammdaten müssen korrekt sein, aber der Pflegeaufwand sollte auf ein Minimum reduziert werden. Ohne Stammdaten sind keine funktionsfähigen Prozesse möglich. In diesem Kapitel erfahren Sie, welche Möglichkeiten Sie in SAP Retail haben, um die einzelnen Stammdaten zu pflegen, wie Sie diese einsetzen und wie Sie sich das Anlegen der Stammdaten erleichtern können.

Wie in jedem ERP-System sind auch in SAP Retail Pflege und Einstellungen der Stammdaten von fundamentaler Bedeutung. Unvollständige oder fehlerhafte Stammdaten behindern die Prozesse, lösen unter Umständen erhebliche Kosten aus und können auch zu Imageschäden führen. Umso wichtiger ist es, die Stammdaten korrekt und effizient einzurichten und zu pflegen, damit man sich um das eigentliche Geschäft kümmern kann. Wir beginnen dieses Kapitel zunächst mit einem Überblick über die grundlegenden Stammdatenobjekte, bevor wir diese dann in den folgenden Abschnitten im Einzelnen erläutern.

2.1 Grundlegende Stammdatenobjekte

In diesem Abschnitt stellen wir Ihnen zunächst die grundlegenden Stammdatenobjekte in SAP Retail vor. Dies sind Organisations-, Lieferanten-, Kreditoren- und Debitorenstammdaten sowie die Stammdaten zu den Betrieben eines Unternehmens. Außerdem stellen wir die wichtigsten Customizing-Einstellungen zu diesen Objekten kurz dar. Ein weiteres zentrales Stammdatenobjekt ist der Artikel, den wir aufgrund seiner Bedeutung im Handel gesondert in Abschnitt 2.3, »Artikelstammdaten«, vorstellen.

2.1.1 Organisationsstammdaten

In SAP Retail wird ein Unternehmen abgebildet, indem die notwendigen *Organisationsstrukturen* aufgebaut werden. Die Organisationsstrukturen sind individuell auf das Unternehmen abgestimmt. Sowohl die Stammdaten als auch die Prozessabwicklung erfolgen grundsätzlich immer mit Bezug zu den Organisationsdaten. Das bedeutet, dass alle Stammdatenobjekte immer den Organisationsstrukturen zugeordnet sind. In Abschnitt 2.2, »Organisationsstrukturen«, gehen wir detailliert auf diese Art der Stammdaten ein.

Die Organisationsstrukturen können flexibel an Änderungen der Organisation angepasst oder ergänzt werden (z. B. eine neue Vertriebslinie im Ausland). Je nach Organisationsebene ist dies mit mehr oder weniger Aufwand verbunden. Es reicht also nicht nur aus, die Organisationsstruktur zu erweitern – die relevanten Stammdatenobjekte müssen ebenfalls zugeordnet und die notwendigen Segmente dazu erzeugt werden. So ist z. B. die Anlage einer neuen Einkäufergruppe mit wenig Aufwand verbunden, während die Anbindung und Aktivierung einer neuen Vertriebslinie eine gewisse Vorlaufzeit benötigt. Die Integration eines neuen Unternehmens hat sicherlich den Charakter eines größeren Projekts.

Alle Stammdatenobjekte müssen grundsätzlich einer oder mehreren Organisationsstrukturen zugeordnet werden. Im Folgenden finden Sie einige beispielhafte Zuordnungen einzelner Stammdatenobjekte, auf die wir in den folgenden Abschnitten im Detail eingehen.

- **Kreditor**
  Zu einem Kreditor gehören allgemeine Daten, die wiederum für alle weiteren Zuordnungen übergeordnet gültig sind. Zusätzlich erfolgt eine Zuordnung zu einem oder mehreren Buchungskreisen sowie – speziell relevant für SAP Retail – eine Zuordnung zu einer oder mehreren *Einkaufsorganisationen*.
- **Debitor**
  Ein Debitor ist grundsätzlich einem Buchungskreis sowie häufig auch *Vertriebsbereichen* zugeordnet, um Vertriebsprozesse durchführen zu können.
- **Filiale**
  Die Filiale wird grundsätzlich einer *Vertriebslinie* bzw. einem *Absatzkanal* zugeordnet. Zusätzlich erhält der entsprechende Filialdebitor neben den allgemeinen Daten auch eine Zuordnung zu einem oder mehreren Buchungskreisen sowie Vertriebsbereichszuordnungen.
- **Artikel**
  Ein Artikel weist komplexe Verknüpfungen zu den Organisationsstrukturen auf. Die Grunddaten beinhalten die allgemeinen Daten, die für alle weiteren Zuordnungen übergeordnet gültig sind. Daneben wird ein Artikel über die Zuordnung zum *Lieferanten* mit der Einkaufsorganisation (Einkaufsinfosatz) verbunden. Außerdem erfolgen eine Zuordnung zu den Vertriebslinien sowie eine Verknüpfung mit dem bzw. den *Verteilzentren* und den *Betrieben*.
- **Preise**
  Preise und Konditionen weisen grundsätzlich eine Verbindung zu einem Stammdatenobjekt und damit zur relevanten Organisationsstruktur auf. Sie sind nur für diese zugeordneten Ebenen relevant und gültig.

2.1.2 Lieferantenstammdaten

Ein Lieferant ist ein Geschäftspartner, von dem Waren und Dienstleistungen beschafft werden können. Im SAP-System sind zwei Arten von Lieferanten definiert:

- **Interne Lieferanten**
  In der Regel werden nur Verteilzentren als interne Lieferanten gepflegt.
- **Externe Lieferanten**
  Externe Lieferanten werden in der Regel unter den Unternehmen, die Ware und Dienstleistungen auf dem Markt anbieten, mithilfe von Einkaufsrichtlinien aus der Einkaufsabteilung ausgewählt und gelistet.

Jedes Verteilzentrum ist aus Sicht der Belieferung der Filialen ein Lieferant und besitzt ebenfalls einen *Lieferantenstammsatz*. Somit wird auch ein Stammdatenobjekt *Kreditor* angelegt. In Abbildung 2.1 sehen Sie die Anlage eines Kreditors – der Begriff Kreditor wird hier als Synonym für den Begriff *Lieferant* verwendet.

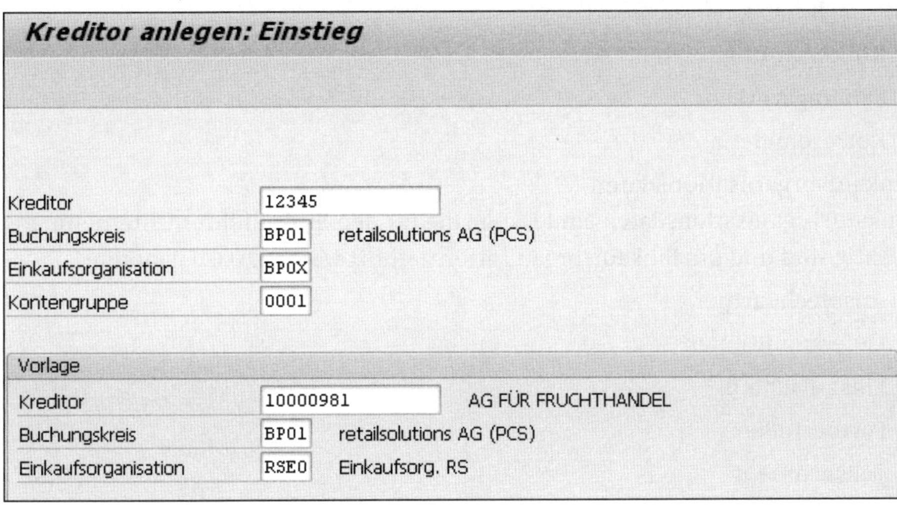

Abbildung 2.1 Kreditor anlegen

Der *Lieferantenstamm* (Kreditorenstamm) enthält Informationen über die Lieferanten eines Unternehmens. Diese Informationen sind in einzelnen Lieferantenstammsätzen abgelegt. Neben dem Namen und der Anschrift des Lieferanten umfasst ein Lieferantenstammsatz u. a. Angaben über die in Verbindung mit dem Lieferanten geltende Währung und die Zahlungsbedingungen oder die Namen wichtiger Kontaktpersonen (Verkäufer). Da der Lieferant in der Buchhaltung zugleich als kreditorischer Geschäftspartner des Unternehmens gilt, enthält der Lieferantenstammsatz auch buchhalterische Daten, wie z. B. das Abstimmkonto der Hauptbuchhaltung. Der Lieferantenstammsatz wird deshalb auch häufig von der Buchhaltung oder dem Einkauf gepflegt.

Die folgenden Sichten (d. h. Pflegeoberflächen) für den Lieferantenstamm müssen so konfiguriert werden, wie sie für das Unternehmen relevant sind. Sie können auch explizit einzelne Sichten auswählen, wenn nur einzelne Sichten von den Sachbearbeitern bearbeitet werden sollen (siehe Abbildung 2.2):

- **Allgemeine Daten**
  Hier finden sich Daten, die für jeden Buchungskreis innerhalb des Unternehmens gleichermaßen gelten, wie z. B. Anschrift, Telefonverbindung und die Sprache, in der mit dem Lieferanten kommuniziert wird. Zu den allgemeinen Daten gehören auch Steuerungsdaten, Daten zum Zahlungsverkehr sowie mögliche Ansprechpartner beim Lieferanten und dessen Rolle im Unternehmen.
- **Buchungskreisdaten**
  Buchungskreisdaten eines Lieferanten sind Daten, die auf der Ebene des Buchungskreises geführt werden, u. a. Zahlungsverkehrsdaten und die Nummer des Abstimmkontos. Diese Angaben können pro Buchungskreis unterschiedlich sein. Zu ihnen gehören z. B.:
  - Kontoführung
  - Zahlungsverkehr
  - Korrespondenz
- **Einkaufsorganisationsdaten**
  Einkaufsorganisationsdaten sind Daten, die für den Einkauf Ihres Unternehmens wichtig sind und pro Einkaufsorganisation geführt werden. Dazu gehören:
  - Ansprechpartner
  - Lieferkonditionen
  - Einkaufsdaten
  - Partnerrollen
  - Teilsortiment

Zur weiteren differenzierten Datenpflege gibt zu zusätzlich unterhalb der Organisationsebene **Einkaufsorganisationsdaten** eine weitere Möglichkeit, Daten auf den folgenden Ebenen zu pflegen, falls das für Ihr Unternehmen relevant ist:

- Lieferantenteilsortiment (LTS)
- Werk
- Lieferantenteilsortiment/Werk

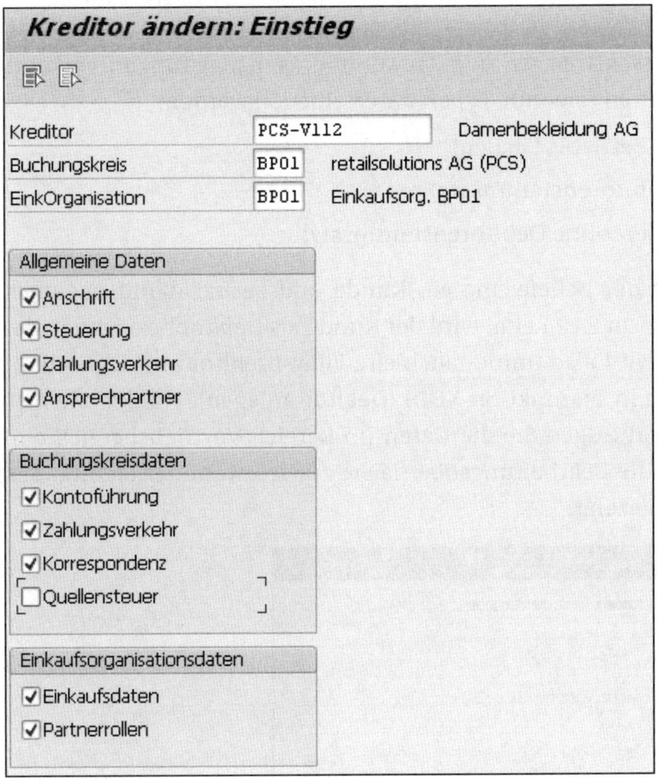

Abbildung 2.2 Sichten für den Kreditorenstammsatz anpassen

Diese Ebenen können innerhalb der Zuordnung zu einer Einkaufsorganisation dazu genutzt werden, abweichende Daten zu pflegen. Zusätzlich zu den Daten, die für eine Einkaufsorganisation gelten, können z. B. Einkaufsdaten oder Partnerrollen für ein bestimmtes Werk oder ein Lieferantenteilsortiment gepflegt werden (z. B. Zahlungsbedingungen oder Incoterms, die von denen der Einkaufsorganisation abweichen). Incoterms (International Commercial Terms) sind Auslegungen von Handelsklauseln für übliche Vertragsformeln.

Für die Pflege eines Lieferanten werden die in Tabelle 2.1 aufgeführten Transaktionen verwendet.

Bearbeitung	Anlage	Änderung	Anzeige
zentrale Bearbeitung	XK01	XK02	XK03
eingeschränkte Bearbeitung, nur Einkauf	MK01	MK02	MK03

Tabelle 2.1 Transaktionen zur Pflege eines Lieferantenstammsatzes

2.1.3 Debitorenstammdaten

Ein *Kunde* ist ein Geschäftspartner, an den Artikel und Dienstleistungen verkauft werden können. Dabei können folgende Typen unterschieden werden:

- interne Kunden (eigene Betriebe, Filialen)
- externe Kunden (mit Debitorenstammsatz)
- anonyme Endverbraucher (ohne Debitorenstammsatz)

Jeder Betrieb ist aus Sicht der Belieferung ein Kunde und besitzt damit ebenfalls einen Debitorenstammsatz. In SAP Retail wird der Kunde als *Debitor* bezeichnet. Bei der Anlage eines Betriebs wird also immer auch ein (Filial-)Debitor angelegt. Abbildung 2.3 zeigt den Einstieg in Transaktion XD01 (**Debitor anlegen**). Wählen Sie hier den **Buchungskreis** aus, und tragen Sie die Daten im Bereich **Vertriebsbereich** ein. Anschließend wird Ihnen die Bearbeitungsoberfläche zur Auswahl der Sichten des Debitorenstammsatzes angezeigt.

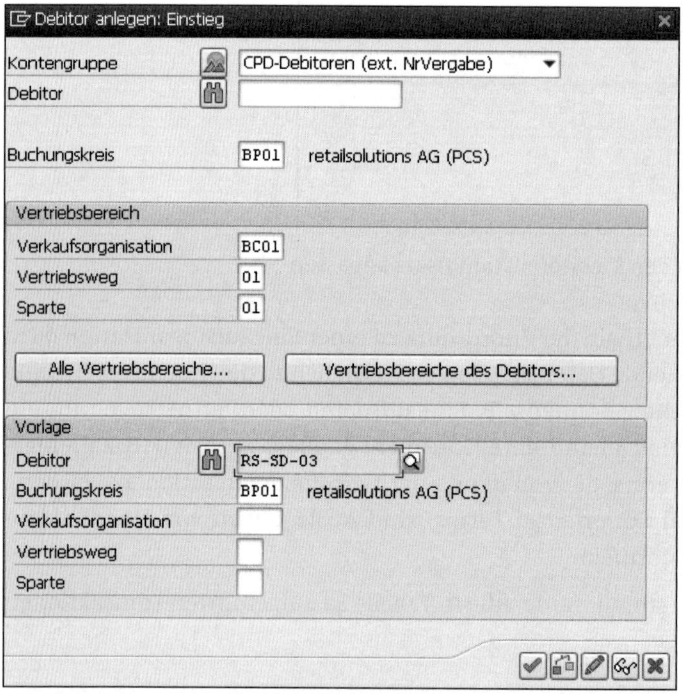

Abbildung 2.3 Einstieg in Transaktion »Debitor anlegen«

Im *Debitorenstamm* müssen alle Stammdaten hinterlegt werden, die im Zusammenhang mit den Kunden eines Unternehmens stehen. Dazu gehören die allgemeinen Daten, die Daten für die Buchhaltung sowie die Vertriebsbereichsdaten, die für den Verkauf relevant sind. Auch hier müssen Sie konfigurieren, welche Sichten für Ihr Unternehmen relevant sind:

- **Allgemeine Daten**
  In diesem Bereich werden die Daten gepflegt, die für jeden Buchungskreis innerhalb Ihres Unternehmens gleichermaßen gelten, z. B. Anschrift, Telefonverbindung und die Sprache, in der Sie mit dem Lieferanten kommunizieren. Die Angaben in den allgemeinen Daten umfassen:
  - Adresse
  - Steuerungsdaten
  - Zahlungsverkehr
  - Marketing
  - Abladestellen
  - Exportdaten
  - Ansprechpartner
- **Buchungskreisdaten**
  Buchungskreisdaten sind Daten, die auf der Ebene des Buchungskreises geführt werden, u. a. Zahlungsverkehrsdaten und die Nummer des Abstimmkontos. Diese können pro Buchungskreis unterschiedlich sein:
  - Kontoführung
  - Zahlungsverkehr
  - Korrespondenzen
- **Vertriebsbereichsdaten**:
  - **Verkauf • Konditionen**: Dabei werden Kundengruppen für Preisfindungszwecke, statistische Auswertungen sowie für das Marketing definiert (z. B. Groß- und Einzelhandel).
  - **Versand • Konditionen**: Dabei können Vorschlagswerte für den Kundenauftrag festlegt werden, die sich auf den Versand von Produkten beziehen (z. B. Incoterms, Lieferprioritäten oder Versandbedingungen).
  - **Fakturierung • Konditionen**: Hier können Vorschlagswerte für die Fakturierung eingegeben werden (z. B. Kundenschema, Zahlungsbedingungen, Kurstyp/Währung oder Preisgruppe).

Für die Pflege eines Debitors werden die in Tabelle 2.2 aufgeführten Transaktionen verwendet.

Bearbeitung	Anlage	Änderung	Anzeige
zentrale Bearbeitung	XD01	XD02	XD03
eingeschränkte Bearbeitung, nur Verkauf	MD01	MD02	MD03

Tabelle 2.2 Transaktionen zur Pflege eines Debitorenstammsatzes

2.1.4 Stammdaten zu den Betrieben

Ein *Betrieb* ist eine organisatorische Einheit, die dazu dient, die in Verteilzentren oder Filialen lagernden Waren für die Bestandsführung nachzuweisen und die zugehörigen Geschäftsprozesse, wie z. B. Wareneingang, Inventur und Warenausgang, abzubilden.

Der *Betriebsstamm* enthält Angaben über die Betriebe des Unternehmens, also über alle Verteilzentren und Filialen. Die Informationen sind in einzelnen *Betriebsstammsätzen* abgelegt. Das System schlägt diese Werte dann bei den verschiedensten Geschäftsvorfällen in entsprechenden Feldern automatisch vor. Abbildung 2.4 zeigt den Einstieg in die Anlagetransaktion für einen Betrieb.

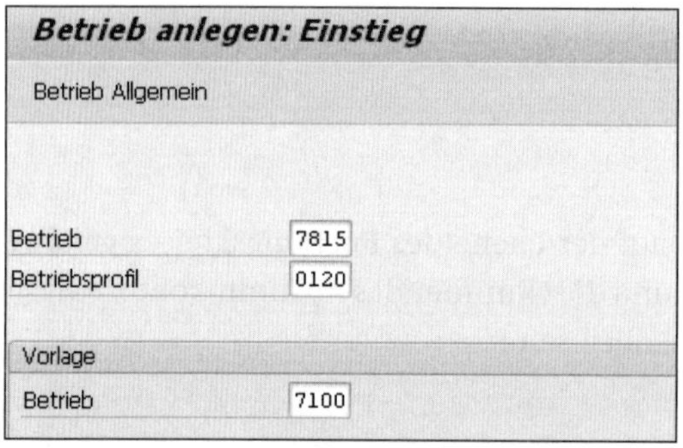

Abbildung 2.4 Einstieg in Transaktion »Betrieb anlegen«

Betriebe in SAP Retail sind Filialen bzw. Warenhäuser oder Verteilzentren:

- **Filiale**
  In diesem Fall wird ein Filialdebitor eröffnet. Dieser dient als Kunde bzw. Warenempfänger zur Belieferung aus einem oder mehreren Verteilzentren. *Technische Filialen* sind Vorlagefilialen zur vereinfachten Artikelpflege. Einem solchen Vorlagebetrieb können Sie z. B. die Werte VORF (für eine Vorlagefiliale) oder auch VORV (im Falle eines Vorlageverteilzentrums) zuweisen). In Abschnitt 2.6, »Vorlagehandling«, wird dies detailliert beschrieben.
- **Verteilzentrum**
  Dabei handelt es sich um einen Betrieb, der einerseits als Warenempfänger vom Lieferanten, andererseits als Kommissionierplattform, Lager, Produktionsstätte und Warenlieferant für die angeschlossenen Filialen dient (siehe auch Abschnitt 5.3, »Warenverteilung«). Ein Verteilzentrum wird als Betrieb mit Filialdebitor und Kreditor geführt.

Ein Betrieb stellt also eine disponierende und bestandsführende Einheit dar. In Abschnitt 2.1.5, »Übersicht über die Einstellungsmöglichkeiten im Customizing«, beschreiben wir die Pflegemöglichkeiten und Ausprägungen genauer.

Im Betriebsstamm können Sie die folgenden Sichten aktivieren:

- Allgemeine Daten:
  - Anschrift
  - Bewertung/Bestandsführung
  - Listung/Disposition
  - Einkauf/Verteilung
  - POS
  - Layout/Sperren
- Zusätzliche Daten:
  - Warengruppen
  - Lieferbetriebe
  - Debitor
  - Abteilungen

Neben der Zuordnung zu den bereits erwähnten Stammdatenobjekten Kreditor und Debitor wird jeder Betrieb den Organisationsdaten zugeordnet. So ist jeder Betrieb einem Buchungskreis, genau einer Einkaufsorganisation und einem Vertriebsbereich zugewiesen. Der Vertriebsbereich wird aus der Verknüpfung der Verkaufsorganisation mit dem Vertriebsweg und der Sparte gebildet. Abbildung 2.5 zeigt beispielhaft die Organisationsdaten in Transaktion WB02 (**Filiale ändern**).

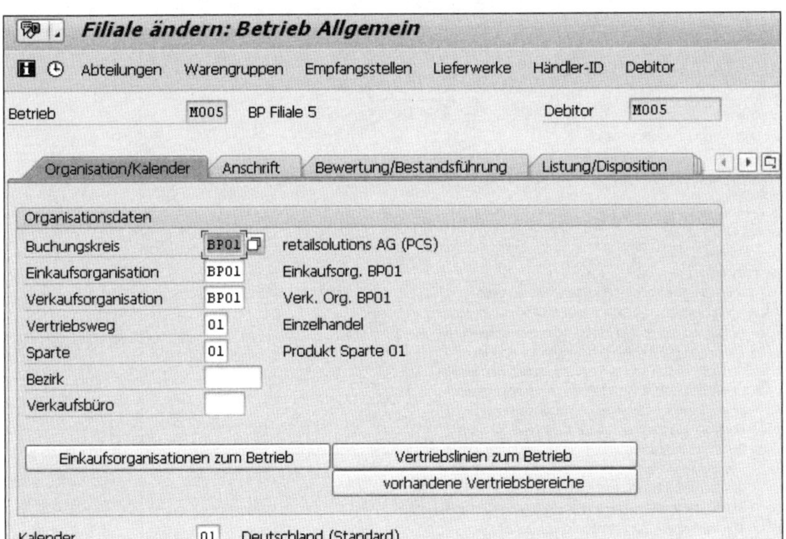

Abbildung 2.5 Organisationsdaten in Transaktion »Filiale ändern«

Für die Pflege eines Betriebs werden die in Tabelle 2.3 aufgeführten Transaktionen verwendet.

Bearbeitung	Anlage	Änderung	Anzeige
Pflege Betrieb	WB01	WB02	WB03

Tabelle 2.3 Transaktionen zur Pflege eines Betriebsstammsatzes

2.1.5 Übersicht über die Einstellungsmöglichkeiten im Customizing

In diesem Abschnitt stellen wir die wichtigsten Customizing-Einstellungen zu den zuvor beschriebenen Stammdatenobjekten Lieferantenstamm (Kreditorenstamm) bzw. Debitorenstamm sowie Betriebsstamm kurz dar. Auf das Customizing des Betriebsstamms gehen wir dabei etwas detaillierter ein.

Lieferanten- und Debitorenstamm

In Abbildung 2.6 und Abbildung 2.7 erhalten Sie eine Übersicht über die Customizing-Einstellungen des Lieferantenstamms und des Debitorenstamms im Einführungsleitfaden (Implementation Guide, IMG). Für beide Objekte sind die Einstellungsmöglichkeiten sehr ähnlich. Es wird hier jeweils nur eine Übersicht in Form der Einträge **Anlegen der Debitorenstammdaten vorbereiten** bzw. **Anlegen der Kreditorenstammdaten vorbereiten** (für die Lieferanten) dargestellt.

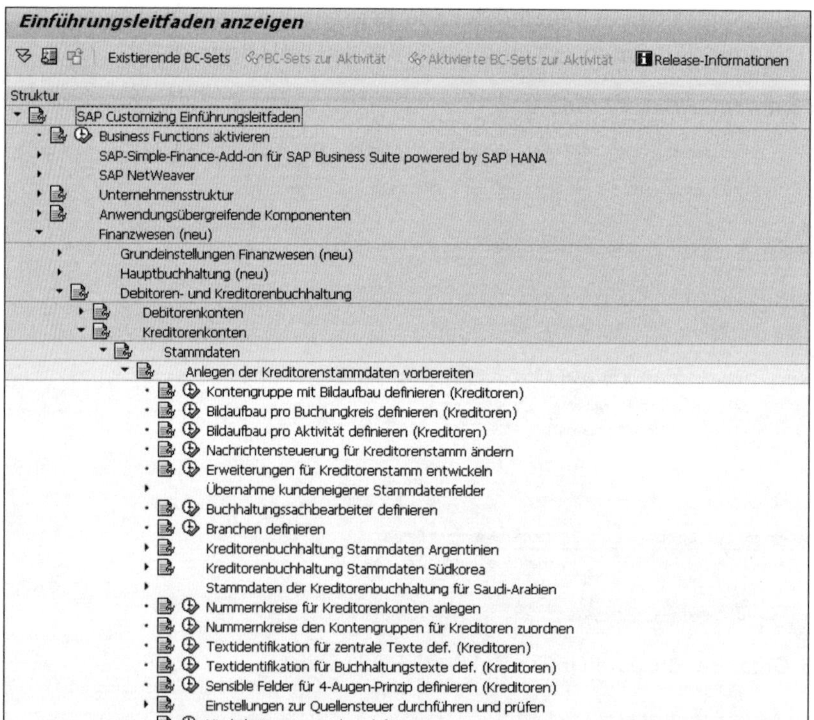

Abbildung 2.6 Customizing-Einstellungen für den Lieferantenstamm

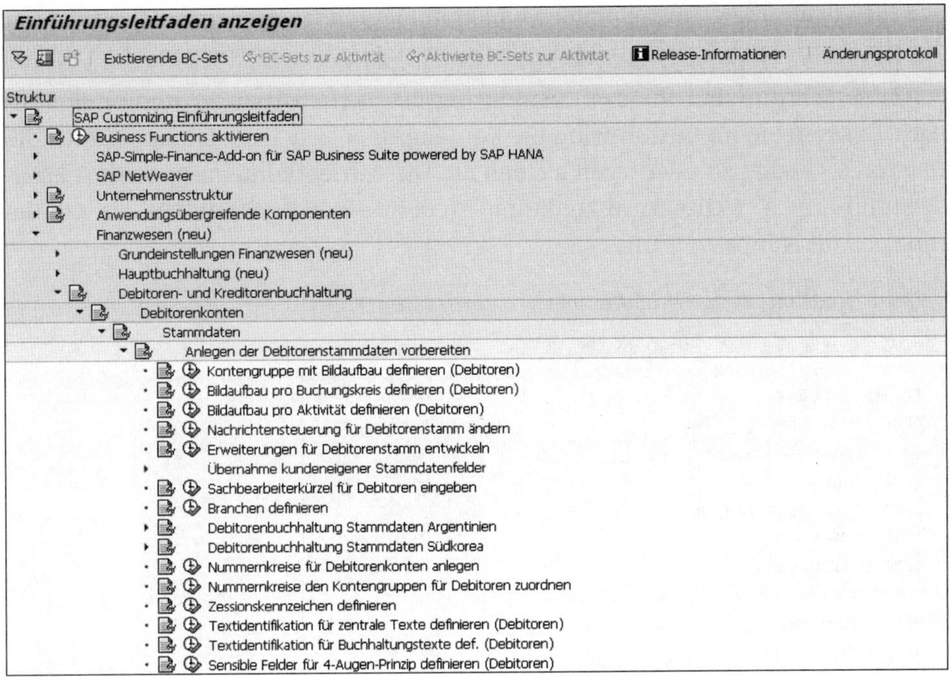

Abbildung 2.7 Customizing-Einstellungen für den Debitorenstamm

Für diese beiden Stammdatenobjekte gilt bezüglich des Customizings die folgende Vorgehensweise:

1. Zunächst legen Sie die Kontengruppen und den Bildaufbau für die Sichten und die darauf hinterlegten Felder fest. Dabei können Sie eine Unterscheidung pro Buchungskreis und/oder pro Aktivität (Anlage/Änderung) vornehmen.
2. Anschließend legen Sie die möglichen Nummernkreise unter Angabe der externen oder internen Nummernvergabe an.
3. Schließlich ordnen Sie die Kontengruppen zu den Nummernkreisen zu.

Betriebsstamm

Das Customizing des Betriebsstamms beschreiben wir hier etwas detaillierter, da es komplexer ist. Der Schwerpunkt liegt dabei auf der Anlage einer *Kopierregel*, die es ermöglicht, alle relevanten Customizing-Einstellungen von einem Vorlagebetrieb (Filiale oder Verteilzentrum) in den Zielbetrieb zu kopieren und das Customizing zu bestätigen. Die Customizing-Einstellungen für den Betrieb befinden sich im IMG an unterschiedlichen Stellen. Damit diese Einstellungen nicht explizit bei jeder Anlage eines Betriebs vorgenommen werden müssen, erleichtert der Einsatz der Kopierregel die Anlage. Pro *Betriebsprofil* kann eine Kopierregel hinterlegt werden, die grundsätzlich alle Customizing-Einstellungen von der Kopiervorlage übernimmt. Lesen Sie zu diesem Thema auch Abschnitt 2.6.4, »Vorlagehandling für Betriebe«.

Folgende Schritte sind für das Customizing des Betriebsstamms notwendig: Zunächst weisen Sie im Customizing die Kontengruppe, wie in Abbildung 2.8 für die Debitoren gezeigt, zu oder legen sie neu an. Die Betriebskontengruppen für Filialdebitoren und Verteilzentrumkreditoren steuern den Betriebsaufbau, die Kontierung und die Nummerierung.

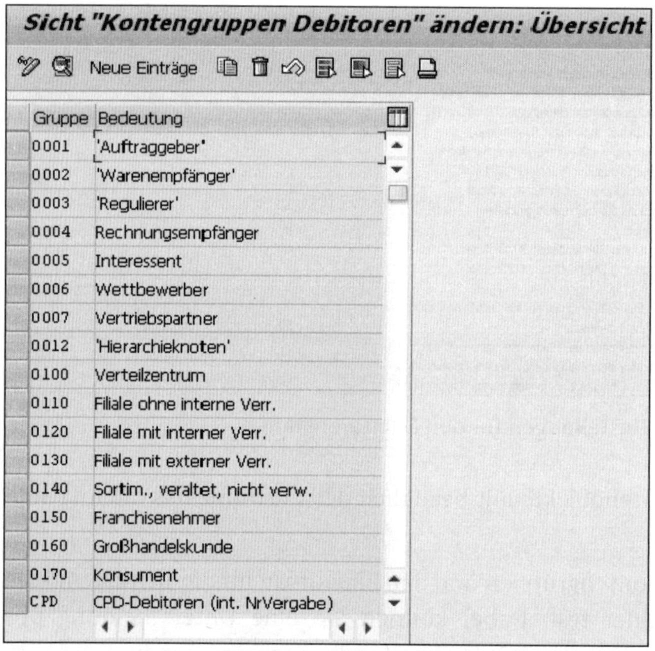

Gruppe	Bedeutung
0001	'Auftraggeber'
0002	'Warenempfänger'
0003	'Regulierer'
0004	Rechnungsempfänger
0005	Interessent
0006	Wettbewerber
0007	Vertriebspartner
0012	'Hierarchieknoten'
0100	Verteilzentrum
0110	Filiale ohne interne Verr.
0120	Filiale mit interner Verr.
0130	Filiale mit externer Verr.
0140	Sortim., veraltet, nicht verw.
0150	Franchisenehmer
0160	Großhandelskunde
0170	Konsument
CPD	CPD-Debitoren (int. NrVergabe)

Abbildung 2.8 Kontengruppen der Debitoren für den Betriebsstamm definieren

Betriebsprofile (siehe Eintrag in Abbildung 2.9) steuern die Kopierlogik bei der Anlage neuer Betriebe unter Berücksichtigung der im Profil hinterlegten Vorlagefilialen. Im Wesentlichen werden folgende Betriebsprofile unterschieden:

- **Betriebsprofil für Filialen**
  Die Filialen können mithilfe des Betriebsprofils nach ihrer Größe, ihrer Kategorie und der Prozessabwicklung unterschieden werden. Je nachdem, wie unterschiedlich die Filialen ausgeprägt sind, können pro Filialtyp auch diverse Betriebsprofile eingerichtet werden. Die Filialen können so z. B. anhand ihrer Größe oder anhand ihrer Lage unterschieden werden.
- **Betriebsprofil für Verteilzentrum**
  Ein Verteilzentrum hat grundsätzlich das Profil 0100 im Verteilzentrum-Standardprofil. In diesem Profil kann neben einem Vorlagedebitor auch noch ein Vorlagekreditor hinterlegt werden.

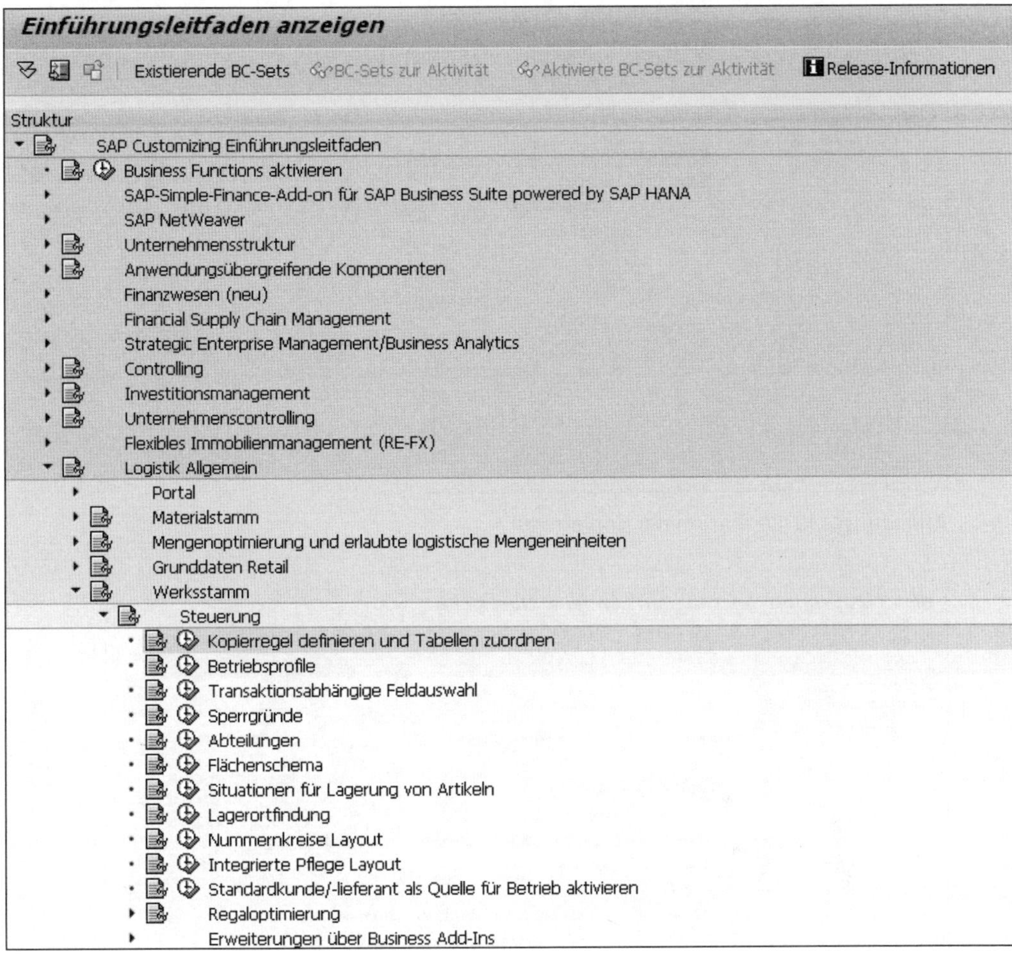

Abbildung 2.9 Customizing des Betriebsstamms

Die Definition der Kopierregel sehen Sie in Abbildung 2.10. Sie kann die Anlage eines Betriebs, z. B. einer Filiale, vereinfachen. In der Kopierregel werden die Customizing-Einträge bzw. die Customizing-Tabellen hinterlegt, die bei der Anlage eines Betriebs vom Quellbetrieb auf den Zielbetrieb übertragen werden sollen.

Vorteilhaft kann hier die Anlage einer *Maximumkopierregel* sein, bei der grundsätzlich alle Einträge kopiert werden. Dies macht natürlich nur dann Sinn, wenn es keine Abweichungen zwischen dem Vorlage- und den neu angelegten Betrieben gibt. Falls z. B. spezielle Einträge grundsätzlich individuell pro Filiale erfolgen sollen, sollten Sie die betroffene Customizing-Tabelle aus der Kopierregel herausnehmen. Abbildung 2.11 zeigt als Beispiel die Kopierregel 01.

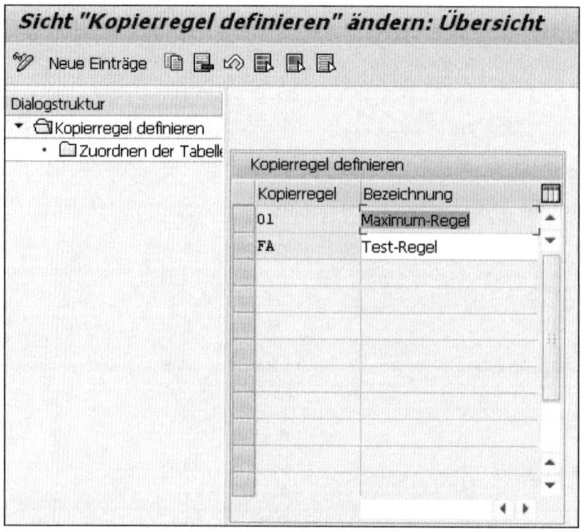

Abbildung 2.10 Definition der Kopierregel

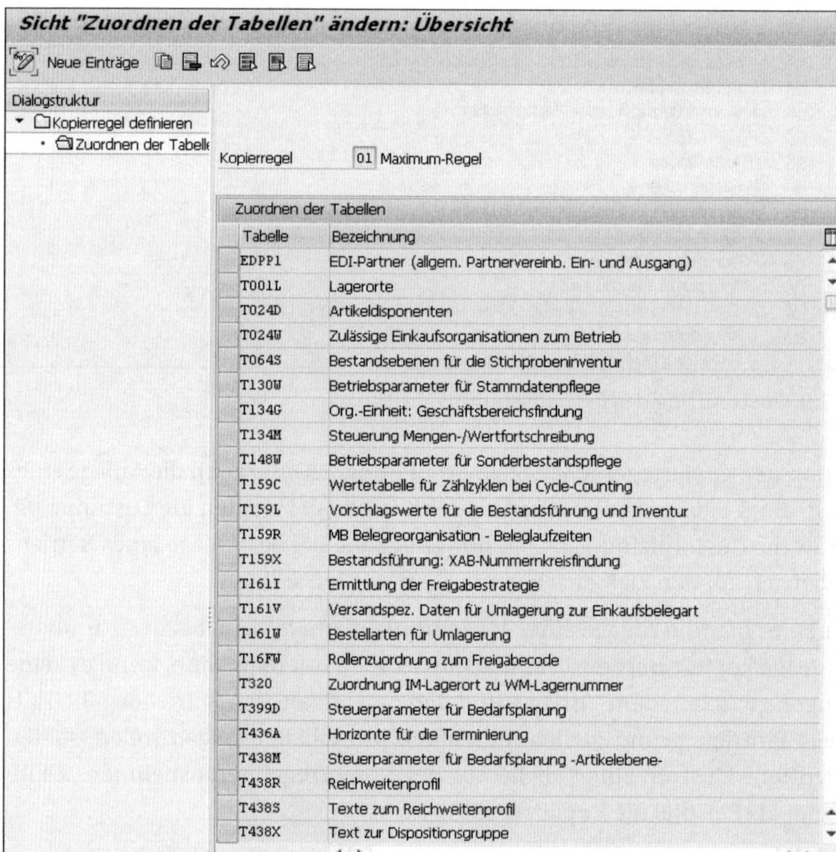

Abbildung 2.11 Kopierregel 01

Die eigentlichen Customizing-Einstellungen zum Betrieb nehmen Sie in Transaktion WB02 vor. Innerhalb der Pflege des Betriebs können Sie über den Menüpfad **Customizing • Zum Werk** zu dieser Customizing-Transaktion abspringen und sich alle Customizing-Einstellungen in gebündelter Form anzeigen lassen (siehe Abbildung 2.12).

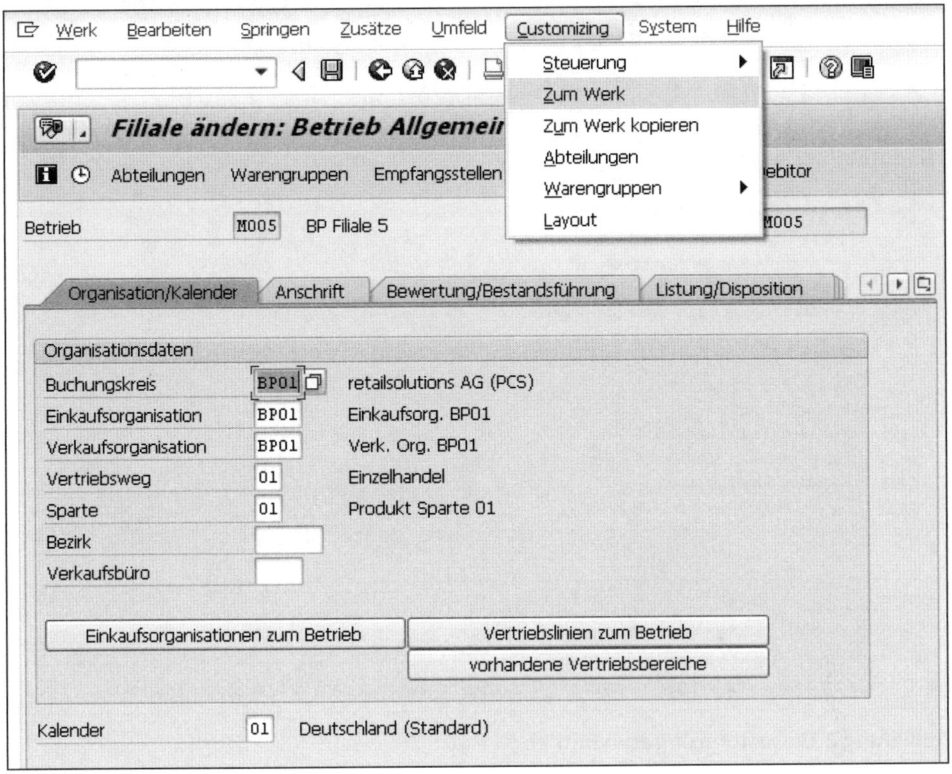

Abbildung 2.12 Absprung in das Customizing zum Betrieb in Transaktion WB02

In Abbildung 2.13 sehen Sie, welche Einstellungen im Customizing zum ausgewählten Betrieb definiert wurden.

Filialen können über das Customizing (und damit im Customizing-Mandanten) angelegt und transportiert oder als Stammsatz pro Mandant angelegt werden. Werden die Betriebe im Customizing angelegt und transportiert, müssen Sie außerdem sicherstellen, dass die Filialdebitoren bzw. die Filialkreditoren für das Verteilzentrum transportiert werden. Dies erfolgt über eine ALE-Verteilung (Application Link Enabling). Der zu einem Betrieb zwingend notwendige Filialdebitor wird über den IDoc-Typ DEBMAS (für Debitoren) übermittelt. Der für ein Verteilzentrum zwingend notwendige Filialkreditor wird über den IDoc-Typ CREMAS übermittelt. Es reicht daher nicht aus, nur den Betrieb über einen Customizing-Transport zu transportieren. Zusätzlich müssen auch die relevanten Objekte (Filialdebitor und Filialkreditor) verteilt werden, um die Betriebe vollständig in den Zielsystemen anzulegen.

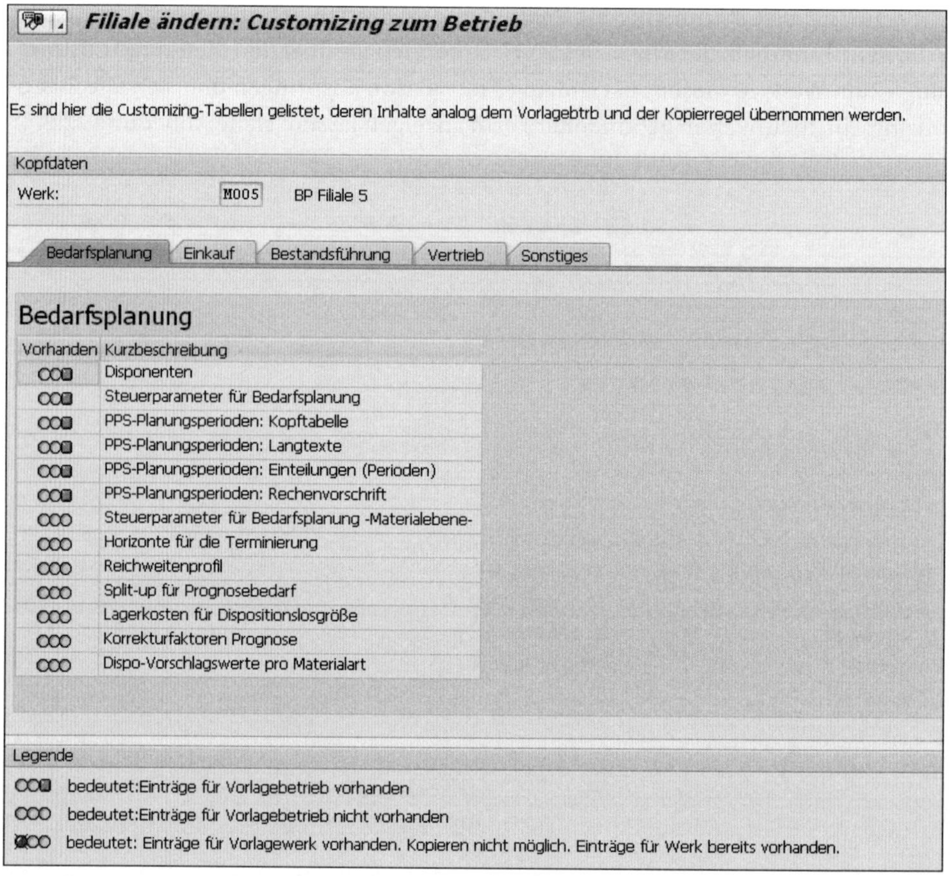

Abbildung 2.13 Customizing zum Betrieb

2.2 Organisationsstrukturen

In diesem Abschnitt beschreiben wir die wichtigsten Objekte der Organisationsstammdaten. Über diese Organisationsstrukturen wird das bzw. werden die Unternehmen in SAP Retail abgebildet. Die Organisationsstruktur in SAP Retail kann als hierarchischer Aufbau aller im Unternehmen vorkommender Organisationseinheiten betrachtet werden. Sie wird verwendet, um das Unternehmen als Ganzes sowie Einkauf und Verkauf flexibel abbilden und organisieren zu können. Man kann diese Struktur in Mandanten, Buchungskreise, Verkaufsorganisationen und Einkaufsorganisationen gliedern:

- **Mandant**
  Der Mandant beschreibt die höchste Hierarchieebene in einem SAP- System. Alle weiteren Organisationseinheiten sind ihm untergeordnet. Ein Mandant stellt einen Konzern oder ein Unternehmen dar, das im späteren Verlauf in Tochterunternehmen gegliedert werden kann.
- **Buchungskreis**
  Im externen Rechnungswesen stellt der Buchungskreis die kleinste Organisationseinheit dar, für die eine vollständige, in sich abgeschlossene Buchhaltung abgebildet werden kann. Im Sinne einer rechtlich selbstständigen Firma übernimmt diese Einheit bilanzierende und organisatorische Aufgaben. Der Buchungskreis kann in weitere Geschäftsbereiche untergliedert werden. Dies ermöglicht es z. B., Kennzahlen und Ereignisse je Geschäftsbereich zu verwalten und auszuwerten.

  Pro Mandant können mehrere Buchungskreise vorhanden sein. Dies ist dann sinnvoll, wenn mehrere Tochterunternehmen im Mandanten angelegt werden und jedes davon selbstständig buchhalterisch abgeschlossen werden muss. In einem SAP-Retail-System ist die Definition der Organisationseinheit Buchungskreis obligatorisch.
- **Verkaufsorganisation und Vertriebsweg**
  Die Verkaufsorganisation ist eine organisatorische Einheit innerhalb der Logistik, die das Unternehmen nach den Erfordernissen des Vertriebs gliedert. Sie ist für den Vertrieb von Materialien und Dienstleistungen sowie das Aushandeln von Konditionen mit Kunden zuständig. Als verkaufende Einheit im rechtlichen Sinne ist sie ebenfalls für die Produkthaftung und Regressansprüche der Kunden verantwortlich.

  Mithilfe der Verkaufsorganisation kann eine regionale Untergliederung des Marktes, z. B. nach Regionen oder Ländern, berücksichtigt werden. Sämtliche Geschäftsvorfälle des Vertriebs werden innerhalb einer Verkaufsorganisation abgewickelt.

  Neben der Verkaufsorganisation gibt es in der Logistik eines Unternehmens noch den *Vertriebsweg*. Er beschreibt den Weg, den ein Produkt bis zum Kunden zurücklegt. Beispiele dafür sind Direktverkauf, Einzelhandel oder Großhandel. Der Vertrieb nutzt diese verschiedenen Vertriebskanäle oder Absatzschienen, um den Markt zu jeder Zeit optimal versorgen zu können.

  Ein Vertriebsweg wird immer einer Verkaufsorganisation zugeordnet. Zusammen bilden Verkaufsorganisation und Vertriebsweg die *Vertriebslinie*. Da viele Handelsunternehmen verschiedene Formen des Absatzes für den Verkauf an den Endkunden verwenden, ist es notwendig, mehrere Vertriebslinien im SAP-R/3-System definieren zu können.

- **Einkaufsorganisation**
  Die Einkaufsorganisation ist eine gliedernde Einheit innerhalb der Logistik eines Unternehmens. Sie wickelt den kompletten Einkaufsvorgang ab und ist daher nach außen rechtlich dafür verantwortlich. In einer Einkaufsorganisation werden nach den Erfordernissen des Einkaufs Materialien oder Dienstleistungen beschafft, Konditionen mit einem Lieferanten ausgehandelt und die daraus entstehenden Geschäfte organisiert.

  Durch die Zuordnung zu einem Buchungskreis und einem Werk wird die Form der Beschaffung bestimmt. Die Einkaufsorganisation stellt eine Datenhaltungsebene für viele Stammdaten dar.

  Eine hierarchische Untergruppe der Einkaufsorganisation ist die *Einkäufergruppe*. Ein oder mehrere Einkäufer im Sinne einer Einkaufsabteilung können einer solchen Einkäufergruppe zugeordnet werden. Die Einkäufergruppe ist für die Pflege von Stamm- und Steuerungsdaten sowie die operative Abwicklung des Einkaufs zuständig. Die Einkäufergruppe stellt im Gegensatz zur Einkaufsorganisation keine Datenhaltungsebene dar.

Mithilfe der Organisationsstrukturen kann ein Unternehmen in SAP R/3 abgebildet werden. Auf *Einkaufsebene* können Sie z. B. eine Untergliederung in verschiedene logistische Beschaffungswege vornehmen. In Abbildung 2.14 sehen Sie dazu ein Beispiel.

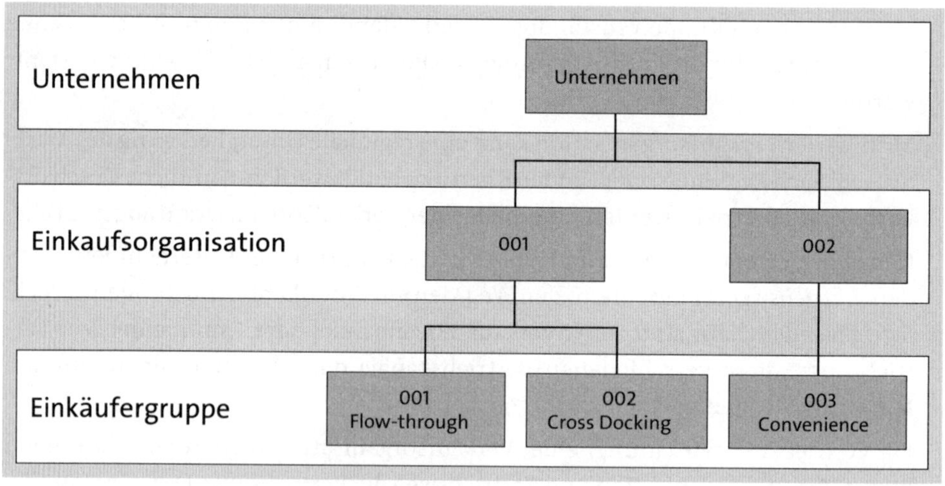

Abbildung 2.14 Aufbau einer Einkaufsorganisation

Auf *Verkaufsebene* erfolgt eine Unterteilung in die verschiedenen Vertriebsmöglichkeiten, wie in Abbildung 2.15 exemplarisch gezeigt.

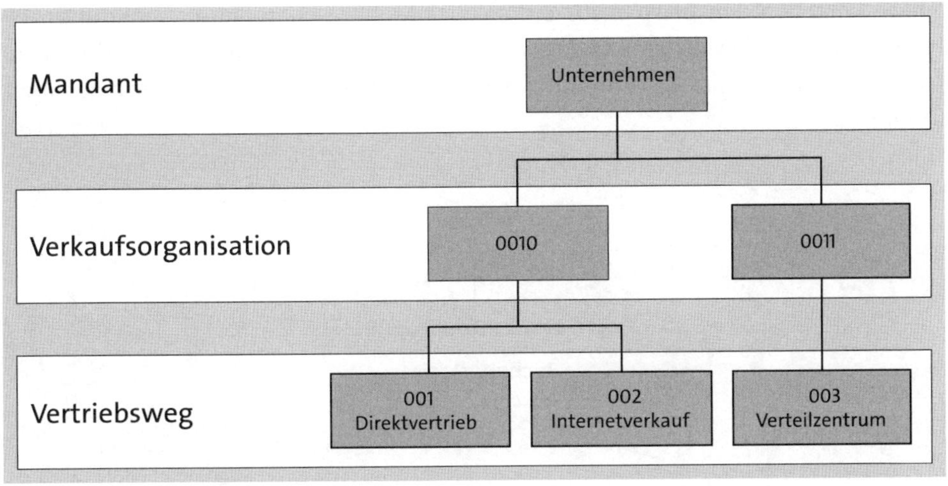

Abbildung 2.15 Aufbau einer Verkaufsorganisation

Eine Abbildung der kompletten Einkaufs- und Verkaufsorganisation dieses Unternehmens könnte dann wie in Abbildung 2.16 aussehen.

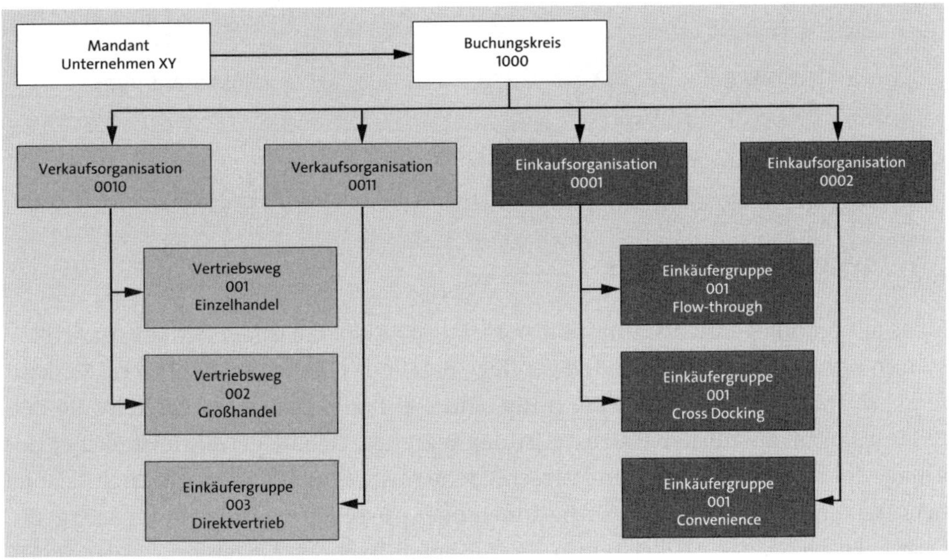

Abbildung 2.16 Abbildung eines Unternehmens

Dabei ist ein Buchungskreis immer nur jeweils einem Mandanten zugeordnet. Ein Mandant kann mehrere Buchungskreise besitzen. Genauso verhält es sich mit den Beziehungen zwischen Buchungskreis und Einkaufs-/Verkaufsorganisation sowie zwischen Einkaufs-/Verkaufsorganisation und Einkäufergruppe/Vertriebsweg. Diese Beziehungen lassen sich am einfachsten mithilfe eines *Entity-Relationship-Modells*

(ERM) darstellen. Ein Beispiel für ein solches Modell sehen Sie in Abbildung 2.17. 1 bezeichnet hier jeweils eine Organisationseinheit mit n möglichen Zuordnungen. Einer Verkaufsorganisation können z. B. ein oder mehrere Vertriebswege angehängt werden.

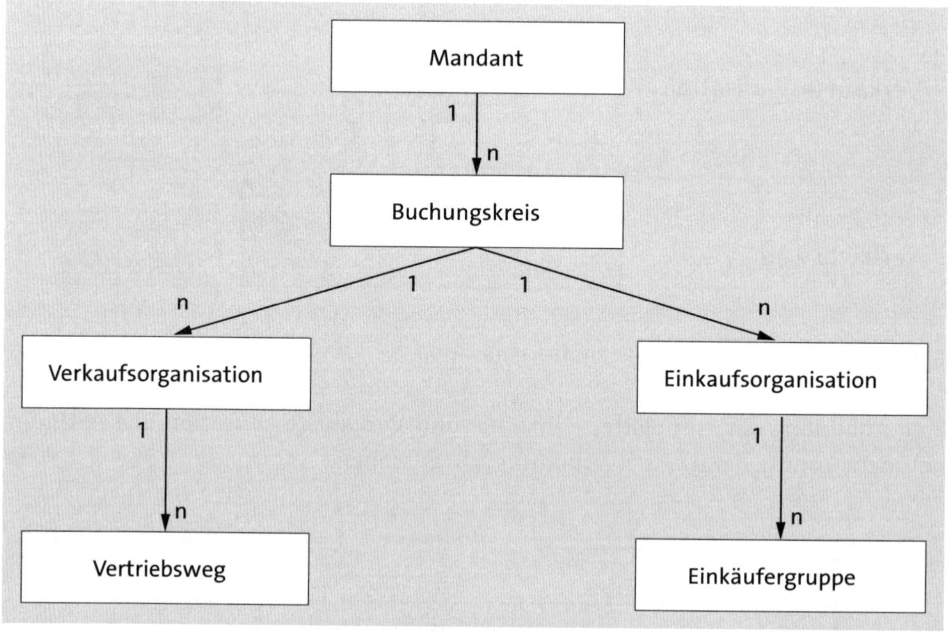

Abbildung 2.17 Organisationsstruktur als ERM

2.3 Artikelstammdaten

Eines der grundlegenden Stammdatenobjekte in SAP Retail ist der Artikel. Im Artikelstamm werden alle Informationen gepflegt, die für das Einkaufen, Einlagern, Verkaufen und Transportieren der Ware nötig sind – also alle Daten des Artikels, die den reibungslosen Ablauf der Prozesse in der Warenwirtschaft gewährleisten. Bei der Anlage der einzelnen Artikel sind verschiedene Ausprägungen möglich. Zum Beispiel benötigt ein T-Shirt andere Informationen oder Ausprägungen als ein Fernsehgerät. Deswegen bietet der Artikelstamm in SAP Retail folgende Gruppierungsvarianten, um die unterschiedlichen Artikel darstellen zu können:

- Artikelart
- Artikeltyp
- Warengruppe

In den folgenden Abschnitten gehen wir auf diese verschiedenen Gruppierungsmöglichkeiten näher ein.

2.3.1 Sichten eines Artikelstammsatzes

Verschiedene Artikelinformationen werden auf den Sichten für den Artikelstammsatz gebündelt dargestellt. Im Artikelstamm von SAP Retail werden alle Informationen zu einem Artikel gepflegt. Wie Sie in Abbildung 2.18 sehen, gibt es hier die verschiedenen Sichten **Grunddaten**, **Listung**, **Einkauf**, **Verkauf**, **Logistik VZ** (Verteilzentrum), **Logistik Filiale** und **POS** (Point of Sale).

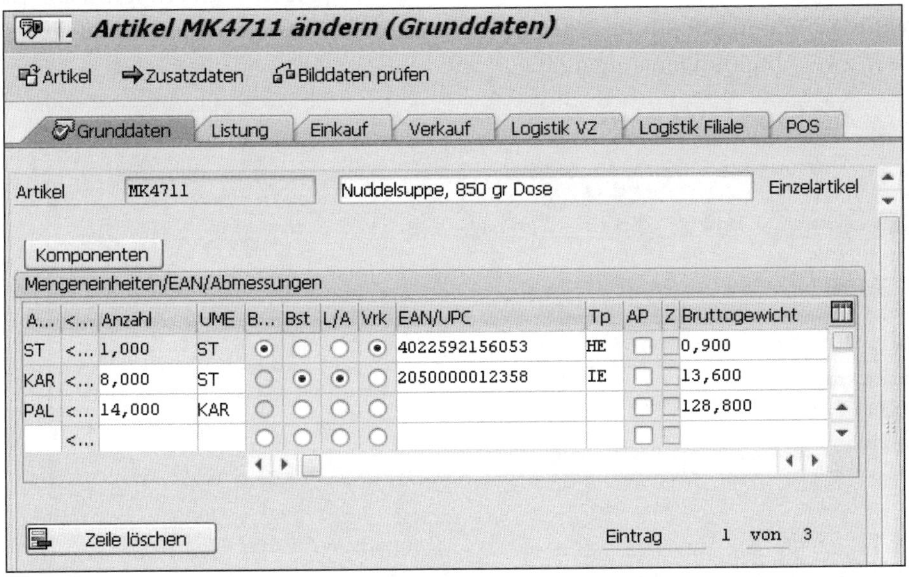

Abbildung 2.18 Sichten des Artikelstamms

Damit alle Prozesse in SAP Retail, die etwas mit dem Artikel zu tun haben, reibungslos funktionieren, müssen hier alle relevanten Informationen gepflegt werden. Auf die verschiedenen Sichten gehen wir in den folgenden Abschnitten im Detail ein.

Grunddaten

In den **Grunddaten** befinden sich alle allgemeingültigen Daten zu einem Artikel. Auf oberster Ebene sehen Sie z. B. die Artikelbezeichnung, die Artikelnummer, den Artikeltyp, die Europäische Artikelnummer (EAN), Mengeneinheiten, Gewicht und Abmessungen. Dies sind die wichtigsten Informationen, um einen Artikel zu identifizieren.

Je nach Artikeltyp ist die obersten Ebene der Grunddatensicht unterschiedlich aufgebaut (nähere Informationen zu den Artikeltypen finden Sie in Abschnitt 2.4.1, »Artikeltypen und Artikelarten«). Zum Beispiel wird bei einem *Sammelartikel* noch ein zusätzlicher Button **Varianten** eingeblendet. Bei einem *Display* oder *Verkaufsset* hingegen wird die zusätzliche Registerkarte **Komponenten** eingeblendet. Wenn Sie auf einen dieser Buttons oder eine der Registerkarten klicken, werden die Artikel angezeigt, die dem Sammelartikel, Display oder Verkaufsset zugeordnet sind. Sie rufen so also eine Art Stückliste auf, die einem dieser drei Artikeltypen zugeordnet ist. Unterhalb dieser grundlegenden Daten stehen weitere Grunddaten zum Artikel, etwa die **Warengruppe**, die **Artikelart**, die **Einkäufergruppe**, die Steuerklasse (**Steuerklass.**), der Artikelstatus (betriebsübergreifender Artikelstatus, **Btrbsüb. ArtSt**), Merkmale, **Gültigkeiten**, die **Restlaufzeit** und die Gesamthaltbarkeit (**Gesamthaltbark.**), wie Sie in Abbildung 2.19 und Abbildung 2.20 sehen. Die Grunddatensicht haben wir an dieser Stelle in zwei Abbildungen aufgeteilt.

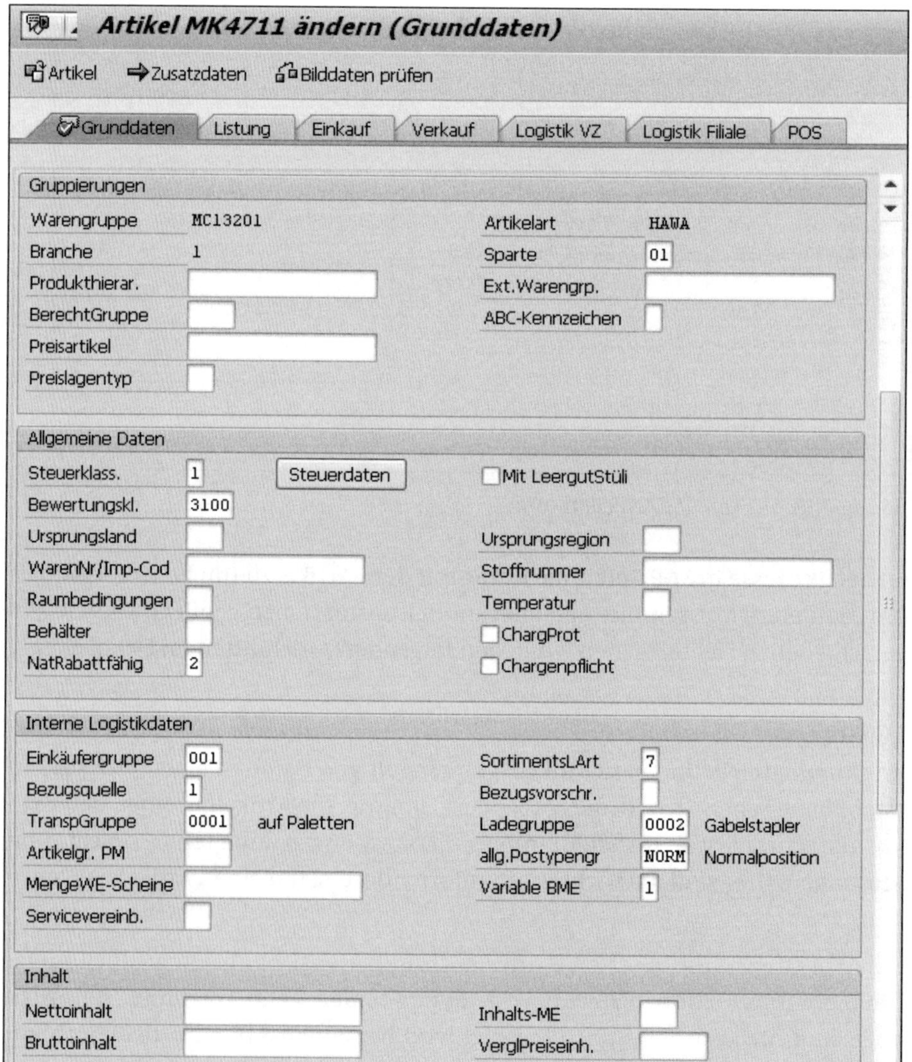

Abbildung 2.19 Grunddaten (erster Teil)

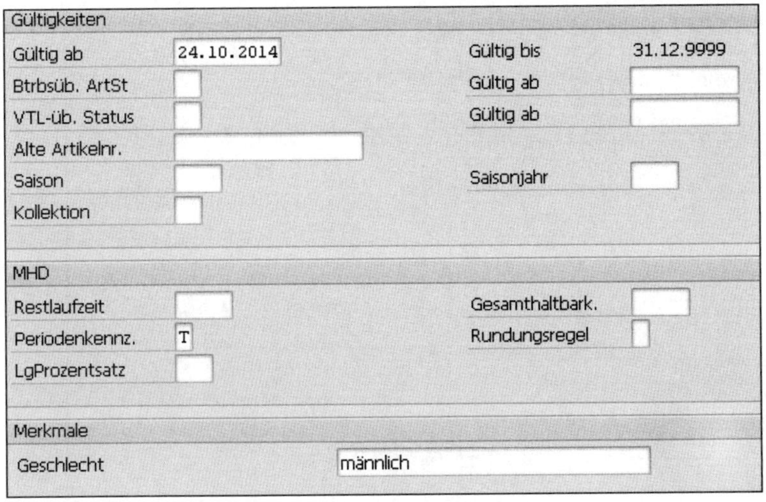

Abbildung 2.20 Grunddaten (zweiter Teil)

Viele dieser Informationen sind rein informativ bzw. dienen zur Identifizierung oder Auswertung des Artikels. Andere hingegen sind steuernde Informationen, die z. B. bei einer Bestellung automatisch aus dem Artikelstamm übernommen werden. Typische Beispiele sind hier die Mengeneinheiten oder der Artikelstatus eines Artikels. Diese haben direkte Auswirkung auf die Bestellung des Artikels. Bestellt man z. B. versehentlich 100 Paletten anstelle von 100 Kartons, gibt SAP Retail automatisch eine Warnung aus, wenn **Karton** als standardmäßige Bestellmengeneinheit definiert ist. Hat der Artikel z. B. den Artikelstatus **nicht bestellbar**, kann er auch nicht bestellt werden. Ein weiteres Beispiel ist die Steuerklasse des Artikels. Dadurch wird automatisch der richtige Prozentsatz beim Drucken der Rechnung gezogen, denn es gelten z. B. für Lebensmittel und Elektrogeräte unterschiedliche Mehrwertsteuersätze. Dies sind nur einige Beispiele, an denen sich die Ausprägungen der Grunddatensicht des Artikels in SAP Retail bemerkbar machen.

Listung

Auf der Registerkarte **Listung** werden die Listungsdaten des Artikels abgelegt, d. h., in welchem Zeitraum und mit welchem Listungsverfahren ein Artikel in einem Betrieb oder in einer Vertriebslinie gelistet wird. Abbildung 2.21 zeigt die Sicht im Anzeigemodus.

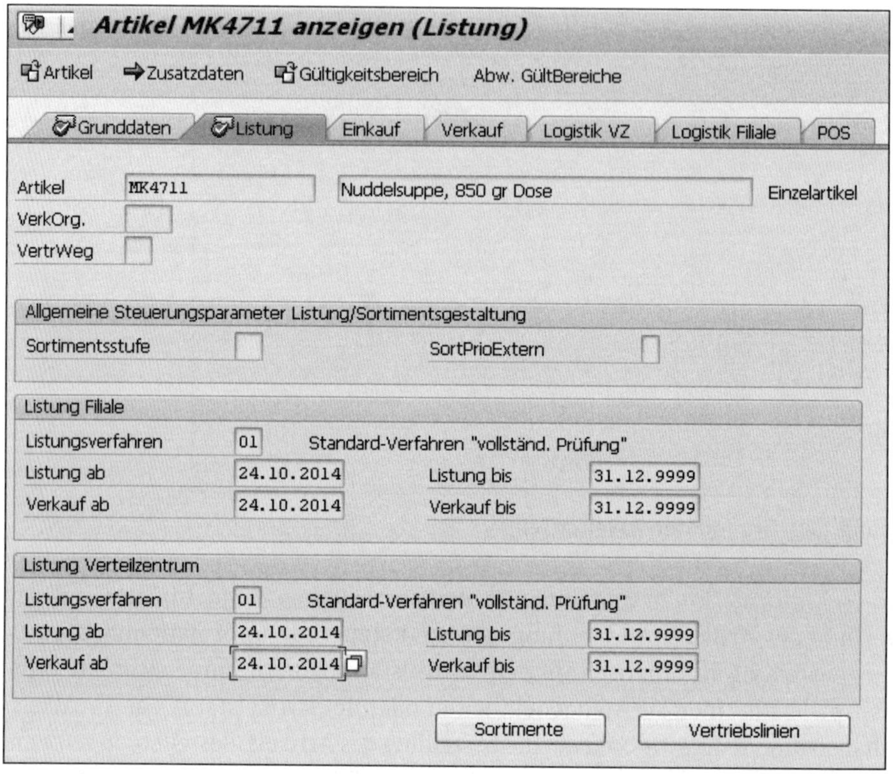

Abbildung 2.21 Artikelsicht »Listung«

Die wichtigsten Felder auf dieser Registerkarte sind (jeweils für Filiale und Verteilzentrum) **Listungsverfahren, Listung ab, Listung bis, Verkauf ab** und **Verkauf bis**. Sie steuern, ab wann der Artikel in einer Filiale bzw. in einem Verteilzentrum zur Verfügung steht bzw. zu welchem Zeitpunkt der Artikel verkauft werden kann. Ist der Gültigkeitszeitraum abgelaufen, kann der Artikel nicht bestellt, geliefert oder verkauft werden. Wenn Sie in den Anlagemodus oder Änderungsmodus wechseln, können Sie mit einem Klick auf den Button **Listung durchführen** den Artikel in allen gewünschten Betrieben oder Vertriebslinien listen.

Einkauf (inklusive der Zuordnung der Organisationsebenen)

Auf der Registerkarte **Einkauf** sind alle Informationen zu einem Artikel pro Lieferant hinterlegt. Wenn z. B. Äpfel von zwei Lieferanten geliefert werden, gibt es für beide Lieferanten jeweils eine Einkaufssicht für den Artikel. Wenn bereits mehrere Lieferanten pro Artikel in SAP Retail hinterlegt sind, öffnet sich beim Anklicken der Registerkarte **Einkauf** auch automatisch ein Pop-up-Fenster mit allen angelegten Lieferanten (siehe Abbildung 2.22).

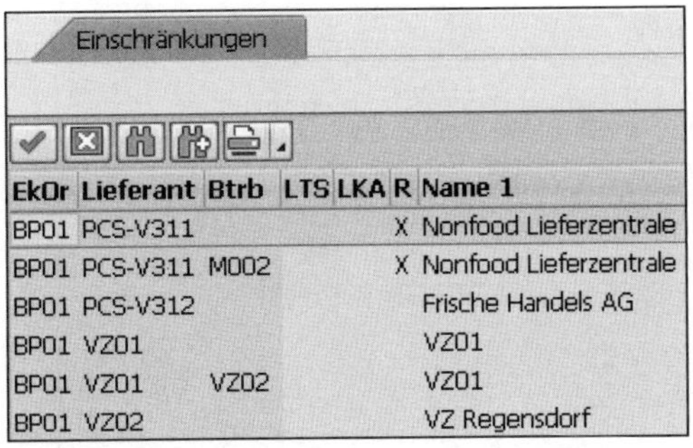

EkOr	Lieferant	Btrb	LTS	LKA	R	Name 1
BP01	PCS-V311				X	Nonfood Lieferzentrale
BP01	PCS-V311	M002			X	Nonfood Lieferzentrale
BP01	PCS-V312					Frische Handels AG
BP01	VZ01					VZ01
BP01	VZ01	VZ02				VZ01
BP01	VZ02					VZ Regensdorf

Abbildung 2.22 Artikeldaten pro Lieferant

Durch diese Abbildung besteht die Möglichkeit, die einzelnen Werte pro Lieferant zu pflegen und zu vergleichen. Hier werden daher alle Daten gepflegt, die zum Einkaufen eines Artikels relevant sind.

Eine weitere Möglichkeit ist die Anlage einzelner Einkaufsinfosätze pro Lieferant und Betrieb. Dies wird z. B. relevant, wenn pro Verteilzentrum unterschiedliche Preise vereinbart werden müssen. Ein typisches Beispiel dafür ist, wenn ein Verteilzentrum im Ausland existiert und damit höhere Logistikkosten für den Lieferanten entstehen. Im Vordergrund steht natürlich der Einkaufspreis beim Lieferanten, jedoch sind auch weitere Informationen von großer Bedeutung. Denn hinter dem Preis stecken meist Mengenabsprachen, Lieferzeiten, Liefergarantien etc. Das bedeutet, dass nicht nur der aktuell gültige Preis relevant ist, sondern auch Preise aus der Vergangenheit oder Preise in der Zukunft. Zusätzlich ist es wichtig, ab wann der Artikel geliefert wird, in welcher Einheit er bestellt werden kann (Stück, Karton oder Palette), welche Höchst- und Mindestmengen mit dem Lieferanten vereinbart wurden, welche Preisstaffelungen der Lieferant anbietet und welche Rabatte vom Lieferanten gewährt werden. All diese Informationen werden im Einkaufsinfosatz des Artikels gepflegt (siehe auch Abbildung 2.23).

Verkauf

In den Verkaufsdaten eines Artikels werden die Verkaufspreise pro Vertriebslinie gepflegt. Für die Verkaufspreisdarstellung sind mehrere Datenhaltungsebenen möglich. Es gibt also verschiedene Möglichkeiten, Verkaufspreise in SAP Retail zu pflegen. Die einfachste Pflege ist die über die Vertriebslinie. Wie bereits in Abschnitt 2.2, »Organisationsstrukturen«, erläutert, ist die Vertriebslinie die Kombination aus Verkaufsorganisation und Vertriebsweg. Unter den Vertriebslinien sind dann die verschiedenen Abnehmer wie etwa eine Filiale oder Kunden zugeordnet bzw. angehängt.

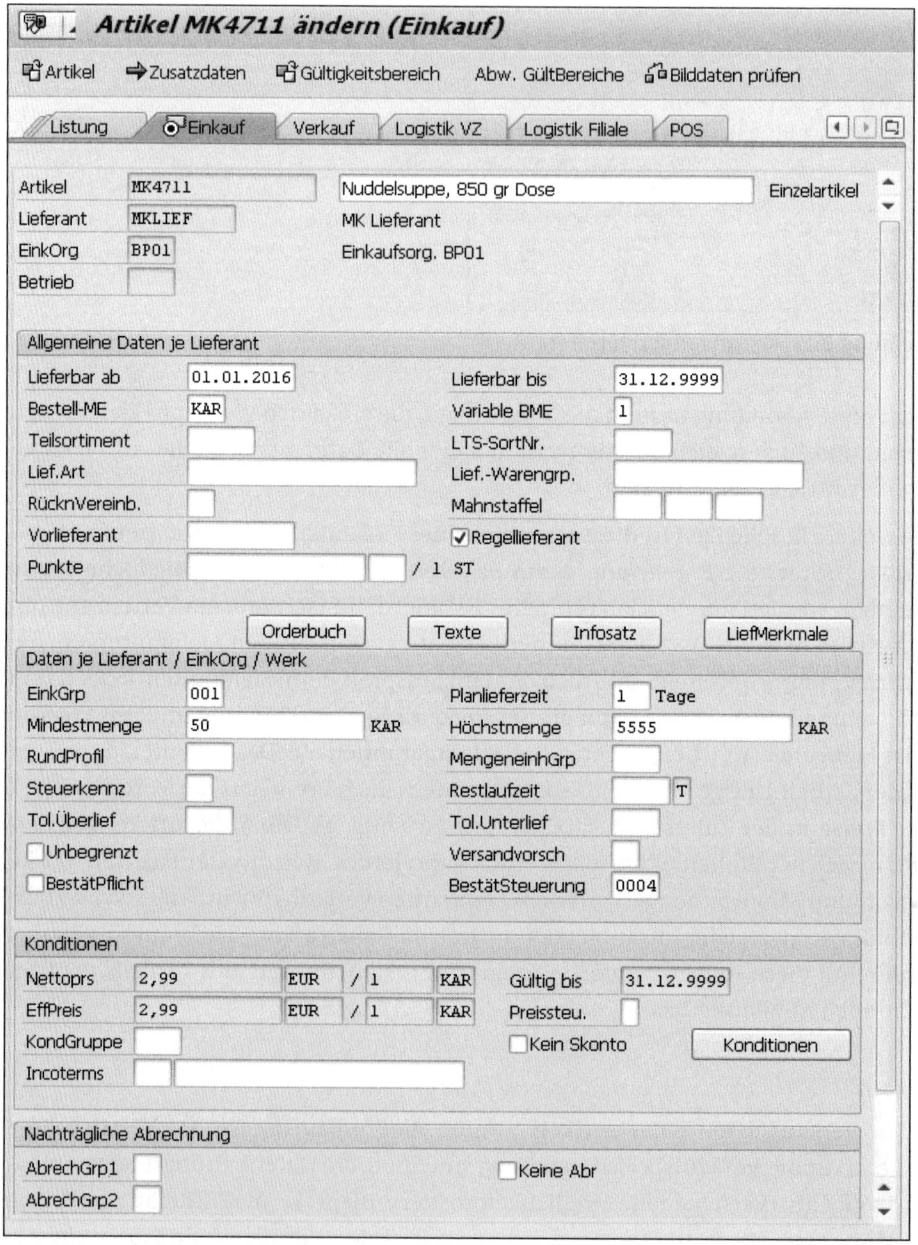

Abbildung 2.23 Artikelsicht »Einkauf«

Der Preis wird für den gewünschten Zeitraum (**gültig ab** und **gültig bis**) und für eine Vertriebslinie hinterlegt. So wird allen Abnehmern bzw. Filialen, die sich innerhalb dieser Vertriebslinie befinden, der eingegebene Preis zugeordnet (siehe Abbildung 2.24 und Abbildung 2.25).

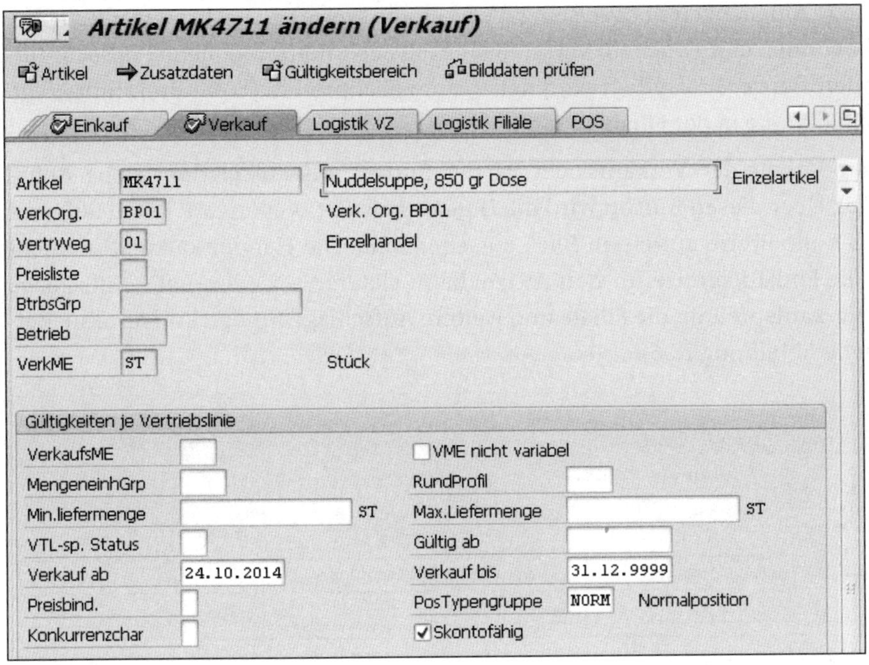

Abbildung 2.24 Artikelsicht »Verkauf« (erster Teil)

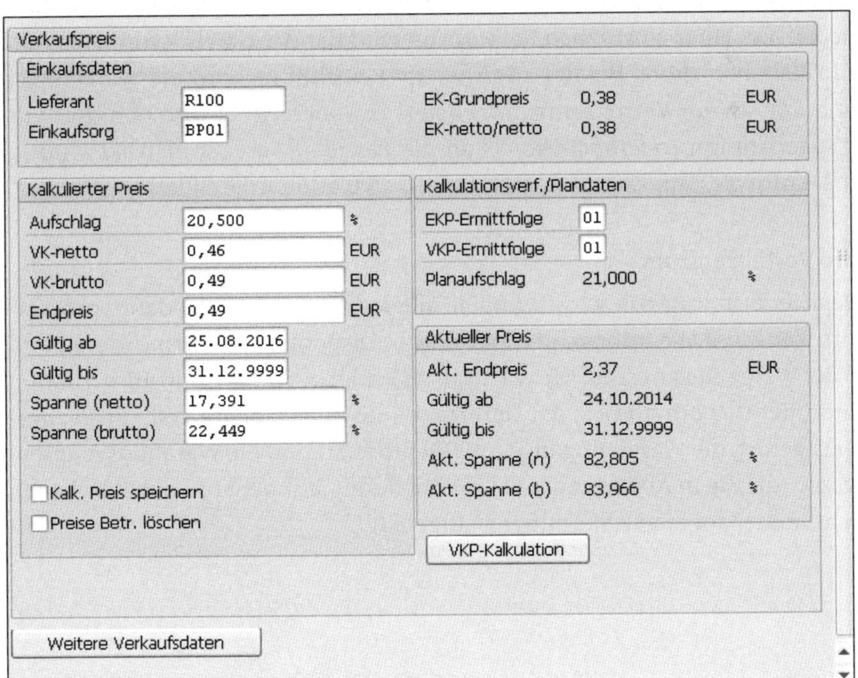

Abbildung 2.25 Artikelsicht »Verkauf« (zweiter Teil)

Eine weitere Möglichkeit der Preiseingabe ist es, die Preise pro Verkaufsstelle zu pflegen. Hier können dann auch für verschiedene Filialen unterschiedliche Preise hinterlegt werden. Bei der Preispflege wird neben dem Filialpreis auch der Preis hinterlegt, den der Endkunde in der Filiale bezahlen muss.

Die Besonderheit der Verkaufssicht ist der Button **VKP-Kalkulation** (siehe Abbildung 2.25). Über diesen Button wird die *Handelskalkulation* von SAP Retail aufgerufen, in der alle Preise auf einen Blick zu sehen sind. Die Handelskalkulationssicht enthält die Einkaufspreise für den Artikel beim Lieferanten, eventuelle Aufschläge für den Verkaufspreis an die Filiale und weitere Aufschläge für den Endverbraucherpreis (siehe Abbildung 2.26).

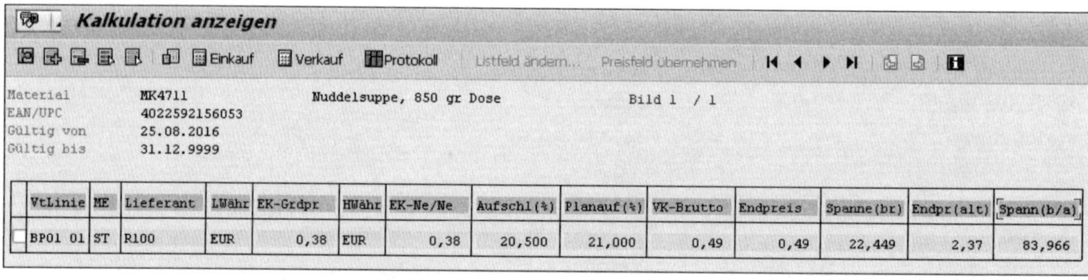

Abbildung 2.26 Handelskalkulation

Dabei wird zwischen einer einstufigen und einer zweistufigen Handelskalkulation unterschieden. Bei einer *einstufigen* Kalkulation wird die Ware direkt vom Lieferanten an die Filiale berechnet. Bei der *zweistufigen* Berechnung wird die Ware zuerst vom Lieferanten an ein Verteilzentrum geliefert bzw. berechnet und von dort aus über den sogenannten *Lagerabgabepreis* an die Filialen. Dieses Konstrukt wird in Abschnitt 2.9, »Preise, Konditionen und Handelskalkulation«, detaillierter erläutert.

Logistik pro Verteilzentrum

Auf der Registerkarte **Logistik VZ** pflegen Sie alle logistischen Artikeldaten pro Verteilzentrum. Dies sind alle Informationen, die zum Disponieren, Transportieren und Einlagern der Ware relevant sind. Die wichtigsten Felder auf dieser Registerkarte sind die **Bestände**, der **Disporhythmus**, der **Lieferrhythmus**, die **Planlieferzeit**, die **Bezugsquelle**, der **Lagerort**, die Wareneingangs- (**WE-BearbeitZt**) und die Warenausgangsbearbeitungszeit, die Sie in Abbildung 2.27 und Abbildung 2.28 sehen. Auch hier haben wir die Sicht wieder auf zwei Abbildungen aufgeteilt.

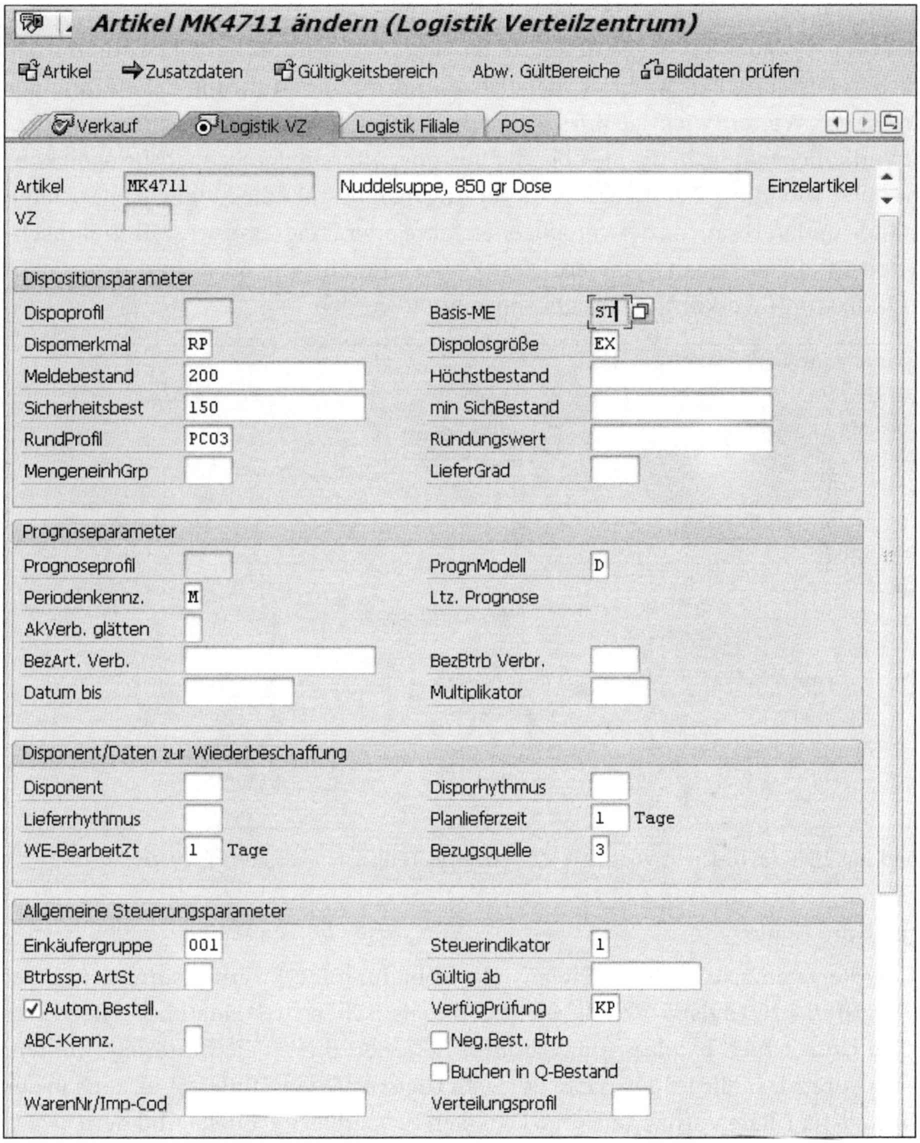

Abbildung 2.27 Artikelsicht »Logistik VZ« (erster Teil)

Der Mindestsicherheitsbestand (**min SichBestand**) gibt die gewünschte unterste Grenze des Bestands im Verteilzentrum an. Der **Höchstbestand** hingegen definiert die maximale Bestandsmenge, die im Rahmen der Disposition bestellt werden kann. Anhand dieser Werte und unter Berücksichtigung des Dispositionsverfahrens können automatisierte Bestellvorschläge und Bestellungen vorgenommen werden. Dadurch weiß der Disponent genau, wann er neue Ware bestellen muss.

Ebenso ist der Zeitpunkt, wann eine Ware bestellt oder ausgeliefert wird, von großer Bedeutung. Gerade für Frischeartikel stellen diese Werte unter Berücksichtigung der täglichen Bestellbarkeit wichtige logistische Informationen für die Belieferung der Betriebe dar. Weitere wichtige Informationen der Sicht **Logistik VZ** sind die Prognose- und Verbrauchsdaten, in die Sie über die Buttons unten in der Sicht abspringen können (siehe Abbildung 2.28). Anhand dieser Angaben besteht die Möglichkeit, sich die Bestände und Verbräuche der vergangenen Jahre oder Ereignisse, wie z. B. Weihnachten und Ostern, anzeigen zu lassen. Diese Daten können dann wiederum als zusätzlicher Indikator für zukünftige Prognosen genutzt werden.

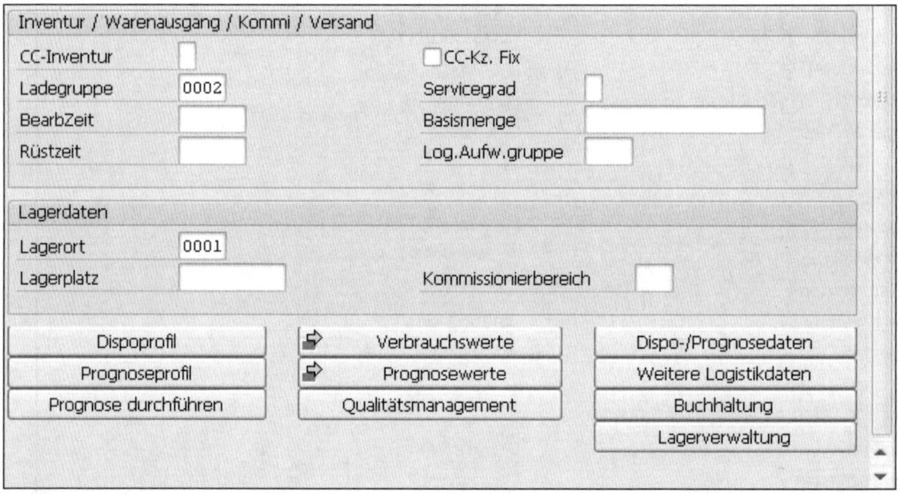

Abbildung 2.28 Artikelsicht »Logistik VZ« (zweiter Teil)

Logistik pro Filiale

Auf der Registerkarte **Logistik Filiale** (siehe Abbildung 2.29) werden ähnlich wie bei der Registerkarte **Logistik VZ** alle wichtigen logistischen Artikeldaten gepflegt. Der einzige Unterschied ist, dass hier die Informationen pro Filiale hinterlegt werden. Das bedeutet, dass alle Felder, die in der Sicht **Logistik VZ** vorhanden sind, auch in der Sicht **Logistik Filiale** vorhanden sind. Lediglich bei der Bezugsquelle und dem Lagerort gibt es hier Abweichungen. Denn in der Bezugsquelle wird hinterlegt, ob ein Artikel direkt vom Lieferanten bezogen wird oder ob die Ware erst an das Verteilzentrum geliefert und von dort aus an die Filiale versendet wird. Beim Lagerort ist der Unterschied, dass eine Filiale in den meisten Fällen nur einen Lagerort besitzt. Die Ware wird in diesem Fall im Lager der Filiale angeliefert und von dort direkt in die Regale eingeräumt.

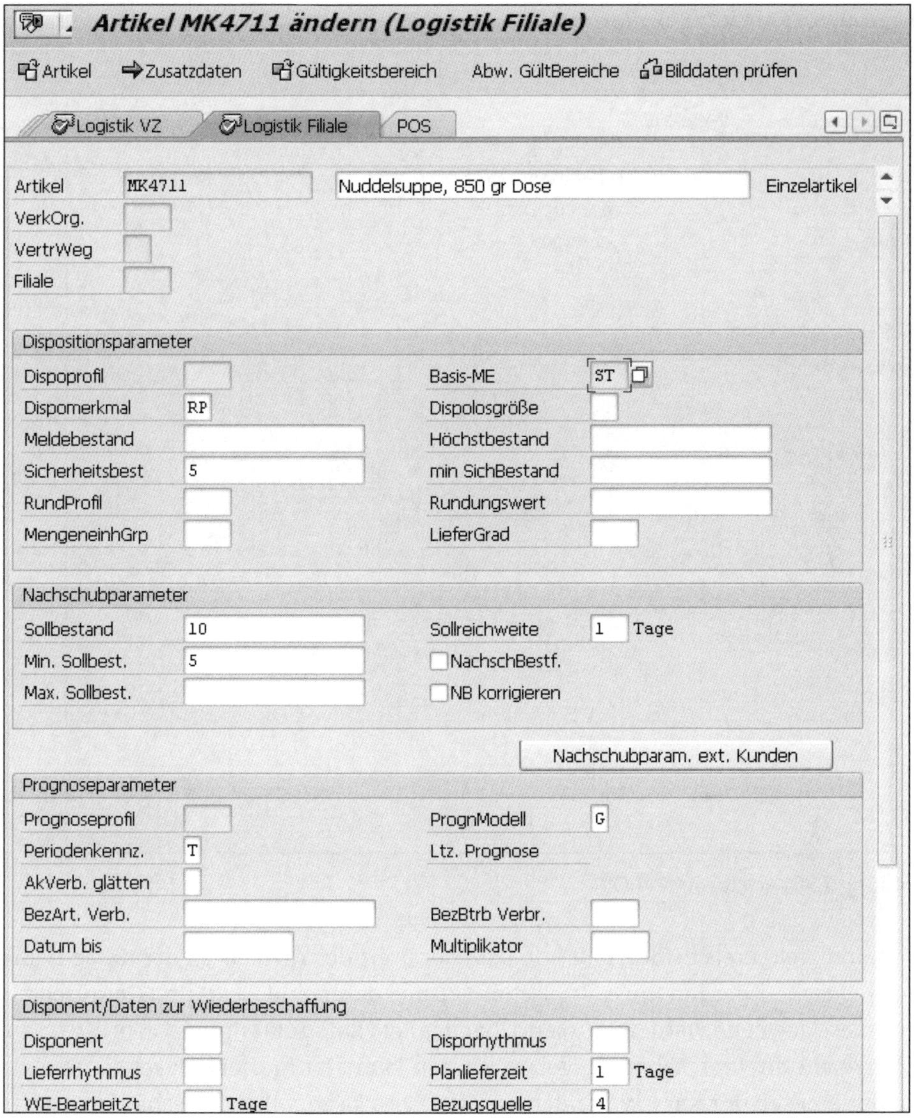

Abbildung 2.29 Artikelsicht »Logistik Filiale« (Ausschnitt)

Point of Sale

Auf der Registerkarte **POS** (Point of Sale) werden die Bontexte für einen Artikel gepflegt (siehe Abbildung 2.30). Diese können in mehreren Sprachen und pro Vertriebslinie hinterlegt werden. Beachten Sie dabei, dass der Bontext fast immer nur wenige Stellen hat. Kassenzettel sind klein, und die Kassen können in der Regel pro Artikel nur ca. 20 Zeichen verarbeiten.

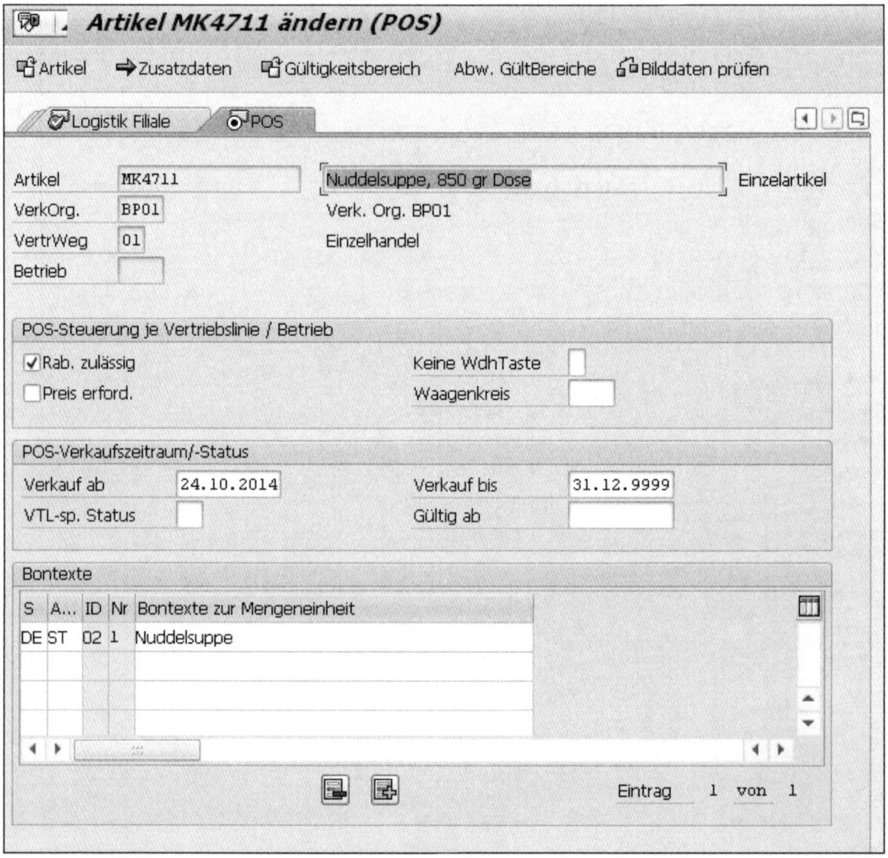

Abbildung 2.30 Artikelsicht »POS«

Das Ankreuzfeld **Preis erford.** gibt vor, dass der Preis des Artikels an der Kasse zwingend eingegeben werden muss. Typisches Beispiel dafür sind Obst- und Gemüseartikel, da diese gewogen werden müssen. Über das Feld **Rab. zulässig** wird geprüft, ob an der Kasse ein direkter Rabatt vergeben werden kann. Ist hier ein Häkchen gesetzt, kann der Preis an der Kasse verändert werden. Dies kann z. B. bei beschädigten Artikeln sinnvoll sein, da der Kassierer dann in der Lage ist, einen individuellen Rabatt zu vergeben.

Das letzte wichtige Feld ist **Keine WdhTaste**. Hier können Sie festlegen, ob ein Artikel an der Kasse bei einmaligem Scannen durch Drücken der Wiederholungstaste mehrfach abgerechnet werden kann. Wenn ein Kunde z. B. mehrere Joghurts von der gleichen Sorte kauft, hat dies den Vorteil, dass der Kassierer den Artikel nur einmal einscannen muss. Kauft der Kunde hingegen mehrere Joghurts mit verschiedenen Geschmacksrichtungen, darf die Wiederholungstaste nicht gedrückt werden. Es handelt sich dann nicht um exakt gleiche Artikel, und dies hätte Auswirkungen auf den genauen Bestand in der Filiale.

2.3.2 Zusatzdaten zum Artikel

Die **Zusatzdaten** eines Artikels können Sie über den entsprechenden Button in der Funktionsleiste aufrufen.

Texte

Sie finden hier die Registerkarten **Grunddatentext**, **Einkaufsbestelltext** und **Vertriebstext**. Hier können Sie zusätzliche Informationen zu einem Artikel in verschiedenen Sprachen pflegen. Im *Grunddatentext* können Sie zusätzliche technische Informationen z. B. für ein Fernsehgerät hinterlegen (siehe Abbildung 2.31).

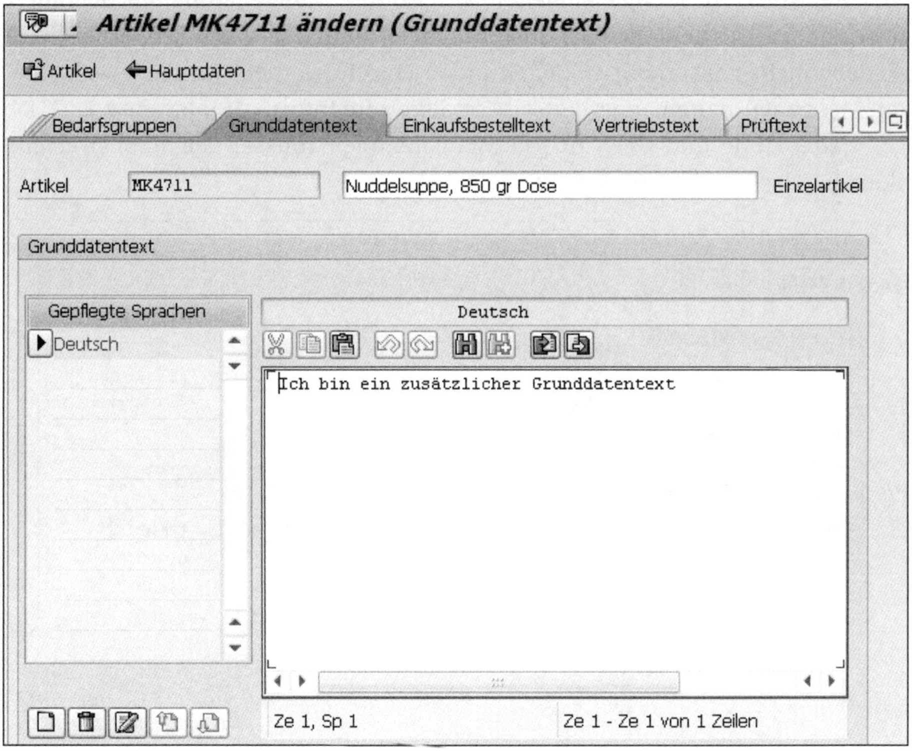

Abbildung 2.31 Grunddatentext in den Zusatzdaten

Im *Bestelltext* werden wichtige Informationen für die Bestellung dieses Artikels hinterlegt. Typisch für solche Informationen sind besondere Restriktionen beim Lieferanten. Zum Beispiel kann der Artikel nur in kleinen Mengen vom Lieferanten x geliefert werden, oder die Lieferzeit beträgt mehrere Wochen, da der Artikel aus Asien kommt. Diese Informationen werden dann dem Einkäufer bei der Bestellung dieses Artikels angezeigt und geben ihm wichtige Hinweise für einen reibungslosen Ablauf seiner Bestellung.

Beim *Vertriebstext* ist der grundsätzliche Aufbau vergleichbar, er gilt lediglich für die Verkaufsseite und kann pro Vertriebslinie abweichen. Der Text wird daher in den Verkaufsbelegen angezeigt und kann dort auch bei Bedarf abgeändert werden.

Weitere zusätzliche Sichten

Unter den Zusatzdaten eines Artikels befinden sich nicht nur weitere Texte, sondern auch noch weitere Registerkarten wie **Mengeneinheiten** und zusätzliche *Global Trade Item Numbers* (GTINs.) Diese dienen der übersichtlicheren und genaueren Darstellung der jeweiligen Daten.

Auf der Registerkarte **Mengeneinheiten** werden alle Mengeneinheiten detailliert dargestellt. Diese Ansicht ist zwar auch in den Grunddaten eines Artikels vorhanden, jedoch nicht vollständig. In der Grunddatensicht werden nur die jeweils relevanten Mengeneinheiten angezeigt. Für detailliertere Informationen wie z. B. GTIN, Länge, Breite, Höhe und Gewicht pro Mengeneinheit müssen Sie scrollen (siehe Abbildung 2.32).

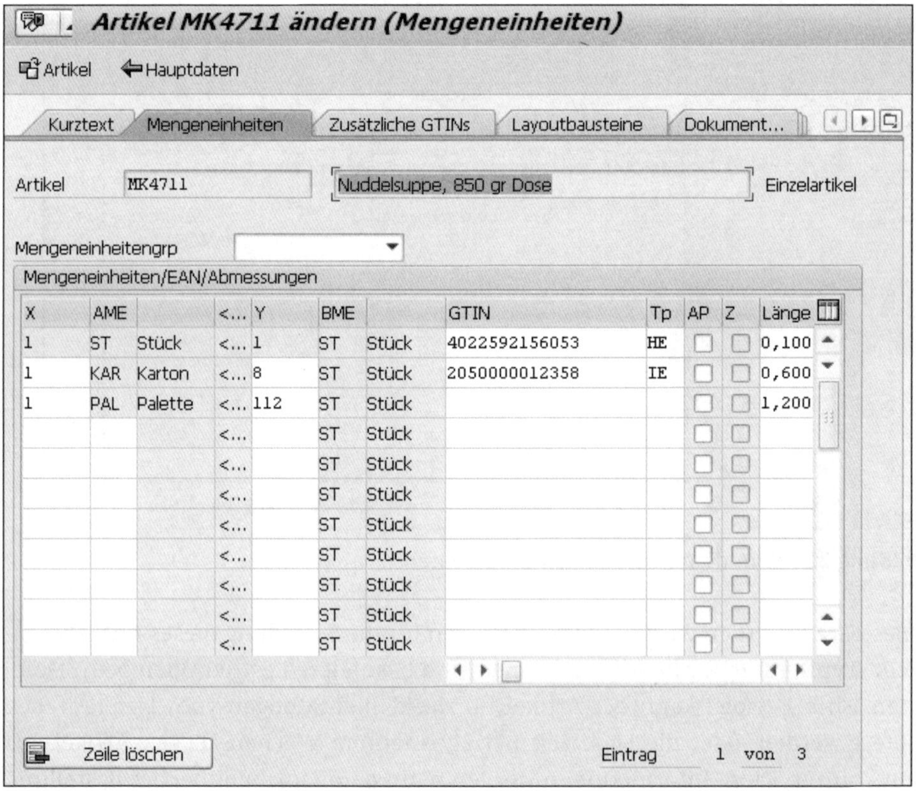

Abbildung 2.32 Mengeneinheiten in den Zusatzdaten

Auf der Registerkarte **Zusätzliche GTINs** sehen Sie alle GTINs (früher EAN, siehe Abschnitt 2.3.5, »GTIN-Verwaltung«) zu einem Artikel. Auch diese Registerkarte dient zur detaillierteren Anzeige der GTINs aus den Grunddaten. Denn auch in den Grunddaten finden Sie zunächst nur die EAN und den dazugehörigen EAN-Typ. Die zusätzliche Registerkarte ist besonders hilfreich, wenn ein Artikel mehrere GTINs hat. Dies kommt meist vor, wenn ein Artikel von mehreren Lieferanten geliefert wird oder häufiger eine neue GTIN erhält. In diesem Fall müssen hier alle GTINs gepflegt werden, damit das SAP-System auch alle vorhandenen GTINs verwalten kann (siehe Abbildung 2.33).

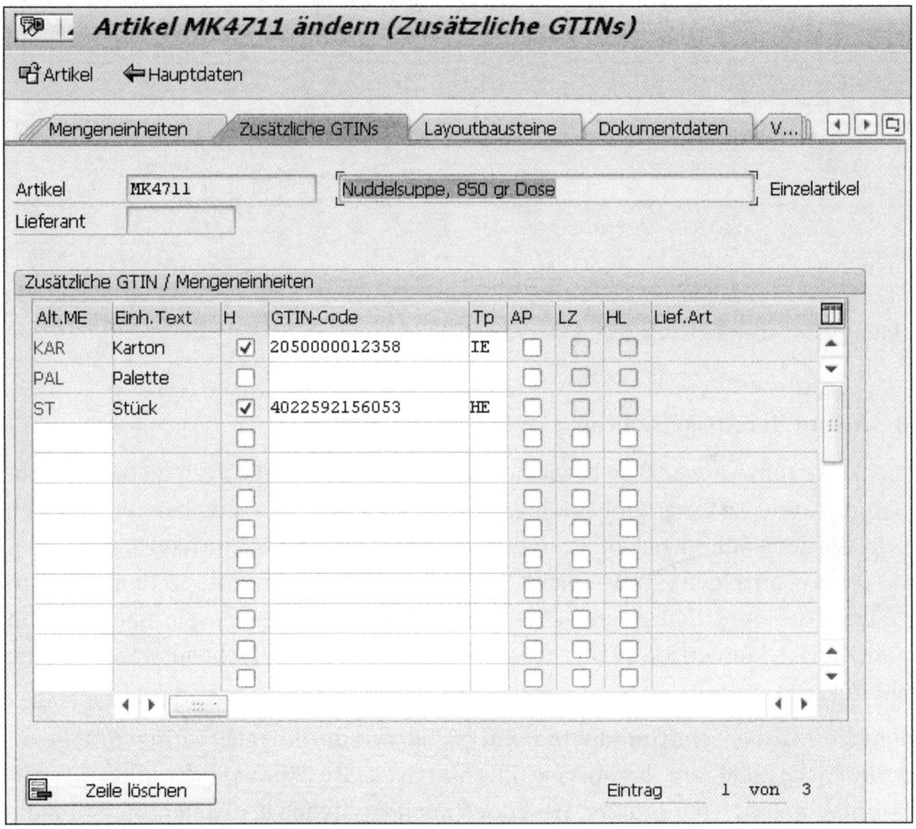

Abbildung 2.33 Zusätzliche GTINs in den Zusatzdaten

2.3.3 Abweichende Gültigkeitsbereiche anzeigen

Im Artikelstamm haben Sie in den verschiedenen Sichten die Möglichkeit, sich die jeweiligen Abweichungen anzeigen zu lassen. Über den Button **Abw. GültBereiche** ( ) in der Titelleiste können Sie in die Übersicht springen, die diese Gültigkeitsbereiche anzeigt.

Ein typisches Beispiel für so eine Abweichung ist die Bezugsquelle in der Sicht **Logistik Filiale**. Es gibt z. B. Filialen, die direkt vom Lieferanten anstatt vom eigenen Verteilzentrum beliefert werden, wenn diese näher an der Produktionsstätte des Lieferanten als am eigenen Verteilzentrum liegen. Bei diesen Filialen ist dann z. B. die Bezugsquelle 1 für diese Strecke hinterlegt (siehe Abbildung 2.34).

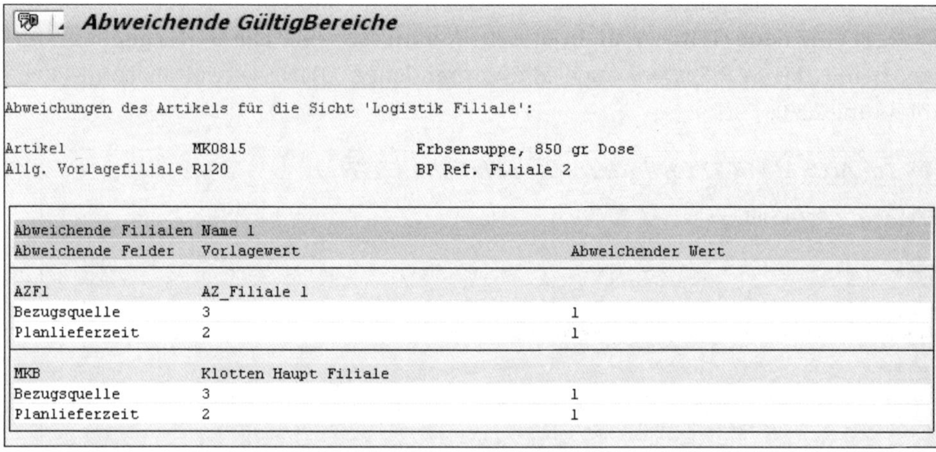

Abbildung 2.34 Abweichende Gültigkeitsbereiche

2.3.4 Aufruf der Artikelsichten

Der Artikelstamm unterteilt sich, wie bereits beschrieben, in die verschiedenen Sichten **Grunddaten**, **Listung**, **Einkauf** etc. Damit diese Sichten flexibel und schnell erreicht werden können, haben Sie in den Transaktionen MM42 (**Artikel ändern**) und MM43 (**Artikel anzeigen**) die Möglichkeit, direkt in die gewünschte Sicht abzuspringen. Geben Sie dazu den gewünschten Artikel ein, oder suchen Sie nach seinem Namen. Danach können Sie auf der rechten Seite die jeweilige Sicht auswählen (siehe Abbildung 2.35).

Wählen Sie z. B. die Sicht **Grunddaten** und bestätigen die Eingabe, springt SAP Retail direkt in die Grunddaten des ausgewählten Artikels. Die Auswahl der Einkaufssicht funktioniert analog. Hier müssen Sie jedoch noch zusätzlich den Lieferanten und die Einkaufsorganisation angeben. Wird der Artikel von mehreren Lieferanten geliefert und ist pro Lieferant ein Einkaufsinfosatz vorhanden, schlägt das SAP-System automatisch alle möglichen Einkaufssichten vor. Möchten Sie sich nur auf Sichten beschränken, die sich auf ein spezielles Stammdatenobjekt (Lieferant, Filiale oder Verteilzentrum) beziehen, können Sie diese Sicht explizit auswählen.

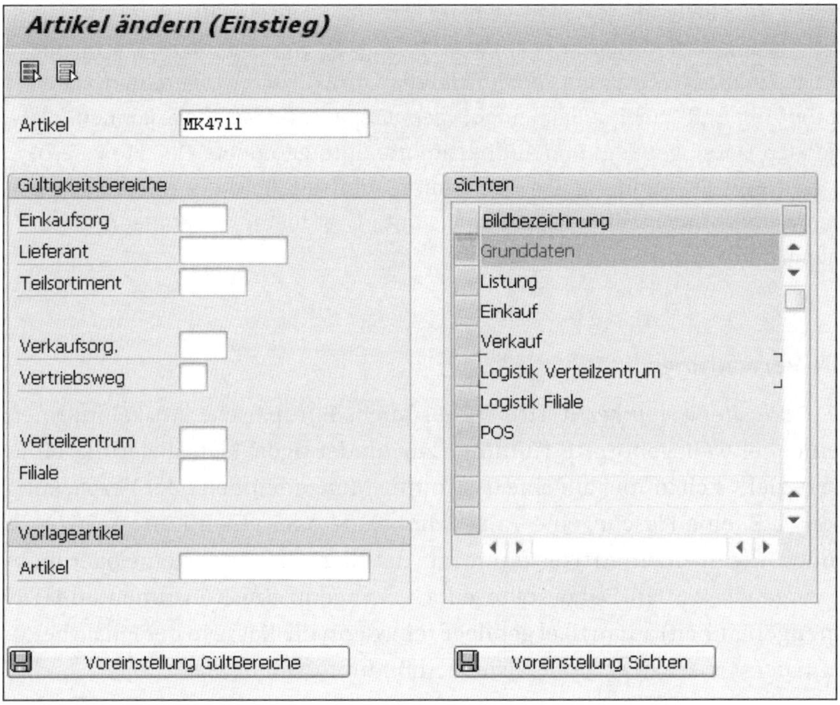

Abbildung 2.35 Transaktion MM42 – Artikel ändern

Es gibt zusätzlich noch die Möglichkeit, gewisse Einstellungen als Default-Einstellung zu hinterlegen. Zum Beispiel kann ein Einkäufer festlegen, dass die Sicht **Einkauf** und seine Einkaufsorganisation automatisch eingeblendet werden – unabhängig davon, wo er selbst sich gerade befindet. Möchte er dann in eine andere Sicht wechseln, kann er dies jederzeit mit einem Klick auf die gewünschte Registerkarte tun. Hier haben Sie, ebenso wie im Einstiegsbild, die Möglichkeit, den Gültigkeitsbereich auszuwählen.

[«]

Datenmodell des Artikelstamms

Die Struktur des Datenmodells des Artikelstamms in SAP Retail ist so konzipiert, dass für jede Sicht mindestens eine Tabelle vorhanden ist. Die wichtigste Tabelle für den Artikel ist die Tabelle MARA. Diese besteht losgelöst, benötigt also keine Zuordnung zu einer bestimmten Organisationseinheit, und beinhaltet alle Informationen über die Grunddaten eines Artikels.

Außerdem können Werte an andere Tabellen weitergereicht bzw. vererbt werden. Ein typisches Beispiel dafür ist das Feld **Bezugsquelle**. Pflegen Sie dieses in den **Grunddaten**, kann es an die Sicht **Logistik Filial** weitervererbt werden. Das Konstrukt der Vererbung bzw. Weiterreichung durch die verschiedenen Tabellen erläutern wir in Abschnitt 2.6, »Vorlagehandling«, näher.

Alle weiteren Tabellen sind jeweils mit einer Organisationseinheit verknüpft. Die wichtigsten Tabellen sind hier `WLK1` für die Listungsdaten, `EINE` und `EINA` für die Registerkarte **Einkauf**, `MVKE` für die Verkaufsdaten und `MARC` für die Lagerdaten. Durch die Verknüpfung mit einer allgemeingültigen Organisationseinheit können die grundlegenden Daten gepflegt und auf bestimmte untergeordnete Objekte vererbt werden. Zum Beispiel kann für eine bestimmte Vertriebslinie der Verkaufspreis angegeben werden, und dieser ist dann für alle untergeordneten Abnehmer in dieser Vertriebslinie gültig.

2.3.5 GTIN-Verwaltung

Die *Global Trade Item Number* (GTIN, früher auch: Europäische Artikelnummer; EAN), ist eine weltweit genormte Nummer zur eindeutigen Identifizierung eines Artikels. Sie bezieht sich immer auf eine bestimmte Mengeneinheit oder Verpackung eines Artikels z. B. eine Flasche, eine Tafel Schokolade oder einen Karton. Für jede Mengeneinheit, die in einem Artikelstammsatz definiert ist, können eine oder mehrere GTINs vergeben werden. Dabei sollte jedoch zwingend eine Konsumenten-GTIN (Verkaufsmengeneinheit) am Artikel gepflegt sein, denn die Kasse in der Filiale benötigt diese, um den Artikel zu erkennen (siehe Abbildung 2.36).

Abbildung 2.36 Beispiel für eine GTIN

Es ist möglich, pro Artikel mehrere GTINs für die gleiche Mengeneinheit zu vergeben. In der Praxis kommt es häufig vor, dass ein Artikel von mehreren Lieferanten geliefert wird und dass diese für den gleichen Artikel unterschiedliche GTINs verwenden. Deshalb muss die GTIN des Hauptlieferanten als Haupt-GTIN gekennzeichnet sein, damit diese beim Bestellen des Artikels automatisch von SAP Retail erkannt bzw. vorgeschlagen wird.

In diesem Kontext ist noch zu erwähnen, dass eine GTIN einzigartig sein sollte. Sie sollte nur einmalig im System verwendet werden, denn nur so ist die eindeutige Identifizierung eines Artikels gewährleistet. Im Customizing können Sie festlegen, ob bei einer doppelten Vergabe einer GTIN eine Warnmeldung oder eine Fehlermeldung erzeugt werden soll.

Um die vielen verschiedenen GTINs unterscheiden zu können, gibt es den sogenannten *GTIN-Typ*. Jede EAN ist automatisch einem GTIN-Typ im SAP-Retail-System zugeordnet. Die gängigsten GTIN-Typen sind:

- Hersteller-GTIN
- Hersteller-Kurz-GTIN
- In-Store-GTIN
- PLU-Code (Price Look-up Code)

Mithilfe des GTIN-Typs wird gesteuert, ob die GTIN automatisch vom System vergeben wird (*interne Nummernvergabe*) oder ob der Anwender die GTIN manuell eintragen muss (*externe Nummernvergabe*). Darüber hinaus werden der Nummernkreis und die Länge der GTIN in SAP Retail eingestellt (siehe Abbildung 2.37).

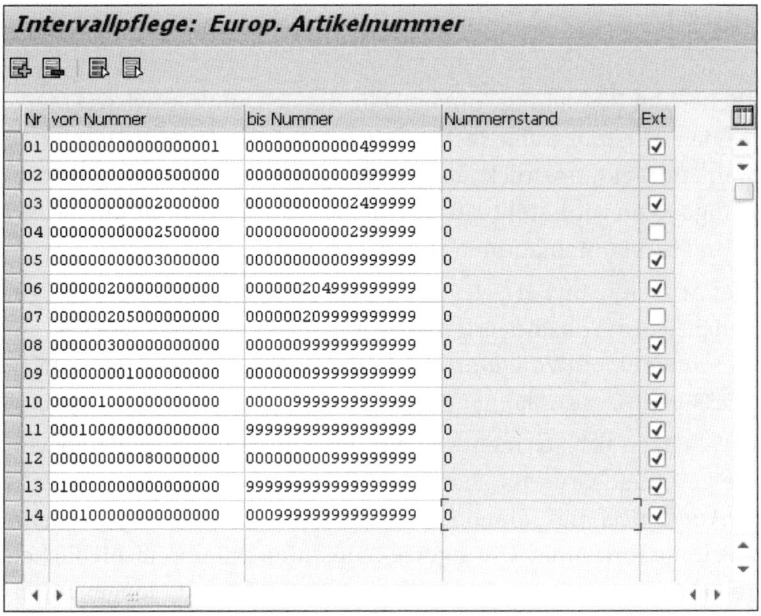

Nr	von Nummer	bis Nummer	Nummernstand	Ext
01	000000000000000001	000000000000499999	0	☑
02	000000000000500000	000000000000999999	0	☐
03	000000000002000000	000000000002499999	0	☑
04	000000000002500000	000000000002999999	0	☐
05	000000000003000000	000000000009999999	0	☑
06	000000200000000000	000000204999999999	0	☑
07	000000205000000000	000000209999999999	0	☐
08	000000300000000000	000000999999999999	0	☑
09	000000001000000000	000000099999999999	0	☑
10	000001000000000000	000009999999999999	0	☑
11	000100000000000000	999999999999999999	0	☑
12	000000000080000000	000000000999999999	0	☑
13	010000000000000000	999999999999999999	0	☑
14	000100000000000000	000999999999999999	0	☑

Abbildung 2.37 Nummernkreis für die GTIN pflegen

Der Unterschied zwischen Hersteller-GTIN und In-Store-GTIN ist folgender: Der Artikel besitzt bereits beim Lieferanten eine Hersteller-GTIN, bzw. die GTIN ist bereits auf dem Artikel aufgedruckt. Die In-Store-GTIN hingegen ist eine eigene intern erstellte GTIN, die benötigt wird, wenn der Artikel bei der Lieferung noch keine GTIN besitzt. Diese wird benötigt, damit der Artikel an der Kasse abgescannt werden kann.

Ein weiterer wichtiger GTIN-Typ ist der PLU-Code. Dies ist ein besonders kurzer Code, der z. B. an der Waage für Obst und Gemüse verwendet wird, damit der Kunde beim Selbstbedienungseinkauf keine lange und damit fehleranfällige Nummer eingeben muss.

2.4 Warengruppen und Artikelhierarchie

In diesem Abschnitt beschreiben wir die verschiedenen Möglichkeiten, Artikel zu gruppieren. Neben der Möglichkeit, Artikel in Warengruppen oder über eine Artikelhierarchie zu bündeln, gibt es innerhalb von SAP Retail weitere Gruppierungsmöglichkeiten, die wir Ihnen im Folgenden vorstellen.

2.4.1 Artikeltypen und Artikelarten

In SAP Retail werden *Artikeltypen* dazu genutzt, Artikel nach ihren Eigenschaften zu gruppieren. Bereits in der Standardversion von SAP Retail steht Ihnen eine Vielzahl von Artikeltypen zur Verfügung:

- Die einfachste Artikelart ist der *Einzelartikel*. Es handelt sich dabei um einen herkömmlichen Artikel, den ein Kunde einzeln erwerben kann, wie z. B. eine 1,5-Liter-Flasche Cola.
- *Sammelartikel* dienen der Bündelung von Artikeln, die sich nur in gewissen Merkmalen unterscheiden. Die unterschiedlichen Artikel werden dabei als *Varianten* bezeichnet. Bei einem Kleidungsstück, das in verschiedenen Größen- und Farbkombinationen angeboten wird, stellt z. B. das Kleidungsstück den Sammelartikel dar, die Größen- und Farbkombinationen sind dagegen die Varianten.
- Spezieller wird der Artikeltyp im Bereich *Leergut* und *Vollgutartikel*. Unter Leergut versteht man jegliche Form von entleerten Mehrwegverpackungen. Jedes Leergut ist grundsätzlich immer einem Vollgutartikel zugeordnet (z. B. eine leere Getränkedose zu einer 0,33-Liter-Dose Cola).
- *Strukturierte Artikel* setzen sich aus mehreren Komponenten zusammen und werden als *Stückliste* gestaffelt. Grundsätzlich besteht ein strukturierter Artikel aus einem *Stücklistenkopfartikel* und seinen Komponenten. Typische Beispiele dafür sind *Displays* (z. B. Chipssortiment, d. h. diverse Chipstüten mit unterschiedlichen Geschmacksorten auf einem Warenträger), *Lots* (z. B. Schuhlot mit Mengenaufteilung nach den möglichen Größen) und *Sets* (z. B. Drogerie-Geschenksets, etwa ein Rasierapparat mit einem Rasierschaum). Im Falle des Chipssortiments stellt das bezogene Chipsdisplay den Stücklistenkopfartikel dar, während die einzelnen Chipstüten die Komponenten darstellen.
- Um den Bestand von Artikeln führen zu können, die lediglich wertmäßig erfasst werden, steht der *Wertartikel* zur Verfügung. Sämtliche Bewegungen, die im Rahmen der betreffenden Artikelgruppe erfolgen, werden auf den entsprechenden Wertartikel gebucht.

Daneben existieren die *Artikelarten*, die Artikel mit gleichen Eigenschaften zusammenfassen. Typische Artikelarten sind Frischeprodukte, Handelsware oder Verpackung. Wird ein Artikelstammsatz angelegt, muss dieser der zugehörigen Artikelart zugeordnet werden.

Abhängig von der gewählten Artikelart werden verschiedene Eigenschaften koordiniert. Zunächst wird von der Artikelart bestimmt, ob die Artikelnummer vom System oder vom Anwender vergeben wird. Außerdem bestimmt die Artikelart, welchem Nummernkreisintervall die Artikelnummer zugehörig ist. Darüber hinaus regelt die Artikelart die mengen- und wertmäßige Führung und Pflege von Beständen sowie die Berechtigungen.

Mögliche Artikelarten sind in Tabelle 2.4 aufgeführt.

Artikelart	Kürzel
Mode	MODE
Getränke	FGTR
Leergut	LGUT
Wertartikel	WERT
Food	FOOD
Frische	FRIP
Handelsware	HAWA

Tabelle 2.4 Beispiele für mögliche Artikelarten in SAP Retail

2.4.2 Warengruppen

Eine Warengruppe ist eine Struktur, nach der Waren und Dienstleistungen nach ihren Eigenschaften geordnet werden. Innerhalb von SAP Retail werden Warengruppen mithilfe der *Warengruppenhierarchie* abgebildet. Dadurch werden Klassifikation und Kategorisierung des gesamten Waren- und Dienstleistungsangebots eines Unternehmens ermöglicht. Verwendung finden diese Gruppierungen als Basis für die Bestandsführung, die Planung, das Controlling, die Ergebnisrechnung und Auswertungen.

Durch die Warengruppen erhalten Sie Zugriff auf die folgenden Funktionen:

- Mithilfe der Warengruppe können Verkäufe von Artikeln, die nicht genau zuzuordnen sind, am POS vorgenommen werden.
- Je nach Listungsverfahren ist eine automatische Artikellistung innerhalb von Warengruppen der zugehörigen Filiale möglich.
- Artikel aus gleichen Warengruppen können über einen gemeinsamen Wertartikel (*Hierarchiewertartikel*) verkauft werden.

- Für die Artikelanlage und Variantenbildung können bestimmte Merkmale zur Klassifizierung pro Warengruppe hinterlegt werden.
- Unterhalb der Warengruppe werden *Merkmalsprofile* eingeführt, um eine Aufteilung der Warengruppen zur Unterstützung bei der Neulistung von Artikeln bzw. der Anlage von Sammelartikeln und Varianten zu ermöglichen.

Innerhalb eines Unternehmens ist jeder Artikel exakt einer Warengruppe zugeordnet. Warengruppen können entsprechend zu *Warengruppenhierarchiestufen* zusammengefasst werden. Diese Hierarchiestufen können wiederum innerhalb von höheren Warengruppenhierarchiestufen vereint werden. Durch diese Vorgehensweise entsteht eine Warengruppenhierarchie. Innerhalb einer Warengruppenhierarchie stellt die Warengruppe stets die niedrigste Hierarchiestufe dar.

Diese Strukturierung erleichtert sowohl die Überwachung und Steuerung des Unternehmens als auch die Datenpflege. Sie ermöglicht außerdem die Vererbung von Merkmalen aus höheren Hierarchiestufen in untergeordnete Hierarchiestufen. Die Warengruppenhierarchie pflegen Sie im Menüpunkt der **Stammdaten** unter den **Warengruppendaten**. Dabei legen Sie zuerst die Hierarchiestufen an und verknüpfen sie anschließend innerhalb der Hierarchiezuordnung miteinander.

Mithilfe der Warengruppenhierarchie erhalten Sie Zugriff auf die folgenden Funktionen:

- Zunächst können innerhalb der Hierarchie verschiedene Ebenen vom Sortimentsbereich bis zur Warengruppe definiert werden.
- Jeder Warengruppe kann eine Hierarchiestufe zugeordnet werden.
- Für bestimmte (Sammel-)Artikel besteht die Möglichkeit, Zuordnungen zu einem Merkmalsprofil festzulegen.

2.4.3 Artikelhierarchie

Mithilfe der Artikelhierarchie ist es möglich, die unternehmenseigenen Artikel innerhalb einer kundenorientierten Struktur flexibel zu gruppieren. Insbesondere ermöglicht die Artikelhierarchie die Berücksichtigung des *Consumer Decision Tree* (CDT) bei der Strukturierung. Dieser Konsumentenentscheidungsbaum bildet die ermittelten Bedürfnisse der Kunden und die aufgrund dieser Bedürfnisse getroffenen Kaufentscheidungen ab. Beispiele für verschiedene Stufen innerhalb der Struktur können Zielgruppen, Zutaten oder Produktformen sein. Hinsichtlich der Tiefe des CDT gibt es keine Beschränkungen. In der Praxis erscheint allerdings eine Ebenentiefe von mehr als sieben Stufen wenig sinnvoll.

Durch die *Artikelhierarchiepflege*, die ebenfalls wie die Warengruppenhierarchie über den Menüpunkt der **Stammdaten** aufgerufen wird, erhalten Sie die Möglichkeit, Ihre Artikelhierarchie einfach und unkompliziert zu warten. Außerdem ermöglicht sie die

Definition verschiedener voneinander unabhängiger Artikelhierarchien. So können für ein und dieselbe Artikelgruppe z. B. eine projektspezifische und eine kundenspezifische oder vertriebslinienspezifische Artikelhierarchie angelegt werden. Mithilfe dieser unterschiedlichen CDT-Versionen ist es möglich, einen Artikel mehreren Artikelhierarchien zuzuordnen. In Unternehmen mit abweichenden beschaffungsspezifischen und kundenspezifischen Hierarchien können so Artikelhierarchien und Warengruppenhierarchien zu unterschiedlichen Zwecken genutzt werden. Die Artikelhierarchie kann dann z. B. zur Planung und Budgetierung und die Warengruppenhierarchie zur Segmentierung und Sortimentierung verwendet werden. In Abbildung 2.38 sehen Sie ein Beispiel für eine Artikelhierarchie aus der Modebranche.

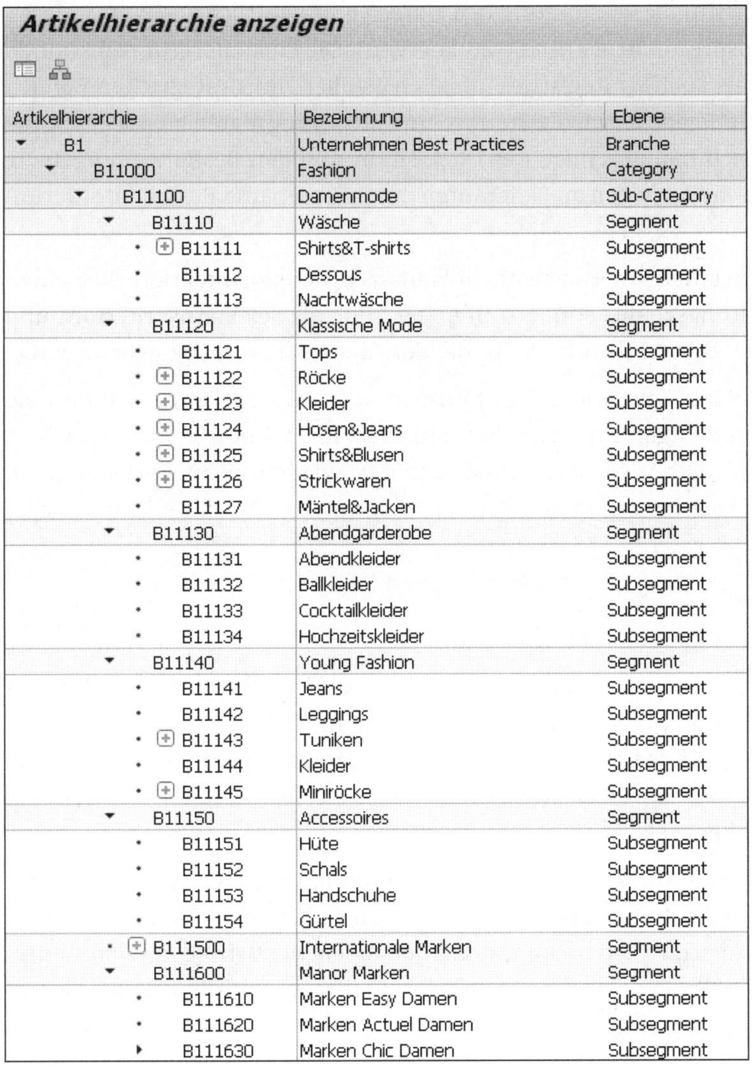

Artikelhierarchie anzeigen

Artikelhierarchie	Bezeichnung	Ebene
B1	Unternehmen Best Practices	Branche
B11000	Fashion	Category
B11100	Damenmode	Sub-Category
B11110	Wäsche	Segment
B11111	Shirts&T-shirts	Subsegment
B11112	Dessous	Subsegment
B11113	Nachtwäsche	Subsegment
B11120	Klassische Mode	Segment
B11121	Tops	Subsegment
B11122	Röcke	Subsegment
B11123	Kleider	Subsegment
B11124	Hosen&Jeans	Subsegment
B11125	Shirts&Blusen	Subsegment
B11126	Strickwaren	Subsegment
B11127	Mäntel&Jacken	Subsegment
B11130	Abendgarderobe	Segment
B11131	Abendkleider	Subsegment
B11132	Ballkleider	Subsegment
B11133	Cocktailkleider	Subsegment
B11134	Hochzeitskleider	Subsegment
B11140	Young Fashion	Segment
B11141	Jeans	Subsegment
B11142	Leggings	Subsegment
B11143	Tuniken	Subsegment
B11144	Kleider	Subsegment
B11145	Miniröcke	Subsegment
B11150	Accessoires	Segment
B11151	Hüte	Subsegment
B11152	Schals	Subsegment
B11153	Handschuhe	Subsegment
B11154	Gürtel	Subsegment
B111500	Internationale Marken	Segment
B111600	Manor Marken	Segment
B111610	Marken Easy Damen	Subsegment
B111620	Marken Actuel Damen	Subsegment
B111630	Marken Chic Damen	Subsegment

Abbildung 2.38 Beispiel für eine Artikelhierarchie

2.4.4 Produkthierarchie

Auch die Produkthierarchie ist eine Möglichkeit des SAP-Retail-Systems zur hierarchischen Darstellung beliebiger Produktgruppen innerhalb einer Baumstruktur. Verwendung finden Produkthierarchien bei der Bestellvorgangsverwaltung, der Selektion und der Massenpflege. Außerdem können darüber Auswertungen in SAP Business Warehouse (SAP BW) vorgenommen werden.

2.4.5 Einkäufergruppen

Als *Einkäufergruppe* wird innerhalb des SAP-Retail-Systems eine Gruppe bezeichnet, die zum einen intern für die Beschaffung von Waren verantwortlich und zum anderen nach außen hin Ansprechpartner für die Zulieferer ist. Die Einkäufergruppen können sowohl operative als auch strategische Aufgaben erfüllen. Im strategischen Bereich besteht ihre Hauptaufgabe darin, die Stamm- und Steuerungsdaten zu pflegen. Operativ wenden sie sich hauptsächlich der Disposition und den Bestellvorgängen zu. Außerdem können sie Anfragen an Lieferanten durchführen und Bestellanforderungen anlegen.

Einkäufergruppen werden innerhalb von Einkaufssachgebieten integriert. Sie dienen nicht als Datenhaltungsebene, sondern in erster Linie als Selektionskriterium und Auswertungsebene. Zusätzlich sind sie für die Vergabe von Berechtigungen wichtig.

Zur Nutzung operativer Funktionen ist es für den Anwender meist notwendig, eine Einkäufergruppe und Organisationseinheit anzugeben, da eine ausdrückliche Verknüpfung zwischen diesen Gruppen innerhalb des Systems nicht vorhanden ist. Dagegen ist jeder Disponent über den Benutzerstamm einer Einkäufergruppe zugeordnet.

2.4.6 Klassifizierung und Reklassifizierung

Unter *Klassifizierung* versteht man die Zuordnung und Bewertung von Objekten innerhalb eines Klassensystems anhand ihrer Merkmale. Dabei kann ein Objekt entweder lediglich einer Klasse oder gleich mehreren Klassen zugeordnet werden. Die Zuordnung der Objekte ist erforderlich, um sie über die Suchfunktion des Klassensystems gezielt suchen zu können.

Um Objekte einer bestimmten Klasse zuordnen zu können, muss diese innerhalb des Klassensystems zunächst angelegt werden. Die unterschiedlichen Klassensysteme findet man bei unterschiedlichen Stammdatenobjekten wie Betrieben, Warengruppen und Merkmalen. Dabei wird jedes Ordnungssystem als eigenständige Klassenart (z. B. 026 für Warengruppen) geführt.

Wichtig für die Klassifizierung sind die *Merkmale*. Mit ihrer Hilfe werden die verschiedenen Produkteigenschaften (z. B. Farbe, Form etc.) im Klassensystem abgelegt und können anschließend Artikeln zugeordnet werden. Merkmale können einer oberen Warengruppenhierarchiestufe zugeordnet und anschließend an alle untergeordneten Hierarchieknoten vererbt werden.

Daneben ist eine *Reklassifizierung* von Artikeln oder Warengruppen möglich. Darunter versteht man die Neuzuordnung von bestehenden Objekten innerhalb einer Warengruppenhierarchie. Für die Notwendigkeit einer Neugruppierung kann es verschiedene Gründe geben. Wurde bei der Artikelanlage z. B. ein Fehler bei der Eingabe der Warengruppe begangen, ist eine Reklassifizierung notwendig. Ein weiterer Grund wäre die Neustrukturierung einer unübersichtlichen und aufgeblähten Warengruppe.

Für die Nutzung der Reklassifizierungsfunktion innerhalb der Pflege der Warengruppendaten (Menüpunkt **Hierarchie-Zuordnungen**) müssen bestimmte Voraussetzungen erfüllt sein. Zunächst ist eine Reklassifizierung nur für Artikel möglich, die mithilfe der Artikelstammpflege innerhalb von SAP Retail angelegt wurden. Außerdem ist eine Reklassifizierung lediglich den folgenden Artikeltypen vorbehalten:

- Einzelartikel
- Sammelartikel und Varianten
- strukturierte Artikel
- Lots, Displays und Sets

Darüber hinaus gelten einige zusätzliche Einschränkungen. So ist die Änderung von Daten aus der Vergangenheit grundsätzlich nicht automatisch möglich. Daraus ergibt sich auch, dass erledigte Bestellungen und/oder Bestellpositionen inklusive Belegarchiv nicht verändert werden dürfen. Daten aus angrenzenden Systemen sind ebenfalls von der Reklassifizierung ausgeschlossen. Das Gleiche gilt für Konditionen, die auf Zielobjekte bzw. Quellobjekte definiert wurden.

Innerhalb einer Reklassifizierung werden verschiedene Änderungen und Anpassungen vorgenommen. Zunächst werden Zuordnungen in der Warengruppenhierarchie selbst durchgeführt. Außerdem werden Artikel und eventuell offene Bestellpositionen den entsprechenden Warengruppen zugeordnet. Schließlich müssen sowohl die Sortimentsbausteinzuordnung (siehe Abschnitt 2.7, »Sortimentierung«) als auch bestandsführende Wertartikel innerhalb einer Warengruppenhierarchiestufe angepasst werden.

Zusätzlich kann eine Reklassifizierung auch Auswirkungen auf die kumulierten Bestandswerte haben, sofern sich z. B. eine Deckungsbeitragsrechnung auf der Ebene der Warengruppe befindet. So müssen Bestandswerte im Rahmen einer Reklassifizierung auch umgebucht werden. Durch diese umfassenden Tätigkeiten wird eine Reklassifizierung häufig als eigenständiges Projekt durchgeführt.

2.4.7 Artikelnummer

Mithilfe der Artikelnummer ist es im Sinne der Gruppierung möglich, einen Artikel samt Stammsatz eindeutig zu identifizieren und damit auch zu gruppieren. Für gewöhnlich werden Artikelnummern extern, über die manuelle Eingabe beim Anlegen des Artikelstammsatzes, vergeben. Es ist allerdings auch möglich, Artikelnummern intern vergeben zu lassen. In diesem Fall vergibt das System automatisiert fortlaufende Artikelnummern.

Für Sammelartikel bestehen dieselben Möglichkeiten. Auch der Nummernkreis bleibt gleich. Die entsprechende *Variantennummer* ergibt sich aus der Sammelartikelnummer und einem angehängten Suffix.

Über das Customizing können Sie sowohl die Länge der Artikelnummer als auch die Art der Nummernvergabe festlegen. Um die Länge der Artikelnummer an die Wünsche Ihres Unternehmens anzupassen, können Sie innerhalb des Customizings des Artikelstamms die Einstellung **Ausgabedarstellung der Artikelnummer festlegen** nutzen. Die Artikelnummer kann auf bis zu 18 Stellen ausgedehnt werden.

Die Option zur Änderung der Art der Nummernvergabe finden Sie ebenso im Customizing des Artikelstamms. Unter **Nummernkreise festlegen** sehen Sie, welche Art der Nummernvergabe verwendet wird. Wenn eine externe Nummernvergabe erwünscht ist, kann die Systemverwaltung den angelegten Nummernkreis anschließend entsprechend kennzeichnen und den entsprechenden Artikeln zuordnen. Legen Sie nun einen neuen Artikelstammsatz an, bestimmt die gewählte Artikelart entsprechend die Art der Nummernvergabe.

2.5 Möglichkeiten zur Darstellung des Artikelstamms

In diesem Abschnitt erläutern wir den grundsätzlichen Aufbau des Artikelstamms und die Standard-Customizing-Einstellungen, die Ihnen zur Verfügung stehen, um das Erscheinungsbild des Artikelstamms anzupassen.

2.5.1 Aufbau und Customizing des Artikelstamms

Für den technischen Aufbau des Artikelstamms müssen fünf Bereiche gepflegt werden: Bildsequenzen, Datenbilder, Subscreens, Feldgruppen und Felder. Sie können jeden dieser Bereiche im Customizing anpassen.

Bildsequenzen

Die komplette Ansicht des Artikelstamms bezeichnet man als *Bildsequenz*. Sie enthält Datenbilder, Subscreens, Feldauswahlgruppen und Felder (siehe Abbildung 2.39). In den meisten Fällen wird nur eine Bildsequenz verwendet. Es können jedoch beliebig viele angelegt und angepasst werden, um z. B. verschiedenen Abteilungen oder Personen eine jeweils eigene Ansicht des Artikelstamms zu ermöglichen. Das beschreiben wir im Abschnitt »Bildsequenzen Benutzern, Artikelarten, Transaktionen oder Branchen zuordnen«.

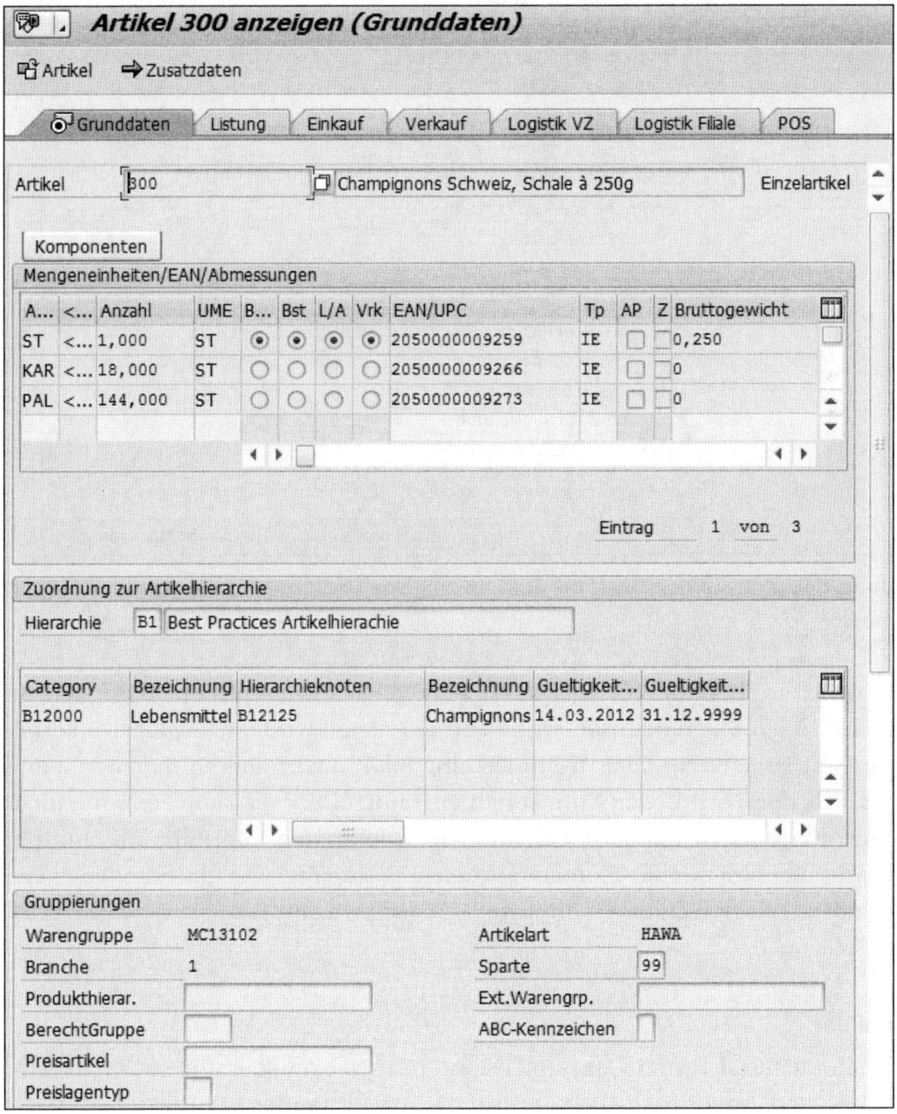

Abbildung 2.39 Bildsequenz von Transaktion MM43 mit Datenbildern, Subscreens und Feldern

Das Customizing zu Bildsequenzen, Datenbildern und Subscreens legen Sie in Transaktion OMT3B fest (siehe Abbildung 2.40). Das Customizing der Feldauswahlgruppen erfolgt separat.

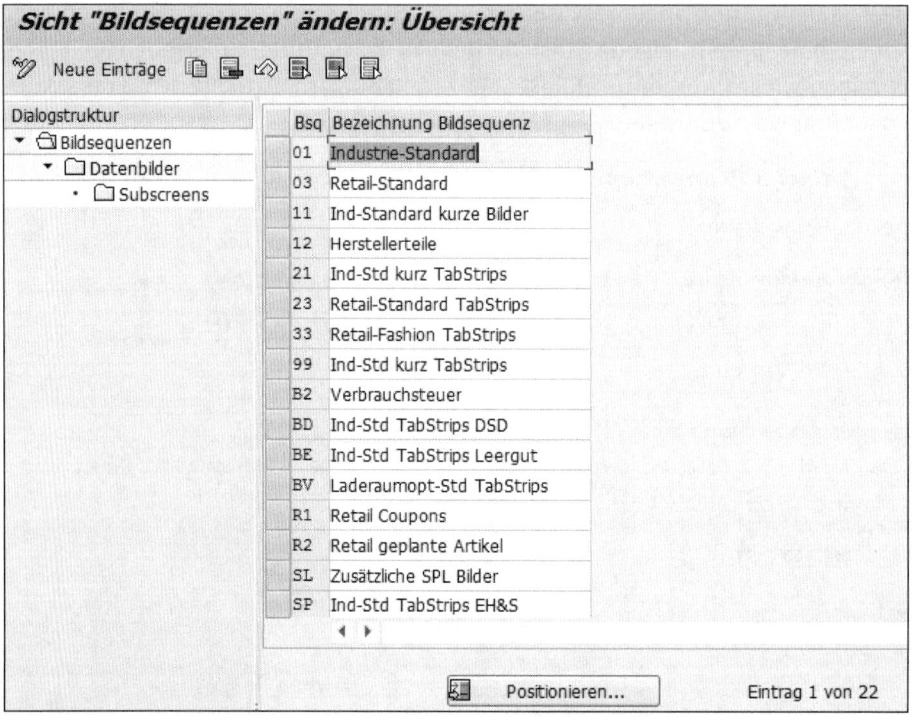

Abbildung 2.40 Transaktion OMT3B – Customizing von Bildsequenzen, Datenbildern und Subscreens

Auf der obersten Ebene der **Dialogstruktur** werden hier die möglichen Bildsequenzen aufgelistet. In der Standardauslieferung von SAP Retail wird die Sequenz **23 Retail-Standard TabStrips** verwendet. Wenn Sie eine Bildsequenz ändern möchten, empfiehlt es sich, diese erst in den Kundennamensraum (z. B. Z_) zu kopieren und nicht die Standardsequenz zu ändern. Für unser Beispiel in den folgenden Abschnitten haben wir die bestehende Standardsequenz 23 kopiert und die kundeneigene Sequenz Z1 angelegt. Wählen Sie diese neue Bildsequenz aus, um die Datenbilder zu bearbeiten.

Datenbilder

Datenbilder teilen sich auf in einzelne Haupt- oder Nebenbilder und stellen die einzelnen Registerkarten dar, die beim Aufruf des Artikelstamms bzw. beim Aufruf der Zusatzdaten angezeigt werden. Sie werden ebenfalls in Transaktion OMT3B gepflegt, wie in Abbildung 2.41 am Beispiel unserer neu angelegten Bildsequenz Z1 zu sehen ist.

Bsq	Bild	Bildbezeichnung	T	TrDy	Pflegestatus	Status	T..	Pflegestatus Ret	Altern.Bildbezeich.
Z1	04	Grunddaten	1	3008	EDLVBK	DATE	1	02	Grunddaten
Z1	05	Listung	1	3000	EDLPVBQS	DATE	1	1	Listung
Z1	06	Einkauf	1	3000	E	DATE	1	3	Einkauf
Z1	07	Verkauf	1	3030	V	DATE	1	4	Verkauf
Z1	08	Logistik Verteilzentrum	1	3005	EDLPVBQS	DATE	1	5	Logistik VZ
Z1	09	Logistik Filiale	1	3008	EDLPBQS	DATE	1	6	Logistik Filiale
Z1	10	POS	1	3000	V	DATE	1	7	POS
Z1	40	Kurztext	2	3010	ABCDEFGKLPQSVXZ	ADD0001	1	0	Kurztext
Z1	41	Mengeneinheiten	2	3100	ABCDEFGKLPQSVXZ	ADD0001	1	0	Mengeneinheiten
Z1	42	Grunddatentext	2	3050	ABCDEFGKLPQSVXZ	ADD0006	1	0	Grunddatentext
Z1	43	Einkaufsbestelltext	2	3050	ABCDEFGKLPQSVXZ	ADD0006	1	0	Einkaufsbestelltext
Z1	44	Vertriebstext	2	3050	ABCDEFGKLPQSVXZ	ADD0006	1	0	Vertriebstext
Z1	47	Prüftext	2	3050	ABCDEFGKLPQSVXZ	ADD0006	1	0	Prüftext
Z1	51	Buchhaltung VPer/VJahr VZ	2	3200	B	DIAL0002	3	5	Buchhaltg. VP/VJ VZ
Z1	52	Steuern	2	3100	V	ADD0001	1	0	Steuern
Z1	60	Dokumentdaten	2	0001	ABCDEFGKLPQSVXZ		3		Dokumentdaten

Abbildung 2.41 Datenbilder in Transaktion OMT3B

Da hier bereits in einer kundeneigenen Bildsequenz gearbeitet wird, ist es nicht notwendig, die einzelnen Datenbilder vor der Bearbeitung zu kopieren. Dies empfiehlt sich nur, wenn ein weiteres Datenbild erstellt werden soll. Die einzelnen Spalten haben folgende Funktion:

- **Bsq**: Zuordnung zur Bildsequenz
- **Bild**: Jedes Datenbild wird nummeriert.
- **Bildbezeichnung**: Text, der auf der Registerkarte des Artikelstamms angezeigt wird
- **T**: Definition als Hauptbild (1) oder Nebenbild (2)
- **TrDy**: Träger-Dynpro (dynamisches Programm, bezeichnet eine grafische Oberfläche im SAP-Retail-System), auf dem die Subscreens dargestellt werden
- **Pflegestatus**: Dokumentiert, welche Fachbereiche einen Materialstammsatz zu einer spezifischen Materialart pflegen dürfen (sofern diese Funktion verwendet wird).
- **Status**: Gibt den GUI-Status (Graphical User Interface) an, d. h. den Status dieser Benutzeroberfläche.
- **TT**: Titeltyp für die Auswahlgruppe
- **Pflegestatus Ret** (Pflegestatus Retail): Dokumentiert analog dem Pflegestatus, welche Fachbereiche auf einer bestimmten Hierarchiestufe einen Artikelstammsatz bereits gepflegt haben.
- **Altern. Bildbezeich.**: Die alternative Bildbezeichnung wird angezeigt, wenn in ein anderes Programm ein Absprung zu diesem Datenbild eingebunden wird.

Die Datenbilder können nach Belieben kopiert und angepasst werden, zuletzt erfolgt das Customizing der Subscreens.

Subscreens

Die Subscreens sind Trägerprogramme, auf denen eine Anzahl von Feldern oder Feldgruppen platziert sein kann. Sie können aber auch einzelne Absprünge zu anderen Transaktionen enthalten (z. B. zu Komponenten oder zur Folge-/Ersatzteil-Anlage). Zu den Subscreens muss in Transaktion OMT3B auch immer das Dynpro, das eingeblendet werden soll, angegeben werden (siehe Abbildung 2.42).

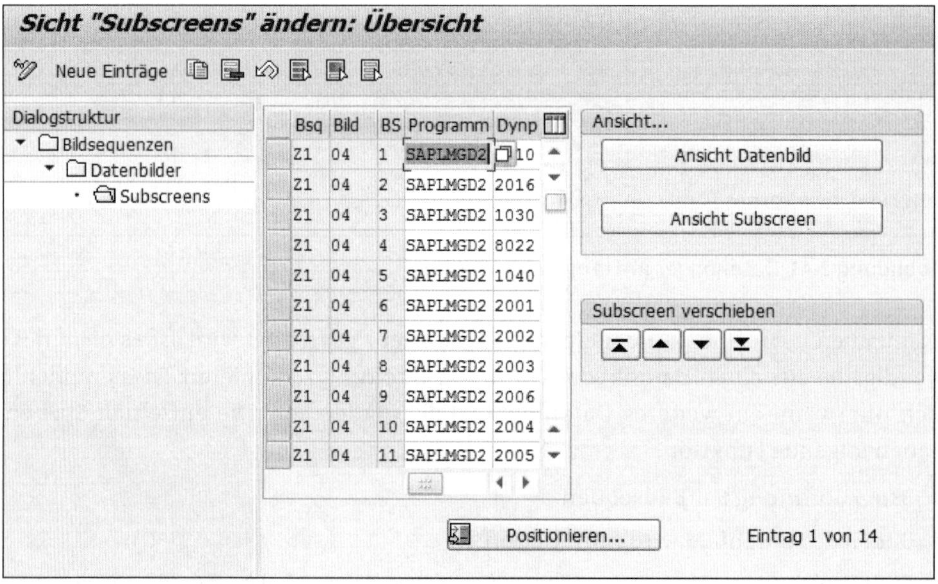

Abbildung 2.42 Subscreens in Transaktion OMT3B pflegen

Die maximale Anzahl an Subscreens pro Datenbild ist abhängig vom Träger-Dynpro, das auf Datenbildebene definiert wurde. Gegebenenfalls ist es notwendig, hier ein eigenes Träger-Dynpro programmieren zu lassen, um alle gewünschten Funktionen darstellen zu können.

Am rechten Bildschirmrand haben Sie über den Button **Ansicht Datenbild** die Option, sich das gesamte Datenbild anzeigen zu lassen, um z. B. Änderungen an der Reihenfolge der Subscreens direkt zu sehen. Alternativ dazu können Sie auch einen einzelnen Subscreen markieren und über den Button **Ansicht Subscreen** anzeigen lassen. Damit können Sie auf einfache Art überprüfen, ob der richtige Subscreen ausgewählt oder hinzugefügt wurde. Abbildung 2.43 zeigt ein Beispiel für so einen Subscreen.

Entfernt man einen Subscreen, wird dafür immer automatisch das Programm SAPLMGD2 mit Dynpro 0001 am Ende der Liste hinzugefügt. Dies ist ein leeres Platzhalter-Dynpro. Die einzelnen Felder oder Feldauswahlgruppen auf einem Subscreen können nicht durch das Customizing verschoben werden. Dafür wäre die Programmierung eines neuen Subscreens erforderlich.

Abbildung 2.43 Ansicht eines einzelnen Subscreens in Transaktion OMT3B

In Transaktion OMT3C wird nur das dem Subscreen zugrunde liegende Programm generiert, für das ein Dynpro über die ABAP Workbench programmiert werden muss. Im Rahmen dieser Programmierung müssen die Felder oder Feldauswahlgruppen zum Dynpro zugeordnet werden.

Feldgruppen bzw. Felder und Feldreferenzen

Die Zuordnung von Feldern zu Feldgruppen findet in Transaktion OMSR statt (siehe Abbildung 2.44). Feldgruppen können Felder verschiedenster Subscreens oder Datenbilder enthalten, sind also nicht auf die Felder eines Subscreens beschränkt. Es können bis zu 240 Feldgruppen definiert werden, wobei die leere Gruppe auch als solche zählt.

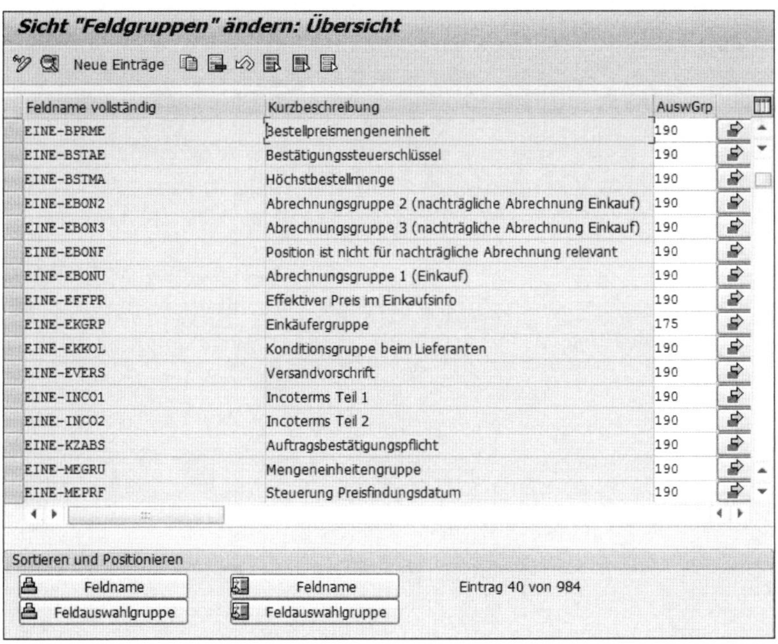

Feldname vollständig	Kurzbeschreibung	AuswGrp
EINE-BPRME	Bestellpreismengeneinheit	190
EINE-BSTAE	Bestätigungssteuerschlüssel	190
EINE-BSTMA	Höchstbestellmenge	190
EINE-EBON2	Abrechnungsgruppe 2 (nachträgliche Abrechnung Einkauf)	190
EINE-EBON3	Abrechnungsgruppe 3 (nachträgliche Abrechnung Einkauf)	190
EINE-EBONF	Position ist nicht für nachträgliche Abrechnung relevant	190
EINE-EBONU	Abrechnungsgruppe 1 (Einkauf)	190
EINE-EFFPR	Effektiver Preis im Einkaufsinfo	190
EINE-EKGRP	Einkäufergruppe	175
EINE-EKKOL	Konditionsgruppe beim Lieferanten	190
EINE-EVERS	Versandvorschrift	190
EINE-INCO1	Incoterms Teil 1	190
EINE-INCO2	Incoterms Teil 2	190
EINE-KZABS	Auftragsbestätigungspflicht	190
EINE-MEGRU	Mengeneinheitengruppe	190
EINE-MEPRF	Steuerung Preisfindungsdatum	190

Abbildung 2.44 Felder zu Feldgruppen in Transaktion OMSR zuordnen

Kundeneigene Felder (z. B. im Z-Namensraum) können der Liste in Abbildung 2.44 und damit den Feldgruppen hinzugefügt werden. Mit einem Doppelklick auf eines dieser Felder springen Sie zur Feldattributssteuerung.

Durch einen Klick auf den Pfeil-Button am Ende einer Zeile springen Sie zu Transaktion OMS9, die auch direkt über den Customizing-Baum aufgerufen werden kann (Feldauswahl für **Datenbilder pflegen**). Beim Absprung aus Transaktion OMSR ist jedoch bereits die richtige Feldgruppe zum entsprechenden Feld selektiert. In Transaktion OMS9 kann nun für jede Feldgruppe pro Feldreferenz gesteuert werden, ob die Felder der Feldgruppe ausgeblendet, nur angezeigt, als Pflichtfeld eingabebereit oder als Kann-Feld eingabebereit sein sollen. Es können hier auch weitere Feldreferenzen im kundeneigenen Namensraum angelegt werden (über den Button **Neue Einträge** in der Funktionsleiste).

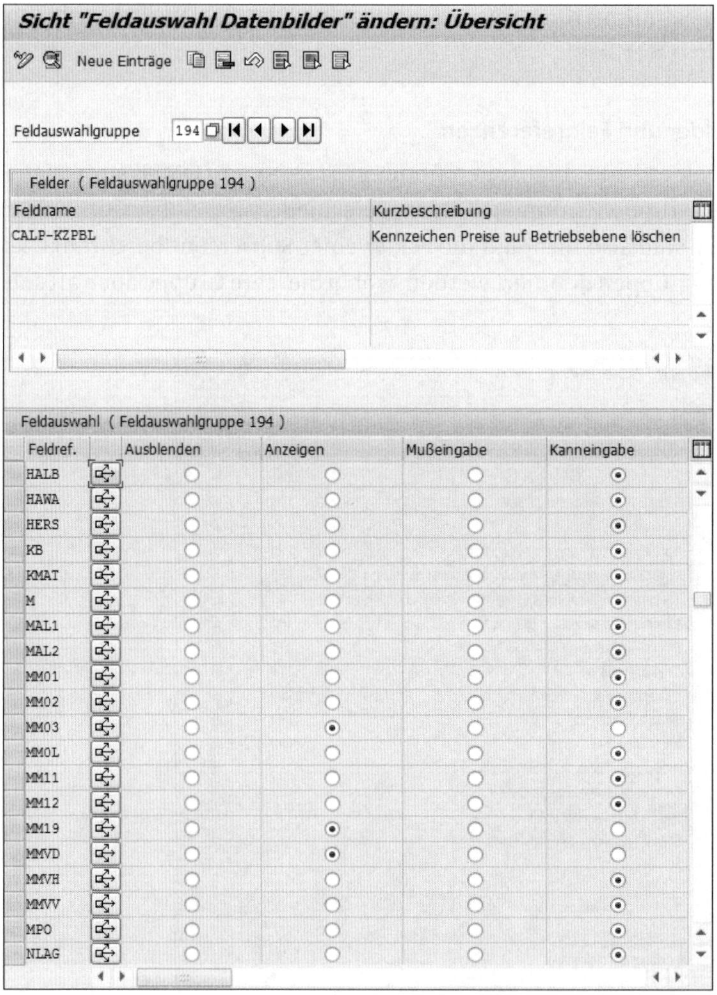

Abbildung 2.45 Transaktion OMS9 – Steuerung der Anzeige von Feldgruppen

Definition der Feldgruppe 230 mit Feldern aus verschiedenen Datenbildern des Artikelstamms

Die Feldgruppe 230 wird in Transaktion OMS9 für die Feldreferenz `HAWA` als Muss-Eingabefeld definiert. Die Feldreferenz `HAWA` ist bei der Artikelart `HAWA` hinterlegt. Damit sind alle Felder der Feldgruppe 230 ab sofort bei Anlage einer Handelsware `HAWA` Muss-Eingabefelder.

Definition der Feldgruppe 240 mit Feldern aus verschiedenen Datenbildern des Artikelstamms

Die Feldgruppe 240 wird in Transaktion OMS9 für die Feldreferenz `DIEN` als ausgeblendet definiert. Die Feldreferenz `DIEN` ist bei der Artikelart `DIEN` hinterlegt. Damit werden bei Anlage eines Dienstleistungsartikels `DIEN` diese Felder im Artikelstamm nicht mehr angezeigt.

Zuordnung von Feldreferenzen

Die Bildsteuerung des Artikelstamms wird über eine *Feldreferenz* definiert. Diese Referenz kann über drei Zuordnungen Einfluss auf den Artikelstamm nehmen:

- Feldreferenzen zu Artikelart
- Feldreferenzen zu Branchen
- Feldreferenzen zu Betrieb

Am gängigsten ist die Zuordnung einer Feldreferenz zu einer Artikelart, die Sie, wie in Abbildung 2.46 dargestellt, im Einführungsleitfaden unter **Logistik Allgemein • Materialstamm • Grundeinstellungen • Materialarten • Eigenschaften der Artikelarten festlegen • Detail** vornehmen.

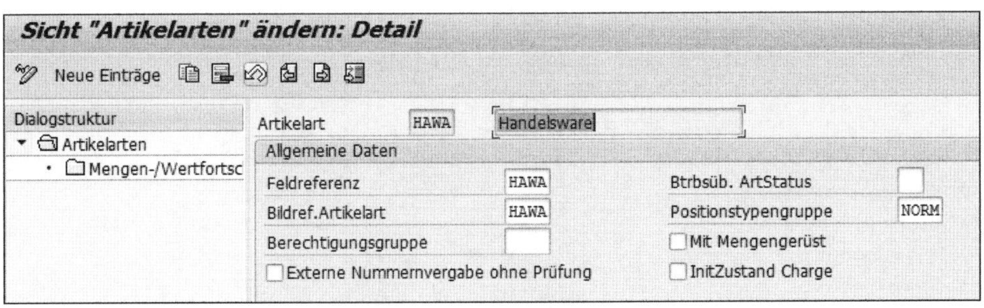

Abbildung 2.46 Feldreferenz einer Artikelart zuordnen

Die Definition einer Branche und die Zuordnung einer Feldreferenz erfolgen in Transaktion OMS3. Über die Zuordnung von Artikelarten zur Branche können Sie so die Feldsteuerung pro Branche definieren.

Für die Datenbilder des Artikelstamms, die abhängig vom Betrieb gepflegt werden können, kann für einzelne Betriebe eine eigene Feldreferenz in Transaktion OMSA hinterlegt werden (siehe Abbildung 2.47). So können für bestimmte Betriebe Felder anders ausgesteuert werden.

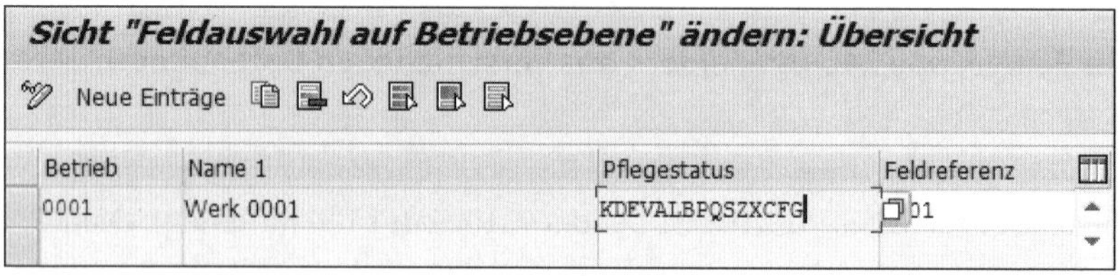

Abbildung 2.47 Transaktion OMSA – Feldreferenz einem Betrieb zuordnen

Zuordnung von Nebenbildern

Nebenbilder, die bei der Pflege des Datenbilds (siehe Abschnitt »Datenbilder«) als solche definiert wurden, können als Zusatzbild erscheinen oder über einen Button aufgerufen werden. Die Einstellungen dazu finden Sie in Transaktion OMT3Z. Nach Auswahl der Bildsequenz (in unserem Beispiel in Abbildung 2.48 die kundeneigene Sequenz Z1) können Sie für jedes Nebenbild einen Funktionscode hinzufügen (zur Zuordnung zur Funktions- oder Drucktaste).

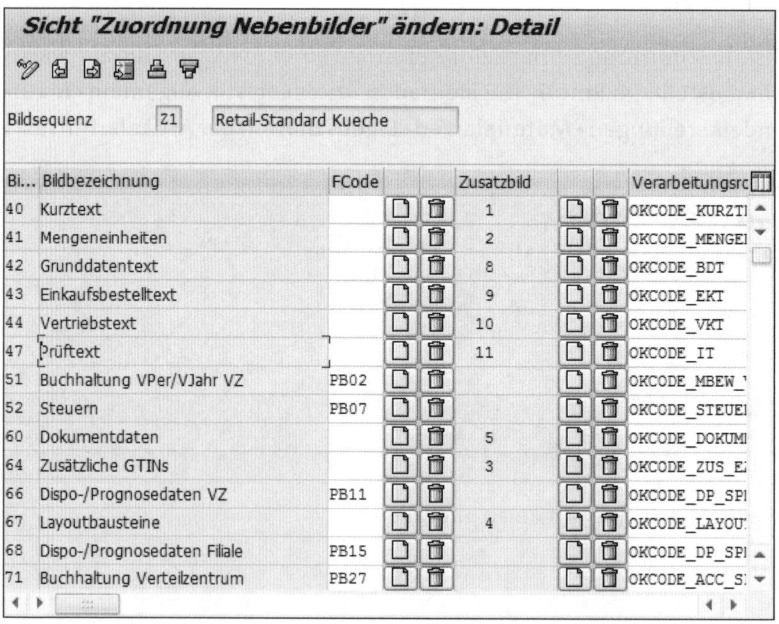

Abbildung 2.48 Transaktion OMT3Z – Zuordnung von Nebenbildern

Durch die Anlage als Zusatzbild wird dem Nebenbild eine Zusatzbildnummer zugeordnet. Die Reihenfolge der Zusatzbilder können Sie in Transaktion OMT3R verändern.

Reihenfolge der Haupt- und Zusatzbilder festlegen

Transaktion OMT3R gibt dem Anwender nach Auswahl der Bildsequenz die Möglichkeit, die Reihenfolge der Haupt- und Nebenbilder zu verändern. Die laufende Nummer gibt die Position des Datenbildes in der Bildsequenz an. Nummer 10 steht dabei immer an erster Position.

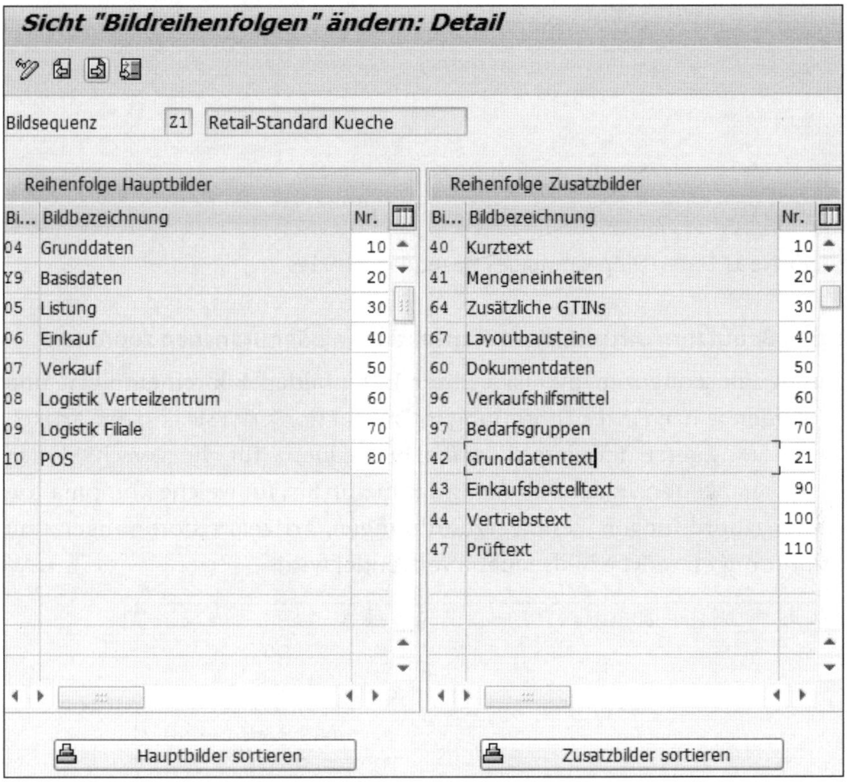

Abbildung 2.49 Transaktion OMT3R – Bildreihenfolgen ändern

In Abbildung 2.49 wurde die Sortiernummer des Grunddatentextes von 80 auf 21 geändert. Ein Klick auf **Zusatzbilder sortieren** ordnet den Grunddatentext nun hinter die Mengeneinheiten, und das System vergibt die Nummern in der richtigen Reihenfolge neu. Der Grunddatentext bekommt die Nummer 30 und steht an der dritten Position (siehe Abbildung 2.50).

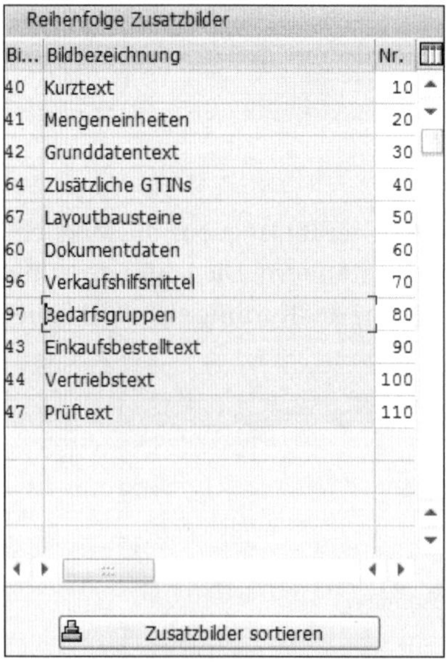

Reihenfolge Zusatzbilder

Bi...	Bildbezeichnung	Nr.
40	Kurztext	10
41	Mengeneinheiten	20
42	Grunddatentext	30
64	Zusätzliche GTINs	40
67	Layoutbausteine	50
60	Dokumentdaten	60
96	Verkaufshilfsmittel	70
97	Bedarfsgruppen	80
43	Einkaufsbestelltext	90
44	Vertriebstext	100
47	Prüftext	110

Zusatzbilder sortieren

Abbildung 2.50 Neue Datenbildposition des Grunddatentextes

Bildsequenzen Benutzern, Artikelarten, Transaktionen oder Branchen zuordnen

Die definierten Bildsequenzen inklusive ihrer Datenbilder, Bildreihenfolgen und Subscreens werden je nach ihrer Zuordnung in Transaktion OMT3E aktiv im Artikelstamm verwendet. Zuerst definieren Sie die Bildsequenz für die verschiedenen Zuordnungsmöglichkeiten. In der Steuerung definieren Sie, für welche Kombination aus Transaktionszuordnungen, Benutzerzuordnungen, Artikelartzuordnungen und Branchenzuordnungen welche Bildsequenz verwendet wird.

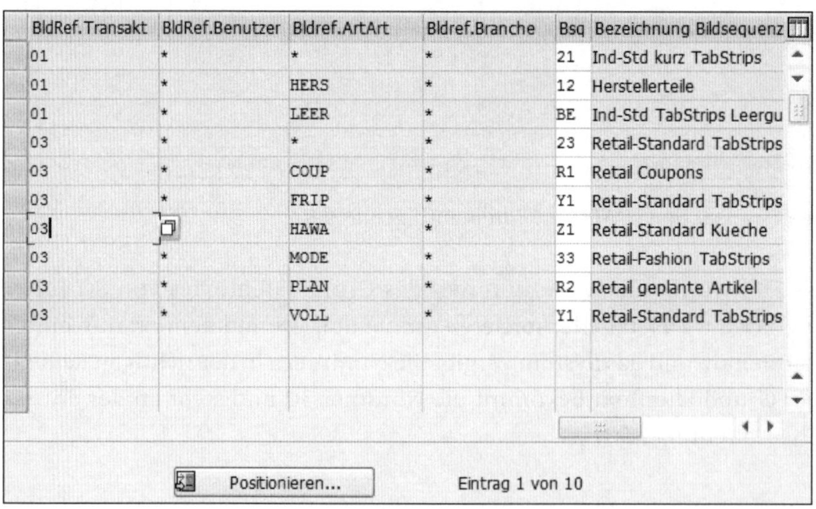

BldRef.Transakt	BldRef.Benutzer	Bldref.ArtArt	Bldref.Branche	Bsq	Bezeichnung Bildsequenz
01	*	*	*	21	Ind-Std kurz TabStrips
01	*	HERS	*	12	Herstellerteile
01	*	LEER	*	BE	Ind-Std TabStrips Leergu
03	*	*	*	23	Retail-Standard TabStrips
03	*	COUP	*	R1	Retail Coupons
03	*	FRIP	*	Y1	Retail-Standard TabStrips
03		HAWA	*	Z1	Retail-Standard Kueche
03	*	MODE	*	33	Retail-Fashion TabStrips
03	*	PLAN	*	R2	Retail geplante Artikel
03	*	VOLL	*	Y1	Retail-Standard TabStrips

Positionieren... Eintrag 1 von 10

Abbildung 2.51 Transaktion OMT3E (Steuerung Bildsequenz)

Im Beispiel in Abbildung 2.51 wird die Bildsequenz Z1 in folgenden Fällen aufgerufen:

- Die Bildreferenz 03 ist der verwendeten Transaktion zugeordnet.
- bei allen Benutzern (das Sternchen * steht für alle)
- Der anzulegenden Artikelart ist die Referenz HAWA zugeordnet.
- bei allen Branchen (das Sternchen * steht hier wieder für alle; in den SAP-Retail-Systemen wird dazu immer das Sternchen verwendet)

Soll z. B. für eine bestimmte Transaktion eine andere Bildsequenz verwendet werden, müssen Sie dieser Transaktion unter **Bildreferenzen Transaktion** eine andere Bildreferenz zuordnen (siehe Abbildung 2.52), und der Eintrag muss in der Steuerung entsprechend ergänzt werden.

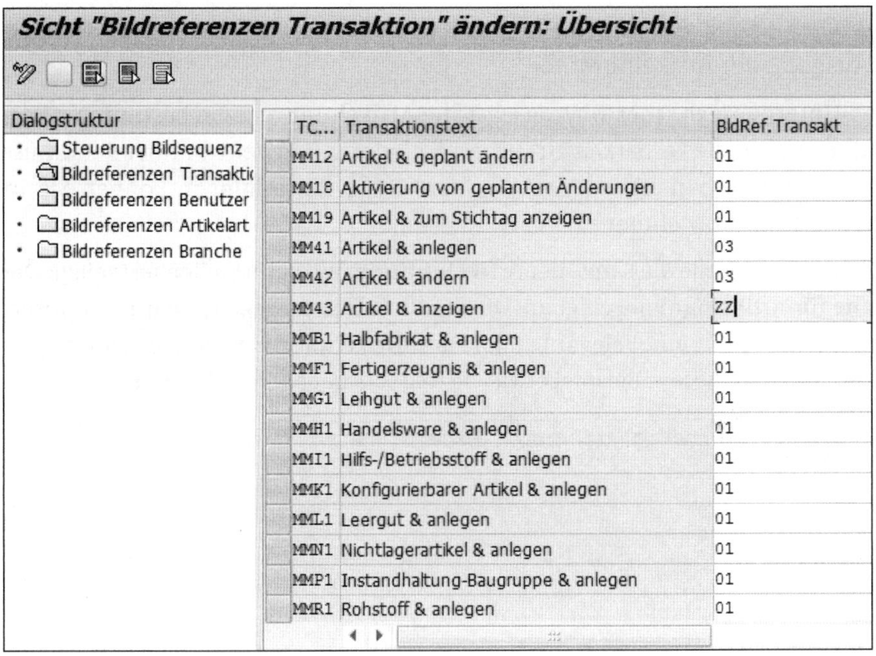

Abbildung 2.52 Transaktion OMT3E – Zuordnung einer Bildreferenz zu einer Transaktion

In Abbildung 2.52 wurde Transaktion MM43 (**Artikel anzeigen**) die Bildreferenz ZZ zugeordnet und der Eintrag in der Steuerung wie in Abbildung 2.53 ergänzt.

Bei Aufruf von Transaktion MM43 wird nun die Bildsequenz Y4 verwendet. Auf die gleiche Weise kann auch die Bildsequenz für einzelne Artikelarten oder Benutzer abweichend ausgesteuert werden.

BldRef.Transakt	BldRef.Benutzer	Bldref.ArtArt	Bldref.Branche	Bsq	Bezeichnung Bildsequenz
01	*	*	*	21	Ind-Std kurz TabStrips
01	*	HERS	*	12	Herstellerteile
01	*	LEER	*	BE	Ind-Std TabStrips Leergu
03	*	*	*	23	Retail-Standard TabStrips
03	*	COUP	*	R1	Retail Coupons
03	*	FRIP	*	Y1	Retail-Standard TabStrips
03	*	HAWA	*	Z1	Retail-Standard Kueche
03	*	MODE	*	33	Retail-Fashion TabStrips
03	*	PLAN	*	R2	Retail geplante Artikel
03	*	LL	*	Y1	Retail-Standard TabStrips
ZZ	*	*	*	Y4	Retail-Fashion TabStrips

Abbildung 2.53 Steuerung der Bildsequenz anpassen

2.5.2 Ausgabe der Artikelnummer

In vielen Unternehmen ist es wichtig, dass die Artikelnummer ein bestimmtes Format hat, sei es, um die Lesbarkeit zu verbessern oder um in der Nummer verschlüsselte Informationen voneinander zu trennen. Diese Einstellungen können Sie in Transaktion OMSL vornehmen.

In Abbildung 2.54 wurde die Länge der Artikelnummer auf zehn Stellen festgelegt. Die **Schablone für Artikelnummer** zeigt an, wie die Nummer ausgegeben wird. Ein Unterstrich _ steht dabei für eine relevante Stelle der Artikelnummer. Die Artikelnummer 1234567890 wird in diesem Beispiel etwa wie folgt ausgegeben: 123-456-789/0.

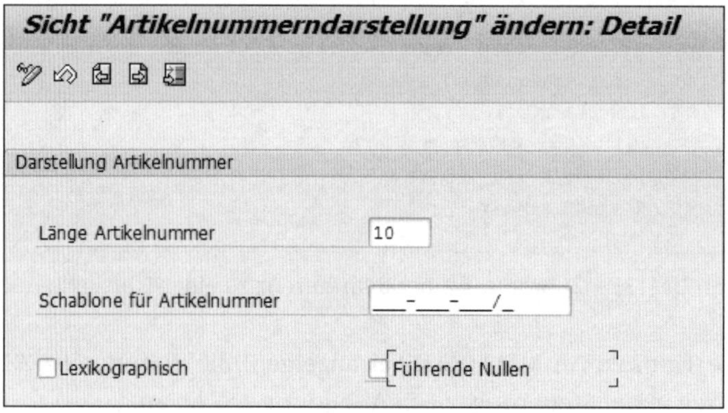

Abbildung 2.54 Transaktion OMSL (Artikelnummerndarstellung)

Das Kennzeichen **Führende Nullen** bewirkt, dass eine Artikelnummer mit weniger als zehn Stellen links mit führenden Nullen aufgefüllt wird. Das Kennzeichen **Lexikographisch** hat Auswirkungen darauf, wie numerische und alphanumerische Artikelnummern in der Datenbank abgespeichert werden. Sonderzeichen aus der Schablone werden in der Datenbank nicht abgespeichert, sondern dienen nur der Ausgabe im System oder dem Ausdruck von Dokumenten.

2.6 Vorlagehandling

Um Stammdaten in SAP Retail effizienter anzulegen, können für die einzelnen Stammdatenobjekte Vorlagemechanismen verwendet werden. Diese befüllen diverse Felder mit Vorlagewerten, die in der Regel immer den gleichen Wert enthalten. Es handelt sich dabei um Vorschlagswerte, die durch den Benutzer überschrieben werden können.

2.6.1 Vorlagehandling für Artikel

Die Erfassung von Artikelstammdaten wird durch die Verwendung von Vorlagen erleichtert. Vorlageartikel dienen dazu, Default-Werte beim Anlegen und Erweitern von Artikeldaten vorzuschlagen.

Priorität der Vorlageinformationen

Bei der Anlage eines Artikelstammsatzes können Vorlageinformationen aus diversen Quellen mit in den Stammsatz einfließen. Sind Daten für ein bestimmtes Feld in mehreren Vorlagequellen vorhanden, entscheidet die Priorität der Vorlagen, aus welcher Vorlage die Feldinformation als Vorschlag in den aktuellen Stammsatz kopiert wird. Diese Prioritäten sind zum Teil von Customizing-Einstellungen abhängig. In Tabelle 2.5 finden Sie eine Übersicht über die Prioritäten der Vorlagequellen (1 = hoch).

Vorlagequelle	Priorität
Customizing der Saison	1
Lieferantenstammsatz	2
Vorlagebetrieb inklusive Daten aus Profilenz	3
derselbe Artikel (Grunddatensicht)	4
Sammelartikel	5
expliziter Vorlageartikel	6
Warengruppenvorlageartikel	7

Tabelle 2.5 Prioritäten zur Wahl der Vorlagequelle

Vorlagequelle	Priorität
Customizing	8 (mit Ausnahmen, z. B. Bewertungstyp)
Konstanten	9 (mit Ausnahmen, z. B. Gültigkeitsbereich)

Tabelle 2.5 Prioritäten zur Wahl der Vorlagequelle (Forts.)

Voraussetzung für den Vorschlag einzelner Feldinhalte ist die Aktivierung im Customizing. In Transaktion OMSR können Sie für die einzelnen Felder des Materialstamms das Kennzeichen **Feldinhalt kopieren** setzen (siehe Abbildung 2.55). Ist es gesetzt, werden Vorschlagswerte gemäß ihrer Priorität kopiert. Ist das Kennzeichen **Auch Initialwerte** gesetzt, werden auch leere Felder oder Felder mit dem Wert 0 kopiert. Sie können auch steuern, für welche Artikeltypen die Vorschlagswerte übernommen werden sollen.

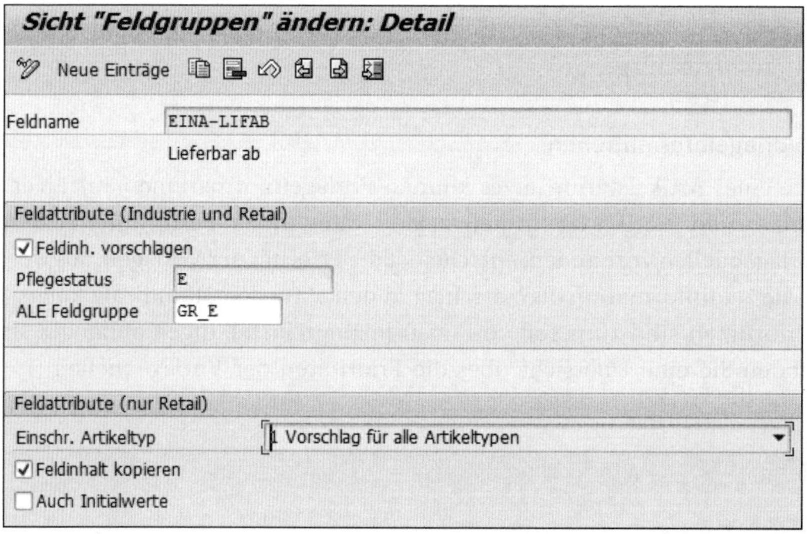

Abbildung 2.55 Transaktion OMSR – Felder zu Feldauswahlgruppen zuordnen – Detailansicht

Ausnahmen bilden Vorschlagswerte aus dem Customizing, aus den Kreditorenstammsätzen und aus Konstanten, die unabhängig von den beschriebenen Einstellungen immer übernommen werden. Im Folgenden erläutern wir die neun Vorlagequellen.

Vorlagen nach Saisonalität

Im Customizing der Saison werden bei der Definition der Jahressaison die jeweils gültigen Listungs- und Verkaufszeiträume getrennt für Filialen und Verteilzentren gepflegt. Bei Anlage eines Saisonartikels werden bei der Zuordnung zur jeweiligen Saison und Kollektion die entsprechenden Gültigkeitszeiträume aus diesem Customizing als Vorschlagswerte herangezogen (siehe Abbildung 2.56). Da das Customizing der Saison höchste Priorität aufweist, werden die Gültigkeitszeiträume durch die abweichende Pflege in einer anderen Vorlagequelle nicht beeinflusst.

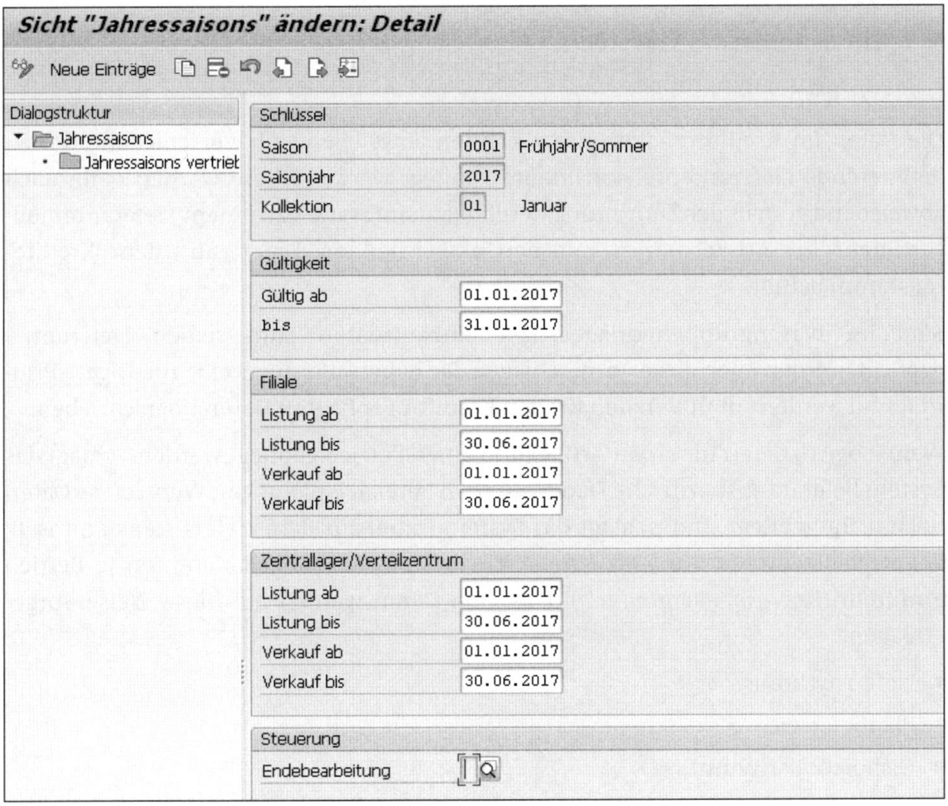

Abbildung 2.56 Customizing der Saison – Jahressaison pflegen – neuer Eintrag

Lieferantenbezogene Vorlagedaten

Für den Einkaufsinfosatz im Artikelstamm werden Daten aus dem Kreditorenstammsatz vorgeschlagen, sofern diese dort gepflegt sind. Folgende Daten werden übernommen:

- Bestätigungssteuerschlüssel
- Ursprungsland
- Währung

- automatische Wareneingangsabrechnung
- wareneingangsbezogene Rechnungsprüfung
- Planlieferzeit
- Preisdatumstyp
- Einkäufergruppe
- Ursprungsregion
- Rundungsprofil
- Verkäufer
- Telefonnummer des Verkäufers
- Mengeneinheitengruppe

Die Daten im Kreditorenstammsatz können abweichend für verschiedene frei zu definierende Lieferantenteilsortimente gepflegt werden. Diese werden dann auch abweichend gemäß der Zuordnung des Einkaufsinfosatzes zu einem Lieferantenteilsortiment im Artikelstamm mit den abweichenden Daten aus dem Kreditorenstamm befüllt.

Sind im Warengruppenvorlageartikel Einkaufsdaten zum selben Lieferanten gepflegt, werden auch diese vorgeschlagen. Sie haben allerdings eine niedrigere Priorität und werden somit von den für den Kreditor gepflegten Daten überschrieben.

Wenn Logistikdaten für einen Artikel und einen Betrieb gepflegt werden, schlägt das System lieferantenspezifische Daten aus dem Bereich Einkauf vor. Wenn diese Daten noch nicht gepflegt sind, schlägt das System Daten aus dem Lieferantenstammsatz des Regellieferanten vor. Dazu muss das System den Regellieferanten je Betrieb ermitteln (*Bezugsquellenfindung*). Folgende Daten werden auf diese Weise vorgeschlagen:

- Lieferrhythmus
- Planlieferzeit
- Dispositionsrhythmus
- Einkäufergruppe
- Rundungsprofil
- Disponent
- Mengeneinheitengruppe

Vorlagedaten aus Vorlagebetrieben und Profilen

Vorlagebetriebe liefern nicht nur Daten für den Betrieb, sondern auch Vorschlagswerte für den Artikelstamm. Die Vorschlagswerte werden in die Sichten **Logistik VZ** und **Logistik Filiale** übernommen und basieren auf den in der allgemeinen Steuerung der SAP-Retail-Stammdaten (Transaktion WSS1) oder den in der Steuerung zur Vertriebslinie hinterlegten Vorlagebetrieben. Daten, die in der Regel in allen Betrieben identisch sind, werden übernommen und bei Änderungen der Vorlagefiliale auch in die Artikeldaten übernommen, sofern sie nicht zwischenzeitlich abweichend in den Artikeldaten gepflegt wurden.

Änderungen an der Vorlagefiliale werden dagegen nicht für Felder übernommen, die in der Regel abweichend pro Betrieb gepflegt werden. Bei der initialen Anlage des Artikels werden sie jedoch vorgeschlagen. Das betrifft folgende Felder:

- Durchschnittspreis
- Lieferrhythmus
- Höchstbestand
- Mindestbestand
- Dispositionsbereich
- Planlieferzeit
- Dispositionsrhythmus
- Preissteuerung
- Preiseinheit
- Profit Center
- Einkäufergruppe
- Rundungsprofil
- Sicherheitsbestand
- Standardpreis
- Umlagerungsbestand (Betrieb zu Betrieb)
- Transitbestand
- Disponent
- Mengeneinheitengruppe
- Bewertungstyp

Vorlagedaten aus Profilen werden in Bezug auf den Artikelstamm nur aus dem Prognoseprofil und dem Dispositionsprofil vorgeschlagen. Dies geschieht allerdings nur, wenn das Profil in den Daten des Vorlageartikels gepflegt ist. Eine Änderung der Festwerte eines Profils bedingt die Änderung der Daten in den Artikelstammsätzen.

In einem SAP-Retail-System gehören die Profile nicht zum Customizing, sondern werden in den Transaktionen MMD1/MMD2/MMD3 (Dispositionsprofile) oder MP80/MP81/MP82/MP83 (Prognoseprofile) gepflegt. Bei Anlage eines *Dispositionsprofils* kann für eine Reihe dispositionsrelevanter Felder festgehalten werden, ob sie bei der Artikelpflege mit einem Festwert oder einem Vorschlagswert vorbelegt sein sollen und welcher Wert im jeweiligen Feld stehen soll. Abbildung 2.57 zeigt die Anlage eines Dispositionsprofils.

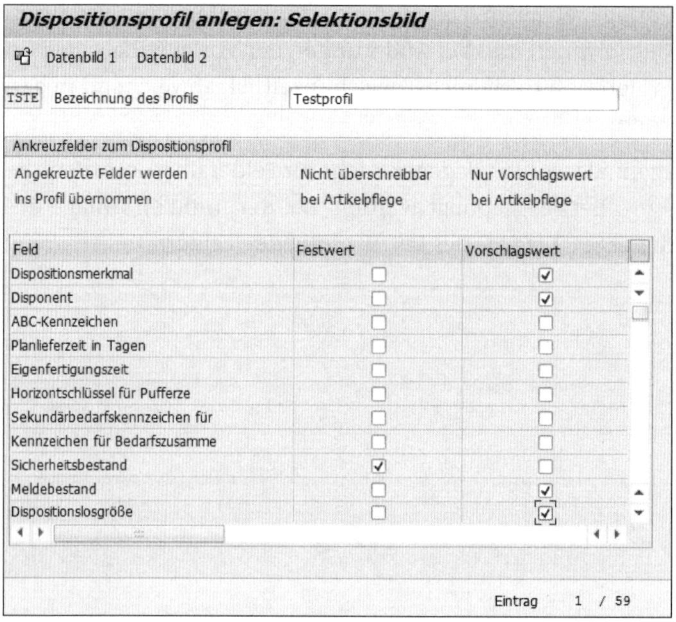

Abbildung 2.57 Transaktion MMD1 – Dispositionsprofil anlegen

In der Pflege der *Prognoseprofile* wird ähnlich wie beim Dispositionsprofil vorgegangen, nur dass hier prognoserelevante Felder vorgeschlagen werden können (siehe Abbildung 2.58).

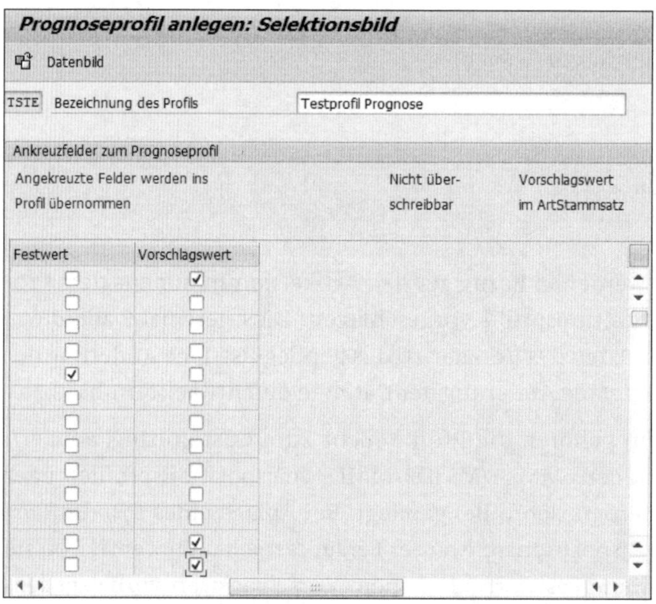

Abbildung 2.58 Transaktion MP80 – Prognoseprofil anlegen

Vorlagedaten aus demselben Artikel

Für die einzelnen Fachbereichssichten im Artikelstammsatz können diverse Werte aus der Grunddatensicht desselben Artikels übernommen werden. Die Pflege der Grunddatensicht entspricht der Pflege auf Mandantenebene. Eine Änderung auf Mandantenebene bewirkt auch eine Änderung der Daten in untergeordneten Gültigkeitsbereichen, sofern diese nicht bereits abweichend gepflegt wurden. Ausnahmen davon sind die Daten der Listung und des Einkaufs. Hier erfolgt eine initiale Übernahme aus der Grunddatensicht. Bei einer Änderung der Grunddaten wird diese Änderung nicht übernommen. In Tabelle 2.6 sehen Sie, welche Daten auf welchen Sichten übernommen werden.

Fachbereich	Fachbereichsfelder	Bemerkung
Listung	■ Listung ab ■ Listung bis ■ Verkauf ab ■ Verkauf bis	übernommen aus den Feldern **Gültig ab/Gültig bis** der Grunddatensicht
Einkauf	■ Basismengeneinheit ■ Warengruppe ■ Bestellmengeneinheit ■ Einkäufergruppe ■ Einkaufswerteschlüssel ■ Ausgabemengeneinheit ■ Variable Bestellmengeneinheit	aus den jeweiligen Feldern der Grunddatensicht
Verkauf	■ Preisartikel ■ Produkthierarchie ■ Verkaufsmengeneinheit ■ Ausgabemengeneinheit	■ nur bei Filialen ■ nur bei Verteilzentren
Logistik VZ	■ ABC-Kennzeichen ■ Kennzeichen für Chargenpflicht ■ Stat. Warennr./Import-Code ■ Ursprungsland ■ Ladegruppe ■ Einkäufergruppe ■ Ursprungsregion ■ Ausgabemengeneinheit	aus den jeweiligen Feldern der Grunddatensicht

Tabelle 2.6 Datenübernahmelogik

Fachbereich	Fachbereichsfelder	Bemerkung
Logistik Filiale	▪ ABC-Kennzeichen ▪ Kennzeichen für Chargenpflicht ▪ Stat. Warennr./Import-Code ▪ Ursprungsland ▪ Ladegruppe ▪ Einkäufergruppe ▪ Ursprungsregion ▪ Verkaufsmengeneinheit ▪ Bezugsquelle	aus den jeweiligen Feldern der Grunddatensicht
Buchhaltung	▪ Bewertungsklasse ▪ Bewertungsspanne	aus den jeweiligen Feldern der Grunddatensicht

Tabelle 2.6 Datenübernahmelogik (Forts.)

Vorlage aus Sammelartikel

Bis auf GTINs, Verbrauchs- und Prognosewerte werden alle Daten aus einem Sammelartikel in seine Varianten übernommen. Das bezieht sich auch auf die Einkaufsinfosätze und die gepflegten Preise. Eine Änderung am Sammelartikel bedingt auch die Änderung der Daten in allen Varianten, sofern diese nicht zwischenzeitlich abweichend gepflegt wurden.

Um die Preise der Varianten abweichend pflegen zu können, muss in der Grunddatensicht des Sammelartikels das Preisprofil auf 1 gesetzt oder leer gelassen werden, da sonst zwingend alle Preise des Sammelartikels übernommen werden. Selbstverständlich wird das variantenbildende Merkmal, das die Varianten definiert, mit einem jeweils abweichenden Merkmalswert belegt.

Vorlageartikel aus bestehendem Stamm (explizite Vorlageartikel)

Entspricht die Warengruppenhierarchie nicht den logistischen Anforderungen des Unternehmens, sondern orientiert sich am Kundenbedarf, ist es nicht immer sinnvoll, einen Warengruppenvorlageartikel zu nutzen. In diesem Fall kann als Vorlage ein *expliziter Vorlageartikel* verwendet werden, um ein gutes Vorlagehandling entsprechend der logistischen Abläufe zu gewährleisten. Ein expliziter Vorlageartikel wird direkt im Einstieg von Transaktion MM41 zur Artikelanlage mit angegeben und hat auch vor einem ggf. vorhandenen Warengruppenvorlageartikel Vorrang.

Der Vorlageartikel kann entweder ein dem anzulegenden Artikel ähnlicher, bereits existierender Artikel sein oder ein explizit als Vorlageartikel definierter Artikel, der nicht bewirtschaftet wird und ausschließlich als Vorlage angelegt wurde. Die Verwendung eines expliziten Vorlageartikels bedingt, dass keine Vorschlagswerte aus einem eventuell bestehenden Warengruppenvorlageartikel vorgeschlagen werden.

Warengruppenvorlageartikel

Warengruppenvorlageartikel dienen dazu, die Pflege von Artikelstammdaten zu erleichtern. Sie sind in der Warenwirtschaft nicht physisch vorhanden (man kann sie also nicht kaufen). Warengruppenvorlageartikel beinhalten lediglich Informationen, die das System vorschlägt, wenn ein Artikelstammsatz angelegt wird.

Der Warengruppenvorlageartikel kann pro Basiswarengruppe angelegt werden. Es kann auch ein Vorlageartikel für mehrere Basiswarengruppen genutzt werden. Anlage und Änderung eines Warengruppenvorlageartikels erfolgen, mit wenigen Ausnahmen, analog zur Pflege eines Standardartikels. Der Einstieg in die Anlage des Warengruppenvorlageartikels erfolgt über einen Absprung aus den Transaktionen zur Warengruppenpflege WG21 und WG22. Klicken Sie hier auf den Button **WG-Vorlageartikel** in der Funktionsleiste (siehe Abbildung 2.59).

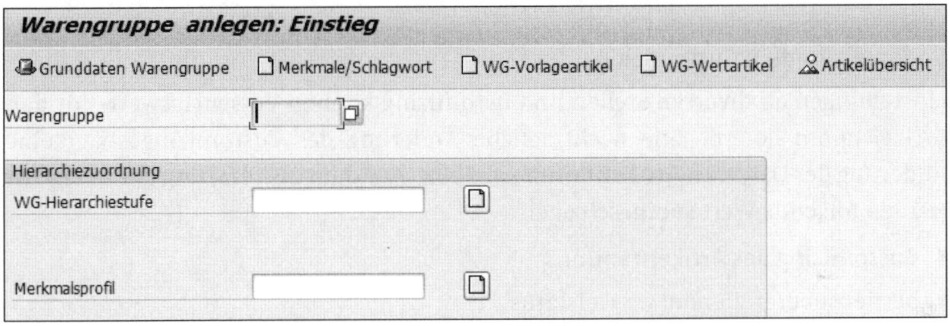

Abbildung 2.59 Transaktion WG21 (Warengruppe anlegen) – Einstiegsbild mit diversen Absprüngen

Die Artikelart eines Warengruppenvorlageartikels ist **30 Warengruppen-Vorlageartikel**. Darüber ist definiert, dass der Artikel nicht in logistischen Prozessen verwendet werden kann und ausschließlich Vorlagecharakter besitzt.

Alle Daten, die am Warengruppenvorlageartikel gepflegt werden, werden bei späterer Anlage eines Artikels in der Warengruppe übernommen, sofern sie nicht durch eine Vorlage mit höherer Priorität überschrieben werden. Dazu gibt es folgende Ausnahmen:

- GTINs
- Verbrauchs- und Prognosewerte
- Preise und Konditionen (für Einkauf und Verkauf)

Es können auch Daten für einzelne Einkaufsorganisationen, Lieferanten, Vertriebslinien, Preislisten, Betriebe oder Betriebsgruppen gepflegt werden, die dann in die späteren Artikel übernommen werden. Dazu müssen die Daten in den einzelnen Gültigkeitsbereichen gepflegt werden. Über ein Kennzeichen in der allgemeinen Steuerung der Retail-Stammdaten (Transaktion WSS1) können Sie außerdem veranlassen, dass bei Anlage eines Artikels eine Warnmeldung erscheint, wenn zu der verwendeten Warengruppe noch kein Vorlageartikel erfasst wurde. Dies ist z. B. sinnvoll, wenn seitens des Unternehmens die Verwendung der Vorlageartikel zur Sicherstellung einer hohen Datenqualität vorgeschrieben wird. Bei der Standardauslieferung ist dieses Kennzeichen bereits gesetzt.

[»] **Nummernkreis und Artikelart für Warengruppenvorlageartikel**

Idealerweise werden für die Warengruppenvorlageartikel ein eigener Nummernkreis und eine eigene Artikelart definiert, um die Artikel direkt kenntlich zu machen und eine Mengen- und Wertfortschreibung der Artikel im Customizing zu deaktivieren.

Vorlagen aus dem Customizing

Einstellungen an diversen Stellen im Customizing können Vorschlagswerte für den Artikelstamm liefern. Eine nachträgliche Änderung des Customizings hat keine Änderung der Daten im Artikelstamm zur Folge. Aus dem Customizing der Artikelart werden folgende Werte vorgeschlagen:

- Customizing des Artikelstamms
- betriebsübergreifender Artikelstatus
- allgemeine Positionstypengruppe
- Positionstypengruppe
- Preissteuerungskennzeichen
- Beschaffungsart
- Bewertungsklasse (auf der Grunddatensicht)
- Prüfgruppe für Verfügbarkeitsprüfung
- Customizing der Grundfunktionen im Vertrieb
- Customizing der Bedarfsplanung
- Dispositionsgruppe
- Sekundärbedarfskennzeichen (bei deaktivierter Mengen-/Wertfortschreibung)

Aus dem für die Artikelbewirtschaftung gepflegten Buchungskreis werden folgende Werte vorgeschlagen (Transaktion OMSY):

- laufende Buchungsperiode
- laufendes Geschäftsjahr

Aus der Warengruppe werden folgende Werte vorgeschlagen:

- Sparte
- Gewichtseinheit

Aus dem Customizing für getrennte Bewertung werden diese Werte vorgeschlagen:

- Vorschlagsbewertung für Retail
- Bewertungsklasse (aus dem Bewertungstyp, für den Fachbereich Logistik)
- Kennzeichen für Chargenpflicht (nur bei aktiver Einzelchargenbewertung)

Folgende Customizing-Einstellungen beinhalten einzelne Vorschlagswerte:

- Definition von Prüfgruppen: Prüfgruppe für Verfügbarkeitsprüfung
- Bewertungskreise für das Artikel-Ledger aktivieren
  - Aktivierung Artikel-Ledger auf Artikelebene
  - Customizing des Produktkosten-Controllings
  - Artikelpreisermittlung: Steuerung
- Abweichungsschlüssel pro Betrieb: Abweichungsschlüssel
- Dispositionsgruppe pro Artikelart festlegen
  - Customizing der Bedarfsplanung
  - Dispositionsgruppe
- Lagerortdisposition pro Betrieb festlegen: Dispositionskennzeichen Lagerort

Vorlagen aus Konstanten

Konstanten haben grundsätzlich die niedrigste Priorität und werden im Artikelstamm nur dann vorgeschlagen, wenn es aus keiner anderen Datenquelle einen Vorschlagswert gibt. In Tabelle 2.7 sehen Sie, welche Daten aus Konstanten vorgeschlagen bzw. übernommen werden.

Stammdatenfeld	Vorschlagszwert	Bemerkung
Prognosemodell automatisch zurücksetzen	X	–
Kennzeichen: **Skontofähig**	X	–
Losgröße der Erzeugniskalkulation	1	–

Tabelle 2.7 Vorschlagswerte aus Konstanten

Stammdatenfeld	Vorschlagszwert	Bemerkung
Prognosemodell	0	–
Initialisierungskennzeichen (Prognose)	X	Konstante hat Priorität gegenüber der Datenquelle mit Vorschlagswert null oder leer
Modellauswahlverfahren	2	–
Anzahl der Prognoseperioden	12	–
Anzahl der Vergangenheitsperioden	60	–
Periodenkennzeichen	W	–
Preis erforderlich (POS)	X	Vorschlagswert nur für Wertartikel
Preiseinheit	1	–
Preisprofil	2	Vorschlagswert nur bei Sammelartikeln
Bezugstermin Fertigungshilfsmittel Einsatzende	04	–
Bezugstermin Fertigungshilfsmittel Einsatzstart	01	–
Signalgrenze	4	–
Datum gültig ab	Tagesdatum	Konstante hat Priorität über Datenquelle mit Vorschlagswert null oder leer
Datum gültig bis	31.12.9999	Konstante hat Priorität über Datenquelle mit Vorschlagswert null oder leer

Tabelle 2.7 Vorschlagswerte aus Konstanten (Forts.)

Die Vorschlagswerte, die aus Konstanten resultieren, können nicht durch den Anwender beeinflusst, sondern nur bei der Artikelanlage überschrieben werden.

2.6.2 Vorlagehandling für Debitoren

Bei Anlage eines neuen Debitors stehen nur geringe Möglichkeiten für Vorschlagswerte zur Verfügung. Der Umfang der zu pflegenden Felder wird im Customizing pro Kontengruppe definiert. Vorschlagswerte für einen neu anzulegenden Debitor können nur aus einem bereits bestehenden Debitorenstammsatz gezogen werden. Dazu geben Sie im Einstiegsbild von Transaktion XD01 (**Debitor anlegen zentral**) die Kontonummer des Vorlagedebitors an (siehe Abbildung 2.60).

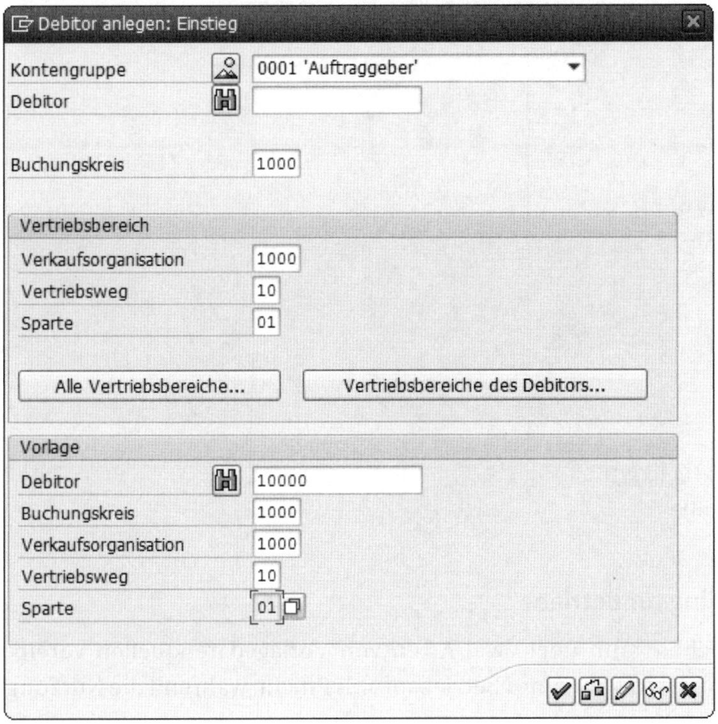

Abbildung 2.60 Transaktion XD01 (Debitor anlegen zentral)

Bei reiner Angabe einer Vorlagekontonummer werden nur die allgemeinen Daten aus dem Vorlagedebitor in den neuen Stammsatz übernommen. Die Angabe des Buchungskreises des Vorlagedebitors bedingt auch die Übernahme der buchungskreisspezifischen Daten in den neuen Stammsatz. Die Angabe einer Vertriebslinie bedingt die Übernahme der vertriebsspezifischen Daten.

Es werden grundsätzlich nur debitorunspezifische Vorlagedaten in den neuen Stammsatz übernommen. Das bedeutet für die allgemeinen Daten, dass nur Land und Sprache übernommen werden und z. B. keine Anschriften, Kommunikationsdaten, Steuerdaten oder Bankverbindungen. Diese Daten müssen immer individuell gepflegt werden.

2.6.3 Vorlagehandling für Kreditoren

Das Vorlagehandling der Kreditorenstammsätze ist fast identisch mit dem der Debitoren. Der einzige Unterschied besteht darin, dass für einen Kreditor keine vertriebsspezifischen Daten vorliegen, dafür jedoch Einkaufsorganisationsdaten. Bei Angabe der Einkaufsorganisation für den spezifischen Vorlagekreditor im Einstiegsbild von Transaktion XK01 (**Kreditor anlegen zentral**) werden Vorschlagswerte aus den Einkaufsorganisationsdaten in den neuen Stammsatz übernommen.

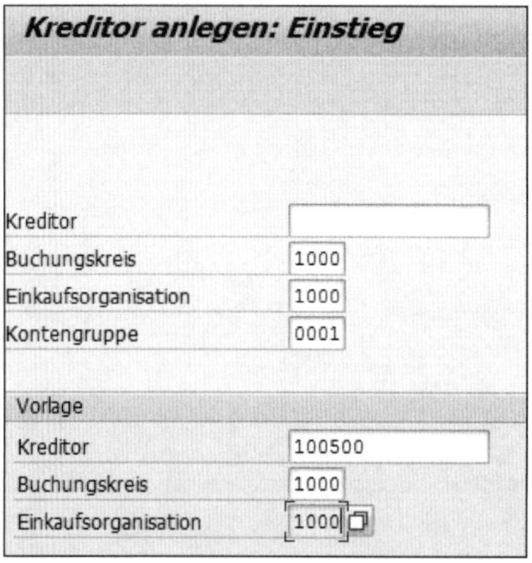

Abbildung 2.61 Transaktion XK01 (Kreditor anlegen zentral)

2.6.4 Vorlagehandling für Betriebe

Die Anlage von Betrieben kann über zwei Arten von Vorlagedatenquellen vereinfacht werden. Dabei ist die Angabe eines Betriebsprofils Pflicht, während die Nutzung von Vorlagebetrieben optional ist.

Betriebsprofile

Bei Anlage eines Betriebs muss zwingend ein Betriebsprofil angegeben werden. Dieses hat Einfluss auf die Pflegeoberfläche und definiert den Betrieb bereits als Betriebstyp Filiale oder Verteilzentrum.

In SAP Retail wird ein Betrieb als *Verteilzentrum* definiert, wenn er primär für die Versorgung von Betrieben oder Kunden zuständig ist. Die Definition als *Filiale* erfolgt, wenn der Betrieb hauptsächlich zur Präsentation und zum Verkauf von Ware an den Endverbraucher zuständig ist. Nach Anlage des Betriebs können Betriebsprofil und Betriebstyp nicht mehr geändert werden.

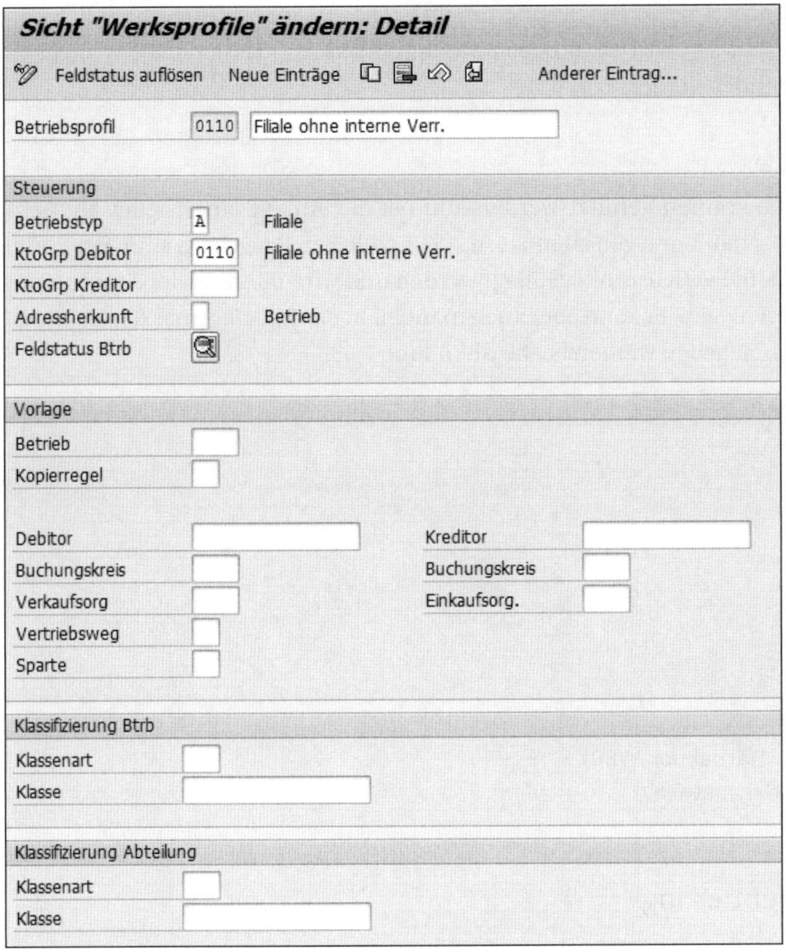

Abbildung 2.62 Customizing des Betriebsprofils

Wie Sie in Abbildung 2.62 sehen, können Sie im Betriebsprofil (Einführungsleitfaden • **Logistik Allgemein** • **Werksstamm** • **Steuerung** • **Betriebsprofile**) eine Reihe von Einstellungen vornehmen. Wichtig ist, ob Debitor und Kreditor im Betriebsstamm gepflegt werden müssen und – wenn ja – in welcher Kontengruppe (**KtoGrp Debitor** bzw. **KtoGrp Kreditor**). Die **Adressherkunft** bestimmt, welche Adresse aus Betrieb, Debitor oder Kreditor für alle drei Stammdatensätze gültig ist.

Im **Feldstatus Btrb** (Feldstatus Betrieb) können Sie die einzelnen Stammdatenfelder der verschiedenen Sichten auf **Anzeige**, **Kann**-Feld, **Muss**-Feld oder **Ausgeblendet** setzen. Darunter können Vorlagedaten für den Betrieb (Vorlagebetrieb/Kopierregel) und für den Betriebskreditor oder Betriebsdebitor festgelegt werden.

Am Ende ist noch eine Klassifizierung möglich. Dies ist jedoch nur sinnvoll, wenn Betriebsklassen (Klassenart 030) oder Abteilungsklassen (Klassenart 034) angelegt sind und verwendet werden.

Vorlagebetriebe

Vorlagebetriebe können genutzt werden, um bei der Anlage eines neuen Betriebs nicht alle Stammdaten pflegen zu müssen, die für alle Betriebe gleich sind. Ein Vorlagebetrieb kann im Betriebsprofil gepflegt werden und wird dann bei der Anlage eines Betriebs vorgeschlagen. Er kann aber auch manuell in der Einstiegsmaske von Transaktion WB01 eingegeben werden (siehe Abbildung 2.63).

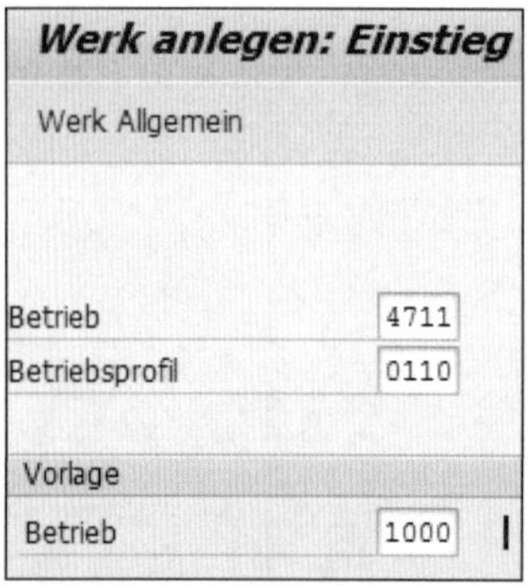

Abbildung 2.63 Transaktion WB01 – Einstieg mit Vorlagebetrieb

2.7 Sortimentierung

Auch die Sortimentierung und Listung ist ein Themengebiet der Stammdatenpflege. Sie finden sie unter **Stammdaten • Sortiment/Listung**. Wir verwenden für die Sortimentierung und Listung im Folgenden den Sammelbegriff *Sortimentierung*. Mit der Sortimentierung wird es ermöglicht, ein Konzept für den lokalen Marktauftritt eines Unternehmens zu erstellen. Anhand unternehmenseigener Kriterien werden die Betriebssortimente definiert. Damit wird auch festgelegt, welche Artikel in welchen Betrieben bewirtschaftet werden dürfen. Dieser Abschnitt beschäftigt sich mit den grundsätzlichen Einstellungen im SAP-Retail-System für die Sortimentierung. Darunter sind auch das *Listungsverfahren* und die *Sortimente* zu verstehen, Begriffe, die wir zunächst klären. Im Anschluss erläutern wir die verschiedenen Möglichkeiten der Sortimentsgestaltung und werfen einen Blick auf das Customizing der Sortimentierung. In den meisten Beschaffungs- und Bewirtschaftungsprozessen erfolgt außerdem eine *Listungsprüfung*. Hier wird geprüft, ob ein Artikel für einen Prozess überhaupt gelistet ist. Diese Prüfung ermöglicht somit erst die relevanten Prozesse.

Wir definieren zunächst die wichtigsten Begriffe im Umfeld der Sortimentierung:

- **Sortiment**
  Das Sortiment beinhaltet eine Gruppe von Artikeln, die den Betrieben in Form eines Bausteins zugeordnet werden. Durch diese Zuordnung sind die im Baustein befindlichen Artikel für diesen Betrieb bestellbar und verkäuflich. Der Zeitraum der Zuordnung sowie der Zeitraum der Gültigkeit des Sortiments können limitiert oder unbeschränkt sein. Wenn ein Artikel nicht im Sortiment eines Betriebs enthalten ist, kann über diesen Betrieb weder eingekauft noch verkauft werden.
- **Sortimentsart**
  Die Sortimentsart ist eine Ausprägung des Sortiments und steuert das Systemverhalten und die strategische Ausrichtung des Sortiments. Darauf gehen wir ausführlicher in Abschnitt 2.7.1, »Sortimentsarten«, ein.
- **Sortimentstyp**
  Der Sortimentstyp legt die Verwendungsmöglichkeiten nach den verschiedenen betriebswirtschaftlichen Funktionen eines Sortiments fest. Er wird bei der Anlage eines Sortiments vergeben.

  Es gibt folgende Sortimentstypen:

  - Typ A: Betriebssortimentstyp
  - Typ B: Verteilzentrumssortimentstyp
  - Typ C: Kundenzuordnungstyp

  Die Sortimentstypen A und B werden *lokales Sortiment* genannt und direkt bei der Anlage eines Betriebs bzw. Verteilzentrums automatisch im Hintergrund angelegt.

  Der Sortimentstyp C wird *allgemeines Sortiment* genannt und kann beliebig vielen Betrieben zugeordnet und daher kundenspezifisch angelegt werden.
- **Sortimentsbaustein**
  Ein Sortimentsbaustein wird den Sortimenten mit einer zeitlichen Gültigkeit zugeordnet und ermöglicht die Listung von Artikeln. Es gibt unterschiedliche Arten von Sortimentsbausteinen, die Sie in Abschnitt 2.7.3, »Sortimentsbausteinzuordnung und -pflege«, kennenlernen werden.
- **Listung**
  Über die Listung definieren Sie, mit welchen Kriterien und Prüfungen die Artikel den Sortimenten zugeordnet werden.
- **Listungskondition**
  Die Zuordnung von Artikeln zu Sortimenten erzeugt eine Listungskondition pro Artikel. Diese beinhaltet folgende Informationen:

  - Gültigkeit der Listungskondition
  - Sortimentsstatus (z. B. Sortiment ist in Auslistung)

- Sortimentsbausteinnummer, die die Erzeugung der Listungskonditionen ausgelöst hat
- Aktionsnummer, für die der Artikel beschafft wird
- Lieferantennummer eines Rackjobbers
- strukturierte Artikelnummer, z. B. ein Artikel als Komponente eines strukturierten Artikels

- **Listungsverfahren**
  Das Listungsverfahren wird nach bestimmten Kriterien (z. B. Präsentation der Güter im Markt, Komplexität der Sortimentsgestaltung im Unternehmen etc.) festgelegt und beschreibt die notwendigen Regeln, um die Prozesse für einen Artikel in einem Betrieb definieren zu können (siehe Abschnitt 2.7.4, »Listungsverfahren«).
- **Layoutbaustein**
  Der Layoutbaustein stellt einen bestimmten physischen Bereich in einem Betrieb dar und hat einen eigenen Gültigkeitszeitraum. Er kann in Versionen angelegt werden. Die Versionen dürfen aber keine überschneidenden Gültigkeitszeiträume haben.
- **Sortimentsdimension**
  Die Sortimentsdimension wird über die Sortimentsart festgelegt und dient dazu, Betriebe mit gleichen Eigenschaften zu einem Sortiment zusammenzufassen. Die Ausprägungen für eine Sortimentsdimension können z. B. Preise oder Kapazität sein.

Die Einstellungen zur Steuerung der Sortimentsgestaltung und der Listungsverfahren sind im Customizing von Transaktion SPRO auf der Registerkarte **Logistik Allgemein** zu finden (siehe Abbildung 2.64). Die wichtigsten Einstellungen sind:

- Pflege von Sortimentsstufen und Sortimentsstufenregeln
- Listungsverfahren und Prüfungen
- Sortimentsarten, Sortimentslistenarten und Sortimenstlistenprofile
- Einstellungen zu Layout und Regaloptimierung

Die Sortimentsplanung in SAP Retail ermöglicht eine bedarfsgerechte Versorgung der Betriebe mit Artikeln. Die automatisierten Prozesse im Rahmen der Sortimentierung ermöglichen auch ein optimales Beschaffungsmonitoring. Dadurch werden die Kapitalbindungkosten reduziert, und eine zeitnahe Warenversorgung bei geringen Lagerbeständen, unter Berücksichtigung der Regalkapazität, wird ermöglicht. Auf diese Weise wird die Effizienz durch die transparenteren Prozessabläufe erhöht.

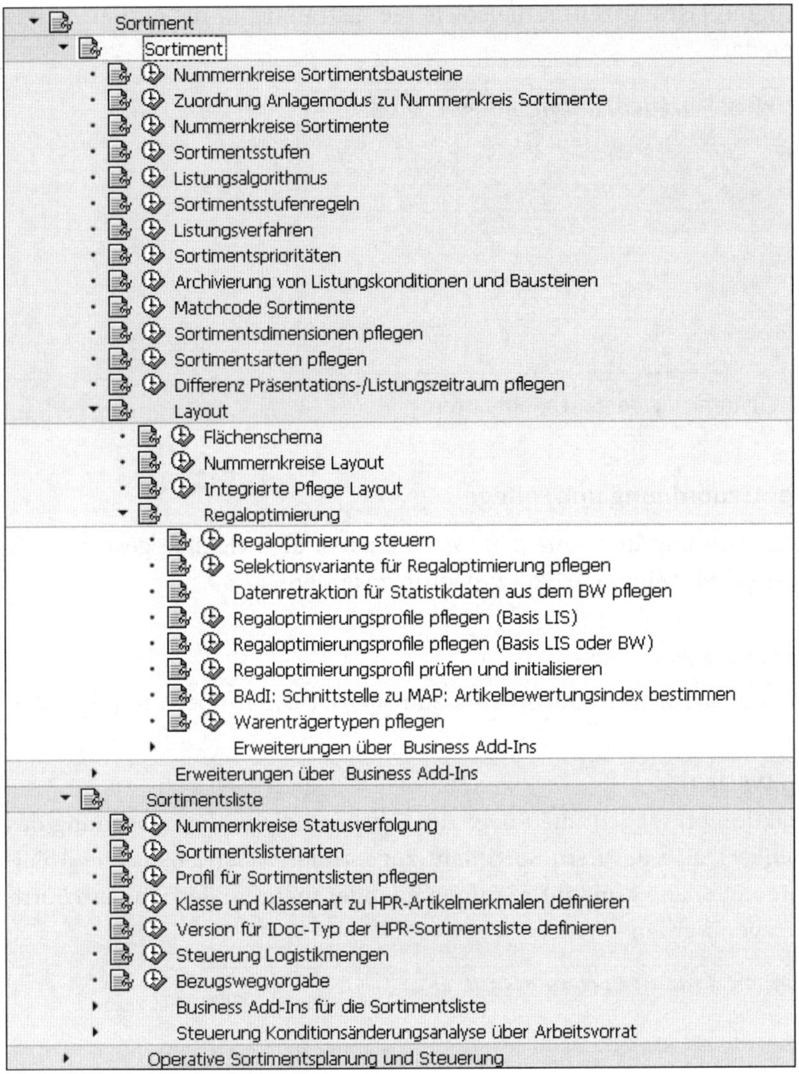

Abbildung 2.64 Customizing-Einstellungen für die Sortimente und Listungsverfahren

2.7.1 Sortimentsarten

Die Sortimentsarten werden im Customizing eingestellt (siehe Abbildung 2.65) und dienen der Steuerung der verschiedenen Geschäftsprozesse (z. B. Fashion, Gemüse und Früchte, Fleisch und Fleischprodukte). Eine Fashionsortimentsart kann z. B. steuern, wie viele Tage vor Beginn einer Saison die Fashionartikel bereits gelistet werden sollen. Die Fashionartikel sind in der Grunddatensicht im Artikelstamm einer definierten Saison sowie dem Saisonjahr zugeordnet. Aus diesen Werten ermitteln sich die saisonbedingten Listungszeiträume sowie die Zeiträume, in denen der Artikel verkauft werden darf.

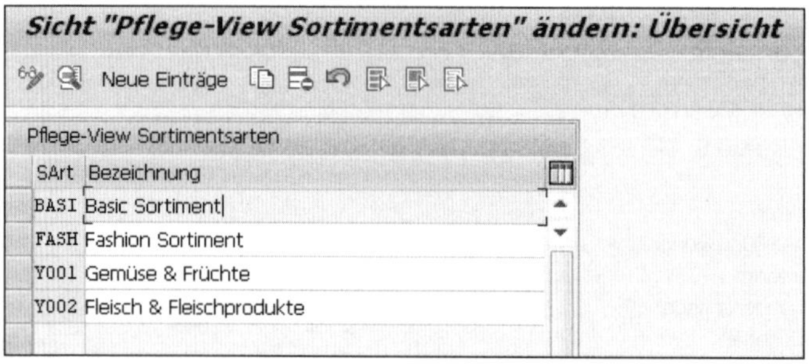

Abbildung 2.65 Customizing der Sortimentsarten

2.7.2 Sortimentszuordnung und -pflege

Die Sortimentszuordnung und -pflege in SAP Retail ist sehr flexibel gestaltet. Sie kann einem Betrieb oder einem Artikel zugeordnet werden.

Sortimentszuordnung zum Betrieb

Die Zuordnung des definierten Sortiments zum Betrieb kann über die folgenden Wege erfolgen:

- **Transaktion WSOA2**
  Diese Transaktion ermöglicht die Pflege des Sortiments und die Zuordnung des *Sortimentsnutzers*, also des dem Sortiment zugeordneten Betriebs (siehe Abbildung 2.66). In der Spalte **KundenNr** können ein oder mehrere Betriebe pro Sortiment eingetragen werden.

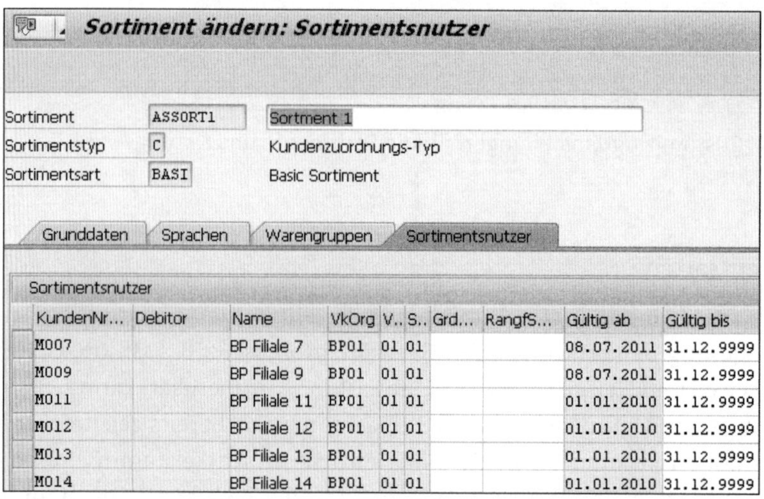

Abbildung 2.66 Transaktion WSOA2 (Sortimentszuordnung zum Betrieb)

- **Transaktion WSOA6**
  Über dieses spezielle Werkzeug zur Zuordnung der Sortimente werden die Betriebe den Sortimenten zugeordnet. Dazu wählen Sie das Sortiment in der Liste links aus und ordnen es per Drag & Drop den Betrieben zu (siehe Abbildung 2.67).

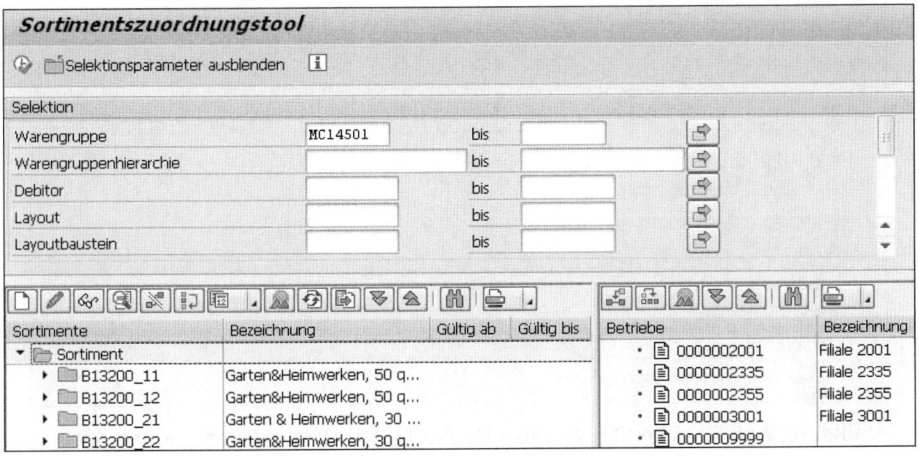

Abbildung 2.67 Transaktion WSOA6 (Sortimentszuordnungstool)

Das Ergebnis der Sortimentszuordnung zu den Betrieben ist bei beiden Vorgehensweisen identisch: Es entstehen lokale Sortimente. Die lokalen Sortimente erzeugen automatisiert entweder über einen direkten Update-Prozess oder über eine Hintergrundverarbeitung (Batch-Prozess) die Listungskonditionen. Basierend auf den Listungskonditionen werden Folgeprozesse, wie z. B. der Datenversand an die Kasse, gesteuert.

Sortimentszuordnung zum Artikel

Die Artikelzuordnung zu den Sortimenten kann über die folgenden Wege erfolgen:

- **Einzelartikellistungen innerhalb des Artikelstamms (Transaktion MM42)**
  Die Zuordnung eines Artikels erfolgt in der Regel über die integrierte Artikelstammpflege innerhalb der Listungssicht im Artikelstamm (siehe Abschnitt 2.3.1, »Sichten eines Artikelstammsatzes«). Die Möglichkeit der Übernahme der Listungszuordnungen eines Vorlageartikels ist ebenfalls vorhanden.
- **Massenlistungsprozess**
  Die Artikel können für die einzelnen Filialen bzw. Sortimente entweder auf der Ebene der Warengruppen bzw. des Sortiments (Transaktion WSM8) oder explizit auf der Ebene der Sortimente (WSM3) massengelistet werden. Das dabei hinterlegte Listungsverfahren übernimmt die Listungsprüfung. Abbildung 2.68 zeigt die Massenlistung auf der Ebene der Warengruppe.

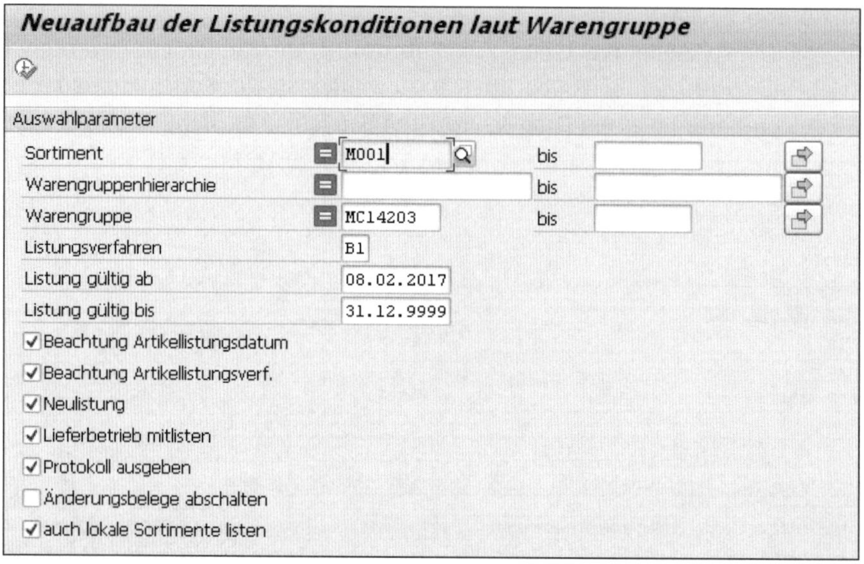

Abbildung 2.68 Transaktion WSM8 – Neuaufbau der Listungskonditionen nach Warengruppen

- **Beschaffungsprozesse aus der Einkaufsliste (Transaktion WRFAPC01)**
  Dabei handelt es sich um eine *operative Sortimentsplanung und -steuerung* (OSPS). Sobald eine Mengenplanung auf der Ebene des Sortiments für einen Artikel aus der Einkaufsliste erfolgt ist, wie Sie in Abbildung 2.69 sehen, und diese Einkaufslistenpositionen freigegeben werden, wird der Artikel automatisch gelistet.

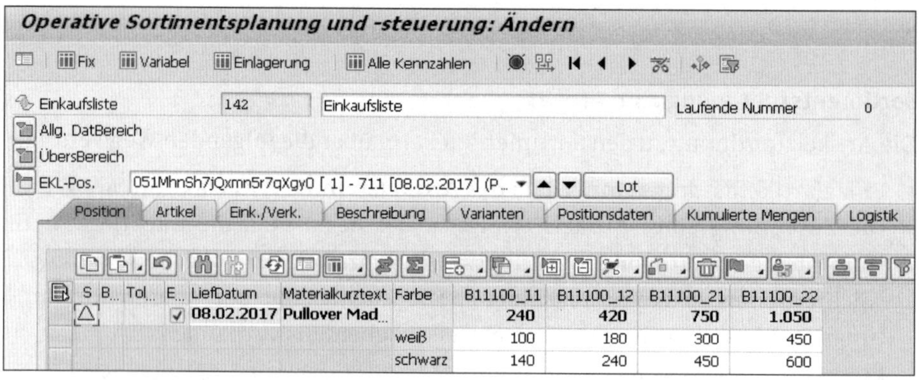

Abbildung 2.69 Transaktion WRFAPC02 für die operative Sortimentsplanung und -steuerung

Sortimentspflege

Die Kundensortimente können direkt über die Transaktionen WSOA1 und WSOA2 angelegt bzw. gepflegt werden (siehe Abbildung 2.70). Die Betriebs- und Verteilzentrumssortimente werden direkt bei der Betriebspflege angelegt. Die Kundensortimente können vertriebslinienspezifisch mit unterschiedlichen Ausprägungen gepflegt werden. Dabei werden pro Kundensortiment die Grunddaten zum Sortiment, die Texte in den möglichen Sprachen, die relevanten Warengruppen sowie die Sortimentsnutzer (Betriebe) gepflegt.

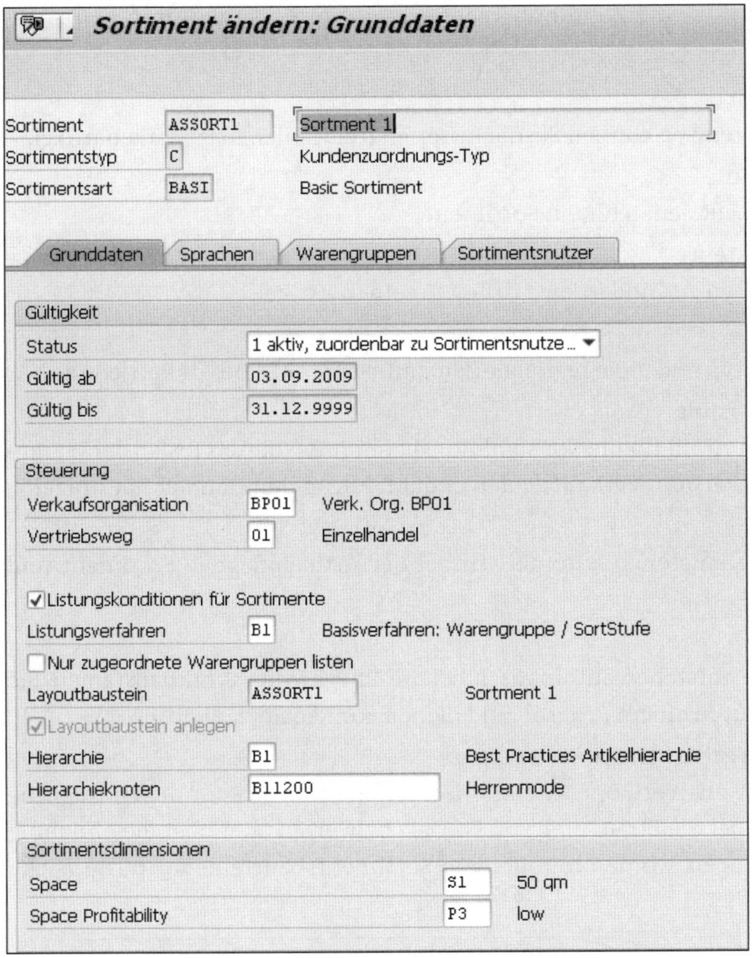

Abbildung 2.70 Transaktion WSOA2 – Kundensortiment pflegen

Ein bestehendes Sortiment kann kopiert werden, um neue Sortimente anzulegen. Dabei ist es auch möglich, die Sortimentsnutzer (d. h. die dem Sortiment zugeordneten Betriebe) mitzukopieren. Sie können das neue Sortiment auch erst zu einem späteren Zeitpunkt den Betrieben zuordnen. Grundsätzlich werden aber alle relevanten Einstellungen zum Sortiment in das Zielsortiment kopiert.

2.7.3 Sortimentsbausteinzuordnung und -pflege

Die Sortimentsbausteine werden ebenfalls in Transaktion WSO2 den Sortimenten zugeordnet. Ein Sortimentsbaustein kann einem oder mehreren Sortimenten zugeordnet werden. Dabei werden die im Baustein enthaltenen Artikel für die zugeordneten Sortimente bzw. Betriebe gelistet. Bei der Sortimentsbausteinpflege wird ein Gültigkeitszeitraum für die Zuordnung gepflegt. Es gibt folgende Arten von Sortimentsbausteinen:

- **Normalbaustein**
  Für diesen Bausteintyp können Sie die Kriterien frei wählen, z. B. Markenartikel.
- **Lokaler Baustein**
  Dieser Baustein gilt genau für ein Sortiment.
- **Exklusionsbaustein**
  Dieser Bausteintyp verhindert die Listung für einen Artikel.
- **Aktionsbaustein**
  Dieser Bausteintyp bildet die regionale Zeitstaffel einer Aktion für Betriebe ab.
- **Rack-Jobber-Baustein**
  Dieser Bausteintyp gilt für die Konsignationslieferanten (die das Risiko der Warenabnahme erst nach dem Verkauf an den Endkunden an den Händler übertragen).
- **Profilbaustein**
  Diese Bausteine entstehen automatisch bei der Artikelpflege je Sortiment und Warengruppe.
- **Regalbaustein**
  Diese Bausteine entstehen automatisch bei der Pflege von Layoutbausteinen. Sie bilden das Layout in einem Regal ab und dienen zur Regaloptimierung.
- **Bausteine für Wertkontrakte im Verkauf**
  Die Artikellisten für Wertkontrakte mit den Lieferanten, d. h. für die vertragliche Vereinbarung über die Erreichung von Umsatzzielwerten oder über die Abnahme bestimmter Mengen, werden mithilfe von Sortimentsbausteinen gepflegt (siehe Abbildung 2.71).

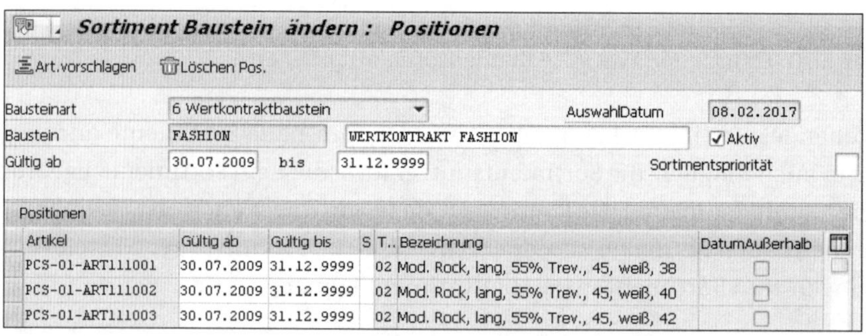

Abbildung 2.71 Transaktion WSO2 am Beispiel eines Wertkontraktbausteins

2.7.4 Listungsverfahren

Das Listungsverfahren kann in SAP Retail auf unterschiedliche Art und Weise eingestellt werden:

- als Basisverfahren nach Warengruppe/Sortimentsstufe
- per Klassifizierung
- per Layout-Workbench
- als Listung auf Sortimente
- als Listung ohne Bedingung

Basisverfahren nach Warengruppe/Sortimentsstufe

Das Listungsverfahren nach Warengruppen/Sortimentsstufen wird ausschließlich auf Basis der Warengruppe durchgeführt. Alle Artikel einer Warengruppe werden pro Sortimentsstufe gleich behandelt. Anhand definierter *Sortimentsstufenregeln* wird die Wertigkeit des Artikels bestimmt. Die Sortimentsstufen werden mit unterschiedlichen Ausprägungen (z. B. Kernsortiment, Sondersortiment, erweitertes Sortiment) pro Betrieb definiert und den Betrieben zugeordnet. Dieses Verfahren bietet eine einheitliche und feste Strukturierung auf der Ebene der Warengruppen. Die Sortimentierung wird auf einem hohen Level durchgeführt, und es gibt keine Unterscheidungsmöglichkeiten innerhalb einer Warengruppe.

Abbildung 2.72 zeigt eine beispielhafte Zuordnung einer Sortimentsstufe zu einem Artikel sowie zu einem Betrieb (jeweils auf der Ebene der Warengruppe). Anhand des Listungsalgorithmus erfolgt die Listungsprüfung. Dabei stellt z. B. die Stufe 10 nur das Kernsortiment dar.

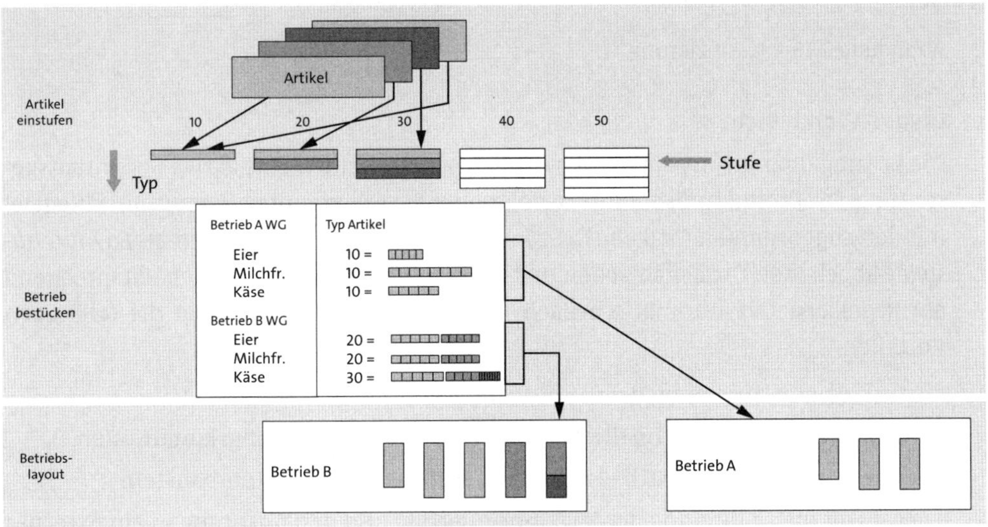

Abbildung 2.72 Basisverfahren Warengruppe/Sortimentsstufe

Alle höheren Stufen beinhalten diese Stufe 10 (Stufe 30 beinhaltet also Stufe 10 und Stufe 20). Ein Betrieb, dem auf der Ebene der Warengruppe die Stufe 30 zugeordnet wurde, führt alle Artikel mit der Stufe 10, 20 und 30 in seinem Sortiment. Der Betrieb B führt also ein umfangreicheres Sortiment als der Betrieb A, der nur das Kernsortiment (Grundsortiment) führen darf.

Klassifizierung

Das Klassifizierungsverfahren berücksichtigt die Merkmale und Werte eines Artikels und prüft innerhalb einer Warengruppe, welche Merkmale dem Sortiment entsprechen. In Abbildung 2.73 sehen Sie dazu ein Beispiel: Sortiment A enthält alle Marken, Sortiment B enthält nur die Marke Y, Sortiment C enthält die Marken Y und Z. Entscheidend bei dieser Listung ist die Zuordnung des Artikels zu den im Klassensystem gepflegten Merkmalswerten.

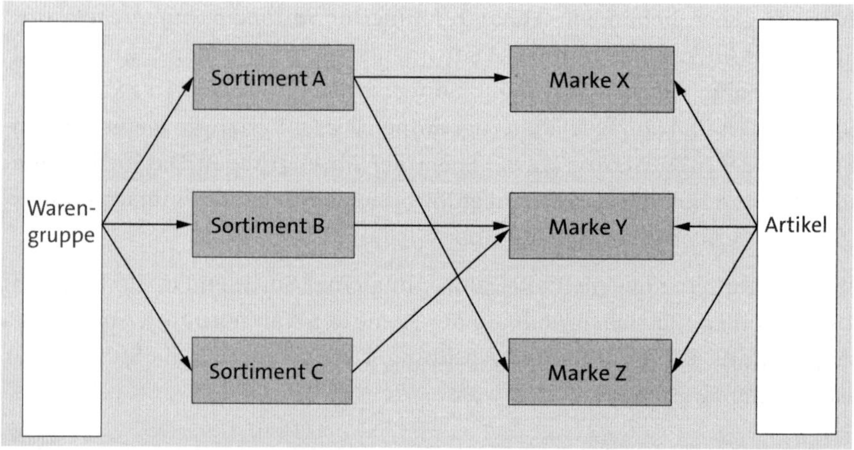

Abbildung 2.73 Klassifizierung

Layout-Workbench

Die Listung über die Layout-Workbench ermöglicht Ihnen eine aktive Sortimentsgestaltung. Die Produktpräsentation erfolgt über die sogenannten *Warenträger* (Regale) mit den zugeordneten Artikeln. In SAP Retail werden die Warenträger als *Layoutbausteine* abgebildet. Die Regalflächen in den einzelnen Betrieben werden entsprechend der Regalkapazität automatisch nachversorgt. Dieses Verfahren hat die folgenden Vorteile:

- strukturierte Abbildung der Layoutbausteine für einen Betrieb
- Absprung zur Artikelschnellerfassung und Anlage der Listungskonditionen
- Zuordnung mehrerer Artikel in einem Schritt zu einem Layoutbaustein
- Basis für die Anbindung der Regaloptimierung und den Absprung in ein externes Regaloptimierungstool

- einziges Verfahren mit Versionen und mit Handhabung von Inklusionen und Exklusionen in einem Objekt
- effizientes warengruppenspezifisches Sortimentsreporting bis auf Betriebsebene
- hoher Automatisierungsgrad

Mit der Layout-Workbench können alle Funktionen, die die Regaloptimierung und das Layout betreffen, vorgenommen werden. Es gibt mehrere Möglichkeiten zum Einstieg in die Layout-Workbench (Transaktion WLWBN). Neben dem Weg über den Layoutbaustein können Sie über die Transaktionen WLAMN (Layoutpflege) und WLMVN (Layoubausteinsversionspflege) in die Layout-Workbench abspringen. In Abbildung 2.74 ist der Einstieg über den Layoutbaustein mit der zusätzlichen Funktion der Artikelerfassung dargestellt.

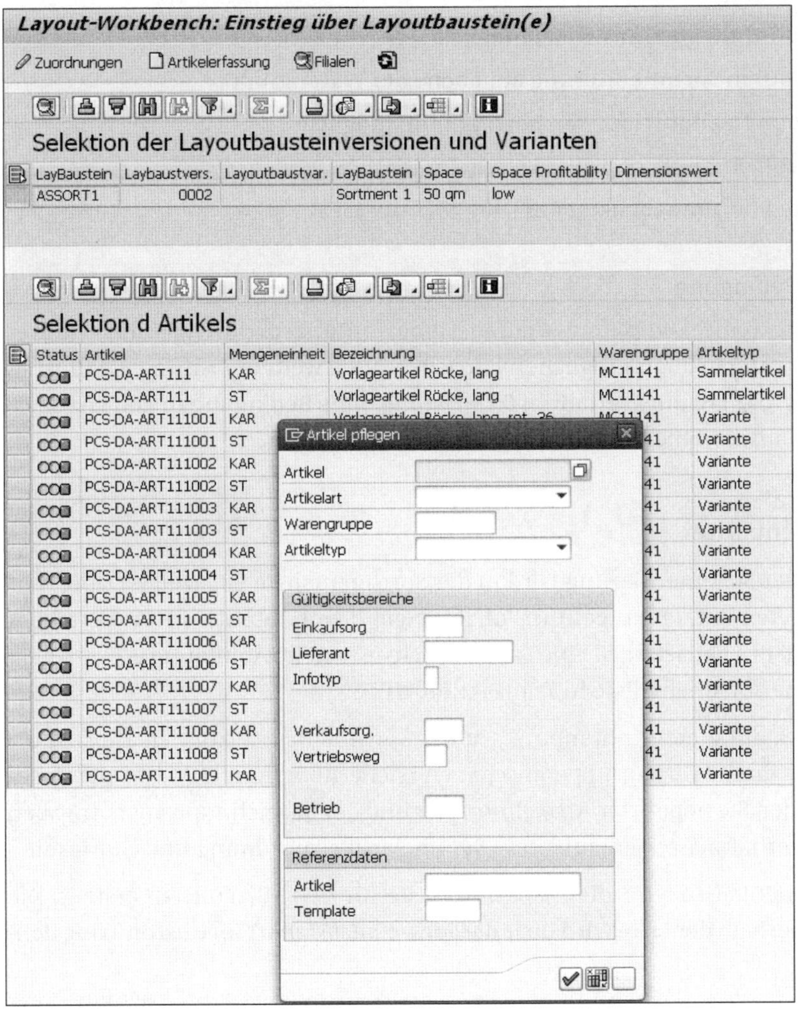

Abbildung 2.74 Layout-Workbench mit der Artikelschnellerfassung

Listung auf Sortimente (N:M-Verfahren)

Mit dem Listungsverfahren N:M wird die Mehrfachlistung in verschiedenen Sortimenten aktiviert. Dieses Verfahren ermöglicht eine zusätzliche Sortimentierung als Ergänzung der bekannten Sortimentierung auf lokale Sortimente (direkt auf der Ebene des Betriebs). Über dieses Listungsverfahren werden die Artikel den möglichen Sortimenten innerhalb der Artikelpflege sowie für die Massenlistungsprozesse vorgeschlagen und zugewiesen. Dies erfolgt über die Prüfung der Zugehörigkeit der Sortimente sowie der Artikel zu den Warengruppen. Dabei werden die Warengruppen nur denjenigen Sortimenten zugeordnet, die auch innerhalb der entsprechenden Filiale geführt werden. So könnte ein Artikel gleichzeitig mehreren Sortimenten mit unterschiedlichen Stufen zugeordnet werden.

Durch dieses Listungsverfahren ergeben sich folgende Vorteile:

- Mehrfachzuordnungen für Artikel möglich
- Flexibilität durch Sortimentierung auf Ebene der Warengruppe
- Erstellung von filialindividuellen Sortimenten möglich
- Erstellung von einheitlichen Filiallayouts möglich
- vereinfachte Pflegemöglichkeit per Drag & Drop

Listung ohne Bedingung

Bei der Listung ohne Bedingung werden keine Prüfungen durchgeführt, und es erfolgt eine Listung in allen möglichen Betrieben ohne weitere Prüfung. Dazu ist es nur notwendig, das Listungsverfahren **02 – Listung ohne Bedingung** in den Listungstransaktionen auszuwählen.

2.7.5 Sortimentsliste

Das Ergebnis der Sortimentierung wird in der Sortimentsliste angezeigt. Dabei werden alle gelisteten Artikel aufgeführt, unabhängig davon, ob diese nun bestellbar sind oder nicht. Pro Betrieb wird eine Sortimentsliste erstellt. Abbildung 2.75 zeigt ein Beispiel für eine Sortimentsliste in Transaktion WBBS.

Per Doppelklick auf einen Knotenpunkt in der Sortimentsliste können Sie sich die Artikelliste für diese Warengruppe anschauen (siehe Abbildung 2.76). In der Sortimentsliste finden Sie neben der Artikelnummer und der Bezeichnung auch Angaben über Mengenverhältnisse, Verkaufspreis, Sammelartikelzuordnung und Gültigkeit.

Aus der Sortimentsliste wird die *Dispositionsliste* für den Filialauftrag erstellt. Die Sortierung innerhalb der Liste wird über die *Sortimentslistenart* im Customizing definiert.

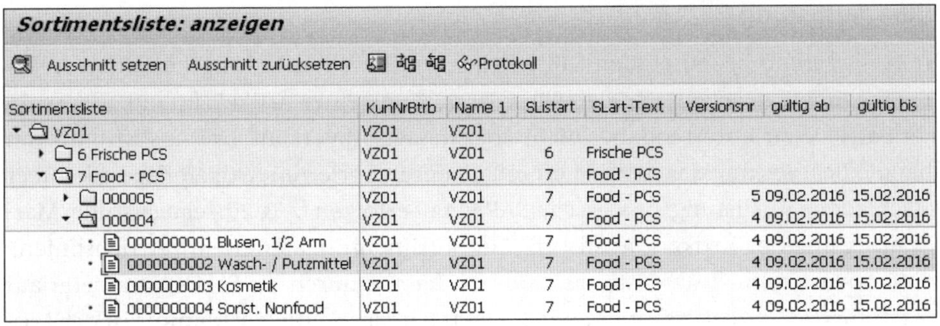

Abbildung 2.75 Beispiel für eine Sortimentsliste

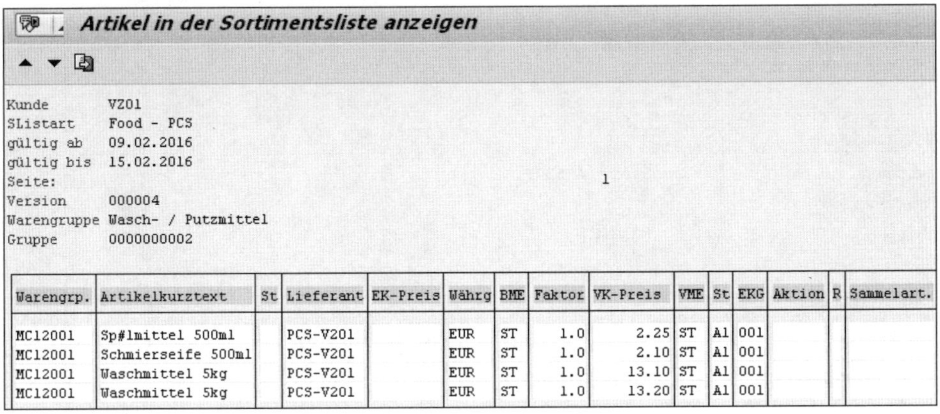

Abbildung 2.76 Artikel in der Sortimentsliste anzeigen

Das *Sortimentslistenprofil* fasst die Steuerungsparameter für die Generierung von Sortimentslisten zusammen und kann für mehrere Betriebe zugeordnet werden. Die Sortimentslistenprofilparameter steuern die Generierung und das Design von Sortimentslisten. Im Wesentlichen werden folgende Parameter festgelegt:

- Design der Sortimentslistenzeile
- der Weg der Versendung der Daten an Betriebe, z. B. Datenübermittlung per elektronischer Nachricht
- Datenablage in der Sortimentslistenversionsverwaltung
- Sortierungskriterien für die Artikel
- Aufbereitung der Daten

Die Sortimentslisten können auch für die Kassenversorgung per IDoc übertragen werden. Dies kann mit einer *Vollversion* oder einer *abgemischten Version* durchgeführt werden. Bei der abgemischten Version werden die letzte Sortimentsliste und Sortimentslistenänderungen übertragen. Diese Methode ist wegen ihrer besseren Performance vorteilhaft.

2.7.6 Auslistung

Artikelauslistung bedeutet, den Gültigkeitszeitraum einer Listungskondition in die Vergangenheit zu setzen und dabei die Beschaffung eines Artikels für ein oder mehrere Betriebe zu unterbinden – nicht aber dessen Abverkauf. Die Auslistung kann über die Bearbeitung des Artikels innerhalb der integrierten Artikelpflege oder über verschiedene Auslistungsprozesse in SAP Retail erfolgen (z. B. Einzelauslistung/Massenauslistung des Artikels, Auslistung für Sortimente/Lieferanten/Vertriebslinien). Bei Saisonartikeln ist die Listungskondition bereits durch die Saisonparameter auf ein definiertes Enddatum eingestellt. Nach Ablauf des Gültigkeitsdatums ist der Artikel bereits ausgelistet. Abbildung 2.77 zeigt die Artikelauslistung für Sortimente über Transaktion WSE6.

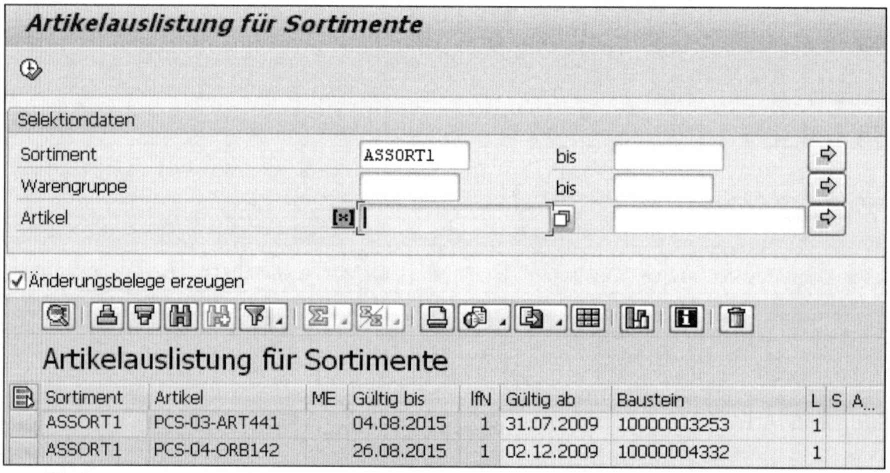

Abbildung 2.77 Artikelauslistung für Sortimente

Mandantenweite Auslistung

Die mandantenweite Auslistung ist bereits eine Vorstufe zur Archivierung des Artikels. Dabei wird das Gültigkeitsdatum in den Listungskonditionen zu allen Betrieben in die Vergangenheit gesetzt. Der Artikel erhält zusätzlich noch eine *Löschvormerkung* – diese ist eine Voraussetzung zur Archivierung und damit zur logischen Löschung aus der Datenbank. Wenn ein Artikel die Voraussetzungen für die Auslistung nicht erfüllt, weil z. B. noch Bestände oder offene Bestellungen vorhanden sind, werden beim Versuch der mandantenweiten Auslistung entsprechende Fehlermeldungen angezeigt. In Abbildung 2.78 sehen Sie Transaktion WSE1, in der die mandantenweite Auslistung erfolgt.

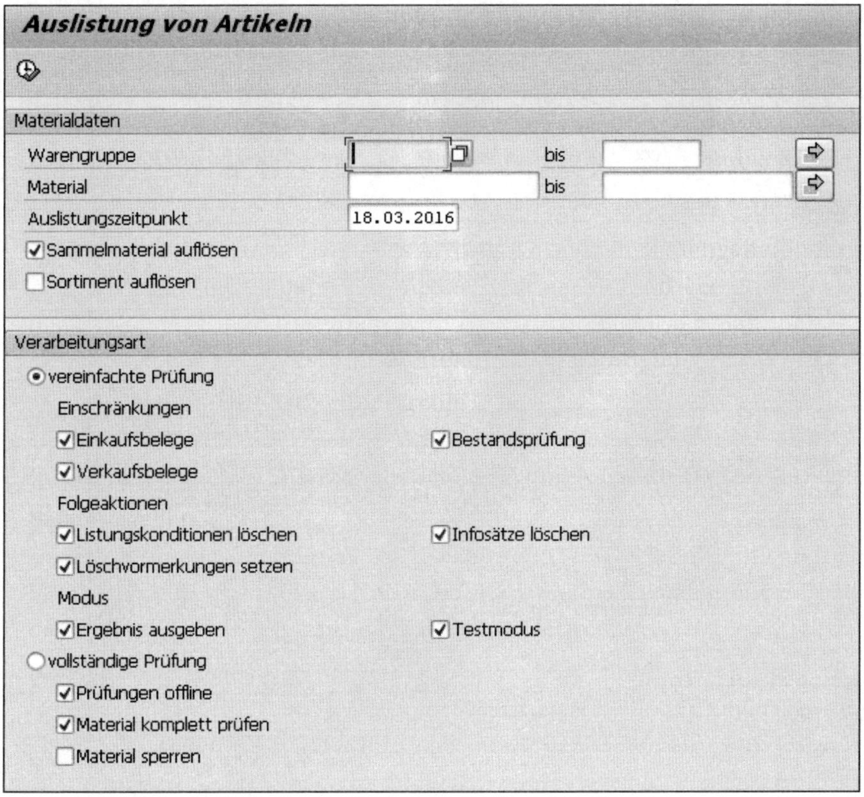

Abbildung 2.78 Mandantenweite Auslistung

Neben der mandantenweiten Auslistung gibt es auch noch weitere Auslistungsmöglichkeiten, etwa die aus einem Sortiment, Betrieb, für einen Lieferanten oder aus einer Vertriebslinie.

Auslistungs-Workbench

Über die Auslistungs-Workbench können Sie die Artikel auswählen, die ausgelistet werden sollen. Dabei geben Sie die Art der Auslistung und der Verarbeitung an, wodurch Arbeitsvorräte aufgebaut werden. Die Arbeitsvorräte dienen dazu, die ermittelten Gründe, warum ein Artikel nicht ausgelistet werden konnte, nachzubearbeiten. Dabei müssen erst alle Gründe bearbeitet werden. Gründe für eine fehlende Auslistung können z. B. sein, dass noch Artikelbelege in Bestellungen oder Buchungen vorhanden sind. Das Folgeverfahren kann automatisiert und dadurch der Vorgang der Auslistung beschleunigt werden.

Die Auslistung in der Auslistungs-Workbench kann in Online- oder Offlineverarbeitung durchgeführt werden. Bei der Onlineverarbeitung erfolgt die Prüfung direkt im Dialog, die Offlineverarbeitung findet im Hintergrund (Batch-Verarbeitung) statt und ist sinnvoll bei großen Datenmengen. Abbildung 2.79 zeigt die Auslistungs-Workbench, die Sie mit dem Transaktionscode WRF_DIS_SEL aufrufen können.

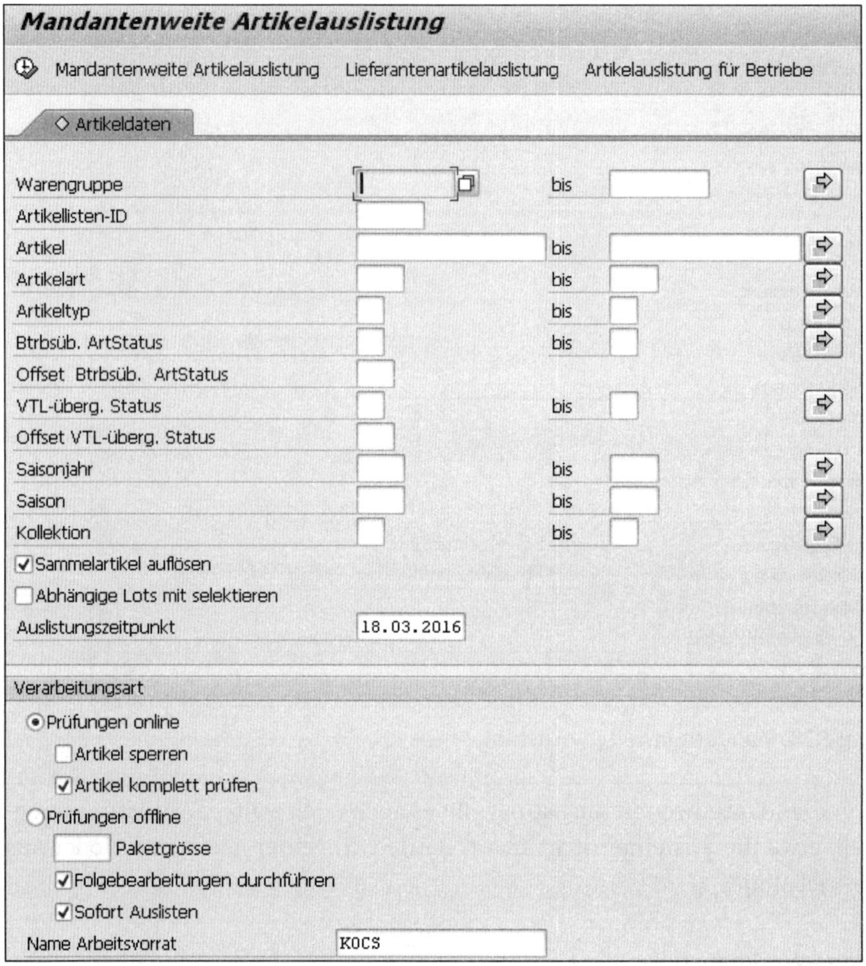

Abbildung 2.79 Auslistungs-Workbench

2.8 Artikellebenszyklus

SAP Retail ermöglicht es Ihnen mit einer Reihe von Hilfsmitteln, einen Artikellebenszyklus im System darzustellen. Die Artikel können dann entsprechend der Phase, in der sie sich gerade befinden, gesteuert werden.

Ein regulärer Zyklus teilt sich in folgende Phasen auf:

- Planung eines Artikels
- Datenbeschaffung

- Artikelanlage
- Artikelbereitstellung/Artikelpflege
- Artikelauslistung
- Artikelarchivierung

2.8.1 Planung eines Artikels

Jeder Lebenszyklus eines Artikels beginnt mit seiner Planung. Diese erfolgt oft erst im Kopf eines Mitarbeiters oder auch mithilfe eines Tools für Marketinganalysen oder für Business Intelligence (BI). Ist die Planung mehr als nur eine Idee, kann der Artikel bereits als Rumpfartikel angelegt werden.

Ein *Rumpfartikel* unterscheidet sich von einem normalen Artikel hinsichtlich des Umfangs der Stammdaten. Ein Rumpfartikel kann über die Transaktionen WRFMATBODY oder WRFMATCOPY angelegt werden.

Für einen Rumpfartikel reichen rudimentäre Informationen aus, um ihn im System anzulegen. Mit diesem Artikel kann schon geplant werden, wenn auch die notwendigen Informationen für die Beschaffung, Logistik und den Verkauf noch nicht im Stammsatz gepflegt sind.

Eine *Pflegegruppe* umfasst eine Menge von Feldgruppen, die eine gemeinsame Bezeichnung haben. Über die Definition von Pflegegruppen können Rumpfstammsätze bereits so detailliert angelegt werden, dass sie schon bestellbar sind oder in der Layout-Workbench verwendet werden können. Der Rumpfartikel wird dann nach und nach mit Daten angereichert, bis er als vollständiger Stammsatz bewirtschaftet werden kann. Die Pflegegruppen werden über Transaktion WRFMGROUP verwaltet.

2.8.2 Datenbeschaffung

Unabhängig davon, ob ein Rumpfstammsatz verwendet wird oder nicht, müssen die Stammdaten eines Artikels beschafft werden. Je nach Verwendung der Stammdaten in Prozessen und Modulen kann der Umfang der zu beschaffenden Daten stark variieren. In der Regel werden jedoch morphologische Daten wie GTIN, Gewichte und Abmessungen sowie Texte, beschreibende Merkmale, logistische Informationen, Preise etc. benötigt. Solche Daten werden in erster Linie vom Hersteller oder Lieferanten zur Verfügung gestellt. Alternativ dazu können Daten selbst ermittelt (durch Zählen, Wiegen, Messen oder Schätzen) oder über Datenpools von Drittanbietern beschafft werden.

2.8.3 Artikelanlage

Die Artikelanlage erfolgt entweder zuerst als Rumpfstammsatz, der zu einem Artikel erweitert wird oder direkt als vollständiger Artikelstammsatz. Artikel werden entweder manuell direkt im System oder über eine EDI-Verbindung (Electronic Data Interchange) über ein ARTMAS-IDoc angelegt, das alle relevanten Daten in das System spielt. Dabei können die Artikeldaten auch aus einer externen Quelle oder einem anderen SAP-System übermittelt werden.

Es besteht auch die Möglichkeit, die *Preiskatalog-Funktion* (PRICAT) zu nutzen. Hier können Daten massenhaft eingelesen werden. Ausgewählte Daten werden dann im System angelegt. Nähere Informationen dazu erhalten Sie in Abschnitt 3.3.3, »PRICAT-Eingangsverarbeitung in SAP Retail«. Für die Artikelanlage im Rahmen einer Migration aus einem Altsystem wird in der Regel ein Programm in der *Legacy System Migration Workbench* (Transaktion LSMW) angelegt, das die Datensätze massenhaft aus CSV- oder Excel-Dateien einliest und über Batch-Input-Mappen oder IDocs in das System bucht.

Mit der Anlage eines Artikels im System beginnt auch sein steuerbarer Lebenszyklus.

2.8.4 Artikelbereitstellung und -pflege

Ist der Artikel angelegt und ausreichend mit Daten angereichert worden, kann er für die logistischen Prozesse bereitgestellt werden. Diese Freigabe erfolgt meist durch die Listung und durch den Einsatz des Artikelstatus. Dies kann entweder in einem einzelnen Schritt erfolgen, indem der Artikel für Einkauf, Verkauf und Logistik freigegeben wird, oder der Artikel kann für die einzelnen Fachbereiche separat zur Verfügung gestellt werden. Letzteres ist vor allem dann sinnvoll, wenn z. B. bereits die Einkaufsdaten oder die Daten für die Lagerlogistik zur Verfügung stehen, aber Informationen für die Verkaufsdaten noch nicht bekannt sind. So kann der Artikel in einem mehrstufigen Freigabeverfahren bereits beschafft und eingelagert werden, es besteht jedoch keine Gefahr, ihn versehentlich zum Verkauf freizugeben, bis auch die Verkaufsdaten vollständig gepflegt sind.

Artikellistung

Über die Artikellistung (siehe Abschnitt 2.7.4, »Listungsverfahren«) kann ein Artikel für die einzelnen Vertriebslinien eines Unternehmens gelistet und der Listungszeitraum für die Verteilzentren und Filialen jeweils getrennt voneinander gesetzt werden. Abbildung 2.80 zeigt die Ansicht zur Listung eines Artikels in Transaktion MM43. Der abweichende Listungszeitraum für Verteilzentrum und Filialen ist z. B. sinnvoll, um die Beschaffung für das Verteilzentrum beim Lieferanten zu ermöglichen, bevor die Filialen ihre Artikel über das Verteilzentrum beschaffen können.

Die Auslistung (siehe Abschnitt 2.7.6) eines Artikels aus einer Vertriebslinie erfolgt durch die gezielte Auslistung eines Artikels oder Sortiments – oder wenn der Artikel seinen Listungszeitraum überschreitet.

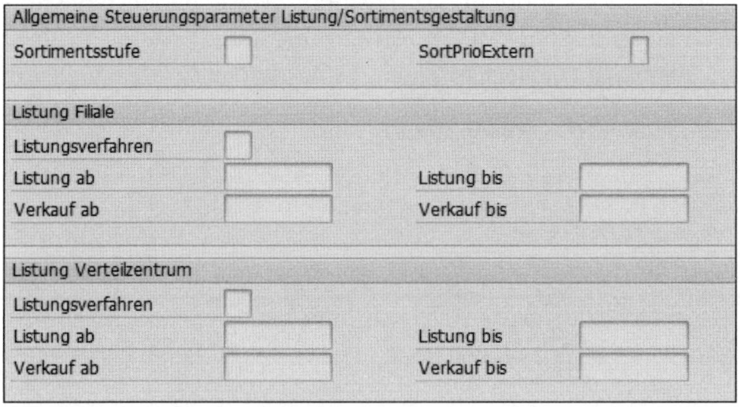

Abbildung 2.80 Transaktion MM43 – Listungssicht des Artikelstamms

Verkaufszeitraum

Über den Verkaufszeitraum kann analog zum Listungszeitraum pro Vertriebslinie und getrennt für Filialen und Verteilzentren gesteuert werden, von wann bis wann ein Artikel verkauft werden darf.

2.8.5 Artikelstatus verwenden

Um die einzelnen Phasen des Artikellebenszyklus sichtbar steuern zu können, gibt es im Artikelstamm zwei verschiedene Arten von Artikelstatus:

- Betriebsstatus
- Vertriebslinienstatus

Beide Status gibt es jeweils übergreifend und spezifisch, d. h., ein Betriebsstatus kann z. B. entweder übergreifend für alle Betriebe oder nur für einzelne ausgewählte Betriebe gesetzt werden. Analog dazu können auch Vertriebslinienstatus sowohl für alle als auch für einzelne Vertriebslinien gesetzt werden. Ein Status kann jeweils einen Warnhinweis in Folgeprozessen auslösen oder eine Sperre verursachen.

Betriebsübergreifende oder -spezifische Artikelstatus

Der *betriebsübergreifende Artikelstatus* wird in der Grunddatensicht des Artikelstamms in Transaktion OMS4 gepflegt und hat Einfluss auf alle Beschaffungsaspekte eines Artikels. Der spezifische Status kann in den Sichten **Logistik VZ** und **Logistik Filiale** gepflegt werden.

Sind für einen Artikel noch nicht ausreichend Daten gepflegt, um ihn zu beschaffen oder in der Logistik zu verwalten, wäre z. B. der SAP-Standardstatus **01 – gesperrt für Beschaffung/Lager** denkbar. In Abbildung 2.81 sehen Sie, dass dieser Status in den Bereichen **Einkauf**, **Bedarfe** für Prognose und Disposition sowie in der **Bestandsführung** auf eine Sperre hinausläuft (Status B). Ein Hinweis mit Status A würde zu einer Warnmeldung führen. Bleibt das Feld leer, erscheint keine Meldung.

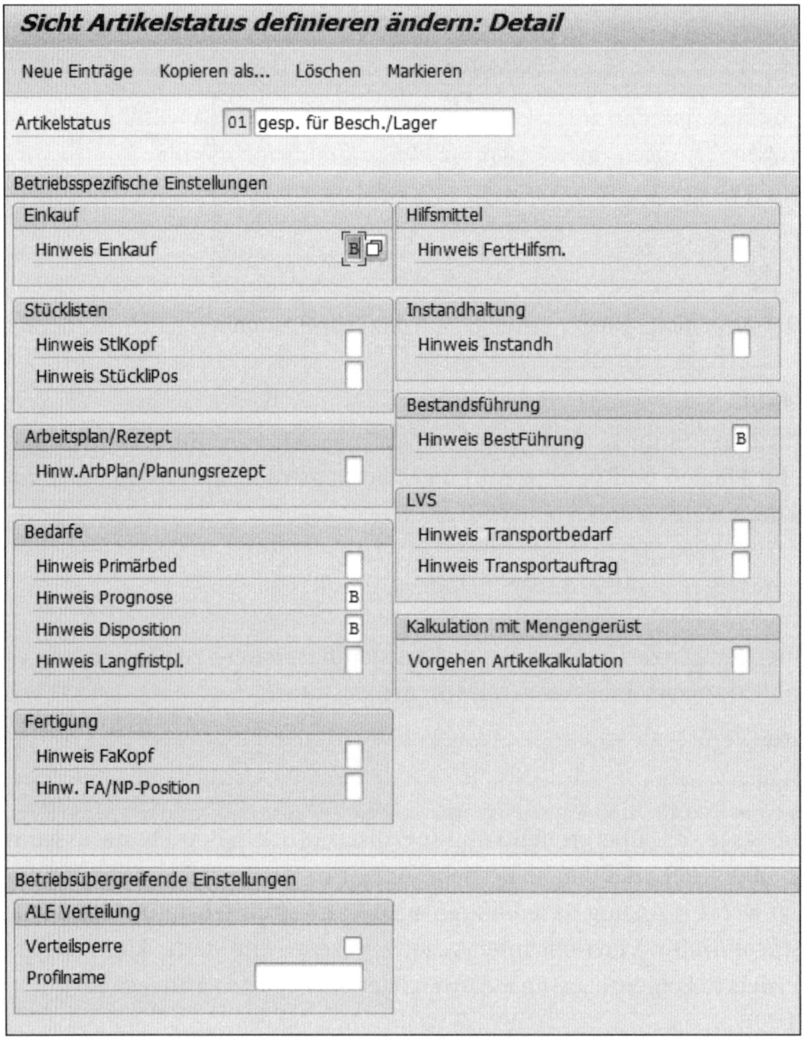

Abbildung 2.81 Transaktion OMS4 – Artikelstatus definieren

Vertriebslinienübergreifende oder -spezifische Artikelstatus

Im Gegenteil zum Betriebsstatus hat der Vertriebslinienstatus Einfluss auf die Verkaufsseite des Artikels. Die Ausprägung eines Status erfolgt wie beim Betriebsstatus, nur für andere Bereiche im Einführungsleitfaden unter **Logistik Allgemein • Materialstamm • Einstellungen zu zentralen Feldern • Vertriebsrelevante Daten • Vertriebsstatus definieren** (siehe Abbildung 2.82). Übergreifend kann auch dieser Status in der Grunddatensicht gepflegt werden, den spezifischen Status finden Sie in der POS- oder Verkaufssicht des Artikelstamms.

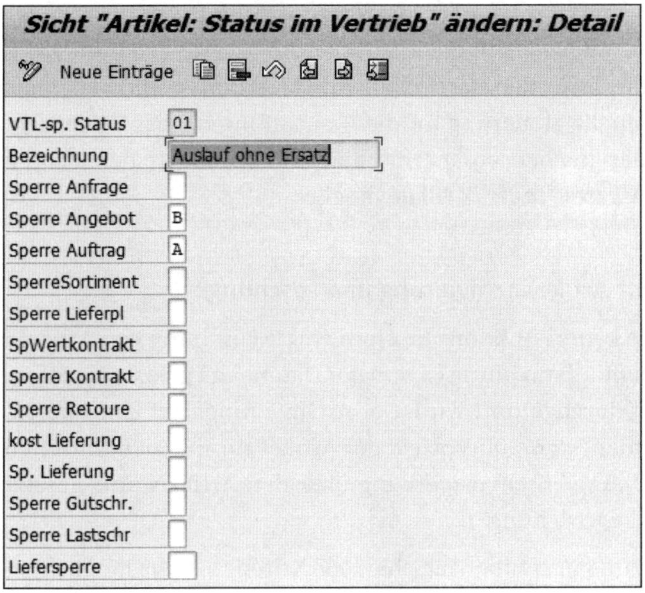

Abbildung 2.82 Vertriebsstatus definieren

Der Status aus Abbildung 2.82 eignet sich z. B., um die Auslistung eines Artikels einzuleiten. Ist der Artikel bereits für die Beschaffung gesperrt, können jetzt noch Aufträge für Restbestände angelegt werden. Es können jedoch keine verbindlichen Angebote mehr erstellt werden.

2.8.6 Saisonale Artikel

Saisonale Artikel werden zeitlich besonders akkurat gesteuert. Über das Customizing der Saison (siehe Abschnitt 2.6.1, »Vorlagehandling für Artikel«) erhält der Artikel auf Basis seiner Zuordnung zu einer Saison bereits vordefinierte Gültigkeits-, Listungs-, und Verkaufszeiträume. Ergänzt durch den Artikelstatus, können Vor- und Rücklaufzeiten so sehr gut berücksichtigt werden, da durch die Listung und den Verkaufszeitraum bereits gewährleistet ist, dass der Artikel weder beschafft noch vertrieben werden kann. Damit ist das initiale Setzen eines Artikelstatus nicht notwendig.

Die *Vorlaufzeit* entsteht automatisch durch die Zeit zwischen der Anlage des Artikels und dem Beginn und Ende des Gültigkeitszeitraums. Ein Artikelstatus kann jetzt z. B. genutzt werden, um den Artikel doch zu sperren, damit er auch in der aktiven Saison nicht genutzt werden kann, oder um vorzeitig zum Ende der Saison den Artikel zur Nachbeschaffung zu sperren.

Nach Ablauf der Saison kann ein Artikel über den Artikelstatus markiert werden, um ihn z. B. über eine Zuordnung zu einem neuen Sortiment wieder als Saisonausverkaufsartikel zu verkaufen. Alternativ könnte der Artikel auch zur Verschrottung oder Retoure an den Lieferanten markiert werden. Idealerweise erfolgt dies noch in der *Rücklaufzeit*. In dieser Zeit ist der Artikel über die Saison noch aktiv gelistet und kann verkauft werden, ist aber bereits für den Nachschub vom Lieferanten und ggf. in die Filialen gesperrt. Die individuelle Steuerung für die Beschaffung für das Verteilzentrum oder die Filialen ist über den betriebsspezifischen Artikelstatus in den Sichten des Artikelstamms **Logistik VZ** bzw. **Logistik Filiale** möglich.

2.8.7 Voraussetzungen zur Artikelarchivierung und Löschung

Es gibt im SAP-Retail-System keine Funktion, die eine direkte Löschung von Artikeln ermöglicht. Ein Artikel kann nur dann physisch von der Datenbank gelöscht werden, wenn ein Archivierungslauf durchgeführt wird. Der Archivierungslauf kann wiederum nur dann gestartet werden, wenn im Vorfeld der Artikel zur mandantenweiten Auslistung vorgesehen und eine Löschvormerkung über den Artikelstatus gesetzt wurde (siehe Abschnitt 2.7.6, »Auslistung«).

Die mandantenweite Auslistung prüft über verschiedene Kriterien, ob es möglich ist, den Artikel mit einer Löschvormerkung zu versehen. Folgende Prüfungen findet statt:

- Der Artikel darf nicht in noch aktiven Bestellungen, Aktionen oder Aufteilern (d. h. Warenzuteilungen) geführt sein.
- Der Bestand muss mandantenweit null sein.

Erst wenn alle Kriterien erfüllt sind und das Programm zur mandantenweiten Auslistung und Archivierung keine entsprechenden Belege mehr gefunden hat, kann der Artikel über ein Archivierungsobjekt archiviert (d. h. aus dem System gelöscht) werden. Die Artikelnummer kann nach der Archivierung neu vergeben werden.

2.9 Preise, Konditionen und Handelskalkulation

Auch das Themengebiet der Preispflege, Preisermittlung und Konditionspflege gehört in den Bereich der Stammdaten. Diese Stammdaten können zwar je nach Artikel mehr oder weniger variieren (die Preise von Früchten und Gemüse sind z. B. sehr häufig tagesabhängig), sie zählen aber nicht zu den Bewegungsdaten.

Die Handelskalkulation in SAP Retail ermöglicht die Kalkulation des Verkaufspreises anhand der ermittelten Einkaufspreise und Konditionen eines Lieferanten mit Zu- und Abschlägen, Planungskonditionen und Margen unter Berücksichtigung eventueller Rundungsregeln. Die Verkaufspreise können einkaufs- und verkaufsseitig in verschiedenen Organisationsebenen berechnet werden. Die Preisfindung wird durch ein sogenanntes *Kalkulationsschema* ermöglicht. Im Kalkulationsschema wird festgelegt, welche Konditionen und welche Zu- und Abschläge in welcher Reihenfolge angewandt werden sollen und welcher Verkaufspreis für den Artikel am Ende verwendet wird.

Zum besseren Verständnis der in diesem Abschnitt beschriebenen Funktionen erläutern wir zunächst die wichtigsten Begriffe in diesem Zusammenhang:

- **Einkaufspreis (EP)**
  Preis, der dem Lieferanten bezahlt wird
- **Verkaufspreis (VP)**
  Preis für den Endkonsumenten inklusive Mehrwertsteuer (MWSt.)
- **Preiskonditionen**
  Zu- und Abschläge zum Einkaufspreis, z. B. Rabatte, Skonto etc.
- **Bezugsnebenkosten**
  Kosten für die Warenbeschaffung, die zum Einkaufspreis hinzukommen (z. B. Frachtkosten, Versicherung, Zoll, Bankspesen, Qualitätsprüfung, Artikelsicherung)
- **Kalkulatorische Kosten**
  Kosten für Lagerung, Transport, Rückstellungen, Lagerzinsen etc.
- **Eckpreisrundung**
  Eckpreise sind ab- oder aufgerundete Verkaufspreise, um einen positiven psychologischen Effekt beim Kunden zu erzielen (z. B. 2,99 € anstelle von 3,00 €).

2.9.1 Ablauf der Handelskalkulation

Die Handelskalkulation dient zur Kalkulation eines Verkaufspreises auf einer Organisationsebene (z. B. Vertriebslinie, Betrieb, Preisliste für Kunden) mit einer bestimmten Gültigkeit. Der berechnete Verkaufspreis gilt als der Endpreis an der Kasse in der Verkaufsstelle. In Abbildung 2.83 sehen Sie die Handelskalkulation mit ihren angrenzenden Bereichen. Die Handelskalkulation in SAP Retail kann einstufig oder zweistufig durchgeführt werden.

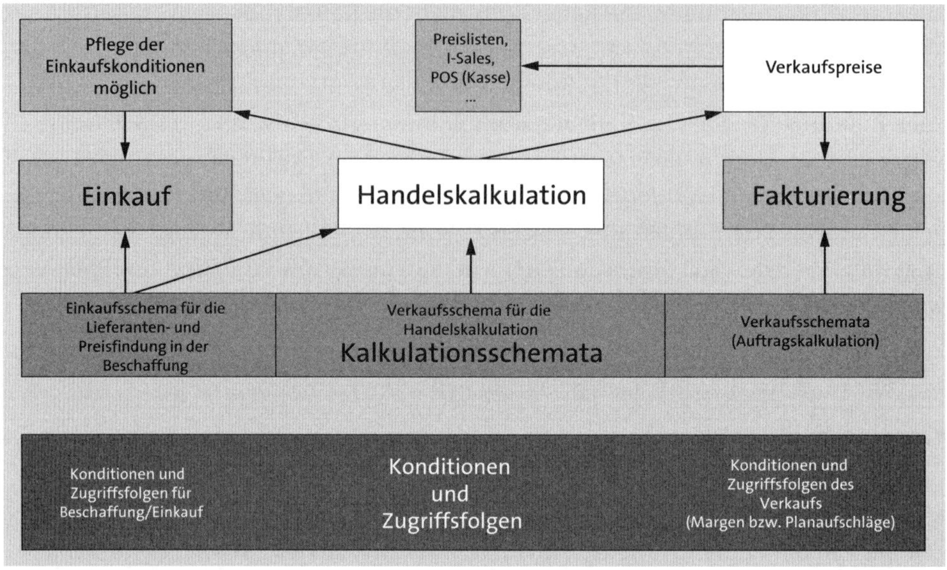

Abbildung 2.83 Positionierung der Handelskalkulation

Einstufige Handelskalkulation

Die einstufige Handelskalkulation ermöglicht die Kalkulation des Verkaufspreises für einen Betrieb direkt anhand des Einkaufspreises und der Konditionen. Abbildung 2.84 verdeutlicht dieses Prinzip schematisch.

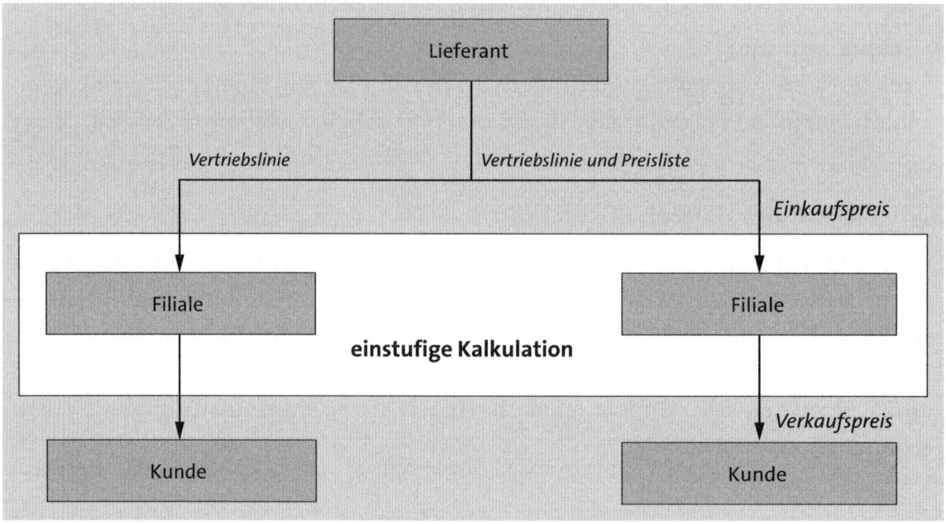

Abbildung 2.84 Einstufige Handelskalkulation

Zweistufige Handelskalkulation

Die zweistufige Handelskalkulation ermöglicht die Kalkulation des Verkaufspreises für einen Betrieb in einem zweiten Schritt auf Basis des Preises, den das Verteilzentrum berechnet. So erfolgt die Preiskalkulation eines Artikels ausgehend vom Einkaufspreis beim externen Lieferanten vorab auf der Ebene des Verteilzentrums. Daraus wird nun der Abgabepreis des Verteilzentrums ermittelt und unter Berücksichtigung von Logistikkosten der Abgabepreis für die Filiale bzw. für den Endkunden errechnet (siehe Abbildung 2.85).

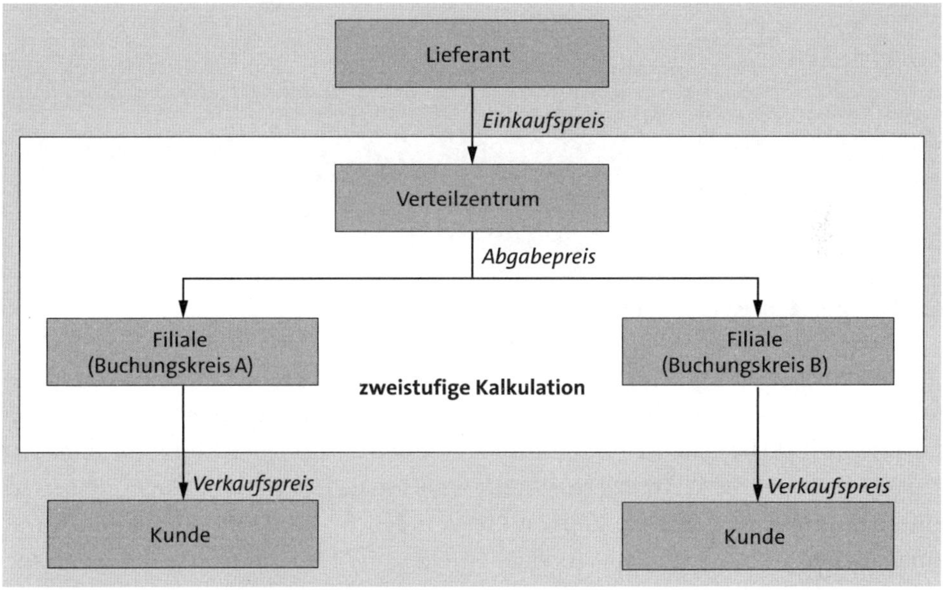

Abbildung 2.85 Zweistufige Handelskalkulation

2.9.2 Kalkulationsschema

SAP Retail ermöglicht es im Kalkulationsschema, die preisfindungsrelevanten Konditionsarten mit einer Reihenfolge festzulegen. Dadurch werden für den Geschäftsprozess relevante Preise automatisch ermittelt.

Kalkulationsschema für den Einkauf

Das Einkaufskalkulationsschema dient zur Preisfindung der Lieferantenpreise und -konditionen, der Bezugsnebenkosten, Zahlungsbedingungen sowie Steuern und Gebühren. Wie in Abbildung 2.86 dargestellt, werden im Einkaufskalkulationsschema die Bestands- und buchhaltungswirksamen Einstellungen für die Verbuchung des Wareneingangs und für die Prüfung und Verbuchung der Eingangsrechnungen der Lieferanten vorgenommen. Das Einkaufskalkulationsschema wird über die Schemagruppe des Lieferanten und die Schemagruppe der Einkaufsorganisation ermittelt.

Die Schemagruppe ermöglicht zusätzlich die Nutzung des gleichen Kalkulationsschemas für mehrere Einkaufsorganisationen oder unterschiedliche Lieferanten. Nachdem das Schema ermittelt wurde, durchläuft das System das Kalkulationsschema, ermittelt alle relevanten Preise inklusive der Zu- und Abschläge und berechnet daraus den aktuell gültigen Preis. Diese so ermittelten und berechneten Preise erscheinen dann innerhalb der Einkaufsbelege und auch auf den Bestellformularen.

Stufe	Zä...	KArt	Bezeichnung	V...	Bis	Ma...	O...	St...	D	ZwiSu	Bedg	RchFrm	BasFrm	KtoSl	Rückst
1	1	PA00	Aktionspreis			☐	☐	☐							
1	2	PB00	Bruttopreis			☐	☐	☐			6				
1	3	PBXX	Bruttopreis			☐	☐	☐			6				
3	0		Bruttowert			☐	☐	☐		9					
110	1	RB00	Rabatt absolut			☑	☐	☐	X						
110	2	RC00	Rabatt / Menge			☑	☐	☐	X		42				
110	3	RA00	Rabatt % vom Netto			☑	☐	☐	X		42				

Abbildung 2.86 Beispiel-Kalkulationsschema Einkauf

Die Einkaufskonditionen werden mit den Lieferanten über die Konditionsvereinbarungen verhandelt und können sich auf Artikel, Warengruppen oder Lieferantenteilsortimente (LTS) beziehen. Die Konditionen werden in speziellen Konditionstabellen abgelegt. Um auf die Wettbewerbssituation, saisonale Restriktionen oder politische Entscheidungen eingehen zu können, ist es möglich, diese Konditionen auch mit einem dynamischen Zeitablauf zu versehen. Die Konditionen haben in der Regel eine bestimmte Gültigkeit.

Kalkulationsschema für den Verkauf

Das Verkaufskalkulationsschema dient zur Verkaufspreisfindung anhand des Einkaufspreises und der im Schema enthaltenen Konditionen. Ein Beispiel für ein solches Schema sehen Sie in Abbildung 2.87.

Durch die individuellen Bedingungen kann eine Kondition für bestimmte Fälle aktiviert bzw. deaktiviert werden. Im Standard steht bereits eine Vielzahl von Bedingungen zur Verfügung, die einfach im Schema zur Konditionsart ausgewählt werden können. Daneben ist es allerdings auch möglich, eine eigene Bedingung im kundeneigenen Namensraum zu entwickeln. Dies kann z. B. dann sinnvoll sein, wenn ein spezieller Wert in einem kundeneigenen Feld abgefragt werden soll. Ist eine Kondition aktiv, werden für diese Kondition gemäß der vorab eingegebenen Definition und zugeordneten Zugriffsfolge zutreffende Konditionen gesucht, bzw. der Konditionswert wird über eine Formel berechnet. Wenn zusätzlich eine Eckpreisrundung vorgesehen ist, wird der ermittelte Verkaufspreis aus dem Schema gerundet.

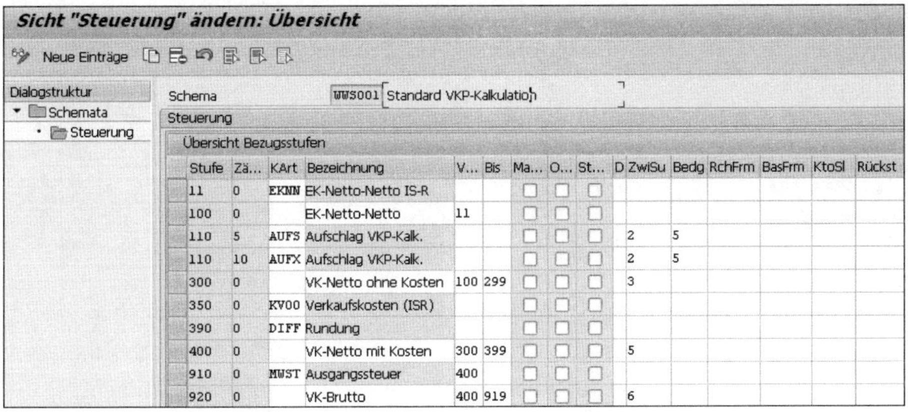
Sicht "Steuerung" ändern: Übersicht

Neue Einträge

Dialogstruktur
- Schemata
  - Steuerung

Schema WWS001 Standard VKP-Kalkulation

Steuerung

Übersicht Bezugsstufen

Stufe	Zä...	KArt	Bezeichnung	V...	Bis	Ma...	O...	St...	D	ZwiSu	Bedg	RchFrm	BasFrm	KtoSl	Rückst
11	0	EKNN	EK-Netto-Netto IS-R			☐	☐	☐							
100	0		EK-Netto-Netto	11		☐	☐	☐							
110	5	AUFS	Aufschlag VKP-Kalk.			☐	☐	☐		2	5				
110	10	AUFX	Aufschlag VKP-Kalk.			☐	☐	☐		2	5				
300	0		VK-Netto ohne Kosten	100	299	☐	☐	☐		3					
350	0	KV00	Verkaufskosten (ISR)			☐	☐	☐							
390	0	DIFF	Rundung			☐	☐	☐							
400	0		VK-Netto mit Kosten	300	399	☐	☐	☐		5					
910	0	MWST	Ausgangssteuer	400		☐	☐	☐							
920	0		VK-Brutto	400	919	☐	☐	☐		6					

Abbildung 2.87 Beispiel eines Kalkulationsschemas für den Verkauf

Die Verkaufspreiskonditionen können auf den folgenden Organisationsebenen definiert werden:

- Vertriebslinie
- Vertriebslinie/Preisliste
- Betriebsgruppe
- Betrieb
- Artikel

2.9.3 Preisfindung im Einkauf

Ziel der Preisfindung im Einkauf ist es, bei der Anlage von Einkaufsbelegen je Lieferantengruppierung und Einkaufsorganisation mit einem definierten Kalkulationsschema die korrekten Preise und Konditionen zu ermitteln.

Bei der Einkaufspreisfindung werden geplante Artikelkonditionen (Artikelrabatte, Mengenrabatte bei Preisstaffeln, Frachtkosten, Zollkosten, Verpackungskosten, Agenturkosten, kalkulatorische Kosten etc.) berücksichtigt. Diese Konditionsarten können absolut, prozentual oder mit einem festen Betrag abgebildet werden.

Die Bezugsnebenkosten können entweder, sofern sie bekannt sind, direkt einkalkuliert werden, oder es wird eine Rückstellung gebildet und in der Finanzbuchhaltung abgerechnet. Es ist auch möglich, Mindestbestellwerte auf Lieferantenebene zu definieren.

Eine *Konditionstabelle* beinhaltet, wie in Abbildung 2.88 gezeigt, die Kombination der Felder für die Anlage eines Konditionssatzes. Die Konditionstabelle wird mit den definierten Feldern erstellt, und die Konditionssätze werden explizit für die selektierten Daten erfasst. Konditionstabellen werden im Customizing angelegt. Dabei wird auch hinterlegt, welche Felder für die Konditionstabelle relevant sind.

Abbildung 2.88 Beispiel für eine Konditionstabelle für ein Lieferantenteilsortiment

In der Konditionsart der Einkaufspreisfindung wird eine *Zugriffsfolge* zugeordnet. Damit kann bei der Preisfindung der gültige Konditionssatz gefunden werden. Die Zugriffsfolge ist eine Suchstrategie, die die relevanten Konditionen aus einer oder mehreren Konditionstabellen ermittelt und selektiert. Dabei können die Zugriffsfolgen z. B. auch hierarchische Konditionen ermitteln, etwa Konditionen auf der Ebene der Einkaufsorganisation, des Lieferanten oder des Lieferantenteilsortiments. Abbildung 2.89 zeigt ein Beispiel für eine Zugriffsfolge zur Ermittlung eines Lieferantenrabatts.

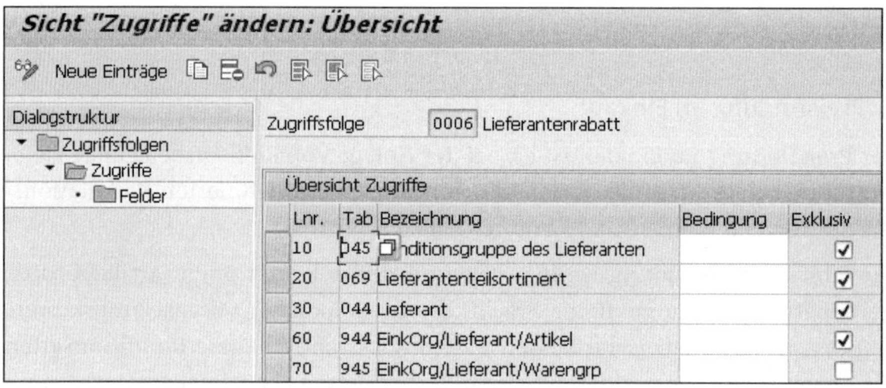

Abbildung 2.89 Beispiel für eine Zugriffsfolge für den Lieferantenrabatt

2.9.4 Preisfindung im Verkauf

Die Preisfindung im Verkauf kann entweder einzeln pro Vertriebsbereich oder für mehrere Vertriebsbereiche gleichzeitig festgelegt werden. Die Verkaufspreise werden unter Berücksichtigung der Verkaufskonditionen, Kundenrabatte oder Aufschläge berechnet.

Die Konditionsart steuert unterschiedliche Funktionen bei der Preisfindung und bildet die Preiselemente ab. So können Konditionsarten als Zu- und Abschläge oder feste Beträge wie z. B. Fracht oder Zoll eingerichtet werden.

An der Konditionsart sind eine Rechenregel und die jeweilige Bezugsgröße hinterlegt, die steuert, ob es sich um einen festen Betrag oder prozentuale Zu- und Abschläge handelt. Abbildung 2.90 zeigt ein Beispiel zur Definition der Konditionsart für einen Verkaufspreis.

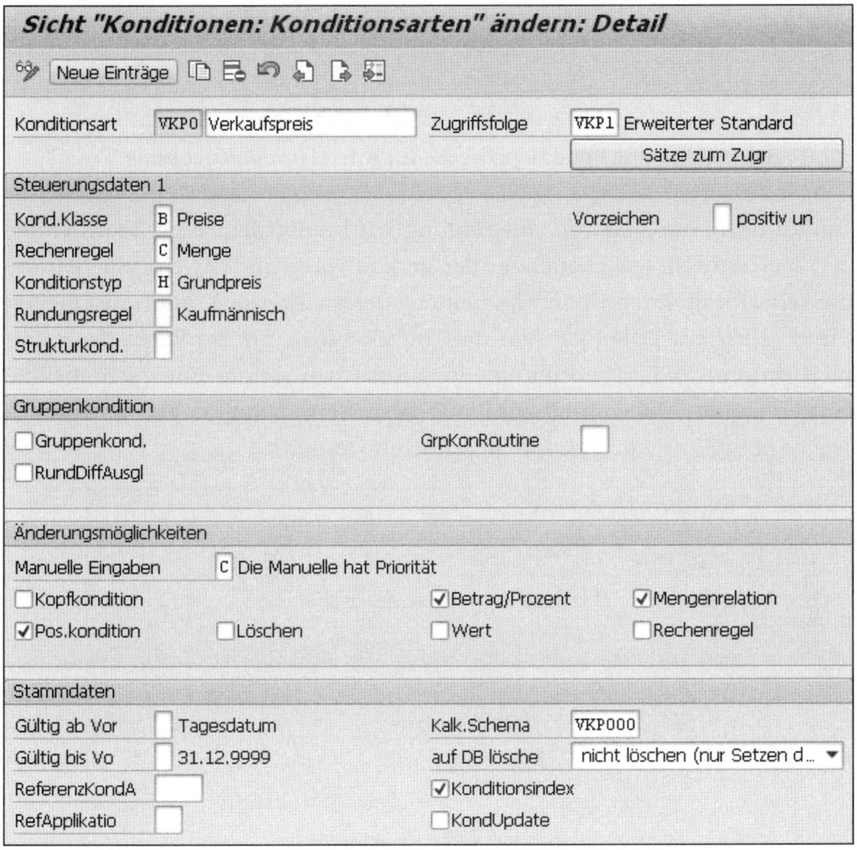

Abbildung 2.90 Beispiel einer Konditionsart für den Verkaufspreis

Eine Konditionstabelle beinhaltet die Kombination der Felder für die Anlage des Konditionssatzes. Dies können Sie am Beispiel einer Konditionstabelle in der Verkaufspreisfindung in Abbildung 2.91 sehen.

Abbildung 2.91 Beispiel für eine Konditionstabelle für Artikel pro Vertriebslinie

In der Konditionsart der Verkaufspreisfindung wird außerdem eine Zugriffsfolge zugeordnet. Die Zugriffsfolge ist auch bei der Verkaufspreisfindung eine Suchstrategie, die die relevanten Konditionen aus einer oder mehreren Konditionstabellen ermittelt und selektiert. Dabei können die Zugriffsfolgen für die Verkaufspreisermittlung z. B. prüfen, ob der Preis für eine Verkaufsorganisation, eine Vertriebslinie oder nur für einen Betrieb ermittelt wird. Auf diese Weise kann der gültige Konditionssatz, wie in Abbildung 2.92 dargestellt, ermittelt werden.

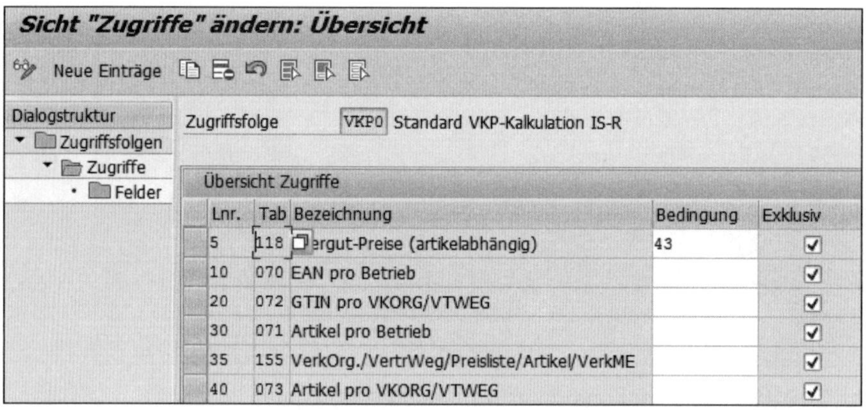

Abbildung 2.92 Beispiel für eine Zugriffsfolge für die Verkaufspreiskalkulation

[»]

Customizing-Einstellungen zur Handelskalkulation

Die Customizing-Einstellungen zur Handelskalkulation finden Sie in Transaktion SPRO auf der Registerkarte **Logistik Allgemein**. Weitere Einstellungen zur Preisfindung können Sie jeweils im Customizing des Vertriebs und Einkaufs vornehmen.

Sie können über das Customizing eigene Kalkulationsschemata, Konditionsarten, Zugriffsfolgen und Konditionstabellen einrichten. Zusätzlich können innerhalb eines

Kalkulationsschemas pro Konditionsart einige Bedingungen hinterlegt werden, die zwingend erfüllt sein müssen, damit z. B. eine Konditionsart gezogen wird. Auf diese Weise ist es möglich, die Preisfindung individuell und unter Berücksichtigung spezifischer Bedingungen auf verschiedene Geschäftsfälle abzustimmen. Neben Standardbedingungen können Bedingungen auch kundenspezifisch entwickelt werden.

[«]

Weitere Funktionen für die Preisfindung

Neben den in diesem Abschnitt beschriebenen Funktionen stehen Ihnen noch weitere Funktionen zur Verfügung, wie z. B. die Nutzung der Mitbewerberpreise zur Festlegung von Verkaufspreisen, eine Warenkorbkalkulation für die gesamte Profitabilität der Preiskalkulation oder die Generierung eines Kalkulationsvorrats zur Folgeverarbeitung. Diese Funktionen ermöglichen es Ihnen, die Preiskalkulation noch präziser zu gestalten.

2.10 Wichtige Transaktionen im Überblick

Die Preispflege in SAP Retail kann mit unterschiedlichen Transaktionen durchgeführt werden. In Tabelle 2.8 sind die wichtigsten Transaktionen zur Preis- und Konditionspflege dargestellt.

Vorgang	Transaktion
Integrierte Artikelstammpflege	MM42
Einkaufsliste	WRFAPC01
Verkaufspreiskalkulation Einzelartikel/ Sammelartikel/Verkaufsset	VKP5
Konditionssätze anlegen/ändern/anzeigen	VK11/VK12/VK13
POS Ausgangsverarbeitung	WPMA
Wettbewerbspreiserfassung	WMB1
Warenkorbkalkulation	WKK1
Kalkulation für Preisfamilie	PRFAM
Planaufschläge anzeigen	WVA3/WVA7/WEV3
Pflege der Konditionen zum Lieferanten	MEKE
Kalkulationsvorrat anzeigen/freigeben	WVN0/WVN1

Tabelle 2.8 Transaktionen für die Handelskalkulation

Neben diesen und den in den vorangegangenen Abschnitten angesprochenen Transaktionen gibt es in SAP Retail noch weitere wichtige Transaktionen im Bereich der Stammdaten, die in Tabelle 2.9 aufgeführt sind.

Transaktion	Beschreibung
WRFMATCOPY	Artikel kopieren
WSL7	Artikelliste eines Lieferanten zum Sortiment
MASS	Massenpflege
WRFMASSMAT	Massenänderung
MASS_MARC	Massenpflege Logistik/Nachschub
MASSD	Massenpflege
WRFFUART	Folge-/Ersatzartikel bearbeiten
WRFFUCD	Änderungsbelege anzeigen
WRFFUREORG	Reorganisieren
WRF_AL	Artikelliste verwalten
WRF_AL_REORG	Artikelliste reorganisieren
MGW0/8/1	Set anlegen/anzeigen/ändern
MGW2/9/3	Display anlegen/anzeigen/ändern
MGW4/A/5	Lot anlegen/anzeigen/ändern
MGW6/B/7	Vollgut anlegen/anzeigen/ändern
WRFMATMON	Artikelmonitor
WRFMGROUP	Pflegegruppen verwalten
MM46	Massenpflege Artikel
MM60	Artikelverzeichnis
WSL11	Sortimentsbaustein anzeigen
WS07	Sortimentsbaustein zuordnen
WRFMATBODY	Rumpfartikel bearbeiten
WRFMATMON	Materialmonitor zur Massenverarbeitung
WRF_AL	Artikelliste anlegen

Tabelle 2.9 Transaktionen für Stammdaten in SAP Retail

Transaktion	Beschreibung
WRF_DIS_SEL	Artikelauslistung (mandantenweit)
MIGO	Wareneingang ohne Bezug
RWBE	Bestandsübersicht
REFSITE	Zuordnung Betriebe zu Referenzbetrieben
WG21/22/23/24	Warengruppen anlegen/ändern/löschen/anzeigen
WGUS	Verwendung der Warengruppen
CLWM/N/O/1	Warengruppenhierarchie anlegen/ändern/anzeigen/pflegen
CLWE/F/G	Merkmalsprofil anlegen/ändern/anzeigen
CT04	Merkmalsverwaltung
CS01/02/03	Artikelstückliste anlegen/ändern/anzeigen
MMAM	Artikelart ändern
MSC1N/2N/3N	Charge anlegen/ändern/anzeigen
IQ01/02/03	Serialnummern anlegen/ändern/bearbeiten

Tabelle 2.9 Transaktionen für Stammdaten in SAP Retail (Forts.)

Kapitel 3
Datenmanagement und Datenaustausch

Die Qualität der Stammdaten ist mitentscheidend für die effiziente Ausführung und Automatisierung von Geschäftsprozessen im Handel. Die Einführung eines ganzheitlichen Datenqualitätsmanagements unter Einbeziehung aller internen und externen Anspruchsgruppen ist der Schlüssel dazu.

Falsche Preise, Lieferzeiten, Mengeneinheiten, Mindestbestellmengen oder Ähnliches können den Nutzen noch so intelligenter Planungs-, Steuerungs- und Optimierungsverfahren zunichtemachen und zu Imageschäden oder Umsatzeinbußen führen. Nur durch ein ganzheitliches Datenqualitätsmanagement, das alle beteiligten Akteure – sowohl interne Abteilungen als auch externe Lieferanten – zusammenbringt, kann die Stammdatenqualität derart erhöht werden, dass die Geschäftsprozesse im Handel effizient und automatisiert ausgeführt werden können.

In diesem Kapitel beschäftigen wir uns mit den Themen Datenqualitätsmanagement und Qualitätssicherung. Außerdem gehen wir auf Datenpools und die Möglichkeiten ein, die SAP Retail zum Datenaustausch mit diesen Pools bereitstellt.

3.1 Gestaltungsbereiche des Datenqualitätsmanagements

Angesichts der enormen betriebswirtschaftlichen Bedeutung ist es verwunderlich, dass das Datenqualitätsmanagement in vielen Unternehmen vernachlässigt wird. Gemäß einer Studie des Informationsdienstleisters Experian aus dem Jahr 2016 (White Paper: »Datenmanagement Trend Report«, Experian Deutschland GmbH) glauben 60 % aller Unternehmen, dass die größten Probleme in den Unternehmen durch unvollständige oder fehlende Daten verursacht werden. Um 29 % könne der Umsatz erhöht werden, wenn alle Daten völlig korrekt und von höchster Qualität seien. Die Ursachen werden in erster Linie in den Mitarbeitern, fehlender Kommunikation zwischen den Abteilungen, einer unzureichenden Datenstrategie und unzulänglicher Technik gesehen.

Die Verbesserung der Datenqualität kann nur mithilfe eines ganzheitlichen Datenqualitätsmanagements gelingen, also definierten Organisationseinheiten und Datenqualitätsprozessen. Außerdem sind eine eindeutige Festlegung der fachlichen Verantwortung durch Datenqualitätsbeauftragte sowie technische Maßnahmen erforderlich. Für die Gestaltung eines Datenqualitätsmanagements müssen folgende vier Wirkungsbereiche unterschieden werden (siehe Abbildung 3.1):

- Strategie und Ziele
- Organisation und Personen
- Prozesse und Methoden
- Informationssystem und Werkzeuge

Ergänzt werden die vier Bereiche um Maßnahmen zur Überwachung und Vorbeugung.

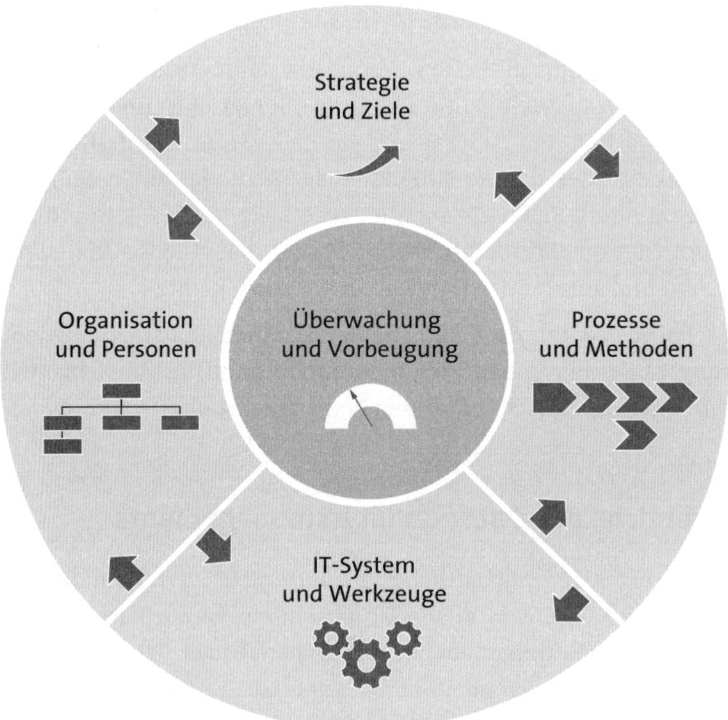

Abbildung 3.1 Gestaltungsbereiche eines ganzheitlichen Datenqualitätsmanagements

In den meisten Unternehmen ist bereits ein Stammdatenmanagement vorhanden, das jedoch lediglich für die Erfassung und Pflege der Stammdaten zuständig ist. Ein nachhaltiges Datenqualitätsmanagement, das übergreifend die vier verschiedenen Wirkungsebenen umfasst, ist dagegen selten anzutreffen. Dabei müssen Programme zur Einführung eines Datenqualitätsmanagements nicht in langfristige Projekte ausufern. Vielmehr kann auf dem vorhandenen Stammdatenmanagement mit seiner eher informellen Steuerung aufgesetzt werden. Dieses wird dann in einem methodisch strukturierten Vorgehen hin zu einem Datenqualitätsmanagement mit formeller Steuerung weiterentwickelt.

Der Gestaltungsbereich *Strategie und Ziele* hat die Aufgabe, das Datenqualitätsmanagement an den Unternehmenszielen auszurichten. Diese sind Bestandteil der IT-Strategie und damit aus der Unternehmensstrategie abgeleitet. Für die beteiligten Akteure im Unternehmen muss die Bedeutung der Datenqualität im Unternehmen transparent gemacht werden, datenqualitätskritische Bereiche müssen identifiziert und Datenqualitätsinitiativen definiert werden. Hilfreich ist die Festlegung eines Leitbildes, das den Zusammenhang zwischen der Qualität der Daten und den Unternehmenszielen herstellt.

Verfolgt ein Einzelhändler z. B. eine Omni-Channel-Strategie, müssen Stammdaten aus den Onlinesystemen konsistent zur Warenwirtschaft gepflegt werden, damit die Transparenz aller Bestände und Bestellungen gewährleistet ist. Mit dieser Anforderung gehen umfangreiche Standardisierungsanstrengungen im Stammdatenumfeld einher, die viele Unternehmensbereiche berühren können. Eine Verankerung des Themas in der Geschäftsleitung ist daher unumgänglich.

Weil das Datenqualitätsmanagement eine Querschnittsfunktion ist, müssen dessen Aufgaben über die einzelnen Geschäftsbereiche und Abteilungen des Unternehmens hinweg koordiniert werden. Zu diesem Zweck wird, basierend auf dem strategischen Leitbild, das Datenqualitätsmanagement auf der Ebene *Organisation und Personen* konkretisiert und in der Unternehmensorganisation verankert. Dabei müssen die Datenobjekte sowie die Verantwortlichkeiten für diese Datenobjekte im Unternehmen bestimmt werden. Darüber hinaus müssen die Informationsbedürfnisse für interne und externe Datenkonsumenten identifiziert werden. Hilfreich dabei ist die Nutzung eines sogenannten *RACI-Charts* (Responsible, Accountable, Consulted and Informed). Diese – im Grunde genommen generische – Verantwortlichkeitsmatrix sollte stammdatenbezogen ausgeprägt sein. Ein Beispiel für ein solches Chart finden Sie in Abbildung 3.2. Grundsätzlich ist die Ernennung eines Datenqualitätsbeauftragten, der die konzernweiten Richtlinien und Stammdatenabläufe koordiniert, empfehlenswert.

Eine der Hauptursachen für schlechte Stammdatenqualität ist das Fehlen einer prozess- und systemübergreifenden Betrachtungsweise der Stammdatenobjekte. In Omni-Channel-Szenarien etwa können Kundendaten in ERP-, FI-, CRM-, Shop-, Promotion- und Analysesystemen abgelegt werden.

	Executive Sponsor	DM-Board	Head of DM	Data Steward	Datenarchitekt
DM-Strategie	A	R	R	I	I
DM-Standards und -Richtlinien	I	A	R	C	I
Qualitätsmanagement	I	I	A	R	I
Lebenszyklusverwaltung		I	A	R	I
Datenmodell		I	A	R	C
Support		I	A	R	C

R = Responsible (zuständig)
A = Accountable (verantwortlich)
C = Consultated (hinzugezogen)
I = Informed (informiert)
DM = Datenmanagement

Abbildung 3.2 Datenmanagement-Verantwortlichkeitsmatrix

Ein Gesamtüberblick über den Lebenszyklus eines Stammdatums, also die Information, wo, wann und durch wen es erfasst, geändert, verwendet und zum Löschen markiert wird, ist zwingend erforderlich und wird im dritten Gestaltungsbereich *Prozesse und -methoden* angestrebt. Dazu werden klare Funktionsbeschreibungen für die Aktivitäten des Stammdatenmanagements formuliert, standardisierte Verfahren definiert und kommuniziert.

Der Gestaltungsbereich *IT, Systeme und Werkzeuge* bezieht sich auf die Analyse, den Entwurf und die Implementierung der Anwendungssysteme und Schnittstellen, die zur Unterstützung des Stammdaten- und Datenqualitätsmanagements benötigt werden. Dazu gehören Anwendungen zur Sicherung der Stammdatenprozesse, wie etwa *SAP Master Data Governance* (SAP MDG), mit Content von Providern, wie z. B. Utopia oder das Tool SD/QC der Firma retailsolutions AG. Aber auch Fragestellungen zur Datenhaltung und -verteilung müssen in diesem Rahmen berücksichtigt werden.

Aufgrund der komplexen verteilten Systemlandschaft eines Einzelhändlers haben Fehler bei der Anlage, dem Ändern und Löschen von Stammdaten unmittelbar Auswirkungen auf die Geschäftsprozesse. Im Rahmen der *Überwachung und Vorbeugung* kann durch die Definition von Datenqualitätskriterien und Kennzahlen dargestellt werden, wie erfolgreich sich Maßnahmen zur Qualitätsverbesserung auf die Geschäftsprozesse auswirken.

Zur Messung der Datenqualität müssen dazu relevante Merkmale wie Zugänglichkeit, Verständlichkeit oder Fehlerfreiheit ausgewählt und abhängig vom Geschäftsprozess in quantifizierbare Größen überführt werden. Die Deutsche Gesellschaft für

Informations- und Datenqualität e. V. und die internationale Standardisierungsorganisation (International Organization for Standardization) definieren mit der Norm ISO/IEC 25012 13 unterschiedliche Merkmale, die in Abbildung 3.3 dargestellt sind.

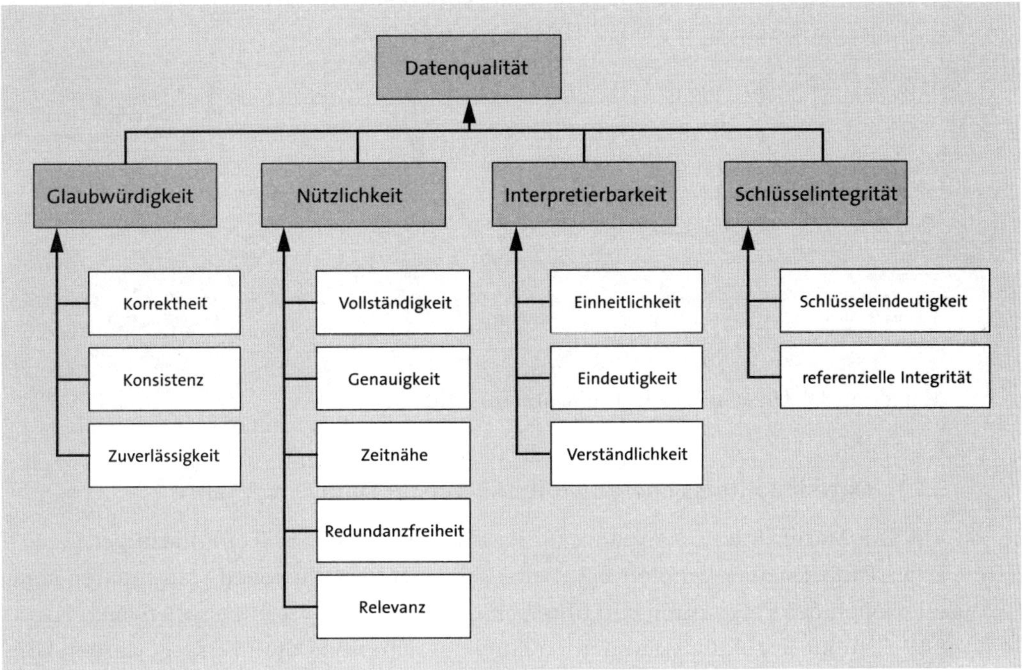

Abbildung 3.3 Datenqualitätsmerkmale in Softwaresystemen

3.2 Qualitätssicherung von Stammdaten in einem SAP-Retail-System

Über geeignete Softwarewerkzeuge kann die Datenqualität bereits bei der Pflege der Stammdaten in einem SAP-Retail-System schnell und nachhaltig verbessert werden. Ziel eines Werkzeugs ist es, die Datenfehler dort zu vermeiden, wo sie entstehen, nämlich unmittelbar bei der Datenpflege.

Datenqualität drückt aus, inwieweit die bereitgestellten Informationen sowie die Art der Bereitstellung geeignet sind, den Anwender bei der Erledigung seiner Aufgaben, etwa bei der operativen Datenpflege oder in Planungs- und Entscheidungsprozessen, zu unterstützen. Eine schlechte Datenqualität in einem Softwaresystem kann eine Vielzahl von Ursachen haben, aus denen wiederum eine Vielzahl von schwerwiegenden negativen Auswirkungen resultieren kann. Mögliche Ursachen für ungenügende Datenqualität in SAP-Retail-Systemen finden Sie in Abbildung 3.4. Diese Gründe gelten aber genauso gut für andere Branchen.

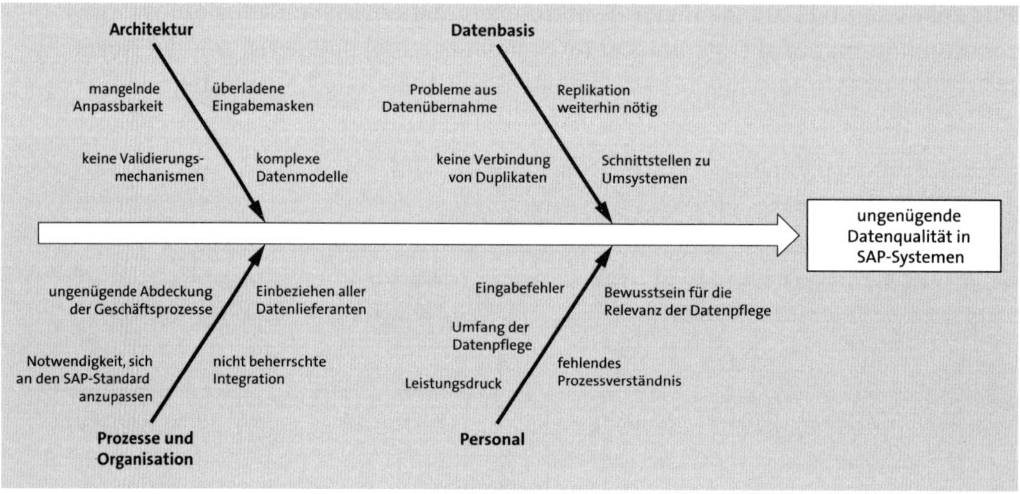

Abbildung 3.4 Ursachen schlechter Datenqualität

3.2.1 Datenqualitätssicherung mit SAP Master Data Governance

Mit SAP Master Data Governance (SAP MDG) präsentiert SAP ein mächtiges generisches Tool, das den kompletten Lebenszyklus der verschiedenen Stammdaten steuert. Neben der Versorgung von unterschiedlichen SAP-Systemen sollen auch Nicht-SAP-Systeme angebunden und mit qualitätsgesicherten Daten versorgt werden können. In diesem Abschnitt können wir lediglich die Kernelemente von SAP MDG darstellen. Wenn Sie sich umfassender mit dieser Lösung beschäftigen möchten, empfehlen wir Ihnen das Buch »Stammdatenmanagement mit SAP Master Data Governance« von Oliver Lauffer, Jan Rauscher und René Zimmermann (SAP PRESS 2016). Weitere Informationen finden Sie außerdem auf im SAP Help Portal unter *http://help-legacy.sap.com/mdg*. Grundsätzlich ist die Einführung von SAP MDG ein anspruchsvolles Projekt, das neben den rein technischen Fragestellungen auch Lösungen im Bereich der Organisation und des Change Managements erfordert.

Architektur

Sie können SAP MDG im Hub- oder Co-Deployment bereitstellen. Bei der Hub-Architektur wird SAP MDG auf einem eigenen Server mit einer eigenen Datenhaltungsebene (d. h. auf einer separaten Datenbank) implementiert. Die Verteilung der Daten in ein SAP-Retail-System erfolgt dann standardmäßig voll automatisiert über Application Link Enabling (ALE). Sollen weitere Systeme wie z. B. ein Kassenserver oder ein Lagerverwaltungssystem mit Stammdaten versorgt werden, ist darüber hinaus noch der Einsatz von SAP Process Orchestration für das Mapping und Routing der Daten sinnvoll.

Der grundlegende Vorteil der Hub-Architektur liegt in der Flexibilität der Lösung. Die für SAP Retail relevanten Daten werden von Daten getrennt, die lediglich für andere Systeme relevant sind (z. B. für den Bereich des Personalwesens). Sie können also aus Ihrem zentralen Datenpool genau die Daten zur Verfügung stellen, die für das Umsystem (in diesem Fall SAP Retail) benötigt werden. Darüber hinaus garantiert diese Variante die Wartungsunabhängigkeit der Subsysteme, d. h., Sie können für jedes System eigene Upgrades durchführen, ohne Rücksicht auf das jeweils andere System nehmen zu müssen. Nachteilig wirkten sich bei dieser Art des Deployments v. a. die erhöhte Komplexität der Architektur sowie höhere Lizenzkosten für die zusätzlichen Lösungen aus.

Bei der Variante des Co-Deployments wird SAP MDG auf demselben System wie SAP Retail implementiert, d. h., es nutzt dieselbe Datenbank und die entsprechenden Datenbanktabellen. Diese Möglichkeit weist zum einen Vorteile hinsichtlich der Kosten auf, zum anderen werden auch Customizing-Einstellungen und bereits vorhandene Validierungsregeln übernommen. Nachteilig wirkt sich die wechselseitige Abhängigkeit auf die Release- und Wartungszyklen aus. Darüber hinaus kann es sein, dass man ein SAP-Retail-System mit Informationen »überlädt«, die dieses für die warenwirtschaftlichen Prozesse gar nicht benötigt.

Wesentliche Funktionen

In den folgenden Abschnitten gehen wir kurz auf die wesentlichen Funktionen von SAP MDG ein.

Change Request Management

Das Change Request Management ist – in Kombination mit der Workflow-Modellierung – das zentrale Element von SAP MDG. Jede Änderung oder die Anlage von Stammdatenobjekten wird in einem *Change Document* erfasst und kann so nachverfolgt werden. Es kann jederzeit geprüft werden, wer wann was (d. h. welches Feld) geändert hat. Daten im Änderungsmodus werden in einem speziellen Datenbereich verwaltet. Erst nach Abschluss des Anlage-Workflows (d. h., nachdem der letzte Genehmiger seine Freigabe erteilt hat), wird ein Stammdatum produktiv. Abbildung 3.5 zeigt den Prozess beispielhaft.

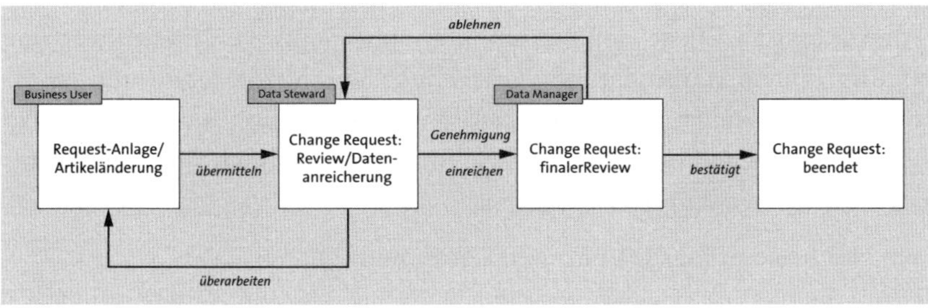

Abbildung 3.5 Change-Prozess im MDG

SAP Business Workflow

Die SAP-Standardfunktion *SAP Business Workflow* wird in SAP MDG durch das *SAP Business Rules Framework plus* (BRFplus) ergänzt, einem regelbasierten Framework, das mit Entscheidungstabellen arbeitet. Das Regelwerk kann dabei auch – bis zu einem gewissen Grad – von technisch weniger versierten Endanwendern gepflegt und gewartet werden. Die Entscheidungsregeln können in Microsoft Excel heruntergeladen, geändert und danach wieder in BRFplus hochgeladen werden.

Validierung der Daten und Dublettenprüfung

Wird SAP MDG im Co-Deployment implementiert, können sämtliche in SAP Retail bereits vorhandenen Datenvalidierungen (z. B. in ABAP programmierte Prüfregeln) auch in SAP MDG übernommen werden. Darüber hinaus stellt SAP MDG eine konfigurierbare *Dublettenprüfung* bereit, die auf mögliche doppelt vorhandene Stammdaten hinweist.

3.2.2 Datenqualitätssicherung mittels eines SAP-Retail-Add-ons

Innerhalb eines IT-Systems gibt es drei Zeitpunkte, zu denen Werkzeuge zur Sicherstellung der Datenqualität zum Einsatz kommen sollten:

- bei der Datenübernahme (aus Fremd-/Umsystemen z. B. bei der Migration oder Datenpools)
- bei der Dateneingabe im Dialog (Ersterfassung und Datenpflege)
- periodisch via Batch-Lauf (Offlineprüfung)

Ein Add-on zur Qualitätssicherung, das modifikationsfrei in SAP Retail integriert werden kann, bietet die retailsolutions AG unter dem Namen SD/QC (Stammdaten-Qualitätscockpit) an. Das Add-on unterstützt die Modellierung, Verwaltung und Prozessierung von Prüfregeln zur Einhaltung von Datenqualitätsforderungen. Primäres Ziel ist es, den Pflegeprozess bereits in der Dialogverarbeitung so abzusichern, dass keine fehlerhaften Stammdaten gespeichert werden. Unterstützt werden die Datenobjekte Artikel, Lieferant und Kunde. Regeln zur Überprüfung der Qualitätsanforderungen können durch Customizing flexibel erstellt und angepasst werden. Die Mitarbeiter in der Fachabteilung können so die Definition und Verwaltung der Prüfregeln für die operative Pflege der Stammdaten übernehmen. Eine aufwendige Abstimmung der für die Stammdatenpflege fachlich Verantwortlichen mit der IT-Abteilung entfällt so in vielen Fällen. Das Ziel »Null Fehler – von Anfang an!«, also fehlerfreie Stammdaten von der Ersterfassung über die laufenden Änderungen bis hin zur Archivierung, wird damit realistischer.

Im Folgenden beschreiben wir die einzelnen Komponenten von SD/QC.

Definition von Datenqualitätsregeln

Die Grundlage für die Erstellung der Prüfregeln bilden die Geschäftsregeln und die damit verbundenen Anforderungen an die Stammdatenpflege. Mitarbeiter der IT-Abteilung oder der Fachabteilung können diese Prüfregeln im Customizing hinterlegen. Bei der Definition der Prüfregeln werden Tabellen und Felder des Artikel-, Lieferanten- oder Debitorenstamms aus dem ABAP Dictionary des zugrunde liegenden SAP-Retail-Systems vorgeschlagen. Die Vorschlagswerte umfassen auch kundenspezifische Tabellen und Attribute.

In einem ersten Schritt weisen Sie die Regel einem prüfrelevanten Tabellenfeld zu und ergänzen sie um eine Kurzbeschreibung. Über regelspezifische Steuerungsparameter können Sie die Prüfung auf ausgewählte Transaktionen zur Stammdatenpflege einschränken. Zum Beispiel kann eine Regel so aktiviert werden, dass eine Prüfung nur bei einer Neuanlage oder Änderung eines einzelnen Artikels, nicht aber bei einer Massenpflege erfolgt.

Außerdem können Sie den Prüfzeitpunkt regelspezifisch festlegen. Der Zeitpunkt legt fest, ob eine Prüfung online bei Ausführung einer Standardtransaktion der Artikelpflege im Dialog oder offline erst nach Speicherung der Artikeldaten über einen Prüfreport erfolgt. Abbildung 3.6 zeigt eine beispielhafte Prüfregel.

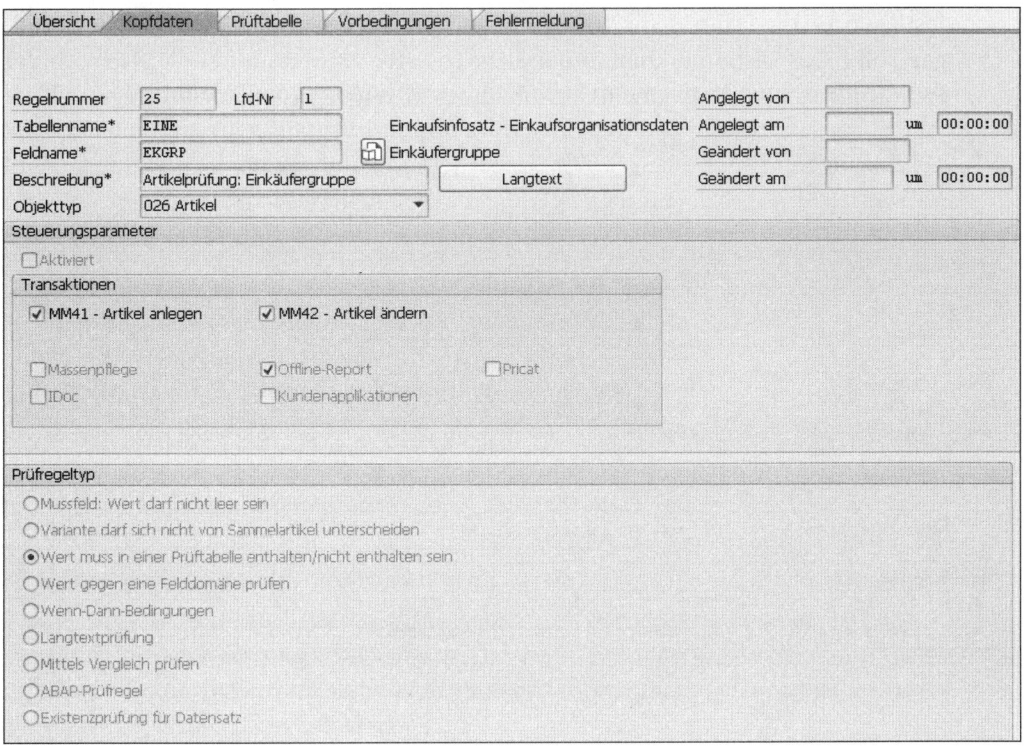

Abbildung 3.6 Kopfdaten einer Prüfregel

Für die Modellierung der Prüfregeln können Sie zwischen verschiedenen Prüfregelarten wählen. Das Spektrum reicht von einfachen Regeln bis hin zu komplexen Regeln, die sich aus mehreren Wenn-dann-Bedingungen zusammensetzen. So können Sie festlegen, dass ein Tabellenfeld einen bestimmten Festwert annehmen, wertmäßig mit einem anderen Tabellenfeld übereinstimmen und in einem bestimmten Intervall oder in einer Prüftabelle enthalten sein muss. Komplexe Wenn-dann-Bedingungen mit Feldern unterschiedlicher Tabellen können ebenfalls geprüft werden. Einzelne Bedingungen können mit verschiedenen Vergleichsoperatoren (größer, kleiner etc.) gebildet und mit booleschen Operatoren verknüpft werden (»Wenn Artikelstatus = 10 und Warengruppe = 123, dann müssen folgende Felder Muss-Felder sein: ...«).

Es können regelspezifische Prüftabellen ergänzt werden, um Eingabewerte feldspezifisch abhängig von Bedingungen einzuschränken (»Bei Artikelart FASH darf das Feld **Marke** nur Werte annehmen, die in der Z-Prüftabelle für die Marke gepflegt sind.«). Eine weitere Prüfregelart ermöglicht es, Bedingungen zwischen den im Handel verbreiteten Sammelartikeln und ihren Varianten zu prüfen. Damit ist es möglich, für ausgewählte Warengruppen sicherzustellen, dass Feldwerte einer Variante nicht von denen des assoziierten Sammelartikels abweichen (»Der Artikelstatus eines Sammelartikels muss mit dem seiner Varianten immer identisch sein.«). Bezieht sich eine Regel auf die betriebsspezifischen Logistikdaten eines Artikels, kann ein Parameter festlegen, ob die Prüfung für Verteilzentren, Filialen oder beide Betriebstypen erfolgen soll (»Das Dispomerkmal in der Sicht **Logistik VZ** muss immer ND sein, in der Sicht **Logistik Filiale** ND oder RP.«). Abbildung 3.7 zeigt eine kausale Prüfregel.

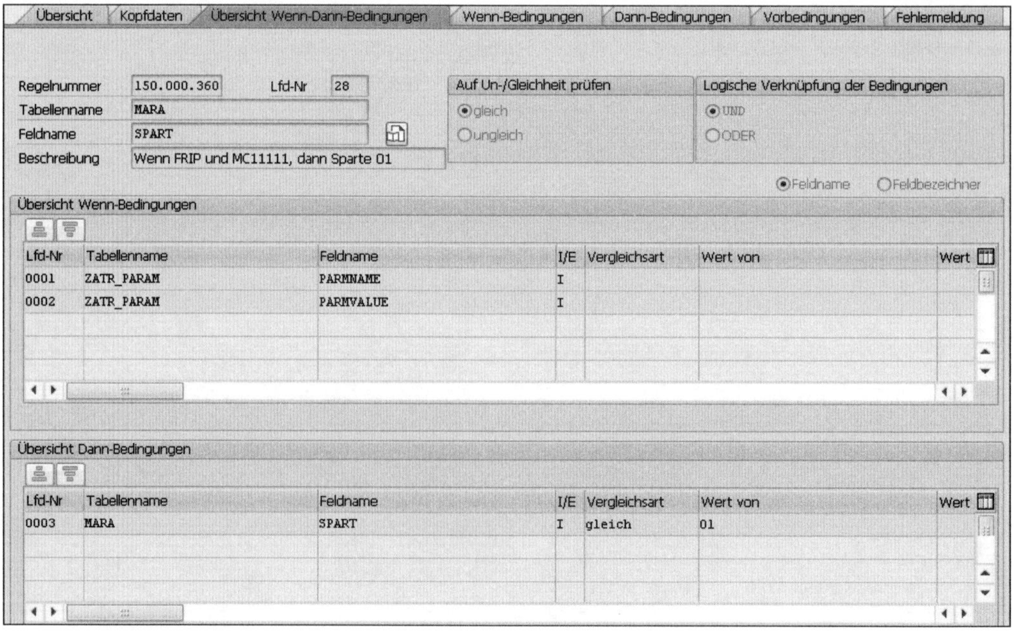

Abbildung 3.7 Übersicht einer Wenn-dann-Regel

Eine Langtextprüfung kann z. B. gewährleisteten, dass ein Grunddatentext maximal drei Zeilen mit jeweils 30 Zeichen umfasst (siehe Abbildung 3.8).

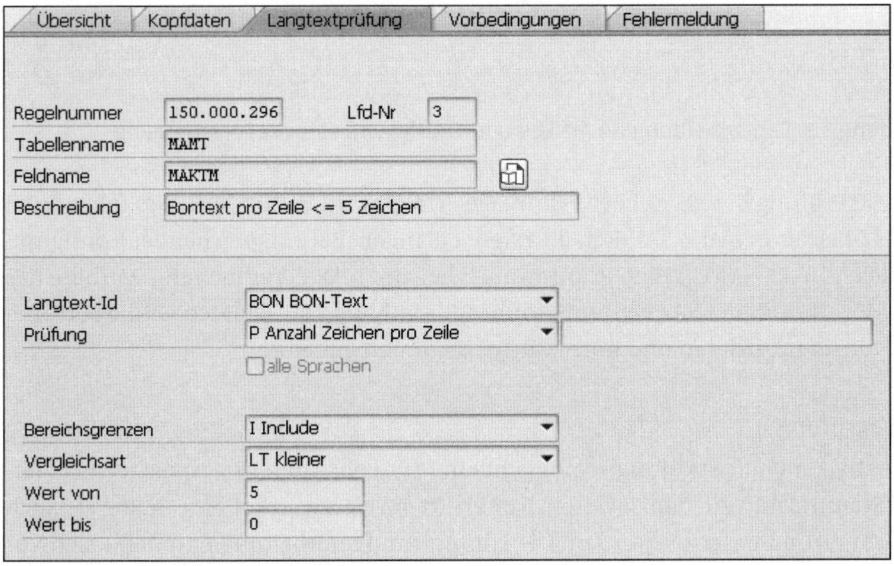

Abbildung 3.8 Beispiel einer Langtextregel

Möglichkeit der Erweiterung

Können die Prüfregeln über die vorgesehene Customizing-Funktion nicht definiert werden, besteht die Möglichkeit, die Prüfregeln in ABAP zu entwickeln und über eine spezielle Prüfregelart in den regulären Prüfprozess einzubinden.

Abschließend wird einer Prüfregel eine Fehlermeldung zugeordnet, die den Anwender im Fehlerfall informiert. Um den Korrekturprozess zu unterstützen, sollte die Fehlermeldung relevante Organisationsdaten wie Filialen, Einkaufs- oder Verkaufsorganisationen, die für eine Lokalisierung und Korrektur des Fehlers notwendig sind, beinhalten. Um ausführliche Hinweise auf mögliche Fehlerursachen und Korrekturmaßnahmen zu geben, können Sie einen Langtext verfassen. Dies ist auch mehrsprachig möglich.

Onlineprüfung

Die Onlineprüfung erfolgt in der Dialogverarbeitung, sobald Stammdaten in einer Transaktion zur Anlage oder zum Ändern oder in der Massenpflege verbucht werden sollen. Vor dem Verbuchen wird geprüft, ob das Stammdatum alle Onlineprüfregeln erfüllt, die für die entsprechende Transaktion aktiv sind. Im Fehlerfall werden die Daten nicht verbucht. Anhand der Fehlermeldungen können Sie den Fehler lokalisieren sowie die Fehlerursache analysieren und korrigieren. Abbildung 3.9 zeigt die Darstellung eines solchen Fehlers.

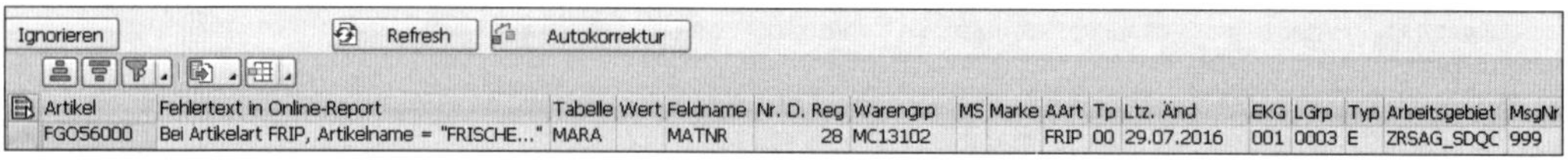

Abbildung 3.9 Fehlermeldung im Artikelstamm aufgrund einer Regelverletzung

Da diese Prüfung bereits bei der Erstanlage erfolgt, wird verhindert, dass fehlerhafte Artikel überhaupt in das SAP-Retail-System gelangen. Bei entsprechender Konfiguration des Add-ons erfolgt eine Prüfung auch bei einer IDoc-Verbuchung. Mithilfe des IDoc-Monitorings des SAP-Systems können Sie anhand von Fehlercodes die betroffenen IDocs identifizieren und Korrekturmaßnahmen einleiten.

Offlineprüfung

Alternativ zur Onlineprüfung ermöglicht ein *Prüfreport*, bereits gespeicherte fehlerhafte Stammdaten zu identifizieren. Der Prüfreport kann sowohl im Dialog als auch im Hintergrund gestartet werden. Die Hintergrundverarbeitung empfiehlt sich vor allem, wenn Hunderttausende von Stammdaten überprüft werden sollen. Um den Prüfumfang festzulegen, stehen verschiedene Selektionskriterien zur Verfügung; für das Objekt Artikel z. B. Artikelnummern, Warengruppen, Organisationseinheiten wie Einkaufs- und Verkaufsorganisationen und Betriebe. Aber auch Statusfelder wie das Erstellungsdatum oder das Datum der letzten Änderung stehen zur Selektion von Artikeldaten für eine Offlineprüfung zur Verfügung. Außerdem kann die Prüfung auf eine beliebige Auswahl von Prüfregeln eingeschränkt werden (siehe Abbildung 3.10). Über eine intelligente Festlegung von Selektionskriterien und eine Parallelisierung von Prüfläufen können Sie Hunderttausende von Artikelstammdaten innerhalb eines akzeptablen Zeitfensters prüfen.

Als für die Artikelpflege verantwortlicher Sachbearbeiter können Sie so die heute, gestern oder im letzten Monat in Ihrem Sortimentsbereich angelegten Artikeldaten überprüfen oder die Korrektheit einzelner Prüfregeln validieren. Eine Fortschrittskontrolle bei der Durchführung von Korrekturmaßnahmen ist ebenfalls möglich.

Fehlerdatenbank

Je nach Konfiguration speichert die Offlineprüfung erkannte Fehler in einer Fehlerdatenbank. Neben der Artikelnummer und Fehlerbeschreibung enthält ein Eintrag in dieser Datenbank Informationen über die Prüfregel, die verletzt wurde, und die relevanten Organisationseinheiten, die für eine Fehlerkorrektur erforderlich sind.

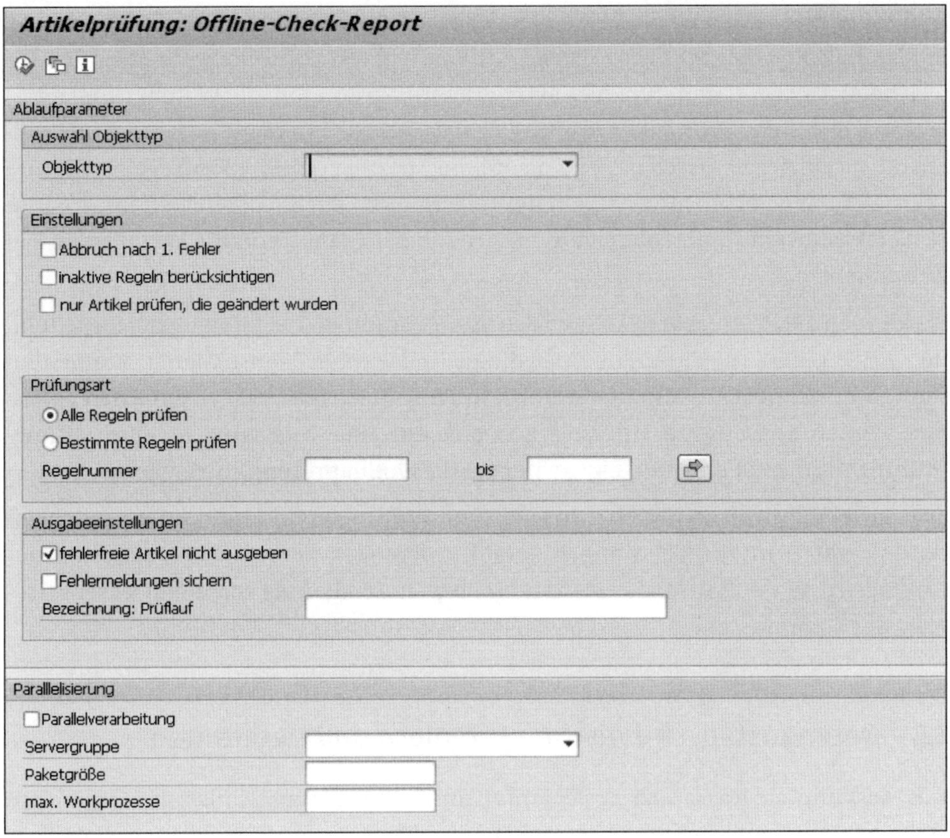

Abbildung 3.10 Offlinereport zum gleichzeitigen Prüfen mehrerer Artikel

Zu jeder Offlineprüfung stehen Informationen wie Ausführungsdatum, Anzahl der geprüften Artikel und Anzahl der fehlerhaften Artikel zur Verfügung. Um die Korrektur der über den Prüfreport identifizierten und in der Fehlerdatenbank gespeicherten fehlerhaften Artikel zu unterstützen, wird ein Report mit diversen Selektionskriterien angeboten. Sie können hier fehlerhafte Artikel z. B. nach Prüflauf-ID, Fehlerart, Organisationseinheit, Warengruppe etc. selektieren und entsprechende Korrekturmaßnahmen etwa über eine Massenpflege einleiten. Zusatzinformationen wie Artikelart, Artikeltyp oder Erstellungsdatum geben Ihnen Hinweise für die Fehleranalyse.

Ursachen wie fehlerhafte Prozesse, Schnittstellen oder Informationsdefizite können Sie so schnell identifizieren und beseitigen. Für umfassendere Fehleranalysen ist ein Absprung in Standardtransaktionen der Artikelpflege möglich. Die Fehlerdatenbank stellt auch Informationen für ein kontinuierliches Monitoring der Datenqualität bereit.

Konfiguration

Eine initiale Konfiguration des SD/QC-Add-ons legt fest, für welche Benutzer und für welche Artikelarten und -typen es aktiviert wird. So können z. B. Warengruppenvorlageartikel generell von einer Prüfung ausgeschlossen werden. Aufgrund unzureichend spezifizierter Geschäftsregeln sind die Spezifikation der Prüfregeln und ihre Priorisierung jedoch häufig aufwendig. Teils müssen die erforderlichen Informationen erst mühsam recherchiert werden. Ein initiales Daten-Profiling ist auf jeden Fall zu empfehlen.

Sie können die Prüfregeln in kleinen Schritten einführen. Der Umfang der zu prüfenden Artikel, die Prüfzeitpunkte oder die prüfrelevanten Transaktionen können an Ihre unternehmensspezifischen Anforderungen angepasst und systematisch verfeinert werden. So ist es z. B. auch möglich, eine einzelne Regel zunächst über Offlineprüfungen zu validieren und erst später für die Onlineprüfung zu aktivieren.

Die Anwender müssen über die zusätzlichen Prüfungen und Korrekturmöglichkeiten informiert und in Schulungen darauf vorbereitet werden. Die Diskussion der Prüfregeln mit den Anwendern leistet einen weiteren Beitrag zur Qualitätsverbesserung der Stammdaten.

3.3 Datenaustausch zwischen Händlern und Lieferanten

Das Marktumfeld im Handel ist seit Jahren durch Preiskämpfe, sinkende Margen und steigende Kundenanforderungen geprägt. Eine Strategie zur Renditesteigerung liegt für Handels- und Industrieunternehmen in der Intensivierung der elektronischen Geschäftsbeziehungen und verstärkten Vernetzung. Diese zielt auf die bessere Befriedigung von Konsumentenbedürfnissen und die Kostenreduktion auf beiden Seiten ab.

Die Zusammenarbeit zwischen Handels- und Industrieunternehmen basiert in erster Linie auf der übergreifenden elektronischen Verarbeitung von transaktionellen Daten wie Prognosen, Bestellungen, Rechnungen etc. Um diese ausgetauschten Daten in den IT-Systemen von Hersteller und Händler konsistent verarbeiten zu können, müssen die Stammdaten (Artikel, Geschäftspartner, Preise und Konditionen) unternehmensübergreifend zwischen den jeweiligen IT-Systemen harmonisiert sein. Konsistente Stammdaten bilden die Grundlage für einen reibungslosen Ablauf nahezu aller Prozesse in Handel und Industrie. Sind die Basisinformationen zu den Artikelstammdaten fehlerhaft oder nicht vorhanden, enden Bestell-, Liefer- und Abrechnungsvorgänge schnell im Chaos.

Darum erkennen immer mehr Unternehmen die Bedeutung eines effizienten Stammdatenmanagements für die eigene Wettbewerbsfähigkeit. Jedoch werden noch immer Artikelstammdaten mit hohem Aufwand individuell und bilateral zwischen Industrie und Handel ausgetauscht. Diese redundanten Prozesse sind enorm zeit- und kostenintensiv. Durch die uneinheitliche Bearbeitung sind sie außerdem sehr fehleranfällig, was zu neuen Kosten und Verzögerungen in der gesamten Produktions- und Lieferkette führen kann.

Die folgenden Abschnitte sollen Ihnen einen Überblick darüber geben, wie ein Stammdatenaustausch zwischen Handels- und Industrieunternehmen ablaufen kann. Dabei stellen wir zunächst das Konzept der *Global Data Synchronization* und das *Global Data Synchronization Network* vor und gehen im Anschluss primär auf die konsumierende Seite innerhalb von SAP Retail ein.

3.3.1 Global Data Synchronization

Global Data Synchronization (GDS) ist eine von der Industrie ins Leben gerufene Initiative, um Fehler bei Produktdaten in der Lieferkette (Supply Chain) zu eliminieren. Der Einsatz von GDS soll zur Reduktion von Ineffizienz und Kosten führen, die zwangsläufig mit manuellen Vorgängen oder proprietären Systemen entstehen. Alle Unternehmen speichern ihre Stammdaten nach diesem Konzept nur einmal und nur an einem Ort ab. Anschließend senden sie diese Daten an viele Nutzer bzw. synchronisieren sie auf nationaler und globaler Ebene mit deren Daten.

Das verantwortliche Normungsgremium für GDS ist GS1 (Global Standards One). GS1 ist eine weltweite, privatwirtschaftlich aufgestellte Organisation, die globale Standards zur Verbesserung von Wertschöpfungsketten gestaltet und umsetzt. Sie ist weltweit für die Vergabe der *Global Trade Item Number* (GTIN) für Produkte sowie weiterer eindeutiger Identifikationen zur Kennzeichnung von Business-Objekten zuständig.

3.3.2 Globale Datenpools

Um den Datenaustausch zwischen Herstellern und Händlern zu erleichtern und zu harmonisieren, wurde das *Global Data Synchronization Network* (GDSN) gegründet. Es besteht aus weltweit über 30 zertifizierten Datenpools, die untereinander automatisch alle Daten synchronisieren. Die Stammdaten müssen vom Lieferanten nur einmal in einen GDSN-zertifizierten Datenpool eingegeben werden, z.B. in den Datenpool des Unternehmens *1WorldSync*, einem der bedeutendsten Datenpools, der den Kern des GDSN-Netzwerks bildet. Daraufhin haben dann alle Teilnehmer von GDSN weltweit Zugriff auf diese Produktinformationen und werden automatisch über aktuelle Änderungen informiert. So verwenden Lieferant und Kunde dieselben akkuraten und aktuellen Daten. Dies ist die Basis für reibungslosere, schnellere und wirtschaftlichere Geschäftsprozesse, die schließlich auch zu einer größeren Kundenzufriedenheit führen.

Das GDSN-Konzept besteht im Wesentlichen aus einem Set strikter Regeln, das die Kommunikation zwischen den Datenpools festlegt. Innerhalb des Netzwerks werden eine fest definierte Nachrichten-Choreographie (siehe Abschnitt »Nachrichten-Choreographie im GDSN«) und ein bestimmtes Nachrichtenformat verwendet.

Der GS1-Datenqualitätsrahmen und die *globale Produktklassifikation* (GPC) von GS1 bilden die Voraussetzungen für eine valide und fortlaufende Synchronisation von Artikeldaten von guter Basisqualität auf der GDSN-Plattform. Änderungen, die in der Datenbank eines Unternehmens vorgenommen werden, können so automatisch an alle Handelspartner gesendet werden. Auf diese Weise arbeiten alle mit denselben Informationen in ihren Systemen.

Mit dem GDSN-Datenpool von 1WorldSync ist es leicht, Artikeldaten global zu synchronisieren, da fast jeder Dateninhalt im 1WorldSync-Pool automatisch in einen GDSN-kompatiblen Inhalt übersetzt wird. Auch die zugehörige Nachrichten-Choreographie innerhalb des Netzwerks verläuft automatisiert, z. B. die Artikelregistrierung bei der Global Registry (siehe Abschnitt »Rollen und Funktionen im GDSN«), die Publikation von Daten an autorisierte Empfänger sowie das Management von Datenupdates und -korrekturen, die alle Teil des GDSN-basierten Datenpool-Services sind, den 1WorldSync anbietet.

Rollen und Funktionen im GDSN

Im GDSN sind drei Rollen zu unterscheiden:

- die Global Registry
- zwei Typen von Datenpools:
  - Quell-Datenpool (*Source Data Pool*)
  - Empfänger-Datenpool (*Recipient Data Pool*)
- die Handelspartner, die die einzelnen Transaktionen initiieren:
  - Datenlieferant
  - Datenquelle (*Data Supplier*)
  - Datenempfänger (*Data Recipient*)

Die *Global Registry* ist das zentrale Repositorium, in dem alle identifizierenden Basisdaten (Schlüsselinformationen) eines Artikels und alle Datenanforderungen (*Subskriptionen*) zusammenkommen:

- Jeder dort registrierte Artikel (*Catalogue Item*) ist durch den dreifachen Schlüssel von GTIN, Global Location Number (GLN) und Zielmarkt (*Target Market* = TM) identifiziert. Er wird ergänzt durch seine globale Produktklassifikation (GPC) und zudem verknüpft mit seinem registrierenden Quell-Datenpool. Die Global Registry weiß also, in welchem Pool die Artikeldaten vorliegen.

- Jede Datenanforderung ist in der Global Registry mitsamt den darin enthaltenen Filterkriterien gespeichert, und alle registrierten Artikel werden nach diesen Kriterien durchsucht (GTIN, GLN, TM und GPC). Gibt es registrierte Artikel, die diesen Kriterien entsprechen, wird die Subskription an den Quell-Datenpool übermittelt, in dem diese Daten gespeichert sind.

Ein *Quell-Datenpool* erfüllt folgende Aufgaben:

- Registrierung der Artikel der Datenlieferanten bei der Global Registry
- Verwaltung, Validierung und Speicherung der vollständigen Artikelstammdaten
- Empfang, Speicherung und Verarbeitung der Datenanforderungen
- Datenfilterung (d. h. Datenselektion) und Übermittlung der Stammdaten von *publizierten* und angeforderten (*subskribierten*) Artikeln (hier spricht man von einer *Pub-Sub-Übereinstimmung*) an den Empfänger-Datenpool des datenanfordernden Händlers

Ein *Empfänger-Datenpool* hingegen wird für folgende Aufgaben eingesetzt:

- Verwaltung des Empfangs und Übermittlung der Datenanforderungen von der Empfängerseite
- Verwaltung des Empfangs und Übermittlung der Artikelstammdaten an die datenanfordernden Händler
- Verwaltung des Empfangs und Übermittlung der Antworten/Bestätigungen der Empfänger an die Quell-Datenpools der Datenlieferanten

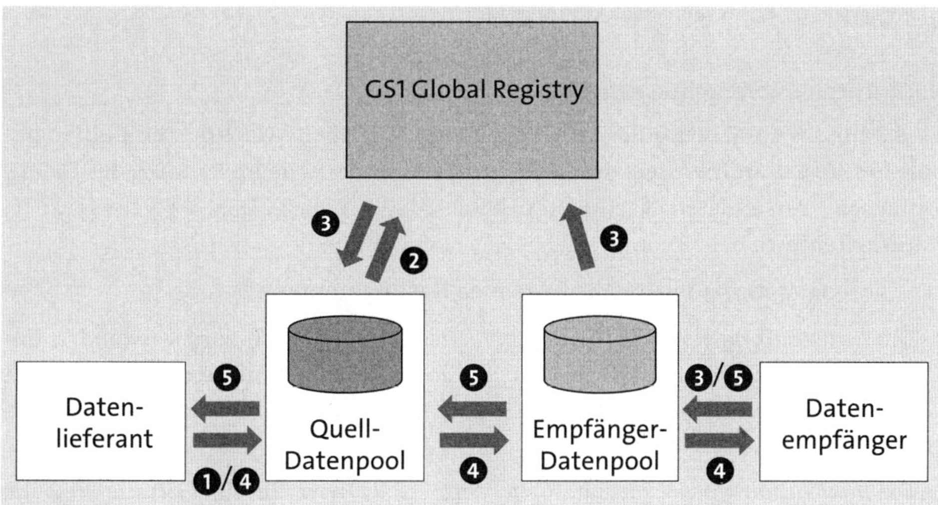

Abbildung 3.11 Prinzipieller Datenaustauschprozess

Wie in Abbildung 3.11 dargestellt, umfasst der Datenaustauschprozess im GDSN die folgenden Schritte:

❶ **Daten laden**
Der Verkäufer (Datenlieferant) registriert und lädt seine Produkte und Firmendaten zur Datenverwaltung in seinen GDSN-Datenpool (Quell-Datenpool).

❷ **Daten registrieren**
Schlüsseldaten werden von dort an die Global Registry von GS1 gesendet.

❸ **Daten anfordern**
Über seinen Datenpool (Empfänger-Datenpool) und die Global Registry fordert der Käufer (Datenempfänger) die Daten des Verkäufers an, d. h., er subskribiert die Initiallieferung und fortlaufende Updates.

❹ **Daten publizieren**
Der Verkäufer publiziert seine Daten in seinem Quell-Datenpool an bestimmte Käufer oder an den gesamten Zielmarkt. Der Quell-Datenpool sendet die publizierten Daten an den Empfänger-Datenpool des Käufers, der die Daten subskribiert hat.

❺ **Daten bestätigen und beantworten**
Der Käufer kann eine Antwort oder Bestätigung an den Verkäufer senden – über beide Datenpools – um ihn über die vorgenommene Aktion zu jedem der empfangenen Artikel zu informieren. Er kann melden, ob er die Daten akzeptiert, mit seinem System synchronisiert oder abgelehnt hat oder ob er eine Datennachbearbeitung (*Review*) fordert. Im letzteren Fall kann der Verkäufer die Dateninhalte für ihn anpassen (d. h. ändern oder korrigieren).

Nachrichten-Choreographie im GDSN

Innerhalb des GDSN wird die im Folgenden beschriebene Nachrichten-Choreographie für das Zusammenspiel der Beteiligten verwendet. Alle im Rahmen des Datenaustauschs versendeten Nachrichten haben das für das GDSN festgelegte XML-Nachrichtenformat.

Die Choreographie beinhaltet die folgenden Nachrichtentypen:

1. Die *Registrierungsnachricht* (Registry Catalogue Item, RCI) wird verwendet, um neue Artikel im Quell-Datenpool bei der Global Registry zu registrieren. Sie sendet die Artikelschlüsseldaten (GTIN, GLN und TM) und die GPC und GLN des Quell-Datenpools.
2. Die *Publikationsnachricht* (Catalogue Item Publication, CIP) initiiert die Freigabe der Artikeldaten an die Handelspartner, die diese Daten anfordern.
3. Die *Subskriptionsnachricht* (Catalogue Item Subscription, CIS) enthält die Filterkriterien für einen permanenten Datenabruf. Sie wird vom Datenempfänger über

den Empfänger-Datenpool an die Global Registry gesendet. Diese übermittelt die Subskription (mitsamt der Verknüpfung zum anfordernden Empfänger) an den Quell-Datenpool der Artikel, die den Filterkriterien entsprechen. Dort wird der Artikelbestand den Kriterien entsprechend gefiltert. Sobald die resultierenden Artikel an den Quelldatenpool publiziert wurden, werden ihre Stammdaten über den Empfänger-Datenpool an den anfordernden Empfänger gesendet (Initiallieferung und fortlaufende Updates).

4. Eine RFCIN-Nachricht (*Request for Catalogue Item Notification*) ist ein einmaliger Abruf der anhand von Filterkriterien spezifizierten Daten, die sich bereits in der Synchronisationsliste des Datenpools befinden. Dies sind Artikel, die vorher an den Empfänger gesendet wurden und nun noch einmal angefordert werden. Es können damit auch Daten angefordert werden, die vorher bereits abgelehnt wurden. Die Ablehnung erkennen Sie an der Nachricht `CIC-REJECT`.
5. Der Datenabruf wird über die Global Registry an den Quell-Datenpool geleitet. Dort wird er aber im Gegensatz zur CIS nicht gespeichert, sondern einmalig ausgeführt und dann verworfen. Dies bedeutet, dass nur ein *Reload* (ohne bereits abgelehnte Daten) oder ein *Initial Load* (mit bereits abgelehnten Daten) geliefert wird, jedoch keine fortlaufenden Updates mehr erfolgen.
6. Im Falle einer Pub-Sub-Übereinstimmung (ist also die Publikation = die Subskription) beim Quell-Datenpool werden die vollständigen Artikeldaten (*Catalogue Item Master Data*) direkt an den Empfänger-Datenpool gesendet. Dies geschieht in Form der *Notifikationsnachricht* (CIN, Catalogue Item Notification). Der Empfänger-Datenpool leitet sie an den Datenempfänger weiter, der die zugehörige Datensubskription initiiert hat.
7. Zum Abschluss des Datenabrufs kann der Datenempfänger die Datenlieferung über den Empfänger-Datenpool mit einer *Bestätigungsnachricht* (CIC, Catalogue Item Confirmation) beantworten, die über den Quell-Datenpool an den Datenlieferanten überstellt wird. Mit dieser Antwort kann der Datenempfänger Feedback zum Akzeptanzstatus – einschließlich spezifischer Fehlermeldungen – der übermittelten Daten geben, d. h., ob er die Daten akzeptiert (`CIC-ACCEPT`), bereits mit seinem System synchronisiert (`CIC-SYNCHRONIZED`) oder abgelehnt (`CIC-REJECT`) hat oder ob er eine Nachbearbeitung (`CIC-REVIEW`) fordert.
8. *EANUCC-Response-Nachrichten* werden vom Pool als Empfangsbestätigung nach erfolgreich durchgeführten Transaktionen an die Sender der Transaktionen zurückgesendet.
9. *GDSN-Exception-Nachrichten* werden vom Pool versendet, wenn es bei der Verarbeitung von Nachrichten und/oder Transaktionen zu Fehlern gekommen ist. Diese Fehler werden im *GDSN-Validierungsprotokoll* festgehalten.

Tabelle 3.1 zeigt die verschiedenen Nachrichtentypen noch einmal im Überblick. Auf den GDS-Eingang in SAP Retail gehen wir im folgenden Abschnitt ein.

Nachrichtenkennung	Nachrichten-beschreibung	Nachrichteninhalt (Auszug)	Relevanter GDS-Eingang in SAP Retail
Catalogue Item Notification (CIN)	Übertragung von Artikelstamm- und Änderungsdaten von Datenquelle an Datenempfänger	Artikel, Artikel-status, Datums-angaben	ja
Registry Catalogue Item (RCI)	Registrierung eines Artikels in der Global Registry	Artikelidentifika-tion, Datums-angaben	nein
Catalogue Item Registration Response (für SAP Retail nicht relevant)	Bekanntgabe des Registrierungssta-tus eines Artikels in der Global Registry	Artikelidentifika-tion, Registrie-rungsstatus, Datumsangaben	nein
Catalogue Item Publication (CIP)	Freigabe/Publika-tion eines Artikels für eine Menge von Datenempfängern	Artikel, Daten-empfänger, Ziel-markt	nein
Catalogue Item Subscription (CIS)	Abonnement von Artikelstammdaten	Datenquelle, Datenempfänger, Artikelidentifika-tion	ja
Catalogue Item Confirmation (CIC)	Bestätigungs- und Statusmeldung von Datenempfänger an Datenquelle	Artikelidentifika-tion, Artikelstatus	ja

Tabelle 3.1 Übersicht der Stammdatennachrichten im GS1-XML-Standard

3.3.3 PRICAT-Eingangsverarbeitung in SAP Retail

Seit dem Erweiterungspaket für die Business Function Retail für SAP ERP 6.0 bietet der SAP-Standard für den Einzelhandel einen GDS-Eingang zur Abbildung der GDSN-Abläufe auf Händlerseite an. Damit sollen massenhafte Übernahmen von Artikelstammdaten aus externen Datenpools oder bilateral vom Lieferanten ermöglicht werden. Realisiert wird dies in SAP Retail über die Funktion der *Preiskataloge* (Transaktion PRICAT).

In den folgenden Abschnitten zeigen wir, welche Arbeiten nötig sind, um diese Funktion zu aktivieren und die globale Datensynchronisation durchzuführen. Auf die eher technischen Themen des PRICAT-Ausgangs und des PRICAT-Eingangs über IDocs gehen wir hier nicht ein.

Die GDS-Bearbeitung hat folgende Funktionen:

- Unterstützung der drei GDSN-Nachrichten für den GDS-Eingang in SAP Retail nach dem GS1-XML-Standard:
  - Catalogue Item Subscription (CIS)
  - Catalogue Item Notification (CIN)
  - Catalogue Item Confirmation (CIC)
- Pflegeoberfläche für die Verwaltung der CIS-Nachrichten
- Regelkonfigurationsumgebung im Prüf- und Anreicherungsprozessor, mit der eigene Regeln definiert werden, um den Nachrichteneingang zu prüfen und zu ergänzen
- Funktionen zum Bestätigungsreport
- Nachrichten-Mapping zum SAP-Standardobjekt `TradeItemCatalogue`
- Möglichkeit, vorgesehene Felder mit Daten, die nicht aus dem Datenpool stammen, anzureichern

Abbildung 3.12 zeigt das Zusammenspiel der verschiedenen Komponenten, die zur Realisierung des GDS-Szenarios in SAP Retail zur Verfügung gestellt werden.

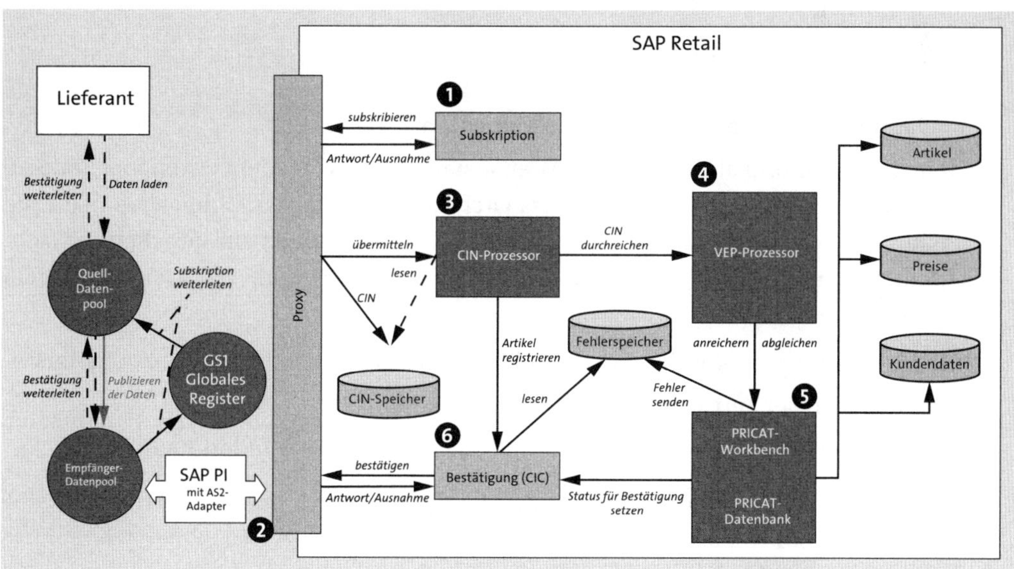

Abbildung 3.12 Komponenten der GDSN-Lösung in SAP Retail

Dieses Zusammenspiel umfasst folgende Schritte:

❶ Anlage und Versenden der Subskription

❷ Nachrichteneingang: Empfang der subskribierten Daten aus dem Datenpool über SAP Process Integration (PI)

❸ Benachrichtigung: Anzeige und Weiterverarbeitung der empfangenen Katalogdaten

❹ optional: Änderungen an den Regeln, die die externen Daten überprüfen und ergänzen; Überprüfen und Anreichern der Daten

❺ manuelle oder automatische Verarbeitung mit Transaktion W_SYNC/W_PRICAT_MAINTAIN

❻ Senden von Rückmeldungen, die GDSN-Confirmation-Nachrichten an den Datenpool zurückschicken

Um das GDS-Szenario einzurichten, sind die folgenden Schritte erforderlich:

1. Adapter für SAP PI einrichten
2. Business Function `ISR_RETAIL_GDS` und weitere Funktionen aktivieren
3. Artikel abonnieren
4. Speichermonitor aktivieren
5. Prüf- und Anreicherungsprozessor (PAP) aktivieren
6. PRICAT-Workbench aktivieren
7. Rückmeldungsmonitor (*Confirmation Manager*) verwenden

Diese Schritte erläutern wir nun im Detail.

Adapter für SAP Process Integration einrichten

Für die Kommunikation, d. h. den Datenaustausch zwischen dem Datenpool und SAP Retail, muss SAP PI bzw. SAP Process Orchestration (PO) als Middleware inklusive eines AS2-Adapters (Applicability Statement 2, ein Standard zur gesicherten Nachrichtenübertragung) von SEEBURGER eingerichtet werden. Dazu sind folgende Schritte notwendig:

1. Installation und Konfiguration des lizenzpflichtigen SEEBURGER-AS2-Adapters
2. Einstellen der Zertifikate für die Kommunikation
3. Konfiguration der Verbindung mithilfe des Integration Builders in SAP PI

Weitere Informationen zur Installation und Konfiguration finden Sie unter: *service.sap.com/retail*

Folgen Sie hier dem Pfad **Expert Knowledge Corner • Data Synchronization • GDS User Guide: Installation & Configuration**.

Business Function aktivieren

Um die GDS-Terminologie und -Funktionen in SAP Retail nutzen zu können, müssen die folgenden Aufgaben erledigt werden:

1. Business Function `ISR_RETAIL_GDS` im Switch Framework aktivieren
2. Storage einrichten, um eingehende Daten (CIN) zu speichern
3. CIN-Prozessor einrichten: Dabei geht es darum, zu definieren, welche eingehenden Daten (CIN) mit welcher Implementierung des Prüf- und Anreicherungsprozessors ausgeführt werden.
4. Lieferant für die PRICAT-Eingangsverarbeitung registrieren bzw. autorisieren
5. PRICAT-Workflow einrichten, um beim Empfang von Daten Workflows auszulösen und den passenden Benutzergruppen zuzuweisen
6. Fehlerbehandlung einrichten

Weitere Informationen zu diesem Thema finden Sie unter *service.sap.com/retail* • **Expert Knowledge Corner • Data Synchronization • GDS User Guide Main as of EHP 4**.

Artikeldaten abonnieren

Über Transaktion TWGDS_SUBSCRIPTION abonnieren Sie die Artikel, die in der der Global Registry von GS1 registriert sind. Die Nachricht verwendet für diese Selektion die GLN, die GTIN und die GPC. Es gibt folgende Subskriptionstypen:

- **Subscription**
  Abonniert die Artikel aus der Global Registry *(Catalogue Item Subscription)*, zu denen der Händler Updates erhalten will.
- **Request**
  Fordert die abonnierten Artikel aus der Subskription an.
- **Reset and Request**
  Setzt den Betätigungsstatus zurück und fordert außerdem die Artikel aus der Subskription an.

Die erstellten Nachrichten werden dauerhaft in Tabellen in SAP Retail gespeichert und dienen zur Nachverfolgung des Nachrichtenstatus. Erfolgs- und Fehlernachrichten, die vom Datenpool zurückgeschickt werden, sind im Anwendungslog gesichert und ändern den Status dementsprechend ab.

Der erstellte Globally Unique Identifier (GUID) – das ist eine global eindeutige Zahl mit 128 Bit (16 Byte), die in verteilten Computersystemen zum Einsatz kommt – der Subscription und der Request For Catalogue Item Notification wird als Referenz in allen folgenden Nachrichten (Erfolgs-, Fehler- und Bestätigungsnachrichten) wiederverwendet und ermöglicht so eine eindeutige Identifizierung. Abbildung 3.13 zeigt den Nachrichtenaustausch beim Abonnement der Artikeldaten.

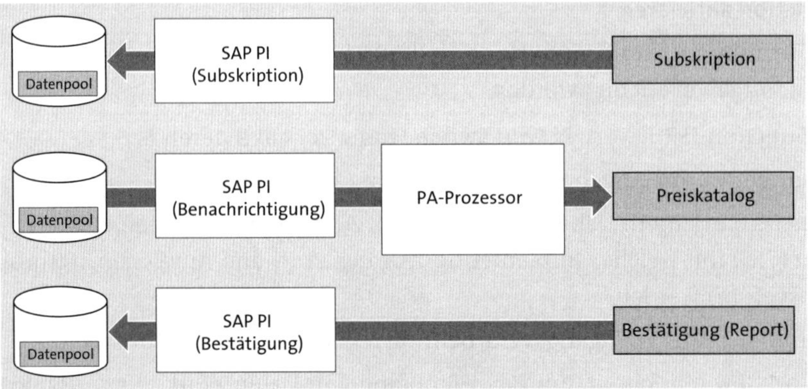

Abbildung 3.13 Ablauf von Subscription und Request

Weitere Informationen zu diesem Prozess finden Sie unter *service.sap.com/retail* • **Expert Knowledge Corner • Data Synchronization • GDS User Guide: Subscription**.

Speichermonitor aktivieren

Mit dem Speichermonitor (Transaktion WGDS_STORAGE_MONI) haben Sie die Möglichkeit, den Status der CIN-Nachrichten zu überwachen und den dazugehörigen Inhalt anzuzeigen. Die Verarbeitung der Nachrichten im Hintergrund übernimmt der CIN-Prozessor.

1. Über die in Abbildung 3.14 gezeigte Selektionsmaske werden die zu prüfenden Nachrichten ausgewählt, d. h. solche, bei denen die automatische Verbuchung durch den CIN-Prozessor fehlschlägt.

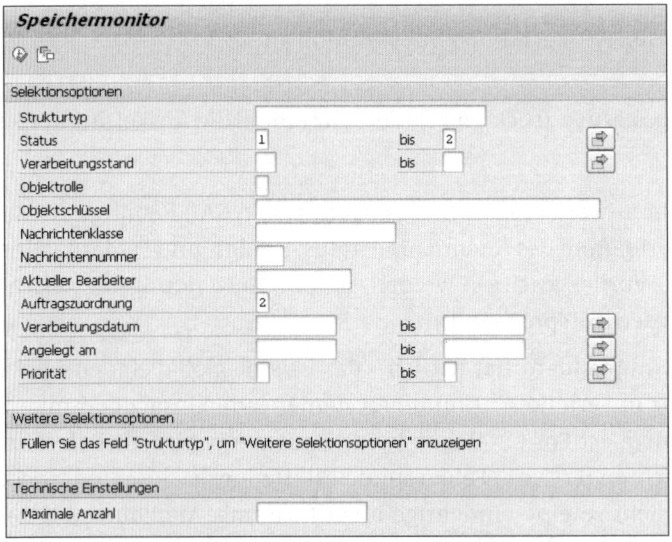

Abbildung 3.14 Selektionsmaske des Speichermonitors

2. Auf Basis der Selektionskriterien wird die Liste der Nachrichten wie in Abbildung 3.15 aufgebaut.

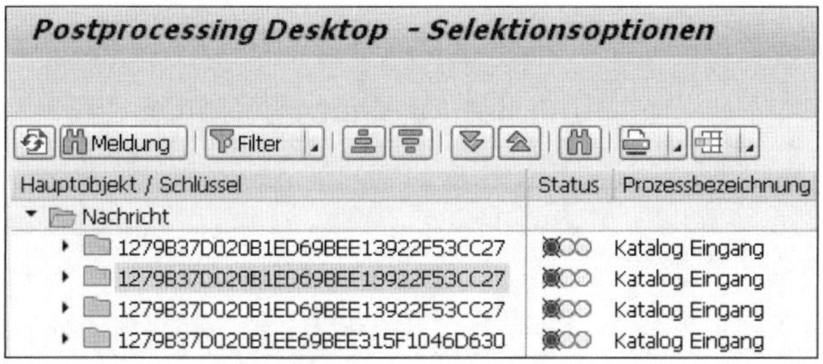

Abbildung 3.15 Liste der Nachrichten

3. Über die Detailansicht, die Sie über einen Doppelklick auf eine Nachricht aufrufen, lassen sich weitere Informationen zur Nachricht (z. B. die Kopfdaten in Abbildung 3.16) anzeigen.

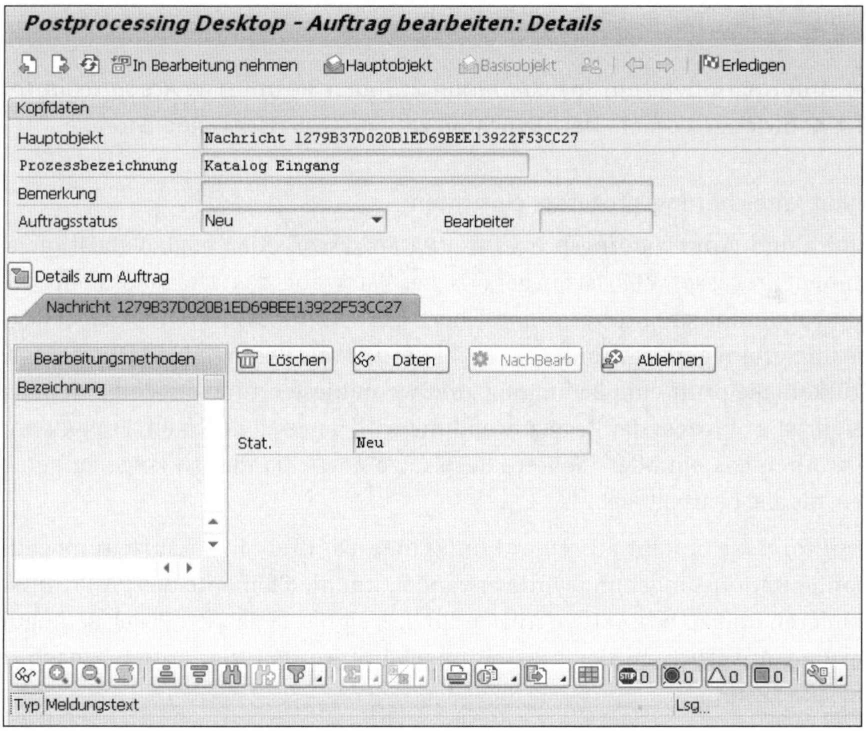

Abbildung 3.16 Kopfdaten der Nachricht

4. Klicken Sie auf den Button **Daten**, um die Inhalte der Nachricht auf Feldebene zu kontrollieren (siehe Abbildung 3.17).

Abbildung 3.17 Feldinformationen zur Nachricht

Weitere Informationen zum Speichermonitor finden Sie unter *service.sap.com/retail* • **Expert Knowledge Corner • Data Synchronization • GDS User Guide: Storage**.

Prüf- und Anreicherungsprozessor einrichten

Der Prüf- und Anreicherungsprozessor (*PA-Prozessor* oder engl. Validation and Enrichment Processor, VEP) ist ein generisches Werkzeug, das Daten (aus dem Datenpool und Stammdaten) prüft und anreichert. Der PA-Prozessor wendet dabei Regeln an, die im System gepflegt sind. Eine Regel besteht aus Bedingungen, Aktionen und Ausdrücken: Sie prüft eine Bedingung, und wenn diese erfüllt ist, wird eine Aktion ausgeführt. Der Prozess der Regelanwendung wird generell durch ein Ereignis angestoßen, durch das ein oder mehrere Regelsätze nacheinander so lange aufgerufen werden, bis alle bearbeitet sind.

Der PA-Prozessor besteht aus einer Konfigurations- und einer Laufzeitumgebung. Die Konfigurationsumgebung wird verwendet, um die Elemente des PA-Prozessors zu definieren und zu bearbeiten: Anwendung, Ereignis, Regelsatz, Regel, Bedingung, Aktion und Ausdruck. In der Laufzeitumgebung werden die Ist-Daten nach den Regeln verarbeitet.

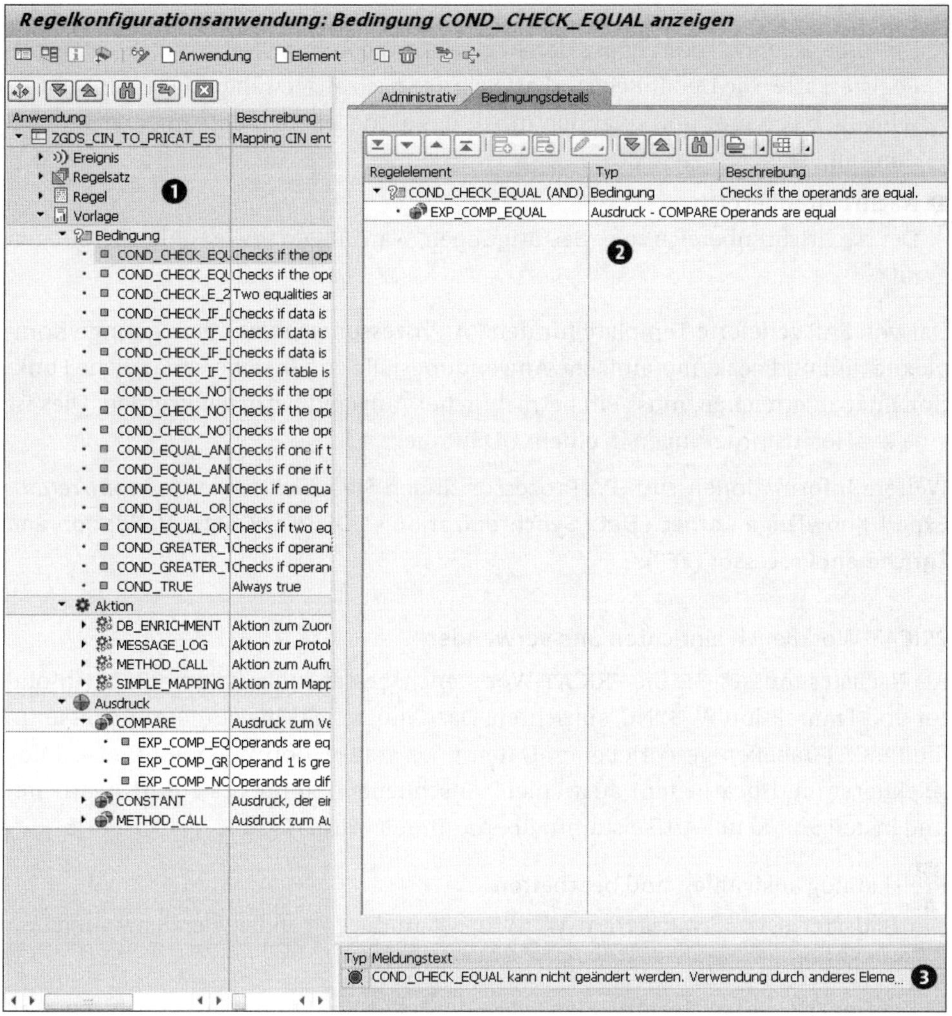

Abbildung 3.18 Regelkonfigurationsumgebung im PA-Prozessor

Die Konfigurationsumgebung enthält die folgenden Elemente (siehe Abbildung 3.18):

❶ **Selektionsbereich**

Der Selektionsbereich bietet eine Übersicht (in Form einer Baumstruktur) über alle Elemente der Anwendung (Ereignisse, Regelsätze, Regeln und Vorlagen etc.). Hier können Sie Elemente auswählen und sich deren Inhalte im Arbeitsbereich anzeigen lassen.

❷ **Arbeitsbereich**
Der Arbeitsbereich besteht aus den Registerkarten **Administrativ** und einer Detail-Registerkarte. Die Detail-Registerkarte wird je nach ausgewähltem Element unterschiedlich benannt und zeigt den Inhalt des aktuellen Elements in einer Anwendung an.

❸ **Nachrichtenbereich**
Der Nachrichtenbereich zeigt Bestätigungen, Warnungen sowie Fehlermeldungen an.

Das von SAP gelieferte Template für den PA-Prozessor weist nur eine geringe Komplexität auf und deckt nur einfache Anwendungsfälle ab. Um eine verlässliche Funktionalität zu erreichen, muss ein beträchtlicher Aufwand betrieben werden. Dies ist eine der Herausforderungen in einem GDS-Projekt.

Weitere Informationen zum PA-Prozessor finden Sie unter *service.sap.com/retail* • **Expert Knowledge Corner • Data Synchronization • GDS User Guide: Validation and Enrichment Processor (VEP).**

PRICAT-Workbench einrichten und verwenden

Als Nächstes müssen Sie die PRICAT-Workbench, bestehend aus dem PRICAT-Monitor und Transaktion W_SYNC, einrichten. Dazu müssen Sie die vom PA-Prozessor in die PRICAT-Tabellen geschriebenen Daten über Transaktion W_SYNC (Preiskatalog selektieren und bearbeiten) auswählen. Anschließend können sie dort bearbeitet und in den SAP-Retail-Artikelstamm übernommen werden.

Preiskatalog auswählen und bearbeiten

Der Bildschirm von Transaktion W_SYNC ist in die folgenden Bereiche aufgeteilt (siehe Abbildung 3.19):

❶ Der Selektionsbereich enthält eine Liste der Felder, die zur freien Auswahl ein- und ausgeblendet werden.

❷ Der Suchbereich enthält neben den Suchfeldern auch Kennzeichen, mit denen die Katalogsuche zusätzlich eingegrenzt werden kann.

❸ Im Katalogbereich sind alle Kataloge, die zur Auswahl stehen, als Übersichtsbaum dargestellt.

❹ Rechts unten ist die Vorschau zum jeweils markierten Katalog einsehbar.

Aufbau der PRICAT-Workbench

Die PRICAT-Workbench ist der Hauptarbeitsbereich der Anwender des GLS-Szenarios. Hier werden die Daten gepflegt, die in den SAP-Artikelstamm übernommen werden sollen, und die Fehler erfasst, um die Lieferanten verwalten zu können.

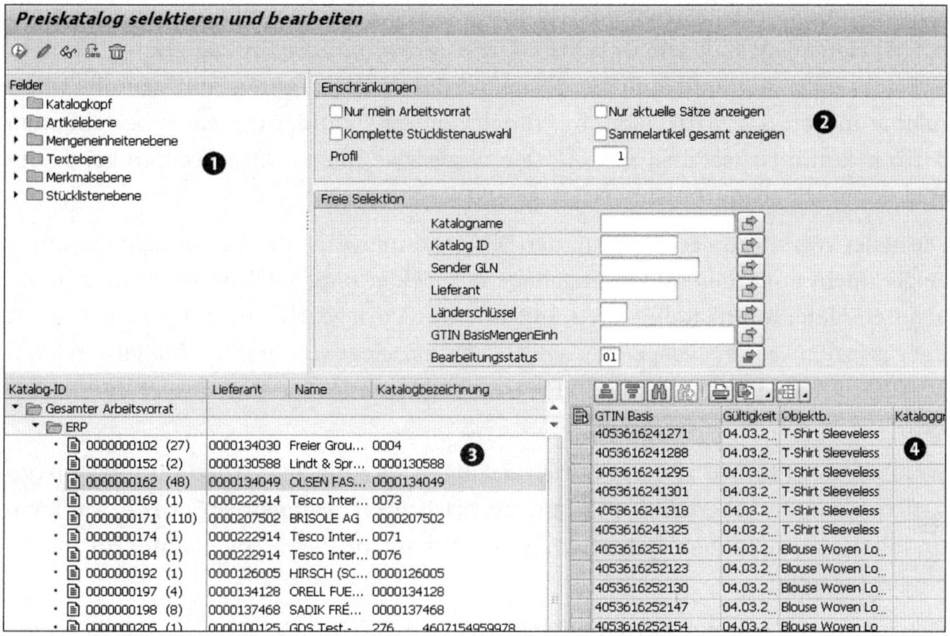

Abbildung 3.19 Transaktion W_SYNC

Die Arbeitsfläche teilt sich in drei Bereiche auf (siehe Abbildung 3.20):

❶ Menüleiste

❷ Funktionen zum PRICAT-Monitor

❸ Katalogpositionen

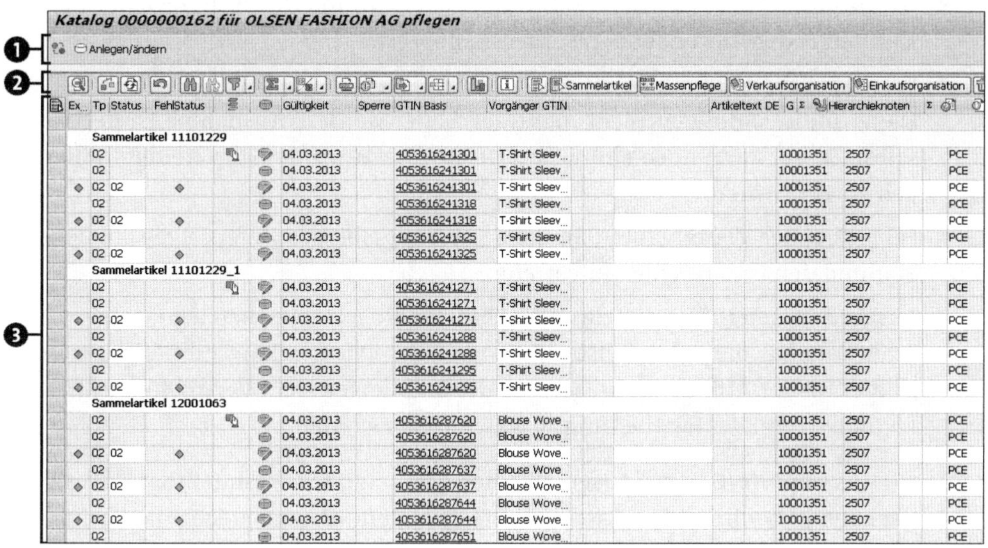

Abbildung 3.20 PRICAT-Monitor

Katalogpositionen werden im PRICAT-Monitor als Zeilen dargestellt. Dabei existieren bei der Neuanlage eines Artikels pro GTIN eine *Originalzeile* (mit den Daten aus dem Lieferantenkatalog) und eine *Workitem-Zeile*, die die relevanten Felder für die Übernahme in den SAP-Artikelstamm enthält. Bei einer Änderung eines bestehenden Artikels kommt zusätzlich die *SAP-Datenbankzeile* hinzu. Darin werden geänderte Felder farblich gekennzeichnet.

Die in der Workitem-Zeile enthaltenen Felder können über das Customizing als angezeigte, nicht angezeigte oder eingabebereite Felder eingestellt werden. Sie können aus den Lieferantenkatalogdaten, mithilfe des Vorlageartikels, mit einem Fixwert oder mit dem bereits gespeicherten Artikel vorbelegt werden. Die Justierung kann zusätzlich noch spezifisch für eine Warengruppe und/oder einen Lieferanten erfolgen.

Wenn Sie den PRICAT-Monitor öffnen, gelangen Sie zunächst zu den Grunddaten des Artikels. Weitere Zugriffe auf Detaildaten (z. B. Text, Mengen, Stückliste, Merkmal und Preis) können über thematisch gruppierte Absprünge – sogenannte *Hotspots* – gepflegt werden.

Falls mehrere Personen für die Pflege eines Artikels verantwortlich sind, kann die Zusammenarbeit über den *Bearbeitungsstatus* sehr hilfreich sein. Folgende Status liefert SAP standardmäßig aus:

- **Offen (01)**: Offen sind alle Katalogeinträge, die der Anwender noch nicht bearbeitet hat.
- **In Bearbeitung (02)**: Hat ein Anwender den Katalogeintrag verändert, setzt das System den Status automatisch auf **in Bearbeitung**.
- **Geprüft (03)**: Wenn der Datensatz an die SAP-Stammdaten weitergeleitet werden kann, setzt der Anwender den Status auf **geprüft**.
- **Weitergegeben (04)**: Der Datensatz wurde an die SAP-Stammdaten weitergeleitet. Die Position kann jetzt nicht mehr bearbeitet werden. Ausnahme ist der Status selbst. Dieser kann noch einmal auf **Offen** gesetzt werden, um weitere Änderungen vorzunehmen.
- **Fehler bei der Weitergabe (05)**: Bei der Weitergabe des Datensatzes an die SAP-Stammdaten ist ein Fehler aufgetreten.
- **Ausgeschlossen (06)**: Der Anwender kann Katalogeinträge von der Übergabe ausschließen. Da die Selektionsbedingungen des Pools relativ grob sind, werden immer wieder Artikel übertragen, die der Empfänger nicht verarbeiten will. Diese können so von der Bearbeitung ausgeschlossen werden.

Die Status **Geprüft** (03) und **Ausgeschlossen** (06) setzen Sie manuell, der Status **Weitergegeben** (04) wird automatisch gesetzt, nachdem die entsprechende Position in der Preiskatalogbearbeitung an die Stammdaten weitergeleitet wurde.

Grundsätzlich empfiehlt es sich, den Artikel direkt im Monitor über den Button **anlegen/ändern** einzugeben, weil der Anwender dann im Gegensatz zum Hintergrundjob direkt Feedback über eventuelle Fehler bekommt. So können diese sofort korrigiert werden, und die Verbuchung im SAP-Artikelstamm kann erneut erfolgen.

Weitere Informationen zum PRICAT-Monitor erhalten Sie unter *service.sap.com/retail* • **Expert Knowledge Corner • Data Synchronization • GDS User Guide: Catalogue Workbench as of EHP 4.**

Customer-Connect-Erweiterungen

Grundsätzlich empfiehlt es sich, die Customer-Connect-Erweiterungen für den PRICAT-Monitor über die bereitgestellten SAP-Hinweise einzuspielen, da dann z. B. das neue Fehlermanagement (siehe Abbildung 3.21) genutzt oder die neue Lebensmittelverordnung (LMIV) eingestellt werden kann.

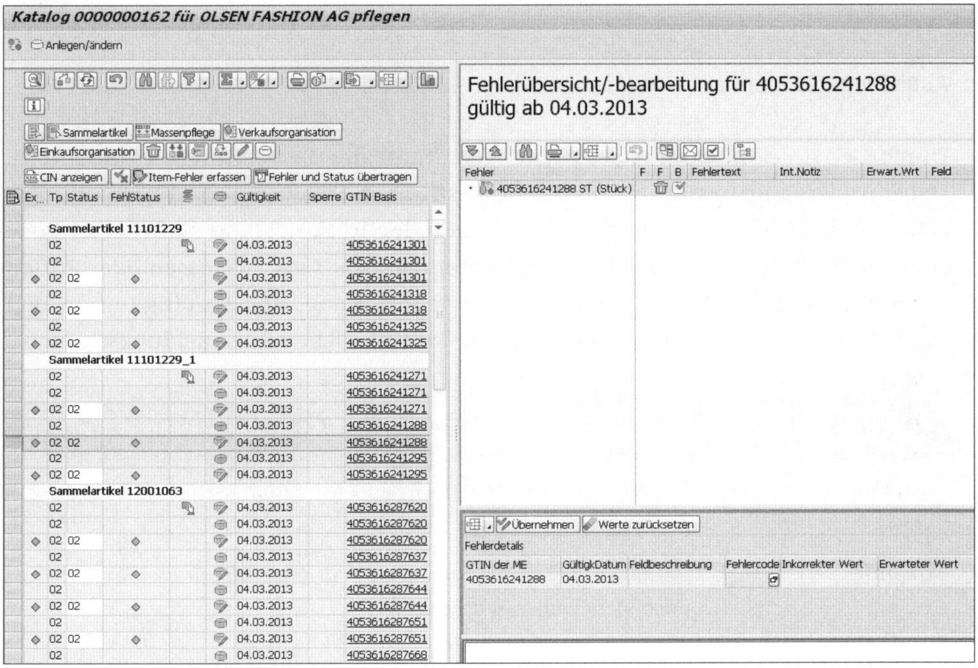

Abbildung 3.21 Fehlermanagement

Confirmation Manager verwenden

Über die Rückmeldungsfunktionen informiert der Empfänger (SAP Retail) den Datenpool darüber, was mit den erhaltenen Daten gemacht wurde, und zwar über eine Nachricht vom Typ *Catalogue Item Confirmation*. So meldet z. B. der Händler dem Hersteller, ob er Daten zu einem Produkt angenommen hat. Abbildung 3.22 zeigt die Verarbeitung dieser Bestätigungsnachrichten (Confirmation Management) in SAP Retail.

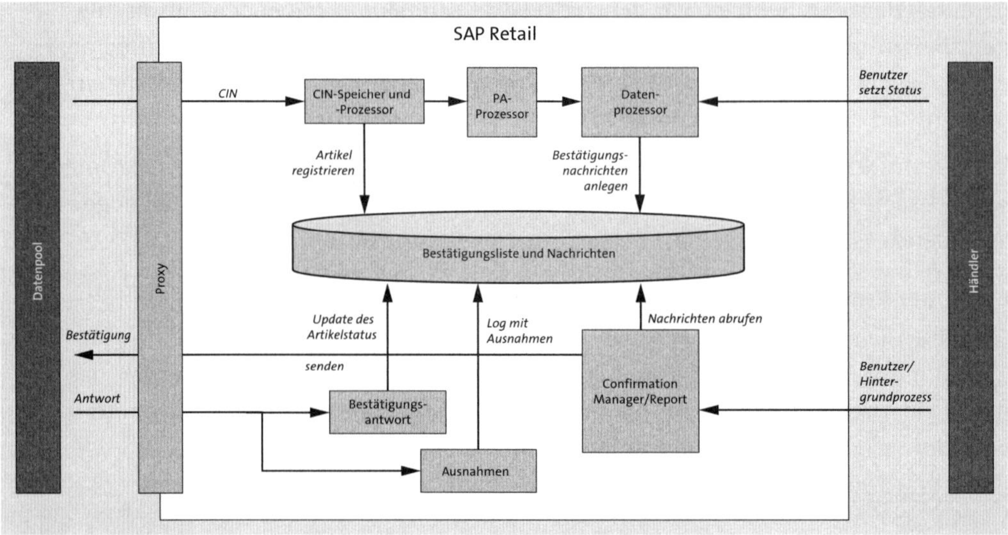

Abbildung 3.22 Confirmation Management in SAP Retail

Durch den Rückmeldungsstatus wird der Stand der Bearbeitung dokumentiert. Dabei ist der Eingangsstatus **Unbekannt**. Bestimmte Änderungen des Bearbeitungsstatus in der PRICAT-Workbench aktualisieren den Rückmeldungsstatus einer Position: Hat sich der Status auf **Geprüft**, **Weitergegeben**, **Ausgeschlossen** oder **Prüfen** geändert, kann für die betreffenden Katalogpositionen eine Bestätigung an den Datenpool gesendet werden. Tabelle 3.2 zeigt die möglichen Rückmeldungsstatus.

Rückmeldungsstatus	Beschreibung	Entsprechender Bearbeitungsstatus im Preiskatalog
Unbekannt	Default-Status: Es sind noch keine Status gesetzt.	**Offen**
Geprüft	Daten wurden empfangen, aber noch nicht weiterverarbeitet.	**Geprüft**
Weitergegeben	Daten wurden weitergegeben.	**Weitergegeben**
Ausgeschlossen	Daten wurden von der Übergabe ausgeschlossen.	**Ausgeschlossen**
Prüfen	Anfrage an den Datenpool läuft. Er soll seine Daten prüfen, weil der Empfänger abweichende oder unpassende Daten empfangen hat, die er nicht synchronisieren konnte.	**Review/Anschauen**

Tabelle 3.2 Mögliche Rückmeldungsstatus

Um dem Hersteller eine Rückmeldung zu einem Artikelstammsatz zu geben, ohne Vorschläge zur Fehlerkorrektur mitzugeben, nutzen Sie Transaktion WGDS_CONFIRM. Falls die Rückmeldung mit Fehlerkorrekturvorschlägen erfolgen soll, verwenden Sie Transaktion WGDS_CONF_MSG_MNGR.

Zur Rückmeldung an den Datenpool dient ein Report, der direkt ausgelöst werden kann oder im Hintergrund abläuft. Über einen Monitor, den *Confirmation Manager*, haben Sie außerdem die Möglichkeit, geänderte Katalogpositionen anzuzeigen und zu bearbeiten (siehe Abbildung 3.23).

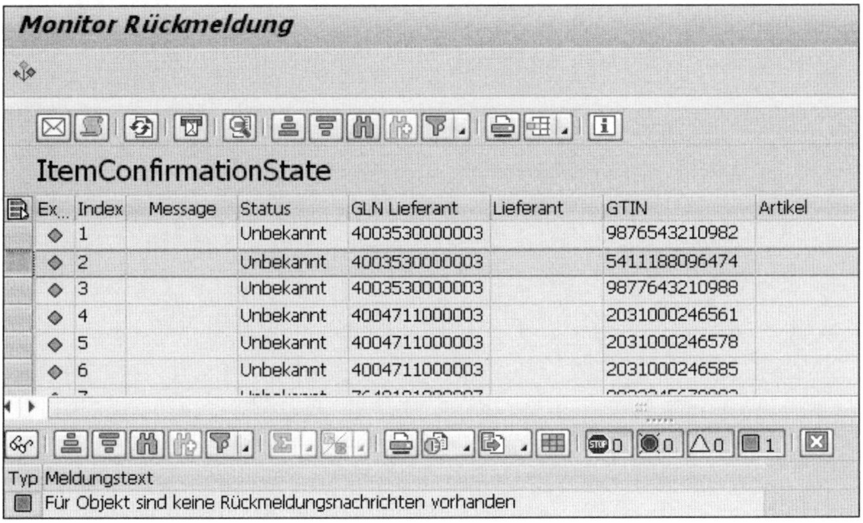

Abbildung 3.23 Confirmation Manager

Der Confirmation Manager informiert über den Status jeder Katalogposition, die sich für den Datenpool subskribiert hat. Darüber hinaus können Sie über den Monitor den Stand aller Bestätigungsnachrichten verfolgen und Bestätigungen versenden. Dabei identifizieren Sie die Katalogpositionen wiederum durch die GLN des Lieferanten, den TM (Land und Subdivision) und die GTIN.

Wird die Rückmeldung vom Empfänger, also in diesem Fall dem Hersteller, akzeptiert, sendet dieser eine Antwortnachricht. Danach löscht das System alle betreffenden Daten aus der Tabelle der Rückmeldungen.

Weitere Informationen zum Confirmation Management erhalten Sie unter:

service.sap.com/retail • **Expert Knowledge Corner • Data Synchronization • GDS User Guide: Confirmation EHP 3**

Kapitel 4
Beschaffung

Beschaffungsprozesse sind vor allem im Einzelhandel zentral. Für die unterschiedlichen Sortimente erfolgt die Beschaffung auf verschiedene Weise. So ist es etwa ein großer Unterschied, ob man Mode oder Frischewaren einkauft.

In diesem Kapitel bilden wir die Beschaffung der Handelswaren für die Verteilzentren und die Filialen eines Händlers ab. Für die verschiedenen Beschaffungszyklen zeigen wir jeweils die erforderlichen Prozessschritte. Dabei lernen Sie auch untergeordnete Prozesse kennen.

Zunächst gehen wir auf die Beschaffung für ein Verteilzentrum ein, anschließend behandeln wir die Beschaffung für eine Filiale. Schließlich gehen wir auf das Thema der Nachrichtensteuerung im Rahmen der Beschaffungsprozesse ein.

Im letzten Abschnitt stellen wir Ihnen die Lösung SAP Forecasting and Replenishment zur Bedarfsplanung vor. Die mit dieser Lösung berechneten Bedarfsmengen beruhen auf Zeitreihen von zwei Jahren. Damit ist die Prognosegenauigkeit deutlich höher als die herkömmlicher Verfahren in SAP Retail.

4.1 Ablauf des Beschaffungsprozesses

In diesem Abschnitt zeigen wir Ihnen, wie SAP Retail die Beschaffungsprozesse abbildet. Dies verdeutlichen wir am Beispiel der Beschaffung für ein oder mehrere Verteilzentren. Der Prozess gliedert sich in sechs Schritte:

1. Rahmenvertrag schließen
2. Disposition (Bedarfsplanung)
3. Bestellung (Optimierung und Versand)
4. Wareneingang
5. Rechnungsprüfung
6. Nachträgliche Abrechnung bzw. Konditionskontrakt

Nicht jeder dieser Schritte ist obligatorisch. Der tatsächliche Ablauf des Beschaffungsprozesses ist von Ihren konkreten Anforderungen abhängig. Jeder hier aufgeführte Schritt kann wiederum in Teilschritte mit zum Teil zahlreichen Varianten untergliedert werden. In diesem Abschnitt betrachten wir die einzelnen Haupt- und Teilschritte. Zu jedem Schritt führen wir Beispiele aus der Praxis und (Customizing-)Varianten an.

4.1.1 Rahmenvertrag

Einen Rahmenvertrag oder *Kontrakt* schließt der Händler mit einem Lieferanten ab, wenn er sich eine gewisse Menge an Waren sichern und diese in mehreren Zyklen abrufen möchte. Diese Art der Beschaffung findet man häufig im Nonfood-, aber auch im Food-Bereich. In der Frischebeschaffung kommt es seltener zu Rahmenverträgen.

Grundsätzlich sieht SAP Retail sowohl *Mengen-* als auch *Wertkontrakte* vor. Ein Mengenkontrakt wird über eine bestimmte vereinbarte Warenmenge geschlossen, ein Wertkontrakt über einen vereinbarten Warenwert. Einen Kontrakt legen Sie in Transaktion ME31K an.

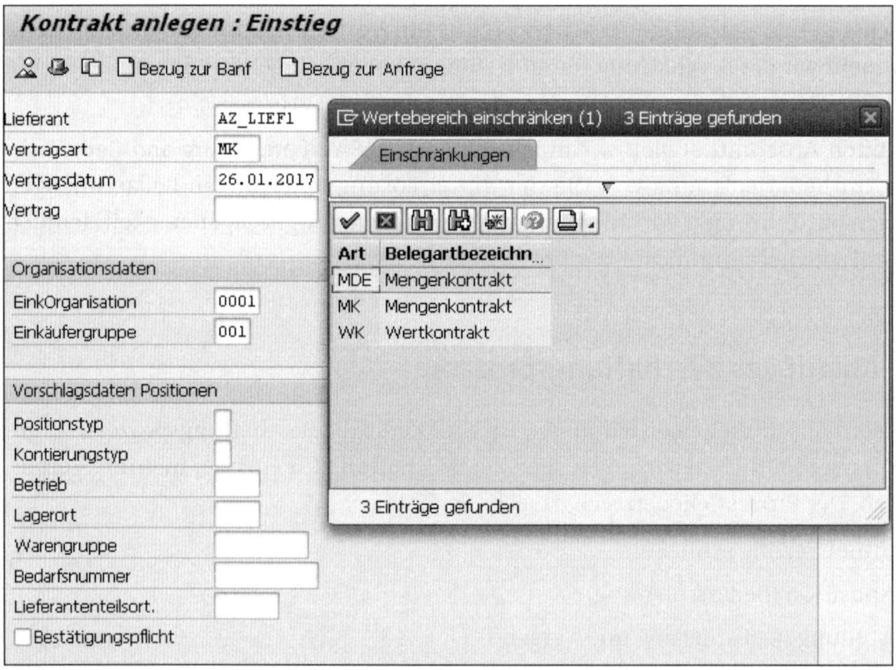

Abbildung 4.1 Einstiegsbildschirm der Kontraktanlage mit Auswahl der Kontraktart

Wie in Abbildung 4.1 dargestellt, legen Sie exemplarisch einen Mengenkontrakt (**Vertragsart** MK) an. Nach dem Ausfüllen der grundlegenden Felder des Kontrakts, also **Lieferant**, **EinkOrganisation** (Einkaufsorganisation) und **Einkäufergruppe**, gelangen Sie zu den Kopfdaten (siehe Abbildung 4.2).

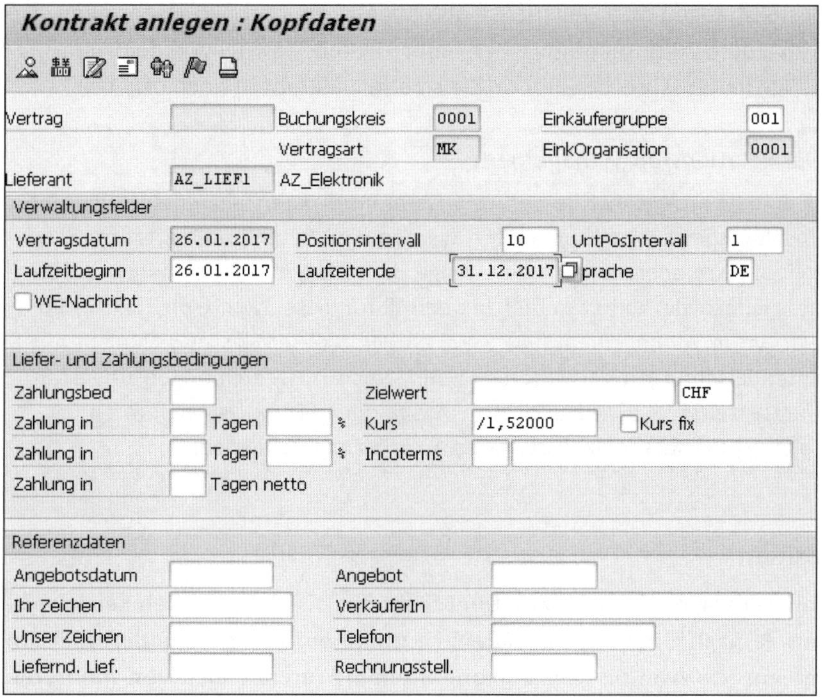

Abbildung 4.2 Kopfdaten zum Kontrakt anlegen

Hier tragen Sie mindestens den **Laufzeitbeginn** und das **Laufzeitende** des Mengenkontrakts ein. Über den Button **Weiter** gelangen Sie zu den Positionsdaten (siehe Abbildung 4.3).

Abbildung 4.3 Positionsdaten des Kontrakts

In den Positionsdaten geben Sie die einzelnen **Artikel**, über die Sie einen Rahmenvertrag abschließen möchten, ein. Außerdem tragen Sie die (Ziel-)Mengen ein. Den angelegten Kontrakt können Sie anschließend als Formular ausdrucken.

Im Vertragszeitraum (dem Zeitraum zwischen Laufzeitbeginn und Laufzeitende) werden in der Positionsliste nun bei Bestellungen an den Vertragslieferanten die jeweiligen Bestellmengen von der Zielmenge abgezogen und fortgeschrieben. Sie können also zu jedem Zeitpunkt eine Übersicht aufrufen, wie viel von der ursprünglichen Zielmenge des entsprechenden Artikels beim Lieferanten noch offen ist.

[»]

SAP Supplier Relationship Management

Im Vorfeld eines Vertragsabschlusses mit Lieferanten kann ein entsprechender Anfrage- und Angebotszyklus durchlaufen werden. SAP Retail unterstützt im Rahmen dieses Prozesses aber lediglich die Anlage der Anfrage und des Angebots. Da dieser Prozess jedoch viel komplexer ist, bietet SAP für diese Zwecke die Lösung *SAP Supplier Relationship Management* (SAP SRM) an. Mit SAP SRM lassen sich nicht nur die Lieferantenbeziehungen verwalten, sondern auch Ausschreibungen und Live-Auktionen umsetzen. SAP SRM ist dazu an verschiedene Handelsplattformen bzw. B2B-Marktplätze (Business to Business) wie SAP Ariba angeschlossen.

4.1.2 Disposition

Nach dem Rahmenvertrag folgt im zweiten Schritt die Disposition, auch Bedarfsplanung genannt. Je nach Größe des Händlers kann ein einzelner Einkäufer oder ein Disponententeam (ca. zwei bis vier Personen) einen Warenbereich von mehreren Tausend Artikeln mit mehreren Hundert Lieferanten bewirtschaften. Die Lieferanten können ggf. an mehrere Verteilzentren des Unternehmens anliefern. Um überhaupt eine solche Menge an Artikeln verwalten zu können, muss die Arbeit der Disponenten zwingend durch eine systemunterstützte, automatisierte Bedarfsplanung erleichtert werden.

Die Bedarfsplanung kommt im Handel meist bei *wiederbeschaffbarer Ware* zum Einsatz. Dies sind Artikel, die ganzjährig in der Filiale verkauft werden (im Gegensatz zu *One-Shot-* oder *saisonalen Artikeln* – etwa im Modebereich, siehe Kapitel 9, »Fashion Management«). Wird als Bestandsführungsform die *artikelgenaue Bestandsführung* gewählt – was heute bei der Mehrzahl der Artikel sinnvoll ist –, ist das SAP-Retail-System in der Lage, einen Bestellvorschlag pro Artikel, Tag und Verteilzentrum zu erstellen.

Bezugsquellenfindung

Ein Artikel kann vom Lieferanten entweder über ein Verteilzentrum oder direkt in die Filiale geliefert werden. Letzteres wird als *Streckenbelieferung* bezeichnet. In beiden Fällen kann die Belieferung für jede mögliche Kombination aus Artikel und Filiale eingestellt werden. Es muss also innerhalb der Bestellung die **Bezugsquelle** (der Lieferant) angegeben werden. Wie Sie in Abbildung 4.4 sehen, geben Sie diese Information im Artikelstamm auf der Registerkarte **Logistik VZ** im Bereich **Disponent/ Daten zur Wiederbeschaffung** ein.

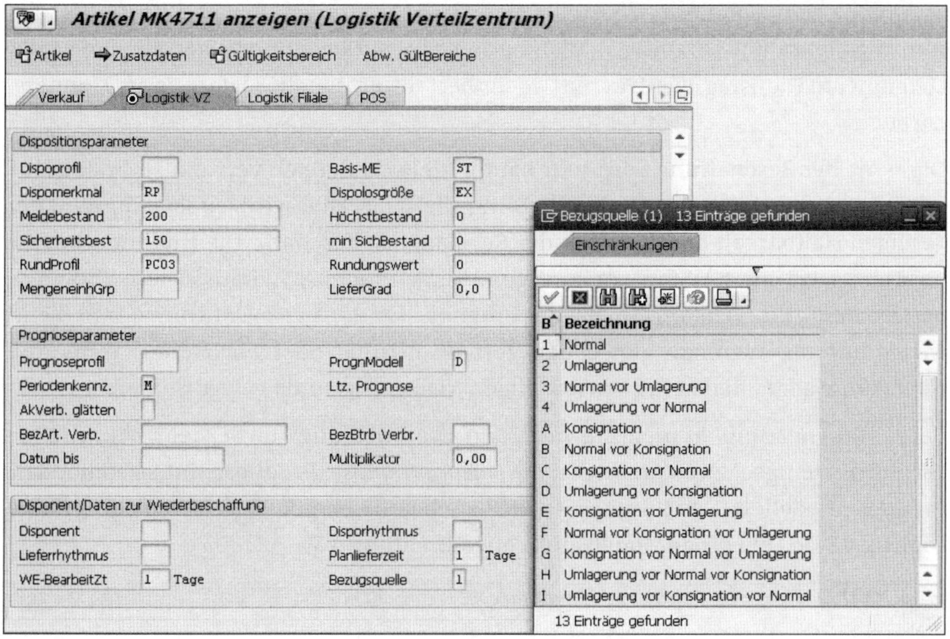

Abbildung 4.4 Artikelstammdatenpflege, Sicht »Logistik VZ«

Wählen Sie als Bezugsquelle **Normal**, bedeutet das, dass zuerst nach einem externen Lieferanten gesucht wird. **Umlagerung** würde bedeuten, dass zuerst nach einem Verteilzentrum gesucht wird. (Dies könnte etwa ein übergeordnetes Verteilzentrum sein, das seine Ware an regionale Verteilzentren verteilt.)

Bei der Bezugsquellenfindung spielen auch das *Orderbuch* und die *Quotierung* sowie der *Regellieferant* eine Rolle. So können Sie z. B. je nach Region unterschiedliche Lieferanten einstellen, d. h. ein Orderbuch für jede Region anlegen. Im Rahmen der Quotierung können Sie z. B. einstellen, dass Lieferant A 60 % der Ware und Lieferant B 40 % der Ware des Artikels X liefert. Sie können auch einen Lieferanten als Regellieferanten definieren. Orderbuch, Quotierung und Regellieferant sorgen also dafür, dass bei Artikeln mit mehreren Bezugsquellen (z. B. mehreren Lieferanten) die jeweils relevante Bezugsquelle gefunden wird.

Dispositionsverfahren

SAP Retail bietet mehrere Verfahren zur Disposition an. Die beiden am häufigsten im Handel eingesetzten Varianten sind die *rhythmische Disposition* und die *Bestellpunktdisposition*.

Rhythmische Disposition

Bei der rhythmischen Disposition geht man von einer zyklischen Wiederbeschaffung und Belieferung der Artikel aus. Zum Beispiel wird der Artikel »Kaffee« dreimal pro Woche beim Lieferanten bestellt (Mo, Mi und Fr) und dreimal pro Woche von diesem angeliefert (Di, Do und Sa). Wenn also der Händler montags bestellt, liefert der Lieferant am Dienstag, wenn er mittwochs bestellt, erfolgt die Lieferung am Donnerstag etc.

Diese Art der Beschaffung wird sehr häufig im Food-Bereich verwendet. Im Frischebereich existiert diese Art der Beschaffung ebenfalls. Hier wird jedoch aufgrund der geringen Haltbarkeit der Artikel in der Regel täglich beschafft. Die rhythmische Disposition setzt im SAP-System zwingend eine *Prognose* voraus. Diese Prognose basiert auf Verbrauchswerten. Bei der Prognose für das Verteilzentrum können entweder nur die Warenausgänge des Verteilzentrums oder auch die summierten Abverkäufe aller Filialen für den jeweiligen Artikel zugrunde gelegt werden.

Bei der Prognose gibt es mehrere Varianten. Die am häufigsten bei der rhythmischen Disposition eingesetzte Variante ist die *Saisonprognose* (Prognose mit **Saisonmodell**, Prognosemodell S). Das Prognosemodell stellen Sie ebenfalls auf der Registerkarte **Logistik VZ** im Feld **PrognModell** ein (siehe Abbildung 4.5).

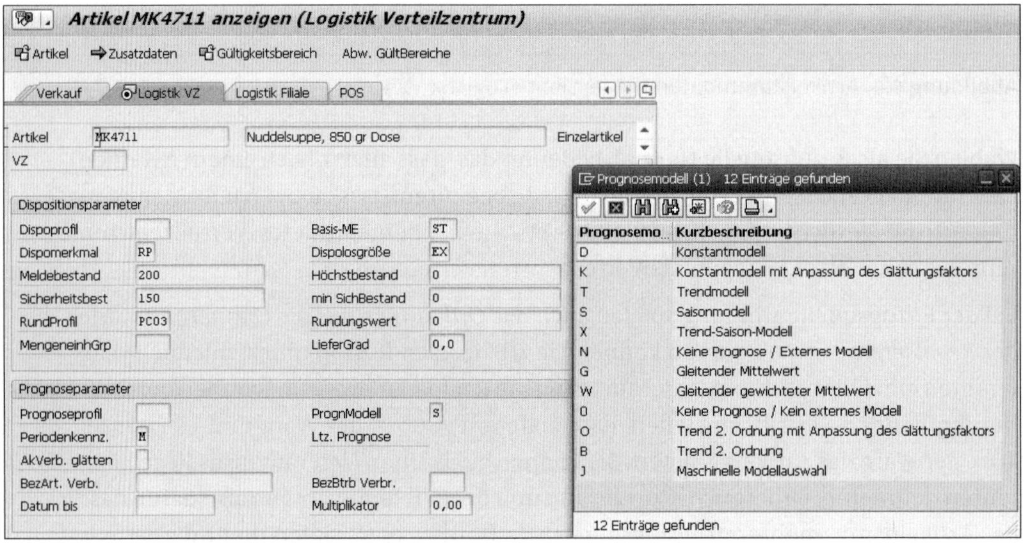

Abbildung 4.5 Auswahl des Prognosemodells

Beim Saisonmodell wird eine Saison, z. B. eine Woche, definiert, deren Verlauf dann bei der Prognose berücksichtigt wird. Im Handel werden sowohl im Verteilzentrum als auch in der Filiale innerhalb einer Woche unterschiedliche Mengen an Ware benötigt. Man spricht hier von einer hohen *Volatilität* der Ware. So ist häufig der Samstag der stärkste Abverkaufstag und damit der Donnerstag bzw. Freitag der stärkste Warenausgangstag im Lager. Für die Saisonprognose werden dazu z. B. die letzten x Montage, die letzten x Dienstage etc. miteinander verglichen (den Wert für x können Sie in SAP Retail beim Prognosemodell einstellen, siehe Abbildung 4.6).

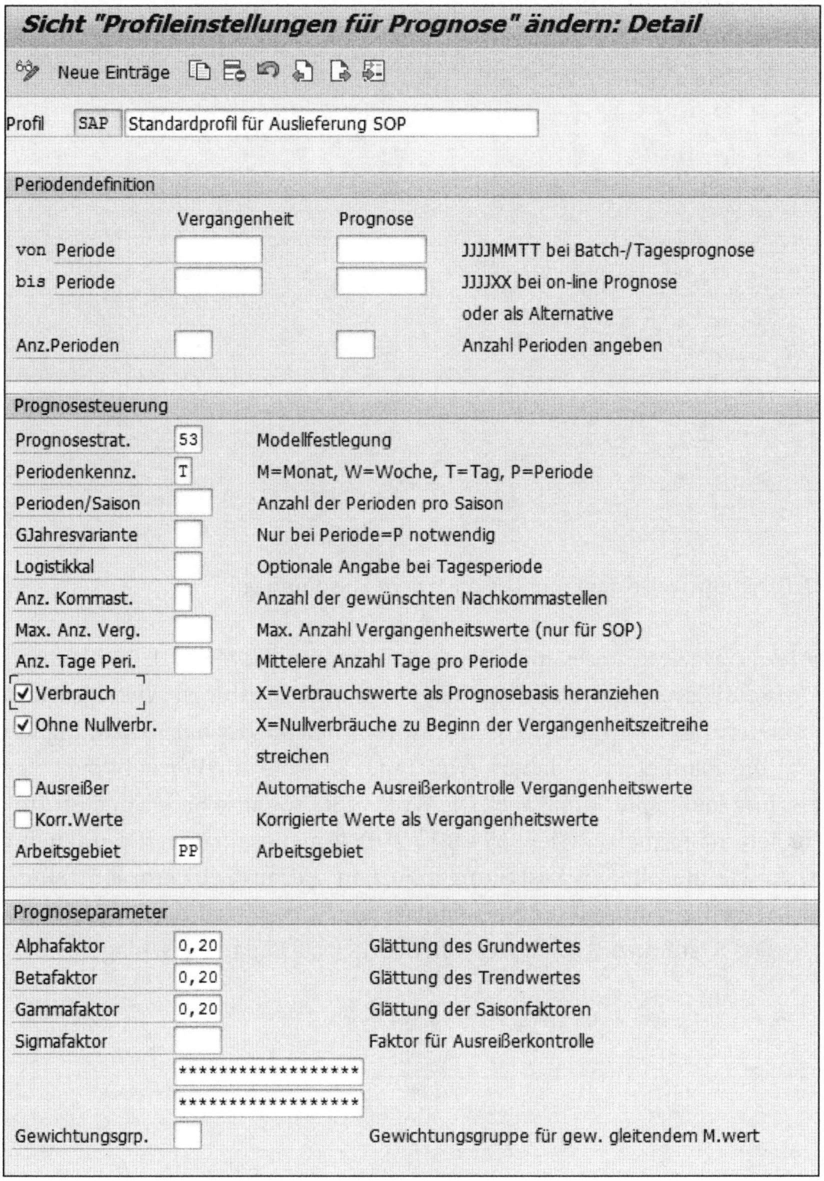

Abbildung 4.6 Profileinstellungen für eine Prognose

Dabei wird der Einfluss von Aktionszeiten und Feiertagswochen herausgerechnet. Anschließend können die Ausgänge der nächsten x Wochen prognostiziert werden.

Im Beispiel in Abbildung 4.7 werden die Warenausgänge der letzten vier Wochen miteinander verglichen und auf dieser Basis die nächsten drei Wochen prognostiziert.

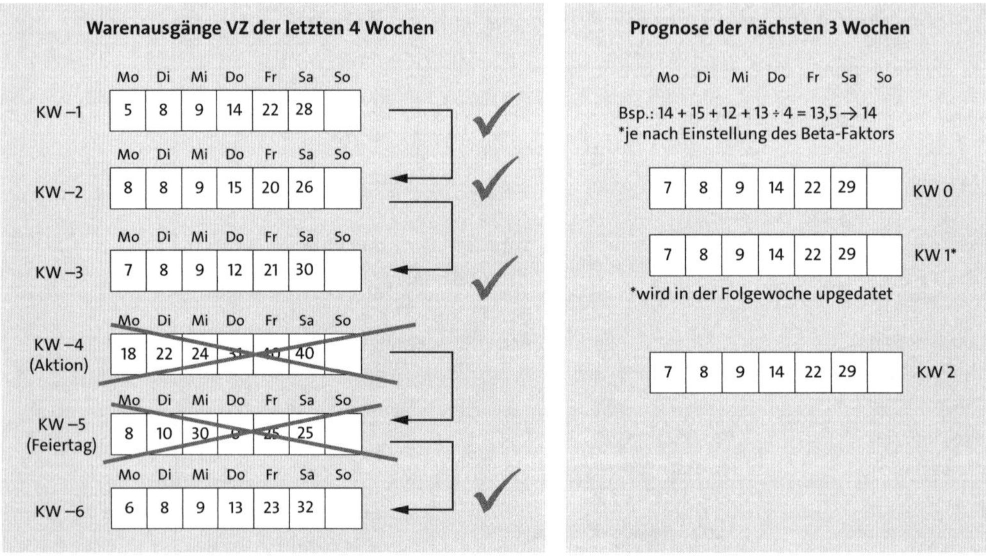

Abbildung 4.7 Funktionsweise der Prognose nach dem Saisonmodell

Auf Basis der Prognosewerte berechnet die Disposition nun den Bedarf. Die Bedarfsplanung in SAP Retail ist so eingestellt, dass das Verteilzentrum bis zur Verfügbarkeit der nächsten Lieferung bevorratet wird. In unserem Beispiel ist der Artikel täglich bestellbar, und die Planlieferzeit dauert zwei Tage, also bis zur Verfügbarkeit der nächsten Lieferung (heute plus drei Tage). Die Werte der Prognose bilden den Bruttobedarf A (in unserem Beispiel 26 + 40 + 55 + 80 = 201). Von diesem Bedarf werden der Bestand (100) sowie die offenen Bestellungen, die in diesem Zeitraum eintreffen, abgezogen (40). Damit ergibt sich ein Nettobedarf von 201 – 140, also 61 Stück (siehe Abbildung 4.8). Das System wird in diesem Fall 61 Stück als Bedarf vorschlagen.

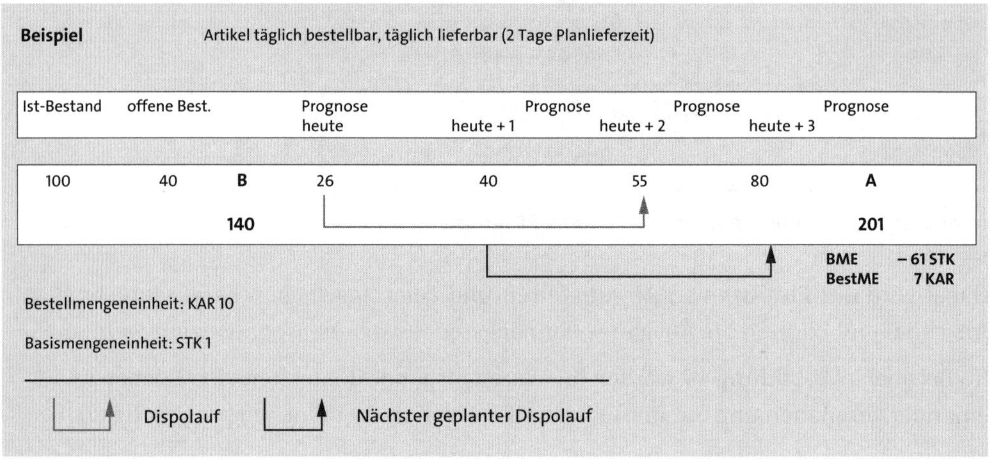

Abbildung 4.8 Beispiel einer Saisonprognose

Der sogenannte *Bedarfsplanungslauf* kann als SAP-Job täglich pro Verteilzentrum eingeplant werden. Dabei werden bei der rhythmischen Disposition nur diejenigen Artikel berücksichtigt, die an dem betreffenden Tag bestellbar sind. Die Bestelltage stellen Sie im Artikelstamm im Feld **Disporhythmus** pro Artikel-Betrieb-Kombination ein (siehe Abbildung 4.9).

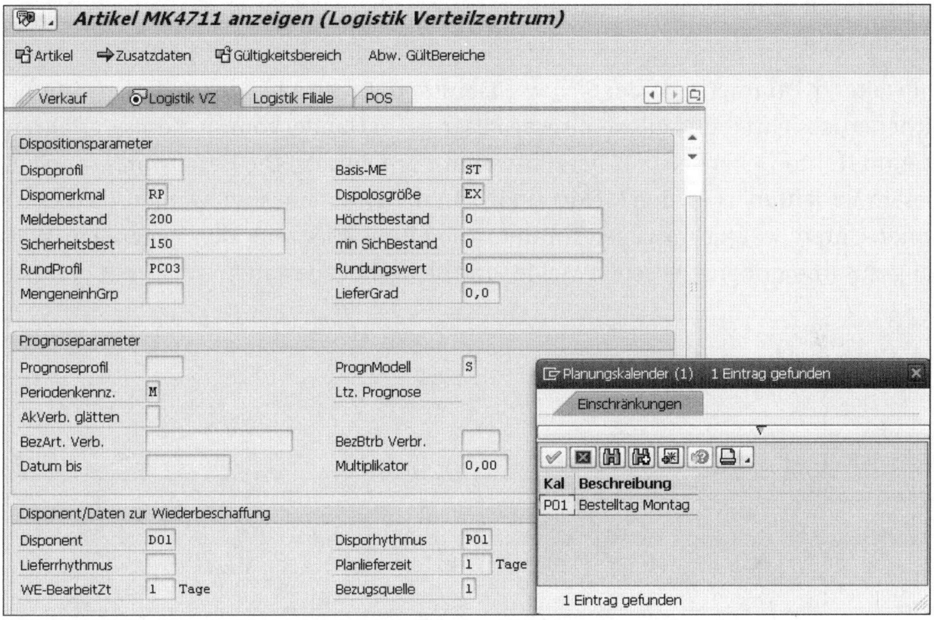

Abbildung 4.9 Einstellung der Bestelltage im Feld »Disporhythmus«

Als **Planlieferzeit** wird im SAP-Retail-System die Zeit (in Kalendertagen) bezeichnet, die der Artikel von der Bestellung des Händlers bis zum Wareneingang im Verteilzentrum benötigt. Wird diese Zeit im Artikelstamm gepflegt, wird bei der Bestellung (und Bestellanforderung) automatisch das Lieferdatum errechnet und vorgeschlagen.

Neben der Planlieferzeit kann mit der *Wareneingangsbearbeitungszeit* (**WE-BearbeitZt**) noch ein weiterer Parameter gepflegt werden. Es handelt sich um die Zeit, die der Artikel benötigt, bis er ein- oder ausgelagert ist. Planlieferzeit und Wareneingangsbearbeitungszeit werden bei der Lieferdatumsermittlung in der Bestellung in SAP Retail summiert und bilden die *Wiederbeschaffungszeit*.

Relativ aufwendig gestaltet sich die Pflege der einzelnen Dispo- und Lieferrhythmen. SAP Retail erlaubt zwar ihre Pflege auf der Ebene des Artikels, des Betriebs und tagesgenau, jedoch fehlt eine geeignete Massenpflege, die bei Hunderten von Filialen und Tausenden von Artikeln, also Millionen von Artikel-Filial-Kombinationen im Handel, notwendig ist. Eine solche Massenpflege muss daher im Rahmen kundeneigener Erweiterungen realisiert werden.

Bestellpunktdisposition

Die Bestellpunktdisposition ist das zweithäufigste Dispositionsverfahren im Handel. Die Bestellpunktdisposition geht von einem Höchstbestand (z. B. bedingt durch die Lagerplatzgröße im Verteilzentrum) und einem Meldebestand aus. Ist der Meldebestand unterschritten, löst das System einen Bedarf aus, z. B. in Form einer Bestellung, und füllt auf den Höchstbestand auf. Auch hier berücksichtigt das System offene Bestellungen.

Ein weiterer Parameter ist der *Sicherheitsbestand*. Er wird bei der Bedarfsrechnung nicht berücksichtigt und gilt als eiserne Reserve. Im Handel kommt dieses Verfahren eher im Nonfood-Bereich, z. B. bei Hartwaren, zum Einsatz. Die Herausforderung bei diesem Verfahren ist es, den Melde- und Sicherheitsbestand so zu wählen, dass es zu keiner Unterdeckung im Lager kommt. Abbildung 4.10 zeigt den generellen Wirkungszusammenhang zwischen Melde- und Sicherheitsbestand.

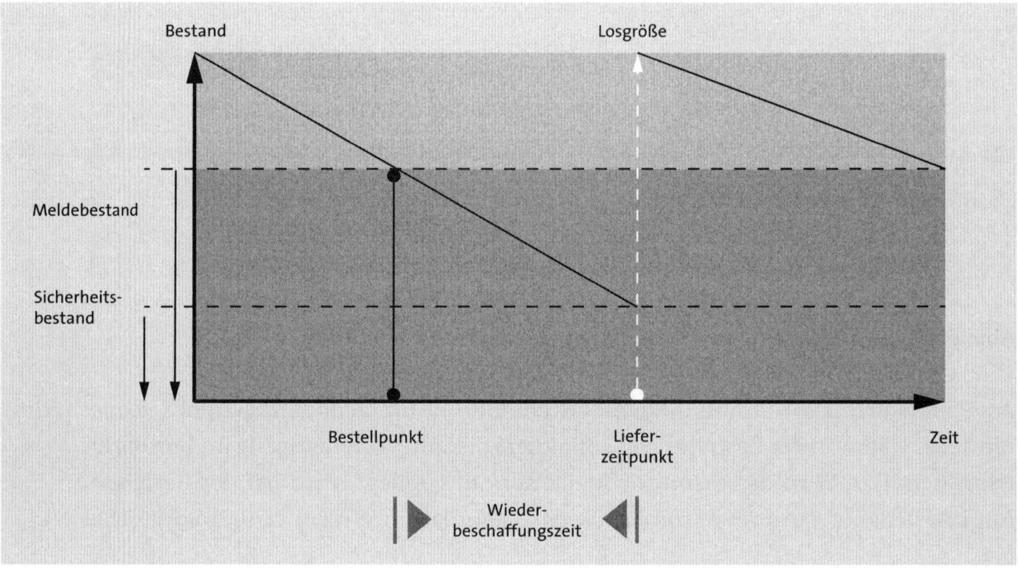

Abbildung 4.10 Bestellpunktdisposition mit Soll- und Meldebestand

Hat ein Lagerplatz z. B. eine Kapazität von 1.000 Stück und der Lieferant liefert einmal pro Woche, wobei der Verbrauch ca. 250 Stück pro Woche beträgt, sollte der Meldebestand bei 500 Stück liegen – der Höchstbestand also bei 1.000 Stück. Bei der Bestimmung des Meldebestands spielt demnach auch die *Umschlagshäufigkeit* des Artikels im Lager eine Rolle.

Wurde die Bedarfsrechnung im SAP-Retail-System vorgenommen, wird automatisch eine *Bestellanforderung* (Banf) erzeugt. Aus dieser kann unmittelbar eine Bestellung hervorgehen.

Erweiterte Bedarfsplanung mit SAP Forecasting and Replenishment

Um den Bestellvorschlag zu optimieren, bietet SAP die Lösung *SAP Forecasting and Replenishment for Retail*, auf die wir in Abschnitt 4.4, »SAP Forecasting and Replenishment«, zurückkommen. Sie kompensiert die Defizite der Bedarfsplanung. Zum Beispiel werden in dieser Lösung die Osterumsätze der vergangenen Jahre miteinander verglichen, um den Bedarf für Ereignisse wie Ostern ermitteln zu können. Im Standard-SAP-Retail-System ist dies nicht möglich. SAP Forecasting and Replenishment wird jedoch häufiger im Bereich der Filialdisposition eingesetzt und weniger bei der Disposition für das Verteilzentrum.

Dispositionskontrolle

Der Disponent kann optional sowohl bei der rhythmischen als auch bei der Bestellpunktdisposition in den Bedarfsplanungslauf eingreifen. Das System erledigt zwar alle Arbeiten bis hin zum Versand automatisiert. In der Praxis wird der Disponent jedoch zumindest Teile seiner Bestellungen vor dem Versand überprüfen wollen. Er hat dann die Möglichkeit, sich die Bestellanforderungen (Banfs) anzusehen, und kann diese bei Bedarf korrigieren bzw. überschreiben.

Dazu gibt es in SAP Retail die Dispositions-Workbench (Dispo-Workbench) mit der sogenannten *Onlinedisposition*, die mit Transaktion WWP1 aufgerufen wird (siehe Abbildung 4.11).

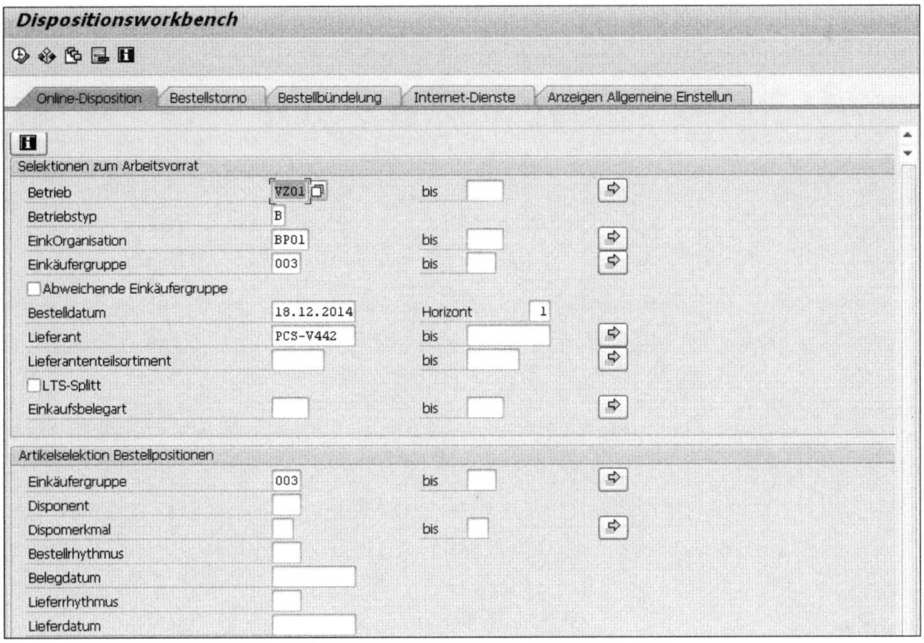

Abbildung 4.11 Dispo-Workbench in Transaktion WWP1

In der Onlinedisposition kann der Disponent im Verteilzentrum die Bestellungen, die das System generiert hat, bearbeiten. Selektionskriterien wie z. B. die **Einkäufergruppe** helfen dem Disponenten, nur seine Bestellungen und nicht die der Kollegen auszuwählen. So werden Überschneidungen zwischen den Disponenten oder Doppelarbeiten verhindert. Auch eine Stellvertreterfunktion unter den Disponenten ist durch geschicktes Einrichten von Varianten möglich.

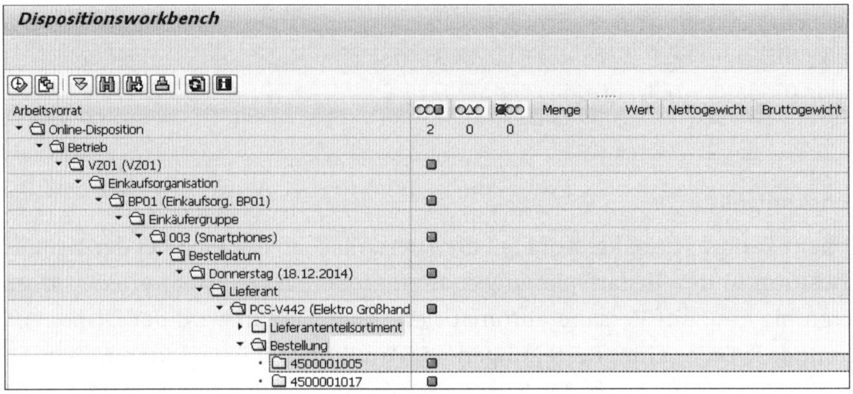

Abbildung 4.12 Auswahl der Bestellungen nach Lieferant

Nach der Auswahl eines Lieferanten können Sie sich als Disponent die ihm zugeordneten Bestellungen ansehen (siehe Abbildung 4.12). Sie können hier nicht nur die Bestellmengenvorschläge abändern (bis hin zum Eintrag der Bestellmenge 0), sondern der Bestellung auch weitere Artikel dieses Lieferanten hinzufügen. Die Sicht zur Bearbeitung der Bestellung sehen Sie in Abbildung 4.13.

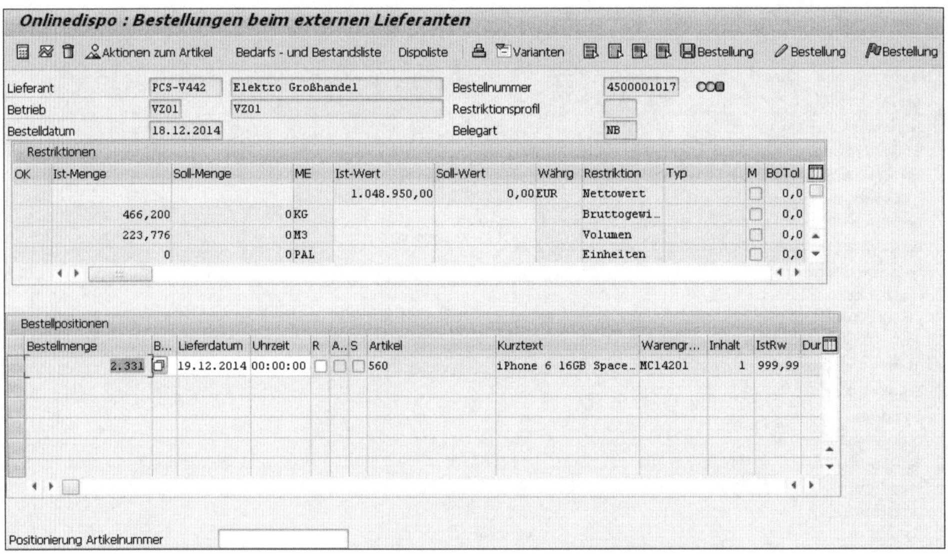

Abbildung 4.13 Bestellbearbeitung in der Dispo-Workbench

Mit entsprechenden Selektionskriterien wäre es auch möglich, nur die Toplieferanten und deren Topartikel zu kontrollieren und den Rest das System erledigen zu lassen.

Um die Entscheidung treffen zu können, einen Bestellvorschlag zu ändern, stehen Ihnen als Disponent zahlreiche Informationen zur Verfügung. So wird Ihnen z. B. die aktuelle Reichweite der Lagerbestände des Artikels in der Spalte **IstRw** (Ist-Reichweite) angezeigt. Falls Ihnen Angaben in der Dispo-Workbench fehlen, besteht die Möglichkeit einer kundeneigenen Erweiterung. Dazu sieht SAP Retail hier wie an zahlreichen anderen Stellen im Coding einen sogenannten *Customer-Exit* vor. Das heißt, hier können Sie ein kundenindividuelles Programm ohne Modifikation am SAP-Standard generieren und damit die fehlenden Angaben ergänzen.

Mengenoptimierung

Abschließend gehen wir in diesem Abschnitt auf die Bestelloptimierung bezüglich der Mengen ein. Im Rahmen dieser Funktion bietet das System ein Runden der Bestellmenge im Bestellvorschlag auf ganze Einheiten (z. B. Auf-/Abrunden auf ganze Kartons) oder auf höhere Einheiten (z. B. Auf-/Abrunden auf ganze Paletten) an. Auch können mehrere Bestellungen zusammengefasst werden, um z. B. einen ganzen Lkw oder auch eine ganze Schiffsladung zu bestellen. Alle Rundungsmöglichkeiten dienen der Optimierung der Bestellung und des Transports, um z. B. Kosten im Bereich der Logistik zu sparen oder einen höheren Lieferantenrabatt zu erhalten.

In SAP Retail können Sie pro Artikel mehrere solcher optimalen Mengeneinheiten (es gibt keine Beschränkung nach oben, aber selten sind es mehr als vier Einheiten) hinterlegen. Für den Artikel in Abbildung 4.14 wurden z. B. drei Mengeneinheiten gepflegt: die Basismengeneinheit Stück (ST); die Filialbestellmengeneinheit Karton (KAR), die Einheit Box (Box) und die Bestellmengeneinheit für das Verteilzentrum Palette (PAL). Zu jeder Mengeneinheit wurde jeweils das Verhältnis in Bezug zur Basismengeneinheit angegeben.

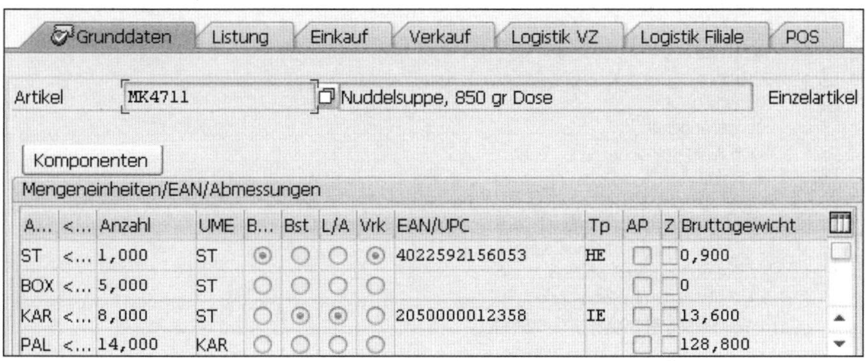

Abbildung 4.14 Mengeneinheiten im Artikelstamm pflegen

Pro Artikel-Filial-Kombination können Sie nun pflegen, wie das System bei einer Bestellung reagieren soll. In dem Beispiel in Abbildung 4.15 wurde eingestellt, dass immer auf die KAR aufgerundet werden soll (in diesem Beispiel entspricht 1 KAR = 8 ST). Das heißt, wenn das System einen Bedarf von 75 ST ausrechnet, wird in der Bestellung auf 10 KAR, also 80 ST, aufgerundet.

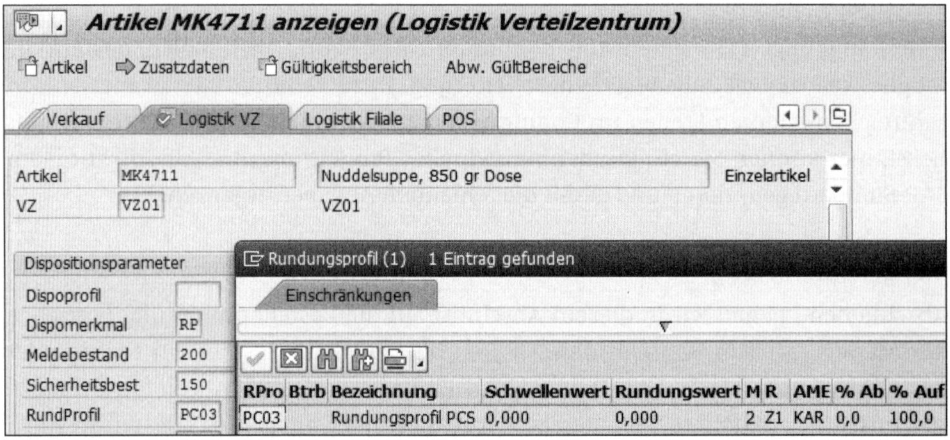

Abbildung 4.15 Beispiel für ein Rundungsprofil

Die Mengeneinheitenrundung definieren Sie mit den Rundungsregeln im Customizing (Transaktion SPRO, siehe Abbildung 4.16).

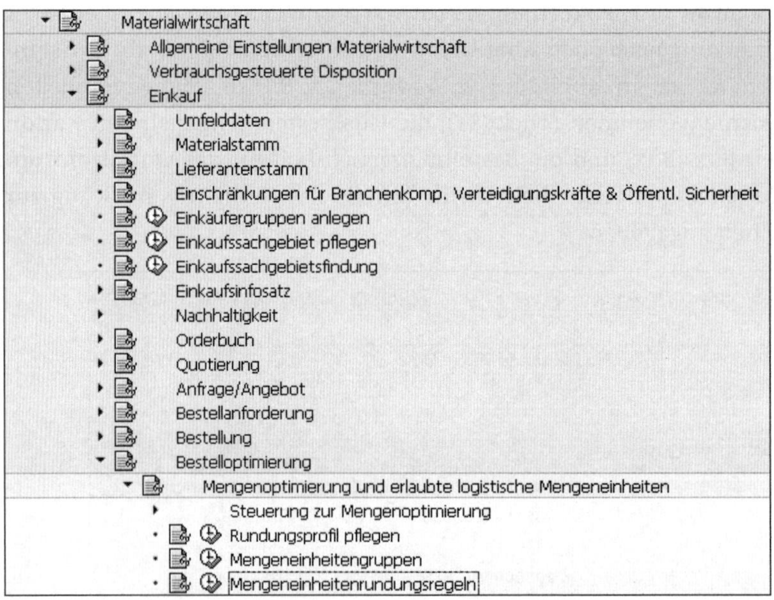

Abbildung 4.16 Customizing der Rundungsregeln

Sicht "Mengeneinheitenrundungsregel" anzeigen: Übersicht

Mengeneinheitenrundungsregel

Rundungsregel	Alternativmengeneinheit	Bezeichnung	% Aufrunden	% Abrunden
01	KAR	Karton	80,0	30,0
01	PAL	Palette	80,0	20,0
Y1	KAR	Karton	80,0	0,1
Y1	PAL	Palette	80,0	0,1
Y1	LAG	Lage	80,0	0,1
Z1	KAR	Karton	100,0	0,0

Abbildung 4.17 Beispiel für eine Rundungsregel

Abbildung 4.17 zeigt ein Beispiel für eine Rundungsregel. Diese Rundungsregel gilt für *eine* Bestellung. Mit der Bestellbündelung können jedoch auch mehrere Bestellungen nach den Regeln eines *Restriktionsprofils* zusammengefasst werden. Die Bestellungen können dann zusammenfasst werden, bis die Restriktionen erfüllt sind. Ein Restriktionsprofil pflegen Sie ebenfalls im Customizing. Es kann sowohl für Volumen (Lkw, Schiffsladung, Zug etc.), Mengen oder Gewichte als auch für Werte gepflegt werden. Außerdem kann ein Maximum oder ein Minimum eingestellt werden. Die Restriktionen können auch kombiniert werden (z. B. maximal drei Paletten, mindestens 100 kg etc.). Sie erreichen diese Pflegemaske über den Pfad **Einkauf • Bestelloptimierung • Bestellbündelung** im Einführungsleitfaden (siehe Abbildung 4.18).

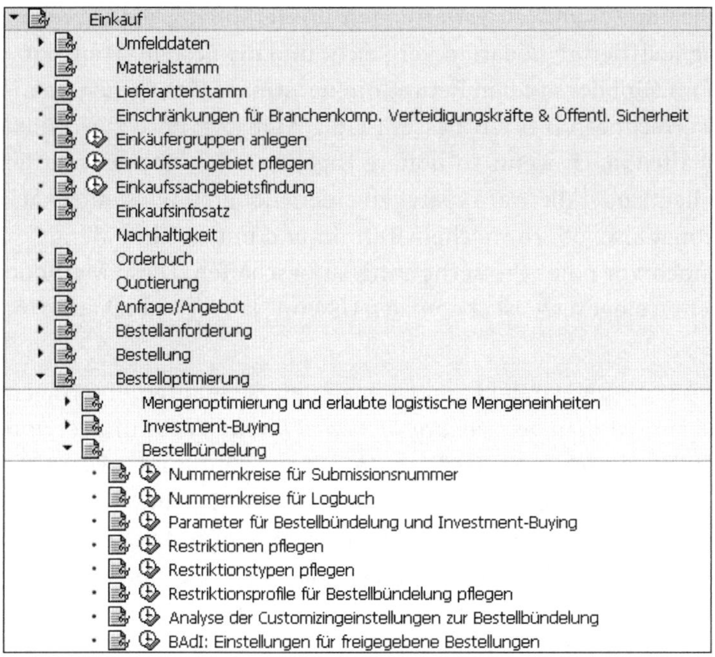

Abbildung 4.18 Customizing der Bestellbündelung

Das Restriktionsprofil weisen Sie dem Lieferanten im Lieferantenstamm (Transaktion XK03) über das Feld **Bestellopt. Restr.** zu (siehe Abbildung 4.19).

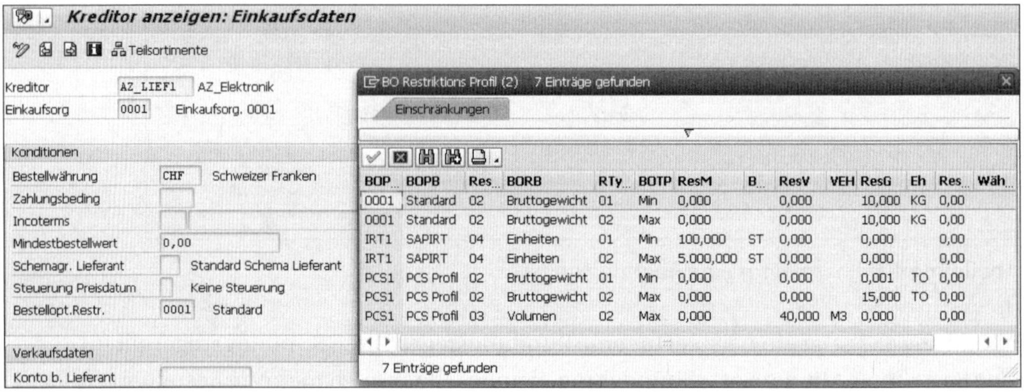

Abbildung 4.19 Anzeige des Restriktionsprofils im Lieferantenstamm

Die innerhalb der manuellen Bestellbündelung zusammengefassten Bestellungen werden dann über eine Submissionsnummer gebündelt, damit Sie sie später auch wieder als Bundle erkennen können. Neben der manuellen Bestellbündelung ist es in SAP Retail auch möglich, Bestellungen automatisch zu bündeln.

Darüber hinaus können noch weitere Verfahren der Bestelloptimierung mit SAP Retail umgesetzt werden. *Investment Buying* bezeichnet z. B. eine Methode in SAP Retail, die z. B. bei einer in Zukunft zu erwartenden Preiserhöhung die aktuellen Bestände mit den prognostizierten Bedarfen vergleicht und die Bestell-, Transport- und Lagerungskosten im Hinblick auf den Return on Investment (ROI) gegeneinander abwägt. SAP Retail errechnet, ob es z. B. besser ist, die Ware jetzt noch zum günstigeren Preis zu beschaffen, auch wenn so höhere Lagerkosten entstehen (da die Ware länger auf Lager liegt), oder die Ware später zu einem höheren Preis einzukaufen. Das System errechnet also, ob, zu welchem Termin und mit welcher Menge es sich lohnt, die Ware noch vor einer Preiserhöhung zu beschaffen. Diese Methode wird in Europa noch selten eingesetzt, ist aber in den USA im Handel schon häufig im Einsatz.

Die Planung des Nachschubs im Handel kann auch an den Lieferanten übertragen werden. In diesem Fall spricht man von *Vendor Managed Inventory* (VMI) oder von *Konsignation*, wenn die Ware nicht vom Lieferanten in das Eigentum des Händlers übergeht. Bei der VMI-Methode werden dem Lieferanten pro Artikel und Verteilzentrum Daten des Händlers täglich automatisiert (per IDoc) übermittelt. Zu diesen Daten gehören der Bestand und die Warenausgänge (inklusive Warenbewegungen wie Bruch, Verderb etc.). Der Lieferant kann auf Basis dieser Daten den benötigten Nachschub für das Verteilzentrum ermitteln und anstoßen.

Im Falle der Konsignation bewirtschaftet der Lieferant einen Lagerbereich beim Händler (im Verteilzentrum und/oder der Filiale) und sorgt dort für den optimalen Bestand. Im Unterschied zu VMI gehört die Ware bis zur Kommissionierung bzw. bis zum Abverkauf jedoch dem Lieferanten, und es wird nur die Menge verrechnet, die aus dem integrierten Lieferantenlager entnommen wird. Abbildung 4.20 veranschaulicht diese Methode.

Diese beiden Methoden sind im Handel häufig im Einsatz, verstärkt im Trockensortiment und Nonfood-Bereich. Der Vorteil für den Händler ist dabei, dass Kosten und Bestandsrisiken auf den Lieferanten übertragen werden können.

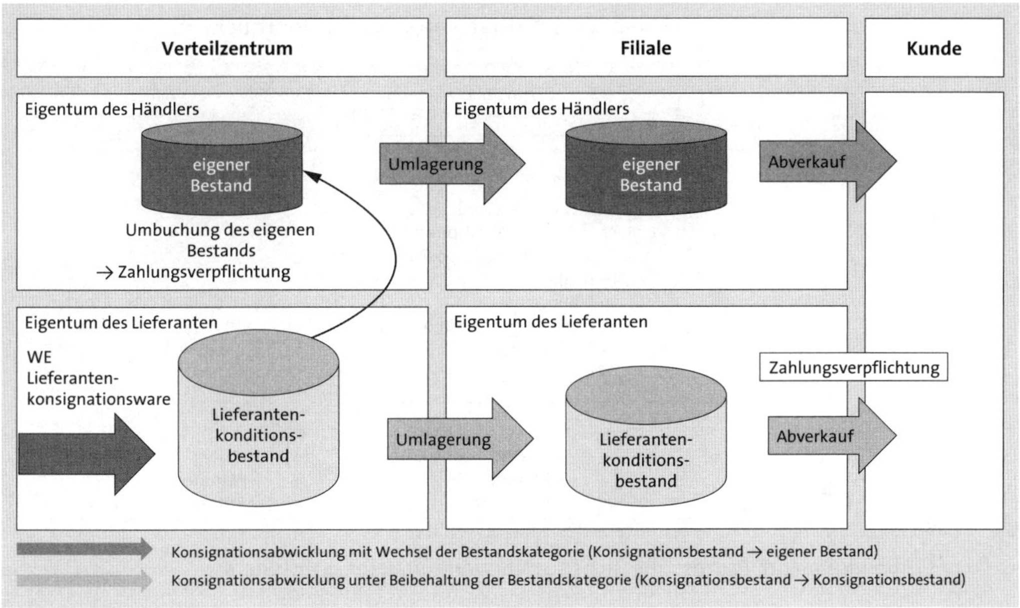

Abbildung 4.20 Eigene Bewirtschaftung vs. zweistufige Konsignation

Spezialfälle der Beschaffung

Neben den genannten Beschaffungsmethoden gibt es im Handel noch weitere Formen der Beschaffung:

- **Aufteiler bzw. Aktion**
  Ein Aufteiler kann als Erstverteilmethode dienen, also bei der Einführung eines neuen Artikels. Hier melden die Filialen, wie viel Menge sie benötigen. Danach kann die Wunschmenge der Filialen vom Disponenten in der Zentrale bearbeitet werden. Aus dem Aufteiler werden dann die Folgebelege (Bestellungen aus den Filialen und an die Lieferanten) generiert. Diese Methode nennt man *Pull-Methode* (siehe auch Abschnitt 5.3, »Warenverteilung«).

Ein weiterer Einsatzbereich des Aufteilers ist der Lagerabbau. Überkapazitäten an Waren können per Aufteiler in die entsprechenden Filialen gesendet werden. Diese Methode nennt man *Push-Methode*. Ein Aufteiler kann auch als Retourenaufteiler aus den Filialen, z. B. zum Rückzug saisonaler Ware zum Saisonende, eingesetzt werden. Darüber hinaus kann der Aufteiler bei Aktionen eingesetzt werden, die die Kundenfrequenz und den Umsatz steigern sollen. Nach der Aktionsplanung (die meist in der SAP-Komponente *SAP Promotion Management for Retail* erfolgt, siehe Kapitel 7, »Aktionsprozess«) werden die Mengen für die Filialen festgelegt. Diese werden dann mithilfe eines Aufteilers in die Filialen geliefert. Aufteiler werden auch bei saisonaler Ware z. B. für Ostern oder Weihnachten eingesetzt. Abbildung 4.21 zeigt den Aufteilerprozess im Überblick.

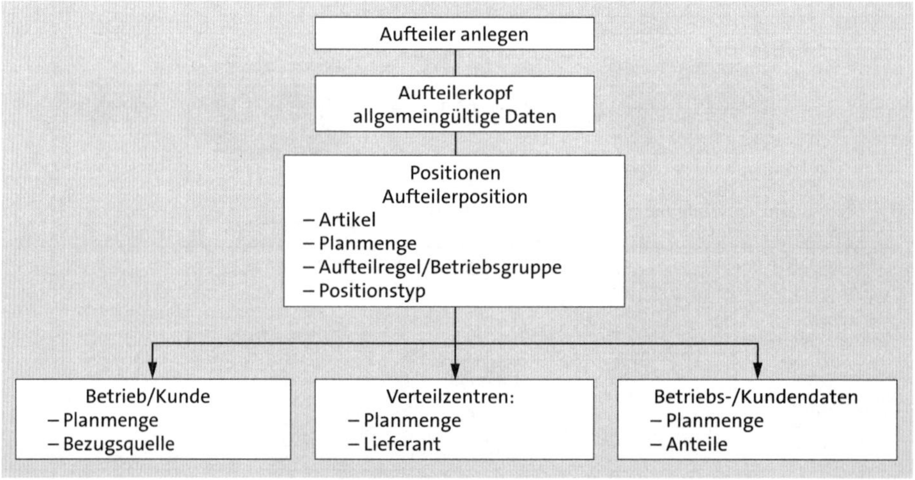

Abbildung 4.21 Prozessübersicht zur Verwendung eines Aufteilers

Abbildung 4.22 zeigt die möglichen Vorgänger- und Folgebelege eines Aufteilers. Ein Aufteiler kann auch noch nach der Generierung eines Folgebelegs, wie z. B. einer Lieferantenbestellung, angepasst werden. Befindet sich beispielsweise eine Filiale im Umbau und ist vorrübergehend geschlossen, kann die auf die anderen Filialen zu verteilende Menge neu berechnet und auf alle geöffneten Filialen neu verteilt werden.

Auch an der Lieferantenbestellung können noch nachträgliche Änderungen vorgenommen werden. Der Aufteiler wird in der Regel automatisch synchronisiert, solange noch keine Folgebelege, wie zum Beispiel eine Anlieferung, erzeugt wurden. Es lassen sich ganze Bestellpositionen löschen, das Verteilzentrum ändern oder der Liefertermin verschieben, um nur einige der Möglichkeiten zu nennen.

Abbildung 4.22 Vorgänger- und Folgebelege

- **Cross Docking**
  Als *Cross-Docking-Ware* wird vom Lieferanten vorkommissionierte Ware bezeichnet. Der Lieferant erhält bei der Bestellung des Händlers die Information, welche Filiale welche Menge eines Artikels benötigt, und verpackt die Ware schon filialgerecht. Dies spart dem Händler Kosten bei der Kommissionierung und Einlagerung (was der Lieferant meist auf den Einkaufspreis der Ware aufschlägt). Die Ware wird im Allgemeinen nicht im Verteilzentrum eingelagert, sondern an einem Cross-Docking-Lagerort geparkt und danach auf die Filialstellplätze verteilt.
- **Flow-through**
  Auch die Flow-through-Methode gilt als effiziente Beschaffungsmethode im Handel. Hier werden, genau wie beim Cross Docking, die Filialbestellungen zu einer Sammelbestellung summiert und dem Lieferanten gesendet. Der Lieferant liefert an das Verteilzentrum. Die Ware wird nicht eingelagert, sondern an einem speziellen Lagerort zwischengeparkt und filialgerecht kommissioniert. Sowohl Cross Docking als auch Flow-through finden bei verderblicher Ware, also im Frische-, Ultrafrische- und Food-Bereich, sehr häufig Anwendung.
- **Import**
  Jede Ware, die nicht innerhalb des eigenen Landes oder eines zollfreien Raums (wie z. B. der EU) geliefert werden kann, muss importiert werden. Das Importszenario von SAP Retail regelt in diesem Fall die Bestellung, den Lieferavis bzw. Wareneingang und die Rechnungsprüfung.

4.1.3 Bestellung

Grundsätzlich mündet jede Disposition in eine Bestellung, sei es für saisonale oder wiederbeschaffbare Ware. Dabei unterscheidet man je nach Beschaffungsart und Warentyp in folgende Prozessarten:

- *Pull-Prozess* für sämtliche wiederkehrend beschaffbaren Artikel (z. B. Trockensortiment)
- *Push-/Pull-Prozess* für Frischware mit teilweiser Saisonalität (z. B. Spargel)
- *Push-Prozess* z. B. für Modeartikel/Accessoires

Wir beschäftigen uns in diesem Abschnitt mit dem ersten Fall, dem Pull-Prozess. Die Frischedisposition und -bestellung werden in Kapitel 8, »Frischeabwicklung«, behandelt. Die besonderen Möglichkeiten der Beschaffung im Bereich Fashion zeigen wir in Kapitel 9, »Fashion Management«.

In Abbildung 4.23 sehen Sie den technischen Ablauf des Pull-Prozesses zwischen Disposition und Bestellung.

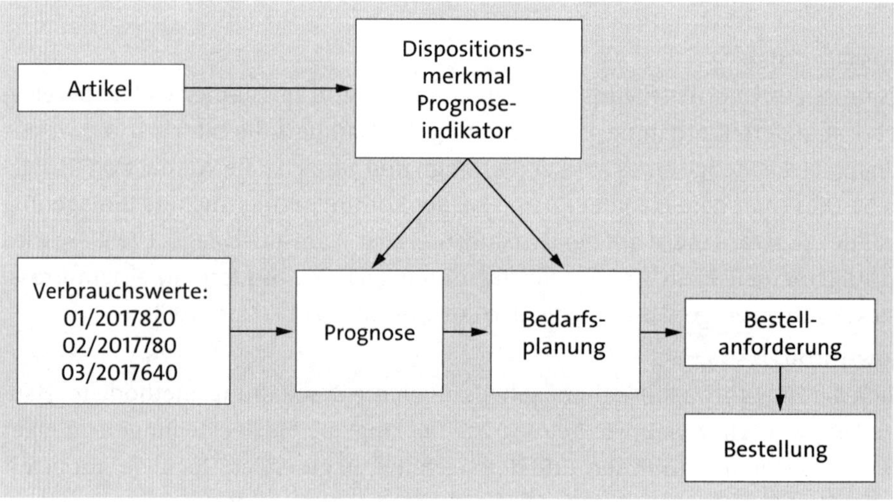

Abbildung 4.23 Von der Prognose bis zur Bestellung

Bevor eine Normalbestellung (NB) wie in Abschnitt 5.2.1, »Anlieferung«, im System angelegt und an den (Regel-)Lieferanten abgeschickt wird, erhalten Sie als Disponent zunächst eine Bestellanforderung (Banf) auf Basis der jeweiligen Arbeitsvorräte. In dieser Banf können Sie die Bestellmenge nachbearbeiten, falls besondere Umstände dies erfordern, z. B. eine erhöhte Nachfrage aus den Filialen aufgrund eines lokalen Feiertags.

Sie können die Bestellung mit einer Onlinedisposition über die Dispo-Workbench ändern (Transaktion WWP1) oder direkt in Transaktion ME22N springen und sich die Bestellung anzeigen lassen, um dort Änderungen vorzunehmen.

Eine Bestellung beinhaltet unter anderem die folgenden Informationen:

- Kopfdaten
  - Lieferant
  - Einkaufsorganisation
  - Buchungskreis
  - Belegdatum
- Positionsdaten
  - Artikelnummer und -kurztexte
  - Bestellmengen
  - Währung
  - EAN/GTIN
  - Nettopreise
  - Einkaufskonditionen (Rabatte etc.)
  - Verkaufspreise
  - Texte
  - Kontraktnummer

Sämtliche Artikel sind in der Bestellung bereits mit ihren Preisen aufgeführt. Um dies zu gewährleisten, müssen die verschiedenen Kalkulationsschemata gepflegt sein (siehe Abschnitt 2.9.2). Abbildung 4.24 zeigt die Kopfdaten einer Normalbestellung.

Abbildung 4.24 Kopfdaten der Bestellung in Transaktion ME21N

In Abbildung 4.25 sehen Sie die Positionsdaten der Bestellung, die unter den Kopfdaten angezeigt werden.

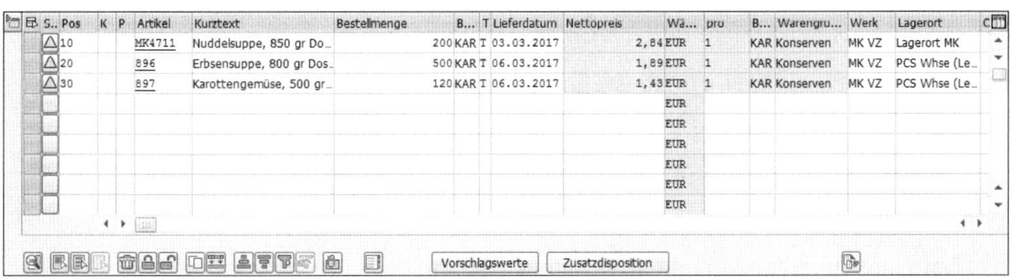

Abbildung 4.25 Positionsdaten einer Bestellung in Transaktion ME21N

Hier können Sie in die Detailansicht abspringen, die in Abbildung 4.26 zu sehen ist.

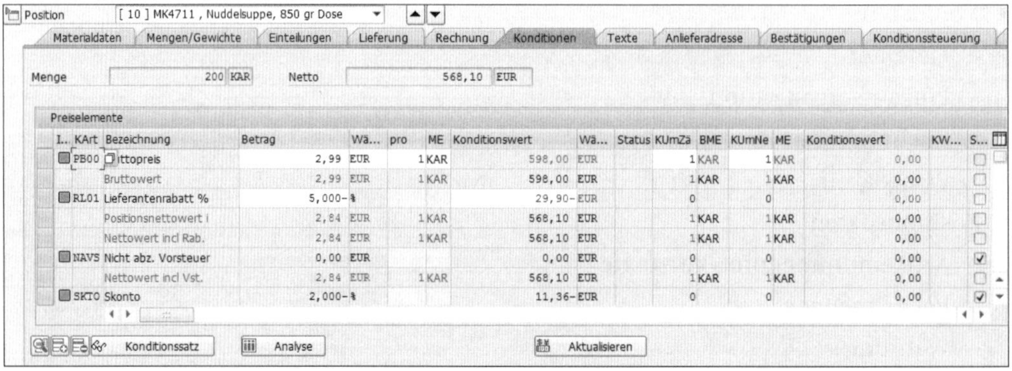

Abbildung 4.26 Positionsdetails zu einer Bestellung (Transaktion ME21N)

Nach der Änderung der Banf muss diese in eine Bestellung umgesetzt werden. Dies kann entweder manuell oder über einen Job im Hintergrund erfolgen.

Eine Normalbestellung bei einem externen Lieferanten legen Sie mit Transaktion ME21N an (siehe Abbildung 4.27).

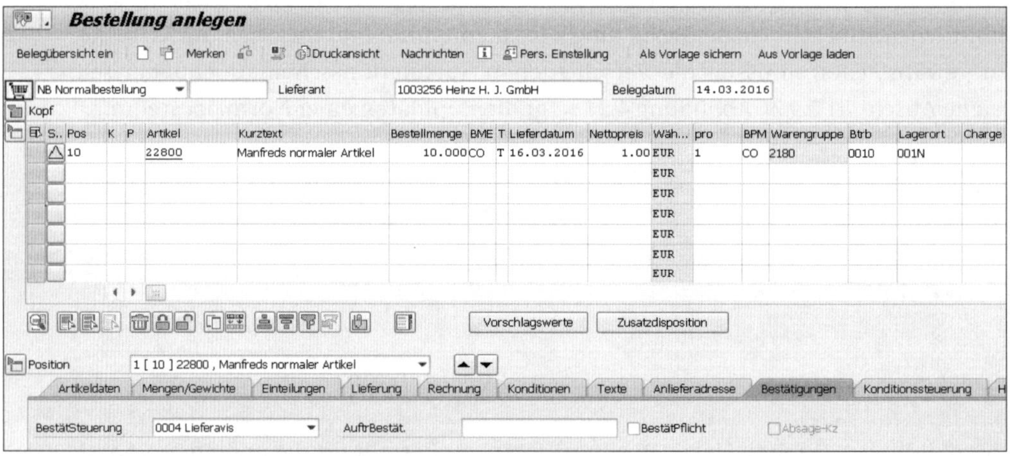

Abbildung 4.27 Bestellung anlegen

Hier geben Sie die folgenden Informationen ein:

- Bestellart (NB für Normalbestellung)
- **Lieferant**
- **Artikel** und **Bestellmenge**
- Betrieb (**Btrb**), der die Bestellung anlegt

Wenn alle Eingaben korrekt sind, sichern Sie die Bestellung mit einem Klick auf den Button **Sichern** (💾).

Neben der Prognose aus der Bedarfsplanung gibt es weitere Vorgänger der Bestellanlage, wie z. B. den Filialauftrag (siehe Kapitel 6, »Verkaufsprozesse und Point of Sale«). Abbildung 4.28 gibt Ihnen einen Überblick über die Entstehungsmöglichkeiten von Bestellungen. *VM-Lieferant* steht hier für einen Lieferanten im Rahmen des Vendor Managed Inventorys, das wir in Abschnitt 4.1.2, »Disposition«, unter der Überschrift »Mengenoptimierung« bereits kurz vorgestellt haben.

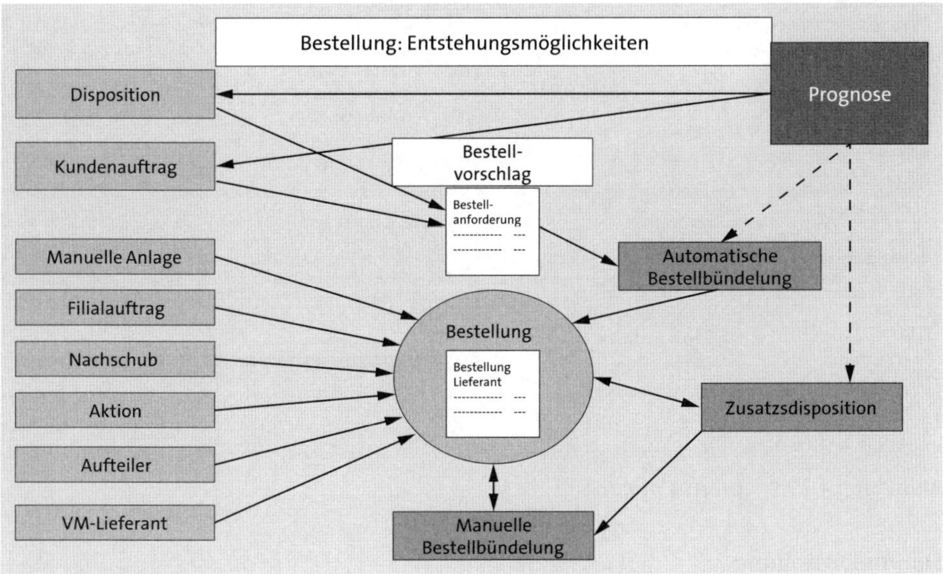

Abbildung 4.28 Entstehungsmöglichkeiten von Bestellungen

Bestellung und Transport

Bei der Bestellung müssen auch der Liefertermin und der Transport definiert werden. Für den Transport muss festgelegt werden, welche Transporteure (eigene oder externe Transporteure) beteiligt sind und für welche Abschnitte des Transports sie jeweils relevant sind. Kommt die Ware z. B. aus Übersee, sind oft mehrere Transportmittel (Schiff, Lkw etc.) beteiligt.

Mit den Transporteuren wird vereinbart, wann die Ware in das Eigentum des Händlers bzw. des nächsten Transporteurs übergeht. Diese Vereinbarungen werden in den *Incoterms* in SAP Retail festgelegt (siehe Abbildung 4.29). Hier gibt es z. B. die Einstellungsmöglichkeiten FOB (Frei an Bord), DAF (**Geliefert Grenze**) etc. Die Incoterms werden im Lieferantenstamm gepflegt und bei der Bestellung automatisch übernommen. Bei der Bestellung wir auch oft ein Transportauftrag für den Transporteur generiert.

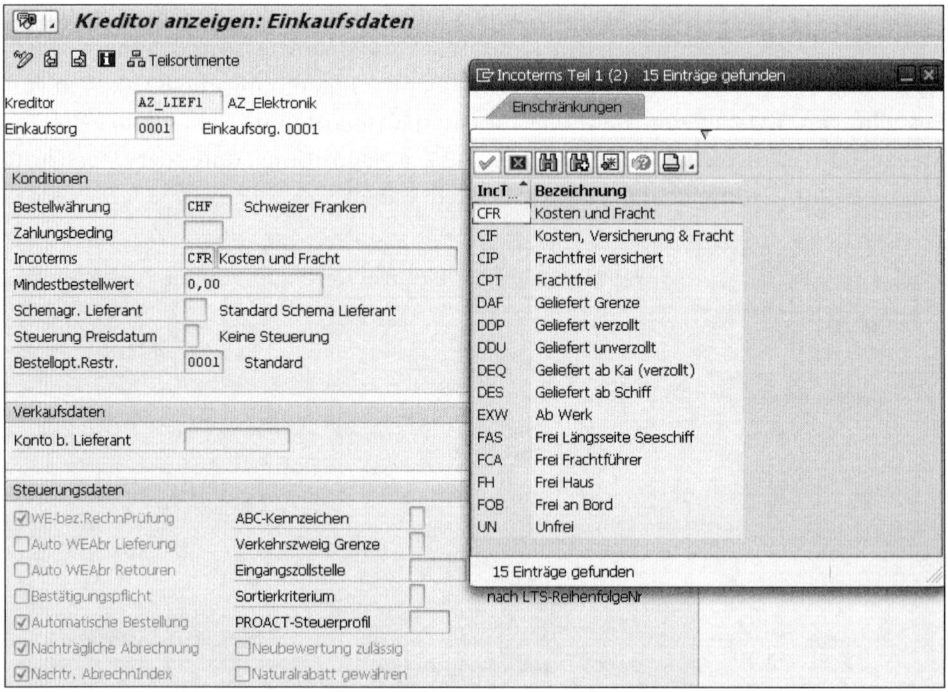

Abbildung 4.29 Incoterms pflegen

Sammelbestellung

Sammelbestellungen kommen zum Einsatz, wenn die Planung der Warenverteilung zentral erfolgt. Mit einer Sammelbestellung kann man die Bedarfe der Filialen, die z. B. als Lagerbestellung oder Kundenauftrag im System vorhanden sind, für die Bestellung beim Lieferanten über das Verteilzentrum verdichten (Pull-Verfahren). Zu einer Sammelbestellung werden Verteilungsdaten im System festgehalten, mit deren Hilfe man die Verteilung der Ware auf die Abnehmer steuern und überwachen kann. Auf die Verteilungsdaten wird z. B. beim Cross Docking und Flow-through zurückgegriffen. Zudem können durch den Einsatz von Sammelbestellungen die Lieferantenkonditionen besser ausgenutzt werden.

Abbildung 4.30 veranschaulicht den Prozess der Sammelbestellung:

1. **Auswahl der Abgabebelegeinteilungen anhand vorgegebener Kriterien**
   Die möglichen Kriterien, die für die Berücksichtigung von *Abgabebelegeinteilungen* vorgegeben werden können, sind z. B. Verteilzentrum, Abnehmer, relevanter Zeitraum und Abgabebelegart. Lagerbestände und offene Bestellungen können dabei als bereits erfolgte Beschaffungen gesehen werden.

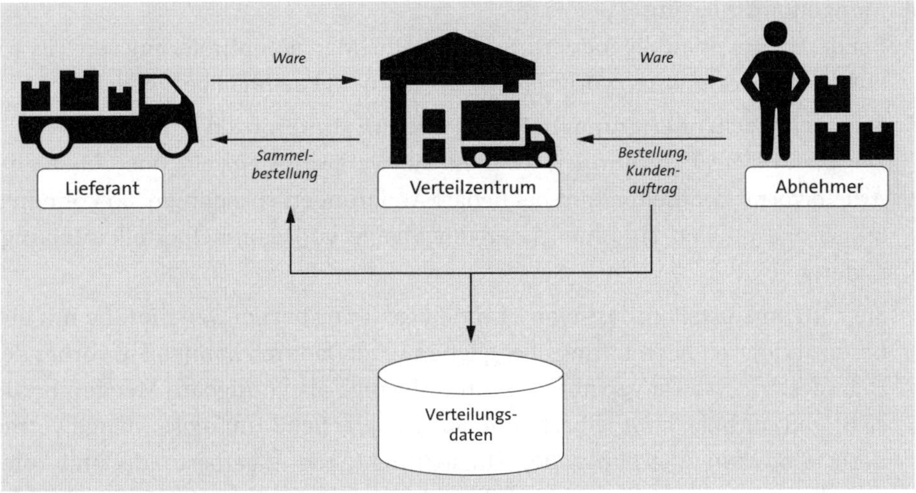

Abbildung 4.30 Sammelbestellung Verteilungsdaten

Die Auswahl der Abgabebelegeinteilungen wird genauso behandelt wie die Auswahl versandfälliger Belege. Darüber hinaus sind gewisse Muss-Anforderungen für die Abgabebelege Voraussetzung. So müssen mehrfache Teillieferungen zulässig sein, die Abgabebelegpositionen dürfen nicht zu Liefergruppen gehören, und mögliche Sammelbestellpositionen müssen gefiltert werden.

2. **Ermittlung der potenziellen Sammelbestellpositionen**
Das System generiert selbstständig potenzielle *Sammelbestelleinteilungen* anhand der Vorgaben. Dazu werden die betreffenden Abgabebelegpositionen mit deren Einteilungen selektiert. Die zugehörigen Mengen pro Artikel und Verteilzentrum werden aufsummiert und zu potenziellen Sammelbestelleinteilungen zusammengefasst. Eine potenzielle Sammelbestellposition ergibt sich aus einer oder mehreren Sammelbestelleinteilungen.

3. **Sammelbestellung mit Unterpositionen für Supplementary Logistics Services (SLS)**
Eine Sammelbestellung ermöglicht es, Artikel zu bestellen, für die spezielle Dienstleistungen des Lieferanten, z. B. eine *Vorkommissionierung*, vorgesehen sind. Bei der Vorkommissionierung sortiert der Lieferant die Ware des Händlers z. B. filialgerecht vor. Ist für einen Artikel einer Sammelbestellung eine Vorkommissionierung geplant, werden die notwendigen Daten für den *Supplementary Logistics Service* (SLS) automatisch in die Sammelbestellung aufgenommen. SLS ist ein Service, der Unterpositionen in der Sammelbestellung bildet. Für jede Sammelposition werden entsprechende Unterpositionen angelegt. Jede Unterposition enthält den Abnehmer inklusive der für ihn geplanten Teilmenge.

4. **Mengenoptimierung**
   Bei der Sammelbestellgenerierung findet eine Mengenoptimierung statt. Es wird auf die vom Lieferanten vorgegebene Bestellmengeneinheit gerundet.
5. **Sammelbestellgenerierung im Dialog oder im Hintergrund**
   Die Sammelbestellpositionen können Sie wahlweise einzeln oder über einen Arbeitsvorrat bearbeiten und bei Bedarf Änderungen vornehmen. So können Sie z. B. Bezugsquellen zuordnen oder die Menge von Sammelbestelleinteilungen ändern.

   Sie können einstellen, dass eine Sammelbestellung bei der Generierung mit einer bereits erfolgten Beschaffung abgeglichen wird. Dadurch können Sie vorhandene Lagerbestände sowie geplante Zu- und Abgänge als verfügbare Mengen berücksichtigen und die Sammelbestellmenge entsprechend um diese Menge vermindern. Sind zum Zeitpunkt der Umstellung noch Lagerbestände und offene Bestellungen vorhanden, werden diese Mengen berücksichtigt. So wird verhindert, dass eine zu große Menge beschafft wird.

In der Regel wird die Sammelbestellung nicht manuell, sondern automatisch (per Job) angestoßen. Bevor es zu einer Warenverteilung auf die Abnehmer kommt, werden beim Wareneingang die Verteilungsdaten mit den tatsächlich gelieferten Mengen abgeglichen und gegebenenfalls korrigiert. Die Anpassungen können manuell oder automatisch erfolgen. Für die Verteilung der Ware stellt SAP Retail verschiedene Verfahren bereit. Soll die Ware ohne Einlagerung direkt zum Warenausgang befördert werden, kann dies etwa mittels Cross Docking bzw. Flow-through erfolgen (siehe Abschnitt 5.3, »Warenverteilung«).

4.1.4 Lieferavis bzw. Wareneingang

Mit dem Lieferavis erfährt der Händler die genauen Termine, Mengen und Nebenkosten seiner Bestellung. Als Nebenkosten im Importumfeld sind die Transporteurrechnungen und die *elektronische Veranlagungsverfügung* (eVV), also die Zollkosten, zu sehen. Diese Kosten und die weiteren Logistikkosten wie die zur Lagerverwaltung und Kommissionierung will der Händler häufig auf die jeweiligen Artikel umlegen. Die *Bezugsnebenkosten* einer Bestellung sollen daher zum gleitenden Durchschnittspreis jedes bestellten Artikels hinzuaddiert werden und müssen vor dem Wareneingang bekannt sein. Der Wareneingangsprozess wird in Abschnitt 5.2.2 ausführlich behandelt.

4.1.5 Rechnungsprüfung

Bei der Rechnungsprüfung werden nicht nur die Warenbestellung, sondern auch die Nebenkostenrechnungen (Transport, Zoll) berechnet, geprüft und der Bestellung zugeordnet. Im Handel wird die *wareneingangsbezogene Rechnungsprüfung* am häufigsten eingesetzt. Hier geht SAP Retail davon aus, dass zu einer Bestellung bereits ein Wareneingang gebucht wurde, bevor es zur Rechnungserfassung und Rechnungsprüfung kommt. Das heißt, eine Rechnung bezieht sich auf eine bereits beim Wareneingang gebuchte Bestellung (bzw. einen Lieferschein). Im Retourenfall werden ein Retourenwareneingang und eine Gutschrift zu einer Retourenbestellung erzeugt.

Mit Transaktion MIRO kann eine Rechnung (Gutschrift) erfasst und gebucht werden (siehe Abbildung 4.31). Häufiger kommt jedoch die *Rechnungsvorerfassung* (Transaktion MIRA) zum Einsatz. In dieser Transaktion werden Rechnungen erfasst und im Hintergrund geprüft.

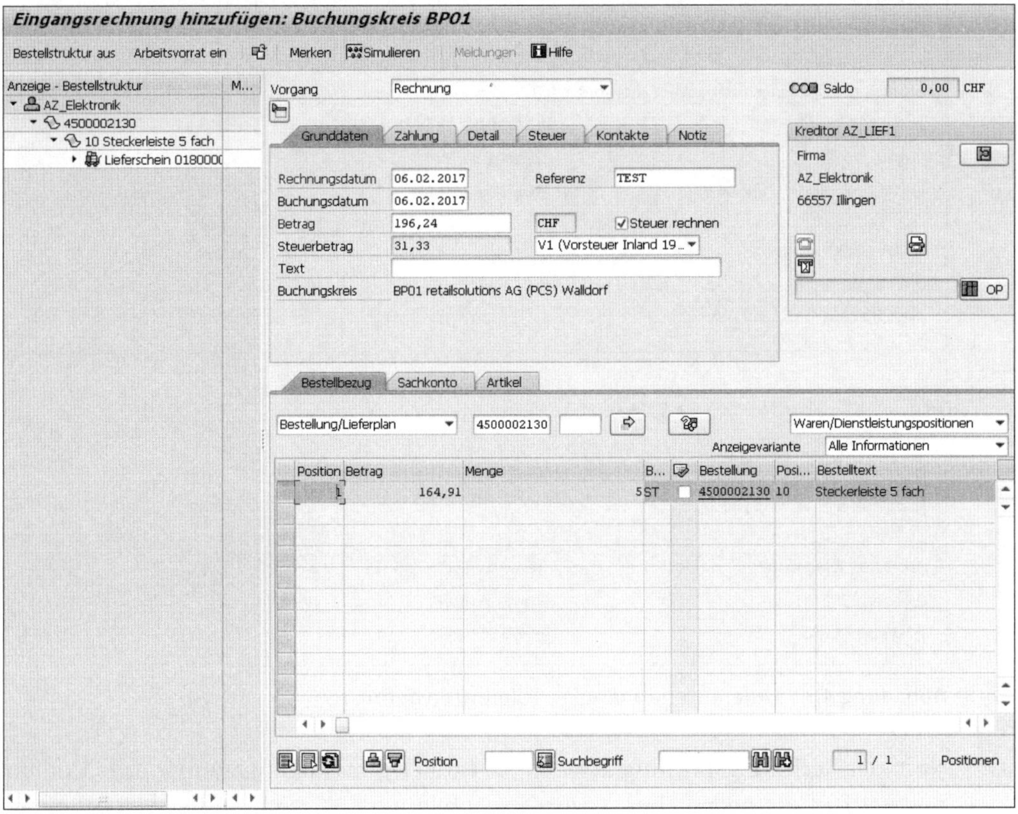

Abbildung 4.31 Rechnungserfassung (Transaktion MIRO)

Da der elektronische Datenaustausch im Handel immer mehr an Bedeutung gewinnt, werden viele Rechnungen auch elektronisch ausgetauscht. Der Lieferant erstellt in seinem System eine elektronische Rechnung (Invoice), die in Form eines IDocs an den Händler gesendet wird. Das Invoice-IDoc wird eingelesen, und die Rechnung damit erfasst und automatisch im Hintergrund geprüft. Falls die Ist-Rechnung innerhalb der im System festgelegten Toleranzen mit der Soll-Rechnung übereinstimmt, wird die Rechnung gebucht und kann an das Rechnungswesen übertragen werden. Der Rechnungswert der Soll-Rechnung berechnet sich dabei aus dem Einkaufspreis der Bestellung, multipliziert mit dem Wareneingang (Menge). Die Höhe der Toleranzgrenzen orientiert sich im Handel häufig an den Sachbearbeiterkosten, die für die manuelle Kontrolle einer Rechnung fällig würden. Abbildung 4.32 zeigt, wie die Toleranzgrenzen für einen Lieferanten angelegt werden.

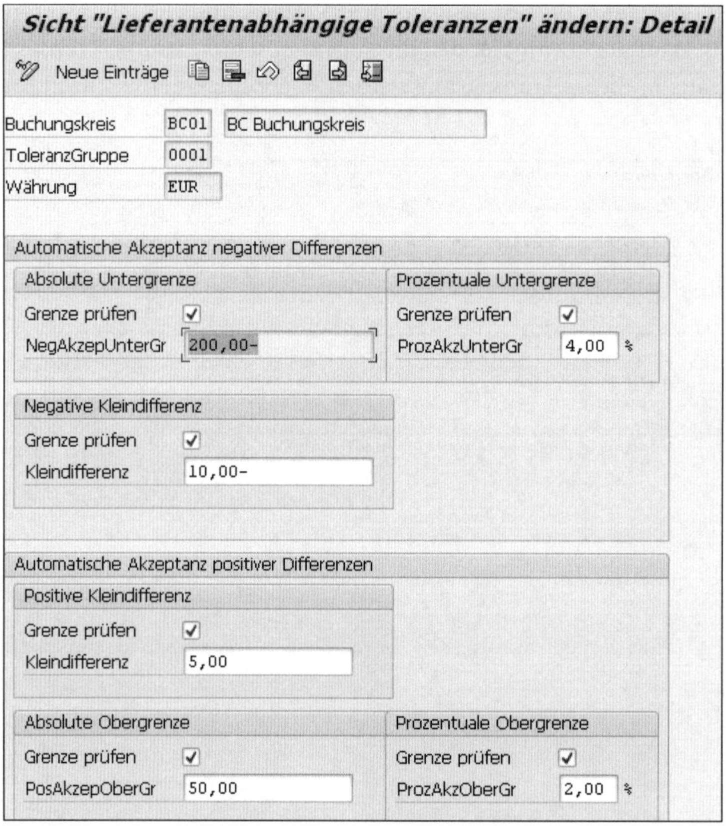

Abbildung 4.32 Lieferantenabhängige Toleranzen definieren

Nach der Rechnungsprüfung können Sie im Belegfluss überprüfen, welche Konten mit welchen Beträgen gebucht wurden. Abbildung 4.33 zeigt ein Beispiel für einen Belegfluss. Diesen rufen Sie über den Button **Folgebelege** in der Beleganzeige auf.

In der Rechnungsprüfung gibt es diverse Prozessvarianten. So kann eine Rechnung geplante oder ungeplante Bezugsnebenkosten aufweisen. Dies kommt häufig bei der Importbeschaffung vor. Beispiele für Bezugsnebenkosten sind Zoll- oder Frachtkosten. Der Spediteur stellt zuzüglich zur Warenrechnung seine Transportkosten in Rechnung. Es gibt also zu einer Warenbestellung neben der Warenrechnung auch noch eine Frachtrechnung des Spediteurs und eine Rechnung der Zollstelle.

Abbildung 4.33 Belegfluss in der Rechnungsprüfung

Da der Händler diese Kosten ebenfalls in seine Warenkalkulation mit einfließen lassen muss und sie in die Berechnung des gleitenden Durchschnittspreises (GLD) mit einfließen sollen, muss er diese Kosten schon bei der Bestellung berücksichtigen. Bei der Rechnungsprüfung kann dann Bezug auf alle Kosten (Ware und Nebenkosten) genommen werden. Im Fehlerfall wird der gleitende Durchschnittspreis des Artikels, der sich noch am Lager befindet, korrigiert. Abbildung 4.34 zeigt die Übersicht der Bezugsnebenkosten.

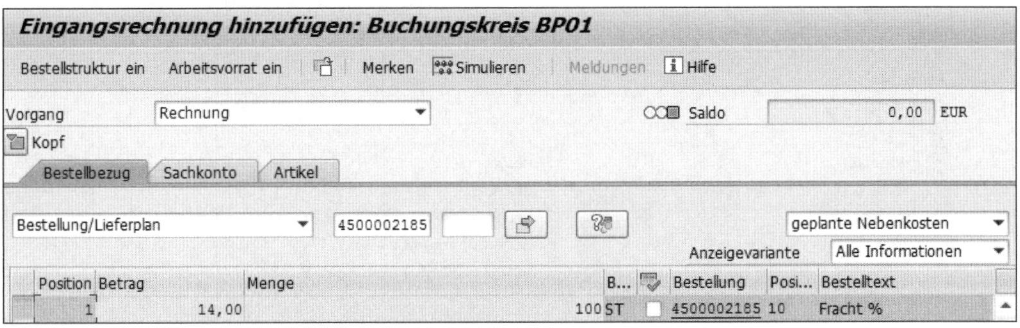

Abbildung 4.34 Geplante Bezugsnebenkosten

Eine weitere häufig verwendete Prozessvariante in der Rechnungsprüfung ist das sogenannte *ERS-Verfahren* (Efficient Receipt Settlement, siehe Abbildung 4.35). Man spricht hier auch von *automatischer Wareneingangsabrechnung*. In diesem Verfahren wird die Rechnungsprüfung auf den Lieferanten übertragen. Der Händler erstellt lediglich eine Gutschrift über die im Wareneingang gebuchte Ware. Sie können diese Funktion im SAP-Easy-Access-Menü über den Pfad **SAP Menü • Logistik • Warenwirtschaft • Einkauf • Logistik-Rechnungsprüfung • Automatische Abrechnung • Automatische Wareneingangsabrechnung** aufrufen.

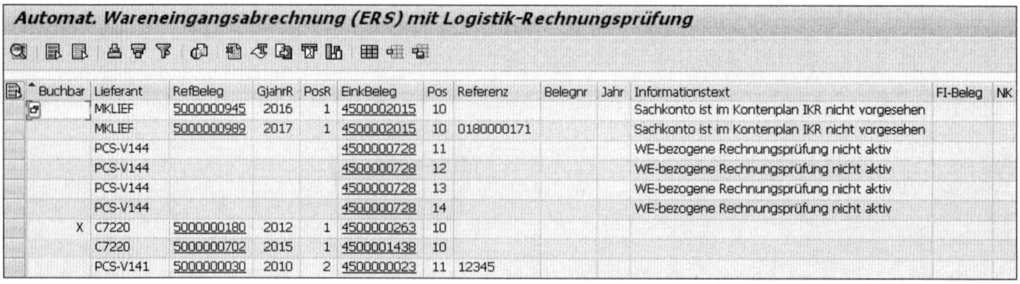

Abbildung 4.35 ERS-Verfahren

Rechnungen, die sich bei der Prüfung als fehlerhaft herausstellen, werden mit Transaktion MIR6 korrigiert. Die zu korrigierenden Rechnungen können Sie hier unter anderem nach Sachbearbeitern selektieren (siehe Abbildung 4.36).

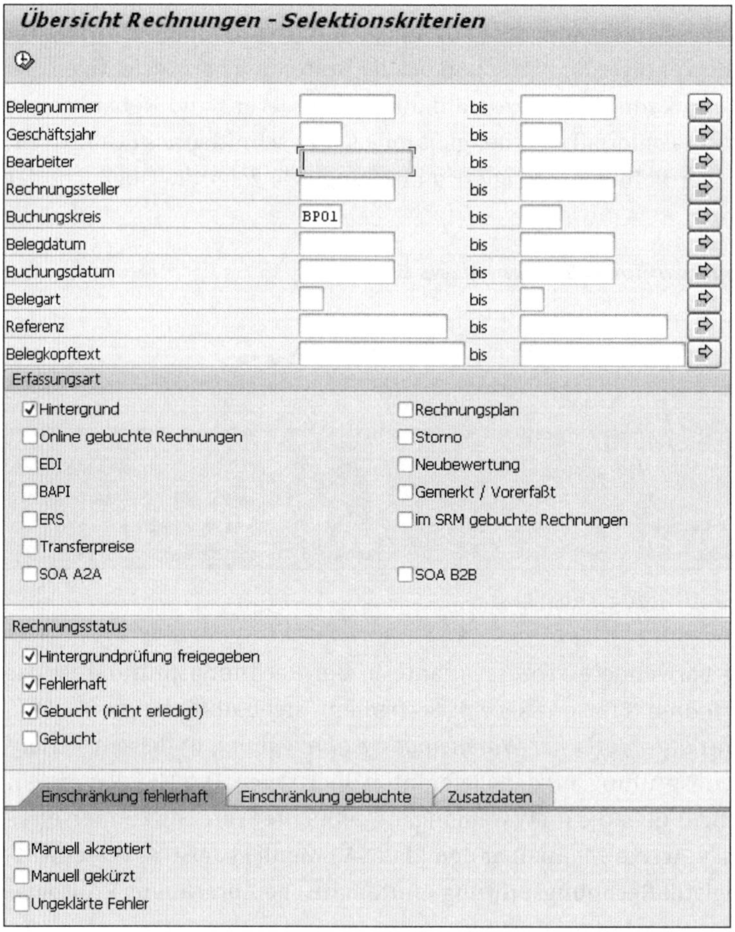

Abbildung 4.36 Selektionsmaske zur Auswahl fehlerhafter Rechnungen in Transaktion MIR6

Anhand der Auswahl der fehlerhaften Rechnungen (siehe Abbildung 4.37) kann der Sachbearbeiter eine Fehleranalyse durchführen. Dazu können Sie hier direkt in die Rechnungsbelege abspringen. Häufigste Fehlerursache im Handel sind unterschiedlich gepflegte Preise bei Händler und Lieferant. So kommt es bei der Rechnungsstellung zu einem falschen Betrag, und die Rechnung muss korrigiert werden. Weitere mögliche Fehler sind Mengenfehler, Bestellpreismengenfehler (der Lieferant hat ein anderes Mengenverhältnis für Bestell- und Basismenge gepflegt) oder eine Kombination aus allem (Preis, Menge und Mengeneinheitenverhältnis). Nach der Korrektur wird die Rechnung zur Zahlung freigegeben und an das Rechnungswesen (FI/CO) weitergeleitet.

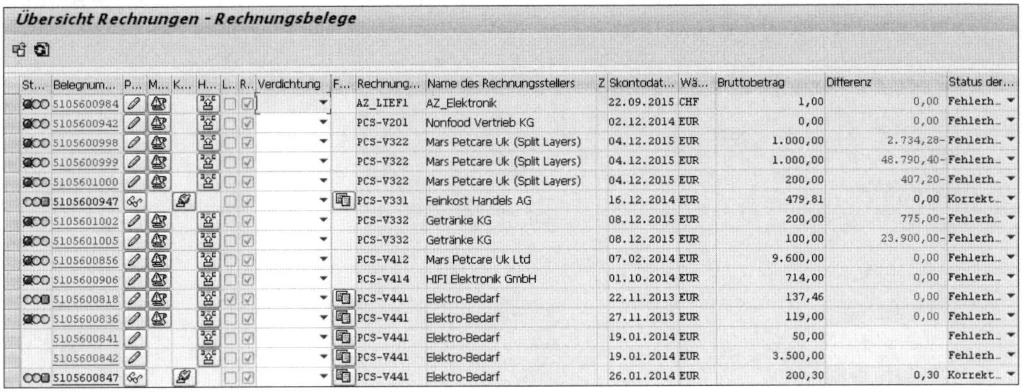

Übersicht Rechnungen - Rechnungsbelege

St...	Belegnum...	P...	M...	K...	H...	L..	R..	Verdichtung	F...	Rechnung...	Name des Rechnungsstellers	Z	Skontodat...	Wä...	Bruttobetrag	Differenz	Status der...
	5105600984									AZ_LIEF1	AZ_Elektronik		22.09.2015	CHF	1,00	0,00	Fehlerh...
	5105600942									PCS-V201	Nonfood Vertrieb KG		02.12.2014	EUR	0,00	0,00	Fehlerh...
	5105600998									PCS-V322	Mars Petcare Uk (Split Layers)		04.12.2015	EUR	1.000,00	2.734,28-	Fehlerh...
	5105600999									PCS-V322	Mars Petcare Uk (Split Layers)		04.12.2015	EUR	1.000,00	48.790,40-	Fehlerh...
	5105601000									PCS-V322	Mars Petcare Uk (Split Layers)		04.12.2015	EUR	200,00	407,20-	Fehlerh...
	5105600947									PCS-V331	Feinkost Handels AG		16.12.2014	EUR	479,81	0,00	Korrekt...
	5105601002									PCS-V332	Getränke KG		08.12.2015	EUR	200,00	775,00-	Fehlerh...
	5105601005									PCS-V332	Getränke KG		08.12.2015	EUR	100,00	23.900,00-	Fehlerh...
	5105600856									PCS-V412	Mars Petcare Uk Ltd		07.02.2014	EUR	9.600,00	0,00	Fehlerh...
	5105600906									PCS-V414	HIFI Elektronik GmbH		01.10.2014	EUR	714,00	0,00	Fehlerh...
	5105600818									PCS-V441	Elektro-Bedarf		22.11.2013	EUR	137,46	0,00	Fehlerh...
	5105600836									PCS-V441	Elektro-Bedarf		27.11.2013	EUR	119,00	0,00	Fehlerh...
	5105600841									PCS-V441	Elektro-Bedarf		19.01.2014	EUR	50,00		Fehlerh...
	5105600842									PCS-V441	Elektro-Bedarf		19.01.2014	EUR	3.500,00		Fehlerh...
	5105600847									PCS-V441	Elektro-Bedarf		26.01.2014	EUR	200,30	0,30	Korrekt...

Abbildung 4.37 Rechnungskorrektur in Transaktion MIR6

4.1.6 Abrechnung

In diesem Abschnitt beschreiben wir die nachträgliche Abrechnung bzw. die Abrechnung über einen Konditionskontrakt zum Abschluss des Beschaffungsprozesses.

Nachträgliche Abrechnung

Die nachträgliche Abrechnung oder nachträgliche Vergütung erfolgt auf Basis von fortgeschriebenen Umsätzen eines Lieferanten bzw. auf Basis der im Wareneingang gebuchten Bestellungen. Die im Vorhinein vereinbarten, aber erst später fälligen Konditionen für den Warenbezug, für Aktionen oder Werbekostenzuschüsse werden dabei einmal im Jahr oder zu fest definierten Terminen mit dem Lieferanten abgerechnet.

Die Vereinbarungen mit dem Lieferanten werden in SAP Retail mit dem Objekt **Absprache** definiert. Abbildung 4.38 zeigt die Übersicht über solch eine Absprache im System. Hier werden die Elemente für die abzurechnenden Vergütungen und Boni festgelegt. Zu pflegen sind u. a. der Lieferant als Konditionsgewährer, zentrale Steuerungsparameter, der Gültigkeitszeitraum (jeweils in den Kopfdaten der Absprache) und die Konditionen.

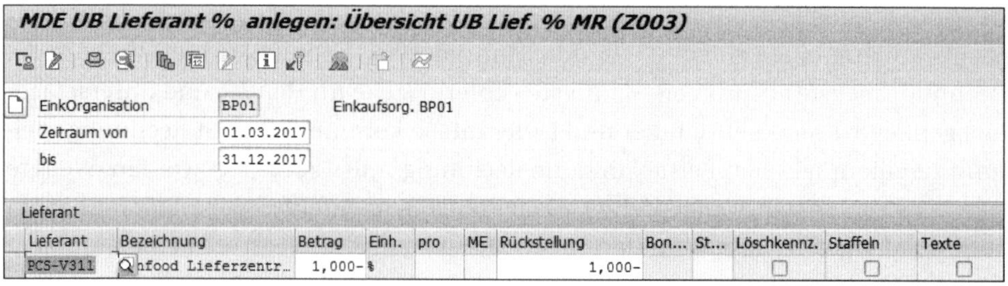

Abbildung 4.38 Einkaufsorganisation zu einer Absprache zuordnen

Einer Absprache sind immer eine Einkaufsorganisation und eine Einkäufergruppe zugeordnet (siehe Abbildung 4.39).

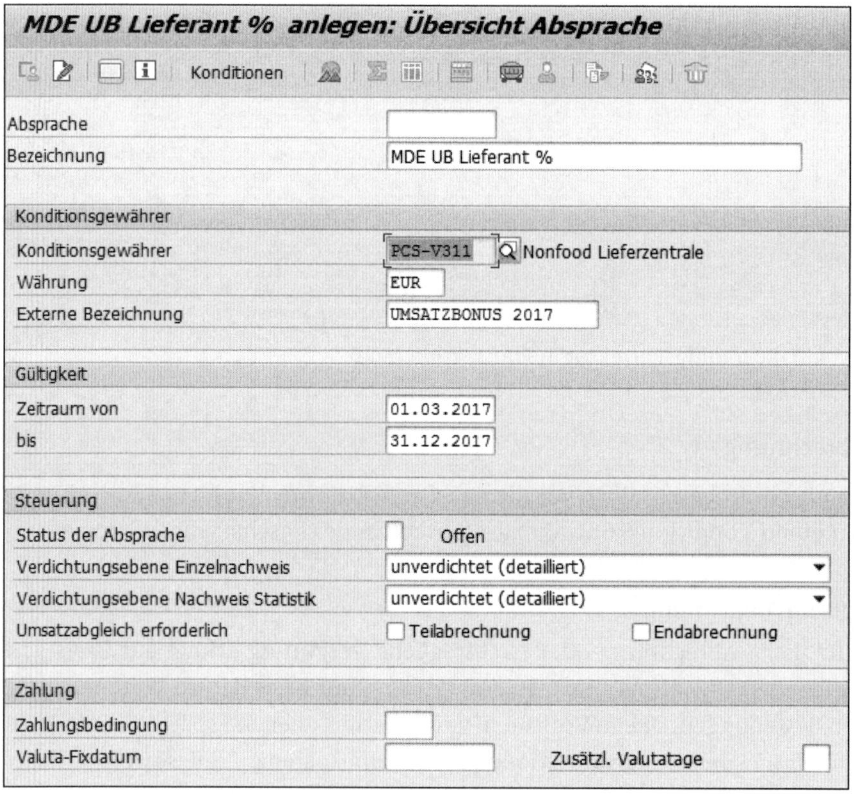

Abbildung 4.39 Vereinbarungen mit dem Lieferanten

Beim Anlegen der Absprache werden die Gültigkeitszeiträume in der Regel für die Umsätze zukünftiger Zeitabschnitte definiert. Eine Absprache kann sich aber auch auf Umsätze in der Vergangenheit beziehen, sodass der Beginn der Absprache zurückdatiert wird. Statistische Umsatzfortschreibungen müssen dann für die

Ermittlung dieser Absprache nachgeholt werden. In SAP Retail spricht man dann von einem *Statistikneuaufbau*.

Konditionen können für verschiedene Stufen/Ebenen definiert werden, wie z. B. für eine Artikel-Lieferanten-Kombination oder nur auf Ebene des Lieferanten. Im Customizing rufen Sie dazu die Funktion **Konditionsarten zur Konditionsklasse Nachträgliche Abrechnung** auf, um die Eigenschaften für die Abrechnung in der Konditionsart zu bestimmen. Diese finden Sie in Transaktion SPRO unter dem Pfad **Materialwirtschaft • Nachträgliche Abrechnung • Absprachen • Konditionsartengruppen • Konditionsartengruppen und Absprachearten zuordnen**. Die Konditionsart enthält z. B. Informationen darüber, welche Bezugsgröße (Menge/Prozent) herangezogen wird, welche Rechenregel (Prozentual oder Festbetrag) Anwendung findet und ob Rückstellungen verwendet werden.

Mit der Wahl der *Abspracheart* ordnen Sie bereits mögliche Ebenen und Konditionsarten zu. Beim Durchführen der Abrechnung werden die Konditionen ermittelt, die im Gültigkeitszeitraum der Absprache liegen.

In Abbildung 4.40 sehen Sie ein Beispiel für den Nachweis einer erfolgten nachträglichen Abrechnung bei 13 % Bonus zur Konditionsart A001.

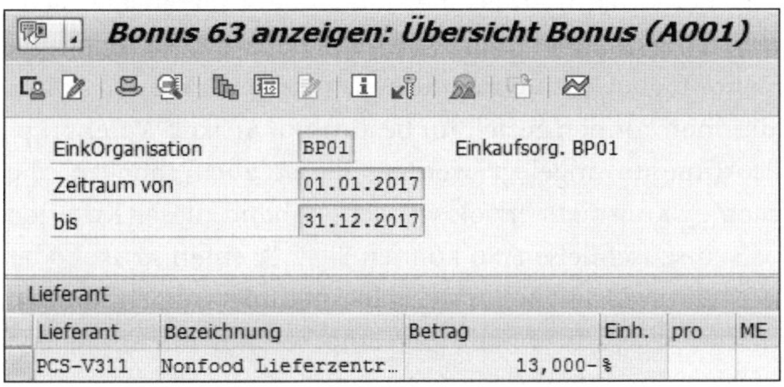

Abbildung 4.40 Nachträgliche Abrechnung

Im Rahmen der Abrechnung mit dem Lieferanten sind folgende Schritte von Bedeutung:

- **Zwischenabrechnung und Teilabrechnung**
  Bei diesen beiden Abrechnungsarten erfolgt die Abrechnung bereits vor den geplanten periodischen Abrechnungsdaten bzw. vor Ablauf der Absprache, um eventuell vorzeitig einen Ertrag zu generieren. In der Zwischenabrechnung behalten die betroffenen Konditionssätze weiter den Status **Aktiv** und werden am Ende mit Verrechnung der Vorgänger erneut abgerechnet. Mit der Teilabrechnung werden dagegen die *Periodenkonditionssätze* mit den zugehörigen Umsatzdaten sowie der Bonusertrag festgeschrieben, als erledigt gekennzeichnet und dadurch nur einmal abgerechnet.

- **Umsatzabgleich**
  Zweck des Umsatzabgleichs ist es, sich bei Abweichungen der Umsatzwerte des Händlers von denen des Lieferanten bereits vor der Endabrechnung auf einen Wert zu einigen. Wird der Umsatzabgleich aktiviert, wird der hier mit dem Lieferanten abgestimmte gepflegte Einigungswert (Konditionsbasis) als Basis für die Endabrechnung festgelegt.
- **Endabrechnung**
  Abrechnungen vor dem Ende des Gültigkeitszeitraums erkennt das System als Teilabrechnungen. Mit der Durchführung der Endabrechnung zum Enddatum des Gültigkeitszeitraums sperrt das System die Konditionssätze, deaktiviert die Umsatzfortschreibung und setzt den Status der Absprache auf **Endabgerechnet**.

Konditionskontrakt

SAP Retail ermöglicht mit der Funktion *Condition Contract-based Settlement* (CCS) mehr Flexibilität und Nachvollziehbarkeit für die nachträgliche Abrechnung der Konditionen. Diese Funktion können Sie durch variables Customizing und eine Vielzahl von Erweiterungsmöglichkeiten an Ihre eigenen Bedürfnisse anpassen.

Die Kontraktanlage ist einfacher strukturiert als die Standardkontraktanlage (siehe Abschnitt 4.1.1, »Rahmenvertrag«) und bietet durch die Abgrenzung der Kopf- und Positionsdaten deutlich mehr Möglichkeiten, auch komplexere Absprachen transparent abzubilden. Die Konditionen können gezielt für bestimmte Artikel, Warengruppen oder Lieferantenteilsortimente angelegt werden. Es ist auch möglich, die Umsätze, die im Rahmen eines Kontrakts erzielt wurden, anhand dieser Kriterien gezielt von der Umsatzbasis auszuschließen. So können Sie z. B. einen Artikel oder eine Warengruppe im Kontrakt ausschließen. Die Lieferantenhierarchien können auch im Kontrakt abgebildet werden, z. B. können der Hauptlieferant auf Kopfebene und die Sublieferanten auf Positionsebene gepflegt werden.

Die Konditionskontrakte können lieferantenseitig oder kundenseitig abgebildet werden. Weitere kundenspezifische Anwendungsfälle können Sie im Customizing unter dem Pfad **Logistik Allgemein • Global Trade Management • Vergütungsmanagement • Konditionskontrakt** einstellen:

- einkaufsvolumenbasierte Boni
- lieferungsvolumenbasierte Boni
- abverkaufsvolumenbasierte Boni
- Werbekostenzuschüsse (Festbeträge)

Konditionskontrakte bieten zahlreiche Vorteile gegenüber der nachträglichen Abrechnung, von denen wir hier nur einige beispielhaft nennen möchten:

- Durch eine Simulationsmöglichkeit wird die Kontrolle der Kontrakte und Konditionen vor der Abrechnung sichergestellt.
- Laufende Kontrakte können jederzeit angepasst und nachbewertet werden.
- Umsatzlisten können jederzeit durch bestimmte Reports aufgerufen werden.
- Es besteht die Möglichkeit der Verbuchung offener Positionen aus vergangenen Perioden.
- Kontrakte können zur Abrechnung gesperrt werden. Sobald die Abrechnungssperre gesetzt ist, bildet der Kontrakt weiterhin Rückstellungen, kann aber zunächst nicht abgerechnet werden.
- Durch einen Genehmigungsprozess kann der Kontrakt erst genehmigt werden, wenn eine Freigabe erfolgt ist.
- Mit der Funktion **Konditionsverwendung** im Konditionskontrakt (Transaktion WCOCO) können die Belege zum Kontrakt angezeigt werden, z. B. die Wareneingänge oder die Warenausgänge.

In den Kopfdaten ❶ des Konditionskontrakts können allgemeine Daten, Texte, die Umsatzbasis, der Abrechnungskalender und die Abrechnungsparameter definiert werden. In den Positionsdaten ❷ können die Rückstellungs- und Abrechnungskonditionen auf verschiedenen Ebenen gepflegt werden (siehe Abbildung 4.41).

Abbildung 4.41 Konditionskontrakt mit Kopf- und Positionsdaten

Der grobe Prozessablauf zur Verwendung von Konditionskontrakten vom Customizing bis zur Abrechnung ist in Abbildung 4.42 dargestellt.

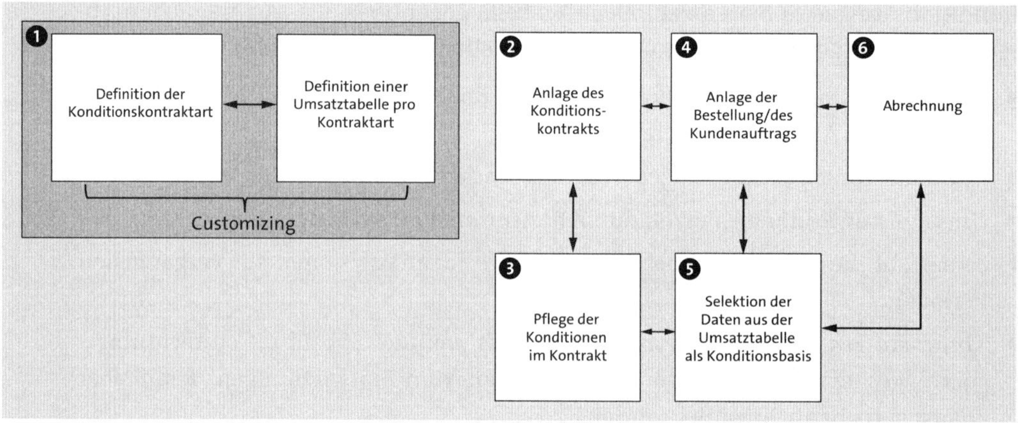

Abbildung 4.42 Einsatz eines Konditionskontrakts

Die einzelnen Schritte dieses Prozesses sind die folgenden:

1. Im Customizing definieren Sie die Konditionskontraktarten und die dazugehörigen Umsatztabellen.
2. Den Konditionskontrakt legen Sie über das Cockpit in Transaktion WCOCO mit einer entsprechenden Konditionsart an.
3. Der Konditionskontrakt enthält Informationen über die verschiedenen Konditionsarten, deren Gültigkeitszeiträume und die anspruchsberechtigten Geschäftspartner. Die Konditionen werden in Ihren kundenspezifischen Konditionstabellen fortgeschrieben.
4. Zunächst findet eine Warenbewegung statt, z. B. eine Bestellung, ein Wareneingang und eine Rechnung oder ein Warenausgang und eine Faktura.
5. Diese Warenbewegungen werden in einer Umsatztabelle, die Sie für die Kontraktart definiert haben, fortgeschrieben.
6. Nachdem die Umsatztabelle fortgeschrieben wurde und gültige Konditionskontrakte für die Abrechnung verfügbar sind, können Sie das Abrechnungsprogramm in Transaktion WB2R_SV starten, um aktuelle Boni zu berechnen. Zur Preisberechnung werden die Konditionen des Konditionskontrakts herangezogen und im Kalkulationsschema des Abrechnungsbelegs berücksichtigt.

Die abzurechnenden Kontrakte können auf einem Dynpro ausgewählt werden. Die Transaktionen WB2R_SV bzw. WB2R_SC zur lieferantenseitigen bzw. kundenseitigen Kontraktabrechnung können im Hintergrund ausgeführt werden. Nach der Abrechnung des Konditionskontrakts wird ein Regulierungsbeleg, z. B. eine Gutschrift, erzeugt (siehe Abbildung 4.43). Der Abrechnungsprozess kann kundenspezifisch im Customizing eingestellt werden.

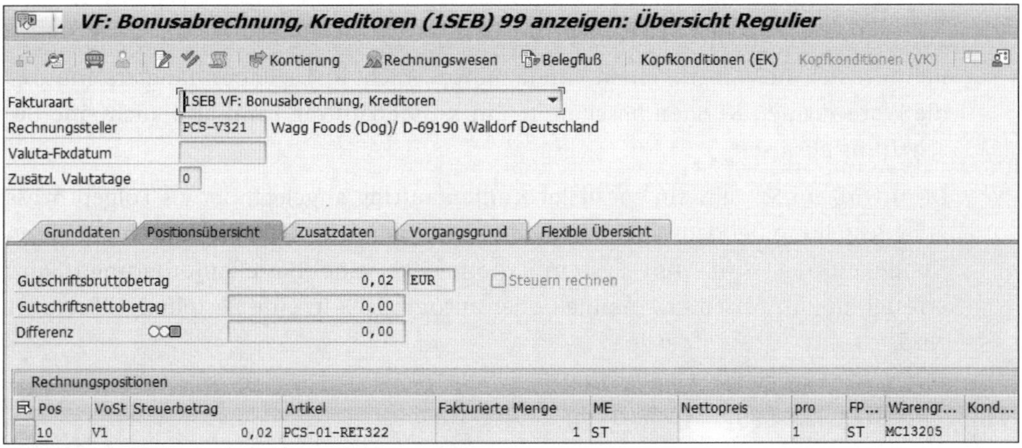

Abbildung 4.43 Beleg für die Konditionskontraktabrechnung

Bei der Kontraktabrechnung werden die aufzulösenden Rückstellungen ermittelt. Die Rückstellungen werden mit der Abrechnung gebündelt auf den Rückstellungskonten gegengebucht. Der Regulierungsbeleg kann über die Nachrichtensteuerung z. B. als gedruckter Brief oder elektronische Nachricht ausgegeben werden.

4.1.7 Filialbeschaffung

Die Filialbeschaffung gliedert sich in den Prozess der Disposition (auch *Nachschub* oder *Material Requirements Planning*, MRP, genannt) und den der Bestellanlage. Bestellungen können auch über einen Aufteiler erfolgen, wie in Abschnitt 5.3.1, »Verteilungsplanung«, beschrieben. Oft werden diese Bestellungen von der Filiale an die Zentrale übertragen. Dies erfolgt entweder mithilfe eines mobilen Datenerfassungsgeräts (MDE), oder die Bestellungen werden im Warenwirtschaftssystem der Filiale erzeugt und sind dann direkt in SAP Retail verfügbar. Mithilfe mobiler Applikationen, wie z. B. Apps für den Filialauftrag und die Steuerung der Warenbewegungen, Warenverschiebungen etc., können Sie aus der Filiale direkt auf das SAP-Retail-System zugreifen und sind online mit diesem System verbunden. Vorteil dieser Technologie ist, dass Sie in der Filiale lediglich einen Browser bzw. ein WLAN als Infrastruktur benötigen.

Auf der Basis der Filialbestellungen wird anschließend eine Lieferung generiert und an das Lagerverwaltungssystem übertragen. Handelt es sich um Cross-Docking- bzw. Flow-through-Ware, werden die einzelnen Positionen der Lieferung in eine Sammelbestellung eingelesen.

4.2 Beschaffung im Rahmen der Kundenauftragsabwicklung

Befindet sich die Ware für einen Kundenauftrag nicht im Lager des Händlers, muss er die Ware für den Kunden beschaffen. Ein Kundenauftrag kann also auch eine Beschaffung auslösen.

Dazu wird im System ein spezieller Kundenauftrag angelegt, der als Folgeprozess eine Bestellung bei dem entsprechenden Lieferanten erstellt. Für diesen erstellten Kundenauftrag wird vom System automatisch eine Bestellanforderung (Banf) erzeugt, die im Anschluss manuell oder automatisch in eine Bestellung überführt wird.

[»]

Auftragsbezogene Beschaffung

Ob der Artikel auftragsbezogen beschafft werden muss oder nicht, ist eine Einstellung im Artikelstamm. Als Folge wird in der Auftragsposition der entsprechende Positionstyp ermittelt, der wiederum dafür sorgt, dass für diesen Artikel in dieser Menge automatisch eine Banf angelegt wird.

Ein bestimmter Vertriebsbereich nimmt diesen Kundenauftrag bzw. Terminauftrag entgegen und ist damit für die Erfüllung dieses Auftrags verantwortlich. Der Verkauf an den (anonymen) Endverbraucher erfolgt über ein POS-System (Point of Sale) in der Filiale. In SAP Retail wird dieser Prozess durch eine andere Funktion unterstützt, die wir in Kapitel 6, »Verkaufsprozesse und Point of Sale«, erläutern. Abbildung 4.44 zeigt den Ablauf der Beschaffung für einen Kundenauftrag.

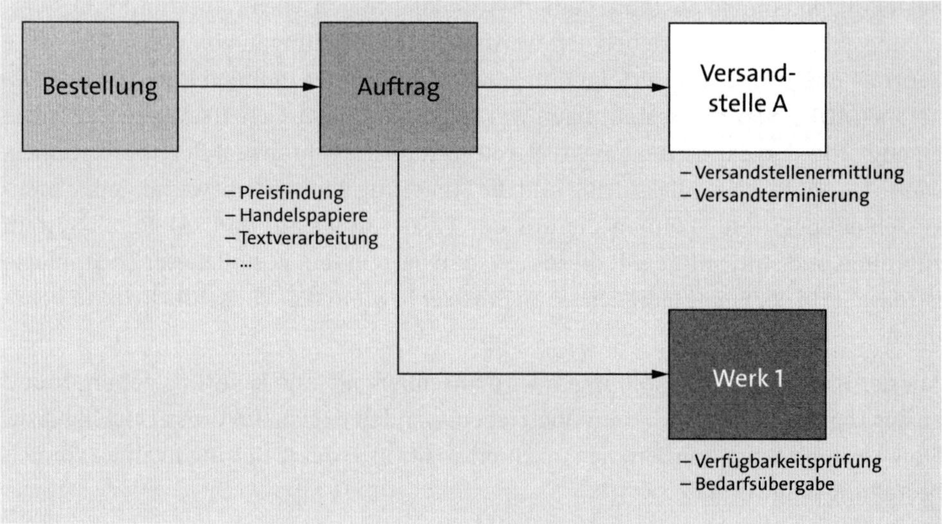

Abbildung 4.44 Ablauf der Beschaffung im Rahmen der Kundenauftragsabwicklung

4.2.1 Grundfunktionen

Folgende Grundfunktionen kann das System während der Auftragsbearbeitung ausführen:

- Überwachung des Verkaufsvorgangsstatus
- Unvollständigkeitsprüfung
- Verfügbarkeitsprüfung für Artikel
- Preisfindung und Ermittlung der Steuern
- Kreditlimitprüfung
- Versandterminierung
- Erstellen ausgedruckter oder elektronisch übermittelter Belege

Je nach Systemeinstellung können gewisse Prozesse vollautomatisch ablaufen oder manuell angestoßen werden.

Daten aus den Grundfunktionen (z. B. Versandtermin, bestätigte Menge, Preise) werden in den Verkaufsbeleg übernommen, können angezeigt und in einigen Fällen in der Folgeverarbeitung geändert werden. Für den Barverkauf hält SAP Retail eine besonders »schlanke« Version der Auftragsbearbeitung vor. Sobald der Auftrag erfasst ist, wird automatisch die Rechnung gedruckt, und der Kunde erhält sofort seine Ware. Diese Prozesse werden über die Auftragsart gesteuert, die im Customizing gepflegt wird.

Bei den erstellten Verkaufsbelegen handelt es sich um Einzelbelege. Jeder Einzelbeleg kann jedoch zu einer Kette von zusammengehörigen Belegen gehören. Es kann z. B. eine Anfrage per Telefon angenommen werden. Der Kunde wünscht daraufhin ein Angebot, das Sie mit Bezug zur Anfrage anlegen. Anschließend erteilt der Kunde Ihnen aufgrund des Angebots einen Auftrag, und Sie legen den Auftrag mit Bezug zum Angebot im System an (mit möglichen Änderungen). Sie liefern die Ware und stellen diese in Rechnung. Nach Lieferung der Ware wird diese reklamiert, und der Kunde fordert eine Erstattung für die defekte Ware. Daraufhin erstellen Sie eine kostenlose Nachlieferung mit Bezug zum Kundenauftrag.

Der gesamten Belegkette – Anfrage, Angebot, Auftrag, Lieferung, Rechnung und die kostenlose Nachlieferung – bildet den sogenannten *Belegfluss* über die gesamte Auftragshistorie. Dadurch wird manueller Aufwand reduziert, und es wird eine Übersichtlichkeit der zueinander gehörenden Belege gewährleistet. Abbildung 4.45 zeigt einen solchen Belegfluss.

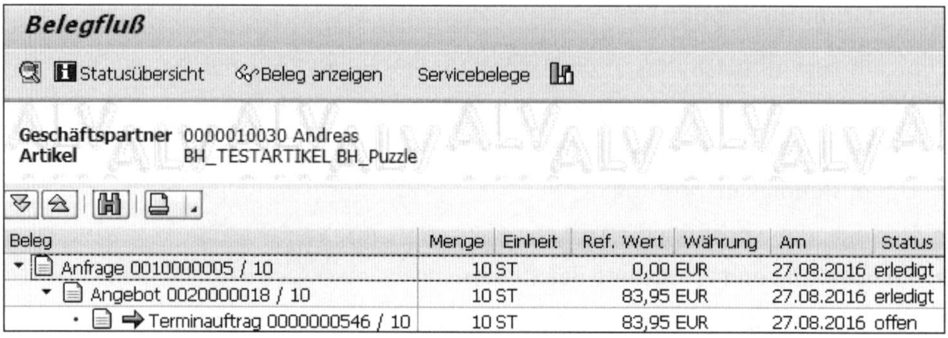

Abbildung 4.45 Statusübersicht im Kundenauftrag

4.2.2 Lieferung

Der *Lieferbeleg* ist Bestandteil der SAP-Komponente für den Versand und dient der Vorbereitung der Warenausgangsbuchung (siehe Abbildung 4.46). Er folgt in der Regel einem Vorgänger(-beleg). In diesem Abschnitt ist der Beleg dem Objekt Kundenauftrag für den Warenausgangsprozess zugeordnet. Man spricht deshalb auch vom *Auslieferungsbeleg*. Ein anderer Vorgänger ist die Umlagerungsbestellung.

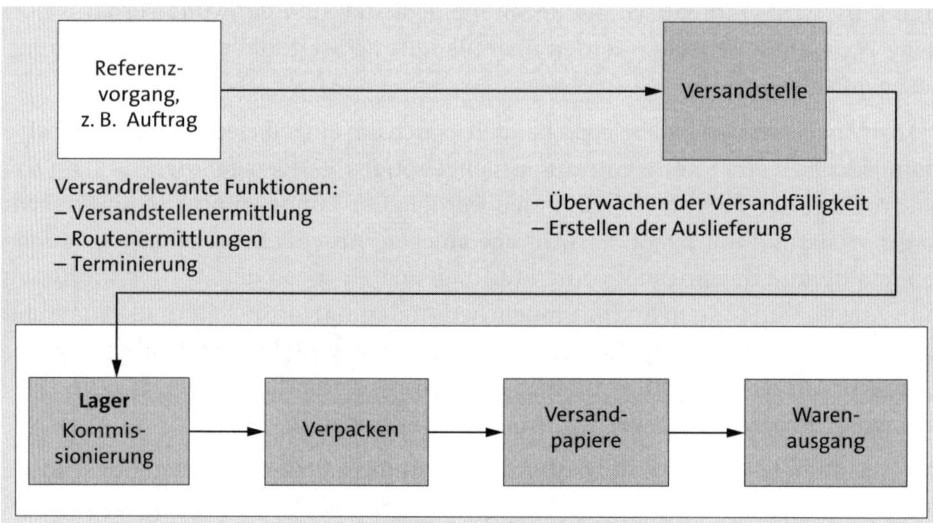

Abbildung 4.46 Lieferung als Element des Versandprozesses

Da der Lieferbeleg sich auf die Vorgänger bezieht, übernimmt er häufig für die Erstellung der Lieferung schon die in den Vorgängerobjekten festgelegten Parameter auf Basis der Stammdaten, z. B.:

- Partner aus dem Kundenauftrag, wie z. B. den Warenempfänger

- Versandbedingungen, Route
- Wunschlieferdatum

Voraussetzung für die Übernahme der Daten sind die gepflegten *Kopiersteuerungen* im Customizing.

Der Lieferbeleg gliedert sich in Kopf- und Positionsdaten. Ein weiteres Strukturmerkmal ergibt sich durch die unterschiedlichen integrativen Funktionsumfänge wie Kommissionierung, Verpacken etc. Die Daten zu diesen Funktionen sind dabei jeweils auf Registern des Lieferbelegs angeordnet. Abbildung 4.47 zeigt einen Lieferbeleg.

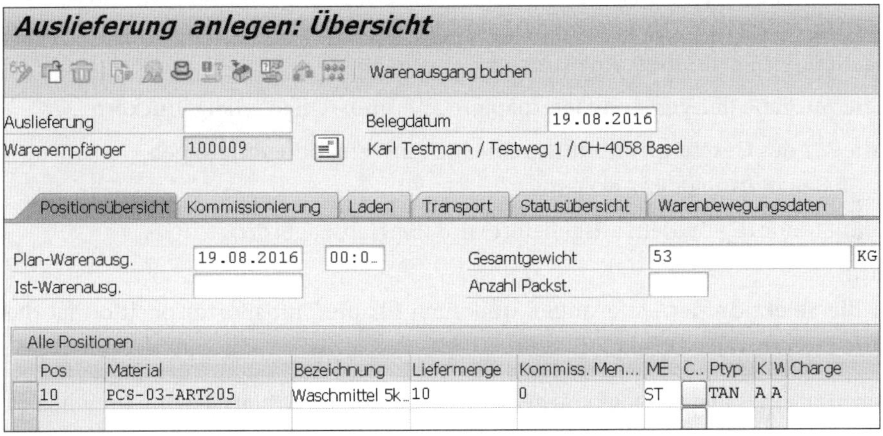

Abbildung 4.47 Beispiel für einen Lieferbeleg

Lieferungen lassen sich auf drei Wegen anlegen:

- **Manuell im Dialog**
  Hier wird manuell eine Folgebelegerstellung zum Kundenauftrag angelegt.
- **Sammelgang versandfälliger Auslieferungen**
  Bei diesem Verfahren werden mehrere Belege in einem Verarbeitungsschritt gesammelt, weil z. B. mehrere Aufträge zu einer Lieferung für den Warenempfänger zusammengefasst werden. Dabei werden Vorgängerbelege mittels des dafür vorgesehenen Reports bzw. Programms in einen Vorrat selektiert, die die vorgegebenen Kriterien, wie z. B. Versandstelle und Lieferdatum, erfüllen. Aus der erstellten Vorratsliste können dann für die gewünschten Aufträge die Lieferungen erzeugt werden.
- **Batch-Verarbeitung**
  Hier laufen ausgewählte Programmvarianten des Reports im Hintergrund. Die Programmvarianten nutzen die einmal festgelegten Parameter der Selektionsfelder für die Verarbeitung mit dem speziellen Batch-Report. Der Programmlauf kann dann mit den in der jeweiligen Variante definierten Selektionen wiederholt periodisch, d. h. zu definierten Uhrzeiten, ausgeführt werden.

Zentrale Elemente und Funktionen der Lieferung sind die Versandstelle und die Route:

- **Versandstelle**
  Ein zentrales Selektionskriterium der versandfälligen Lieferbelege ist die Versandstelle. Sie ist eine Organisationseinheit in der Logistik, um eine differenzierte Bearbeitung des Versandgeschäfts durchzuführen.

  Kriterien, die die Definition möglicher unterschiedlicher Versandstellen bedingen, sind z. B.:

  - die Versanddisposition mit Unterschieden in der Dauer der Ladungs- und Rüstprozesse, also mit Unterschieden der Lade- und Richtzeiten und damit einhergehenden Versandterminierungen
  - die Ausgabe der Versand-Lieferpapiere auf unterschiedlichen Druckern
  - die Art des Geschäfts mit unterschiedlichen Versandbedingungen, z. B. Belieferung oder Abholung
  - der Standort, von dem ausgeliefert wird (Betrieb, Lagerort)
- **Route**
  Für die Selektion der Lieferungen und auch für die Transportdisposition ist die Route ein zentrales Objekt.

Die Termine eines Lieferbelegs spiegeln die notwendigen Arbeitsschritte im Versand und den Transportprozessen wider. Sie dienen dazu, dem Kunden den gewünschten machbaren Liefertermin (*Wunschlieferdatum*) zu berechnen und zu bestätigen.

Wichtige Arbeitsschritte und Zeiten sind:

- Die *Artikelbereitstellung* für den Beginn der Kommissionierung. Ausgehend vom Wunschlieferdatum, erfolgt über eine Rückwärtsrechnung mit den Zeiten für Kommissionierung, Verladen etc. die Ermittlung des spätesten Starttermins für den Beginn der Kommissionierung.
- Kommissionierung und Verpacken mit *Richtzeit* als Dauer dieser Vorgänge
- *Lade- und Transitzeit* für das reine Verladen und den Transport zum Kunden im Rahmen der Transportdisposition

Hilfestellung bietet ein *Auslieferungsmonitor* (Transaktion VL06O), mit dem die unterschiedlichen Arbeitsschritte termingerecht überwacht und bearbeitet werden können. Dabei ist zu berücksichtigen, dass nur die im Lieferbeleg mit Relevanzkennzeichen ausgeprägten Schritte bearbeitet werden müssen. Sind die Schritte erfolgreich bearbeitet, erhalten diese, und zuletzt auch der Lieferbeleg insgesamt, den Status **Abgeschlossen**.

4.2.3 Einsatzmöglichkeiten

Ziel der Bearbeitung eines Kundenauftrags ist es, Auftragsdaten zu erfassen und folgende Funktionen auszuführen. Daraus ergeben sich die folgenden Einsatzmöglichkeiten:

- **Preisfindung**
  Nettopreise für Artikel können sich aus mehreren Konditionen zusammensetzen. Vom Bruttopreis ausgehend, wird über Zu- und Abschläge der Nettopreis berechnet. Zusätzlich fließt die Ermittlung der Steuern mit ein.
- **Aktionsfindung**
  Automatisch ermittelt das System die Zugehörigkeit des Artikels zu einer Aktion und dem zugehörigen Aktionspreis.
- **Verfügbarkeitsprüfung**
  Bei der Auftragserfassung kann einem Liefertermin nur zugestimmt werden, wenn die Artikel rechtzeitig für alle Prozesse vor der Lieferung zur Verfügung stehen.
- **Bedarfsübergabe**
  Das System informiert die Disposition über die vom Vertrieb benötigten Mengen der eingegangenen Kundenaufträge. Ist die Verfügbarkeit nicht gewährleistet, um den Bedarf zu decken, können im Rahmen der Autodisposition Bestellungen erzeugt werden.
- **Versandstellenfindung/Routenermittlung**
  Die für die Lieferung zuständige Versandstelle und die zugehörige Route zur Belieferung werden vom System automatisch ermittelt.
- **Kreditlimitprüfung**
  Wird bei der Kundenauftragsanlage ermittelt, dass der Kunde mit seinem Auftrag sein Kreditlimit überschreitet, kann das System den Beleg zunächst zur weiteren Bearbeitung sperren. Je nach Einstellung der Allokationstypen können diese Belege dann auch nicht zugeteilt bzw. beliefert werden.

Bei der Kundenauftragsanlage schlägt das System automatisch Daten aus den jeweiligen Stammsätzen vor. Aus dem Debitorenstammsatz des Auftraggebers werden Verkaufs- und Versanddaten, Preisfindungs- und Daten zur Fakturierung vorgeschlagen. Zusätzlich kopiert das System Stammdaten zu Texten, Partnern und Ansprechpartnern beim Kunden in den Beleg. Aus dem Artikelstammsatz werden vom System je Position im Kundenauftrag z. B. Daten der Preisfindung, Gewichts- und Volumenbestimmung und Versandterminierung vorgeschlagen.

Die vom System vorgeschlagenen Daten können, falls nötig, auch manuell geändert bzw. neu hinzugefügt werden (siehe Abbildung 4.48). Außerdem ist es möglich, einen neuen Kundenauftrag mit Bezug zu einem schon existierenden Beleg anzulegen. Aus einem vom Kunden akzeptierten Angebot kann dann das System alle relevanten Daten in den Auftrag automatisch übernehmen.

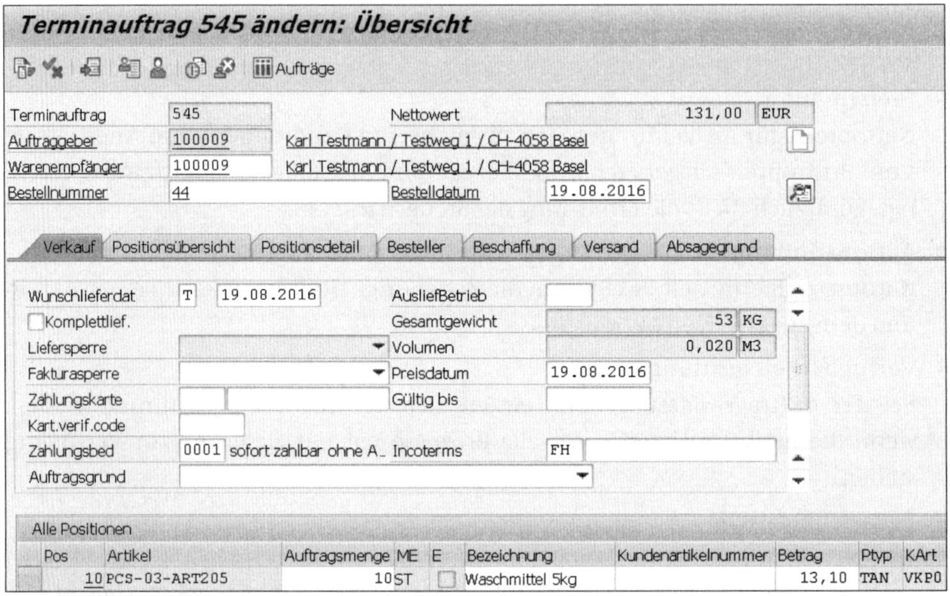

Abbildung 4.48 Kundenauftrag ändern

4.2.4 Kundenauftrag anlegen

Um einen Kundenauftrag anzulegen, gehen Sie folgendermaßen vor:

1. Sie erfassen zunächst auf Kopfebene den Auftraggeber bzw. Warenempfänger oder übernehmen die Daten aus einem Vorgängerbeleg (z. B. Angebot). Nun ermittelt das System Positionseinteilungen, Versandstelle und Route.
2. Anschließend geben Sie auf Positionsebene die Artikelnummer und die zugehörige Auftragsmenge ein.
3. Nach Bestätigung der Eingabe findet die Verfügbarkeitsprüfung statt. Bei nicht vollständiger Lieferbarkeit einer Position gelangen Sie in ein separates Bild, in dem Sie zwischen mehreren Liefervorschlägen wählen können.
4. Möchten Sie noch weitere Daten auf Kopf- oder Positionsebene erfassen, wählen Sie die entsprechenden Registerkarte, um in das Bild zu gelangen. Sollen Daten für eine bestimmte Position geändert werden, markieren Sie diese Position, bevor Sie die gewünschte Registerkarte wählen.
5. Haben Sie alle erforderlichen Daten erfasst, sichern Sie den Beleg.

[«]

Bedeutung des Kundenauftrags für das Omni-Channel Retailing

Der Kundenauftrag mit seinen Komponenten und Folgeprozessen (z. B. Fakturierung) ist die Basis für eine effiziente Abwicklung der rückwärtigen Logistik im Omni-Channel Retailing. Im Zusammenhang mit einer integrierten Funktionsweise von SAP Retail, SAP CAR als Repository für sämtliche Verkaufstransaktionen, der SAP Hybris Commerce und weiterer Module (siehe auch Kapitel 10, »Omni-Channel Retailing«) ist der Kundenauftrag für die unterschiedlichen Szenarien wie Click & Ship oder Click & Collect von zentraler Bedeutung.

4.3 Nachrichtensteuerung in der Beschaffung

Mithilfe der Nachrichtensteuerung ist es möglich, zu steuern, welche Formulare und Nachrichten wann auf welche Weise erzeugt und an wen sie geschickt werden sollen. Die Verarbeitung kann auf verschiedene Weise erfolgen, z. B. als Workflow, per E-Mail, über einen IDoc-Versand im Rahmen des Electronic Data Interchanges (EDI) oder für die Druckausgabe. Die Materialwirtschafts- und Vertriebskomponenten innerhalb von SAP Retail (MM und SD) bedienen sich der Nachrichtensteuerung, wenn es um die Ausgabe oder den Versand von Nachrichten geht.

4.3.1 Nachrichtenkonditionssätze für eine Bestellung anlegen

Mit der Erzeugung einer Bestellung wird eine Lieferanforderung für eine bestimmte Ware zu einem bestimmten Datum an den Lieferanten gestellt. Diese Bestellung wird vom SAP-Retail-System in eine Nachricht umgewandelt. Aus dieser Nachricht wird dann ein IDoc generiert und an den Lieferanten übermittelt.

Um eine nachträgliche Änderung einer Bestellung zu ermöglichen, wird die Nachricht mit Änderungskennzeichen an den Lieferanten übermittelt. Die Nachrichtensteuerung benötigt dazu keine weiteren Angaben. Anhand der Auswertung des Änderungskennzeichens in der *Partnervereinbarung*, die im Lieferantenstamm gepflegt wird, wird der passende IDoc-Nachrichtentyp verwendet. Alle Details für die Generierung eines IDocs werden in der Partnervereinbarung gepflegt.

Dies wollen wir an der Anlage eines Nachrichtensatzes aus Kundensicht veranschaulichen. Zunächst wird der Nachrichtensatz gepflegt. Dabei müssen Sie beachten, dass die Partnerrolle identisch mit der Partnerrolle in der Partnervereinbarung ist:

1. Als Erstes wählen Sie eine **Nachrichtenart**. SAP stellt verschiedene vordefinierte Nachrichtenarten zur Verfügung. Es können aber über das Customizing auch weitere Nachrichtenarten gepflegt werden. Wählen Sie für dieses Beispiel die Nachrichtenart **NEU**, und bestätigen Sie diese mit [↵] (siehe Abbildung 4.49).

Abbildung 4.49 Nachrichtenkonditionssätze anlegen

2. Automatisch öffnet sich das Dialogfenster mit den möglichen Schlüsselkombinationen. Wählen Sie eine Schlüsselkombination aus, und bestätigen Sie diese (siehe Abbildung 4.50). Eine Schlüsselkombination definiert die Ebene, auf der die Nachricht abgelegt wird (z. B. die Ebene des Lieferanten oder der Einkaufsorganisation).

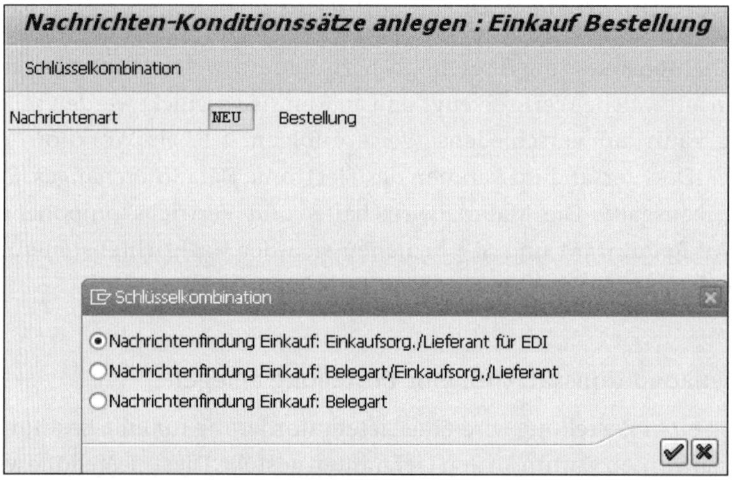

Abbildung 4.50 Schlüsselkombination

[»]

Schlüsselkombinationen im Customizing festlegen

Im Customizing können Sie einstellen, ob und welche Schlüsselkombinationen hier angeboten werden. Diese können bei Bedarf um weitere Schlüsselkombinationen erweitert werden, was ebenfalls im Customizing über den folgenden Pfad erfolgt:

Materialwirtschaft • Einkauf • Nachrichten • Ausgabesteuerung • Konditionstabellen • Konditionstabelle für Bestellung festlegen

3. Es öffnet sich das Bild **Konditionssätze (Bestellung) anlegen: Schnellerfassung**. Hier muss abhängig von der gewählten Schlüsselkombination der Schlüssel angegeben werden (siehe Abbildung 4.51).

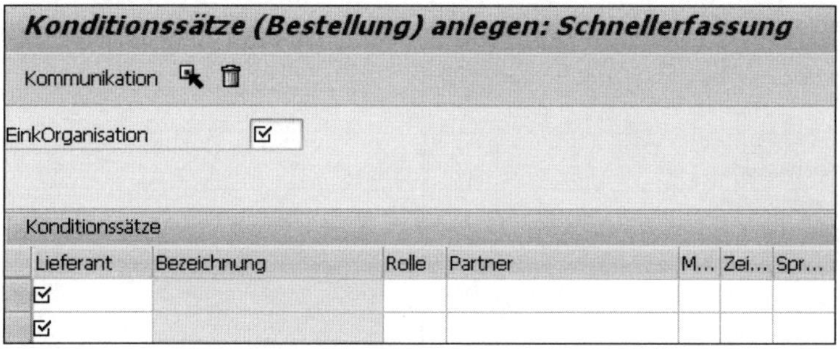

Abbildung 4.51 Schnellerfassung der Konditionssätze

4. Nun pflegen Sie die Nachrichtensätze für die Einkaufsbelegart. An dieser Stelle werden das spätere Sendemedium (z. B. EDI), der Versandzeitpunkt und die Partnerrolle festgelegt (siehe Abbildung 4.52).

Abbildung 4.52 Nachrichtensätze für die Einkaufsbelegart pflegen

5. Abschließend sichern Sie die Nachrichtensätze, indem Sie die [↵]-Taste drücken.

4.3.2 Nachrichtenart anpassen

Mithilfe von Übersichtstransaktion NACE lassen sich Nachrichten anpassen und modifizieren. Alle Einstellungen rund um die Nachrichtensteuerung in Materialwirtschaft und Vertrieb in SAP Retail werden hier vorgenommen. Wir zeigen dies im Folgenden am Bespiel der Nachrichtenart für die Übermittlung eines Lieferscheins.

1. Das Einstiegsbild **Konditionen der Nachrichtensteuerung** ist in vier Unterkategorien (**Konditionssätze**, **Schemata**, **Nachrichtenarten** und **Zugriffsfolge**) und eine Liste mit Applikationen unterteilt. Möchten Sie die Nachrichtenart für eine Applikation anpassen, müssen Sie diese in der Liste auswählen. Möchten Sie z. B. den Lieferscheindruck verändern, wählen Sie **V2 Versand** aus der Liste (siehe Abbildung 4.53).

Abbildung 4.53 Konditionen der Nachrichtensteuerung

2. Im Anschluss wechseln Sie zur Kategorie **Nachrichtenarten**. Es öffnet sich das Fenster **Nachrichtenarten anzeigen: Übersicht** (siehe Abbildung 4.54).
3. In der Liste der Nachrichtenarten finden Sie den Eintrag **LD00 Lieferschein**. Markieren Sie diese Zeile, und öffnen Sie per Doppelklick die Verarbeitungsroutine aus der Dialogstruktur (siehe Abbildung 4.55).
4. Sie gelangen zum Bild **Verarbeitungsroutinen ändern: Übersicht** (siehe Abbildung 4.56). In dieser Maske können Sie ein Druckprogramm, eine Formroutine oder ein Formular zuweisen oder ändern. Das Druckprogramm bestimmt die Formulartechnologie des Formulars. In der Spalte **Art** wird der Formulartyp gewählt, z. B. **PDF** für SAP Interactive Forms by Adobe.

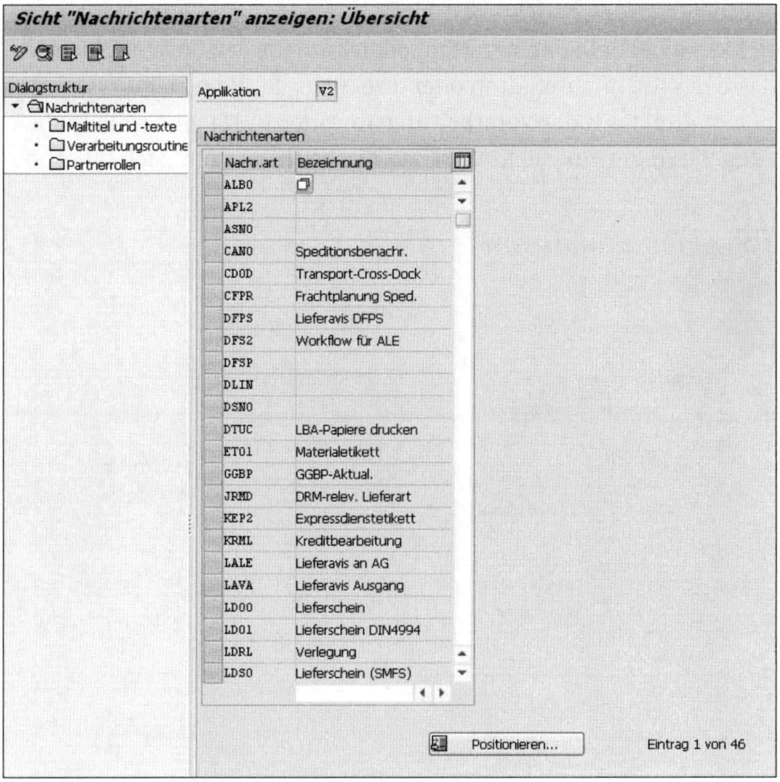

Abbildung 4.54 Übersicht der Nachrichtenarten

Abbildung 4.55 Sicht »Verarbeitungsroutinen«

Abbildung 4.56 Übersicht »Verarbeitungsroutinen ändern«

5. Weitere Einstellungen zur Nachrichtenart können Sie im Detailbild vornehmen. Dieses können Sie entweder über einen Doppelklick auf die gewünschte Nachrichtenart in der Liste der Nachrichtenarten oder direkt aus der Verarbeitungsroutine heraus öffnen. Um direkt aus der Verarbeitungsroutine zur Nachrichtenart abzuspringen, klicken Sie in der Übersicht links auf **Nachrichtenarten** (siehe in Abbildung 4.57).

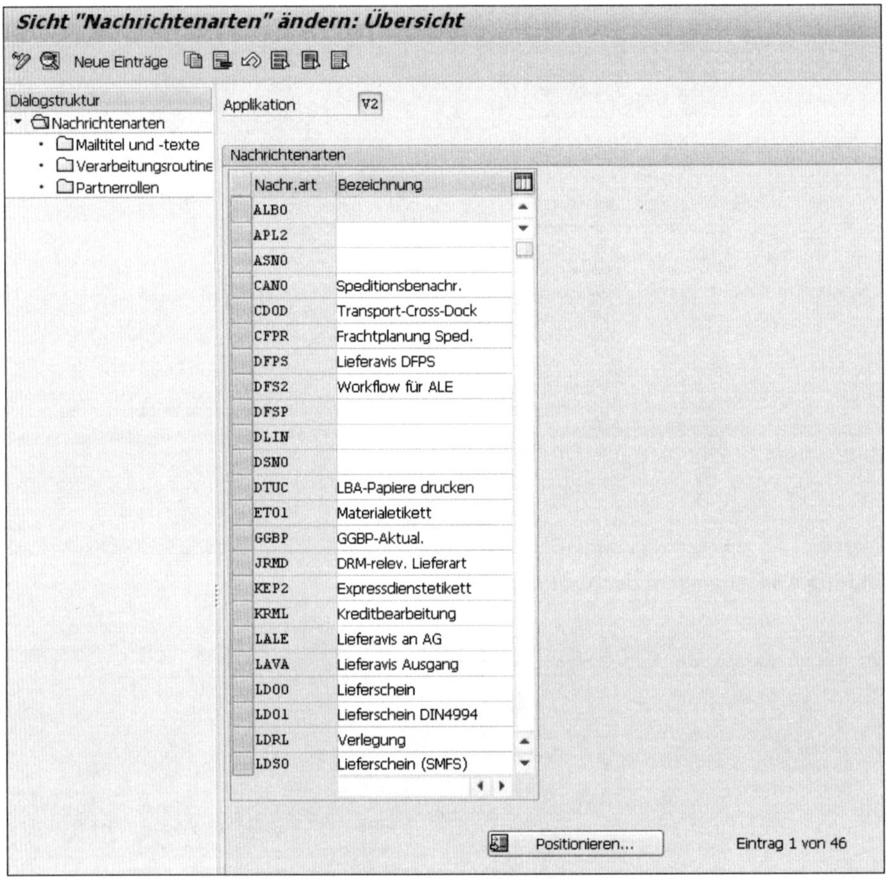

Abbildung 4.57 Weitere Einstellungen zur Nachrichtenart

6. Das Detailbild enthält mehrere Registerkarten (siehe Abbildung 4.58). Auf der Registerkarte **Allgemeine Daten** werden die Zugriffsfolge für die Konditionen sowie der Konditionszugriff eingestellt. Die Zugriffsfolge steuert folgende Parameter:
   - welche Konditionstabellen im Rahmen der Nachrichtensteuerung auf Konditionssätze zugreifen
   - in welcher Reihenfolge der Zugriff auf Konditionstabellen erfolgt
   - welche Feldinhalte gelesen werden

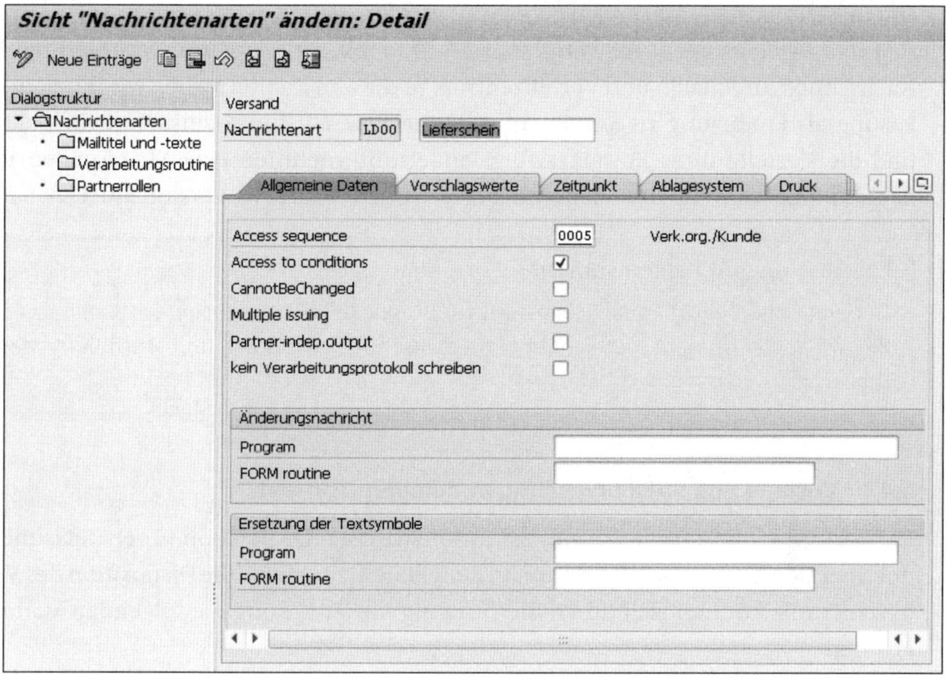

Abbildung 4.58 Allgemeine Daten Nachrichtenarten

Die weiteren Registerkarten bieten noch diverse Einstellmöglichkeiten, wie z. B. für das Verhalten beim Versand per E-Mail oder bei der Archivierung von Nachrichten.

4.4 SAP Forecasting and Replenishment

Handelsunternehmen stehen vor der Herausforderung, eine möglichst hohe Warenverfügbarkeit zu erzielen und dabei die Abschriften möglichst gering zu halten. Denn hohe Lagerbestände bedeuten hohe Kapitalbindungskosten. Die Kundenbedürfnisse am richtigen Ort und in der richtigen Zeit befriedigen zu können setzt exakte Prognosen für den Abverkauf voraus. Der zukünftige Absatz hängt von vielen Faktoren ab, wie z. B.:

- Feiertagen wie Ostern und Weihnachten
- Sport-Events (z. B. Fußballweltmeisterschaft)
- Handelsaktionen in der Filiale
- Wetter
- Schulferien
- Saisons

Um diesen Herausforderungen gerecht zu werden, stellt SAP die Lösung *SAP Forecasting and Replenishment for Retail* (SAP F&R) bereit. Sie dient zur Optimierung des Nachschubs für Filialen und Verteilzentren. In diesem Kapitel stellen wir Ihnen diese Lösung als Ergänzung zu SAP Retail vor. Wir gehen auf ihre Einsatzmöglichkeiten und die Vorteile ihres Einsatzes für Handelsunternehmen ein. Wir beziehen uns dabei auf die während der Entstehung dieses Buches aktuelle Version SAP F&R 5.2.

[»]

Forecasting und Replenishment

Der englische Begriff *Forecasting* steht für Prognose oder Vorausberechnungen. Der Begriff *Replenishment* bezeichnet die Nachschubabwicklung und Auffüllung des Lagers.

4.4.1 Vorteile von SAP Forecasting and Replenishment

SAP F&R ist eine zentrale Lösung zur automatischen Disposition für Handelsunternehmen. Sowohl für die Disposition in der Filiale als auch für die Disposition des Verteilzentrums können sich durch die Nutzung dieser Lösung die folgenden Vorteile ergeben:

- **Bessere Bestellmengen durch präzise Prognosen**
  Geeignete Prognosemodelle werden unter Berücksichtigung aller Einflussfaktoren, Lieferantenrestriktionen und logistischer Rundungen automatisch ausgewählt und angewendet. Das Resultat sind bessere Bestellmengen.
- **Hoher Automatisierungsgrad**
  Durch präzise Bestellvorschläge kann ein großer Teil von Bestellvorschlägen automatisiert freigegeben werden. Das heißt, der Disponent muss nicht jeden Artikel am Bestelltag betrachten. Bestellvorschläge mit besonderen Vorkommnissen bedürfen der Aufmerksamkeit des Disponenten.
- **Reduzierung von Out-of-Stock-Situationen**
  Unter Berücksichtigung von Einflussfaktoren wird der Absatz präzise prognostiziert, sodass keine Regallücken entstehen. Dies gilt auch im Zeitraum einer Handelsaktion oder einer Saison.
- **Analysemöglichkeiten zur Optimierung des Nachschubs**
  SAP F&R liefert standardmäßig Kennzahlen an SAP BW, z. B. Über- und Unterbestände, Reichweitenentwicklung, Entwicklung des Servicegrads etc. Diese Kennzahlen können Sie dann mithilfe der SAP-Reporting-Tools auswerten.
- **Reduzierung von Abschriften**
  Präzise Prognosen gewährleisten, dass die Bestellmengen den zukünftigen Absatzmengen entsprechen. Auf diese Weise können die Abschriften reduziert werden.

- **Kooperation mit Herstellern**
  Für bestimmte Produkte können dem Hersteller Prognosedaten zur Verfügung gestellt werden, damit die Produktion und somit die termingerechte Lieferung sichergestellt werden können.

4.4.2 Funktionen im Überblick

SAP F&R ist sowohl für die Planung des Nachschubs für die Filialen als auch die Verteilzentren geeignet. Integrative Szenarien zwischen Filiale und Verteilzentren (*Multi-Echelon-Optimierung*) sind ebenfalls möglich. Dabei werden Bestände in der gesamten Lieferkette berücksichtigt. Als Multi-Echelon-Optimierung bezeichnet man eine innovative Form der Bestandsoptimierung. Die Lieferkette wird dabei nicht als Kette vieler Einzelprozesse betrachtet, sondern als Einheit mit dem Ziel, die Bedürfnisse des Kunden mit minimalen Lagerbeständen zu bedienen.

Für Disponenten in der Filiale steht die SAP-Fiori-App *Order Products* zur Bearbeitung der Bestellvorschläge auf mobilen Endgeräten zur Verfügung. In dieser App werden neben den Bestellvorschlägen auch die Prognosen sowie die Ausnahmen aus SAP F&R angezeigt (siehe Abbildung 4.59).

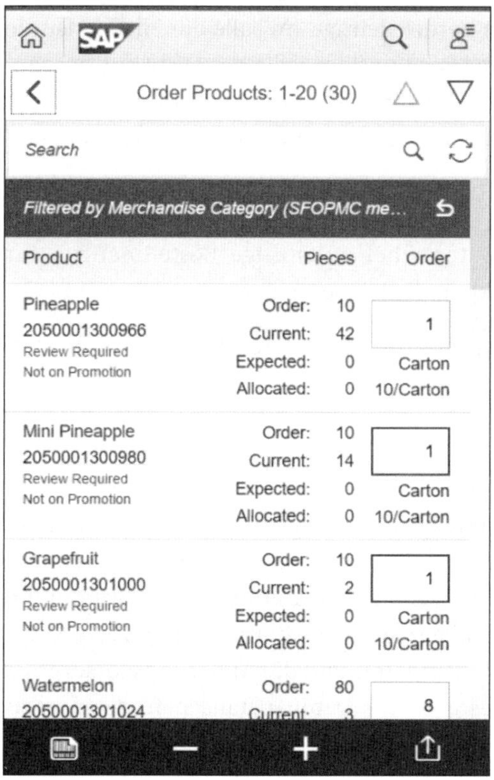

Abbildung 4.59 SAP-App »Order Products«

Neben dieser mobilen Lösung steht eine webbasierte Dispositions-Workbench für die Mitarbeiter in den Filialen bereit. In dieser Workbench können die Bestellvorschläge überwacht und bearbeitet werden.

Für Mitarbeiter in der Zentraldisposition steht die Dispositions-Workbench in SAP F&R zur Verfügung, über die ebenfalls Bestellvorschläge verwaltet und bearbeitet werden können. In Abschnitt 4.4.8 stellen wir Ihnen diese Workbench vor. Zum Austausch der Prognosedaten mit Herstellern sowie zur Verwaltung und Planung von Warenflüssen und -beständen bietet SAP F&R eine Funktion für das *Collaborative Planning Forecasting and Replenishment* (CPFR). Zentrale Aufgabenstellungen des CPFR sind das gemeinsame Planen der Warenverkäufe an die Konsumenten sowie die gemeinsame Planung von verkaufsfördernden Maßnahmen (z. B. Promotionen, Handelsaktionen und Preisreduktionen). Dadurch reduziert sich für alle Beteiligten in der Wertschöpfungskette das Risiko. Für den Lieferanten liegt der Nutzen in der optimalen Auslastung seiner Produktionskapazitäten, für den Händler in einer höheren Verfügbarkeit der Waren und einem geringeren Über- bzw. Unterbestandsrisiko.

Sie können folgende Arten von Prognosen für das CPFR erstellen:

- **Taktische Prognose**
  Bei einer taktischen Prognose sind die Auswirkungen von Bedarfseinflussfaktoren (wie z. B. Events oder Aktionen) bereits berücksichtigt. Im Falle der Filialen ist die taktische Prognose eine Abverkaufsprognose und im Falle der Distributionszentren eine Warenausgangsprognose. Der Lieferant hat dadurch die Möglichkeit, auf den jeweiligen Bedarf des Händlers zu reagieren bzw. auf diesen Einfluss zu nehmen.
- **Taktische Bestellprognose**
  Diese Prognose enthält detaillierte Daten über zukünftige Bestellmengen für externe Lieferanten, die Produkte direkt an die Filialen liefern.

Sie können Ihrem Lieferanten den Zugriff auf die CPFR-Daten für bestimmte Produkte freigeben.

4.4.3 Stammdatenbeschaffung

SAP F&R benötigt Stammdaten aus den angebundenen Systemen, denn es ist nicht möglich, alle Stammdatenobjekte in SAP F&R selbst anzulegen. SAP F&R bietet daher Eingangsschnittstellen für Stammdaten. Ist als stammdatenführendes System ein SAP-Retail-System angeschlossen, werden alle relevanten Stammdaten in SAP Retail ermittelt. Die für das initiale Laden der Stammdaten und die Änderungsversorgung benötigten Programme werden bereitgestellt. Der Datenaustausch findet mittels *Remote Function Call* (RFC) statt.

Folgende Stammdatenobjekte können an SAP F&R übertragen werden:

- **Betriebe und Lieferanten**
  Relevante Informationen wie z. B. die Zuordnung des Logistikkalenders, die Zeitzone des Kreditors, des Verteilzentrums und der Filiale werden an SAP F&R übermittelt.
- **Artikel**
  Neben den allgemeinen Daten des Artikels (Grunddaten, Mengeneinheiten, Texte etc.) werden Logistikdaten des Artikels (Bezug der Artikel und zugeordneter Betrieb) übermittelt. Außerdem wird die Funktionalität des Sammelartikels auf Variantenebene und des strukturierten Artikels auf Kopfebene unterstützt.
- **Warengruppen- und Artikelhierarchie**
  Die Knoten aus der Artikel- oder Warengruppenhierarchie werden ebenfalls übertragen und dienen in SAP F&R zur Selektion und Auswertung von Artikeln.
- **Bezugsquellen**
  Die Bezugsquellen werden in SAP F&R aus den in SAP Retail gepflegten Einkaufsinfosätzen (für den externen Nachschub) sowie den Logistikdaten des Artikels (für die interne Beschaffung) und dem Orderbuch ermittelt.
- **Beschaffungszyklus**
  Der Beschaffungszyklus definiert die möglichen Bestell- und Liefertage eines Artikels in einem Betrieb. Beschaffungszyklen werden aus den im Artikelstamm zugeordneten Bestell- und Lieferrhythmen und dem Logistikkalender ermittelt und in SAP F&R übertragen. Alternativ ist hier aber auch eine Anlage direkt in SAP F&R möglich.
- **Mengeneinheitengruppen und Rundungsprofile**
  Die in SAP Retail gepflegten Rundungsregeln und Rundungsprofile werden an SAP F&R übermittelt. Alternativ ist aber auch eine Anlage direkt in SAP F&R möglich.
- **Mindestbestellwert (Freigabeprofile)**
  Im Einkauf existieren nicht selten mengen- oder wertmäßige Bestelllimits. Dazu können die Freigabeprofile, die auf der Ebene des Lieferbetriebs, des Lieferantenteilsortiments oder des Lieferanten definiert sind, an SAP F&R übertragen werden.
- **Layoutbausteine**
  Daten aus der Regalplanung, wie der Präsentations- und Höchstbestand, werden ebenfalls übermittelt.
- **Handelsaktionen**
  Die in SAP Retail angelegten Aktionen werden an F&R als *Bedarfseinflussfaktor* (BEF) übertragen. Das können reine Handelsaktionen sein oder auch die Anzahl der belieferten Filialen im Szenario für den Nachschub der Verteilzentren.

4.4.4 Architektur und Schnittstellen

SAP F&R ist eine Komponente von SAP Supply Chain Management (SAP SCM). Voraussetzung für die Nutzung von SAP F&R ist die Anbindung an ein ERP-System (z. B. SAP Retail) zur Versorgung mit den relevanten Daten. Das ERP-System kann auch ein Nicht-SAP-System sein, denn SAP F&R kann als eigenständiges SAP-System betrieben werden. Für Drittanbieter-ERP-Systeme bietet es die gleichen Standardeingangsschnittstellen.

Im Falle der Anbindung eines SAP-Retail-Systems ist die Integration der Systeme über die Standardschnittstellen sichergestellt. Abbildung 4.60 zeigt eine mögliche Systemarchitektur.

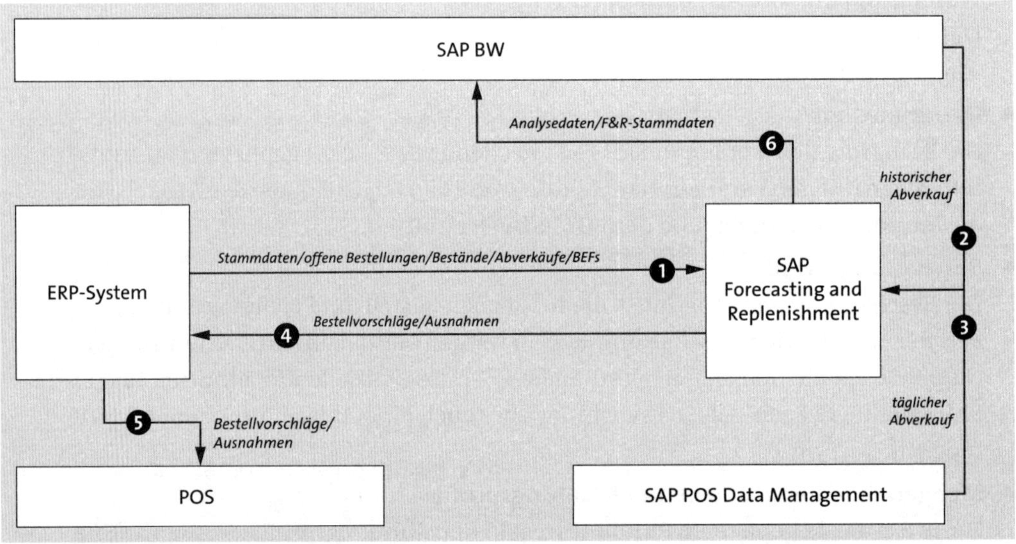

Abbildung 4.60 Übersicht der Schnittstellen einer möglichen Systemlandschaft

❶ Die einzelnen Komponenten kommunizieren wie folgt miteinander: SAP F&R wird aus dem stammdatenführenden System mit Stammdaten wie Artikeln, Betrieben, Lieferanten, Mengeneinheiten etc. versorgt. Ebenfalls werden Bestände, offene Bestellungen, BEFs und optional Abverkaufsdaten aus dem ERP-System übertragen

❷ Für die Prognoserechnung in SAP F&R wird eine Abverkaufshistorie über zwei Jahre benötigt. Als Quelle können mehrere Systeme dienen. Aus Performance-Gründen eignet sich das SAP-BW-System (SAP Business Warehouse), das Daten in der Regel über einen längeren Zeitraum bereithält, um die Historie in SAP F&R initial aufzubauen.

❸ Für die Planung der Filialen werden tägliche Kassendaten benötigt. Diese können direkt aus dem System *SAP POS Data Management* (SAP POS DM, siehe auch Abschnitt 6.2) in SAP F&R geladen werden. Dazu müssen die Daten nicht zuerst in SAP Retail verbucht werden. Es ist jedoch auch möglich, die Daten aus dem angeschlossenen SAP-Retail-System zu übertragen.

❹ Durch den Planungslauf in SAP F&R werden Bestellvorschläge erzeugt. Diese werden an SAP Retail übertragen und in Bestellungen umgewandelt. Aus SAP F&R selbst werden keine Aufträge an Lieferanten versendet. Die EDI-Verarbeitung findet wie gewohnt im ERP-System statt.

❺ Für die Filialdisposition können dem Filialmitarbeiter Bestellvorschläge auf den mobilen Geräten zur Bearbeitung bereitgestellt werden. Dort können auch die Ausnahmen, die während des Planungslaufs erzeugt wurden, angezeigt werden.

❻ Während des Planungslaufs werden Ausnahmemeldungen und bestimmte dispositive Kennzahlen ermittelt. Anschließend findet eine Übermittlung in das SAP-BW-System statt. Die Daten stehen dann dort zur Analyse über vordefinierte Berichte bereit.

4.4.5 Bedarfseinflussfaktoren prognostizieren

Das *Aktionsmanagement* spielt eine zentrale Rolle bei der Umsatzsteigerung und kann das Kaufverhalten der Kunden positiv beeinflussen. In der Regel führen Promotionen zu deutlich erhöhtem Abverkauf und setzen damit die gesamte Logistikkette unter Druck. Mit SAP F&R können Einflüsse zukünftiger Aktionen oder weiterer Ereignisse, wie etwa der Oster- und Weihnachtsperiode, automatisch prognostiziert werden. SAP F&R berücksichtigt in der Prognose eine Reihe von Bedarfseinflussfaktoren (BEFs).

[«]

Bedarfseinflussfaktor

Ein Bedarfseinflussfaktor beschreibt die grundlegenden Eigenschaften bestimmter Ereignisse oder Werte, die den Bedarf eines Produkts signifikant beeinflussen.

Sobald ein zukünftiger Bedarfseinflussfaktor für einen Artikel in einer Filiale gepflegt wird, analysiert das System den *BEF-Effekt* der vergangenen Auftritte dieses Faktors auf den Abverkauf. Je häufiger der gleiche Bedarfseinflussfaktor in der Vergangenheit vorkam, desto präziser ist die Prognose für das zukünftige Auftreten. Abbildung 4.61 zeigt als Beispiel eine Kurve, die einen solchen BEF-Effekt abbildet.

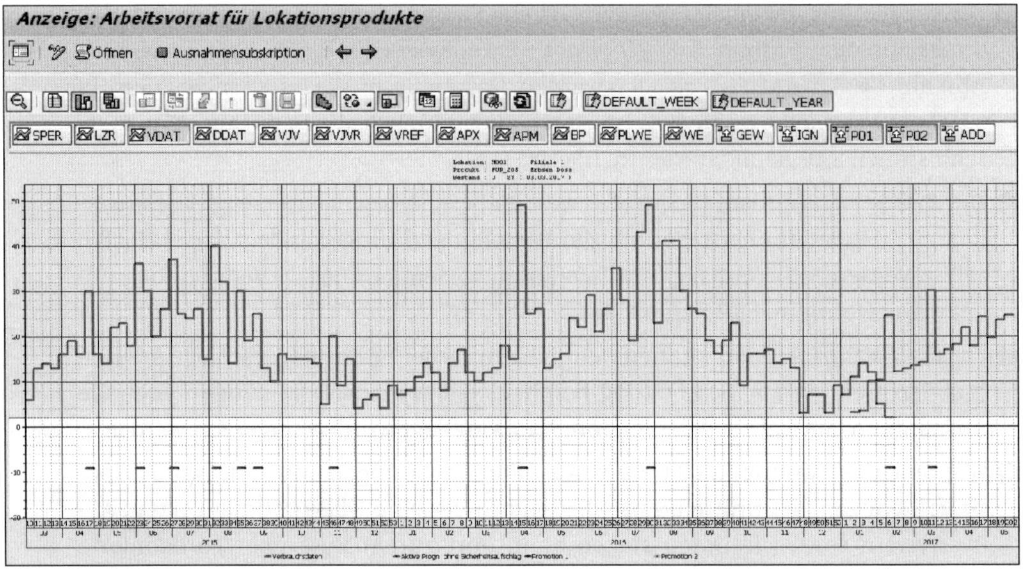

Abbildung 4.61 BEF-Effekt

Bedarfseinflussfaktoren lassen sich in zwei Gruppen unterteilen:

- **Reguläre Bedarfseinflussfaktoren**
  Der Effekt ergibt sich aus den in der Vergangenheit beobachteten Auftritten und Verbrauchsschwankungen. Folgende reguläre Bedarfseinflussfaktoren können unterschieden werden:
  - *Boolescher Bedarfseinflussfaktor*: Der Bedarfseinflussfaktor hat keinen zugewiesenen Wert. Das Ereignis findet statt oder nicht. Bei der Ermittlung dieses Bedarfseinflussfaktors wird die Vergangenheit betrachtet, und das System versucht, einen kausalen Zusammenhang zwischen dem zeitlichen Auftreten des Bedarfseinflussfaktors und dem Abverkauf herzustellen. Die Prognosegenauigkeit hängt von der Häufigkeit gleicher BEF-Auftritte in der Vergangenheit ab. Typische Beispiele für boolesche Bedarfseinflussfaktoren sind: Promotionen, Kalenderereignisse (Ostern, Weihnachten, Feiertage, Ferien etc.).
  - *Variable Saison*: Saisonale Schwankungen werden von SAP F&R automatisch erkannt und prognostiziert. Bei länger andauernden kalendarischen Effekten mit variablem Beginn kommt dieser BEF-Typ zum Einsatz. Auf Basis der Prognosen kann man z. B. früher oder später mit dem saisonalen Verkauf beginnen. Beispiele für diese Bedarfseinflussfaktoren sind die Erdbeer- und Spargelsaison.
  - *Metrischer Bedarfseinflussfaktor*: Dem BEF-Auftreten ist zu jedem Zeitpunkt ein Wert zugeordnet. Es wird ein Zusammenhang zwischen der Höhe dieses Wertes und dem Abverkauf hergestellt.

- *Verkaufspreis*: Der Verkaufspreis ist ein metrischer Bedarfseinflussfaktor. Es wird der Verkaufspreis aus dem angebundenen ERP-System verwendet. Für die Prognose wird der Zusammenhang zwischen dem Abverkauf und der Höhe des Verkaufspreises hergestellt.
- *Zeitreihe*: Eine Zeitreihe ist ebenfalls ein metrischer Bedarfseinflussfaktor, dabei wird der Wert als Zeitreihe abgelegt. Ein Beispiel für eine Zeitreihe ist die Anzahl der vom Verteilzentrum belieferten Filialen.

- **Korrektur-Bedarfseinflussfaktor**
  Die Korrekturfaktoren wirken sich auf die Prognose aus und werden durch Anwender manuell im System gepflegt, wenn das erforderlich ist.
  - *Additive und absolute Korrektur*: Der Korrekturwert wird zur Prognose addiert oder ersetzt diese.
  - *Multiplikative Korrektur*: Der Prognosewert wird mit einem vorgegebenen Faktor multipliziert und somit positiv oder negativ beeinflusst. Ein Beispiel für einen solchen Korrekturfaktor können die Auswirkungen von Bauarbeiten vor der Filiale sein, für die ein Faktor geschätzt wird. Ein weiterer Einflussfaktor, der so berücksichtigt werden könnte, wäre, dass eine benachbarte Filiale des Wettbewerbers wegen Umbauarbeiten schließt.

4.4.6 Forecasting and Replenishment Processor

Der *Forecasting and Replenishment Processor* (FRP) ist die Kernfunktion zur Berechnung des automatischen Nachschubs innerhalb von SAP F&R. Dieser Prozessor führt die folgenden Arbeitsschritte durch:

1. **Prognoserechnung**
   Die Prognoserechnung erfolgt mithilfe diverser statistischer Methoden, die individuell, je nach Drehklasse der zu berechnenden Artikel, angewendet werden.
2. **Bedarfsrechnung**
   Auf der Grundlage dieser Prognose wird anschließend unter Berücksichtigung des aktuellen Bestands sowie eventueller offener Wareneingänge der Bedarf für die zukünftigen Bedarfsperioden berechnet.
3. **Bedarfsmengenoptimierung**
   Abschließend erfolgt die Bedarfsmengenoptimierung, die verschiedene Parameter, wie z. B. Restriktionen (z. B. Mindestbestellmengen, Kapazitätsgrenzen) oder die jeweilige Bestellmengeneinheit, berücksichtigt.

Das Ergebnis des FRP-Laufs sind die *Bestellvorschläge*.

Die zukünftigen Bedarfe werden auf der Ebene des Artikels/des Betriebs berechnet. Diese automatische Nachschubberechnung erfolgt auf Grundlage diverser Daten:

- Stammdaten wie Artikel, Betriebe, Lieferanten, Bestelllieferrhythmen etc.
- Zeitreihen wie historische Abverkäufe und Preisinformationen
- dem aktuellen Bestand sowie der offenen Bestellungen

Über das Customizing können Sie mithilfe eines Sets von *Profilen* den gesamten Ablauf optimal einstellen. Die einzelnen Profile können jeweils auf Artikel und/oder Betriebsebene zugeordnet werden und garantieren dadurch, dass dem unterschiedlichen Abverkaufsverhalten der verschiedenen Artikel Rechnung getragen werden kann.

Der Bedarfsmengenoptimierungsprozess als Teilprozess des FRP-Laufs bietet verschiedene Möglichkeiten, um die Nachschubberechnung den Rahmenbedingungen Ihres Unternehmens anzupassen. So können Sie insgesamt eine wirtschaftlichere Abwicklung der gesamten Logistik erreichen. Auch für diese Anpassungen steht ein Set von Profilen zur Verfügung, die auf Betriebs- oder Artikelebene zugeordnet werden können. Sie können z. B. bei Bedarf einzelne Schritte des Prozesses ein- oder ausschalten.

Sie können die folgenden Optimierungsprozesse nutzen:

- **Kapitalbindungsprofile**
  Wird dieses Profil aktiviert, werden die Kapitalbindungskosten und die Lagerkosten mit den Bestellgrundkosten verglichen. Auf dieser Basis wird die jeweils kostengünstigste Bestellmenge ermittelt.
- **Bestellausgleichsprofile**
  Die Bedarfe werden über den Zeitraum von einer Woche verteilt. Damit können Spitzen in der Logistik ausgeglichen oder der Personalsituation in der Filiale Rechnung getragen werden.
- **Profile für Transportladungsoptimierung**
  Diese neue Funktion (verfügbar ab Release 5.2) bietet die Möglichkeit, die Bedarfsmengen optimal auf die Transportmittel zu verteilen. Ziel ist es, die Transportkosten zu senken und den Be- und Entladevorgang zu optimieren.

4.4.7 Ausnahmenverwaltung

Die Meldungen, die SAP F&R während der einzelnen Programmabläufe erzeugt, werden als *Ausnahmen* bezeichnet. Diese Ausnahmen zeigen dem Anwender, dass innerhalb der betriebswirtschaftlichen oder technischen Prozesse eine kritische Situation aufgetreten ist und eine entsprechende Intervention notwendig ist.

Die Ausnahmen werden nach drei Kategorien unterschieden:

- Ausnahmen mit betriebswirtschaftlicher Ursache
- betriebswirtschaftliche Ausnahmen mit technischer Ursache
- technische Ausnahmen

Innerhalb dieser Kategorien können die Ausnahmen zusätzlich nach den Prioritätsstufen hoch, mittel und niedrig klassifiziert werden.

In der *Ausnahmen-Workbench* können Sie die Ausnahmen überwachen und den Ursachen nachgehen (siehe Abbildung 4.62). Sie können hier einen benutzerspezifischen Arbeitsvorrat erzeugen. So kann jeder Anwender auf die Daten zugreifen, die seinen Geschäftsbereich betreffen.

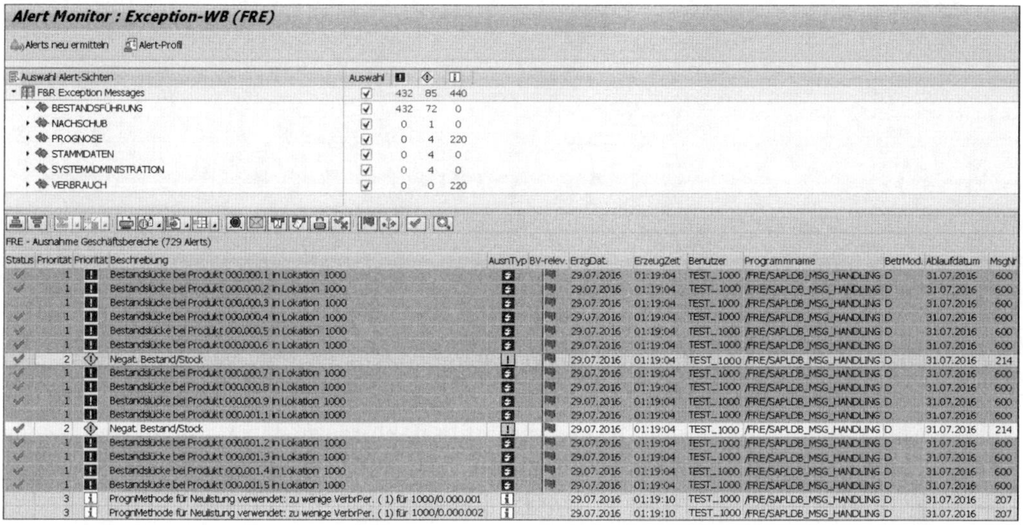

Abbildung 4.62 Ausnahmen-Workbench

4.4.8 Dispositions-Workbench

Die Dispositions-Workbench bietet die Möglichkeit, die Ergebnisse des automatischen Dispositionsprozesses zu analysieren und zu bearbeiten.

Abbildung 4.63 zeigt den Aufbau der Workbench. Folgende Informationen werden hier dargestellt:

❶ Übersicht aller zu einem bestimmten Datum erzeugten Bestellvorschläge

❷ Details zu einem ausgewählten Bestellvorschlag wie Artikel, Menge, Liefertermin etc.

❸ mögliche berücksichtigte Restriktionen wie z. B. ein Mindestbestellwert

❹ Ausnahmen vom ausgewählten Bestellvorschlag

❺ grafische und tabellarische Darstellung der Input-Daten (z. B. historische Abverkaufsdaten) und Output-Daten (z. B. Prognosewerte) der Bestellvorschlagsberechnung

Die grafische Anzeige der Zeitreihendaten, die Abbildung 4.64 noch einmal im Detail zeigt, eignet sich optimal zur Analyse der erstellten Bestellvorschläge.

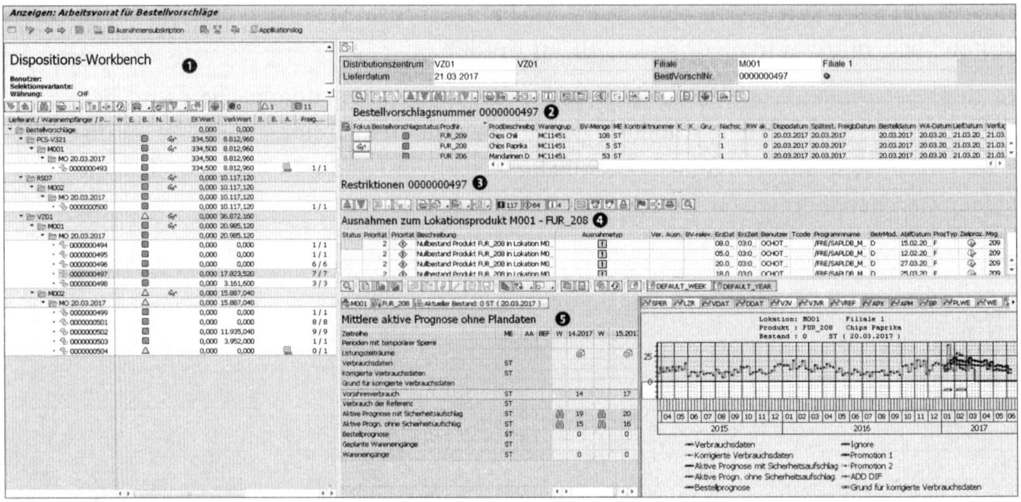

Abbildung 4.63 Dispositions-Workbench

In dem Beispiel sind die historischen Abverkaufsdaten über zwei Jahre zu sehen (durchgehende Kurve von 2014 bis Juli 2016). Die Ausschläge in der Kurve treten jeweils bei einer Aktion auf. Die Bedarfseinflussfaktoren zu den Aktionen sind jeweils durch kurze Linien unterhalb der Nulllinie markiert. Sie sorgen dafür, dass die erhöhten Abverkaufsmengen vom System korrekt interpretiert und für zukünftige gleiche Ereignisse richtig prognostiziert werden können. Am Ende der Zeitreihe sind verschiedene Prognosekurven für die zukünftigen Wochen dargestellt.

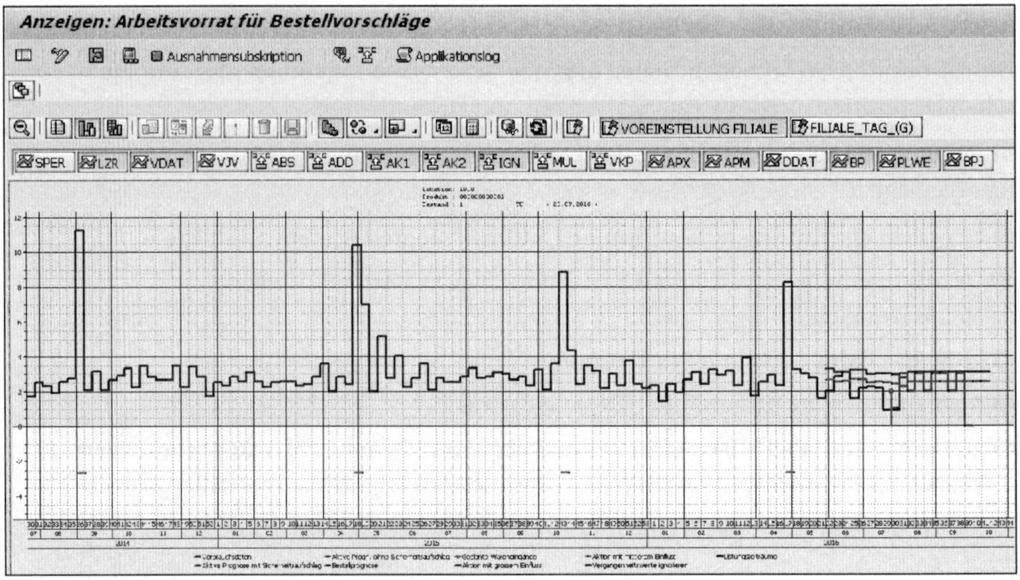

Abbildung 4.64 Zeitreihendaten

Innerhalb der Dispositions-Workbench können Sie sich weitere Details der Bestellvorschlagsrechnung anzeigen lassen (siehe Abbildung 4.65).

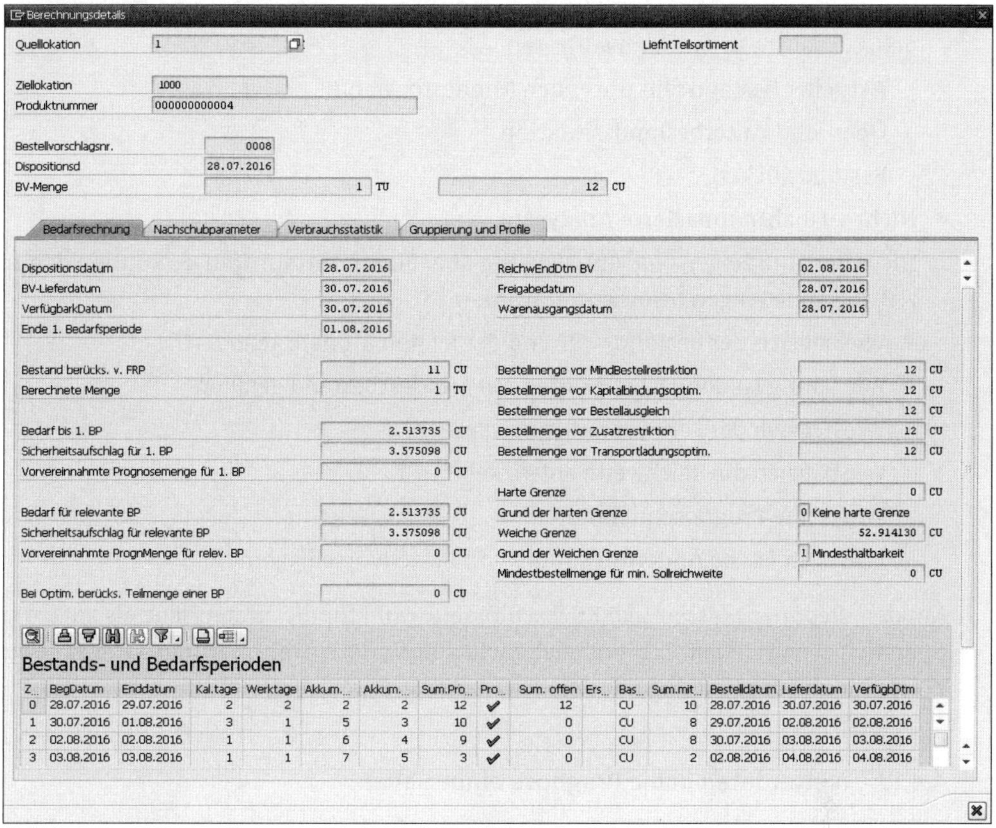

Abbildung 4.65 Berechnungsdetails in der Dispositions-Workbench

In dieser Detaildarstellung können Sie direkt aus der Anwendung alle zur Analyse benötigten Daten abrufen. Auf der Registerkarte **Bedarfsrechnung** sehen Sie z. B., auf der Grundlage welcher Daten die aktuelle Bedarfsvorschlagsmenge berechnet wurde.

4.4.9 Analysen mit SAP-Business-Intelligence-Tools

Um das Management bei strategischen und operativen Entscheidungen zu unterstützen, liefert SAP F&R vordefinierte Berichte über SAP-Business-Intelligence-Tools aus. Ziel des Reportings ist es, über Kennzahlen und Key Performance Indicators (KPI) die Qualität der Ergebnisse des automatischen Nachschubs analysieren zu können.

Während des automatischen Nachschubprozesses werden die Kennzahlen und sonstige dispositionsrelevante Daten ermittelt. Die darauf basierenden Berichte können folgender Art sein:

- **Ausnahmenbasierte Analysen**

  Es werden nur Ausnahmesituationen festgehalten. Sobald eine Ausnahmesituation auftritt, kann diese in SAP BW ausgewertet werden. Es können z. B. die folgenden Ausnahmesituationen auftreten:

  - Aktueller Bestand fällt unter den Mindestbestand.
  - Über- und Unterbestandssituation
  - Bestandslücken

- **Nicht ausnahmenbasierte Analysen**

  Diese Berichte zeigen eine Entwicklung über einen Zeitraum auf. Es können damit z. B. folgende Fragen beantwortet werden:

  - Wie hat sich der Bestand während der letzten Monate geändert?
  - Wie häufig ist der Bestand unter den Mindestbestand gefallen?
  - Wie hat sich der Servicegrad entwickelt?
  - Wie hat sich die Reichweite entwickelt?
  - Wie ist die Prognosequalität?
  - Wie hoch ist die Änderungsquote von Bestellvorschlägen?

Mit dem Reporting lassen sich Rückschlüsse sowohl für die strategische als auch die operative Ebene ziehen. Es dient auch nicht zuletzt dazu, Optimierungspotenziale zu erkennen und das System sowie die Parameter in SAP F&R zu optimieren.

4.4.10 Wetterdaten in die Prognose einbeziehen

SAP F&R kann sein Potenzial besonders gut ausspielen, wenn Sie Wetterdaten in die Disposition einbeziehen. Dies hat Vorteile für die Warenverfügbarkeit. Beobachtungen und Studien im Handel haben ergeben, dass sich eine Veränderung der Wetterparameter bzw. bestimmte Wetterkonstellationen auf das Abverkaufsverhalten für einzelnen Produkte auswirken. Die Produkte Eis und Sonnenmilch haben z. B. bei Sonnenschein und Hitze Hochkonjunktur und verzeichnen bei solchen Wetterbedingungen einen signifikanten Anstieg im Absatz. Dieser Zusammenhang dürfte für Sie keine Überraschung sein, jedoch haben Untersuchungen gezeigt, dass es darüber hinaus weitaus mehr Abhängigkeiten zwischen den verschiedensten Produkten und diversen Wetterkonstellationen gibt, als man im ersten Moment annimmt. Sind diese Affinitäten in ihrem vollen Umfang bekannt, ist es möglich, sie in den dispositiven Prozessen einzubinden und mithilfe der Wetterdaten die Prognosequalität sowie die daraus resultierende Warenverfügbarkeit zu verbessern. Die Verwendung der Wetterdaten im Rahmen der Disposition kann sich in der Steigerung der Warenverfügbarkeit, der Verbesserung der Kundenzufriedenheit und letztlich der Erhöhung der Gewinnspannen sowie der Sicherung der Marktposition niederschlagen.

Im ersten Schritt muss die Frage beantwortet werden: Bei welchen Artikeln verändert sich der Absatz aufgrund des Wetters? Der Ausgangspunkt ist also die Identifikation der Artikel, die eine hinreichende *Wetterelastizität* aufweisen. Dazu wird der zeitliche Verlauf der vorliegenden Absatzdaten der vergangenen Jahre auf wiederverwendbare Muster hin untersucht.

Die Herausforderung dabei besteht in dem beträchtlichen Datenvolumen, das ausgewertet werden muss. Für den Abgleich der Absatzdaten müssen diese zuerst bereinigt bzw. geglättet werden. So müssen Zeiträume, in denen ein Artikel nicht geführt wurde, gekennzeichnet werden, damit die Abverkaufssenkungen nicht irrtümlich mit dem Wetter in Verbindung gebracht werden. Umgekehrt gilt für Aktionszeiträume, dass die Abverkaufsspitzen aus der Betrachtung herausgenommen werden. Auch Verschiebungen des Abverkaufs aufgrund von Feiertagen und sonstigen Ereignissen müssen aus der Untersuchungsmenge herausgefiltert werden.

Sind Muster erkennbar, wird im nächsten Schritt geprüft, welche Wetterkonstellationen in diesem Zeitraum vorlagen. Unter der Annahme, dass bei wiederkehrender Wetterkonstellation das gleiche Abverkaufsverhalten erneut auftritt, kann der Artikel als wetterelastisch betrachtet werden.

Für die Bestimmung einer eindeutigen Wetterkonstellation werden die verschiedenen meteorologischen Elemente in einzelne *Prädiktoren* gesplittet. Als Prädiktoren werden z. B. Temperatur, Wind, Niederschlag etc. verwendet. Die multiplexen Kombinationen aus den verschiedenen Prädiktoren in Verbindung mit den beobachteten Absatzmustern ergeben den *Wettereffekt*, der für die zukünftigen dispositiven Prozesse im Unternehmen hinzugezogen werden kann.

Nachdem die Datenerhebung erfolgversprechende Ergebnisse geliefert hat, stellt sich die Frage: Wie kann die Anwendung in der Warenwirtschaft aussehen? Systemtechnisch kann der Wettereffekt je nach Anforderung bereits mit geringem Aufwand in eine bestehende Warenwirtschaft integriert werden. Mit SAP F&R werden bereits Standardschnittstellen ausgeliefert, die es ermöglichen, die Wetterdaten in Form eines BEFs manuell z. B. per Flatfile in das System zu importieren. Der Bedarfseinflussfaktor wirkt sich direkt auf die Prognose aus und hebt bzw. senkt diese auf ein erwartetes Niveau. Bei diesem Bedarfseinflussfaktor bietet es sich an, einen Korrekturfaktor zu verwenden, um Spitzen zu glätten.

Für eine Lösung mit höherem Automatisierungsgrad ist es möglich, die Wettereffekte z. B. von einem FTP-Server direkt in SAP F&R zu laden und dort mithilfe von Programmen in einen entsprechenden Bedarfseinflussfaktor umzuwandeln. Dazu können die Standardbordmittel von SAP F&R mit einfachen Modifikationen den Anforderungen angepasst werden.

Eine größere Herausforderung stellt hingegen das regelmäßige Update des bereits importierten Bedarfseinflussfaktors dar. Die Bedarfseinflussfaktoren werden mit dem entsprechenden Vorlauf für die dispositiven Prozesse in SAP F&R geladen. Diese Vorlaufzeit konkurriert jedoch mit dem Vorhersagehorizont für das Wetter, der umso ungenauer ist, je länger er wird. Um kurzfristige Wetteränderungen und unsichere Wettervorhersagen zu kompensieren, muss daher eine Updatelogik in der Eingangsverarbeitung der Daten in SAP F&R implementiert werden, die die bereits vorhandenen Bedarfseinflussfaktoren mit den veränderten Daten aktualisiert.

4.4.11 Absatzprognosen für Frischeartikel

Bei der automatischen Disposition mit SAP F&R bestehen besondere Anforderungen für Artikel mit sehr kurzem Haltbarkeitsdatum, wie z. B. Früchte, Gemüse, Fisch oder Fleisch. Aus diesem Grund wurde mit dem Release 5.2 die neue Repeatable Customer Solution *Fresh Product Forecasting* ausgeliefert. Ziel dieser Lösung ist es, Ultrafrischeartikel noch genauer disponieren zu können und so die Verfügbarkeit dieser Artikel zu erhöhen und dabei gleichzeitig den Verderb zu reduzieren.

Kernfunktionen dieser Lösung sind:

- Einbezug der zukünftigen Abschriften aufgrund von Verderb in die Bedarfsrechnung
- Berechnung einer Tagesprognose
- verbesserte Saisonerkennung
- verbesserte Reaktion auf Abverkaufsschwankungen

4.4.12 Ausblick

In diesem Abschnitt möchten wir Ihnen noch einen Ausblick auf die geplante Weiterentwicklung von SAP F&R geben. Die Lösung wird auch in den nächsten Jahren die SAP-Lösung für die automatische Disposition bleiben. Aktuell ist es schon möglich, SAP F&R auf einer SAP-HANA-Datenbank laufen zu lassen, um von den Fähigkeiten der In-Memory-Datenbank im Bereich Big Data profitieren zu können.

Als nächste große Neuerung hat SAP eine zentrale, systemweite Prognose in Form der Funktion *Unified Demand Forecast* (UDF) angekündigt. Diese Funktion wird auf eine Vielzahl verschiedener Forecast-Methoden zurückgreifen und neben SAP F&R auch andere Applikationen, wie z. B. SAP Promotion Management (PMR), bedienen. Vorteil einer zentralen Prognose ist, dass sowohl das Planungstool (Aktionsplanung) als auch Dispositionstools (F&R-Engine) mit den gleichen Forecast-Daten arbeiten können und sich so auf die gleiche Datenbasis beziehen. Den Kern der Lösung wird dabei das *SAP Customer Activity Repository* (CAR) bilden (siehe Abschnitt 1.2.1). Die SAP-HANA-Technologie liefert die notwendige In-Memory-Leistung, um Ad-hoc-

Simulationen oder Realtime-Inventory-Szenarien (d. h. den Zugriff auf Waren- und Lagerbestände in Echtzeit) abzubilden. Abbildung 4.66 zeigt die Roadmap für die Funktion UDF.

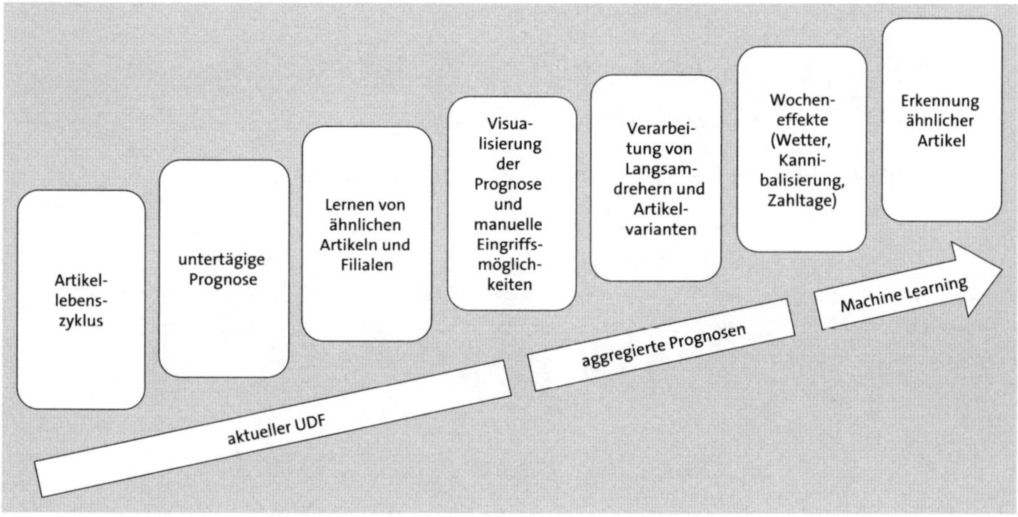

Abbildung 4.66 Zukünftige Entwicklung des Unified Demand Forecast

4.5 Wichtige Transaktionen

Tabelle 4.1 zeigt wichtige Transaktionen im Umfeld der Beschaffung.

Transaktionscode	Bezeichnung
ME31K	Kontrakt anlegen
ME51N	Bestellanforderung anlegen
WLB5	Dispositions-Workbench
WDFR	Frischedisposition
VL31N	Lieferavis anlegen
MIGO	Wareneingang buchen
MIRO	Rechnung
WAK1	Aktion anlegen

Tabelle 4.1 Wichtige Transaktionen für die Beschaffung

Transaktionscode	Bezeichnung
WA01	Aufteiler anlegen
VA01	Kundenauftrag anlegen
NACE	Konditionen der Nachrichtensteuerung
MN05	Nachrichten Einkauf anlegen

Tabelle 4.1 Wichtige Transaktionen für die Beschaffung (Forts.)

Kapitel 5
Logistik und Warenverteilung

Logistik dient dazu, die Ware effizient vom Hersteller oder Lieferanten zum Verbraucher oder Kunden zu bringen. In diesem Kapitel präsentieren wir die Funktionen, die SAP Retail in diesem Umfeld anbietet.

In diesem Kapitel erklären wir zunächst, wie ein Lager grundsätzlich aufgebaut ist, also welche *Lagerstrukturen* es gibt und wie diese im SAP-Retail-System abgebildet werden. Anschließend erläutern wir, wie eine Vereinnahmung von Ware sich vollzieht. Wir gehen darauf ein, wer die Wareneingänge anstößt und welchen Effekt die Einlagerung für die Bestandssituation hat.

Eine spezielle Form der Warenannahme und Weiterverteilung ist die Verwendung eines *Aufteilers*. Deren Ablauf und Möglichkeiten erläutern wir in Abschnitt 5.3, »Warenverteilung«, bevor wir uns in Abschnitt 5.4, »Warenausgangsprozess«, damit beschäftigen, wie Ware aus dem Lager ausgelagert und zum Kunden geliefert wird.

Damit diese Prozesse optimal durchgeführt werden können, gibt es bestimmte Abläufe und Strategien, die in Abschnitt 5.5. »Logistikoptimierung«, vorgestellt werden. Abschnitt 5.6, »Bestand und Inventur«, erläutert, wie ein Warenbestand im Lager im Vergleich zur Materialwirtschaft aussieht. Außerdem gehen wir auf die Inventurverfahren ein, die im Lager möglich sind und in SAP Retail implementiert sind. Schließlich stellen wir Ihnen noch den Prozess der Chargenabwicklung vor.

5.1 Lagerstrukturen

Dieser Abschnitt gibt Ihnen einen Überblick über Lagerstrukturen, wie sie in einem Handelslager üblich sind und üblicherweise in einem SAP-Retail-System abgebildet werden. Als *Lager* wird im Allgemeinen ein Gebäude bezeichnet, in dem Ware aufbewahrt wird. Die Aufbewahrung erfolgt zur Bevorratung, Pufferung und Verteilung. Das bedeutet, dass das Lager vorrangig der Überbrückung einer Zeitdauer zum Ausgleich von Ein- und Ausgangsströmen dient.

Lagerung bedeutet dabei, Ware oder einen Artikel an einer bestimmten Stelle in diesem Gebäude zu platzieren und aufzubewahren. Diese Stelle wird *Lagerplatz* oder manchmal auch *Lagerort* genannt. Ein Lagerplatz ist also die kleinste Einheit innerhalb eines Lagers, in der Ware gelagert werden kann. Wenn ein Lagerplatz Ware enthält, spricht man von einer *Platzmenge* oder *Bestandseinheit*.

Das Lager selbst ist unterteilt in *Lagerabschnitte* oder *Lagerbereiche*. Die Untergliederung richtet sich nach den räumlichen Gegebenheiten oder nach Prozesskriterien. Ein Lagerabschnitt ist also eine Sammlung und Bündelung von Lagerplätzen mit gleichen Eigenschaften. Die Eigenschaften können dabei räumlich sein, wie z. B. die gleiche Halle, oder prozessspezifisch, wie z. B. die gleiche Bevorratung bzw. die gleiche Einlagerungsstrategie.

Innerhalb eines SAP-Retail-Systems wird für ein Lager eine *Lagernummer* eingerichtet. Die Lagernummer kann sich dabei theoretisch über mehrere Gebäude erstrecken. Die Aufteilung des Lagers in Abschnitte bzw. die Zusammenlegung von Plätzen zu Abschnitten des Lagers richtet sich nach den Prozessanforderungen. Die Unterteilung des Lagers bzw. der Lagernummer wird in den SAP-Systemen in Form von *Lagertypen* und *Lagerbereichen* bzw. *Kommissionierbereichen* abgebildet.

Innerhalb der Lagertypen definiert man die Lagerplätze. Falls auf einem Lagerplatz Bestand liegt, spricht man im SAP-Umfeld von einem *Lagerquant*.

In diesem Abschnitt erläutern wir die einzelnen Begriffe im Zusammenhang mit den Lagerstrukturen umfassender.

5.1.1 Lagerkomplex

Als *Lager* oder *Lagerkomplex* wird im Allgemeinen das Gebäude bezeichnet, in dem die Ware aufbewahrt wird. Die Anforderungen an ein Lager können je nach Branche unterschiedlich sein, es gibt aber Gemeinsamkeiten zwischen allen Branchen.

Jedes Lager ist in folgende Abschnitte unterteilt:

- **Wareneingangsbereich**
  In diesem Bereich kommt die Ware an. Der Bereich besteht aus einem oder mehreren Toren und einer Fläche, auf der die ankommende Ware zwischengelagert werden kann. Ob die Tore und diese Fläche im System verwaltet werden müssen oder nicht, hängt im Wesentlichen von der Größe des Gebäudes und von der Ware ab, die dort ankommt. Die Ware wird vom Wareneingangsbereich aus nach einer eventuellen Qualitätskontrolle in das eigentliche Lager transportiert.
- **Warenausgangsbereich**
  Das Gegenstück zum Wareneingangsbereich ist der Warenausgangsbereich. In diesem Bereich wird die kommissionierte Ware, also die Ware, die aus dem Lagerinneren für die Auslagerung zusammengesucht (*kommissioniert*) wurde, zwischengelagert, bis sie auf einen Lkw oder ein sonstiges Transportmittel aufgeladen wird.

Der Bereich besteht ebenfalls aus einem oder mehreren Toren und einer Fläche für die Zwischenlagerung. Auch hier gilt: Ob die Tore und diese Fläche im System verwaltet werden müssen oder nicht, hängt im Wesentlichen von der Größe des Gebäudes und von der Ware ab, die dort ankommt.

- **Lagerinneres**
  In diesem Bereich wird im eigentlichen Sinne gelagert. Hier wurden Lagerplätze von unterschiedlichster Art errichtet oder eingerichtet. Auf die unterschiedlichen Lagerplätze gehen wir in Abschnitt 5.1.3 näher ein.

Die Lagerkomplexe werden im SAP-System über Lagernummern abgebildet.

5.1.2 Lagerabschnitt

Das Lager bzw. die Lagerhalle wird in Abschnitte unterteilt. Die Unterteilung kann sich an den räumlichen Gegebenheiten orientieren. So kann z. B. ein Tiefkühlbereich als eigener Lagerabschnitt definiert werden – oder auch der Wareneingangsbereich einer Lagerhalle. In dem Lagerabschnitt werden dann alle Lagerplätze des Tiefkühlbereichs oder alle Lagerplätze des Wareneingangsbereichs zusammengefasst.

Neben dieser Aufteilung besteht auch die Möglichkeit, alle Lagerplätze, die auf die gleiche Art und Weise mit Nachschub befüllt werden, als eigenständigen Lagerabschnitt zu definieren und einzurichten. Damit können z. B. Tiefkühlplätze und normale Regalplätze in einem Lagerschnitt zusammengefasst werden.

Der Abschnitt des Lagers wird in SAP Retail als *Lagertyp* definiert. Ein Lagertyp kann noch weiter in *Lagerbereiche* und *Kommissionierbereiche* aufgeteilt werden.

Lagertyp

Die einzelnen Lagereinrichtungen oder Lager, aus denen der Lagerkomplex besteht, können anhand ihrer technischen, räumlichen und organisatorischen Merkmale als Lagertypen definiert werden. Das bedeutet, dass alle Plätze, die für einen Lagertyp angelegt werden, die gleichen Eigenschaften haben. »Gleiche Eigenschaften« kann in SAP Retail z. B. Folgendes bedeuten:

- Für die Plätze gilt die gleiche Einlagerungsstrategie.
- Die Plätze erlauben entweder eine Mischbelegung, oder sie sind artikelrein oder sogar chargenrein.
- Die Plätze erlauben eine Zulagerung oder nicht.
- Auf diesen Plätzen stehen entweder Paletten (oder allgemein *Lagereinheiten*), oder die Ware liegt ohne eine Lagereinheit direkt auf dem Lagerplatz.
- Die Plätze haben entweder die gleichen Kapazitätsgrenzen, oder sie haben keine Kapazitätsgrenzen.

- Für Plätze gilt die gleiche Auslagerungsstrategie.
- Auf den Plätzen können negative Bestände auftreten oder nicht.
- Die Plätze erlauben entweder nur eine Vollentnahme, oder man kann auch Teilmengen entnehmen.
- Für die Plätze gilt das gleiche Inventurverfahren.

Beispiele für Lagertypen sind, wie schon erwähnt, ein Tiefkühllager, ein eventuell vorhandenes Blocklager, die Regalplätze, das automatische Hochregallager (HRL) oder die Wareneingangszone.

Lagerbereich oder Kommissionierbereich

Die einzelnen Lagerplätze innerhalb eines Lagertyps können zu Bereichen zusammengefasst werden. Während die Unterteilung des Lagers in Lagertypen obligatorisch ist, ist die Zusammenfassung von Plätzen zu Bereichen optional. In SAP Retail gibt es in jedem Lagertyp einen voreingestellten Lagerbereich.

Man unterscheidet zwischen *Lagerbereichen* und *Kommissionierbereichen*. Zu einem Lagerbereich gehören in der Regel alle Lagerplätze, die innerhalb des Lagertyps bestimmte zusätzliche Eigenschaften gemeinsam haben. Dies sind z. B. die Plätze für Schnelldreher: Innerhalb eines Ganges mit Lagerplätzen, die die gleichen Eigenschaften haben, definiert man die Plätze, die nahe am Eingang des Ganges liegen, als *Schnelldreherplätze*. Dadurch wird statistisch eine Verbesserung der Platznutzung und so auch eine Optimierung der Arbeit im Lager erreicht.

Während die Lagerbereiche Einlagerungsaspekte berücksichtigen bzw. unter dem Gesichtspunkt der Einlagerung zusammengefasst werden, dienen Kommissionierbereiche der verbesserten Steuerung der Auslagerung und Kommissionierung. Plätze, die z. B. von den gleichen Mitarbeitern bedient werden, kann man zu Kommissionierbereichen zusammenfassen. Bei einem automatisch gesteuerten Lager sind dies dann Arbeitsbereiche von Staplerfahrern oder Regalförderzeugen.

5.1.3 Lagerplätze

Die eigentliche Lagerung findet in oder auf Lagerplätzen statt. Ein Lagerplatz ist also die kleinste Einheit innerhalb eines Lagers, in der Ware gelagert werden kann. Es gibt folgende Arten von Lagerplätzen:

- Regallagerplätze
- Blocklagerplätze
- freie Lagerplätze

Falls sich Bestand auf einem Lagerplatz befindet, spricht man von einer *Platzmenge* oder *Bestandseinheit*. Im SAP-Sprachjargon ist dies ein *Lagerquant*.

Regallagerplatz

In einem typischen, nicht automatisierten Handelslager sind die meisten Lagerplätze Regalplätze, die von Staplerfahrern angefahren werden. Die Staplerfahrer lagern Ware dort ein und entnehmen sie auch dort. Typischerweise liegen daher auf einem Lagerplatz nur gleiche Artikel und eventuell sogar gleiche Chargen eines Artikels.

Im automatischen Hochregallager gilt prinzipiell das Gleiche. Hier werden die Plätze von Regalförderzeugen angefahren – ebenfalls zur Einlagerung und/oder Auslagerung.

Ein typischer Lagerplatz in einem Handelslager ist ca. 3 Meter breit und 1,5 m hoch. Zwischen zwei Pfeilern eines Lagergebäudes sind in der Regel drei Lagerplätze nebeneinander platziert. Lagerplätze können auch übereinandergebaut sein. In einem nicht automatisierten Handelslager sind vier oder maximal sechs Lagerplätze übereinander angelegt, in automatischen Lagern können es natürlich viel mehr sein. Die Höhe ist durch die Technik begrenzt, d. h., es muss grundsätzlich möglich sein, die obersten Plätze zu erreichen. Die horizontale Lage des Platzes wird *Ebene* genannt.

Alle Lagerplätze, die übereinanderliegen, werden *Säule* oder *Haus* genannt. Mehrere Säulen bzw. Häuser bilden einen *Gang*. Der Gang, die Säule und die Ebene bilden somit die dreidimensionale Koordinate eines Lagerplatzes, die zur Bezeichnung und Identifizierung des Lagerplatzes genutzt werden kann. In einem typischen Handelslager wird dies auch getan. Eine typische Lagerplatzidentifizierung lautet z. B. GG-SS-EE mit zwei Stellen für den Gang, zwei für die Säule und zwei für die Ebene. Der Bindestrich zwischen den Stellen dient nur der besseren optischen Unterteilung.

Blocklagerplatz

Falls die Ware nicht in Regalen gelagert werden kann, wird sie auf dem Boden auf besonderen Flächen gelagert. Dies wird *Blocklagerung* genannt. Beim Blocklager liegen also Artikel (die gleichen oder verschiedene, je nach Definition) auf einer Fläche neben- und übereinander. Es ist damit möglich, mehr Ware pro Volumeneinheit zu lagern. Es ist aber nicht mehr möglich, auf jede einzelne Einheit, z. B. auf einen bestimmten Artikel, zuzugreifen, ohne die Bestände umzulagern. Bei der Blocklagerung gibt es folglich keine Komponente Ebene, jedoch werden auch hier mehrere Plätze zu Gängen zusammengefasst.

Typische Blocklagerplätze in Handelslagern sind der Wareneingangsbereich oder die Warenausgangszonen. Sie sind nicht artikelrein, aber jeder Platz ist zugänglich.

Freie Lagerplätze

Falls eine detaillierte Lagerplatzverwaltung in einem Lagerabschnitt nicht notwendig ist, kann man auch freie Lagerplätze anlegen. Diese sind den Blocklagerplätzen ähnlich. Es handelt sich meist um spezielle Räume im Lager, die nicht detaillierter verwaltet werden müssen. Auf diesen freien Lagerplätzen gibt es in der Regel auch keine Einschränkung hinsichtlich der Belegung (gemischt oder rein) oder Kapazität.

5.1.4 Platzbestände und Lagereinheiten

Für alle Plätze eines Lagerabschnitts wird definiert, welche Eigenschaften die Bestände dieses Platzes haben dürfen (siehe Abschnitt 5.1.2, »Lagerabschnitt«). Zum Beispiel wird definiert, ob der Platz nur Bestände *eines* Artikels beinhalten darf oder ob eine Mischbelegung erlaubt ist. Man spricht dabei von der *Reinheit hinsichtlich bestandstrennender Kriterien*. Bestandstrennende Kriterien sind dabei:

- gleicher Artikel
- gleiche Charge des Artikels
- gleiches Mindesthaltbarkeitsdatum (MHD) des Artikels
- gleicher Eigentümer (gleicher Betrieb, gleicher Lagerort)

Alle Plätze innerhalb eines Lagertyps haben die gleichen bestandstrennenden Kriterien. Für alle Plätze eines Lagertyps kann definiert werden, ob sich auf diesen Plätzen sogenannte *Lagereinheiten* (Handling Units) befinden oder nicht. Wenn sich auf einem Platz eine oder mehrere Lagereinheiten befinden, bilden diese eine zusätzliche Struktur im Lager.

Lagereinheiten werden im SAP-Retail-System definiert. Sie sind spezielle Artikel mit der Artikelart für Verpackungen (Verpackungsartikel). Beispiele sind Paletten, Kisten, Container oder Gitterboxen. Auch für diese Lagereinheiten wird definiert, ob sie nur Bestände *eines* Artikels beinhalten dürfen oder ob eine Mischbelegung erlaubt ist. In typischen Handelslagern sind Paletten z. B. artikelrein.

5.2 Wareneingangsprozess

Der Wareneingangsprozess (*Inbound-Logistik*) ist dafür verantwortlich, die am Lagereingang, dem *Lagertor*, ankommende Ware entgegenzunehmen, sie eventuell zu kontrollieren und einzulagern. Das heißt, dass für den gesamten Wareneingangsprozess mehrere Abteilungen und Bereiche verantwortlich sind:

- Das Aufgabengebiet des *Qualitätsmanagements* ist die Kontrolle der Ware.
- Die mengenmäßige Vereinnahmung der Ware ist Bestandteil der *Materialwirtschaft*, genauer gesagt, der *Bestandsführung* innerhalb der Materialwirtschaft. Die wertmäßige Vereinnahmung ist ebenfalls Bestandteil der Materialwirtschaft und deren Verbindung zum Finanzwesen.
- Die eigentliche Einlagerung der Ware liegt in der Verantwortung des *Lagerverwaltungssystems*.

[!]

5

Unterschied zwischen Wareneingang und Einlagerung

Aufgrund dieser Verantwortungsteilung sollten Sie strikt unterscheiden zwischen dem *Wareneingang* und der *Einlagerung*:

- **Wareneingang**
  Dies ist eine Funktion innerhalb der Materialwirtschaft. In SAP Retail wird dazu eine Buchung, die sogenannte *WE-Buchung*, durchgeführt. Eine WE-Buchung setzt kein Lagerverwaltungssystem voraus. Es kommt dabei auf die Konfiguration des Betriebs und seiner Lagerorte an.
- **Einlagerung**
  Dies ist die Verbringung einer Ware vom Wareneingangsbereich an seinen Lagerplatz im Lager. Die Einlagerung wird durch ein Lagerverwaltungssystem vorgenommen und gebucht. Bei dezentralen, externen Lagerverwaltungssystemen wird die erfolgreiche Einlagerung an das SAP-Retail-System gemeldet. Dieses führt dann wiederum, basierend auf dieser Meldung, eine WE-Buchung durch.

5.2.1 Anlieferung

Im Allgemeinen wird ein Wareneingang nur mit Bezug zu einem Vorgängerbeleg gebucht. Die Abwicklung ohne Bezug ist grundsätzlich möglich, ist aber eine Ausnahmesituation, die im Allgemeinen nicht praktiziert wird. Es gibt folgende Vorgängerbelege:

- eine *Bestellung* bei einem externen Lieferanten (Normalbestellung) oder bei einem anderen Betrieb (Umlagerungsbestellung – wie Sie eine Bestellung anlegen, beschreiben wir in Abschnitt 4.1.3)
- eine *Retoure* von einem Kunden

Der Bezug zu einer Bestellung kann dabei direkt oder indirekt sein. *Direkt* bedeutet, sie buchen den Wareneingang direkt zur Bestellung. *Indirekt* bedeutet, es gibt einen Zwischenschritt oder -beleg, auf den Sie sich bei der Wareneingangsbuchung beziehen. Der Zwischenschritt heißt *Grobwareneingang* und der Zwischenbeleg *Anlieferung*.

Die *Anlieferung*, auch *Lieferavis* genannt, ist ein Beleg, der einen Bezug zur Bestellung hat. In der Praxis wird dieses Lieferavis vom Lieferanten an den Betrieb übermittelt. Dies geschieht entweder direkt in elektronischer Form (per EDI-Nachricht als sogenannter *Despatch Advice*, DESADV) oder manuell per Telefon, Telefax u. Ä. Im System wird dann eine Anlieferung mit Bezug zu dieser Bestellung erzeugt.

Dieses Verfahren ist optional, wird aber von SAP als Best Practice vorgeschlagen. Es hat den Vorteil, dass die Anlieferung viele detaillierte Informationen über die Abwicklung im Wareneingangsbereich enthält, z. B. genaue Ankunftszeiten, genaue

Gewichtsangaben und eventuell Informationen über bereits verpackte Ware. Außerdem ist es mit diesen Anlieferungsdaten möglich, genauer zu planen.

Die Anlieferung für die Bestellung legen Sie in Transaktion VL31N an. Die erzeugte Anlieferung wird in diesem Beispiel sofort an ein externes Lagerverwaltungssystem (SAP EWM oder ein beliebiges anderes System) übertragen.

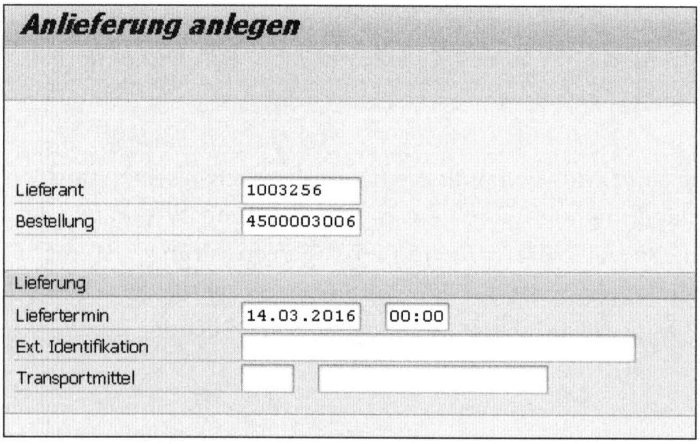

Abbildung 5.1 Anlieferung anlegen

In die Anlegemaske in Abbildung 5.1 geben Sie folgende Informationen ein:

- Nummer der **Bestellung**
- optional **Lieferant** und Liefertermin (kann auch als zusätzliches Selektionskriterium zur Suche nach einer Bestellung verwendet werden)

Bestätigen Sie Ihre Eingabe mit [↵]. Sie gelangen in das Übersichtsbild, das Sie in Abbildung 5.2 sehen. Das System übernimmt alle Daten aus der Bestellung, die für die Anlieferung notwendig sind. Im Allgemeinen sind keine weiteren Eingaben nötig.

Abbildung 5.2 Übersicht der Anlieferung

Sichern Sie die Anlieferung (💾). Es erscheint eine Meldung über die erfolgreiche Anlage der Anlieferung und die Übertragung an das externe Lagerverwaltungssystem (siehe Abbildung 5.3).

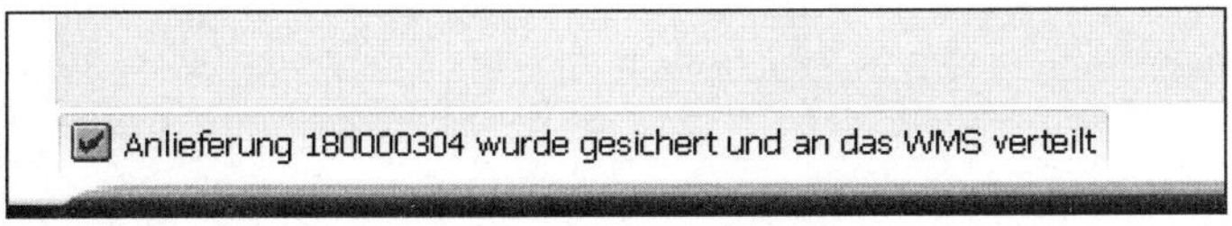

Abbildung 5.3 Anlieferung sichern

Auf der Registerkarte **Statusübersicht** der Anlieferungsübersicht können Sie sich den Status der Anlieferung ansehen (siehe Abbildung 5.4). Die Anlieferung hat den Warenbewegungsstatus (**WS**) A, d. h., sie ist zur Einlagerung vorgesehen und erwartet eine Bestätigung der Einlagerung.

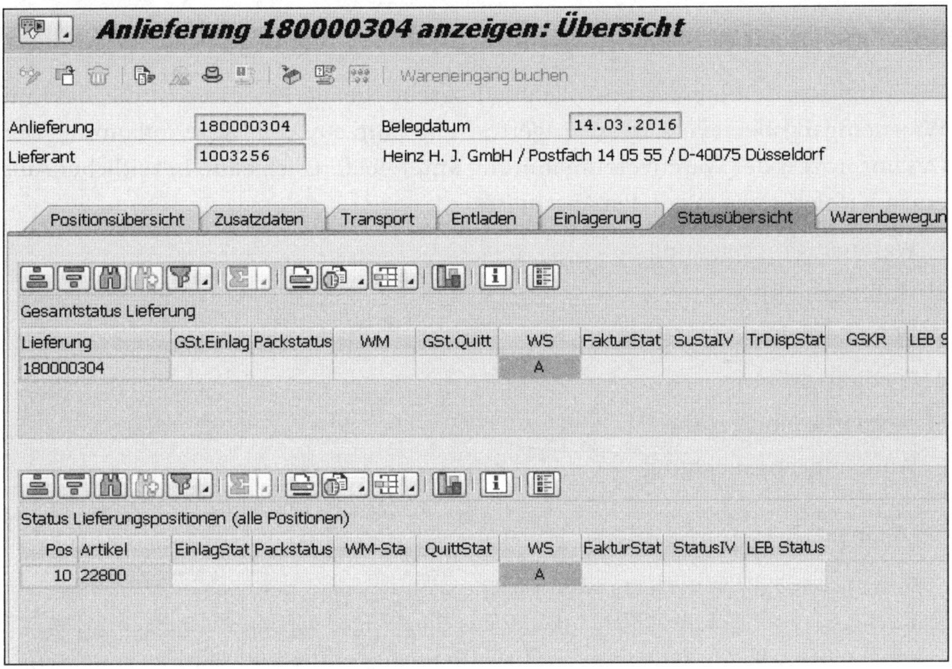

Abbildung 5.4 Anlieferungsstatus anzeigen

Nach der Erzeugung der Anlieferung für die Bestellung wird die Anlieferungsnummer in den Bestellbeleg geschrieben. Sie finden diese auf der Registerkarte **Bestätigungen** (siehe Abbildung 5.5).

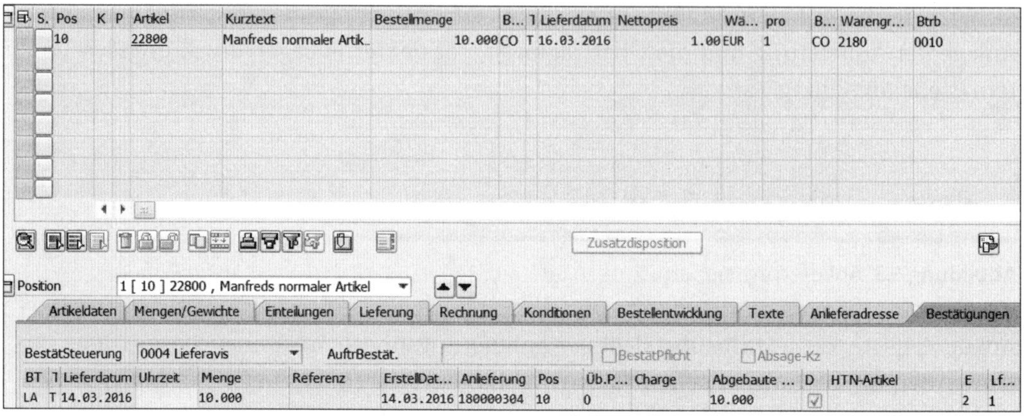

Abbildung 5.5 Bestellbeleg

5.2.2 Ablauf des Wareneingangsprozesses

Die Ausgangssituation des im Folgenden beschriebenen Prozesses ist die, dass im Wareneingangsbereich, z. B. am Lagertor, ein Fahrzeug mit Ware ankommt. Der Gesamtprozess der Warenvereinnahmung untergliedert sich dann in zeitlicher Aufeinanderfolge in die folgenden Abschnitte:

1. Wareneingangsplanung
2. Hofmanagement
3. Warenannahme
4. Qualitätsprüfung
5. physische Einlagerung
6. Wareneingangsbuchung

[»] **Mögliche zusätzliche Prozesse**

Zusätzlich mögliche Prozesse wären noch das Auspacken der gelieferten Einheiten (die sogenannte *Dekonsolidierung*) oder das Hinzufügen von logistischen Zusatzleistungen, wie z. B. das Verpacken, die Etikettierung oder das Veredeln der Ware. Auf diese Prozesse gehen wir in diesem Buch nicht näher ein.

Wareneingangsplanung

Die Wareneingangsplanung schließt unmittelbar an den Bestellprozess an. Die Grundlagen für die Planung sind einerseits die Bestellungen beim externen Lieferanten und die Lieferavise und Anlieferungen, die eventuell vom Lieferanten gesendet werden, sowie andererseits die aktuelle Auslastungssituation an Ressourcen. *Ressourcen* sind dabei das Personal und dessen Equipment, aber auch die Räumlichkeiten und die Lagerplätze innerhalb des Gebäudes selbst. Die vorhandenen Ressourcen müssen einerseits kostenoptimal genutzt werden, sollen aber zu Stoßzeiten auch Lastspitzen abfangen können.

Die Planung, insbesondere in den Verteilzentren, umfasst daher folgende Aktivitäten:

- Zuordnung von Personal zu den Wareneingangszonen, Toren und Arbeitsplätzen sowie Zuordnung zu Zeitfenstern
- räumliche Zuordnung von Anlieferungen (Lieferavisen) zu den Toren und Wareneingangszonen
- Zuordnung von Anlieferungen zu Geräten, wie z. B. mobilen Endgeräten, Scannern, Terminals und Fördermitteln. Dies umfasst ebenfalls die Einteilung und Zuordnung in Zeitfenster.
- Zuordnung der Ware, d. h. der Artikel zu Lagerkomplexen, Lagerbereichen und/oder Lagerplätzen

Diese Planung erfolgt meist systemunterstützt. Sie wird im Verteilzentrum in regelmäßigem Rhythmus, z. B. täglich, durchgeführt.

Die Planung in den Filialen ist einfacher. Sie umfasst im Wesentlichen die Zuordnung von Personal und Anlieferungen zu Zeitfenstern. Die geringere Komplexität ergibt sich daraus, dass es in Filialen meist wenige Tore gibt und meist auch keine Lagerbereiche, in denen Stapler arbeiten könnten. Auch der zeitliche Rahmen in einer Filiale ist beschränkt. Die Planung in den Filialen wird häufig auch ohne Systemunterstützung, also nur auf Basis der Erfahrungswerte der Filialleitung, durchgeführt. Diese Planung erfolgt in der Regel im Wochenrhythmus.

Hofmanagement im Verteilzentrum

Im Verteilzentrum schließt sich das *Hofmanagement* (im Englischen auch *Yard Management* genannt) unmittelbar an die Wareneingangsplanung an. In den Filialen eines Handelsunternehmens ist ein Hofmanagement dagegen nicht notwendig, da in der Regel kein Hof entsprechender Größe verwaltet werden muss.

Die Spediteure der Lieferung melden sich im Büro des Verteilzentrums an und legen die Frachtpapiere vor. Dieser Prozess kann unter Verwendung von mobilen Geräten auch systemgestützt durchgeführt werden (insbesondere bei Lieferungen aus anderen Lokationen des Betriebs).

Im Rahmen des Hofmanagements können die Belege auf Vollständigkeit, Inhalt, Qualität und Zustand geprüft werden. Auf dieser Basis wird dann eine Entscheidung getroffen, ob die Anlieferung angenommen werden kann. Zudem können diese Kriterien zur Lieferantenbeurteilung herangezogen werden. Wird die Lieferung angenommen, weist das Hofmanagement dem Fahrer ein entsprechendes Tor bzw. eine Entladerampe zu, wo dann der Entladevorgang erfolgt. Ist der Verladevorgang beendet, meldet sich der Fahrer wieder beim Hofmanagement ab. So wird sichergestellt, dass er das Betriebsgelände verlassen hat.

Warenannahme

Für die ankommende Ware gibt es im Allgemeinen Liefer- oder Versandpapiere, mit denen der Bezug zu einem Vorgängerbeleg hergestellt werden kann. Im Idealfall enthalten die Papiere bereits die zugehörige Bestellnummer oder die Nummer eines Retourenauftrags. Es ist jedoch auch möglich, den Bezug über die Artikel, die Identifizierung der Palette (Nummer der Versandeinheit, NVE) oder über sonstige Informationen herzustellen.

Wenn der Vorgängerbeleg ermittelt ist, können grobe Prüfungen vorgenommen werden:

- Wie ist der Zustand der Ware, sind eventuell Siegel zerstört?
- Konnte der Liefertermin eingehalten werden?
- Stimmt die angekommene Menge mit der bestellten oder erwarteten Menge überein?

Die Wareneingangsbuchung beinhaltet immer die tatsächlich gelieferte Menge. Ist diese Menge kleiner als die bestellte Menge, bleibt der Vorgängerbeleg offen, d. h., es kann zu einem späteren Zeitpunkt ein erneuter Wareneingang gebucht werden. Ist die gelieferte Menge größer als die erwartete Menge, ist es möglich, Überlieferungen bis zu bestimmten Toleranzen zu akzeptieren. Danach wird die Ware in die Wareneingangszone gebracht.

Qualitätsprüfung

Zu diesem Zeitpunkt kann die Qualitätsprüfung der Ware ansetzen. Grundsätzlich gibt es folgende Möglichkeiten:

- Die Ware wird zunächst in einen *Qualitätsprüfbestand* (Q-Bestand) gebucht, später geprüft und bei Erfolg in den frei verfügbaren Bestand gebucht.
- Es wird von der angekommenen Menge nur eine Stichprobe (ein *Prüflos*) gezogen, die in einen Qualitätsprüfbestand (Q-Bestand) gebucht wird. Die Stichprobe wird detailliert in einem besonderen Prüflabor geprüft. Die Umbuchung der Stichprobe und der gesamten Menge kann dann ebenfalls später erfolgen. Dies beinhaltet z. B. auch eine Rücksendung der Ware.
- Die Ware wird direkt zurückgesendet.
- Die Ware wird direkt in den frei verfügbaren Bestand gebucht.

Die Abwicklung des Wareneingangs ist bis zu diesem Zeitpunkt (von der Anlieferung der Ware über die Prüfung bis hin zur Buchung des Wareneingangs) unabhängig davon, ob es ein Lagerverwaltungssystem gibt oder nicht.

Physische Einlagerung

Die angelieferte Ware wird aus Sicht der Bestandsführung in einen Betrieb und in einen Lagerort gebucht. Dabei ist der *Betrieb* immer der Betrieb, in den die Ware geliefert wurde. Der *Lagerort* ist eine buchungstechnische Unterteilung des Betriebs, um Bestände sinnvoll trennen zu können. Dabei kann der Lagerort entweder nur ein Bestandskonto repräsentieren oder aber das physische Lager selbst. Falls der Lagerort das physische Lager repräsentiert und von einem Lagerverwaltungssystem verwaltet wird, spricht man von einem *WM-verwalteten Lagerort*. Ist dies der Fall, beginnt nun der eigentliche Einlagerungsprozess.

Bei WM-verwalteten Lagerorten ist zu unterscheiden, ob das zugeordnete Lagerverwaltungssystem ein *internes* oder ein *externes* System ist:

- **Internes System**
  Dies bedeutet, dass die SAP-ERP-Komponente Warehouse Management (WM) aktiv ist. Alle Buchungen werden direkt auf der gemeinsamen Datenbank durchgeführt; eine Schnittstelle ist nicht notwendig. Die erfolgreiche Einlagerung bewirkt automatisch eine Wareneingangsbuchung.

  Man kann hier grundsätzlich zwischen zwei Arten der Einlagerung wählen.
  - Die Wareneingangsbuchung erfolgt direkt zur Bestellung.
  - Die Wareneingangsbuchung wird mithilfe von Anlieferungen abgewickelt (wird als Best Practice empfohlen).
- **Externes System, dezentrales Szenario**
  Dies bedeutet, dass für die Verwaltung dieses Lagerorts ein externes Lagerverwaltungssystem im Einsatz ist. Dieses System kann ein SAP-System (dabei kann es sich hier um ein WM oder SAP Extended Warehouse Management (EWM) handeln) oder ein fremdes System sein. Bei diesem dezentralen Szenario werden über definierte Schnittstellen (IDocs) Informationen ausgetauscht. Ein IDoc ist dabei eine Übertragungsstruktur; der Inhalt ist in diesem Prozess die Anlieferung.

  Das bedeutet auch, dass in diesem Szenario die Wareneingangsbuchung immer mithilfe von Anlieferungen erfolgt, die im externen System ausgeführt werden und für die das externe System eine Meldung an das SAP-System sendet (dies ist ebenfalls Best Practice).

Bei der Einlagerung müssen vom Lagerverwaltungssystem (intern oder extern) eventuell zusätzliche Informationen erfasst werden. Dies können folgende Daten sein:

- **Chargen**
  Chargen sind Mengen eines bestimmten Artikels, die nach einheitlichem Verfahren produziert wurden und eine homogene Einheit mit eindeutigen Spezifikationen darstellen. Es gibt chargenpflichtige Artikel, für die zu diesem Zeitpunkt die Chargen erfasst werden müssen. Dies erfolgt meist über das Einscannen der Chargennummer.

- **Mindesthaltbarkeitsdatum (MHD)**
  Für bestimmte Artikel (MHD-pflichtige Artikel) muss zu diesem Zeitpunkt das MHD erfasst werden.
- **Zusätzliche Transportmittel**
  Eventuell müssen zusätzliche Artikel mit erfasst werden, insbesondere wenn es sich um hochwertige Transportmittel handelt.

Die erfassten Daten werden bei der Rückmeldung zur Einlagerung an das SAP-Retail-System übermittelt.

Wareneingangsbuchung

Eine Wareneingangsbuchung mit Bezug zur Bestellung ist nur möglich, wenn ein *internes* Lagerverwaltungssystem im Einsatz ist. Der Bestand wird dann mit der Buchung sofort im Betrieb und am Lagerort entsprechend erhöht. Das heißt, der Bestand steht sofort zur Verfügung (die Einbindung des Qualitätsmanagements wird hier nicht berücksichtigt).

Das System erstellt nun eine Anforderung an das Lager, diese Ware einzulagern. Der Beleg dazu ist der *Transportbedarf*. Dieser Transportbedarf kann nun vom Lager verarbeitet werden. Dies erfolgt durch die Anlage eines *Transportauftrags*, der entweder automatisch oder manuell angelegt werden kann.

Der Transportauftrag ist das zentrale Dokument in WM, das alle Bewegungen repräsentiert. Er nennt sowohl die Quelle und das Ziel des Transports als auch die Ware, die bewegt wird. Ziel ist es, für die Ware im Wareneingangsbereich einen geeigneten Lagerplatz zu finden. Der *Quellplatz* ist der Wareneingangsbereich, er wird bereits im Transportbedarf vorgegeben. Der *Zielplatz* wird anhand der Einstellungen im Customizing der Lagerverwaltung ermittelt. Die Einstellungen umfassen die Suche nach den geeigneten Lagertypen (siehe Abschnitt 5.1.2, »Lagerabschnitt«) und die Anwendung der vorhandenen und eingestellten Einlagerungsstrategien.

Die Einlagerungsstrategien bestimmen letztlich den Lagerplatz, der für die einzulagernde Ware am besten geeignet ist. In der Praxis werden folgende Strategien am häufigsten verwendet:

- chaotisch-dynamische Einlagerung mit der Möglichkeit der Zulagerung oder mit Verbot der Zulagerung
- Festplatzzuordnung für Artikel
- Blocklagerung

Verbunden mit der Erzeugung des Transportauftrags gibt es die Möglichkeit, Belege zu drucken. Der Transportauftrag wird von einem Lagermitarbeiter oder von einem externen System ausgeführt, und eine *Quittierung* des Transportauftrags wird erstellt. Dabei wird gemeldet, welche Artikel bzw. welche Mengen von diesem Transportauftrag erledigt werden konnten. Dabei kann es eventuell Differenzen zu der beauftragten Menge geben.

Zur Anlage und Ausführung von Transportaufträgen stehen im System entsprechende Dialoge zur Verfügung. Alternativ dazu können auch sogenannte *RF-Dialoge* verwendet werden. RF bedeutet *Radio Frequency* (Datenfunk). Dabei wird mit speziell entwickelten Dialogen gearbeitet, die auf Staplerfahrzeugen oder auf Handgeräten genutzt werden können.

Mit der erfolgten Quittierung des Einlagerungstransportauftrags ist die Einlagerung abgeschlossen.

Bestandsführung vor Lagerverwaltung

[«]

Bei dieser Vorgehensweise, wenn also die Bestandsführung vor der Lagerverwaltung erfolgt, steht die Ware bestandstechnisch nach der Wareneingangsbuchung sofort zur Verfügung. Physisch ist die Ware aber erst verfügbar, wenn die Quittierung des Einlagerungstransportauftrags abgeschlossen ist.

Wareneingangsbuchung über Anlieferungen

Die Wareneingangsbuchung über Anlieferungen ist bei internen *und* externen Lagerverwaltungssystemen möglich. Für externe Systeme ist dieses Vorgehen Pflicht.

Bei diesem Verfahren steht ein Anlieferbeleg (*Anlieferung* oder *Lieferavis*) zur Verfügung. Bei dem internen Verwaltungssystem wird der Einlagerungstransportauftrag direkt mit Bezug zu dieser Anlieferung erzeugt. Der Transportauftrag wird ausgeführt, wie im Abschnitt »Wareneingangsbuchung« beschrieben. Die Quittierung des Transportauftrags erzeugt die WE-Buchung.

Bei dem externen Verwaltungssystem wird die erzeugte Anlieferung *sofort* an das Lagerverwaltungssystem übertragen. Die Anlieferung bleibt im SAP-Retail-System so lange gesperrt, bis eine Rückmeldung vom externen System erfolgt. Das externe System wiederum führt diese Anlieferung als Einlagerung aus. Falls das externe System ein SAP-System ist, werden dort analog auch Transportaufträge angelegt und ausgeführt. Sobald das externe System die Einlagerung zurückmeldet, werden für die gemeldeten Mengen die entsprechenden WE-Buchungen durchgeführt.

Lagerverwaltung vor Bestandsführung

[«]

Im Unterschied zum zuvor beschriebenen Ablauf ist hier die Rückmeldung Voraussetzung für die Wareneingangsbuchung. Das heißt, hier gilt: Lagerverwaltung vor Bestandsführung. Die Ware steht erst bestandstechnisch zur Verfügung, wenn die Einlagerung komplett abgeschlossen ist.

Anzeige der Anlieferung und der Bestellung nach der Rückmeldung

Nachdem die Ware der Anlieferung erfolgreich vom externen Lagerverwaltungssystem eingelagert wurde, können Sie erneut den Anlieferungsstatus in Transaktion VL33N prüfen (siehe Abbildung 5.6). Die Anlieferung hat nun den Warenbewegungsstatus C (**erledigt**).

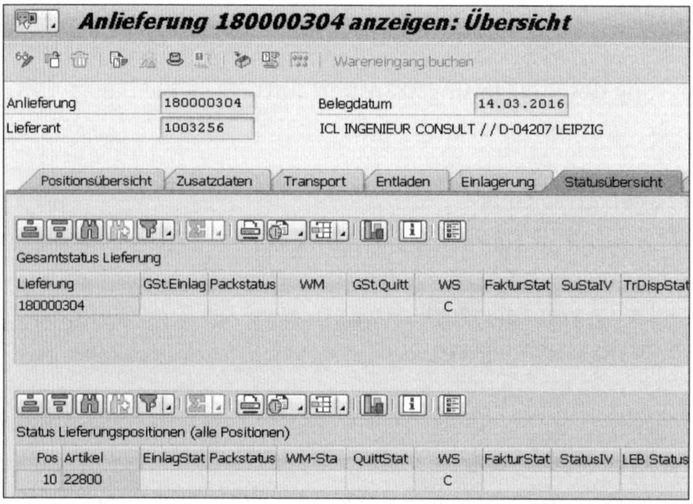

Abbildung 5.6 Anlieferungsstatus nach der Wareneingangsbuchung anzeigen

> [!]
> **Erfolgreiche Einlagerung**
>
> Das Lagerverwaltungssystem sendet in diesem Fall eigentlich nur eine erfolgreiche Einlagerung zurück. Im System ist eingestellt, dass mit dieser Rückmeldung automatisch auch ein Wareneingang gebucht wird.

In der Bestellung sehen Sie ebenfalls den Fortschritt, d. h. die erfolgte Einlagerung (Transaktion ME23N, **Anzeige Bestellung**). In den Kopfdaten der Bestellung auf der Registerkarte **Status** können Sie im Beispiel aus Abbildung 5.7 erkennen, dass von den bestellten zehn Colli tatsächlich zehn Colli geliefert wurden.

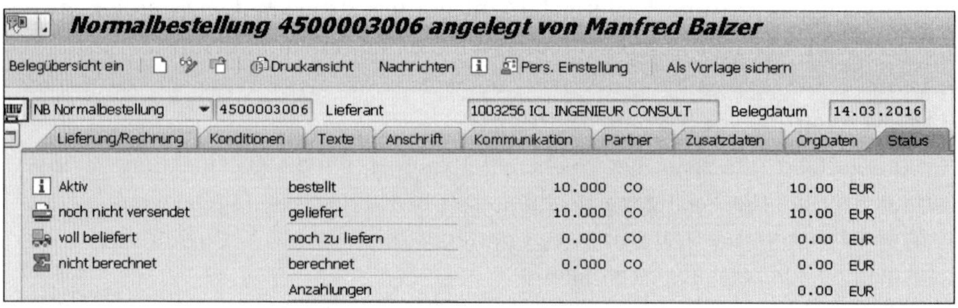

Abbildung 5.7 Bestellung anlegen

5.2.3 Retourenabwicklung

Die Einlagerung einer Retoure läuft wie der Wareneingangsprozess ab. Der Prozess unterscheidet sich nur in den Bezugsdokumenten. Es gibt im System normalerweise einen *Retourenauftrag*, der von den entsprechenden Sachbearbeitern angelegt wird. Der Retourenauftrag im Retourenprozess entspricht dabei einer Bestellung im Beschaffungsprozess, weil in beiden Fällen in der Folge Ware im Betrieb ankommen wird.

Zudem gibt es im System eine sogenannte *Retourenlieferung*, die im Allgemeinen zeitgleich mit dem Retourenauftrag angelegt wird. Die Retourenlieferung im Retourenprozess entspricht der Anlieferung im Beschaffungsprozess. Die Retourenlieferung wird im dezentralen Szenario analog zur Anlieferung direkt an das externe System gemeldet. Im internen WM-System wird ein Transportauftrag mit Bezug zu dieser Retourenlieferung angelegt. Die weitere Abwicklung erfolgt so, wie für die Wareneingangsbuchung beschrieben.

Im Lager selbst besteht die Möglichkeit, retournierte Ware (*Retourenware*) im Zuge der Einlagerung physisch von der normalen Ware zu trennen. Für die Wareneingangsbuchung ist dies unerheblich.

5.3 Warenverteilung

Der Prozess der Warenverteilung beschreibt die spezielle Verteilung von Handelsware über ein Verteilzentrum. Im Handel gibt es die typische Konstellation von Verteilzentrum und Filialen. Das Verteilzentrum bestellt dabei, vereinfacht gesagt, Ware bei externen Lieferanten, während die Filialen für den Verkauf der Waren an die Endkunden zuständig sind. Der Warenfluss kann dabei vom Lieferanten direkt zum Abnehmer (sogenanntes *Streckengeschäft*), vom Verteilzentrum zum Abnehmer oder vom Lieferanten über ein Verteilzentrum zum Abnehmer erfolgen.

In diesem Abschnitt beschreiben wir den Warenfluss vom Lieferanten über das Verteilzentrum zur Filiale. Dabei liegt der Schwerpunkt auf der Prozessoptimierung bei der Verteilung der ankommenden Ware. Der Verteilungsprozess von der Planung bis zum Versand kann durchgängig und effizient über das SAP-Retail-System abgewickelt werden. Die Warenverteilung gliedert sich in die Phasen *Planung* und *Abwicklung*, die in den beiden folgenden Abschnitten beschrieben werden:

- Zur Planung (siehe Abschnitt 5.3.1, »Verteilungsplanung«) können Sie dabei einen *Aufteiler* verwenden (dies ist die sogenannte *Push-Methode*), oder Sie nutzen die *Sammelbestellung* (das ist die sogenannte *Pull-Methode*).
- Bei der Abwicklung der Warenverteilung wird die ankommende Ware abhängig von der Planung verarbeitet. Die Verarbeitung kann dabei in folgender Form erfol-

gen: Einlagerung, Cross Docking oder Flow-through (siehe Abschnitt 5.3.2, »Verteilungsabwicklung«).

5.3.1 Verteilungsplanung

Die Planung der Verteilung betrifft sowohl den Einkauf als auch den Verkauf und reicht von der Vorbereitung für die physische Warenverteilung bis zum Wareneingang im Verteilzentrum. Folgende Planungsformen stehen zur Verfügung:

- Planung über einen Aufteiler (Push)
- Planung über eine Sammelbestellung (Pull)

In beiden Fällen erfolgt der Wareneingang im Verteilzentrum.

Planung über einen Aufteiler (Push-Methode)

Beim Push-Verfahren sind eventuell bereits Beschaffungsbelege beim externen Lieferanten angelegt worden, wie z. B. Bestellungen oder Kontrakte. In der Folge werden *Aufteilregeln* festgelegt, die bestimmen, nach welchem Schlüssel, welchen Proportionen oder sonstigen Algorithmen die ankommende Ware aufgeteilt wird. Die Aufteilregeln werden angelegt, um sie dann anschließend beim Anlegen von Aufteilern als Vorlage zu verwenden. Ein Aufteiler kann für einen Artikel oder für eine komplette Warengruppe gültig sein. In dem Aufteiler müssen folgende Daten angegeben werden:

- Information, welche Kunden und Filialen beliefert werden
- Information, welchen Anteil der Ware die Kunden und Filialen erhalten

Diese Informationen werden im Aufteiler genutzt, um die jeweilige Menge pro Kunde oder Filiale zu berechnen. Der Aufteiler wird entweder mit Bezug zur Bestellung, zum Kontrakt oder ohne Bezug zu einem Beschaffungsbeleg angelegt. Mittels *Avisierung* kündigt die Zentrale den Filialen den Aufteiler und damit die Mengen und Lieferdaten der zu verteilenden Artikel an. Die Filialen können diese Daten bestätigen und nochmals die gewünschte Menge angeben.

Je nachdem, wie der Aufteiler angelegt wurde, werden dann als Folgebelege *Beschaffungsbelege* (wie z. B. Bestellungen) oder *Abgabebelege* (wie z. B. Umlagerungsbestellungen oder Kundenaufträge) angelegt. Wenn das System diese Folgebelege generiert, schreibt es auch die Verteilungsdaten fort und ordnet die Beschaffungsbelege den Abgabebelegen zu.

Im Folgenden beschreiben wir die einzelnen Arbeitsschritte:

1. **Beschaffungsbelege anlegen**
   Als Eingangsbelege zum Aufteiler werden zunächst Beschaffungsbelege angelegt. Dies sind normalerweise Bestellungen. Es besteht allerdings auch die Möglichkeit,

den Aufteiler *ohne* einen Bezug zu einem Beschaffungsbeleg anzulegen. Die Anlage einer Bestellung beschreiben wir in Abschnitt 4.1.3.

2. **Aufteilregel anlegen**
   Es besteht die Möglichkeit, Aufteilregeln festzulegen. Außerdem können Aufteilregeln automatisch generiert werden.
3. **Aufteiler anlegen**
   Für einen konkreten Aufteilungsvorgang wird ein Aufteiler angelegt. Die Informationen der zuvor angelegten Aufteilregel werden im Aufteiler genutzt, um die jeweilige Menge pro Abnehmer zu berechnen. Im Aufteiler sind alle wesentlichen Daten für die Warenverteilung enthalten, wie z. B. die zu verteilenden Artikel, die Bezugsquelle, die Abnehmer mit zugeteilter Menge und die Lieferdaten.

Bei der Anlage eines Aufteilers in Transaktion WA01 können Sie über die Massenauswahl von Materialien z. B. die Artikel aus einer Aktion selektieren (siehe Abbildung 5.8). Sie definieren die Steuerungsparameter des Aufteilers im Customizing. Der Aufteilerkopf, der die allgemeingültigen Daten beinhaltet, wird über die **Aufteilerart** strukturiert.

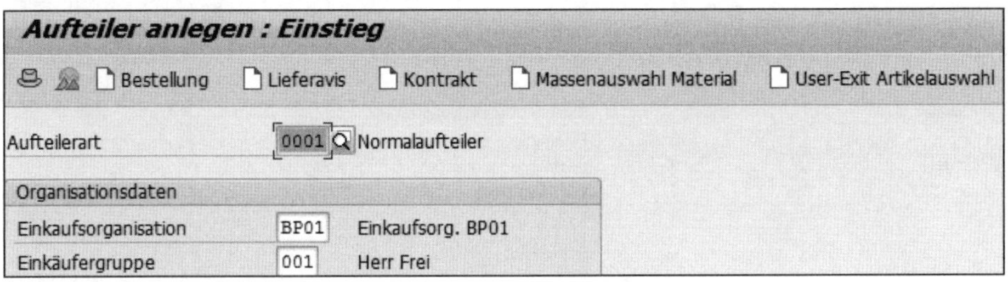

Abbildung 5.8 Aufteiler anlegen

Die *Aufteilerart* wird dem Aufteiler in den Kopfdaten zugeordnet (siehe Abbildung 5.8). Sie steuert sowohl die allgemeinen Daten als auch mögliche Vorschlagswerte:

- Aufteilstrategie
- Geschäftsvorfall (Positionstyp)
- Avistyp
- Regeln zur Berechnung der Planmengen

In den Positionsdaten des Aufteilers haben Sie die Möglichkeit, steuerungsrelevante Termine zu erfassen (siehe Abbildung 5.9). Dies sind z. B. das Lieferdatum für die einzelnen Betriebe (**Lieferdatum Werk**) und für das Verteilzentrum (**Lieferdatum VZ**).

Sie können außerdem die Bezugsquellen über die Funktion **Bezugsquellen** in der Funktionsleiste automatisch finden lassen (siehe Abbildung 5.10). Sie können die Bezugsquellen aber auch direkt eingeben oder die Bezugsquellenfindung manuell anstoßen.

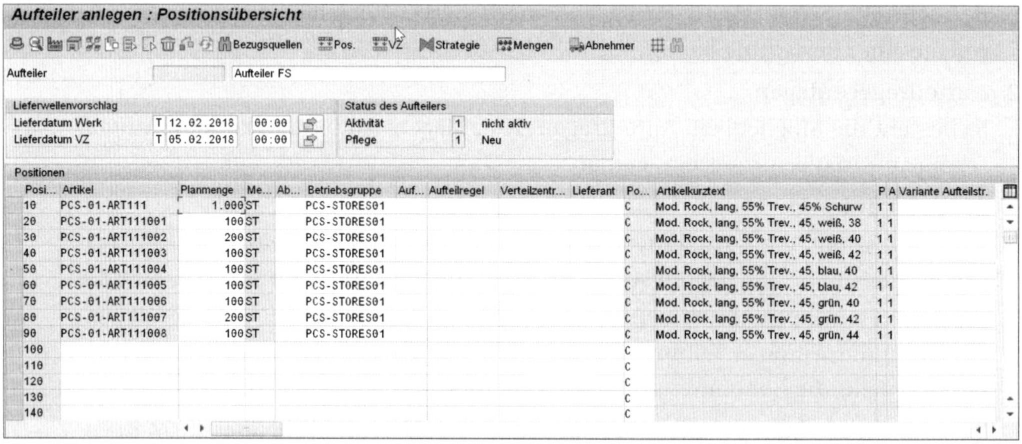

Abbildung 5.9 Aufteiler anlegen: Positionsübersicht

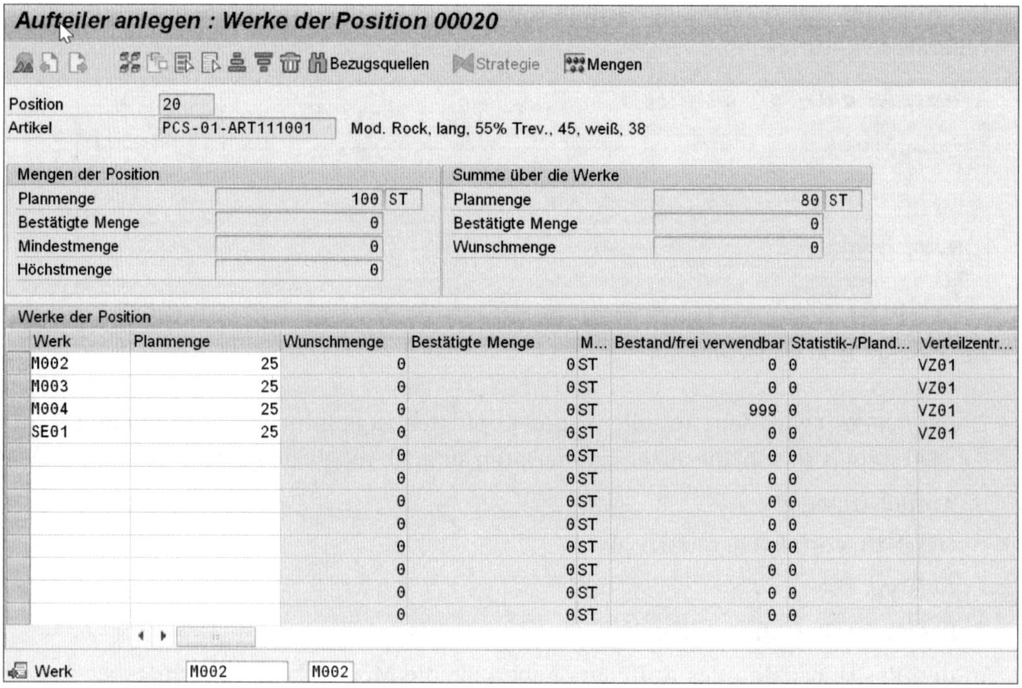

Abbildung 5.10 Aufteiler anlegen: Betriebe der Position, an die die Lieferung verteilt werden soll

4. **Aufteiler an die Filialen versenden**
   Mittels Avisierung kann die Zentrale den Filialen den Aufteiler senden.

5. **Folgebelege zum Aufteiler anlegen**
   Nach der Planung der Warenverteilung mithilfe eines Aufteilers können automatisch die Belege für die Beschaffung bzw. Belieferung erzeugt werden. Diese Belege können sein:
   - Auslieferungen
   - Bestellungen
   - Umlagerungsbestellungen
   - Kundenaufträge
6. **Wareneingang im Verteilzentrum**
   Wenn die Ware im Verteilzentrum ankommt, kann nun der Wareneingang mit Bezug zur Bestellung gebucht werden. Die angekommene Menge wird gemäß dem eingestellten Aufteiler weiterverarbeitet. Dies ist insbesondere interessant, wenn weniger Ware ankommt, als bestellt wurde. Die Weiterverarbeitung wird in Abschnitt 5.3.2, »Verteilungsabwicklung«, beschrieben.

Pull-Methode

Bei dieser Methode sind bereits Abgabebelege für die Filialen vorhanden, z. B. Umlagerungsbestellungen vom Verteilzentrum zur Filiale. Als Beschaffungsbelege werden danach Sammelbestellungen gebildet, indem die Abgabebelegmengen pro Artikel und Filiale summiert werden. Wenn das System Sammelbestellungen anlegt, schreibt es auch die Verteilungsdaten fort und ordnet die Beschaffungsbelege den Abgabebelegen zu.

Die einzelnen Schritte der Verteilungsplanung nach der Pull-Methode sind:

1. **Abgabebeleg anlegen**
   Im ersten Schritt werden Abgabebelege als Basis für eine Sammelbestellung angelegt. Bei diesen Belegen handelt es sich üblicherweise um Umlagerungsbestellungen.
2. **Sammelbestellung anlegen**
   Die Abgabebelege werden nun in Beschaffungsbelegen (Sammelbestellungen) pro Lieferant zusammengefasst. Gemäß dem angegebenen Einteilungsintervall werden Einteilungen für die Beschaffung generiert. Dabei gibt das Einteilungsintervall an, wie lange die Ware maximal im Verteilzentrum verweilen soll. Üblicherweise versendet das Verteilzentrum nach Anlage der Sammelbestellung eine elektronische Bestellung an den Lieferanten.
3. **Wareneingang im Verteilzentrum**
   Der Wareneingang im Verteilzentrum wird nun analog zur Push-Methode mit Bezug zur Sammelbestellung gebucht. Die Weiterverarbeitung wird im folgenden Abschnitt beschrieben.

5.3.2 Verteilungsabwicklung

Nachdem der Wareneingang erfolgt ist, wird die Ware auf die Filialen oder sonstigen Abnehmer verteilt. Die im Aufteiler oder in der Sammelbestellung festgehaltenen Verteilungsdaten dienen dabei zur Steuerung des Warenflusses im Verteilzentrum. Zudem werden Daten nun an die tatsächlich gelieferten Mengen angepasst. Die Ware wird mithilfe unterschiedlicher Bearbeitungsverfahren entweder eingelagert oder auf die Abnehmer verteilt. Für jedes Bearbeitungsverfahren wird der Bestand systemintern in einen separaten Lagerort gebucht.

[»]

Proportionale Verteilung

Alle Filialen, die von einem Verteilzentrum beliefert werden, bestellen in der Summe 2.000 Stück eines Artikels. Die Aufteilregel besagt, dass eine proportionale Verteilung der ankommenden Ware auf die Filialen erfolgen soll. Wenn nun anstelle der 2.000 Stück nur 1.800 Stück angeliefert wurden, verteilt das System diese Menge proportional, d. h., jede Filiale bekommt nur 90 % von dem, was sie bestellt hat. Bei einer Überlieferung von z. B. 2.200 Stück könnte man ebenfalls proportional verteilen, könnte aber auch definieren, dass alle Filialen ihre bestellte Menge bekommen und die restlichen 200 Stück eingelagert werden (vorausgesetzt natürlich, dass Überlieferung erlaubt ist).

Folgende Weiterverarbeitungsaktionen sind möglich:

- **Einlagerung**
  Die Ware wird hier – wie bei einer Bestellung bei einem externen Lieferanten – an einen Lagerort des Betriebs gebucht. Falls dieser Lagerort durch ein Lagerverwaltungssystem verwaltet wird, erfolgt eine Einlagerung, wie in Abschnitt 5.2.2, »Ablauf des Wareneingangsprozesses«, beschrieben.
- **Cross Docking**
  Die Ware wird bei dieser Aktion systemintern an einen speziellen Cross-Docking-Lagerort gebucht. Das bedeutet, die Ware wird *nicht* physisch eingelagert, sondern sie verbleibt in einem speziellen Bereich. Anschließend werden ebenfalls Auslieferungen generiert. Ein Umpacken der Ware ist *nicht* erforderlich, da die Ware vom Lieferanten in einzelnen Packstücken pro Abnehmer angeliefert wird (*vorkommissionierte Ware*).
- **Abnehmerorientierte Flow-through-Verteilung**
  Die Ware wird systemintern an einen Lagerort für abnehmerorientiertes *Flow-through* gebucht. Anschließend werden ebenfalls Auslieferungen angelegt, und die Waren werden in eine Umpackzone transportiert und dort kommissioniert.

  Das abnehmerorientierte Flow-through entspricht der Kommissionierung mit Einlagerung. Der einzige Unterschied besteht darin, dass die Ware nicht physisch eingelagert wird, sondern das Lager sofort über dessen Transitzone verlässt. Im Unterschied zum Cross Docking wird die Ware aber kommissioniert.

- **Artikelorientierte Flow-through-Verteilung**
  Die Ware wird auch hier systemintern an einen Lagerort für artikelorientiertes Flow-through gebucht, aber ebenfalls nicht eingelagert. Anschließend werden *Verteilaufträge* generiert, anhand derer die Ware artikelorientiert auf die Filialen oder Kunden verteilt wird. Für jede vollständige Palette eines Abnehmers wird dann kontinuierlich eine Auslieferung generiert.

Nach der Bearbeitung wird die Ware in den Warenausgangsbereich befördert und der Warenausgang mit Bezug zur Auslieferung gebucht.

Keine echte Einlagerung [!]

Alle hier erwähnten vier Lagerorte werden durch ein Lagerverwaltungssystem verwaltet. Allerdings findet nur beim ersten Verfahren eine echte physische Einlagerung statt. Bei den anderen drei Verfahren sind nur die Wareneingangsbereiche und Warenausgangsbereiche bzw. Versandbereiche des Lagerverwaltungssystems interessant.

Oft ist es auch nützlich oder notwendig, die erwähnten Verfahren zu kombinieren. Zum Beispiel kann man große Abnahmemengen (palettenweise) über das Cross-Docking-Verfahren bewältigen, während für kleine Mengen eine Einlagerung mit nachfolgender Auslagerung nützlich sein kann.

5.4 Warenausgangsprozess

Der Warenausgangsprozess (Outbound-Logistik) hat die Aufgabe, den physischen Abgang von Waren oder Artikeln zu organisieren und die entsprechende Warenausgangsbuchung durchzuführen. Innerhalb des Lagerverwaltungssystems besteht der Warenausgangsprozess darin, die gelagerte Ware von den Lagerplätzen zu bestimmten Auslager- oder Versandbereichen zu transportieren (*Auslagerung* oder *Kommissionierung*) und dort die Ware eventuell zu verpacken und versandfertig zu machen.

Die Fertigstellung der Auslagerung bzw. Kommissionierung ist die Voraussetzung für die *Warenausgangsbuchung*. Mit der Warenausgangsbuchung verringert sich der Artikelbestand im Verteilzentrum. Die Ware wird danach auf Transportmittel wie z. B. einen Lkw verladen und verlässt das Lager. Daher sollten Sie analog zum Wareneingang und der Einlagerung im Wareneingangsprozess strikt zwischen dem Warenausgang und der Auslagerung/Kommissionierung unterscheiden.

[!]

Unterschied zwischen Warenausgang und Auslagerung

Der Warenausgang ist eine Funktion innerhalb der Materialwirtschaft. In SAP Retail wird dazu eine Buchung, die sogenannte *WA-Buchung*, durchgeführt. Eine WA-Buchung setzt nicht notwendigerweise ein Lagerverwaltungssystem voraus. Es kommt dabei auf die Konfiguration des Betriebs und seiner Lagerorte an.

Es gibt im Wesentlichen zwei verschiedene Warenausgangsprozesse:

- **Warenausgang mit Bezug zu Kundenaufträgen oder Umlagerungsbestellungen**
  Das ist der Normalprozess innerhalb des Warenausgangsprozesses.
- **Warenausgang mit Bezug zu sonstigen Belegen**
  Dies sind z. B. Warenentnahmen für den Eigenbedarf (Büromaterial, Lebensmittel innerhalb der Gastronomie) oder aber auch Materialbereitstellungen für die Produktion (im Handel eher selten).

Die Auslagerung ist die Verbringung einer Ware von einem Lagerplatz im Lager zu einem definierten Platz in der Versandzone oder einer sonstigen Entnahmezone. Die Auslagerung wird auch *Kommissionierung* genannt, weil sie sich im Allgemeinen auf einen Auftrag (d. h. eine *Kommission*) bezieht. Die Auslagerung wird durch ein Lagerverwaltungssystem durchgeführt und gebucht. Bei dezentralen, externen Lagerverwaltungssystemen wird die erfolgreiche Auslagerung an das SAP-Retail-System gemeldet, das dann wiederum, basierend auf dieser Meldung, eine WA-Buchung vornimmt.

Der gesamte Warenausgangsprozess erstreckt sich über mehrere Abteilungen und Bereiche:

- Die mengenmäßige Verbuchung der Ware ist Bestandteil der *Materialwirtschaft*, genauer gesagt, der *Bestandsführung* innerhalb der Materialwirtschaft. Die wertmäßige Verbuchung ist ebenfalls Bestandteil der Materialwirtschaft und deren Verbindung zum Finanzwesen.
- Die eigentliche Auslagerung der Ware liegt in der Verantwortung des *Lagerverwaltungssystems*. Das Verpacken der Ware und die Bereitstellung für den Transport sind meist ebenfalls Aufgabe des Lagerverwaltungssystems.
- Der Transport der Ware vom Verteilzentrum zum Kunden oder zu einer Filiale ist Aufgabe des *Transportwesens*.

5.4.1 Vorgängerbeleg

Im Allgemeinen wird ein Warenausgang nur mit Bezug zu einem Vorgängerbeleg gebucht. Dies könnten folgende Belege sein:

- ein *Kundenauftrag* für einen externen Kunden
- eine *Umlagerungsbestellung* vom Verteilzentrum zu den Filialen des Verteilzentrums. Der WA-Prozess findet dann im Verteilzentrum statt.

- eine Retoure zurück zum Lieferanten, die sogenannte *Lieferantenretoure*.

Für alle Vorgängerbelege wird im System eine Auslieferung angelegt. Die Auslieferung ist daher das zentrale Dokument innerhalb des Warenausgangsprozesses.

5.4.2 Ablauf des Warenausgangsprozesses

Der Ablauf des Warenausgangsprozesses ist einfacher als der des Wareneingangsprozesses. Ausgangssituation hier ist die Existenz eines Auftrags an das Lagerverwaltungssystem, Ware auszulagern. Der gesamte Warenausgangsprozess untergliedert sich in zeitlicher Reihenfolge in folgende Abschnitte:

1. Kommissionierung der Ware
2. Warenausgangsbuchung
3. Transport der Ware zum Endabnehmer

Zusätzlich mögliche Prozesse sind darüber hinaus das Verpacken der Ware oder logistische Zusatzleistungen, wie z. B. eine Etikettierung. Auf diese Prozesse wird hier nicht näher eingegangen.

Im Folgenden beschreiben wir die verschiedenen Warenausgangsprozesse (Warenausgang zum Kundenauftrag, zur Umlagerungsbestellung und zu sonstigen Belegen) im Detail.

Warenausgang zum Kundenauftrag

Der Prozess eines Warenausgangs infolge eines Kundenauftrags sieht folgendermaßen aus:

1. Im Verkaufsbüro wurde ein *Kundenauftrag* angelegt, wie im folgenden Abschnitt »Kundenauftrag anlegen« beschrieben. Der Kundenauftrag sagt aus, welche Ware zu welchem Termin an welchen Kunden geliefert werden muss. Die Konfiguration eines Kundenauftrags, z. B. das Ausprägen einer Auftragsart, fällt in den Zuständigkeitsbereich des Verkaufs.
2. Die *Verfügbarkeitsprüfung* untersucht, ob die angeforderte Menge zum gewünschten Liefertermin verfügbar ist. Dabei wird der Bestand des Betriebs untersucht, unabhängig davon, ob zu diesem Betrieb ein Lager oder ein Lagerverwaltungssystem gehört.
3. Der Kundenauftrag wird zu gegebener Zeit beliefert, das bedeutet, im System wird eine *Auslieferung* mit Bezug zu diesem Kundenauftrag angelegt, wie im folgenden Abschnitt »Auslieferung zum Kundenauftrag anlegen« beschrieben.

Die Auslieferung ist das zentrale Objekt der Logistik. Es enthält in diesem Prozess detaillierte Informationen über die Abwicklung des Kundenauftrags. Unter anderem wird hier entschieden, aus welchem *Betrieb* und *Lagerort* die Ware entnommen werden muss. Ist dieser Lagerort WM-verwaltet, kommt das Lagerverwaltungssystem ins Spiel. Ist dies nicht der Fall, erfolgt die Abwicklung manuell durch Eingabe von Entnahmemengen (auch *Pick-Mengen* genannt).

Wenn in der Lieferung ein WM-verwalteter Lagerort eingetragen ist, *muss* die Kommissionierung über das Lagerverwaltungssystem erfolgen. Die Eingabe kommissionierter Mengen ist dann nicht mehr möglich. Bei WM-verwalteten Lagerorten müssen Sie außerdem unterscheiden, ob das zugeordnete Lagerverwaltungssystem ein *internes* oder ein *externes* System ist.

- **Internes System**
  Die erfolgreiche Auslagerung bewirkt automatisch eine Statusfortschreibung für die Auslieferung (sie hat jetzt den Status **kommissioniert**) und je nach Einstellung automatisch eine Warenausgangsbuchung (siehe auch Erläuterung zum internen Lagerverwaltungssystem in Abschnitt 5.2.2, »Ablauf des Wareneingangsprozesses«, unter der Überschrift »Physische Einlagerung«). Damit hat die Auslieferung den Status **Warenbewegung abgeschlossen**.

  Im Lagerverwaltungssystem wird zur Abwicklung ein *Transportauftrag* mit Bezug zur Auslieferung angelegt. Das Ziel dieses Auslagertransportauftrags ist vorgegeben, es ist die sogenannte *Versandzone*. Die Quelle des Transportauftrags, d. h. der Lagerplatz, auf dem sich die angeforderte Ware befindet, wird anhand von Einstellungen im System ermittelt. Diese Einstellungen umfassen Suchreihenfolgen für Lagerabschnitte und Lagerplätze sowie *Auslagerungsstrategien*).

  Die wichtigsten Auslagerungsstrategien sind dabei:

  - FIFO (»First in, First out«)
  - Festplatz (Artikel liegt fest auf einem zugeordneten Platz)
  - FEFO (»First expired, First out«) oder MHD-Strategie (Berücksichtigung des Mindesthaltbarkeitsdatums)

  Aufgrund dieser Einstellungen bestimmt das System den oder die besten Plätze für die Kommissionierung der Ware und erzeugt den entsprechenden Transportauftrag.

  Verbunden mit der Erzeugung des Transportauftrags ist die Möglichkeit, Belege zu drucken, wie z. B. Etiketten, Lieferbelege oder Kommissionierbelege. Der Transportauftrag wird von einem Lagermitarbeiter ausgeführt, von dem eine *Quittierung* des Transportauftrags erwartet wird. Zur Anlage und Ausführung von Transportaufträgen stehen im System entsprechende Dialoge zur Verfügung. Alternativ dazu können auch RF-Dialoge verwendet werden. Mit der erfolgreichen Quittierung des Kommissionier-Transportauftrags ist die Auslagerung abgeschlossen.

  Die Ware steht nun physisch und systemseitig in der Versandzone. Die zugehörige Auslieferung hat nun den Status **Kommissionierung abgeschlossen**. Diese

Lieferung kann jetzt physisch und systemseitig verpackt werden. Der Abschluss des Warenausgangsprozesses ist die Warenausgangsbuchung. Damit verlässt die Ware physisch das Lager, und der Bestand dieser Ware wird entsprechend verringert.

- **Externes System, dezentrales Szenario**
  Der Warenausgangsprozess wird über Auslieferungen abgewickelt, die an das externe System zur Kommissionierung übertragen werden. Im externen System werden diese Auslieferungen ausgeführt bzw. kommissioniert. Danach erfolgt eine Rückmeldung über die kommissionierte Menge an das SAP-Retail-System. Diese Rückmeldung des externen Systems bewirkt zum einen die Fortschreibung des Auslieferungsstatus (analog zur Abwicklung mittels des internen Lagerverwaltungssystems), und andererseits, je nach Einstellung, die Warenausgangsbuchung für die Auslieferung.

Kundenauftrag anlegen

Legen Sie als Beispiel einen Kundenauftrag an. Dazu rufen Sie Transaktion VA01 in SAP Retail auf (siehe Abbildung 5.11).

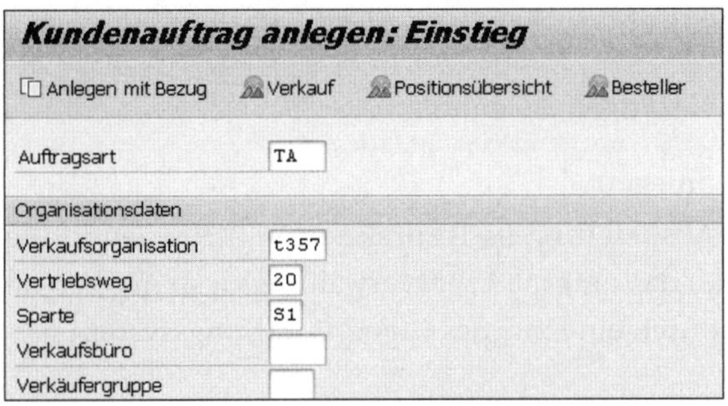

Abbildung 5.11 Kundenauftrag anlegen: Einstieg

Geben Sie dabei die folgenden Informationen ein:

- die **Auftragsart** (TA steht hier für einen Terminauftrag. Die einzelnen Auftragsarten und deren Steuerungsmöglichkeiten sind im **Verkauf** definiert.)
- die Vertriebslinie, d. h. die **Verkaufsorganisation**, den **Vertriebsweg** und die **Sparte**

Bestätigen Sie Ihre Eingabe mit [↵]. Sie gelangen in das Übersichtsbild aus Abbildung 5.12.

Hier geben Sie folgende Informationen ein:

- **Auftraggeber** (der Kunde)
- **Bestellnummer** (als zusätzliche Identifizierung des Auftrags)
- **Artikel** mit **Auftragsmenge**
- Betrieb, an den der Auftrag geht (**AusliefBetrieb**)

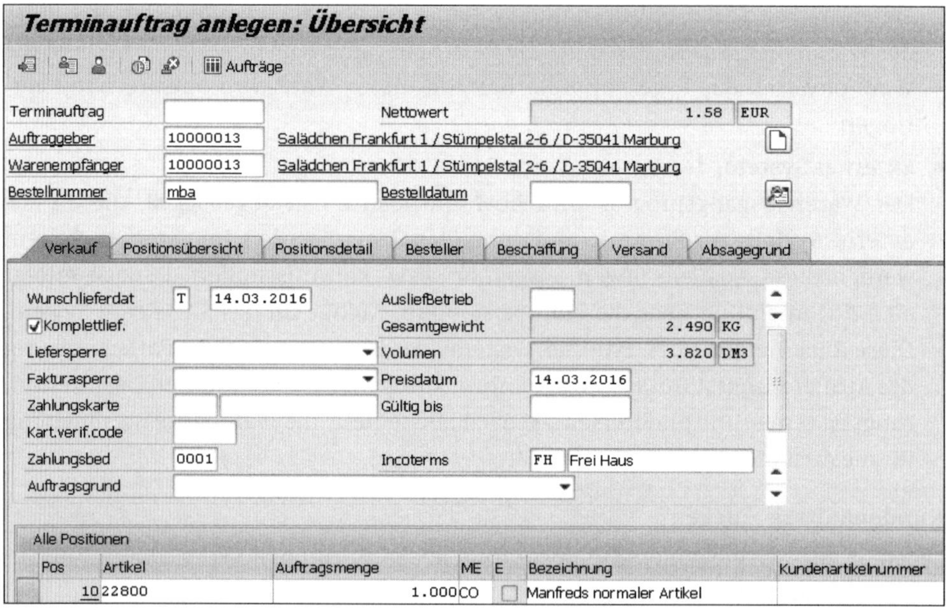

Abbildung 5.12 Übersicht des Terminauftrags

Überprüfen Sie Ihre Eingaben, und bestätigen Sie dann mit [↵].

Auslieferung zum Kundenauftrag anlegen

Für den Kundenauftrag wird eine Auslieferung in Transaktion VL01N erzeugt. Die erzeugte Auslieferung wird sofort an das externe Lagerverwaltungssystem übertragen, falls der Lagerort des Betriebs durch ein externes Lagerverwaltungssystem verwaltet wird.

Geben Sie folgende Informationen bei der Anlage der Auslieferung ein (siehe Abbildung 5.13):

- den Kundenauftrag (**Auftrag**)
- die **Versandstelle** des Verteilzentrums
  (wird aus dem Kundenauftrag übernommen)
- optional das **Selektionsdatum** (d. h. das Datum, an dem der Kundenauftrag angelegt wurde; es kann auch als Selektionskriterium dienen)

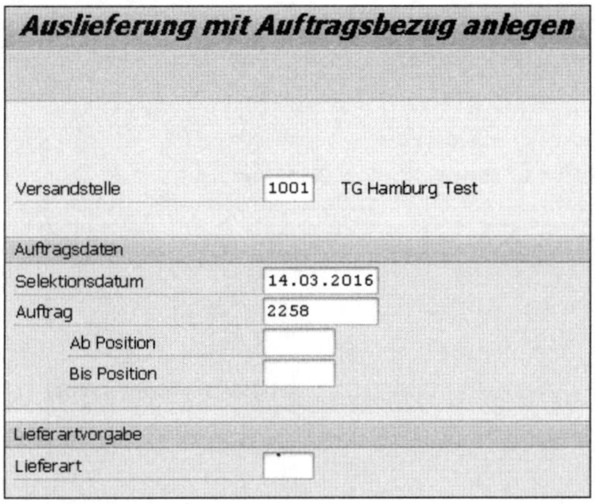

Abbildung 5.13 Auslieferung mit Auftragsbezug anlegen

Bestätigen Sie Ihre Eingabe mit [↵]. Sie gelangen in das Übersichtsbild, das Sie in Abbildung 5.14 sehen. Das System übernimmt alle Daten aus dem Kundenauftrag, die für die Auslieferung notwendig sind. Im Allgemeinen sind keine weiteren Eingaben nötig.

Abbildung 5.14 Übersicht der Auslieferung

Sichern Sie die Auslieferung über den **Sichern**-Button (💾). Es erscheint die Bestätigungsmeldung aus Abbildung 5.15. Beachten Sie dabei, dass die Auslieferung in diesem Fall an das externe Lagerverwaltungssystem übertragen wurde, ähnlich wie die Anlieferung beim Wareneingangsprozess.

Abbildung 5.15 Bestätigung der Sicherung der Auslieferung

Die erzeugte Auslieferung können Sie sich in Transaktion VL03N anzeigen lassen (siehe Abbildung 5.16).

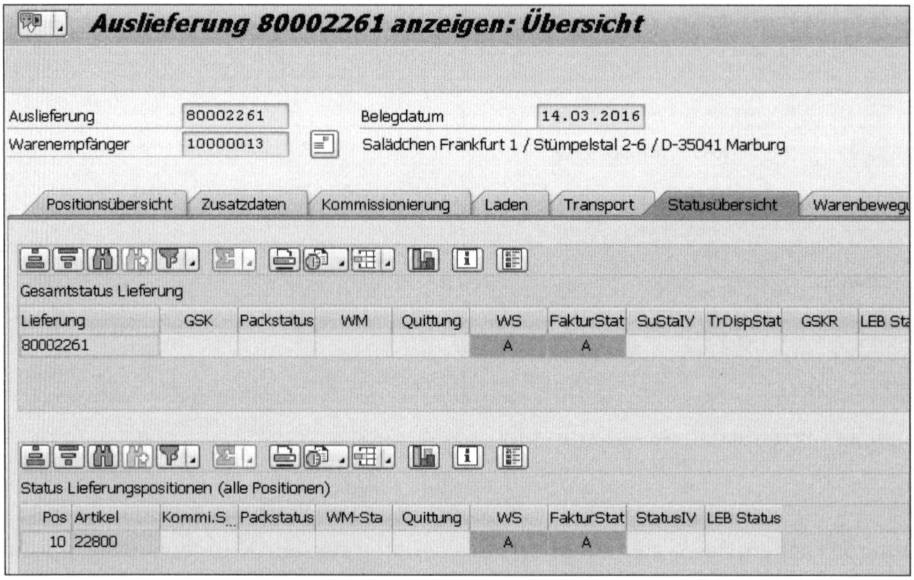

Abbildung 5.16 Auslieferung anzeigen – Statusübersicht

Die Auslieferung hat den Warenbewegungsstatus (**WS**) A, d. h., sie ist zur Auslagerung (Kommissionierung) vorgesehen und erwartet eine Bestätigung der Auslagerung. Im Belegfluss der Auslieferung, den Sie über das Menü oder die Funktionstaste F7 aufrufen können (siehe Abbildung 5.17), sehen Sie den zugeordneten Kundenauftrag.

Abbildung 5.17 Belegfluss

Anzeige der Auslieferung nach der Kommissionierung

Nach der erfolgten Kommissionierung sendet das externe Lagerverwaltungssystem eine Meldung an SAP Retail zurück. Dies geschieht mithilfe einer speziellen Nachrichtenstruktur. Nachdem die Rückmeldung im SAP-Retail-System verbucht ist, hat die Auslieferung den in Abbildung 5.18 angezeigten Warenbewegungsstatus C (**erledigt**). Bei einem internen Lagerverwaltungssystem gäbe es keine spezielle Rückmeldung. Die Status-Fortschreibung erfolgt dann automatisch beim Verarbeiten des Kommissionierungs-Transportauftrags.

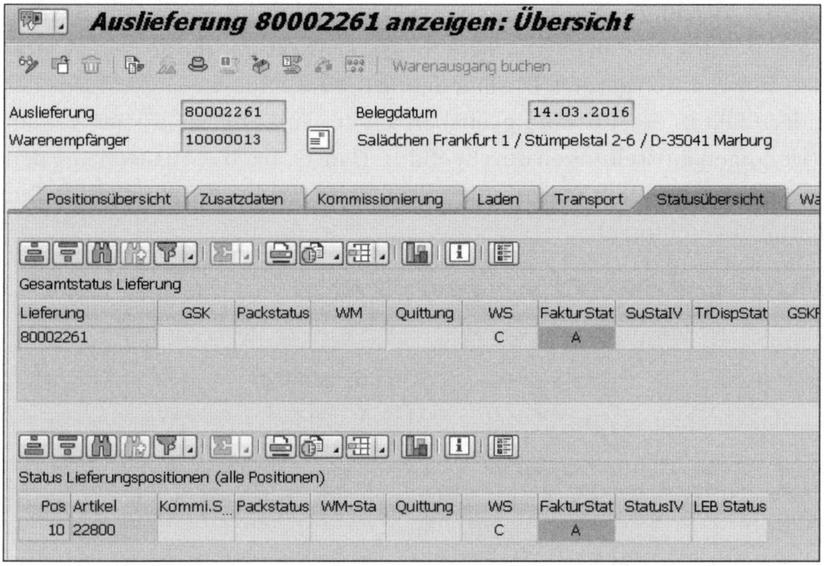

Abbildung 5.18 Statusanzeige der Auslieferung nach erfolgter Kommissionierung

Erfolgreiche Kommissionierung

Das Lagerverwaltungssystem sendet in diesem Beispiel im eigentlichen Sinn nur die Meldung über die erfolgreiche Kommissionierung. Im SAP-Retail-System ist eingestellt, dass mit dieser Rückmeldung gleichzeitig eine Warenausgangsbuchung durchgeführt wird. Die Ware hat damit den Betrieb verlassen. Nach dieser Buchung steht der Warenbewegungsstatus auf C (**erledigt**). Der Fakturastatus (**FakturStat**) ist weiterhin offen (A).

Faktura zur Auslieferung anlegen

Nach erfolgreicher Kommissionierung und Warenausgangsbuchung der Auslieferung können Sie die Faktura mit Bezug zur Auslieferung anlegen. Dazu rufen Sie Transaktion VF01 auf (siehe Abbildung 5.19).

Abbildung 5.19 Faktura anlegen

Hier geben Sie die Auslieferungsnummer in die Spalte **Beleg** ein. Bestätigen Sie Ihre Eingabe mit einem Klick auf den Button **Sichern** (💾). Die **Fakturaart** und das **Fakturadatum** werden automatisch gesetzt. Die Erzeugung der Faktura ist keine Aufgabe der Logistik, sondern fällt in den Zuständigkeitsbereich des Finanzwesens. Hier werden auch die notwendigen Einstellungen durchgeführt. Danach hat die Auslieferung den in Abbildung 5.20 dargestellten Status. Alle Statusfelder stehen auf **erledigt** (C). Der Prozess ist damit abgeschlossen.

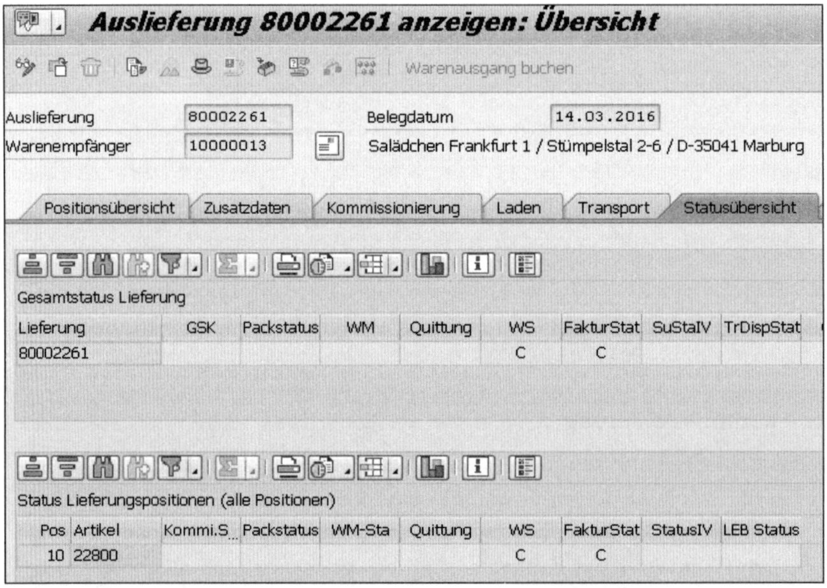

Abbildung 5.20 Statusübersicht nach der Anlage der Faktura

Den Belegfluss, ausgehend vom Kundenauftrag, können Sie sich in Transaktion VA03 ansehen. In unserem Beispiel sieht er wie in Abbildung 5.21 aus.

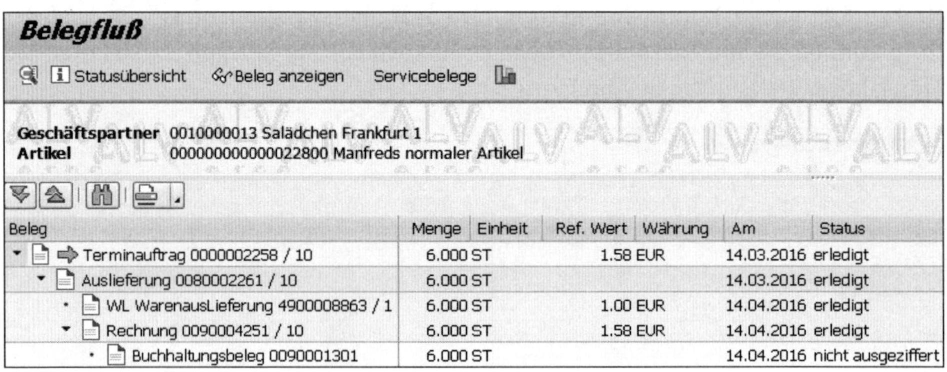

Abbildung 5.21 Belegfluss

Warenausgang zur Umlagerungsbestellung

Der Prozess des Warenausgangs mit Bezug zu einer Umlagerungsbestellung ähnelt dem zum Warenausgang für Kundenaufträge:

1. Im Planungsbüro wurde eine Umlagerungsbestellung (UB) vom Verteilzentrum an eine oder mehrere Filialen angelegt, wie im folgenden Abschnitt »Umlagerungsbestellung anlegen« beschrieben. Der Umfang bzw. die Menge der Artikel in der Umlagerungsbestellung wurde nach bestimmten dispositiven Verfahren ermittelt. (Für den Warenausgangsprozess ist die Berechnung unerheblich.)
2. Analog zum Kundenauftrag wird im System eine Auslieferung mit Bezug zu dieser Umlagerungsbestellung angelegt, wie im folgenden Abschnitt »Auslieferung zur Umlagerungsbestellung erzeugen« beschrieben. Die Weiterverarbeitung der Auslieferung erfolgt genauso wie die der Auslieferung mit Bezug zum Kundenauftrag (siehe vorangegangenen Abschnitt).

Wenn für diese Auslieferung ein Warenausgang gebucht wurde, befindet sich die Ware im Allgemeinen in einem Transitbestand zwischen dem Verteilzentrum und der Zielfiliale. Dies nennt man *zweistufige Abwicklung*. Im Handel ist es auch üblich, dass die Warenausgangsbuchung im Verteilzentrum automatisch eine Anlieferung (Lieferavis) für die Zielfiliale erzeugt. Damit kann sich die Filiale beim Wareneingang auf das Lieferavis beziehen. Möglich ist auch eine *einstufige* Warenausgangsbuchung. Dabei wird der Bestand der Ware nach Abbuchung im Verteilzentrum direkt in den Bestand der Filiale gebucht.

Umlagerungsbestellung anlegen

Um eine Umlagerungsbestellung anzulegen, rufen Sie, wie in Abschnitt 4.1.3, »Bestellung«, für eine Normalbestellung beschrieben, Transaktion ME21N auf. Diesmal wählen Sie allerdings die Bestellart UB (**Umlagerungsbestellung**) aus. Außerdem geben Sie den Lieferbetrieb, d. h. das Verteilzentrum, sowie den **Artikel**, die **Bestellmenge** und den Empfängerbetrieb (Spalte **Btrb**), in diesem Fall die Filiale, die die Waren erhalten soll, an. Kontrollieren Sie Ihre Eingaben, und sichern Sie die Bestellung über den Button **Sichern** (💾).

Auslieferung zur Umlagerungsbestellung erzeugen

Für die Umlagerungsbestellung wird die Auslieferung aus dem Verteilzentrum in Transaktion VI1OB erzeugt (siehe Abbildung 5.22). Dies erfolgt normalerweise automatisch.

Sie geben hier noch folgende Selektionskriterien ein, um die zu erzeugende Auslieferung einzugrenzen:

- **LiefererstellDat**: Zeitraum, in dem die Lieferung erfolgen soll. (Die angezeigten Werte sind Vorschlagswerte und können geändert werden.)
- **Einkaufsbeleg**: Bestellnummer (optional)

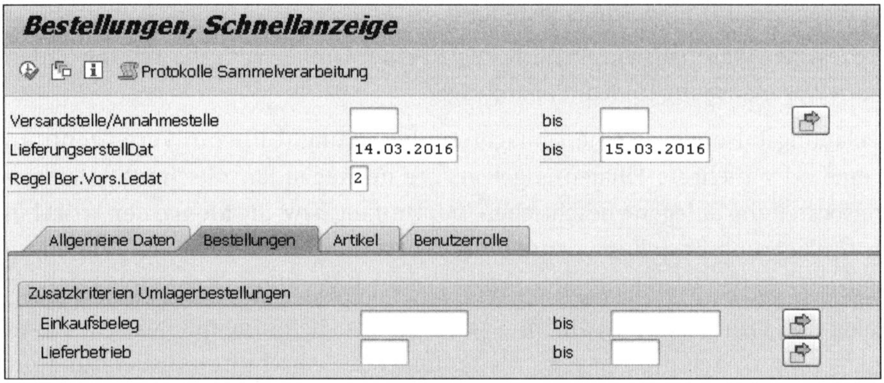

Abbildung 5.22 Auslieferung zur Umlagerungsbestellung ergänzen

Bestätigen Sie Ihre Eingaben mit einem Klick auf **Ausführen** (![Ausführen]).

Es erscheint eine Liste aller Umlagerungsbestellungen, die zur Auslieferung anstehen (siehe Abbildung 5.23). Markieren Sie die Zeilen mit den Bestellungen. Klicken Sie dann auf den Button **Hintergrund**, um die Lieferung im Hintergrund anzulegen. Die erzeugte Auslieferung ist im Verarbeitungsprotokoll in Transaktion V_SA sichtbar.

Abbildung 5.23 Auslieferung zur Umlagerungsbestellung anlegen

Eine Positionsübersicht der Auslieferung können Sie in Transaktion VL03N aufrufen (siehe Abbildung 5.24).

Abbildung 5.24 Nachschublieferung anzeigen: Übersicht

Die erzeugte Auslieferung wurde an das Lagerverwaltungssystem des Verteilzentrums zur Kommissionierung übermittelt. Eine Auslieferung zu einer Filiale wird systemintern als *Nachschublieferung* bezeichnet.

Kommissionierung der Auslieferung und Warenausgangsbuchung

Die Lieferung wird im Lagerverwaltungssystem kommissioniert. Für die Kommissionierung spielt es aus Sicht von SAP Retail keine Rolle, ob die Ware für einen Kunden oder für eine Filiale kommissioniert wird. Im internen Lagerverwaltungssystem kann es Unterschiede geben, die aber für den Ablauf irrelevant sind.

Die Rückmeldung des Lagerverwaltungssystems über die erfolgreiche Kommissionierung erfolgt so, wie im Abschnitt »Anzeige der Auslieferung nach der Kommissionierung« beschrieben. Die erfolgreiche Rückmeldung erzeugt gleichzeitig eine WA-Buchung. Die WA-Buchung wiederum stößt die Erzeugung einer Anlieferung im Zielbetrieb, d. h. in der Filiale, an.

Diese Anlieferung können Sie sich in Transaktion VL33N anschauen (siehe Abbildung 5.25). Beachten Sie hier, dass der Lieferant das Verteilzentrum und der Empfänger die Filiale bzw. deren Lager ist.

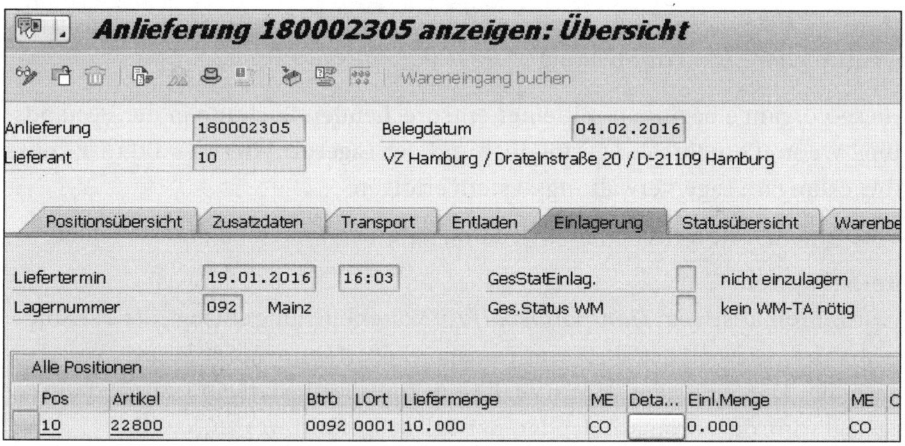

Abbildung 5.25 Anlieferung anzeigen

Die Anlieferung wird nun über das Lagerverwaltungssystem im Lager der Filiale eingelagert. Die Rückmeldung des Lagerverwaltungssystems über die erfolgreiche Einlagerung in der Filiale erzeugt dort eine WE-Buchung (siehe auch Abschnitt 5.2.2, »Ablauf des Wareneingangsprozesses«).

Im Belegfluss der Auslieferung in Abbildung 5.26 sehen Sie sowohl die vorgelagerte Bestellung als auch die nachgelagerte Anlieferung. Die Auslieferung (Nachschublieferung) hat als Vorgängerbeleg die Umlagerungsbestellung vom Verteilzentrum zur Filiale. Als Nachfolgebeleg gibt es den Artikelbeleg über die WA-Buchung in den Transitbestand und die Anlieferung in der Filiale.

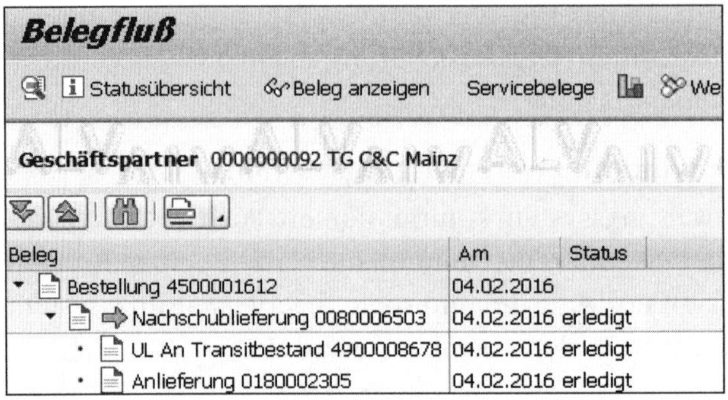

Abbildung 5.26 Belegfluss der Auslieferung

Warenausgang zu sonstigen Belegen

Neben den Auslagerungen mit Bezug zu Kundenaufträgen und Umlagerungsbestellungen gibt es auch die folgenden Möglichkeiten:

- Warenausgang an einen anderen Betrieb oder Lagerort
- Warenausgang mit Bezug zu einer Kostenstelle (z. B. Eigenverbrauch)
- Verschrottung
- Inventur- oder Korrekturbuchung

Alle diese Vorgänge beginnen mit einer entsprechenden Buchung in der Bestandsführung. Wenn diese Buchung erfolgt ist und der Lagerort WM-verwaltet ist, muss die Abwicklung im Lagerverwaltungssystem erfolgen.

Auch hier müssen Sie zwischen internen und externen Systemen unterscheiden:

- **Internes System**
  Es wird automatisch ein *Transportbedarf* zur Warenbuchung erzeugt, der die Anforderung an das Lager darstellt. Dieser Transportbedarf kann nun vom Lager verarbeitet werden. Dies geschieht, indem zu diesem Transportbedarf ein Transportauftrag angelegt wird, der automatisch oder manuell ausgeführt werden kann.

  Die Abwicklung des Transportauftrags entspricht dem für die anderen Warenausgangsvarianten beschriebenen Ablauf. Der einzige Unterschied besteht darin, dass hier als Ziel des Transportauftrags nicht die Versandzone vorgegeben ist, sondern ein Bereich, in dem die Ware verbraucht wird. In diesem Prozessablauf wird der Bestand ebenfalls reduziert, wenn die Buchung in der Materialwirtschaft erfolgt ist. Es gilt also das Prinzip »Bestandsführung vor Lagerverwaltung«.
- **Externes System, dezentrales Szenario**
  Bei Verwendung dieses Szenarios wird im SAP-Retail-System ebenfalls eine Lieferung erzeugt. Wir sprechen in diesem Fall von einer *Umlagerungslieferung*. Dabei handelt es sich um Lieferungen mit bestimmten Lieferarten, die genau diese Buchungen repräsentieren. Das bedeutet, dass auch in diesem Szenario der Pro-

zess *immer* über Auslieferungen abgewickelt wird. Die Warenbuchung erfolgt immer mithilfe von Auslieferungen, die im externen System ausgeführt werden und für die das externe System eine Meldung an das SAP-Retail-System sendet, so wie es Best Practice ist.

Bei diesem Ablauf wird der Bestand erst reduziert bzw. auch umgebucht, wenn die Kommissionierung im externen System abgeschlossen ist und die Rückmeldung erfolgreich verbucht wurde. Es gilt also das Prinzip »Lagerverwaltung vor Bestandsführung«.

5.4.3 Retourenabwicklung

Im Zusammenhang mit dem Warenausgangsprozess handelt es sich bei zu retournierender Ware um eine Lieferantenretoure. Eine solche Retoure wird z. B. angestoßen, wenn beschädigte Ware gefunden oder schon im Wareneingangsbereich erkannt wurde. Diese Ware muss nun an den externen Lieferanten zurückgesendet werden. Falls sich die Ware schon im Lager befindet, ist dieser Prozess eine Art Kommissionierung. Die Auslagerung zu einer Retoure läuft daher bis auf die Bezugsdokumente analog zur Kommissionierung ab: Es gibt im System für diesen Fall eine *Retourenbestellung*, die von den entsprechenden Sachbearbeitern angelegt wird. Die Retourenbestellung im Retourenprozess entspricht dabei einem Kundenauftrag im Verkaufsprozess, da in beiden Fällen Ware ausgelagert werden muss. Zudem gibt es im System eine *Retourenauslieferung*, die im Allgemeinen direkt mit der Retourenbestellung angelegt wird. Die Retourenauslieferung im Retourenprozess entspricht dabei der Auslieferung im Verkaufsprozess.

Die Retourenauslieferung wird im dezentralen Szenario wie alle Lieferungen direkt an das externe System gemeldet. Im internen WM-System wird ein Transportauftrag mit Bezug zu dieser Retourenauslieferung angelegt. Die weitere Abwicklung entspricht dem regulären Warenausgang.

5.4.4 Tourenplanung

Ziel der Tourenplanung ist die Zusammenfassung aller Filialaufträge, die von den Filialen an ein Verteilzentrum gegangen sind. Eine Tour zur Auslieferung der Ware an die Filialen wird jeweils mit *einem* Fahrzeug und *einer* Person durchgeführt. Die Tourenplanung wird vor allem von den Fahrzeugkapazitäten, den Terminen für »konkurrierende« Lieferungen, dem Zeitfenster für die geplante Tourdauer und den Kosten der Touren bestimmt.

Transportbeleg und -disposition

Den Rahmen für die Tourenplanung bildet der Transport als Folgebeleg der Lieferung. Dieses Objekt wird in SAP Retail *Transportbeleg* genannt. Wie Sie in Abbildung 5.27 sehen, beinhaltet er alle Daten für eine Tourenplanung.

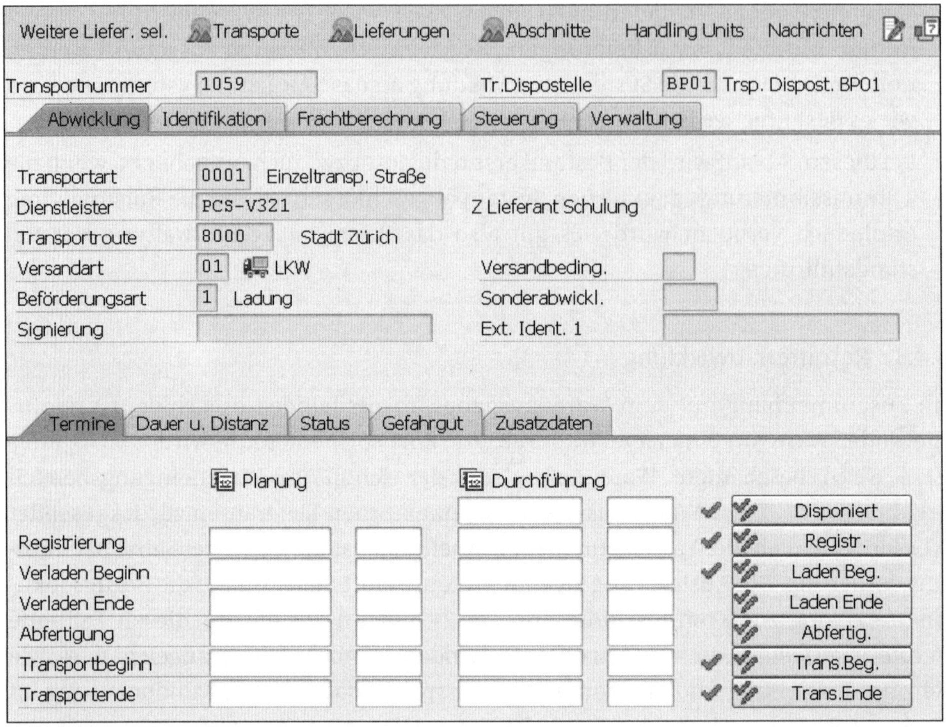

Abbildung 5.27 Transportbeleg

Im Transportauftrag werden die Gruppe der Lieferungen für eine Tour, die terminrelevanten Daten und die geografischen Punkte wie die Route, Strecken und Umschlagpunkte als Zwischenstationen berücksichtigt. Außerdem werden die Dienstleister, die den Transport durchführen und das Transportmittel, das sie verwenden (z. B. Lkw oder Bahn), hier festgehalten. Dabei werden einige Daten, wie die Route, aus den Vorbelegen Kundenauftrag oder Lieferung übernommen.

Der Transportbeleg bildet die Grundlage für die *Transportdisposition*. Ziel der Transportdisposition ist es, den Weg der Ware zum Kunden, in diesem Fall den Filialen, auf einer Zeitachse so zu planen, dass die Transporte optimal ausgelastet sind.

Die Erstellung der Transporte und ihre Zuordnung zu einer Lieferung können auf zwei Arten erfolgen:

- Ein Transport kann manuell in Transaktion VT01 oder mithilfe eines Reports in der Funktion **Sammelverarbeitung** (Transaktion VT04) angelegt werden.
- Die zweite Variante ist das Ergebnis einer nicht optimierten Transportplanung im Rahmen der ersten Variante. Die Transportbildung übernehmen in diesem Fall der Spediteur oder externe Systeme. Die Kommunikation mit diesen Systemen wird im folgenden Abschnitt erläutert.

Kommunikation zwischen den beteiligten Systemen

In den folgende Szenarien sind Kommunikationsschnittstellen zwischen den am Tourenplanungsprozess beteiligten Systemen erforderlich:

- Die Transporte werden komplett in SAP Retail geplant und über die SAP-Nachrichtenfunktion, in der Regel per IDoc, an den Spediteur kommuniziert. Der SAP-Nachrichtentyp dafür ist `IFTMIN`.
- Teilfunktionen der Transportplanung werden vom Spediteur übernommen. Deshalb werden die Informationen zu den zu transportierenden Lieferungen über die IDoc-Schnittstelle an den Spediteur übermittelt, der die Transporte erstellt und an das SAP-Retail-System zurückmeldet. Erst mit der Rückmeldung an SAP Retail wird dort über den Eingangsnachrichtentyp `SHPADV` der Transportbeleg erstellt.
- Spezialisierte externe Tourenplanungssysteme übernehmen die Optimierung der Planung und Transportbelegerstellung. Für dieses Szenario ist die Schnittstelle SD-TPS vorgesehen. Die zu transportierenden Lieferungen werden, wie für das zweite Szenario beschrieben, an das externe System übermittelt (siehe Abbildung 5.28).

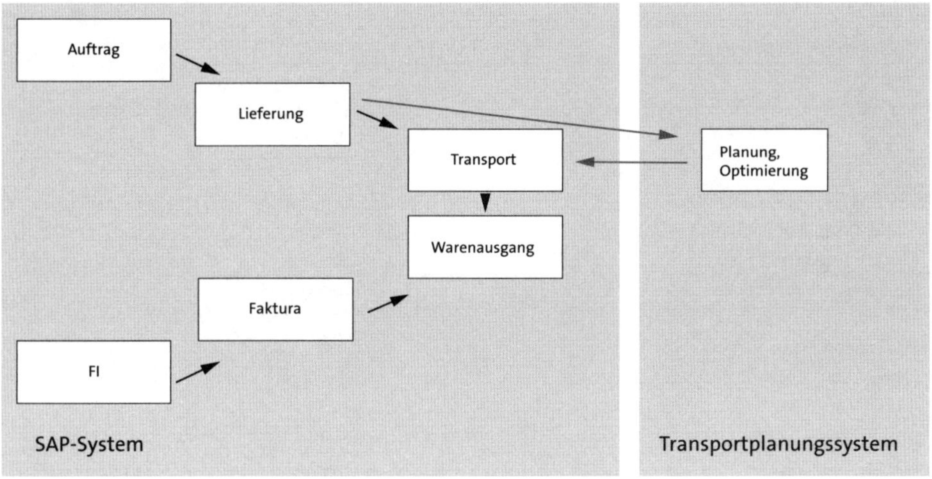

Abbildung 5.28 Anbindung an externe Tourenplanungssysteme

Der Austausch zwischen den beteiligten Mitarbeitern im Verteilzentrum, der Filiale und bei den Dienstleistern erfolgt über Webanwendungen:

- Die Spediteure haben im System des Verladers die Möglichkeit, die Funktion **Ausschreibung für Dienstleister** zu nutzen, in der sie ihre Daten zu Angeboten und Frachtkosten eingeben.
- Der Verlader selbst schreibt seine Transporte an einer Börse aus.
- Die Daten der Lieferungen werden über Internetprotokolle an die Spediteure übergeben.

- In einem interaktiven Tracking-Szenario kann der Spediteur Ereignisse pflegen. Verladern und ihren Kunden, also den Filialen, ermöglicht dies eine zeitnahe Überwachung des Versandprozesses.

Warenausgang

Ist die Planung der Touren abgeschlossen und das Laden der Ware beendet, erfolgt der physische Transport. Dafür wird die Funktion **Warenausgang buchen** ausgeführt. Mit einem Monitor für den Warenausgang und die zu buchenden Lieferungen werden die Warenausgänge zu den den Transportbelegen zugeordneten Lieferungen in einer Sammelverarbeitung gebucht. Dieser Monitor ist in Abbildung 5.29 dargestellt und wird über den Transaktionscode VL06O aufgerufen.

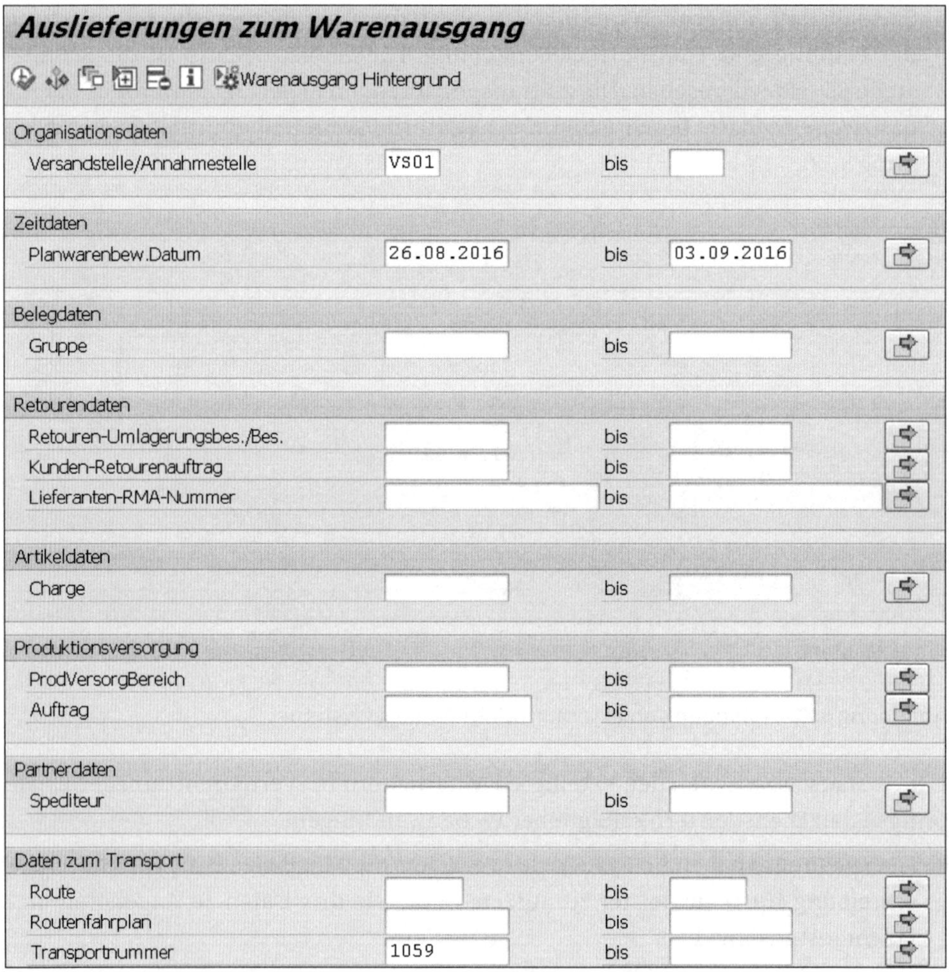

Abbildung 5.29 Auslieferungsmonitor: Warenausgangsbuchung

Fakturierung/Abrechnung der Frachtkosten

Die Abrechnung der Transportkosten mit den Spediteuren erfolgt über das Objekt **Frachtkostenbeleg**. Dieses ist über Customizing-Parameter mit dem als frachtrelevant gekennzeichneten Transportbeleg verknüpft. Bei der Abrechnung der Frachtkosten wird die Konditionstechnik der SAP-Preisfindung genutzt. Die vereinbarten Frachtraten, z. B. für eine bestimmte Menge, ein Volumen, ein Ladungsgewicht oder bestimmte Entfernungen, werden aus den gepflegten Konditionssätzen für den jeweiligen Transport ermittelt und im Frachtkostenbeleg gespeichert. Die einzelnen Schritte dieses Prozesses sind in Abbildung 5.30 dargestellt.

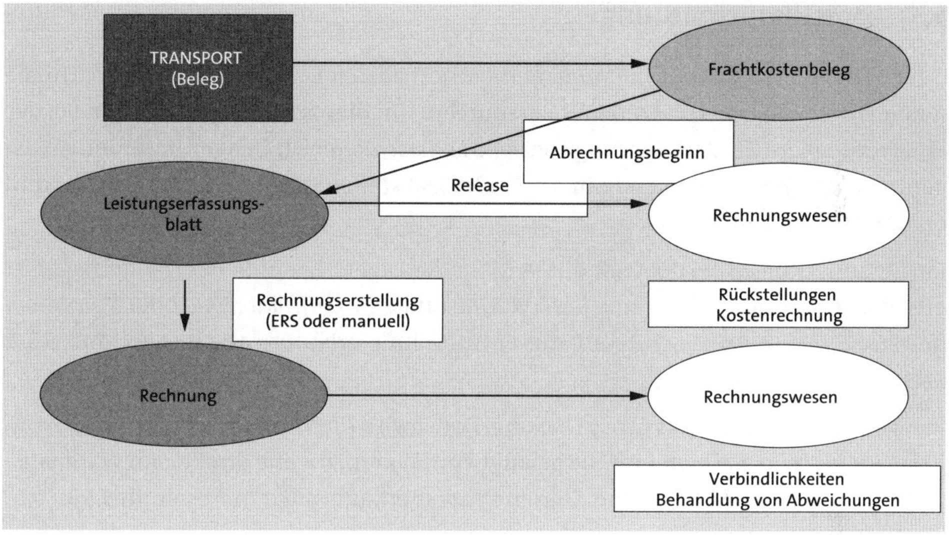

Abbildung 5.30 Ablauf der Frachtkostenabrechnung

Mit der Erzeugung des Frachtkostenbelegs werden die Frachtkosten an das Rechnungswesen übermittelt. Rückstellungen und Verbindlichkeiten werden gebildet. Voraussetzungen dafür sind in der Kontenfindung im Customizing (unter **Materialwirtschaft • Bewertung und Kontierung • Kontenfindung**) entsprechend definierte *Sachkontenfindungen*.

Als Anwendungsbeleg muss eine *Bestellung* für die Abnahme und Bildung der Rückstellungen angelegt werden. Das Anlegen einer Bestellung wird in Abschnitt 4.1.3 beschrieben.

Für die Abrechnung der Dienstleistung gibt es zwei Verfahrensweisen:

- **Automatisiert**
  Stellt der Dienstleister keine Rechnungen aus, kann die Abrechnung automatisiert im Zuge eines *Gutschriftverfahrens* (ERS) erfolgen. Eine Rechnungsprüfung findet beim Dienstleister statt, aus der sich dann bei Abweichungen ggf. Nachbelastungen ergeben.

- **Manuell**
  Schickt der Spediteur Rechnungen, kann die Abrechnung mit der Funktion **Logistische Rechnungsprüfung** erfolgen.

Wenn eine Filiale als eigenständige Firma geführt wird, kann ein Verteilzentrum die Frachtkosten in Rechnung stellen. Dazu sind einige Customizing-Einstellungen, wie z. B. Kopiersteuerungen, erforderlich. In der so erstellten Kundenfaktura werden die Frachtkosten dann als zusätzlicher Eintrag aufgeführt.

5.5 Logistikoptimierung

Der Begriff der *Logistikoptimierung* meint innerhalb der Lagerwirtschaft die optimale Ausnutzung von Lagerplätzen und Ressourcen. Um dies zu erreichen, werden bei der Einlagerung und der Auslagerung spezielle *Lagerstrategien* (Einlagerungs- und Auslagerungsstrategien) angewandt. In Abschnitt 5.5.1 stellen wir diese Strategien vor und erläutern ihren Nutzen.

Ein Optimierungsaspekt betrifft die Struktur des Lagers. Ein übliches Handelslager ist grundsätzlich unterteilt in eine *Reservezone* und eine *Griffplatzzone* oder *Kommissionierzone*. Die optimale Nutzung dieser Aufteilung erläutern wir in Abschnitt 5.5.2, »Nachschubprozess«.

Ein weiterer Aspekt ist das Cross Docking. Dabei wird die Ware nicht eingelagert, sondern nur verteilt, das bedeutet, sie gelangt vom Wareneingang direkt zum Warenausgang, mit oder ohne Umpacken. Diesen Prozess erläutern wir in Abschnitt 5.5.3.

5.5.1 Lagerstrategien

Eine der Hauptaufgaben einer Lagerverwaltung besteht darin, bei der Einlagerung eines Artikels den optimalen Lagerplatz zu finden. Das bedeutet, es muss eine möglichst gute Zuordnung zwischen den einzulagernden Mengen und vorhandenen Lagerplätzen unter Berücksichtigung technischer oder organisatorischer Rahmenbedingungen getroffen werden. Je besser der Lagerplatz bei der Einlagerung gewählt wurde, desto leichter gestaltet sich später die Auslagerung.

Auch bei der Auslagerung müssen Sie darauf achten, dass diese optimal durchgeführt werden kann. Für den Fall, dass es mehrere Plätze zur Auswahl gibt, muss der beste Platz bzw. der Bestand des besten Platzes gesucht und ausgewählt werden. Das Finden der besten Plätze für die Ein- und Auslagerung wird durch die Anwendung von *Einlagerungsstrategien* und *Auslagerungsstrategien* erreicht. Die gängigsten Strategien beschreiben wir im Folgenden.

Zunächst stellen wir Ihnen einige Einlagerungsstrategien vor:

- **Festplatzstrategie**
  Diese Einlagerungsstrategie wird angewandt, wenn ein Artikel auf einem vorher festgelegten Lagerplatz in einem festen Lagerabschnitt eingelagert werden soll. Anwendung findet diese Strategie vor allem in Bereichen, aus denen die Kommissionierung manuell erfolgt. Der Festlagerplatz wird im Artikelstammsatz definiert.

  Die Festplatzstrategie ist im Handel weit verbreitet. Sie garantiert auch, dass die Lagerplätze artikelrein sind, d. h., es befindet sich immer nur *ein* Artikel auf diesem Platz.

- **Chaotisch-dynamische Strategie**
  Bei dieser Einlagerungsstrategie schlägt das System den nächsten leeren und verfügbaren Platz vor. Mit dieser Strategie werden chaotisch geführte Lager mit Lagerung der Artikel in einzelnen Lagerabschnitten unterstützt. Diese Strategie eignet sich besonders für Hochregal- und Regallager.

  Die Plätze können dabei so definiert werden, dass sie artikelrein sind. Ob die Plätze auch chargenrein sein müssen, hängt von den Anforderungen ab. Dies kann aber vorab so definiert werden.

- **Blocklagerstrategie**
  Artikel, die in großen Mengen vorkommen und in der Regel dadurch sehr viel Lagerraum beanspruchen (z. B. Reifen, Glasprodukte, Getränke), werden oft in einem Blocklager auf Blocklagerplätzen gelagert. Ein Blocklagerplatz ist meist durch eine Markierung auf dem Boden gekennzeichnet. Im System definiert man im Wesentlichen die Kapazität eines solchen Platzes.

  Diese Lagerabwicklung hat folgende Vorteile:

  - verringerter Bedarf an physischen Lagerplätzen
  - schneller Zugang zu den Gebinden
  - übersichtliche Strukturierung des Lagers (Einteilung in Blöcke und Zeilen)

  Der Nachteil ist, dass ohne ein Umräumen im Allgemeinen nicht jeder Artikel auf einem Blocklagerplatz zugänglich ist. Daher werden solche Blocklagerplätze dort eingerichtet, wo dies keine so große Rolle spielt. Die Plätze sind meist mit mehreren Artikeln belegt.

  Diese Einlagerungsstrategie sucht nach Lagerplätzen in Blocklagern und belegt diese bis zu einer Kapazitätsobergrenze.

- **Freilagerstrategie**
  Freilagerplätze sind Plätze im Lager, für die es keine Einschränkungen gibt. Das bedeutet, es gibt keine Artikelzuordnung, keine Artikelreinheit und keine Kapazitätsgrenzen. Im System wird dies meist so eingerichtet, dass man einen einzigen

Lagerplatz pro Lagerbereich definiert. Die Bestände auf diesem Lagerplatz können beliebig gemischt sein. Bei dieser Einlagerungsstrategie ermittelt das System einen Lagerplatz in einem Freilagerbereich.

- **Zulagerstrategie**
  Wenn Zulagerung als Einlagerungsstrategie festgelegt wurde, sucht das System bevorzugt nach einem Lagerplatz, auf dem derselbe Artikel bereits gelagert ist. Voraussetzung für die Zulagerung ist, dass auf dem jeweiligen Lagerplatz genügend Restkapazität vorhanden ist. Wenn das System keinen Lagerplatz mit demselben Artikel findet oder wenn die Restkapazität des Lagerplatzes nicht ausreicht, um weitere Bestände einzulagern, wird automatisch auf die chaotisch-dynamische Strategie gewechselt. Das System sucht dann nach dem nächsten leeren Lagerplatz.

[!]

Zulagerstrategie nur bei Platzmangel

Mit der Zulagerstrategie wird das FIFO-Prinzip, d. h. das Auslagern der ältesten Bestände, verletzt. Daher sollte diese Strategie nur bei Platzmangel zum Einsatz kommen.

- **Artikelgleichverteilung**
  Diese Einlagerungsstrategie dient zur gleichmäßigen Verteilung eines Artikels auf die zur Verfügung stehenden Gassen mit dem Ziel, den Zugriff auf diesen Artikel durch die Aufteilung auf mehrere Gassen zu sichern. Diese Strategie ist nur bei Regallagern sinnvoll, bei denen Gassen in dieser Form definiert werden können.
- **Nahe-Festplatz-Strategie**
  Diese Einlagerungsstrategie ist eng mit der Festlagerplatz-Strategie verbunden. Die Ware wird bei der Einlagerung zwar in die Reservezone eingelagert, es wird aber nach einem Platz gesucht, der in der Nähe des Festplatzes für diesen Artikel liegt.

[»]

Lagerplatz nahe der Griffzone

Die untere Ebene innerhalb eines Lagers wird als Griffzone definiert, die darüberliegenden Plätze, ab der zweiten Ebene, als Reservezone für die Griffzone. Diese Einlagerungsstrategie sucht dann einen Platz, der möglichst direkt über der Griffplatzebene liegt.

Kommen wir nun zu den möglichen Auslagerungsstrategien:

- **FIFO (First in, First out)**
  Bei dieser Auslagerungsstrategie nimmt das System aus dem Lagerabschnitt, aus dem ausgelagert werden soll, den ältesten Bestand eines Artikels. Das System

errechnet das Alter eines Bestands (d. h. seine Verweildauer im Lager) in der Regel aus dem Datum der Wareneingangsbuchung. Diese Information wird in den Bestandsdaten gespeichert.

Falls es keine feste Platzzuordnung für einen Artikel gibt, ist diese Strategie die am weitesten verbreitete Auslagerungsstrategie.

- **LIFO (Last in, First out)**
  Diese Auslagerungsstrategie ist als Gegensatz zur Strategie FIFO zu sehen. Das System nimmt hier den jüngsten Bestand eines Artikels. Die Berechnung des Alters des Bestands erfolgt wie bei der FIFO-Strategie.
- **FEFO- (First expired, First out) oder MHD-Strategie (Berücksichtigung des Mindesthaltbarkeitsdatums)**
  Diese Auslagerungsstrategie ist ebenfalls in Zusammenhang mit der Strategie FIFO zu sehen. Das System legt hier bei der Berechnung des Alters des Bestands nicht das Wareneingangsdatum, sondern das Mindesthaltbarkeitsdatum zugrunde. Die Anwendung dieser Strategie setzt voraus, dass das MHD bekannt ist. Es muss spätestens beim Wareneingang erfasst werden.
- **Anbruchsvermeidung bzw. Restmengenbevorzugung**
  Anbrüche sind Platzmengen, die kleiner als die Mengen einer Lagereinheit sind, wie z. B. einer Palette. Diese Mengen werden in einem Lagerverwaltungssystem für die verschiedenen Lagereinheiten und Artikel definiert. Da bevorzugt Gebinde und nicht einzelne Stücke ausgelagert werden sollen, will man Anbrüche so weit wie möglich vermeiden und reduzieren.

  Mit dieser Auslagerungsstrategie wird das FIFO-Prinzip zugunsten einer Optimierung der Lagersituation durchbrochen. Präferenz für die Platzwahl sind Anbrüche. Die Anzahl der angebrochenen Lagereinheiten in einem Lagerabschnitt wird so gering wie möglich gehalten.
- **Mengenabhängige Strategie**
  Diese Auslagerungsstrategie basiert auf der Entscheidung, ob es sich bei der Anforderungsmenge im Auslagerauftrag um eine Groß- oder um eine Kleinmenge handelt. Es kann z. B. in einem Lager einen Bereich geben, in dem Kleinmengen der Artikel gelagert werden, zusätzlich kann aber auch ein Bereich (z. B. das Reservelager) existieren, in dem größere Mengen des gleichen Artikels gelagert werden. Abhängig von der angeforderten Menge entscheidet nun das System, ob es die Auslagerung aus einem Lagerplatz des Kleinmengen- oder des Großmengenlagerabschnitts vornimmt.

  Als Kriterium, was eine große und eine kleine Menge ist, verwendet das System ein Feld im Artikelstamm (**Manipulationsmenge**), in dem definiert wird, ab welcher Menge es sich um eine Großmenge handelt. Die Pflege des Feldes erfolgt in der Lagerverwaltungssicht des Artikels (siehe Abbildung 5.31).

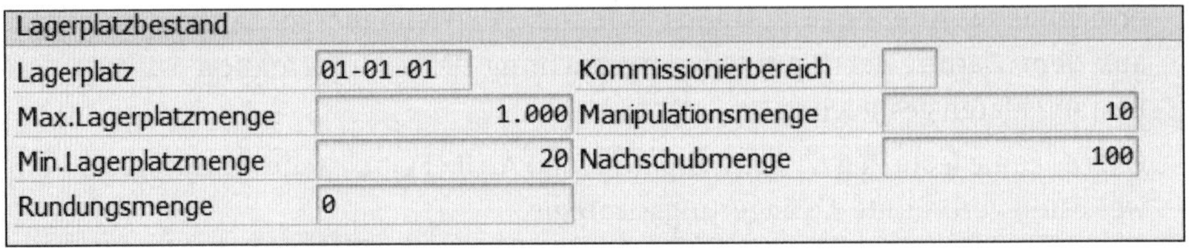

Abbildung 5.31 Manipulationsmenge pflegen

5.5.2 Nachschubprozess

Der Nachschubprozess hat die Aufgabe, eine Umlagerung von Ware innerhalb eines Lagers zu organisieren. Ein typisches Handelslager besteht z. B. aus einer *Reservezone* und aus einer *Griffzone*. In der Reservezone werden normalerweise größere Mengen und Gebinde eines Artikels gelagert. Die Einlagerung erfolgt typischerweise in diese Reserve. In der Griffzone des Lagers, auch *Kommissionierbereich* genannt, wird die Ware kommissioniert. Das bedeutet, die Ware wird von dort für die Versendung zum Kunden entnommen. In die Griffzone wird normalerweise nicht direkt eingelagert, sondern sie wird über den Nachschubprozess mit Ware bestückt. Der Nachschubprozess ist daher ein lagerinterner Transport, der diese Warenbewegung organisiert und der außerhalb des Lagers nicht bekannt sein muss.

Der Nachschubprozess steuert, unter welchen Bedingungen und Kriterien die Ware lagerintern transportiert wird. Die Parameter für diesen im Hintergrund ablaufenden Prozess sind:

- Der aktuelle Bestand des Platzes für einen bestimmten Artikel. Dieser kann aus den Bestandsdaten entnommen werden.
- Der aktuelle Bestand einer Menge von Plätzen für alle Artikel, die sich auf diesen Plätzen befinden. Dieser wird ebenso aus den Bestandsdaten entnommen.
- Die **Minimalmenge** eines Artikels pro Platz. Diese wird aus den lager- und lagertypspezifischen Stammdaten des Artikels entnommen.
- Die **Nachschubmenge**, d. h. die Menge, die vom ersten Lagerabschnitt in den zweiten Lagerabschnitt transportiert werden soll. Diese finden Sie ebenfalls in den lager- und lagertypspezifischen Stammdaten des Artikels.
- Zukünftige *Bedarfe* in Lagerabschnitten. Dies sind im System existierende Objekte, die auf die Bestände des Lagers zurückgreifen.

Der Nachschubprozess kann durch folgende Ereignisse angestoßen werden:

- regelmäßiges, zyklisches Starten der Nachschubprogramme
- Starten des Nachschubprozesses nach bestimmten Ereignissen, wie z. B. der Quittierung eines Transportauftrags
- manuelles Starten des Prozesses

Man unterscheidet drei Arten von Nachschub:

- Nachschub für Festplätze
- Nachschub für Lagerabschnitte
- planender Nachschub

Nachschub für Festplätze

Bei dieser Art des Nachschubs gibt es eine feste Beziehung zwischen einem Artikel und einem Lagerplatz. Der Nachschubprozess im Hintergrund läuft folgendermaßen ab:

1. Untersuchung aller ausgewählten Plätze
2. Vergleichen des aktuellen Bestands des Artikels auf dem Platz mit der Minimalmenge, die für diesen Platz eingetragen ist
3. Ist bei einem Lagerplatz der aktuelle Bestand kleiner als die Minimalmenge, besteht Handlungsbedarf, sonst wird dieser Platz nicht weiter berücksichtigt.

   Bei Handlungsbedarf wird die Nachschubmenge aus dem aktuellen Bestand und der Nachschubmenge, die im System pro Platz und Artikel angelegt ist, errechnet und ein Bedarf über diese Menge im System angelegt.
4. Der Bedarf wird danach lagerintern in einen Transportauftrag umgesetzt, der die ermittelte Menge vom ersten Lagerabschnitt in den zweiten Lagerabschnitt transportiert.

Nachschub für Lagerabschnitte

Bei dieser Art des Nachschubs gibt es keine feste Beziehung zwischen Artikel und Lagerplatz, es handelt sich um eine chaotisch-dynamische Lagerung. Der Nachschubprozess betrachtet dazu die Gesamtheit der Bestände und Plätze und errechnet daraus einen Bedarf.

Planender Nachschub

Hier wird ähnlich verfahren wie im Nachschubverfahren für Festplätze. Grundlage ist aber nicht die *augenblickliche* Bestandssituation eines Platzes, sondern vielmehr die *zukünftige* Situation. Dazu werden auch die im System existierenden Auslieferungen berücksichtigt.

[«]

Bestände rechtzeitig bereitstellen

Augenblicklich ist der Bestand auf einem Platz ausreichend, d. h., die Minimalmenge wird nicht unterschritten. Es ist aber bekannt, dass am nächsten Tag aufgrund existierender Auslieferungen mehr Bedarf sein wird, als derzeit Ware auf dem Platz zur Verfügung steht. Daher wird bereits am Vortag ein Nachschub aus der Reserve organisiert und der Platz maximal aufgefüllt. Analog zum Nachschubverfahren für Festplätze wird eine Nachschubmenge ermittelt und systemintern ein Bedarf angelegt. Die weitere Abwicklung erfolgt wie beim Verfahren für Festplätze.

5.5.3 Cross Docking

Cross Docking (auch *Durchlagerung*, *Kreuzverkupplung* oder *Bypass* genannt) bezeichnet den Warenumschlag ohne Lagerung, da für den betroffenen Artikel bereits Auslageraufträge in Form von Auslieferungen oder sogar schon von Auslagertransportaufträgen vorliegen. Angelieferte Ware wird daher nicht ins Lager eingelagert, sondern direkt vom Wareneingangsbereich den entsprechenden Warenausgängen zugeordnet. Die ankommende Ware ist beim Cross Docking im Allgemeinen bereits vorkommissioniert. Falls die Ware jedoch noch kommissioniert werden muss, spricht man vom Flow-through-Verfahren (siehe Abschnitt 5.3.2, »Verteilungsabwicklung«).

Ziel des Cross Dockings ist es, Bestände im Lager zu reduzieren, Belieferungszeiten zu verkürzen und Transporte zu bündeln. Man unterscheidet dabei zwischen geplantem Cross Docking und spontanem oder opportunistischem Cross Docking.

- Beim *geplanten Cross Docking* ist vor dem tatsächlichen Eingang der Ware bekannt, dass diese Ware nicht eingelagert werden muss, sondern direkt zum Warenausgang gebracht werden kann.
- Beim *spontanen Cross Docking* wird bei der Wareneingangsprüfung oder -buchung spontan festgestellt, ob für diese Ware eine Warenausgangsanforderung vorhanden ist.

In beiden Fällen werden im Lagerverwaltungssystem entsprechende Transportaufträge automatisch erzeugt, die als Quelle die Wareneingangszone angeben und als Ziel die Versandzone. Die Cross-Docking-Aktivitäten können durch einen Monitor überwacht werden. Die Transportaufträge werden automatisch erzeugt und stehen damit den Lagermitarbeitern zur Verarbeitung zur Verfügung.

Das Cross-Docking-Verfahren ist im Handel weit verbreitet. Ein Lager innerhalb eines Handelsunternehmens wird daher meist auch *Verteilzentrum* genannt. Man will innerhalb des Handels wenig Ware richtig einlagern und bevorraten, weil damit Kapital gebunden wird. Die Ware soll vielmehr so schnell wie möglich wieder in den Warenkreislauf gebracht werden.

Andererseits gestaltet sich das Cross-Docking-Verfahren in der Realität oft schwierig. Das SAP-Retail-System und/oder das Lagerverwaltungssystem müssen zweifelsfrei erkennen können, dass ein Cross Docking möglich ist. Dabei muss es immer eine eindeutige Zuordnung zwischen der ankommenden und der auszugebenden Ware geben. Diese Zuordnung kann über Versandeinheiten (über die Nummer der Versandeinheit (NVE) und den Serial Shipping Container Code (SSCC)) gebildet werden oder aber auch nur über die Artikel und deren Menge. Eine fehlende oder zumindest nicht eindeutige Zuordnung ist meist der Hauptgrund dafür, dass das Cross-Docking-Verfahren nicht zufriedenstellend eingesetzt werden kann.

[«]

»Verheiratung« der An- und Auslieferung

Wenn eine Ware kundenauftragsbezogen oder filialbezogen beschafft wird, gibt es im System ein Lieferavis (Anlieferung), das sich auf die Bestellung beim Lieferanten bezieht. Gleichzeitig gibt es aber auch schon eine Auslieferung, die sich auf den Kundenauftrag bezieht. Beim Cross Docking muss nun erkannt werden, dass die ankommende Ware zwar vereinnahmt wird (WE-Buchung), dass es aber schon eine Auslieferung gibt, die genau auf diesen Bestand zugreifen will, d. h., dass genau diese Ware wieder ausgelagert und versendet werden soll. Diese »Verheiratung« der Anlieferung und der Auslieferung ist das Hauptproblem beim Cross-Docking-Verfahren. Zum Beispiel müssen hier Artikel und eventuell Chargen, Mengen, Verpackungen, Abnehmer etc. übereinstimmen.

5.6 Bestand und Inventur

Innerhalb der Logistik wird der Bestand eines Artikels in einem Lager zwischengelagert und verwaltet. Das Lager dient damit als Bindeglied und Puffer zwischen den Bedarfen, die aus Kundenanforderungen oder Filialanforderungen herrühren, und zwischen der Beschaffung dieser Ware bei internen oder externen Lieferanten. Dabei darf das Lager einerseits nicht zu viel Kapital binden, andererseits sollte aber auch immer eine Lieferfähigkeit garantiert werden können. Auf diese Aspekte der *Bestandsführung* gehen wir in Abschnitt 5.6.1, »Bestandsführung innerhalb der Materialwirtschaft«, ein.

Damit die Bestandsführung innerhalb eines Systems und der tatsächliche Bestand übereinstimmen, ist es notwendig, in bestimmten zeitlichen Abständen eine Zählung des Gesamtbestands des Lagers durchzuführen. Diese Zählung wird *Inventur* genannt. Sie ist gesetzlich vorgeschrieben, und es muss nachgewiesen werden, dass in einem Lager innerhalb eines Geschäftsjahres alle Plätze mindestens einmal gezählt wurden. Die Inventur beschreiben wir in Abschnitt 5.6.3.

5.6.1 Bestandsführung innerhalb der Materialwirtschaft

Der Zweck der Bestandsführung innerhalb der Materialwirtschaft ist die mengen- und wertmäßige Inventarisierung von Waren bzw. Artikeln. Für die Disposition und den Verkauf soll Transparenz über die Mengen und die Werte der Waren hergestellt werden.

Innerhalb des SAP-Retail-Systems werden Bestände innerhalb eines Betriebs in Lagerorten gespeichert bzw. gebucht. Ein Lagerort ist also innerhalb des Systems ein Buchungskonto und bestandstrennendes Kriterium. Auf keinen Fall sollten Sie ihn mit einem Lagerplatz innerhalb der Lagerverwaltung verwechseln.

Innerhalb des SAP-Retail-Systems ist also immer ersichtlich, in welchen Lagerort die Ware gebucht ist. Die Aufteilung eines Betriebs in einen oder mehrere Lagerorte hängt von der Situation und den Anforderungen ab. So gibt es z. B. Lagerorte für speziell reservierte Ware, für Ware, deren MHD in Kürze abläuft, oder Lagerorte, in denen spezielle Ware gelagert wird.

Innerhalb jedes Lagerorts ist es möglich, den Bestand in spezielle *Bestandskategorien* einzuteilen. Innerhalb von SAP Retail gibt es vier Bestandskategorien, die im Einkauf bzw. in der Bestandsführung gepflegt werden:

- frei verfügbarer Bestand
- Qualitätsbestand (Q-Bestand)
- Sperrbestand (X-Bestand)
- Retourenbestand (R-Bestand)

Es gibt Prozesse, um die ankommende Ware direkt in eine dieser vier Kategorien zu buchen. Zum Beispiel wird beim Wareneingang ankommende Ware zunächst in einen Q-Bestand gebucht, dann geprüft und, falls die Prüfung positiv ist, in den frei verfügbaren Bestand umgebucht. Ebenso wird retournierte Ware im Allgemeinen zunächst in den R-Bestand gebucht, um entscheiden zu können, ob die Artikel weiterverwendet werden können.

Neben diesen Bestandskategorien gibt es noch *Sonderbestände*, wie z. B. den Kundeneinzelbestand oder den Konsignationsbestand, bei dem die Ware weiterhin dem Lieferanten gehört.

Die Mengen eines physisch vorhandenen Artikels werden, sofern sie sich im Eigentum des Unternehmens befinden, mit einem *Standard-* oder *gleitenden Durchschnittspreis* (GLD) bewertet und zu einem Gesamtwert in einem Bestandskonto der Buchhaltung dargestellt. Dabei bildet sich der Wert der Ware aus der Menge multipliziert mit dem jeweiligen Beschaffungspreis. In den Filialen des Handels kann in mangelnder Kenntnis des Einkaufspreises die Ware auch mit dem Verkaufspreis bewertet werden.

International gibt es unterschiedliche Regelungen, welche Einkaufskonditionen (Sofortrabatte, nachträgliche Abrechnungen und Skonti) in den Bestandswert einfließen dürfen oder nicht. Die Wertbildung entsteht zum Zeitpunkt des Wareneingangs, die Wertminderung beim Warenausgang, der Abschrift und der Inventur.

Daten aus dem Einkauf/der Materialwirtschaft

Die Regelungen und Einstellungen zur Bestandsführung und Bewertung gehören in die Bereiche Einkauf und Materialwirtschaft. Sie sind hier aufgeführt, weil das Lagerverwaltungssystem diese Bestandsdaten in seiner Bestandsführung ebenfalls führen muss.

5.6.2 Bestandsführung innerhalb des Lagerverwaltungssystems

Die Lagerverwaltungssysteme besitzen eine eigene Bestandsführung. Sie dienen der Information, welche Ware auf welchem Lagerplatz liegt. Der Fokus der Bestandsführung des Lagerverwaltungssystems liegt also auf den physischen Gegebenheiten des Lagers, d. h. den Lagerplätzen, während die Bestandsführung der Materialwirtschaft den Fokus eher auf die gesamtheitliche Betrachtung des Artikels legt. Mit anderen Worten: Das Lager hat einen Überblick über den Bestand aller Lagerplätze, während die Materialwirtschaft einen Überblick über den Bestand aller Artikel hat. Natürlich müssen diese beiden Betrachtungsweisen sich im Ergebnis decken. Die in Abschnitt 5.6.1, »Bestandsführung innerhalb der Materialwirtschaft«, beschriebenen Bestandsarten und Bestandskategorien müssen daher auch vom Lagerverwaltungssystem abgebildet werden können.

Das Objekt, das diese Informationen in SAP Retail beinhaltet, ist das sogenannte *Quant* (oder *Lagerquant*). Ein Quant ist eine Platzmenge, die zusätzliche Informationen über die Besitzverhältnisse der Ware auf diesem Platz hat. In einem Quant sind folgende Angaben enthalten:

- Menge des Artikels
- Platz des Artikels (unerheblich für die Bestandsführung)
- Betrieb (zu dem dieser Bestand gehört)
- Lagerort (zu dem dieser Bestand gehört)
- Bestandskategorie
- Sonderbestand
- Sonderbestandsnummer (falls es sich um einen Sonderbestand handelt, beinhaltet die Sonderbestandsnummer Zusatzinformationen, z. B. den Kundenauftrag bei Kundeneinzelbestand oder den Lieferanten bei Konsignationsbestand)

Aus der Summe der einzelnen Platzbestände kann auf die Gesamtmenge jedes Artikels geschlossen werden. Damit diese beiden Betrachtungsweisen immer übereinstimmen, ist es möglich, einen Bestandsabgleich zwischen Lager- und Materialwirtschaft vorzunehmen. Bei einem internen Lagerverwaltungssystem erfolgt dies über spezielle Bestandsabgleichstransaktionen. Im dezentralen Szenario, also bei Verwendung eines externen Lagerverwaltungssystems, wird der Bestandsabgleich mit speziellen Differenzenbuchungen, initiiert durch das Lagerverwaltungssystem, durchgeführt.

5.6.3 Inventur

Die Inventur ist die Bestandsaufnahme aller vorhandenen Vermögenswerte eines Unternehmens, insbesondere aller Lagerbestände. Jedes Unternehmen ist dabei verpflichtet, innerhalb eines bestimmten Zeitraums (des Geschäftsjahres) diese Bestandsaufnahme durchzuführen. Dies kann durch Zählen, Messen oder Wiegen erfolgen.

Während in der Materialwirtschaft gezählt wird, wie viel Bestand eines Artikels vorhanden ist, muss im Lager gezählt werden, was der Bestand eines Lagerplatzes ist. Man spricht hier von einer *Platzinventur* im Gegensatz zur *Artikelinventur*. Eine Platzinventur *muss* durchgeführt werden, wenn der Bestand des Betriebs zu einem Lagerort gezählt wird, der WM-verwaltet ist (siehe Überschrift »Physische Einlagerung« in Abschnitt 5.2.2, »Ablauf des Wareneingangsprozesses«). In diesem Abschnitt beschreiben wir nur den Inventurprozess innerhalb des Lagers bzw. des Lagerverwaltungssystems.

Inventurverfahren

Es gibt mehrere Inventurverfahren, die im SAP-Retail-System für die Lagertypen festgelegt werden. Dabei unterstützt SAP Retail standardmäßig die folgenden Verfahren:

- **Stichtagsinventur**
  Bei der Stichtagsinventur werden die Bestände an einem festgelegten Aufnahmetag mengenmäßig erfasst.
- **Permanente Inventur**
  Bei der permanenten Inventur wird die körperliche Bestandsaufnahme aller Lagerplätze auf das Geschäftsjahr verteilt. Sie kann zu verschiedenen, beliebigen Zeitpunkten durchgeführt werden. Dadurch besteht die Möglichkeit, den am Abschlussstichtag vorhandenen Lagerbestand nach Artikel und Menge auch ohne gleichzeitige körperliche Bestandsaufnahme (im Rahmen der Stichtagsinventur) aus den Aufzeichnungen im Lagerverwaltungssystem aufzunehmen. Es muss jedoch gewährleistet sein, dass am Ende des Geschäftsjahres (Abschlussstichtag) alle Lagerplätze mindestens einmal gezählt wurden.
- **Permanente Inventur durch Einlagerung**
  Bei Einsatz der permanenten Inventur durch Einlagerung findet die Inventur eines Lagerplatzes bei der ersten Einlagerung auf diesen Platz im Geschäftsjahr statt. Während des laufenden Geschäftsjahres findet keine weitere Inventur für den Lagerplatz mehr statt, auch wenn am Ende des Geschäftsjahres ein völlig anderer Bestand auf dem Platz liegen sollte oder der Platz leer ist.

- **Permanente Inventur durch Auslagerung (Nullkontrolle)**
  Bei der Nullkontrolle wird bei der Überprüfung der Platzbestände die Tatsache genutzt, dass ein Lagerplatz nach einer Auslagerung gemäß den Lagerplatzdaten im Lagerverwaltungssystem leer sein sollte. Während der physischen Auslagerung erfolgt eine Kontrolle, ob die Lagerplatzdaten mit der tatsächlichen Bestandssituation übereinstimmen.
- **Cycle Counting oder periodische Inventur**
  Bei der Cycle Counting-Inventur wird die körperliche Erfassung der Artikelbestände in regelmäßigen Abständen innerhalb eines Geschäftsjahres durchgeführt. Durch Einteilung der Artikel in unterschiedliche Klassen (ABC-Klassifizierung) wird pro Artikel festgelegt, in welchen Zeitabständen oder Zyklen die Inventur durchgeführt werden soll. Ziel ist es, gängige Artikel (sogenannte *Schnelldreher*) im Lager öfter zu inventarisieren als weniger gängige Artikel (sogenannte *Langsamdreher*).
- **Stichprobeninventur**
  Dieses Verfahren ermöglicht es, den Zeit- und Kostenaufwand für eine Inventur erheblich zu verringern, indem nur der Bestand einzelner repräsentativer Plätze festgestellt und das Zählergebnis für alle Bestandseinheiten mit mathematisch-statistischen Verfahren auf den gesamten Bestand hochgerechnet wird.

Einige dieser Inventurverfahren unterliegen gesetzlichen Einschränkungen, andere mögen aus lagertechnischen bzw. organisatorischen Gründen für Ihr Lager nicht sinnvoll sein. Diese Inventurverfahren müssen daher mit einem Inventurverantwortlichen festgelegt und die eingesetzten Inventurverfahren mit einem Wirtschaftsprüfer abgestimmt werden.

Ablauf der Inventur

Das Ergebnis jedes der beschriebenen Inventurverfahren ist eine Menge von Plätzen, die gezählt werden müssen. Der Ablauf der Inventur ist daher unabhängig vom Inventurverfahren. Er sieht folgendermaßen aus:

1. **Inventurbeleg anlegen**
   Je nach eingestelltem Inventurverfahren werden Plätze selektiert, die automatisch in einen Inventurbeleg geschrieben werden. Es sollte organisatorisch dafür gesorgt werden, dass für diese Plätze keine offenen Transportaufträge existieren. Ein Beispiel für einen Inventurbeleg zeigt Abbildung 5.32.
2. **Inventurbeleg aktivieren**
   Mit der Aktivierung des Inventurbelegs sind die selektierten Plätze gesperrt.
3. **Inventurbeleg als Inventurliste ausdrucken**
   Die Inventurliste ist die Arbeitsgrundlage der Mitarbeiter, die die Zählung durchführen. Wenn ohne Papierlisten gearbeitet wird, etwa mithilfe von Datenfunkgeräten, entfällt dieser Schritt. Die Zählaufforderungen werden dann direkt an das Datenfunkgerät übertragen.

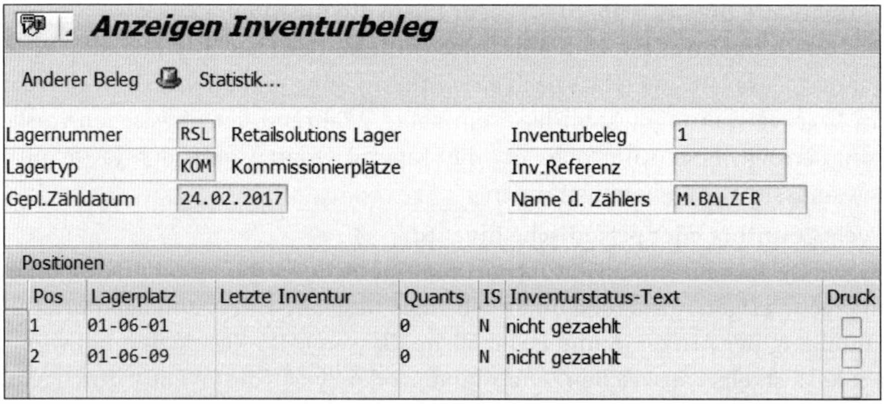

Abbildung 5.32 Inventurbeleg

4. **Körperliche Bestandsaufnahme durchführen**
   Für die ausgewählten Lagerplätze der Inventurliste zählt der Inventurmitarbeiter die Menge der vorhandenen Artikel und vermerkt alles auf seiner Liste.
5. **Inventurzählergebnisse im Lagerverwaltungssystem erfassen**
   Dies wird mit den entsprechenden Dialogen durchgeführt. Das System gibt Warnungen aus, wenn die gezählte Menge erheblich von der Buchungsmenge abweicht. Es besteht dann die Möglichkeit, Nachzählungen zu veranlassen.
6. **Inventurdifferenzen im Lagerverwaltungssystem verarbeiten**
   Wenn es Differenzen gegeben hat, wird der betroffene Lagerplatz bestandsmäßig korrigiert, und die Differenzen werden auf eine Differenzenschnittstelle gebucht. Dies geschieht deshalb, weil der Abgleich mit der Bestandsführung noch nicht erfolgt ist. Nach diesem Schritt entsperrt das System die Lagerplätze wieder, sodass sie nach der Inventur wieder für Lagerbewegungen zur Verfügung stehen.

- **Differenzen in der Bestandsführung ausbuchen**
  Es wird der Bestandsführung gemeldet, welche Artikelbestände nach oben oder nach unten korrigiert werden müssen. Dies ist ein manueller Schritt.
- **Inventur abschließen**
  Nach Abschluss der Inventur für das Geschäftsjahr werden die Inventurdaten für Lagerplätze zurückgesetzt. Dann kann in der nächsten Inventurperiode erneut die Inventur für diese Lagerplätze durchgeführt werden.

5.7 Chargenabwicklung

Dieser Abschnitt gibt Ihnen einen Überblick über Chargen und deren Abwicklung und Verwendung innerhalb der Logistik. Chargen sind Teilmengen eines Artikels, Produkts oder Materials mit homogenen Eigenschaften, die während eines bestimmten Produktionslaufs hergestellt wurden. Anders ausgedrückt, bilden Chargen die Gesamtheit sämtlicher Einheiten eines Produkts, die unter gleichen Bedingungen erzeugt, hergestellt oder verpackt wurden. Andere Namen für Chargen sind *Los* oder *Batch*. Eine Charge kann zu einem Artikel und optional zu einem Betrieb gehören. Ein Artikel wird generell oder auf Betriebsebene als *chargenpflichtig* definiert. Abbildung 5.33 zeigt das entsprechende Feld im Artikelstamm.

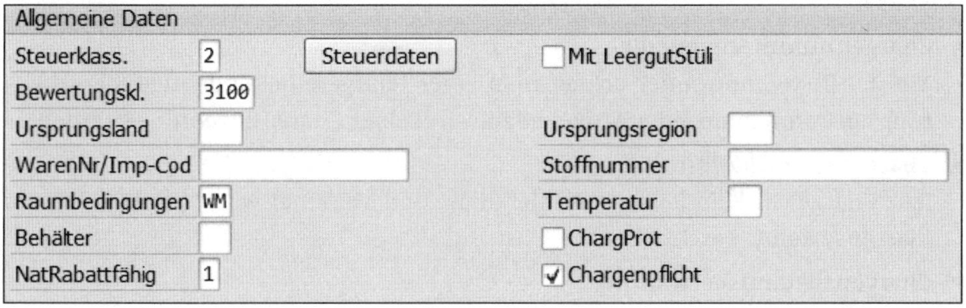

Abbildung 5.33 Kennzeichen »Chargenpflicht«

Unterscheidung nach Betrieb und Produktionstag

Der Artikel »Tapetenrolle« wird im System im Artikelstamm generell als chargenpflichtig definiert. Damit können Sie eine Charge einrichten, die den Produktionstag und den Produktionsort angibt. Der Bestand der Tapetenrollen aus dem Produktionsbetrieb »Betrieb1« für den 1. Juli wird damit z. B. getrennt vom Bestand der Tapetenrollen aus dem Produktionsbetrieb »Betrieb2« vom 2. Juli. Im Betrieb »Betrieb2« führt man keine Chargen für die Tapetenrollen. Damit kann man die Bestände der einzelnen Produktionstage innerhalb des Betriebs nicht unterscheiden.

Verwendung und Nutzung von Chargen sind grundsätzlich optional. Es kann aber Gründe geben, aus denen die Definition und Einrichtung einer Charge vorgeschrieben ist:

- Gesetzliche Anforderungen:
  - Richtlinien der Good Manufacturing Practice (GMP)
  - Gefahrstoffverordnungen
  - Rückverfolgbarkeit, Mängelverfolgung, Rückrufaktionen (EU-Verordnung 178)
- Bestandstrennung:
  - Notwendigkeit einer differenzierten Mengenbestandsführung
  - Trennung der Bestände der verschiedenen Herstellungstage und die daraus resultierende Notwendigkeit, diese Bestände logistisch unterschiedlich zu behandeln

- Produktionsverfahren:
  - Vorhandensein von Produktionsverfahren, die Chargen unbedingt erfordern (dies kommt im Handel eher selten vor)
  - Unterschiedliche Maschinen erzeugen unterschiedliche Chargen.

Die Chargenverwaltung im SAP-Retail-System untergliedert sich in die folgenden Aufgaben:

- **Chargennummernvergabe**
  Mit der Chargennummer ordnet man einer Charge eine eindeutige Identifizierung zu. Damit kann jeder Artikel zweifelsfrei einer Charge zugeordnet werden.
- **Chargenspezifikation**
  Jede Charge wird eindeutig über Merkmale und Merkmalswerte (innerhalb eines Klassensystems) beschrieben.
- **Chargenzustandsverwaltung**
  Die Chargenzustandsverwaltung gibt an, ob die Charge gebrauchsfähig ist oder nicht. Eine Warenbewegung nicht gebrauchsfähiger Chargen kann damit unterbunden werden.
- **Chargenfindung**
  Die Chargenfindung wird genutzt, um anhand definierbarer Kriterien bestimmte Chargen aus dem Bestand zu finden. Die Chargenfindung spielt damit insbesondere bei der Erstellung der Kommissionier-Transportaufträge eine entscheidende Rolle. Das SAP-Retail-System arbeitet mit Konditionstechniken, bei denen über Konditionstabellen, Zugriffsfolgen und Strategiearten die optimalen Chargen gefunden werden sollen.
- **Chargenverwendungsnachweis**
  Diese Funktion gibt einen Überblick über die Entstehung bzw. Verwendung einer Charge im gesamten Produktionsprozess.

Für jeden Artikel muss festgelegt werden, ob er chargenpflichtig ist oder nicht. Die Festlegung erfolgt entweder allgemein oder auf Betriebsebene. Wenn ein Artikel chargenpflichtig ist, wird ihm eine Charge (anhand einer zehnstelligen Nummer) zugewiesen. Die Vergabe der Chargennummer kann dabei *intern* erfolgen (d.h. es handelt sich um eine einfache fortlaufende Zahl), sie kann aber auch extern erfolgen. In diesem Fall wird die Nummer nach spezifischen Kriterien ermittelt und benutzt.

Falls ein Artikel chargenpflichtig ist und eine Charge enthält, wird die Charge in *allen* Anwendungen des SAP-Retail-Systems verwendet:

- **Produktion**
  In einen Fertigungsauftrag eines chargenpflichtigen Artikels wird für die produzierte Menge eine Chargennummer vergeben.

- **Einkauf**
Im Einkauf haben Sie die Möglichkeit, bestimmte Chargen eines Artikels zu bestellen. Sie können den Artikel aber auch ohne Charge bestellen, ihm dann aber beim Wareneingang eine Charge zuordnen. Damit ist es dann z. B. möglich, diese neue, spezielle Charge in der Qualitätsprüfung zu untersuchen. Je nach Ergebnis der Untersuchung kann dann die gesamte Charge eines Artikels weiterverwendet oder abgewiesen werden.
- **Lagerverwaltung**
In der Lagerverwaltung wird die Charge im Bestandsobjekt des Lagers, dem Lagerquant, mitgeführt. Verschiedene Chargen desselben Artikels können dann separat gelagert werden.
- **Bestandsführung**
In der Bestandsführung haben Sie jederzeit den Überblick darüber, welche Menge von jeder Charge des Artikels vorhanden ist.
- **Vertrieb**
Beim Vertrieb hat ein Kunde die Möglichkeit, eine bestimmte Charge eines Artikels zu bestellen. Die Chargenfindung sorgt dann dafür, dass diese Charge gefunden wird. Falls der Kundenauftrag keine bestimmte Charge verlangt, wird über die Auslieferung und die Kommissionierung eine Charge ermittelt und zugewiesen.

5.8 Wichtige Transaktionen

In diesem Abschnitt geben wir Ihnen abschließend einen Überblick über die wichtigsten Transaktionen innerhalb der Logistik, d. h. im Versand, der Lagerverwaltung und der Warenverteilung. Bei den Transaktionen in Tabelle 5.1 zum Versand geht es in erster Linie um die Anlage und die Verwaltung von Anlieferungen und Auslieferungen. Die Transaktionen in Tabelle 5.2 zur Lagerverwaltung umfassen das Anlegen und Quittieren von Lagertransportaufträgen, für Nachschubprozesse und für die Abwicklung der Lagerfunktionen über mobile Endgeräte. Tabelle 5.3 enthält Transaktionen zur Warenverteilung über Aufteiler oder eine Sammelbestellung. Die Auflistung der Transaktionen ist nicht vollständig, sondern beschränkt sich auf die in der Praxis wichtigsten und gängigsten.

Transaktion	Bezeichnung	Bemerkung
VL06	Monitor für Anlieferungen und Auslieferungen	–
VL31n	Anlieferung anlegen	Anlieferung mit Bezug zu einer Bestellung anlegen

Tabelle 5.1 Transaktionen im Versand

Transaktion	Bezeichnung	Bemerkung
VL32n	Anlieferung ändern	Anlieferung ändern
VL01n	Auslieferung anlegen	Auslieferung mit Bezug zu einem Kundenauftrag anlegen
VL10<x>	Auslieferung anlegen	Auslieferung zu verschiedenen Bezugsdokumenten wie z. B. Umlagerungsbestellung (x = B) oder Kundenaufträgen (x = A) anlegen
VL02n	Anlieferung ändern	▪ Fall 1: Kommissionieren ohne Lagerverwaltungssystem, d. h. Eingabe der Pickmengen ▪ Fall 2: Buchen des Warenausgangs, falls nicht schon automatisch erfolgt

Tabelle 5.1 Transaktionen im Versand (Forts.)

Transaktion	Bezeichnung	Bemerkung
LL01	Lagerleitstand	–
LTOF	Anlegen eines Transportauftrags zur Anlieferung	–
LT03	Anlegen eines Transportauftrags zur Auslieferung	–
LB12	Anlegen eines Transportauftrags zur Einlagerung	Bezugsdokument ist die WE-Buchung einer Bestellung
LB13	Anlegen eines Transportauftrags zum Nachschub	Resultat der Nachschubplanung
LT12	Transportauftrag quittieren	–
LRF1	RF-Monitor	Überwachung und Monitoring der Lagermitarbeiter mit mobilen Geräten
LM00	Einstieg RF	Einstiegsmenü für die Lagerabwicklung mit mobilen Endgeräten
LP21	Nachschubplanung	Planung gemäß augenblicklicher Situation auf dem Lagerplatz

Tabelle 5.2 Transaktionen der Lagerverwaltung

Transaktion	Bezeichnung	Bemerkung
LP22	Nachschubplanung	Planung gemäß zukünftigen Auslieferungen
LI20	Differenzen in der Lagerbestandsführung buchen	–
LI21	Differenzen in der Bestandsführung (MM) buchen	Buchen von Lagerdifferenzen in der Bestandsführung der Materialwirtschaft

Tabelle 5.2 Transaktionen der Lagerverwaltung (Forts.)

Transaktion	Bezeichnung	Bemerkung
ME21n	Bestellung anlegen	Bestellung beim externen Lieferanten anlegen
WA21	Aufteilregel anlegen	–
WA01	Aufteilregel anlegen	Aufteilregel mit Bezug zur Bestellung oder sonstigem Beschaffungsbeleg anlegen
MIGO	Wareneingang buchen	Wareneingang buchen ohne Lagerverwaltung und ohne Lieferavis
WF10	Sammelbestellung anlegen	–
WF30	Verteilung anpassen	Auslieferungen gleichzeitig anlegen
VL02n	Anlieferung ändern	▪ Fall 1: Kommissionieren ohne Lagerverwaltung, d. h. Eingabe der Pickmengen ▪ Fall 2: Buchen des Warenausgangs, falls nicht schon automatisch erfolgt
WF50	Verteilung anpassen	Anpassen und Anzeigen
WF70	Verteilauftrag anlegen	–
WF60	Auslieferungen anlegen	–

Tabelle 5.3 Transaktionen der Warenverteilung

Kapitel 6
Verkaufsprozesse und Point of Sale

Die effiziente Nutzung von Verkaufsdaten bietet enormes Potenzial für nahezu alle Unternehmensbereiche. In diesem Kapitel zeigen wir Ihnen, welche Funktionen SAP Retail dafür anbietet und wie Sie diese einsetzen.

SAP bietet mit SAP Retail umfangreiche Funktionen zur Abwicklung der Verkaufsprozesse im Handel an. Zusätzlich werden ergänzende Lösungen für den Dateneingang und die Filialprozesse angeboten. Zunächst erläutern wir in diesem Kapitel die Möglichkeiten zur Anbindung des Point of Sale (POS) an SAP Retail, d. h. die Anbindung der Filialen, und dort speziell der Kassen, sowie die Aufbereitung der eingehenden Bondaten. Dabei kommen wir auch auf *SAP POS Data Management* zu sprechen, eine Lösung, mit der sich die von den Kassen generierten Bondaten zunächst sammeln und anschließend prüfen, verdichten und analysieren lassen, bevor sie an die Folgesysteme – SAP Retail und Business-Informationssysteme – weitergegeben werden. Dabei geht es um die gezielte und effiziente Auswertung der Verkaufsdaten aus den Filialen.

Im Anschluss erläutern wir, wie eine möglichst lückenlose und fehlerfreie Versorgung der *Peripheriesysteme* (also der Kassensysteme) mit den erforderlichen Stammdaten aus SAP Retail aufgebaut und umgesetzt werden kann. Dazu werden wir Ihnen die Integration entsprechender Lösungen vorstellen.

Schließlich stellen wir Ihnen die in SAP Retail integrierte Warenwirtschaftslösung *SAP In-Store Merchandise and Inventory Management* vor. Dabei handelt es sich um eine über einen Browser erreichbare Webanwendung. Sie ermöglicht die anwenderfreundliche Anpassung, Wartung und Betreuung des Warenwirtschaftssystems und der entsprechenden Verkaufsprozesse.

Zum Ende des Kapitels gehen wir auf Systeme ein, die sowohl mögliche Betrugsvorgänge als auch Fehlbedienungen im Handel (primär bei Kassiervorgängen am POS) erkennen und die durch solche Vorfälle entstehenden Verluste deutlich verringern können.

6.1 Integration des Point of Sale mit der POS-Schnittstelle

Die POS-Integration ermöglicht es Ihnen, POS-Systeme mit ERP-Systemen wie SAP Retail und Business-Informationssystemen zu verbinden. Ziel ist ein Austausch von Stamm- und Transaktionsdaten zwischen den Systemen. Durch die Kombination der Funktionen der POS-Systeme und des ERP-Systems kann ein einwandfreier Ablauf Ihrer Handelsaktivitäten ermöglicht werden.

Der Datenaustausch kann dabei in beiden Richtungen erfolgen: Mögliche Integrationsszenarien sind zum einen die Datenübertragung von SAP Retail zum POS-System (u. a. Artikeldaten und Warengruppendaten) und die Datenübertragung in umgekehrter Richtung, also vom POS-System nach SAP Retail (u. a. Verkäufe und Geldbewegungen). Zusätzlich können Daten an das mit SAP Retail verbundene SAP Business Warehouse (SAP BW) übertragen werden (siehe Abbildung 6.1).

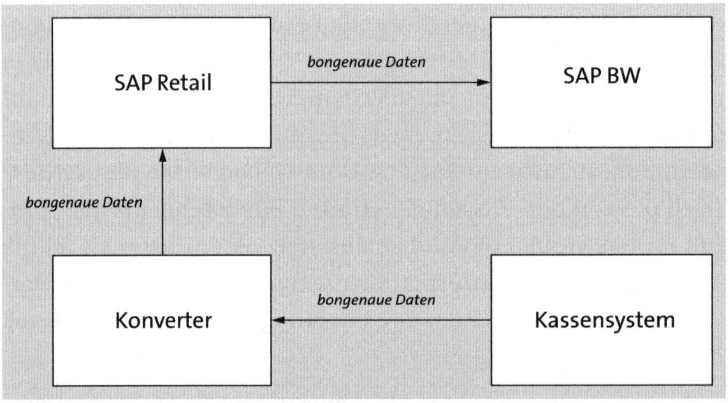

Abbildung 6.1 Architektur der Datenübertragung vom Point of Sale

Zur Prüfung und Aggregation der Kassendaten können Sie diese Daten über die Lösung *SAP POS Data Management* (SAP POS DM) an das SAP-Retail-System senden lassen, die wir in Abschnitt 6.2 vorstellen. SAP POS Data Management besitzt eine eigene Engine und benötigt eine eigene Lizenz. In diesem Abschnitt stellen wir allerdings zunächst die Integration ohne SAP POS DM vor, d. h. die POS-Schnittstelle von SAP Retail. Wir erklären in diesem Zusammenhang, wie der Eingang der POS-Daten in SAP Retail funktioniert und wie die in den Filialen benötigten Daten über die Ausgangsschnittstelle von SAP Retail an die Kassensysteme gesendet werden.

In der POS-Schnittstelle (POS-Interface) können Sie einstellen, wie die Daten, die an die POS-Systeme gesendet werden sollen, aufbereitet werden (Outbound). In der Schnittstelle können Sie außerdem einstellen, wie die von den POS-Systemen gesendeten Daten in SAP Retail verarbeitet werden.

Der Nachrichtenaustausch zwischen SAP Retail und den POS-Systemen erfolgt mittels *Electronic Data Interchange* (EDI). Diese Technologie verwendet das Datenaustauschformat *Intermediate Documents* (IDocs), um die Daten zwischen den Systemen zu verschicken.

Das Customizing der POS-Schnittstelle erreichen Sie über Transaktion SPRO. Folgen Sie hier im Einführungsleitfaden (Implementation Guide, IMG) dem Pfad **Vertrieb • POS-Interface**. Abbildung 6.2 zeigt einige Einstellungsmöglichkeiten für die Ausgangsschnittstelle (Outbound-Schnittstelle).

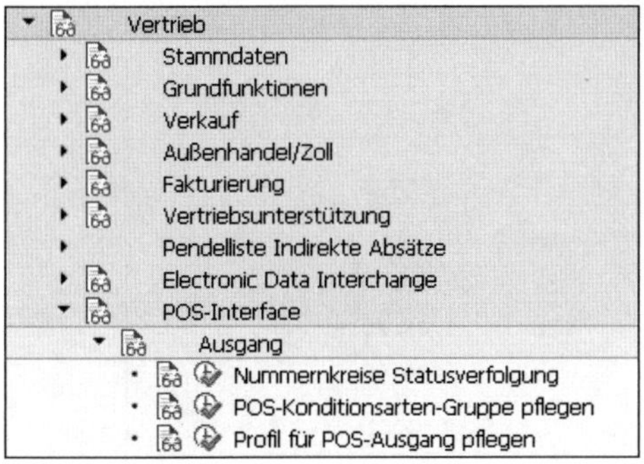

Abbildung 6.2 Customizing über Transaktion SPRO

6.1.1 Monitoring der POS-Schnittstelle

Ein Monitoring der IDocs und der POS-Schnittstelle ist über die Transaktionen WE05, BD87 und WPER möglich. Transaktion WE05 ermöglicht ein reines IDoc-Monitoring (siehe Abbildung 6.3). Dazu können Sie in dieser Transaktion unter anderem gezielt nach dem Erstellungszeitpunkt eines IDocs, dem Empfänger oder einer IDoc-Nummer suchen.

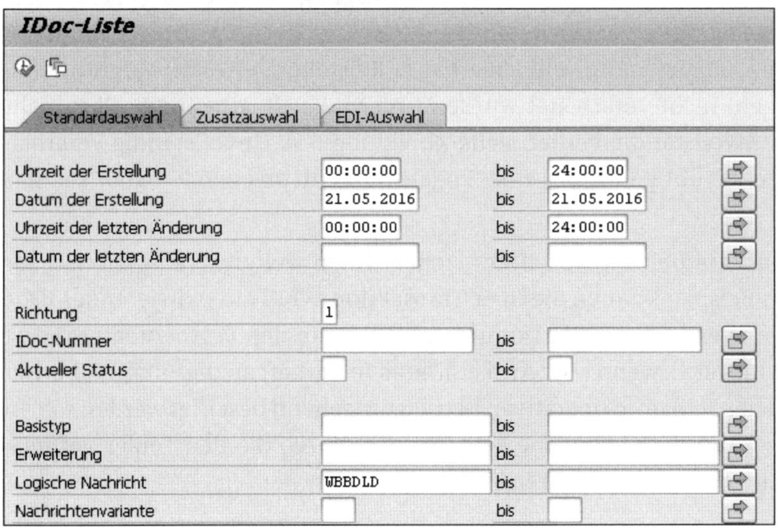

Abbildung 6.3 IDoc-Monitoring in Transaktion WE05

In Transaktion BD87 können Sie die IDocs ebenfalls überwachen (siehe Abbildung 6.4). Außerdem ermöglicht diese Transaktion die erneute Verarbeitung von IDocs. Dies ist z. B. erforderlich, wenn das IDoc wegen einer fehlerhaften oder fehlenden (Customizing-)Einstellung nicht verarbeitet werden konnte. Nachdem Sie diese Einstellung vorgenommen haben, kann das IDoc dann erfolgreich verarbeitet werden.

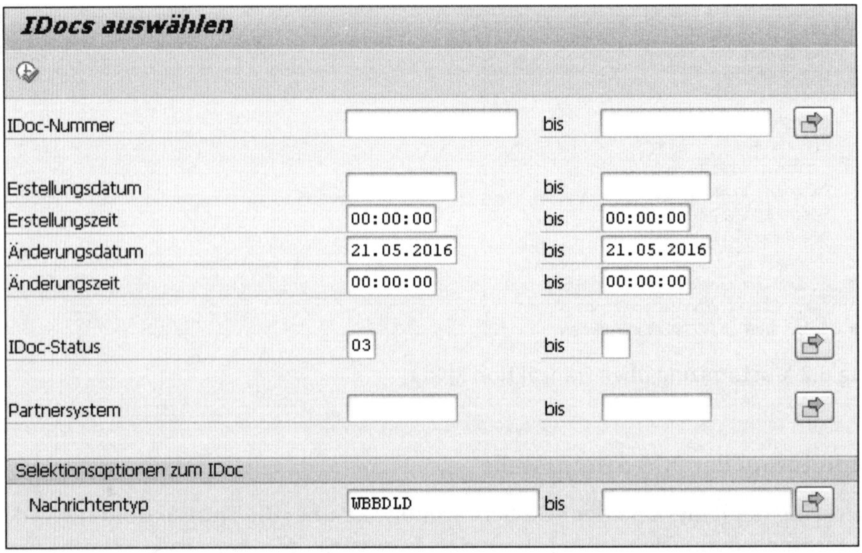

Abbildung 6.4 IDoc-Monitoring und erneute Verarbeitung in Transaktion BD87

Mit Transaktion WPER, dem spezifischen Monitor für die POS-Schnittstelle, können Sie nach bestimmten IDocs in der Eingangs- und Ausgangsverarbeitung suchen, z. B. gezielt nach unvollständig verarbeiteten IDocs. Innerhalb dieser IDocs kann dann analysiert werden, ob diese aufgrund fehlerhafter Einstellungen (bzw. aufgrund welcher Einstellungen) nicht verarbeitet wurden (sofern die Verarbeitung selbst nicht fehlerhaft oder unvollständig verlief, siehe Abbildung 6.5). Unvollständig verarbeitete IDocs finden Sie übrigens über eine Eingabe des entsprechenden Status in das Feld **Status**.

Zur Anzeige und Verarbeitung von IDocs stehen Ihnen weitere Transaktionen zur Verfügung. Zum Beispiel können Sie über Transaktion WE19 ein existierendes IDoc editieren und neu versenden. Dabei können die Werte in den Segmenten geändert werden. Dies ist hilfreich, wenn (z. B. Artikel-)Daten fehlerhaft an die Filialen übertragen werden und der Fehler im operativen Betrieb umgehend beseitigt werden soll. In manchen Fällen kann die eigentliche Fehlerursache (bzw. die den Fehler verursachende Einstellung) erst nach längerer Analyse gefunden werden.

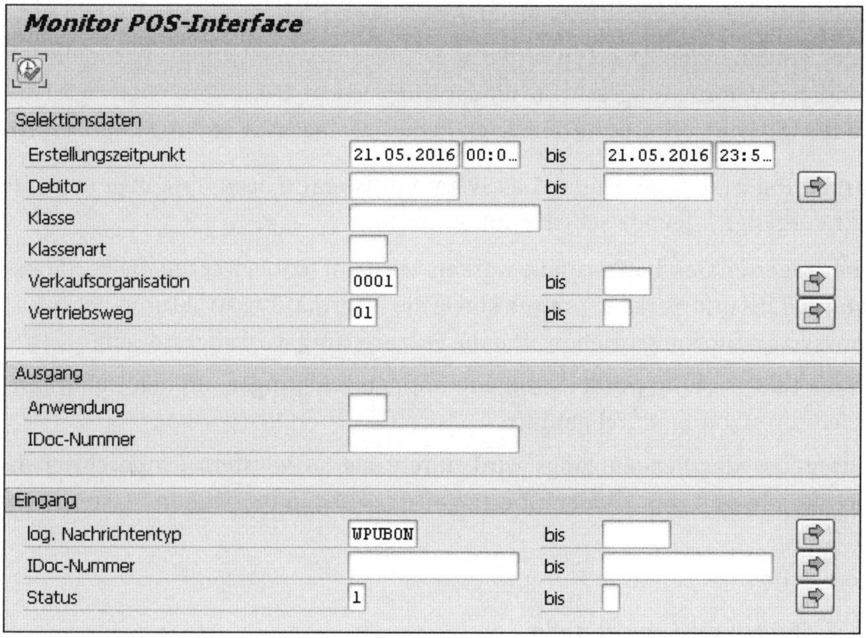

Abbildung 6.5 Monitor für die POS-Schnittstelle in Transaktion WPER

6.1.2 POS-Inbound-Schnittstelle

In der POS-Eingangsverarbeitung (*POS Inbound Processing*) legen Sie fest, wie die von den POS-Systemen gesendeten Daten in SAP Retail verarbeitet werden. Die von den Kassensystemen der einzelnen Filialen gesendeten Daten können dabei ausgewertet werden. Dieser Vorgang, bei dem die übertragenen Daten im System verbucht werden, wird in der Regel regelmäßig zu einem bestimmten Zeitpunkt (typischerweise abends oder nachts) durchgeführt.

Der Datenfluss der eingehenden Nachrichten erfolgt nach dem folgenden von SAP empfohlenen Ablauf: Ein *POS-Konverter* bzw. SAP POS Data Management konvertiert die Daten in das IDoc-Format. Dabei wird je ein IDoc pro Filiale und Datentyp auf einem Server für den POS-Konverter gespeichert. Beispielhaft seien an dieser Stelle die IDoc-Typen `WPUUMS` bzw. `WPUBON` (Umsatzdaten) und `WPUTAB` (Zahlungsmittel) genannt. Auf dem Anwendungsserver von SAP Retail, d. h. dem SAP NetWeaver Application Server ABAP, werden diese IDocs anschließend verarbeitet.

Dazu wird das ABAP-Programm `EDI_DATA_INCOMING` gestartet, das folgende Schritte durchführt:

1. Die IDoc-Dateien auf dem Anwendungsserver werden gelesen. Die enthaltenen Daten werden auf der Datenbank, auf der SAP Retail läuft, in den Tabellen `EDIC`, `EDID4` und `EDIDS` gespeichert.

2. Anschließend werden IDoc-Dateien auf dem Anwendungsserver wieder gelöscht.
3. Für jeden eingehenden IDoc-Typ wird eine *EDI-Partnervereinbarung* erstellt, die die notwendigen Verarbeitungsschritte für das IDoc festlegt. Diese Vereinbarung ist daher für die weitere Verbuchung der Daten in die jeweilige Anwendung unerlässlich.

Die Verarbeitung ist damit beendet. Das System muss dann nach Abschluss der zeitkritischen Vorgänge folgende Schritte durchführen:

1. Die übertragenen Geschäftsvorfälle werden verbucht (dabei werden die Bestandsführung zu Ein- und Verkaufspreisen sowie die Informationsstrukturen des Informationssystems fortgeschrieben, und die Fakturierung wird angestoßen).
2. Durch die Fakturierung werden dann die nötigen Buchungen auf den Debitoren- und Kreditorenkonten durchgeführt.
3. Der Belegfluss des POS-Eingangs wird durch das SAP-System fortgeschrieben. Damit sind die von den Filialen übertragenen Geschäftsvorfälle im System verbucht.

6.1.3 POS-Outbound-Schnittstelle

Über den sogenannten POS-Ausgang (*POS Outbound*) werden die POS-Systeme der Filialen mit aktualisierten Daten versorgt. Dies kann automatisiert oder manuell ablaufen. Zunächst wird definiert, welche Daten wann aufbereitet werden, um sie anschließend an die POS-Systeme zu übertragen. Bei den Daten, die übermittelt werden sollen, handelt es sich um *Stammdaten* (wie etwa Artikelstammdaten und die zugehörigen Preise, Warengruppen, Warengruppenhierarchien etc.).

Die für die Filialen relevanten Daten werden anhand der vorliegenden Sortimente und der aktuellen Änderungen ermittelt und als IDocs aufbereitet. Diese IDocs werden mithilfe einer *Middleware* und der ALE-Technik aus dem SAP-Retail-System an die Peripheriesysteme (Kassen, Waagen etc.) gesendet. Die Middleware bildet die SAP-IDoc-Struktur auf ein zum jeweiligen POS-System kompatibles Format ab (typischerweise TXT oder XML).

Auf die zu versorgende Sortimentsliste (siehe auch Abschnitt 2.7.5) gehen wir aufgrund ihrer hohen Relevanz an dieser Stelle etwas ausführlicher ein.

Die Sortimentsliste steht in zwei Versionen zur Verfügung: als *Classic* und als *High Performance Retailing* (HPR). Je nach Version wird für die Übermittlung ein bestimmter IDoc-Typ verwendet:

- **WBBDLD03 (klassischer IDoc-Typ)**
  Hier ist nur ein Preis pro Artikel und Segment möglich. Bei zwei verschiedenen Preisen für einen Artikel (in verschiedenen Zeiträumen) werden daher zwei Arti-

kelsegmente mit individuellem Subsegment gesendet, das jeweils den Preis enthält.

- **WBBDLD04 (neuerer HPR-IDoc-Typ)**
  Dieser Typ ermöglicht mehrere Preissegmente pro Artikelsegment. Dadurch sind weniger Segmente nötig, und die Übertragungszeit des IDocs wird reduziert.
- **WBBDLD05 und WBBDLD06**
  Diese beiden IDoc-Typen entsprechen den zuvor beschriebenen IDoc-Typen, enthalten jedoch zusätzlich ein Segment für die Artikelhierarchiezuordnung.

Die HPR-Version bietet eine höhere Verarbeitungsgeschwindigkeit, verarbeitet aber nur die meisten (wichtigsten) von der Classic-Version verarbeiteten Stammdaten. Weitere IDoc-Typen für den POS-Ausgang sind:

- `WBBDLD` (Sortimentsliste)
- `WP_PLU` (Artikelstamm)
- `CREMAS` (Lieferantenstamm)
- `DEBMAS` (Debitorenstamm)
- `WPDWGR` (Warengruppe)
- `WPDTAX01` (Steuersatz)

Mit Ausnahme der Lieferantenstammdaten und Debitorenstammdaten regelt Transaktion WPMA (siehe Abbildung 6.6) die Versorgung der Filialen mit diesen Stammdaten per IDoc. Unter Angabe der Verkaufsorganisation, des Vertriebswegs und der Filiale(n) sowie der zu übertragenden Daten (z. B. eines Artikels) lässt sich diese Versorgung anstoßen.

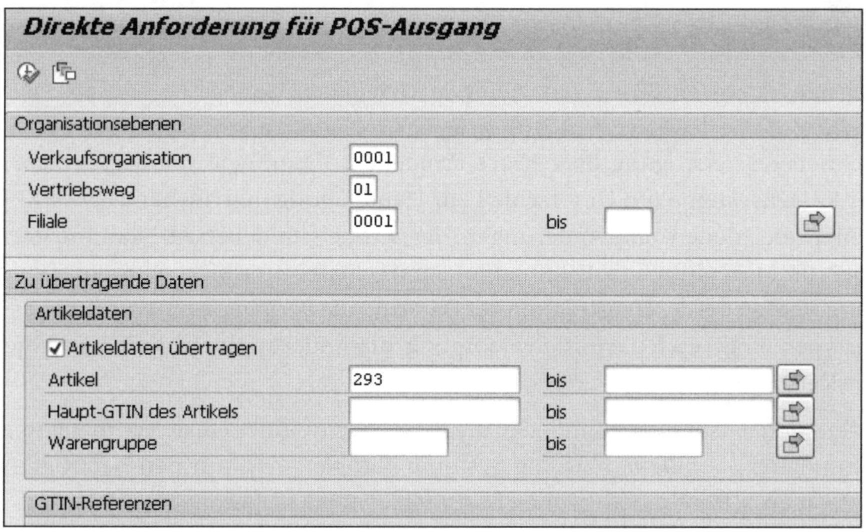

Abbildung 6.6 Stammdatenversorgung über Transaktion WPMA

Die Debitoren- und die Lieferantenstammdaten (IDoc-Typen DEBMAS und CREMAS) werden über Transaktion BD12 bzw. BD14 versorgt (siehe Abbildung 6.7 bzw. Abbildung 6.8).

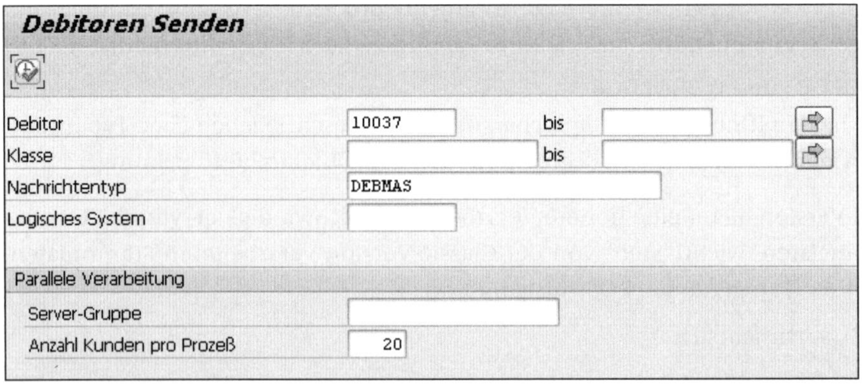

Abbildung 6.7 Transaktion BD12 – Versorgung der Debitorenstammdaten

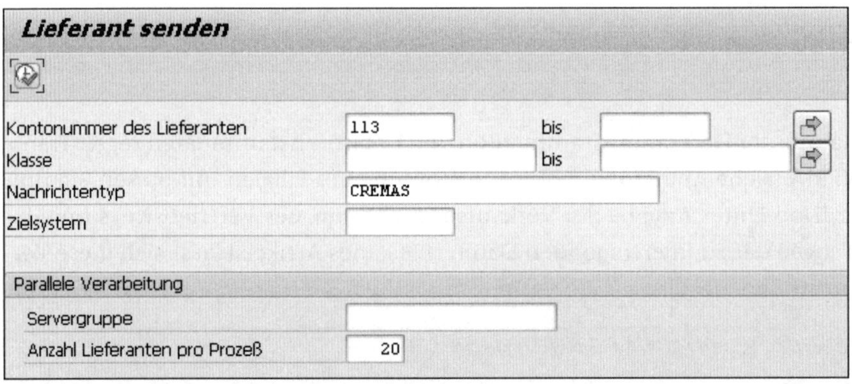

Abbildung 6.8 Transaktion BD14 – Versorgung der Lieferantenstammdaten

Die beschriebene Versorgung über IDocs ermöglicht Ihnen eine sofortige Versorgung der Kassensysteme (im Unterschied zur Handhabung in manchen Nicht-SAP-Altsystemen, bei denen alle Änderungen der Artikel- und Betriebestammdaten gesammelt und nur einmal täglich in einer Sammeldatei verschickt wurden). Typischerweise werden bei der Übertragung der Daten an die Peripheriesysteme drei Versorgungstypen eingesetzt, die Initialversorgung, die Änderungsversorgung und die manuelle Versorgung.

Mittels der *Initialversorgung* können Sie die POS-Systeme einer Filiale erstmalig mit den Stammdaten »befüllen« bzw. die Systeme komplett neu mit den benötigten Daten versorgen, z. B. bei einem großen Datenschiefstand. Insbesondere bei der initialen Versorgung ist Vorsicht bei der Planung und Durchführung geboten. Eine falsche Versorgung kann im Extremfall bedeuten, dass die Sortimentslisten nicht richtig versorgt werden und kein einziger Artikel oder nur ein Bruchteil des Sortiments einer Filiale in den Kassensystemen gepflegt ist.

Transaktion WDBI dient z. B. der Initialversorgung der Sortimentsliste (siehe Abbildung 6.9).

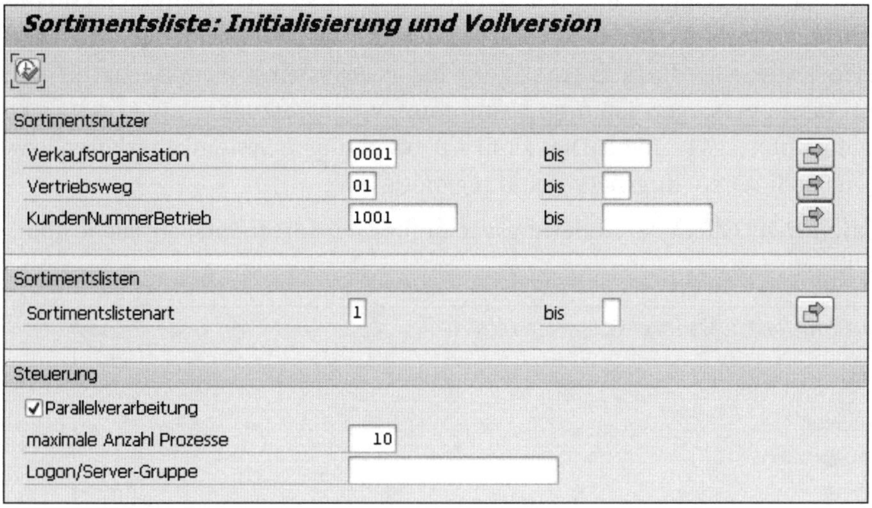

Abbildung 6.9 Transaktion WDBI (Initialversorgung der Sortimentsliste)

Bei der *Änderungsversorgung* sind eine wohldurchdachte Planung und Umsetzung ebenfalls obligatorisch. Für eine reibungslose Versorgung ist neben sauber gepflegten Stammdaten oftmals auch der Zeitpunkt der eingeplanten Programmläufe entscheidend. Darüber hinaus empfiehlt es sich, Massenänderungen (z. B. an Artikeln), falls möglich, nicht auf einmal, sondern verteilt über einen oder mehrere Tage hinweg durchzuführen, um eine rechtzeitige Versorgung der Stammdaten nicht zu gefährden.

Änderungen können zunächst über *Änderungszeiger* festgehalten werden, die in den Tabellen BDCP bzw. BDCP2 gespeichert werden. Aus den Änderungszeigern können dann IDocs erstellt werden, etwa mit dem Report RBDMIDOC (siehe Abbildung 6.10).

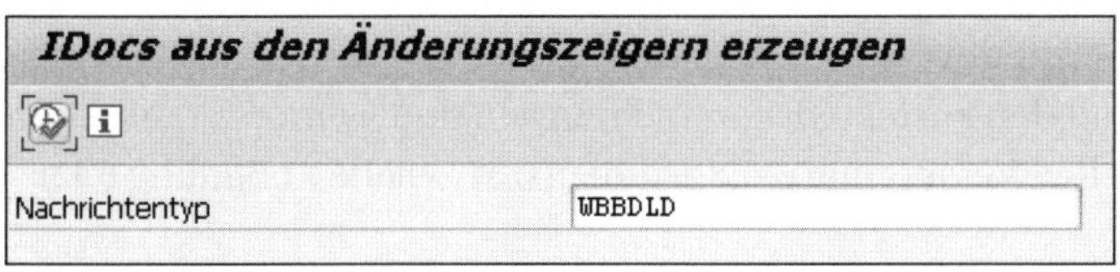

Abbildung 6.10 Report RBDMIDOC

Sie können dabei einen Nachrichtentyp wählen. Für diesen Nachrichtentyp erstellt dieser Report IDocs, sendet sie an die Empfängersysteme und kennzeichnet die entsprechenden Änderungszeiger als bearbeitet. Im Verteilungsmodell für die jeweiligen Nachrichtentypen können die zugehörigen Empfängersysteme festgelegt werden.

Die Versorgung mit den Änderungsdaten wird typischerweise abends oder nachts (oftmals nach Marktschluss) eingeplant. Dabei können Sie im System eine Vorlaufzeit (*Vorschauzeitraum*) einstellen, z. B. drei oder fünf Tage. Ist die Menge der zu versorgenden Daten allerdings zu groß, um die POS-Systeme über Nacht für den nächsten Tag zu versorgen, ist unter bestimmten Voraussetzungen eine zusätzliche Versorgung untertags sinnvoll. Dies kann z. B. bei geringen Systemkapazitäten bzw. niedrigen Bandbreiten (Internetverbindung) nötig sein.

Transaktion WDBU dient der Änderungsversorgung der Sortimentsliste (siehe Abbildung 6.11).

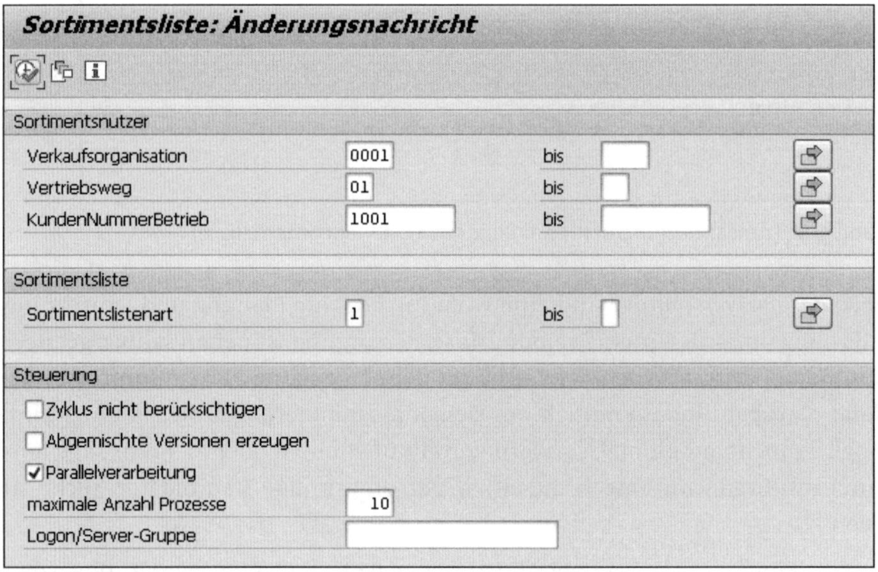

Abbildung 6.11 Transaktion WDBU (Änderungsversorgung)

Mit der *manuellen Versorgung* können Sie kurzfristige Änderungen an die POS-Systeme senden bzw. schnell auf unvorhergesehene Ereignisse reagieren. Damit können die Filialen umgehend mit den korrekten Stammdaten versorgt werden. Transaktion WDBM dient der manuellen Versorgung der Sortimentsliste (siehe Abbildung 6.12).

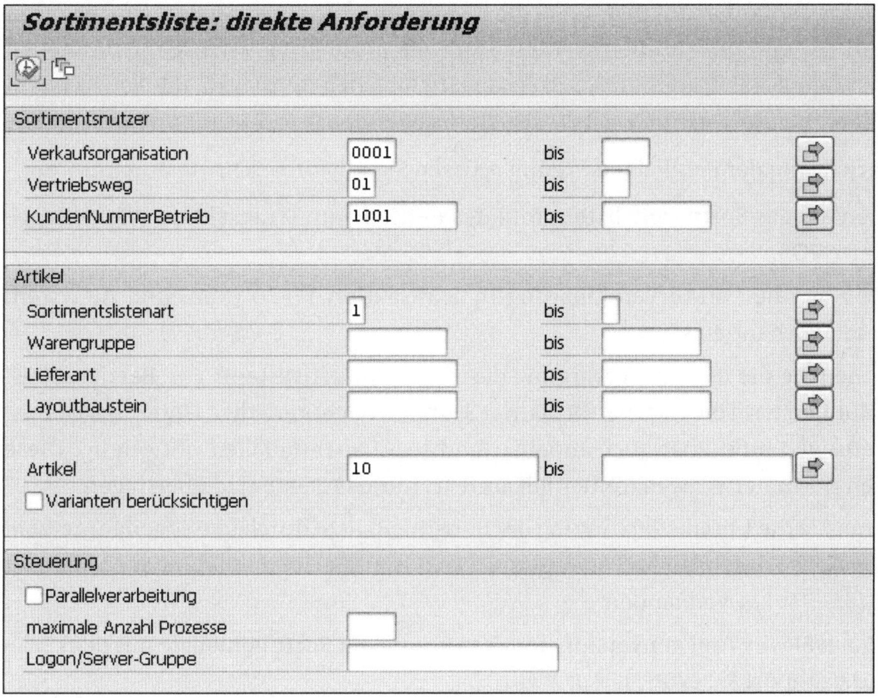

Abbildung 6.12 Transaktion WDBM (manuelle Versorgung der Sortimentsliste)

Bei allen drei Versorgungswegen sind ordentlich gepflegte Stammdaten eine grundlegende Voraussetzung für eine möglichst lückenlose Versorgung. Im Artikelstamm kann z. B. ein einziges falsch oder nicht gepflegtes Feld die Versorgung eines in der Filiale geführten Artikels mit den Daten aus dem SAP-Retail-System verhindern. Dies kann in einer Werbewoche mit Aktionspreisen z. B. zu falschen Preisen an der Kasse führen. Um solche Szenarien zu vermeiden, gibt es spezielle Tools, die wir in Abschnitt 3.2, »Qualitätssicherung von Stammdaten in einem SAP-Retail-System«, vorstellen.

Zu Analysezwecken, etwa bei einer fehlerhaften Versorgung, können Sie auf *Logdateien* für den POS-Ausgang in der SAP-Standardtabelle `WDLS` zugreifen.

Abschließend sei noch die *Parallelversorgung* erwähnt, die in bestimmten Szenarien zum Einsatz kommen kann. Beim Übergang von einem alten Kassensystem auf ein neues bietet sich für einen begrenzten Zeitraum eine doppelte Versorgung des Alt- und des Neusystems an, um den Übergang fließend zu gestalten. In diesem Zeitraum können Sie das Altsystem weiterbetreiben und versorgen. Währenddessen können Sie prüfen, ob die relevanten Daten (z. B. Artikeldaten und Konditionen) wie vorgesehen in dem neuen produktiven Kassensystem ankommen und ob die Versorgung problemlos verläuft. Zusätzlich sollte die Versorgung des neuen Systems auch vorher in einem Testsystem simuliert werden. Läuft die produktive Versorgung des neuen Kassensystems stabil, können Sie zu einem Stichtag den Betrieb auf das neue System umstellen und die Versorgung des Altsystems beenden.

Zur Einrichtung der Parallelversorgung müssen Sie folgende Schritte durchführen:

1. Stellen Sie das Sortimentslistenprofil des Betriebs um (Transaktion WB02, Registerkarte **POS**).
2. Prüfen Sie die Partnervereinbarung in Transaktion WE20 (Neu- und Altsystem müssen vorhanden sein).
3. Nehmen Sie die initiale Versorgung des neuen Kassensystems vor. Bei den meisten Kunden wird dies aus Performance-Gründen nachts erledigt. Untertägige Preisänderungen sind aber auch möglich und in Ausnahmefällen notwendig. Diese laufen normalerweise inkrementell ab, d. h., nur das Delta wird übertragen.
4. Führen Sie die initiale Versorgung der Sortimentsliste durch (die sogenannte *Vollversion* der Kassensystemversorgung). Dazu können Sie den SAP-Standardreport `RWBBINI_HPR_ALV` verwenden.
5. Nehmen Sie die Anlegenversion der Versorgung der Sortimentsliste mit dem SAP-Standardreport `RWBBVCRE_HPR_ALV` vor.
6. Passen Sie die Varianten der genannten Programme an, die als Jobs zur Änderungsversorgung ausgeführt werden. Unter Umständen sind jedoch komplett neue Jobs erforderlich, und alte Jobs müssen eingestellt werden (etwa wenn Märkte, die sich noch nicht in der Parallelversorgung befinden, in derselben Variante hinterlegt sind wie die parallel zu versorgenden Märkte). Passen Sie auch die Varianten an, die für die manuelle Versorgung verwendet werden.
7. Planen Sie die erforderlichen Jobs für die Parallelversorgung ein.

Nachdem Sie nun die Versorgungs- und Einstellungsmöglichkeiten der POS-Systeme über die POS-Ausgangsschnittstelle kennengelernt haben, stellen wir Ihnen in Abschnitt 6.5, »SAP In-Store Merchandise and Inventory Management«, eine bedienerfreundliche und über einen Internetbrowser erreichbare Oberfläche vor, die Sie in Ergänzung zu SAP Retail nutzen können.

6.2 SAP POS Data Management

Mit *SAP POS Data Management* (SAP POS DM) steht dem Handel eine integrierte Lösung zur Verfügung, die die Erfassung, Prüfung und zielgruppengerechte Analyse aller relevanten Informationen aus den Filialen sowie eine Aggregation der Daten ermöglicht. In diesem Abschnitt erläutern wir den technischen Aufbau dieser

Lösung. Wir stellen die Funktionsweise und die Einsatzmöglichkeiten der Anwendung vor. Auch auf die Standardisierung der in unterschiedlichen Systemen und Formen anfallenden Daten als Voraussetzung für die Integration in das Zielsystem gehen wir detailliert ein.

6.2.1 Ziele von SAP POS Data Management

Um die Effizienz der Einzelhandelsprozesse zu steigern, das optimale Verhältnis zwischen dem Angebot und der Nachfrage zu finden und um dem Ideal des *Realtime-Einzelhandels* möglichst nahe zu kommen, ist es unerlässlich, das Kundenverhalten und die Kundenvorlieben zu verstehen. Daher sind die Erfassung und Verarbeitung aller relevanten POS-Informationen ein essenzieller Bestandteil eines jeden Einzelhandelsprozesses. Diese Informationen sind der Schlüssel zu einer Vielfalt von Analysemöglichkeiten. Gerade im Handelsumfeld müssen dabei große Datenmengen verarbeitet werden. Dies sinnvoll und performant zu tun bereitet vielen Softwarelösungen große Probleme.

Eine in diesem Zusammenhang typische Ausgangslage und Zielsetzung ist folgende: Ein Kunde kauft Waren in einer Filiale ein. Diese Daten sollen in einem Data Warehouse analysiert werden. In der Regel haben die Daten in unterschiedlichen Systemen unterschiedliche Formate. Aus diesem Grund müssen die Kassendaten von einem Konverter aus dem Kassenformat in das Format des Zielsystems umgewandelt werden.

Im Data Warehouse selbst können diese Daten nun je nach Bedarf analysiert werden. Die Ergebnisse lassen sich so auf leichte und vielfältige Arten den verschiedenen Benutzergruppen präsentieren. Falls weitere Systeme nicht schon zuvor mit den Daten aus dem POS-System versorgt wurden, kann das Data Warehouse diese Daten ebenfalls z. B. an ein ERP-System wie SAP Retail weiterleiten. Dort werden mit den Daten weitere Prozesse versorgt, wie etwa das Controlling (Komponente CO), die Logistik (Komponente LO) und die Finanzbuchhaltung (Komponente FI).

Der Ablauf des Datenaustauschs zwischen POS-Systemen und dem datenführenden ERP-System (z. B. SAP Retail) ist in Abbildung 6.13 systemunabhängig skizziert.

Um diese Ziele zu erfüllen, wurde SAP POS Data Management konzipiert. Es handelt sich dabei um eine von SAP ERP oder SAP Retail unabhängige spezialisierte Lösung, die eine umfassende Verwaltung der POS-Daten von der Kasse bis zur jeweils angeschlossenen Systemkomponente anbietet. Verkaufsdaten werden z. B. aus den Kassensystemen direkt an SAP Business Warehouse (SAP BW) und andere Geschäftsanwendungen weitergeleitet (ohne den Umweg über ein Warenwirtschaftssystem). Unternehmen erhalten so einen schnellen Überblick über die aktuellen Verkaufszahlen sowie über Veränderungen im Käuferverhalten und sind in der Lage, gezielt darauf zu reagieren.

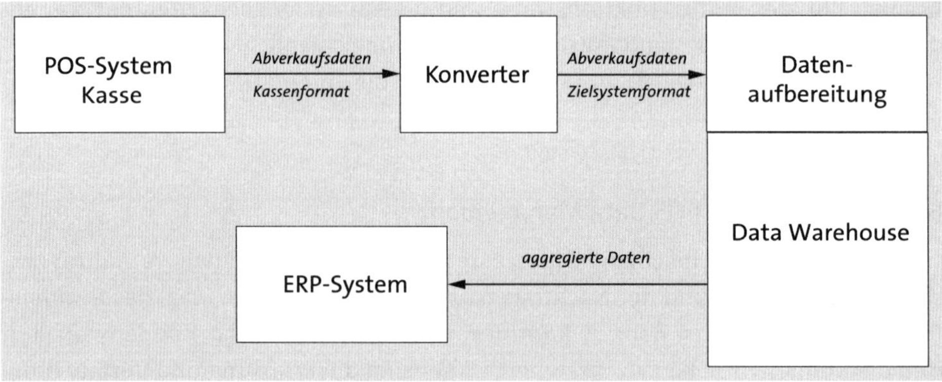

Abbildung 6.13 Systemunabhängiger Ablauf im POS-Inbound

Bei der Verbindung von POS-Systemen mit SAP Retail empfängt SAP Retail beim Datenupload diverse Transaktionsdaten von den Filialen. Diese stellen die Grundlage für die wichtigsten Verkaufsprozesse (wie z. B. Lagernachschub, Verkaufs- und Werbeanalysen) dar (siehe Artikel »Store Connectivity« in der SAP-Onlinehilfe: *http://s-prs.de/v407201*).

Die Transaktionsdaten umfassen die folgenden Daten:

- Verkaufsbewegungen
- Warenbewegungen
- Geldbewegungen
- Summensätze
- Stornotransaktionen
- Kontrolltransaktionen

SAP POS Data Management ermöglicht Ihnen eine systematische und bedarfsgerechte Verarbeitung der Daten. Da in diesem Umfeld in der Regel große Datenmengen anfallen, stellt dies einen großen Mehrwert dar.

SAP POS Data Management wird momentan im Zusammenhang mit SAP BW bzw. mit *SAP Customer Activity Repository* (CAR) ausgeliefert, ist aber ein eigenes Produkt mit eigenem Coding und eigener Preispolitik.

6.2.2 Architektur von SAP POS Data Management

In diesem Abschnitt stellen wir Ihnen die Komponenten und technischen Eigenschaften von SAP POS Data Management vor.

[«]

Versionsunterschiede

SAP POS Data Management gibt es in zwei Versionen:

- Das klassische *SAP POS Data Management* läuft auf relationalen Datenbanken und nutzt SAP BW als Data Warehouse.
- Die neue Lösung *POS Data Transfer and Audit* (DTA) basiert auf der Datenbank SAP HANA und nicht mehr auf SAP BW.

Da das klassische SAP POS Data Management derzeit noch weiter verbreitet ist, beschreiben wir dieses zunächst ausführlich. In Abschnitt 6.3, »POS Data Transfer and Audit«, erläutern wir im Vergleich dann die grundlegenden Unterschiede, die mit POS Data Transfer and Audit bestehen.

SAP POS Data Management setzt sich aus zwei Komponenten zusammen:

- **POS Inbound Processing Engine (PIPE)**
  Die POS Inbound Processing Engine bildet die Schnittstelle und die technische Basis für den Datenaustausch.
- **POS Analytics Content**
  Mit dem POS Analytics Content stellt SAP Ihnen Beispielobjekte und Lösungen zur Verfügung, mit denen Kassendaten grundlegend in SAP BW ausgewertet werden können. Den Content können und sollten Sie Ihren Anforderungen entsprechend anpassen. Er wird von SAP ständig auf die aktuellen Bedürfnisse der Kunden abgestimmt.

Wir erklären Ihnen zunächst, welchen Vorteil die PIPE im Gegensatz zu früheren Ansätzen bietet. Sie transportiert die Abverkaufsdaten in das SAP-BW-System, wie in Abbildung 6.14 dargestellt.

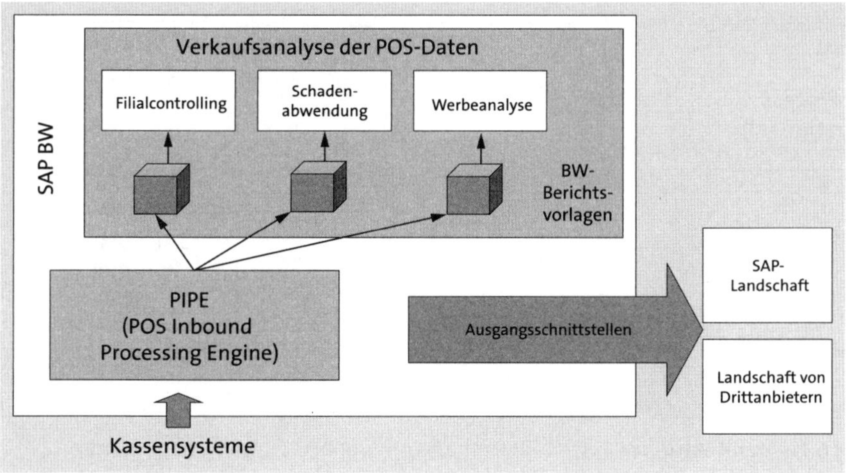

Abbildung 6.14 Architektur von SAP POS Data Management

Ohne diese PIPE werden die Abverkaufsdaten über Konverter per IDoc-Schnittstelle an das SAP-Retail-System übermittelt, wie in Abschnitt 6.1, »Integration des Point of Sale mit der POS-Schnittstelle«, beschrieben. Das SAP-Retail-System übergibt wiederum die Daten bongenau an SAP BW. Problematisch dabei ist, dass im Rahmen der IDoc-Verarbeitung bereits betriebswirtschaftliche Folgeprozesse ablaufen und daher ein großer Verarbeitungs-Overhead erzeugt wird. Außerdem wird das SAP-Retail-System mit unnötigen Daten belastet, da SAP BW die Abverkaufsdaten bongenau benötigt, für das SAP-Retail-System in der Regel jedoch die weniger speicherintensiven aggregierten Daten ausreichen. Dieses Modell hat folglich den Nachteil, dass für jeden Artikel eines Kassenbons jeweils ein Datensatz im IDoc existiert – statt aggregiert ein Datensatz pro Artikel pro Beleg pro Filiale und Tag. So steigt die Datenmenge exponentiell an und führt zu Performance-Einbußen.

Kritisch ist ebenfalls der Implementierungsaufwand für eine solche Systemlandschaft: Da SAP BW vom SAP-Retail-System abhängig ist, kann die Einführung lediglich in linearer Reihenfolge erfolgen. Der Aufbau eines kompletten POS-Inbound-Szenarios kann so bis zu einem Jahr andauern.

Die Möglichkeiten der PIPE bestehen, kurz zusammengefasst, darin, die Daten aus den POS-Systemen entgegenzunehmen, die konfigurierten Aufgaben zu einem bestimmten Zeitpunkt auszuführen und dadurch die Daten an mehrere Systeme in der gewünschten Form weiterzugeben (siehe Abbildung 6.15). So lässt sich das beschriebene Problem der großen Datenmengen auf komfortablem Weg lösen. Zudem kann die PIPE unabhängig von anderen Systemen eingeführt werden, sodass nur ein Bruchteil der zuvor benötigten Einführungsdauer notwendig ist, bis die Abverkaufsdaten mit SAP POS Data Management analysiert werden können. Die Einführungsdauer eines solchen Szenarios ist nach unseren Erfahrungswerten auf ca. drei bis sechs Monate begrenzt.

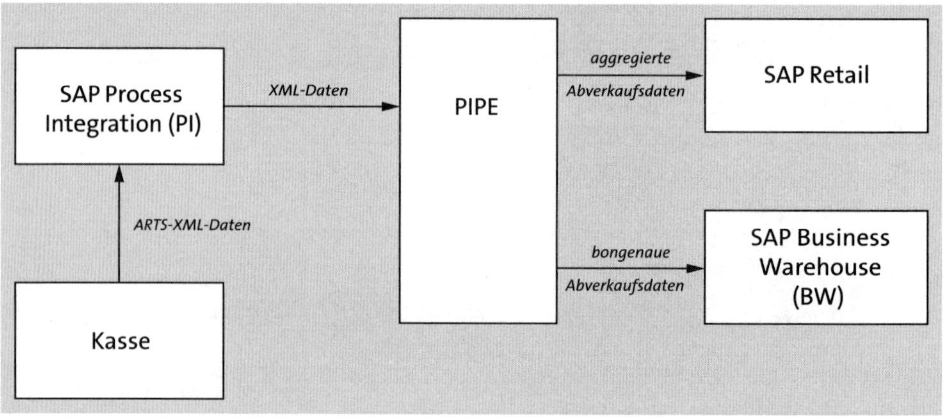

Abbildung 6.15 Architektur der Systemlandschaft mit SAP POS Data Management

6.2.3 POS Inbound Processing Engine

Über die PIPE können Sie Bewegungsdaten von Filialen empfangen und weiterverarbeiten. Daten wie Abverkäufe, Zahlungsmittellisten, Geldbewegungen, Warenbewegungen, Filialwareneingänge und Kassiererstatistiken sowie Summensätze können Sie über das System der PIPE verarbeiten, verbuchen und weiterverarbeiten.

Ein Ziel der PIPE ist es, saisonal hohe Datenmengen, bedingt z. B. durch Sonderverkäufe oder den Schulanfang, abfedern zu können. Ebenso sind analytische Vorgänge wie ein *technisches Sales Audit* möglich, in dem z. B. das Verhalten von Kassierern betrachtet und ggf. eine Fehleranalyse durchgeführt werden kann. Eine vollwertige Analyse der Daten zum Sales Audit wird später in SAP BW ermöglicht. Die PIPE gewährt zunächst nur einen optisch aufgewerteten »technischen« Einblick in die vorhandenen Daten.

Mit der PIPE können Sie neben SAP BW weitere Systeme mit den Abverkaufsdaten beliefern. So ist es z. B. momentan möglich, *SAP Forecasting and Replenishment for Retail* (siehe Abschnitt 4.4), den *POS Inbound* in SAP Retail und das *Kreditkartensystem* mit der PIPE zu verbinden.

Das Ziel der PIPE ist, die Last des POS-Eingangs von nachgelagerten Onlinetransaktionssystemen wegzunehmen und auf die PIPE zu verlagern. Auf diese Weise wird eine Verbesserung der POS-Inbound-Funktionalität und -Performance erreicht.

Innerhalb der PIPE können Sie Jobs einplanen, die den Folgesystemen die Daten in der benötigten Form zum gewünschten Zeitpunkt zur Verfügung stellen. So können Abverkaufsdaten z. B. nachts mit vorhandenen Stammdaten konsolidiert, aggregiert und an weitere Systeme versendet werden. Zusätzlich zu vordefinierten Aufgaben können Sie eigene Aufgaben frei im PIPE-Customizing definieren (siehe Abbildung 6.16). Dieses Customizing erreichen Sie über Transaktion /n/POSDW/IMG.

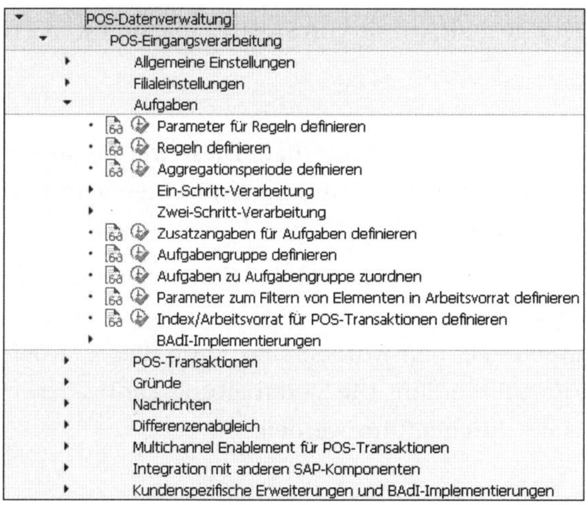

Abbildung 6.16 Customizing für die PIPE

Die Verarbeitung der Aufgaben in der PIPE kann zeitpunktgesteuert oder in Echtzeit erfolgen. Die Daten werden in einer großen *Transaktionslogtabelle* (/posdw/TLOGS bzw. im neuen POSDTA in der Tabelle /posdw/TLOGF) als *Rawstring*, also als String mit dynamischer Länge, gespeichert. Dies hat den Vorteil, dass wenig Speicherplatz benötigt wird und ein performanter Zugriff sowohl zum Import als auch zum Export der Daten möglich ist. Zusätzlich werden weitere Tabellen gefüllt, wie z. B. die Tabelle /POSDW/TSTAT mit Statusinformationen zum momentanen Verarbeitungsstand.

Folgende Funktionen und vordefinierten Aufgaben sind bereits standardmäßig innerhalb der PIPE enthalten. Diese können Sie nach Bedarf kombinieren und erweitern:

- **Konvertierung von Daten in ein standardisiertes SAP-Datenformat (IDoc)**
  Standardisierte Formate sind in diesem Zusammenhang Formate für Abverkaufsdaten (IDoc-Typen WPUBON bzw. WPUUMS), Zahlungsmitteldaten (IDoc-Typ WPUTAB), Geldbewegungsdaten (IDoc-Typ WPUFIB) und Warenbewegungsdaten (IDoc-Typ WPUWBW).
- **Verarbeitung unverdichteter Daten**
  Jeder Verkaufsvorgang wird mit allen Detailinformationen übertragen. Diese Option können Sie verwenden, wenn Sie zur Kontrolle oder zur statistischen Auswertung alle Verkaufsvorgänge nachvollziehen möchten.
- **Verarbeitung verdichteter Daten**
  Nur die Summe der Verkäufe eines Artikels wird übermittelt, z. B. die verkaufte Menge pro Filiale. Diese Option können Sie verwenden, wenn nicht alle Detailinformationen über die Verkaufsvorgänge benötigt werden. Diese Variante hat den Vorteil, dass das Verarbeitungsvolumen geringer ist als beim unverdichteten Verfahren.
- **Bereitstellung der Daten für SAP BW**
  Die Daten werden in die Delta-Queue gestellt, wo sie von SAP BW abgeholt werden können.
- **Fehlerbehandlung**
  Erfahrungsgemäß sind 0,1–1 % der Transaktionen fehlerhaft. Diese werden in ein Fehlerprotokoll geschrieben. Alle korrekten POS-Transaktionen werden verarbeitet, lediglich die fehlerhaften Datensätze werden zurückgehalten.

  Sowohl die Fehler als auch alle erfolgreich erzeugten Belege können Sie sich über die *POS Workbench* anzeigen lassen und ggf. nachbearbeiten (siehe folgender Abschnitt). Sobald die Fehler manuell behoben worden sind, kann die Verarbeitung für diese Vorgänge neu gestartet werden. Die Verarbeitung kann ebenso automatisiert und zeitpunktgesteuert durchgeführt werden.

- **Wiederanlauffähigkeit**
  Die Eingangsverarbeitung ist jederzeit wiederanlauffähig. Bricht z. B. der Verarbeitungsvorgang wegen eines Stromausfalls ab, setzt das System beim Wiederanlauf an der korrekten Verarbeitungsposition wieder an.
- **Massenverarbeitung**
  Wenn z. B. innerhalb Ihres Unternehmens ein einzelner Artikel nicht mit der richtigen GTIN bekannt war und dieser Artikel an einem einzigen Tag 10.000-mal abverkauft wurde, können Sie mit der Massenverbuchung diesen gleichartigen Fehler mit einer einzigen Aktion korrigieren.
- **Darstellung des Datenflusses**
  Herkunft und Status der Daten können als Baumdiagramm dargestellt werden.

POS Workbench

Die POS Workbench (Transaktion /n/POSDW/MONO) ermöglicht die Anzeige der innerhalb der PIPE verbuchten Daten sowie die Kontrolle ihres Verarbeitungsstatus. Die Startauswahl der Workbench sehen Sie in Abbildung 6.17. Die Anzeige baut sich hierarchisch auf – vom Buchungsdatum über die Filialnummer und die Zeitintervalle bis hin zu den Kassennummern.

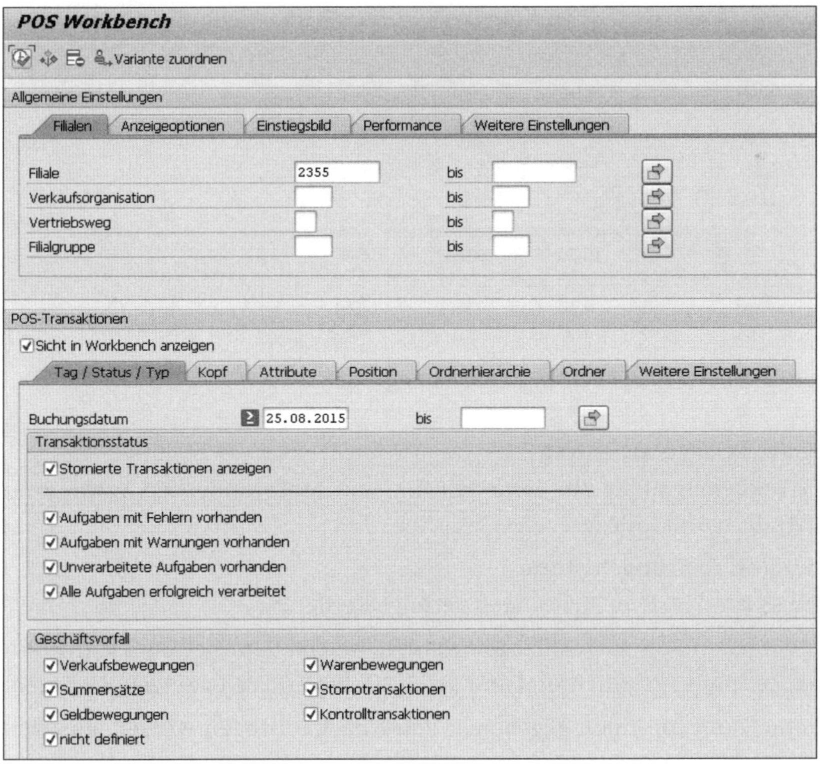

Abbildung 6.17 Startseite der POS Workbench (Ausschnitt)

Die POS Workbench umfasst folgende Funktionen:

- **Kontrolle der Datenübertragung**
  Sie können kontrollieren, ob z. B. alle Daten von den Filialen übertragen wurden. Wählen Sie dazu im Bereich **Allgemeine Einstellungen** auf der Registerkarte **Filialen** diejenigen Filialen aus, die Sie überprüfen möchten. Im Bereich **POS-Transaktionen** auf der Registerkarte **Tag/Status/Typ** wählen Sie den entsprechenden Zeitraum.
- **Fehler- und Meldungsanalyse**
  Hier haben Sie folgende Möglichkeiten:
  - *Kontrolle der Datenqualität*: Damit ist z. B. ein Fehlen von Stammdaten im System ersichtlich. Bei Unstimmigkeiten werden die Transaktionen mit einem Fehler (rotes Ampelsymbol wie in Abbildung 6.18 zu sehen) oder einer Warnung (gelbes Ampelsymbol) markiert.
  - *Kontrolle der Verarbeitungsschritte*: sofortige Verarbeitung und Folgeverarbeitung

  Der Verarbeitungsstatus wird auf der Ebene des Buchungsdatums, der Filiale und des Geschäftsvorfalls aggregiert und erlaubt die Navigation bis auf die Ebene der POS-Transaktion.

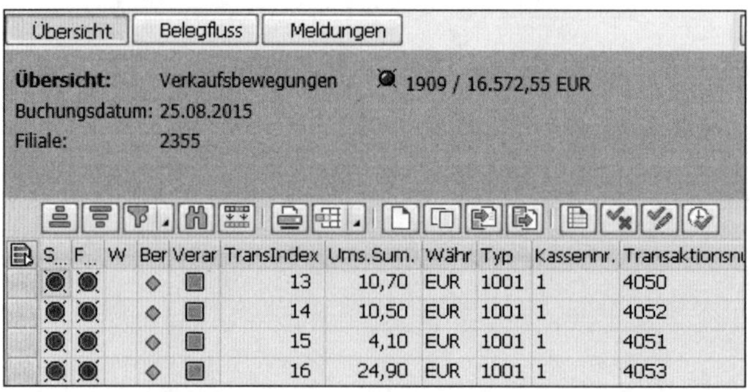

Abbildung 6.18 Übersicht zur Fehler- und Meldungsanalyse

- **Steuerung der POS-Verarbeitung**
  Die POS Workbench dient zur Verarbeitung und Statusänderung sowie zum Anzeigen, Ändern und Anlegen von POS-Daten.
- **Anzeige der Verarbeitungshistorie**
  Der Belegfluss kann in zwei Richtungen verfolgt werden:
  - Es kann für jeden Bon nachvollzogen werden, welche Verarbeitungsschritte zu welchem Zeitpunkt gelaufen sind und welche Daten und Belege erzeugt wurden.
  - Umgekehrt kann für einen gegebenen Beleg nachvollzogen werden, aus welchen Bons der Beleg entstanden ist.

Sämtliche Bearbeitungsschritte (z. B. Änderungen der Transaktionsdaten selbst oder Verarbeitung von Aufgaben) werden protokolliert und können nachvollzogen werden.

- **Abgleich der Summensätze und Transaktionsdetails**
  Sie können überprüfen, ob die Summen der Umsätze aus den Bondaten mit den von den Kassen übermittelten Summen übereinstimmen. Der Vergleich kann auf den Ebenen der Filiale, der Kassierer, der Kasse, des Zahlungsmittels, des Transaktionstyps oder des Positionstyps durchgeführt werden, je nachdem, wie detailliert die Kassensummen vom eingesetzten Kassensystem zur Verfügung gestellt werden.

Ablauf einer Eingangsverarbeitung

Abbildung 6.19 stellt einen möglichen Ablauf der Eingangsverarbeitung innerhalb der PIPE dar:

❶ Zunächst werden die POS-Transaktionsdaten in der Transaktionsdatenbank TLOGS abgespeichert.

❷ Die für die weitere Verarbeitung der Daten benötigten Customizing-Einstellungen und Stammdaten werden gelesen und geprüft. Falls bei diesen Prüfungen Fehler auftreten, erhalten die entsprechenden POS-Transaktionen einen Fehlerstatus.

❸ Die POS-Transaktionsdaten werden in der POS Workbench aufbereitet dargestellt.

❹ Die in den Verarbeitungsregeln enthaltenen Bedingungen werden geprüft und entsprechende Aktionen ausgeführt. Folgende Ergebnisse sind z. B. möglich:

- *Zurückstellen der POS-Transaktion*: Die Aufgabe bleibt im Status **Bereit** bzw. **Bereit zur Stornierung**, wird aber von der weiteren Verarbeitung ausgenommen. Dies ist der Fall, wenn eine POS-Transaktion eine Vorbedingung, die für die Aufgabe definiert wurde, nicht erfüllt.
- *Statusänderung nach Fehler (bzw. Fehler bei Storno) oder Ablehnung*: Auch in diesem Fall nimmt die POS-Transaktion nicht an der weiteren Verarbeitung der Aufgabe teil.

❺ Die im Customizing gewählte Verdichtungsmethode legt fest, auf welcher Ebene (Artikel, Datum) die Daten verdichtet werden. Die verdichteten Daten werden in Paketen zusammengefasst und anschließend paketweise pro Filiale verarbeitet. Die Paketgröße wird im Customizing festgelegt.

❻ Letztlich schreibt die PIPE die Daten in die Delta-Queue, die schon einen Teil des BW-Systems darstellt.

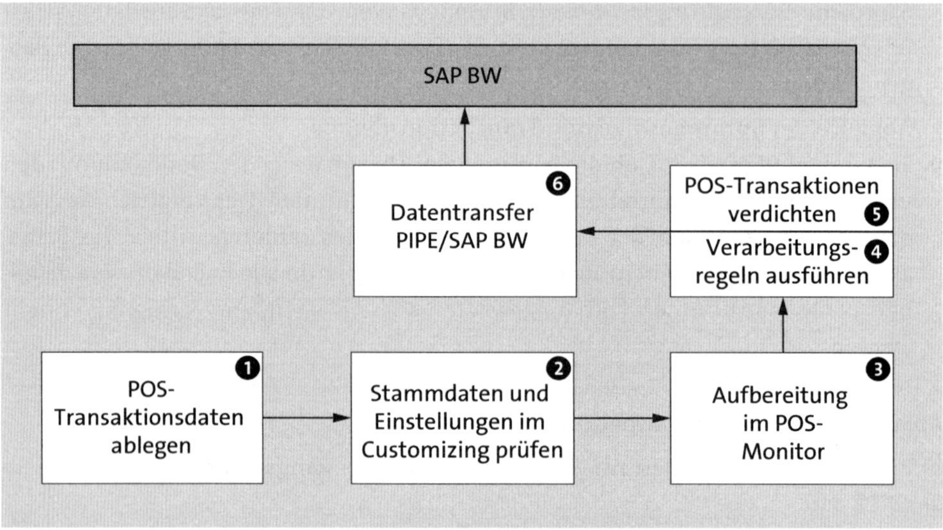

Abbildung 6.19 Ablauf einer Eingangsverarbeitung

Als Eingangsschnittstellen zur PIPE können Sie drei Technologien verwenden:

- BAPI
- IDoc
- SOA-Service

Bevor wir die Eingangsschnittstellen der PIPE näher erläutern, gehen wir kurz auf industriespezifische Standards ein.

Die Abverkaufsdaten des Kassensystems liegen im Format des von der *Association for Retail Technology Standards* (ARTS) definierten *IXRetail-POSLog-Standards* vor. Bei Kunden und Kassenherstellern wird der Einfachheit halber vom »IXRetail-Standard« gesprochen. Die Ergänzung POSLog wird meistens weggelassen, da innerhalb des IXRetail-Standards alle kassenbezogenen Definitionen automatisch dem POSLog zuzuordnen sind. Über SAP Process Integration (PI) werden sie an die PIPE weitergeleitet. Die PIPE bereitet die Daten auf und übergibt sie an den SAP POS Data Management Content bzw. an SAP BW (siehe Abbildung 6.20).

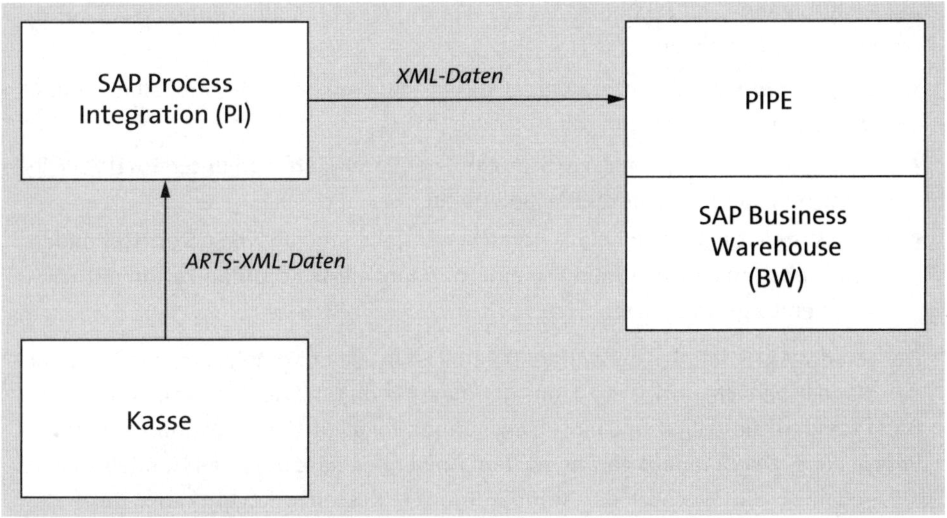

Abbildung 6.20 Kommunikationsstrecke zwischen den POS-Systemen und der PIPE/SAP BW

Association for Retail Technology Standards

Die *National Retail Federation* (NRF) ist weltweit der größte Einzelhandelsverband, dessen Mitglieder alle Einzelhandelssparten und Absatzwege umfassen. Die NRF hat die Schirmherrschaft über mehr als 100 staatliche, nationale und internationale Einzelhandelsgesellschaften (siehe Abbildung 6.21).

Abbildung 6.21 Aufbau der National Retail Federation

Die *Association for Retail Technology Standards* (ARTS) ist eine Untergruppierung der NRF. ARTS ist eine Non-Profit-Standardisierungsorganisation, die 1993 gegründet wurde. Zu den Mitgliedern der ARTS gehören u. a. Vertreter und Lieferanten des Einzelhandels.

ARTS hat folgende, auf Technologien des *World Wide Web Consortiums* (W3C) basierende Standards definiert:

- das *Standard Relational Data Model*, das als allgemeines Datenmodell für Applikationen im Handel dienen soll
- den *Unified Point of Service*, ein Standard, der Spezifikationen unterstützter POS-Geräte bzw. deren Schnittstellen beinhaltet
- den *IXRetail-Standard*, der ein Schema bereitstellt, um alle am POS entstehenden Daten abbilden zu können und so eine standardisierte Kommunikation mit POS-Systemen zu gewährleisten

Der von der ARTS definierte Standard IXRetail ist in seiner Komplexität und Form für den Handelsbereich einzigartig. Unternehmen, die diesen Standard bzw. auf dessen Basis standardisierte Systeme einsetzen, nennen vor allem den Investitionsschutz als Begründung. Der Standard garantiert dem Anwender, dass in seinen Handelsfilialen z. B. jederzeit ein Wechsel der standardisierten Kassen erfolgen kann, ohne die umgebende Systemlandschaft anpassen zu müssen.

BAPI-Eingangsschnittstelle

Im Folgenden zeigen wir den Aufbau der eingehenden POS-Daten sowie mögliche Eingangsschnittstellen. Zunächst behandeln wir die BAPI-Schnittstelle zum Übermitteln der Daten in die PIPE. Wir gehen dabei davon aus, dass die Kassendaten im Format IXRETAIL-XML vorliegen, also im IXRetail-Standardformat.

In einem *Business Application Programming Interface* (BAPI) lässt sich die Hierarchie der Strukturen nicht durch strukturierte Tabellen abbilden, da nur einfache Tabellentypen erlaubt sind. Daher müssen die Strukturen im BAPI zusätzlich zu den aufgeführten Feldern noch die Schlüsselfelder der hierarchisch übergeordneten Strukturen enthalten.

Das BAPI `/POSDW/BAPI_POSTR_CREATE` stellt oftmals den Eingang zur PIPE dar und nimmt die übermittelten Daten entgegen (siehe Abbildung 6.22). Es kann kassenbezogene Bewegungsdaten wie z. B. Abverkaufsdaten und Statistiken sowie Filialwareneingänge verarbeiten.

Den Aufbau des BAPIs `/POSDW/BAPI_POSTR_CREATE` erklären wir im Folgenden anhand von Zeichnungen. Um Ihnen einen Überblick zu vermitteln, welche Felder die PIPE verarbeiten kann, nennen wir jeweils Beispiele für die zusätzlichen Felder.

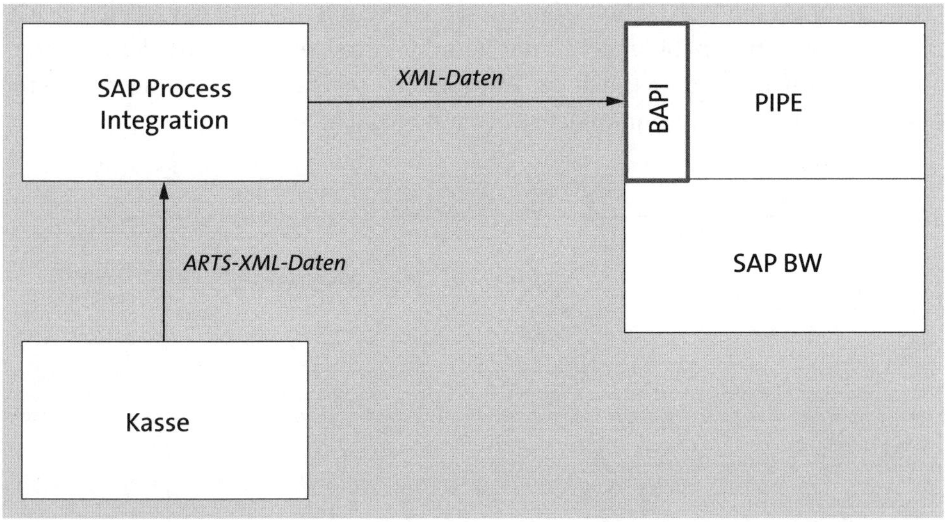

Abbildung 6.22 Entgegennahme der Kassendaten zur Weiterleitung an die PIPE

Transaktionen

Die POS-Vorgänge (wie z. B. Positionen und Zahlungsmittel eines Bons) sind in *Transaktionen* gruppiert. Eine Transaktion wird dabei immer als Einheit behandelt. Insbesondere werden beim Auftreten eines Fehlers alle Daten der Transaktion komplett zurückgehalten. Auch Statusänderungen, wie z. B. Storni, beziehen sich immer auf die Transaktion. Um eine bessere Performance bei der Verarbeitung zu erreichen, sollte das sendende System die Transaktionen so klein wie möglich halten.

Die diversen Geschäftsvorfälle bestehen aus verschiedenen Strukturen (siehe Abbildung 6.23):

- Die Struktur `Transaction` beinhaltet die für alle Geschäftsvorfälle gemeinsamen Merkmale. Diese entsprechen den Kopfdaten eines Kassenbons.
- Im Falle einer Stornotransaktion stehen die benötigten Angaben in der Struktur `PostVoidDetails`.
- Die Struktur `Additionals` enthält Zusatzinformationen zur Erfassung der Transaktion.
- Mittels der Struktur `CustomerDetails` können beliebige Zusatzinformationen zum Kunden – wie z. B. Alter, Geschlecht oder Postleitzahl, übertragen werden.
- In der Struktur `TransactionExtensions` können Kundenerweiterungssegmente übertragen werden.

Die Struktur für die Transaktionsköpfe ist jedoch bei allen Geschäftsvorfällen gleich. Dadurch wird eine Unabhängigkeit der Verarbeitungssteuerung und der Benutzeroberfläche gegenüber dem Inhalt der Transaktion erreicht. Das Hinzufügen weiterer Geschäftsvorfälle ist mit minimalem Aufwand möglich.

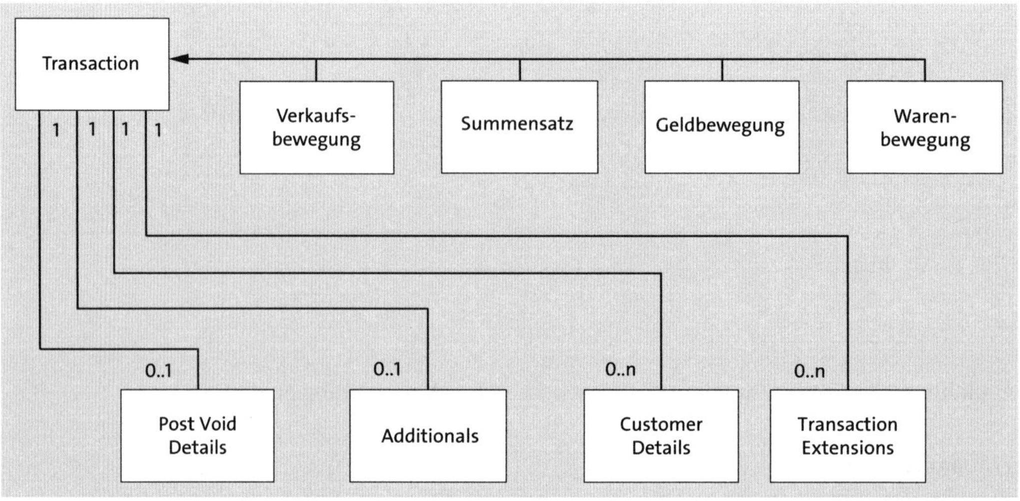

Abbildung 6.23 Darstellung des BAPIs für die Transaktionen (Struktur »Transaction«)

Verkaufstransaktion

Eine Verkaufstransaktion (Beispiel: Kunde kauft Milch und bezahlt mit Bargeld) entspricht einem *Bon*, der aus mehreren Positionen und Zahlungsmitteln besteht sowie Zusatzinformationen wie Steuern und Rabatte enthalten kann. Eine Verkaufstransaktion hat den Transaktionstyp *Verkaufsbewegung*, mit dem Geld- und Warenfluss festgehalten werden.

Die Struktur einer Verkaufstransaktion sieht wie folgt aus:

- Kopfdaten: Filiale, Kasse, Datum
- Zeilendaten: Artikel, Menge, Preis
- Zahlungsmitteldaten: Zahlungsmitteltyp, Menge, Währung

Der mit Verkaufstransaktionen einhergehende Datenfluss umfasst die folgenden Schritte:

- automatischer Filialnachschub
- Abrechnung im Finanzwesen (Komponente SD)
- Filialbestände aktualisieren
- Clearing bei Kreditkartenzahlung

Einkauf und Barzahlung

Ein Kunde kauft einen Kasten mit Getränken und bezahlt bar.

Summen und Statistiken

Die Summentransaktion enthält Summensätze für die verschiedenen Bestandteile aller Bons, also z. B. Positionen oder Zahlungsmittel (siehe Abbildung 6.24):

- Die Struktur `RetailTotals` enthält die Summe der Verkaufspositionen, bei Bedarf aufgeschlüsselt nach Positionstyp.
- `DiscountTotals`, `TaxTotals` und `TenderTotals` sind die entsprechenden Strukturen für die anderen Bestandteile des Bons.
- `CashierTotals` enthält Informationen zur Vermeidung von Betrug und zur Leistungsbewertung der Kassierer.
- In der Struktur `CashierExtensions` können Erweiterungssegmente übertragen werden.

Diese Daten werden nicht operativ verwendet, sondern dienen zum Abgleich mit den Summen der Bons. Treten Differenzen auf, deutet das auf eine unvollständige oder falsche Übertragung der Daten hin. Die Summensätze enthalten Wert und Anzahl der Vorgänge.

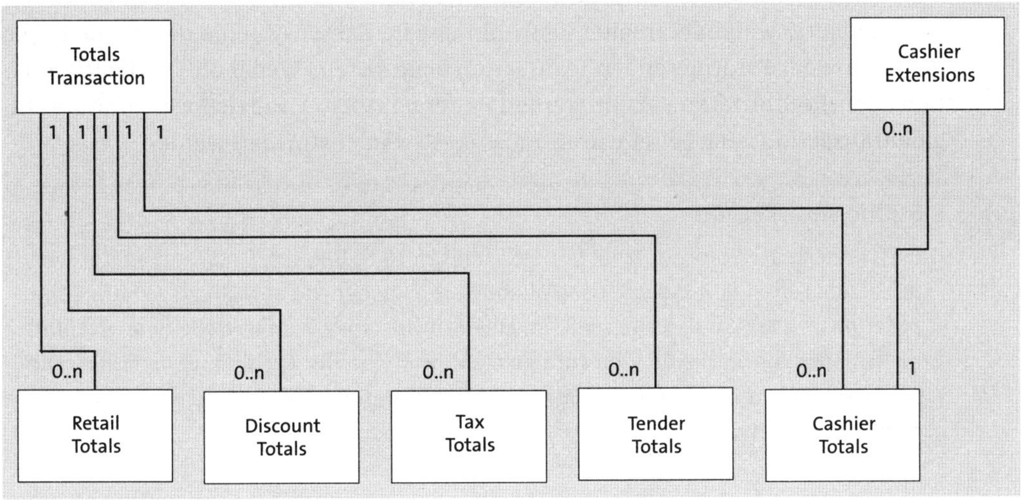

Abbildung 6.24 Darstellung des BAPIs für die Summentransaktion (Struktur »TotalsTransaction«)

[»]

Fehlbeträge

Ein Kassierer öffnet überdurchschnittlich oft die Kassenschublade, ohne etwas zu kassieren (*Nullbon*). Gleichzeitig treten überdurchschnittliche Fehlbestände an Bargeld auf. Dies kann als ein Hinweis auf einen Betrug gedeutet werden.

Außerdem können Kassiererstatistiken übertragen werden. Die Daten dieser Struktur ließen sich auch aus den einzelnen Bons entnehmen, aber es ist einfacher, die Summensätze der Kasse auszuwerten. Falls die operativen Daten schon vorverdichtet gesendet werden, stehen die Statistiken auch nur in dieser Struktur zur Verfügung.

[»]

Summensätze aus den Kassenbons

Die Bons einer Kasse wurden nicht übertragen. Anhand der Summensätze kann festgestellt werden, bei welcher Kasse eine Differenz aufgetreten ist. Die fehlenden Daten können nachgefordert werden.

Stornotransaktionen

Eine Stornotransaktion dient zum Stornieren einer anderen Transaktion (Originaltransaktion). Die Struktur `PostVoidDetails` enthält den Schlüssel der zu stornierenden Originaltransaktion. Der sonstige Inhalt einer Stornotransaktion wird üblicherweise nicht operativ weiterverarbeitet, obwohl manche Kassensysteme darin eine Kopie der Daten der zu stornierenden Transaktion übermitteln. Weder die Originaltransaktion noch die Stornotransaktion werden weiterverarbeitet. Falls jedoch schon die Originaltransaktion verarbeitet wurde, muss diese wieder storniert werden.

[»]

Storno statt Retoure

Ein Kunde kauft Computerzubehör und zahlt mit Kreditkarte. Er kommt später wieder in den Laden und möchte das Zubehör zurückgeben, da es nicht zu seinem Computer passt. Der Kassierer beschließt, eine Stornotransaktion anstelle einer Retoure zu erfassen, da so keine Abrechnungsgebühren für die Kreditkarte anfallen. Die Schlüssel des zu stornierenden Bons entnimmt er dem Bon, den der Kunde wieder mitgebracht hat.

Kontrolltransaktionen

Dies sind Transaktionen mit sonstigen Kassenvorgängen (weder Geld- noch Warenfluss), die keine Auswirkungen auf Bestand oder Buchhaltung haben, aber zu Zwecken des Sales Audit eingesetzt werden können. So kann z. B. anhand dieser Daten überprüft werden, zu welchem Zeitpunkt sich ein Kassierer an einem Kassensystem angemeldet hat oder ob die Kassenschublade ohne einen Verkauf geöffnet wurde (Nullbon). Auch werden in Kontrolltransaktionen Geldzählungen festgehalten.

Kontrolltransaktionen werden in die Kopfdaten (Datum, Bonnummer) und die Zeilendaten (Kostenstelle, Währung, Betrag) strukturiert. Der Datenfluss durchläuft die Komponenten POS DTA, SAP BW und Los Prevention Analytics (LPA) bzw. Fraud Management for Retail. Für die SAP-Retail-Prozesse ist dieser Datenfluss dagegen nicht relevant.

[«]

Fehlender Tagesabschluss

Ein Kassierer vergisst, seinen Tagesabschluss vorzunehmen. Dies fällt natürlich beim Vergleich der Summensätze mit den Bons auf. Bei der Durchsicht der Bons des Kassierers wird bemerkt, dass die Abschlusstransaktion fehlt.

Weitere Eingangsschnittstellen

Neben dem BAPI-Eingang gibt es die Möglichkeit, SAP POS Data Management mit IDocs oder einem SOA-Service zu versorgen. Der entsprechende SOA-Service `PointOfSaleTransactionERPBulkCreateRequest_In` hat einen ähnlichen Funktionsumfang wie das BAPI, unterstützt jedoch keine Warenbewegungen. Das IDoc mit dem Nachrichtentyp `/POSDW/POSTR_CREATEMULTIPLE` repräsentiert das BAPI `/POSDW/BAPI_POSTR_CREATE`.

Erweiterungsmöglichkeiten

Eingangsschnittstellen und Eingangskonvertierungsmodule können mithilfe von *Business Add-Ins* (BAdIs) gemäß den Wünschen der Anwender angepasst werden. Von SAP erstellte Eingangskonvertierungsmodule enthalten je ein BAdI am Anfang (zur Manipulation der Eingangsdaten) und eines am Ende (zur Manipulation der Ausgangsdaten).

Ein BAdI bietet eine einfache und komfortable Möglichkeit, eigenes Coding in den Verarbeitungsprozess mit einfließen zu lassen. Modifikationen und Erweiterungen sind somit an fast jeder Stelle des Systems realisierbar, ohne tiefe Eingriffe in bestehende Programmteile vornehmen zu müssen. Dies hat den Vorteil, dass vorhandener Code kopiert wird und anschließend modifiziert werden kann. Sobald die Modifikationen abgeschlossen sind, kann durch Angabe des entsprechenden Filters der modifizierte Code anstelle des originalen Codes verwendet werden.

Einsatz eines BAdIs für das Einlesen eines Materials

Abhängig vom eingestellten Filter innerhalb der PIPE (z. B. 0001 oder Z001) wird in Abbildung 6.25 entweder das originale Coding `Read_Material` oder das vom Kunden für seine eigenen Bedürfnisse modifizierte Coding `Read_Material_Kunde` ausgeführt.

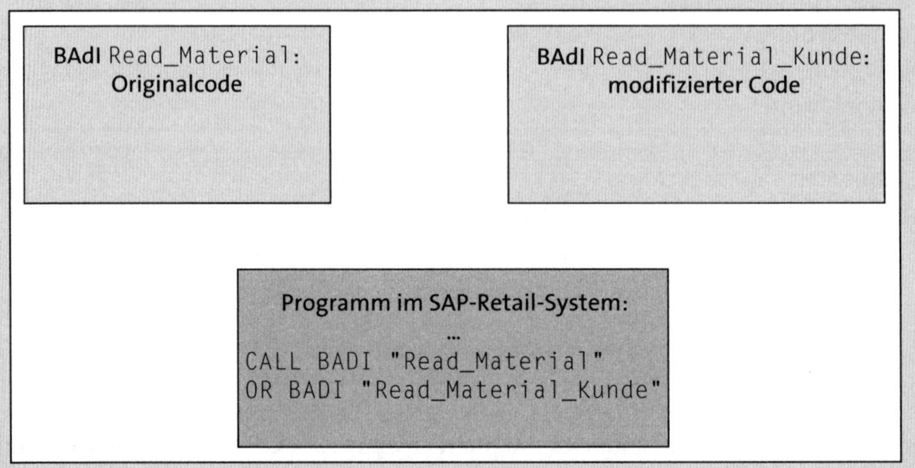

Abbildung 6.25 Beispiel für den Einsatz eines BAdIs

6.2.4 POS Analytics Content

Im Folgenden widmen wir uns der zweiten Komponente von SAP POS Data Management neben der PIPE, dem POS Analytics Content.

Unter *BI Content* versteht man eine Sammlung von Objekten, Strukturen und Queries innerhalb des SAP-BI-Systems. Der *POS Analytics Content* ist ein Teil dieses Contents, der zur Auswertung von Kassendaten dient.

Der Business Content besteht aus vorkonfigurierten, auf konsistenten Metadaten basierenden rollen- und aufgabenbezogenen Informationsmodellen in SAP BI. Dazu bündelt er alle Aktivitäten, die einzelne Personen in unterschiedlichen Geschäftsprozessen einer Organisation ausführen, und stellt diesen Personen alle Informationen zur Verfügung, die diese zur Erfüllung ihrer Aufgaben benötigen. Der Zugriff auf die in Rollen enthaltenen Transaktionen, Berichte und webbasierten Anwendungen erfolgt über Benutzermenüs.

Der Business Content bietet folgende Möglichkeiten:

- Er kann theoretisch ohne Anpassung verwendet oder modifiziert werden.
- Er kann als Vorlage oder Beispiel für selbst erstellten Business Content dienen.

- Er kann benutzt werden, um den interessierten Geschäftspartnern vorab die Möglichkeiten von SAP BW zu demonstrieren.
- Er kann als Vorlage innerhalb der Beratung dienen, um weitere Objekte zu definieren.

Der Business Content beinhaltet im Allgemeinen verschiedene SAP-BW-Objekte. Diese können je nach der Version von SAP BW variieren. Hier stellen wir den kompletten Ablauf vor. In neueren SAP-BW-Versionen fallen diese teilweise weg bzw. werden nicht mehr benötigt:

- Die *DataSource* ist der eigentliche Beginn des BI Contents. Sie bildet die Quellstruktur, die es ermöglicht, die Daten aus dem Vorgängersystem (z. B. ein SAP-Retail-System) oder aus der Delta-Queue (falls die PIPE zum Einsatz kommt) abzuholen und in SAP BW zu übermitteln.
- Die *Übertragungsregeln* (Transfer Rules) steuern den Ablauf der Datenübertragung aus den DataSources in die InfoSources.
- Eine *InfoSource* beschreibt die Zielstruktur, die zu einem Geschäftsvorfall (bei Bewegungsdaten) bzw. zu einem InfoObject (bei Stammdaten) gehört und damit eine logische Einheit bildet. *DataSource* und *InfoSource* sind beides Metadaten-Objekte des Quellsystems bzw. des SAP-BW-Systems. Sie dienen der Übertragung von Daten vom Quellsystem in das SAP-BW-System. Die InfoSource in SAP BW ist das Äquivalent zur DataSource in SAP Retail bzw. im Quellsystem.
- Die *Fortschreibungsregeln* (Update Rules) steuern die Übertragung der Daten aus den InfoSources oder der *Persistent Staging Area* (PSA), der Eingangsablage in SAP BW, in die InfoCubes und/oder in die ODS-Objekte (Operational Data Store).
- Das *ODS-Objekt* zählt zu den InfoProvidern und dient im Gegensatz zum InfoCube zur Ablage der Daten auf sehr granularer Ebene und kann z. B. zur Erzeugung eines Änderungsbelegs (Delta) verwendet werden.
- *InfoCubes* bzw. *BasicCubes* stellen Datenbehälter innerhalb des POS DM Contents dar. Aus den BasisCubes können mithilfe von Queries aus den vorhandenen Daten die gewünschten Informationen herausgefiltert werden.

Der POS Analytics Content besteht im Einzelnen aus den in Abbildung 6.26 dargestellten Objekten und Strukturen.

Darüber hinaus beinhaltet der POS Analytics Content die vorgefertigten Queries, d. h. Datenabfragen, die in Abbildung 6.27 in Bezug auf die entsprechenden *MultiCubes* (eine Kombination aus InfoCubes bzw. BasicCubes) zu sehen sind.

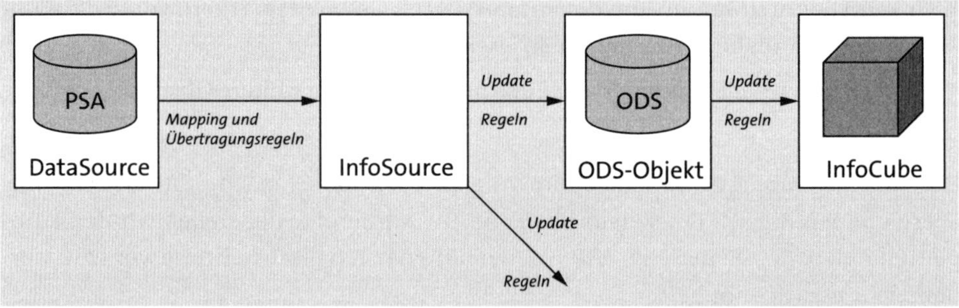

Abbildung 6.26 Strukturen und Objekte innerhalb des POS Analytics Contents

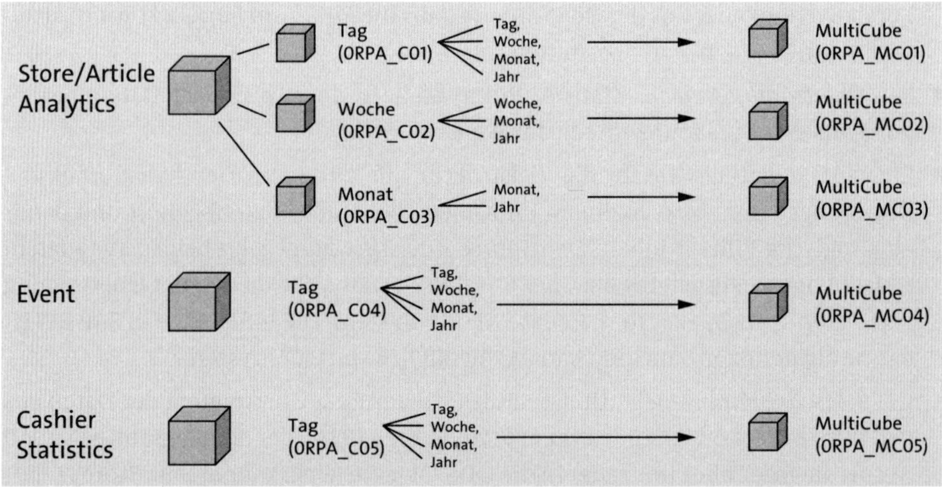

Abbildung 6.27 Vordefinierte Abfragen des Contents mit Bezug auf die jeweiligen Cubes

6.2.5 Geschäftsprozesse mit SAP POS Data Management

In diesem Abschnitt stellen wir Ihnen einige Prozesse vor, die in Systemen denkbar sind, die von der PIPE mit Daten versorgt werden. Dabei stellen wir lediglich einen Ausschnitt der Möglichkeiten dar, die es im Rahmen des SAP POS Data Managements gibt.

Bevor die Daten den nachfolgenden Systemen bereitgestellt werden können, werden diese intern noch verarbeitet und geprüft. In der Verarbeitungskontrolle werden die Transaktionen gelesen, geschrieben und u. a. mit vorhandenen Stammdaten abgeglichen. Danach werden die mit den Stammdaten und dem Customizing angereicherten Daten an die verschiedenen Empfänger weitergereicht (ggf. verdichtet).

Die PIPE selbst hält keine Stammdaten. Sie verwendet stattdessen die Stammdaten des Systems, in dem sie implementiert ist, in dem hier vorgestellten Fall die Stammdaten des SAP-BW-Systems. Im Fall der SAP-HANA-basierten Lösung POS Data Transfer and Audit auf Basis von SAP CAR sind es die replizierten Stammdatentabellen des SAP-Standards. Es werden Stammdaten wie der Materialstamm, die Zuordnung von GTINs zu einem Produkt und die Umrechnungsfaktoren für Mengeneinheiten benötigt. Über BAdIs sind andere bzw. weitere Validierungen möglich.

Nachdem die PIPE nach Ausführung der entsprechenden Aufgaben die Abverkaufsdaten aufbereitet und versendet hat, kommen diese z. B. am POS-Eingang des SAP-Retail-Systems an (siehe Abbildung 6.28).

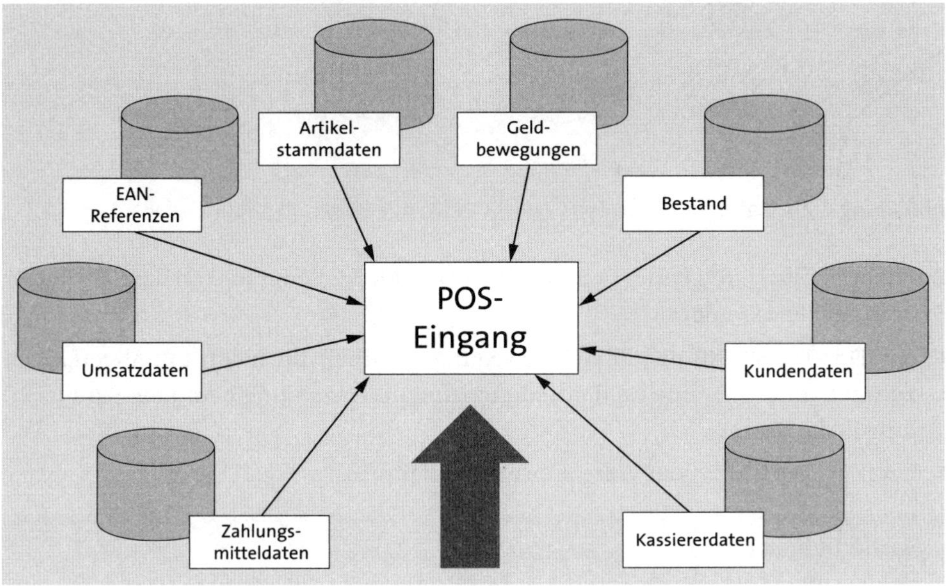

Abbildung 6.28 Import am POS-Eingang des SAP-Retail-Systems

Die Daten werden dem SAP-Retail-System in Form von IDocs bereitgestellt, die je nach Dateninhalt verschiedene Strukturen besitzen. So liefert z. B. der IDoc-Typ `WPUBON` (siehe Abbildung 6.29) die bongenauen Abverkaufsdaten an den POS-Eingang. In diesem IDoc werden alle Daten der jeweiligen Abverkaufsvorgänge zur Verfügung gestellt. Die Erzeugung dieses IDocs ist notwendig, wenn innerhalb des SAP-Retail-Systems Kundeninformationen benötigt werden.

In den meisten Fällen reichen allerdings die aggregierten Abverkaufsdaten aus, die im IDoc-Typ `WPUUMS` enthalten sind. Ergänzend stellt der IDoc-Typ `WPUTAB` Informationen zur Zahlungsart bereit. Er gibt Auskunft darüber, wie viele Einkäufe in bar oder mit Kreditkarte bezahlt wurden. Somit können in der Regel mit diesen beiden IDoc-Typen alle benötigten Abverkaufsinformationen zur Verfügung gestellt werden.

Bongenauer Umsatz

IDoc	9965343
IDoc-Typ	WPUBON01

Bonnr.	Artikel	Menge	Betrag	...
348755	Milch,1 l	3	1,65	...
	Postkarte	2	0,80	...
	...	...	...	...
348756	Malset	2	7,98	...
	Saft,0,5 l	1	0,88	...
	...	...	...	...
348757	Milch,1 l	2	1,10	...
	Malset	1	3,99	...
	...	...	...	...

Abbildung 6.29 Daten des IDoc-Typs WPUBON (Bongenauer Umsatz)

Zusätzlich können folgende IDoc-Typen von der PIPE erzeugt und an das SAP-Retail-System geliefert werden:

- der IDoc-Typ `WPUFIB`, der die Geldbewegungen enthält, die nichts mit Abverkäufen zu tun haben (z. B. eine Geldentnahme zur Bankeinzahlung oder eine Bareinzahlung in die Kasse)
- der IDoc-Typ `WPUWBW`, der Warenbewegungen umfasst

[»]

Nachschubprozess

Ist ein Artikel an einem Abverkaufsort oft verkauft worden und wurde der vorher definierte Mindestbestand unterschritten, wird ein Nachschubverfahren eingeleitet. Dieser Vorgang wird auch als *Replenishment* bezeichnet.

Im Customizing des POS-Eingangs für den verdichteten Umsatz können Sie u. a. auswählen, ob die Abverkaufsdaten für das Replenishment relevant sind oder nicht. Falls diese relevant sind, wird nachgefragt, ob ein *normales Replenishment* oder ein *Multistep-Replenishment* verwendet werden soll. Wählen Sie das normale Replenishment, werden die relevanten Tabellen fortgeschrieben. Falls erwünscht, werden zudem Folgebefehle wie z. B. die Erzeugung von Artikelbelegen ausgeführt.

Bei Auswahl des Multistep-Replenishments werden die Abverkaufs-IDocs in einem Schritt verarbeitet, wobei zunächst nur die für den Nachschubprozess relevanten Tabellen fortgeschrieben werden. Zur Erzeugung der Folgebefehle muss die IDoc-Verarbeitung ein weiteres Mal ausgeführt werden. Der Vorteil dabei ist, dass der Nachschubprozess gestartet werden kann, bevor die Folgebelege erzeugt sind, da die relevanten Tabellen schon fortgeschrieben wurden.

6.3 POS Data Transfer and Audit

POS Data Transfer and Audit (POS DTA) kann als Nachfolger von SAP POS Data Management bezeichnet werden. Herzstück der Lösung ist weiterhin die PIPE, die vom Funktionsumfang her vergleichbar ist mit der PIPE innerhalb von SAP POS Data Management.

POS DTA ist Hauptbestandteil des *SAP Customer Activity Repositorys* (SAP CAR) und genau wie SAP POS Data Management eine autarke Lösung, die eine umfassende POS-Datenverwaltung von der Kasse bis zur jeweiligen Systemkomponente ermöglicht. Verkaufsdaten werden aus den Kassensystemen über POS DTA direkt an Geschäftsanwendungen weitergeleitet – ohne den Umweg über ein Warenwirtschaftssystem. Die Datenspeicherung erfolgt auf der In-Memory-Datenbank von SAP, SAP HANA, die eine sehr gute Performance bietet.

SAP CAR ist ein umfangreiches Konstrukt innerhalb der SAP-Systemarchitektur (siehe Abbildung 6.30). An dieser Stelle erklären wir kurz das Zusammenspiel von SAP CAR und POS DTA zur Analyse von Kundenverkaufsdaten.

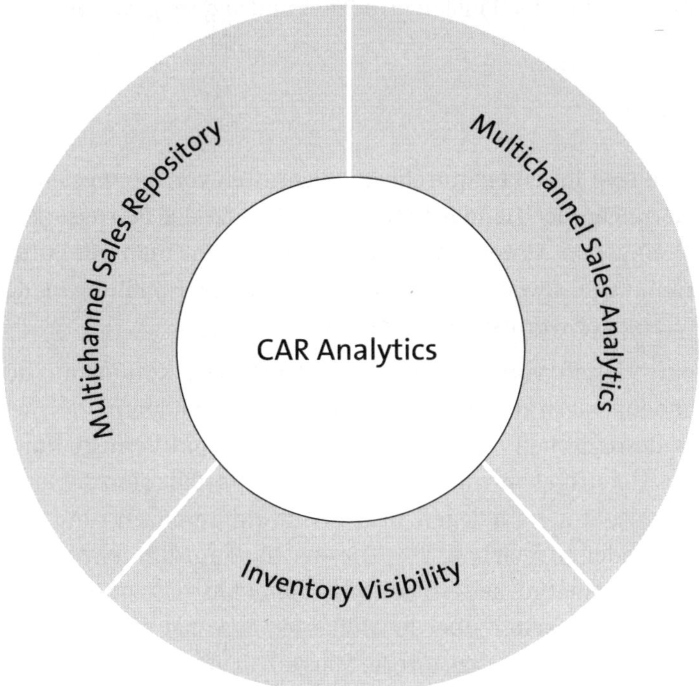

Abbildung 6.30 SAP Customer Activity Repository

SAP CAR bietet eine holistische Sicht auf Verkaufstransaktionen aller Verkaufskanäle (insbesondere POS-Transaktionen aus Filialen und auf Kundenaufträge aus der SAP-ERP-Komponente SD). Diese Kundenaufträge können z. B. über das Internet, per

E-Mail oder über Call-Center angestoßen werden. Mit SAP CAR haben Sie einen konsolidierten Pool an einem Ort, der einen Echtzeitzugang zu den Daten und die direkte Sichtbarkeit der kanalübergreifenden Verkaufsdaten ermöglicht. SAP CAR bietet z. B. die Lösungen *SAP Hybris Marketing* und *SAP Hybris Commerce* zu Multi-Channel-Transaktionsdaten. Außerdem ermöglicht das Repository einen Zugriff über *Views* des *SAP HANA Contents* (auch *virtuelle Datenmodelle* (VDMs) genannt).

VDMs können für Multi-Channel-Verkaufsanalysen verwendet werden. Es stehen folgende VDMs in SAP HANA zur Verfügung:

- VDM für POS
- VDM für Verkaufsbelege
- VDM für Multi-Channel

Weiterhin besteht die Möglichkeit zu einer Echtzeit-Bestandssicht. Die Verkaufsdaten werden über POS DTA geladen. Weitere Bestandsveränderungen werden über den SAP Landscape Transformation Replication Server (SLT) aus dem SAP-Retail-System repliziert. Mithilfe des ausgelieferten HANA Contents im SAP CAR kann so in Echtzeit eine Bestandsübersicht in den Filialen errechnet und angezeigt werden.

6.4 Fraud Detection

In diesem Abschnitt stellen wir Ihnen technische Möglichkeiten vor, die speziell auf die besonderen Anforderungen der Handelsbranche im Bereich der Betrugserkennung (*Fraud Detection*) eingehen. Unter Fraud Detection versteht man die Entdeckung von Betrugshandlungen sowie weiterer durch konkrete Handlungen der Mitarbeiter bedingter Vermögensverluste in Unternehmen.

Dass im Einzelhandel eine Vielzahl von Mitarbeitern an der Kasse in Kontakt mit der Ware sowie mit den Kundengeldern kommt, stellt im Vergleich zu anderen Branchen eine handelsspezifische Besonderheit dar. Inventurdifferenzen und Verluste durch Diebstahl, betrügerisches Herausgeben von Ware und andere Vorfälle sind daher im Handel ein sensibles Thema. Studien belegen, dass Inventurdifferenzen rund 1,5 % des Umsatzes im Einzelhandel ausmachen. 20–30 % der Inventurdifferenzen sind auf Fehlbedienung oder Manipulation seitens der Mitarbeiter am POS zurückzuführen. Bei Umsatzwerten von nicht selten über 10 Milliarden Euro hat die Reduktion dieser Verluste am POS ein großes Potenzial, um die Margen für große Handelsunternehmen zu optimieren.

Aufgrund der hohen Kundenfrequenz und der Masse an Daten, die am POS erzeugt werden, sind Betrugsfälle an der Kasse jedoch schwierig zu ermitteln. Hinweise auf einen möglichen Betrug ergeben sich in einigen Fällen durch Hinweise von Kunden oder anderen Mitarbeitern. Der Großteil bleibt aber unentdeckt. Verdachtsmomente müssen gut begründet sein. Zum einen handelt es sich um ein besonders sensibles Thema im Gespräch mit den eigenen Mitarbeitern, zum anderen ziehen solche Verdachtsfälle aufwendige Folgemaßnahmen nach sich. Zum Beispiel müssen Überwachungseinrichtungen oder eine manuelle Belegsicherung der Kassendaten installiert werden. Daher müssen Verdachtsmomente mit einer hohen Treffsicherheit belegt werden.

In vielen Fällen führt aber auch gar kein absichtlicher Betrug zu einem monetären Verlust im Unternehmen, sondern vielmehr die Nichteinhaltung von Regeln ohne böse Absicht. Auch hier können effizient Kosten vermieden werden, indem Verlustquellen wie die Überforderung der Mitarbeiter, verwaltungsbedingte oder systematische Fehler aufgedeckt und ausgeschlossen werden.

Im Folgenden gehen wir auf die Gegebenheiten ein, unter denen Fraud Detection genutzt werden kann. Anhand einiger Beispiele zeigen wir Ihnen die Anwendung des Fraud-Detection-Tools von SAP. SAP hat im Rahmen des Portfolios für den Bereich *Governance, Risk and Compliance* (SAP GRC) eine Lösung für die Fraud Detection entwickelt. Diese nennt sich *SAP Fraud Management*. Im Folgenden beschreiben wir die Vorgehensweise zur Aufdeckung von Betrugsfällen in Kassendaten. Außerdem erläutern wir die Anwendung von SAP Fraud Management.

6.4.1 Analyse von Kassendaten zur Betrugserkennung

Die POS-Vorgänge (wie z. B. Positionen und Zahlungsmittel eines Bons) sind zu Transaktionen gruppiert. Eine Transaktion (= Kassenbon) wird dabei immer als Einheit behandelt (mehr über die einzelnen Transaktionstypen erfahren Sie in Abschnitt 6.2.3, »POS Inbound Processing Engine«). Insgesamt kommen in einem Kassenbon mehrere hundert Informationen zusammen, die technisch gesehen abgespeichert und ausgewertet werden können.

Neben den Kassenbons erzeugt eine Kasse im Hintergrund eine Reihe weiterer Informationen, die gespeichert werden und von operativen und analytischen Systemen ausgewertet werden können. Zum Beispiel werden *Summentransaktionen* erzeugt, die nicht operativ verwendet werden, sondern zum Abgleich mit den Summen der einzelnen Bons dienen. Treten hier Differenzen auf, deutet das auf eine unvollständige oder falsche Übertragung der Daten hin. Die Summensätze enthalten Wert und Anzahl der Vorgänge.

Außerdem können Kassiererstatistiken übertragen werden. Hier wird z. B. die Anzahl der Transaktionen und Storni pro Kassierer gespeichert. Die Daten dieser Struktur lassen sich zwar auch aus den einzelnen Bons auslesen, aber die Auswertung der Summensätze der Kasse ist weniger aufwendig.

Darüber hinaus gibt es *Kontrolltransaktionen*, die keine Auswirkungen auf den Bestand oder die Buchhaltung haben, aber für die Fraud Detection eingesetzt werden können. So kann z. B. anhand dieser Daten überprüft werden, zu welchem Zeitpunkt sich ein Kassierer an einem Kassensystem angemeldet hat oder ob die Kassenschublade ohne einen Verkauf geöffnet wurde (Nullbon).

Außerdem gibt es weitere Arten von Transaktionen für Waren- und Finanzbewegungen an der Kasse (z. B. im Falle der Finanzbewegungen die Wechselgeldeinlage am Morgen).

Ein größerer Händler erzeugt am Tag bis zu ca. 2 Millionen Transaktionen an der Kasse. Den größten Teil machen dabei die Verkaufstransaktionen aus. Viele Daten entstehen aber auch durch die anderen genannten Transaktionsarten. Diese Transaktionen bestehen wiederum aus mehreren Datensätzen (Informationen zu Steuern, Rabatten, Kunden etc.). Im Schnitt sind dies im Lebensmittelhandel ca. 30 Zeilen pro Transaktion. Dies ergibt in unserem Beispiel 60 Millionen Datenzeilen am Tag, in einem Monat sogar schon ca. 1,4 Milliarden. Bei Anwendung der Fraud Detection ist es normalerweise sinnvoll, einen Zeitraum von ca. drei Monaten zu betrachten, in diesem Fall also ca. 4,5 Milliarden Datenzeilen. Würde man dies nun noch auf Feldebene herunterbrechen, wäre der Wert sogar noch um ein Vielfaches höher.

6.4.2 Pattern auswerten

Ein *Pattern* ist ein verhaltenstechnisches Muster, das in den Kassendaten abgelesen werden kann. Es kann zur Aufdeckung verdächtiger Transaktionen dienen. Ein Pattern enthält folgende Informationen, die teilweise auf technischem oder auf Prozesswissen basieren:

- Ort der Informationsablage für verschiedene Fälle in verschiedenen Tabellen
- zugrunde liegendes Customizing der Kasse und der folgenden Systeme
- Werte und Felder, die miteinander verrechnet werden müssen, damit das gewünschte Ergebnis präsentiert werden kann

Patterns sind sehr kundenindividuell. Es gibt zwar Gemeinsamkeiten im Handel, die aber im Detail kundenspezifisch ausgeprägt werden müssen. Durch die große Datenmenge ist für ein Pattern eine sehr akribische und sinnvolle Einschränkung notwendig, damit wirklich nur betrugsrelevante Fälle gemeldet werden. Daher sind umfangreiches Know-how zu den betrieblichen Abläufen und viel Zeit zur Umsetzung notwendig.

Für einen Lebensmittelhändler könnten z. B. die folgenden Patterns ausgewertet werden:

- **Bonstorno**
  Ein Kunde kauft ein und bezahlt die Bonsumme. Der Kassierer storniert den Bon, obwohl die Ware verkauft wurde, und steckt das Geld ein.
- **Schubladenöffnung ohne Verkauf u. a. in Kombination mit Preisabfrage**
  Ein Öffnen der Kassenschublade ohne Verkauf in Kombination mit einer Preisabfrage an der Kasse wird erkannt. Zum Beispiel öffnet und schließt der Kassierer die Kassenschublade und simuliert so gegenüber dem Kunden einen Abverkauf.
- **Simulierte Leergutrücknahme**
  Der Kassierer simuliert, dass der Kunde Leergut (z. B. einen leeren Kasten Limonade) an einer Kasse zurückgibt, woraufhin eine Geldausgabe stattfindet. Zum Beispiel simuliert der Kassierer eine Pfandausgabe an der Kasse, obwohl kein Pfand zurückgegeben wurde. Dieses Geld steckt er sich in die Tasche. Auch hier fällt eine Differenz meist erst bei der Inventur auf, und kann dann keinem Kassierer zugeordnet werden.
- **Preisabschrift eines Artikels**
  Unter einer *Preisabschrift* kann man mehrere Vorgänge zusammenfassen, so z. B. auch den Vorgang einer *Liquidation*. Hier wird z. B. für Bananen, die nicht mehr lange haltbar sind, festgelegt, dass dieser Artikel z. B. ab 18:00 Uhr mit einem Rabatt verkauft wird. Artikel dürfen in der Regel nur ab einer bestimmten Uhrzeit liquidiert werden. Ein möglicher Betrugsfall wäre hier, dass ein Kassierer, der halbtags arbeitet, die Bananen morgens aus dem Regal nimmt und diese mittags (z. B. um 14:00 Uhr), bevor er Feierabend macht, zu 75 % liquidiert. Der Kassierer hat so z. B. anstelle von drei Euro nur einen Euro gezahlt, und das Unternehmen verliert drei Euro potenziellen Umsatz.

6.4.3 Fraud-Detection-Tools

Ein Fraud-Detection-Tool kann in diesen absichtlichen Betrugsfällen, aber auch bei unbewussten Fehlbedienungen helfen. Ein solches Werkzeug unterstützt Sie bei der gezielten Überwachung von Verlustquellen durch Fehlbedienung und bietet gleichzeitig Schutz vor Manipulation. Es ist in der Lage, große Datenmengen zu analysieren sowie Ungereimtheiten zu entdecken und zugänglich zu machen. Daher ist es eine gute Hilfe bei der Suche nach der »Nadel im Heuhaufen«: Sie können schnell Vorfälle erkennen und umgehend reagieren sowie proaktive, investigative und analytische Strategien nutzen. Diese Tools legen den Fokus vorwiegend auf das Kassenpersonal und die Kassiervorgänge am POS.

Es gibt eine Reihe von Tools auf dem Markt, die von den Kassenherstellern selbst geliefert werden. Diese haben den Nachteil, dass sie oft nur das technische Format der eigenen Kasse unterstützen und eine redundante Datenablage – neben der Speicherung in den zentralen Systemen – erfordern.

SAP bietet für diese Zwecke das Tool SAP Fraud Management an. Auf dieser Basis hat die Firma retailsolutions in Absprache mit SAP das Add-on *Fraud Management for Retail* speziell für den Retail-Bereich entwickelt, das basierend auf dem Standard-Tool von SAP die Betrugsaufdeckung im Handel ermöglicht.

Auf Basis von SAP Fraud Management, SAP HANA und POS DTA (siehe Abschnitt 6.3, »POS Data Transfer and Audit«) werden mit Fraud Management for Retail Betrugsfälle analysiert (siehe Abbildung 6.31). Dieses Tool beinhaltet bereits ein vordefiniertes Set von Patterns und Reports, die bei der Aufdeckung von Betrugsfällen helfen. Diese Patterns und Reports basieren auf den Erfahrungen, die retailsolutions in diversen Kundenprojekten in verschiedenen Ländern sammeln konnte.

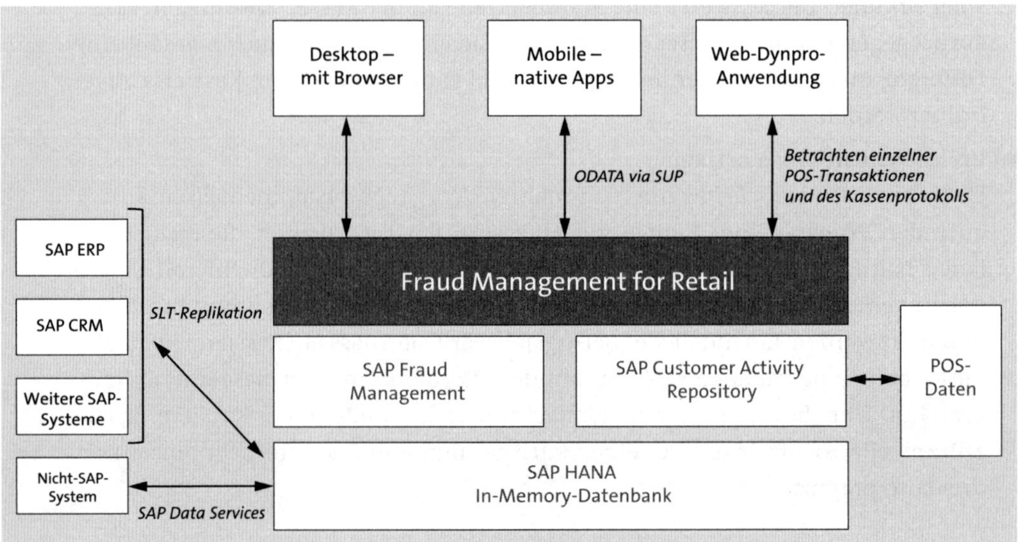

Abbildung 6.31 Architektur von Fraud Management for Retail

Das Tool nutzt die Standardtechnologien von SAP Fraud Management und ermöglicht eine Risikobewertung der einzelnen Betrugsfälle. Außerdem bietet es ein Workflow-System an und ermöglicht eine dynamische Erweiterung der Patterns. Diese sind individuell auf den jeweiligen Kunden zugeschnitten.

Kernstück der Lösung sind SQL-Skripte auf Basis von SAP HANA, also Datenbankabfragen, die in die Regeln zur Betrugserkennung einfließen. Mehrere dieser Regeln werden in eine Aufdeckungsstrategie integriert und entsprechend ihrem Einfluss auf das potenzielle Betrugsszenario gewichtet.

Fraud Management for Retail erfasst automatisch verdächtige Transaktionen, die einen konfigurierten Schwellenwert überschreiten. Den daraus resultierenden

Warnmeldungen (*Alerts*) wird ein Risikowert zugeordnet, dessen Höhe von den möglichen Auswirkungen auf das Unternehmen abhängt. Diese Alerts werden schließlich in einem Workflow- und Fallmanagement bearbeitet. Zudem können auf Basis der zugrunde liegenden Daten tiefere Analysen zu den betroffenen Transaktionen durchgeführt werden.

6.5 SAP In-Store Merchandise and Inventory Management

SAP In-Store Merchandise and Inventory Management (kurz SAP In-Store MIM) ist eine vollständig in SAP Retail integrierte Warenwirtschaftslösung. Als Nachfolger von *SAP Retail Store* verfolgt diese Lösung die gleichen Prinzipien. So handelt es sich um eine reine Onlinelösung, bei der die Anwendungslogik und Datenhaltung vollständig im zentralen SAP-Retail-System erfolgen. SAP In-Store MIM hat einen gegenüber SAP Retail deutlich reduzierten Funktionsumfang und eine weitgehend intuitive Benutzeroberfläche (User Interface, UI), die auf die spezifischen Abläufe in den Filialen Rücksicht nimmt und nur wenig Schulungsaufwand erfordert.

Als UI-Technologie kommt im Unterschied zu SAP Retail Store *Web Dynpro ABAP* zum Tragen, eine Technologie, die gegenüber der bisherigen ITS-Technologie (ITS steht für Internet Transaction Server) eine Reihe von Vorteilen bietet. Aus Sicht des Anwendungsentwicklers ergeben sich folgende Vorteile:

- vollständige Trennung von Geschäftslogik und Layout aufgrund der Model-View-Controller-Architektur
- Einsatz von deklarativen und grafischen Entwicklungswerkzeugen
- verbesserte Wartbarkeit durch Einsatz von Komponenten
- automatische Bereitstellung von Eingabeprüfungen
- einheitliches Oberflächendesign durch Verwendung vorgefertigter Bausteine

Bei der Entwicklung von SAP In-Store MIM wurde außerdem ein Web-Dynpro-Framework namens *Floorplan Manager* (FPM) verwendet. Daher können die Standardoberflächen innerhalb gewisser Grenzen auch ohne Programmieraufwand angepasst werden.

Im Folgenden stellen wir Ihnen mögliche Einstellungen und Funktionen von SAP In-Store MIM sowie deren praktische Verwendung vor.

6.5.1 Anpassungsmöglichkeiten

SAP In-Store MIM lässt sich auf verschiedene Art individuell anpassen. Der Anwender in der Filiale kann die Oberfläche individuell konfigurieren:

- Ein- und Ausblenden von Spalten
- Ändern der Spaltenreihenfolge
- Sortieren von Tabellensichten
- Abspeichern der vorgenommenen Einstellungen als wiederverwendbare Sichten
- Ausblenden einzelner Felder im Filter
- Definition verschiedener Filter

Anpassung mittels Rollendefinition

Die Standardauslieferung enthält eine Rolle SAP_SR_INSTORE_MIM_5. Diese enthält bereits die Berechtigungen für alle Funktionen von SAP In-Store MIM und alle relevanten Berechtigungsobjekte, mit deren Hilfe Sie den Zugriff auf Daten steuern können. Über Transaktion PFCG können Sie diese Rolle bearbeiten und beliebige andere Rollen anlegen, je nach den organisatorischen Erfordernissen Ihres Unternehmens. Hier pflegen Sie auch die für den Anwender sichtbaren Bezeichnungen der einzelnen Funktionen und Hierarchieknoten und übersetzen sie im Falle eines mehrsprachigen Systems in die gewünschten Zielsprachen.

Anpassung durch die Zuordnung eines Betriebs

Damit ein Anwender mit SAP In-Store MIM arbeiten kann, muss er einer Filiale zugeordnet sein. Als Systemadministrator stehen Ihnen für diese Zuordnung die Transaktionen FPB_MAINTAIN_PERS_S (Einzelbearbeitung) und FPB_MAINTAIN_PERS_M (Sammelbearbeitung) zur Verfügung. Sie geben dort den Personalisierungsdialog DIA_LO_SRS sowie die gewünschten Benutzer ein und ordnen anschließend genau einen Betrieb zu.

Alternativ kann der Anwender dies auch selbst machen. Er kann auch jederzeit seine vorhandene Betriebszuordnung ändern. Das ist z. B. dann erforderlich, wenn der Anwender als »Springer« in unterschiedlichen Filialen eingesetzt wird. Sowohl die initiale Zuordnung als auch die Änderung erfolgen über die Funktion **Betrieb ändern** (siehe Abbildung 6.32). In der Standardauslieferung finden Sie diese Funktion im Bereich **Arbeitsübersicht** von SAP In-Store MIM.

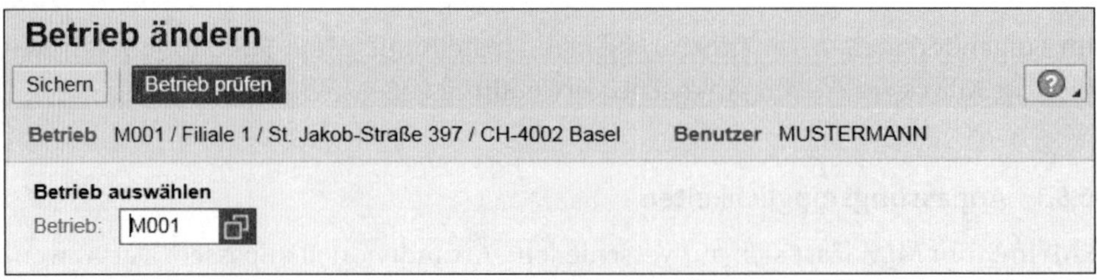

Abbildung 6.32 Betrieb ändern

Anpassung mittels Personalisierung

Da SAP In-Store MIM als eine Reihe von Web-Dynpro-Anwendungen implementiert ist, stehen dem Anwender verschiedene Möglichkeiten zur Verfügung, die Oberfläche an seine individuellen Erfordernisse anzupassen. Die einzelnen Geschäftsprozesse bieten jeweils auch eine *Personal Object Worklist* (POWL), d. h. einen persönlichen Arbeitsvorrat. Hier können Sie eigene Abfragen definieren und abspeichern. Über die Sicht **Personalisieren** können Sie diese aktivieren, sortieren und über die Zuordnung zu individuell definierten Kategorien auch gruppieren. Abbildung 6.33 zeigt als Beispiel die POWL für offene externe Bestellungen.

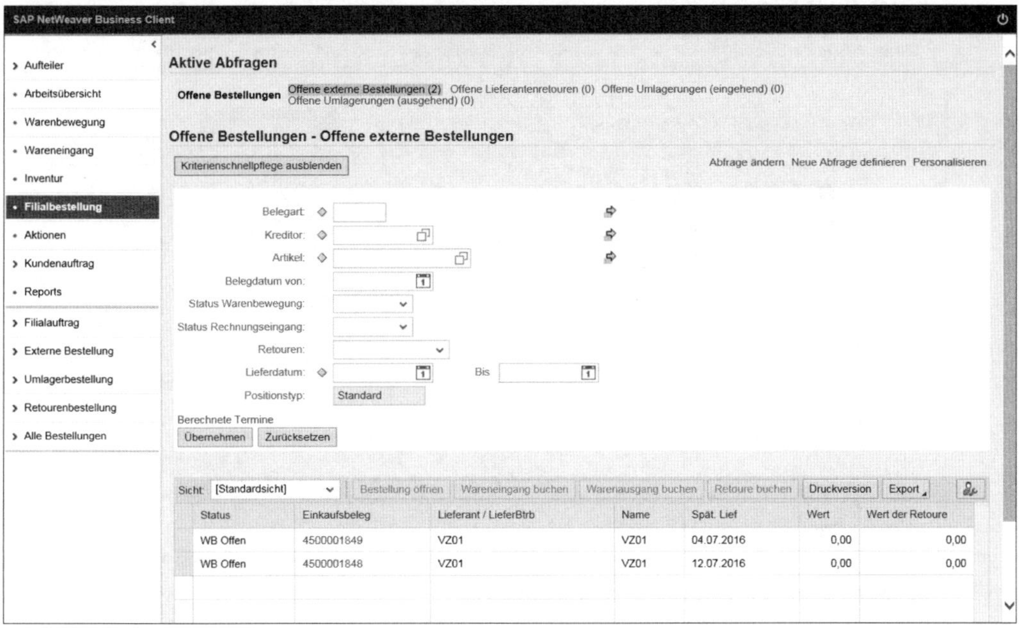

Abbildung 6.33 Beispiel einer POWL – offene externe Bestellungen

Die Tabellen, die z. B. für die Ergebnisanzeige Ihres persönlichen Arbeitsvorrats oder für Positionsübersichten verwendet werden, bieten Ihnen weitere Möglichkeiten zur Anpassung. Sie erreichen diese Anpassungsmöglichkeiten über das **Einstellungsdialog**-Symbol ( ) in der rechten Ecke des Tabellenkopfs. Dort können Sie nach Bedarf Spalten ein- und ausblenden, die Sie dann per Drag & Drop umsortieren können. Ebenso können Sie eine Standardsortierung festlegen, die sich auch hierarchisch über mehrere Spalten erstrecken kann, sowie Zwischensummen über von Ihnen festgelegte Berechnungsspalten berechnen und einblenden lassen.

Auf der Registerkarte **Darstellung** (siehe Abbildung 6.34) legen Sie fest, wie viele Ergebniszeilen auf einer Bildschirmseite dargestellt werden. Über die Anzahl der angezeigten Spalten nehmen Sie Einfluss darauf, wie das System die Spaltenbreite an Ihren Bildschirm anpasst. Weitere Spalten sind durch horizontales Scrollen sichtbar. Über die Auswahl des Tabellendesigns und die optionale Verwendung von Gitterlinien können Sie die Lesbarkeit verbessern. Indem Sie mehrere solcher Sichten definieren, können Sie bei Bedarf schnell zwischen unterschiedlichen Einstellungen wechseln.

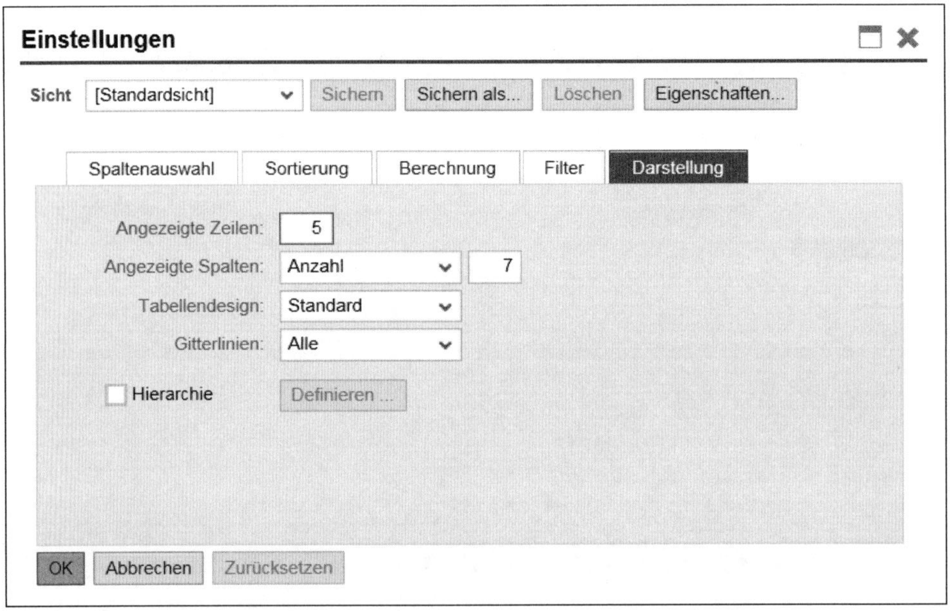

Abbildung 6.34 Individuelle Sichten definieren

6.5.2 Arbeitsübersicht

Der Tätigkeitsbereich von Filialmitarbeitern ist oft vergleichsweise breit; so wird ein und derselbe Mitarbeiter vormittags möglicherweise angelieferte Ware vereinnahmen, und anschließend Retouren ans Verteilzentraum erfassen und Umlagerungen vornehmen. Nachmittags ist seine Aufgabe, Ware nachzubestellen und für anstehende Handelsaktionen gewünschte Mengen an die Zentrale zu melden. Die *Arbeitsübersicht* hilft ihm dabei, indem sie alle anstehenden Aufgaben übersichtlich zusammenstellt. Jede Aufgabe ist mit der zugehörigen Funktion von SAP In-Store MIM verlinkt, sodass der Mitarbeiter direkt aus der Übersicht die Bearbeitung anstoßen kann.

6.5.3 Aufteiler

Aufteiler sind ein Werkzeug der zentralen Warenbeschaffung (siehe Abschnitt 5.3, »Warenverteilung«). Sie dienen dazu, eine vorgegebene Gesamtmenge an Waren auf mehrere Abnehmer zu verteilen. Zum Beispiel lässt sich damit Aktionsware, die zentral eingekauft wird, anhand eines Verteilschlüssels den an der Aktion beteiligten Filialen zuweisen. Die Planung kann komplett in der Zentrale erfolgen, optional können die Abnehmer aber auch daran beteiligt werden, indem ihnen die Möglichkeit gegeben wird, die Planmengen zu bestätigen oder abzuändern. Darüber hinaus können Aufteiler auch dazu genutzt werden, die Rückführung von Waren aus den Filialen an einen Lieferanten oder ein Verteilzentrum zu planen, etwa um gegen Saisonende Bestände zu reduzieren oder um einen Artikel aus dem Sortiment zu nehmen.

SAP In-Store MIM erlaubt Ihnen, bestehende Aufteiler anzuzeigen oder zu ändern. Bei den dazu verwendeten Transaktionen handelt es sich um die Standardtransaktionen WA02 und WA03, die auch über das SAP GUI aufrufbar sind.

Zum Einstieg in die Funktion geben Sie die Aufteilernummer ein. Sie haben auch die Möglichkeit, anhand verschiedener Kriterien eine Suche durchzuführen. Beachten Sie, dass die Bearbeitung von Aufteilern in der Regel eine Aufgabe der Zentrale ist. Für die filialseitige Anpassung der Liefermengen steht mit der Rückmeldung von Wunschmengen eine eigene Funktion zur Verfügung. Ihr Umfang ist mit Transaktion WA14 identisch.

Das allgemeine Customizing zum Aufteiler gilt auch für die Aufteilerfunktion in SAP In-Store MIM. Ein eigenes Customizing für SAP In-Store MIM existiert nicht.

6.5.4 Warenbewegungen

Unter *Warenbewegungen* werden allgemein alle Vorgänge verstanden, die eine Änderung im Warenbestand bewirken. Im engeren Sinne wird der Begriff eingeschränkt auf diejenigen Vorgänge, bei denen es sich nicht um Wareneingang, eine Lieferantenretoure oder Verkaufsvorgänge handelt. Beispiele für Warenbewegungen können sein:

- Umlagerung von einer Filiale in eine andere Filiale
- Auflösung eines Verkaufssets in seine Einzelartikel
- Buchung von Bruch/Verderb
- kostenlose Lieferung vom Lieferanten (sofern nicht über Wareneingang abgedeckt)
- Entnahme für Eigenverbrauch

Funktionsumfang des Prozesses in SAP In-Store MIM

SAP liefert eine Grundkonfiguration aus, die die häufigsten Warenbewegungen abdeckt. Der Übersichtlichkeit halber sind diese Warenbewegungen auf zwei Menüeinträge verteilt, die abgesehen von der Auswahl an Geschäftsvorfällen funktional identisch sind.

Über den Menüeintrag **Bestandskorrektur** buchen Sie Zugänge zum oder Abgänge aus dem Artikelbestand, z. B. eine Entnahme für Eigenbedarf (siehe Abbildung 6.35). Der Menüeintrag **Umlagerung** dagegen fasst diejenigen Geschäftsvorfälle zusammen, bei denen in einem Schritt sowohl Bestandszugang als auch -abgang gebucht werden. In der Standardauslieferung sind dies z. B. die Umlagerung von einer Filiale an eine Filiale oder die Auflösung eines Verkaufssets in seine Bestandteile.

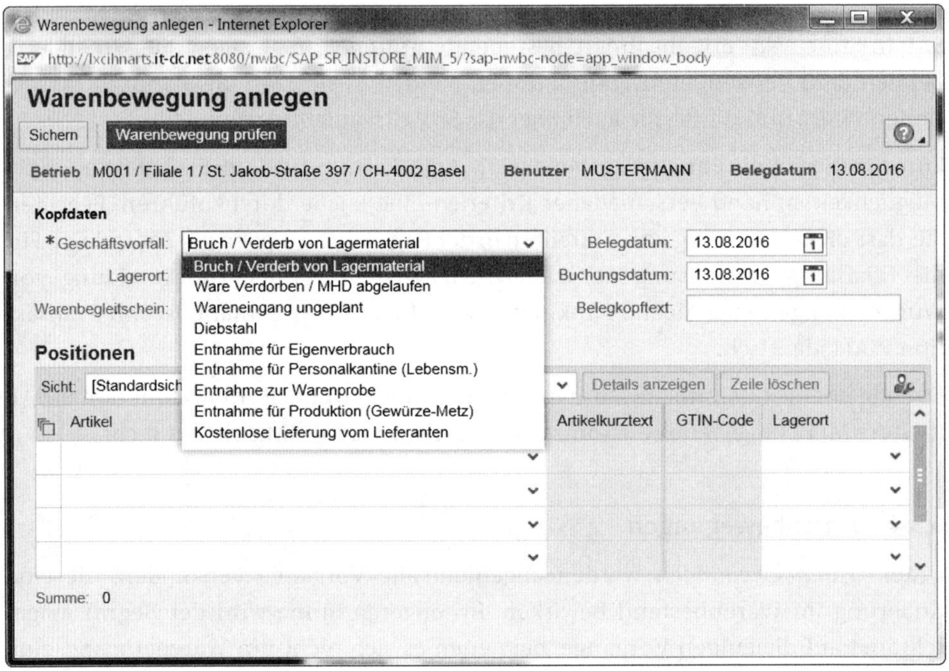

Abbildung 6.35 Warenbewegungen – Bestandskorrektur

Sie steigen über einen der beiden Menüeinträge in die Erfassung ein, wählen zunächst den entsprechenden Geschäftsvorfall aus und geben **Belegdatum** sowie **Buchungsdatum** ein. In der Regel können Sie das voreingeblendete Tagesdatum übernehmen. Sollten Sie allerdings einen bereits vorhandenen Papierbeleg in das System übernehmen wollen, verwenden Sie als Belegdatum das Ausstellungsdatum des Originalbelegs.

Das Buchungsdatum gibt an, wann der Beleg in der Buchhaltung bzw. in der Kostenrechnung berücksichtigt wird, und kann vom tatsächlichen Erfassungsdatum abweichen. Sofern ein Originalbeleg vorhanden ist, übernehmen Sie seine Nummer in das Feld **Warenbegleitschein**. Falls Sie Hinweise oder Erläuterungen, die für den gesamten Beleg gelten, hinterlegen wollen, können Sie dafür das Feld **Belegkopftext** verwenden. Abhängig vom gewählten Geschäftsvorfall werden möglicherweise weitere Felder eingeblendet.

Anschließend erfassen Sie die einzelnen Artikelpositionen samt Menge und Mengeneinheit. Die Eingabe eines Lagerorts ist nur dann erforderlich, wenn für Ihre Filiale mehr als ein Lagerort hinterlegt ist. Eine optionale Eingabe auf Kopfebene dient dann als Vorbelegung für die einzelnen Positionen und kann dort überschrieben werden. Sie können Ihre Eingaben jederzeit auf Korrektheit und Vollständigkeit prüfen lassen, indem Sie [↵] drücken oder den Button **Warenbewegung prüfen** anklicken.

Zuletzt sichern Sie den erfassten Beleg. Das System gibt Ihnen die Nummer des erzeugten Artikelbelegs zurück und zeigt Ihnen den Beleg im PDF-Format an, sodass Sie ihn ausdrucken oder lokal abspeichern können.

Customizing

SAP liefert bereits Customizing-Einstellungen aus, mit denen Sie arbeiten können. Sie können jedoch die Funktion an Ihre individuellen Bedürfnisse anpassen, indem Sie die entsprechenden Customizing-Einstellungen in SAP Retail vornehmen. Dazu gehen Sie im Customizing-Leitfaden in den Bereich **Logistik Allgemein • SAP Retail Store • Filialwarenwirtschaft (mit Web Dynpro) • Warenbewegung • Grundeinstellungen für Warenbewegung**.

Dort legen Sie z. B. fest, ob Sie zur Artikeleingabe die Artikelnummer, die Lieferanten-Artikelnummer oder die GTIN verwenden wollen. Wenn Sie **Fokus setzen** aktivieren, springt der Cursor beim Aufruf direkt in die Auswahl des Geschäftsvorfalls.

Wenn Ihre Einstellungen für das gesamte Unternehmen gelten sollen, genügt es, das in der Standardauslieferung enthaltene Einstellungsschema anzupassen. Andernfalls erstellen Sie weitere Einstellungsschemata und pflegen sie gemäß Ihren Anforderungen. Beachten Sie dabei, dass der Schlüssel für ein neues Gruppenschema im Kundennamensraum liegen muss. Anschließend legen Sie unter **Zuordnung Einstellungsschemata zu Betrieben** fest, welche Filialen ein anderes als das Standardschema verwenden sollen.

Um die von SAP ausgelieferten Geschäftsvorfälle zu überprüfen und anzupassen, gehen Sie in den Bereich **Logistik Allgemein • SAP Retail Store • Filialwarenwirtschaft (mit Web Dynpro) • Warenbewegung • Gruppierung Geschäftsvorfälle zu Warenbewegungen**.

Zunächst definieren Sie die benötigten Geschäftsvorfälle, noch ohne sie einer Anwendung zuzuordnen. Ein Geschäftsvorfall könnte z. B. sein: »Bruch/Verderb« oder »MHD abgelaufen«. Diese Festlegungen haben im Moment noch keine funktionale Bedeutung. Die Beschreibungen, die Sie vergeben, werden dem Anwender später angezeigt; in einer mehrsprachigen Umgebung müssen Sie sich für jede Sprache, in der Sie die Texte pflegen wollen, erneut anmelden und die Texte hinterlegen.

Im nächsten Schritt sollten Sie die Geschäftsvorfall-Gruppierungen überprüfen und ggf. anpassen. Dies geschieht unter **Gruppen für Geschäftsvorfälle definieren**; auch hier handelt es sich zunächst noch um eine reine Textpflege. SAP liefert bereits zwei Gruppen aus:

- 0001 (Umlagerung)
- 0002 (Bestandskorrektur)

Jede dieser Gruppen ist im Rollenmenü einem separaten Eintrag zugeordnet, was die Verwendung vereinfacht. Außerdem erlaubt dies in Verbindung mit der Rollenpflege hohe Flexibilität in der funktionalen Zuweisung zu Anwendern. Sie können im Customizing auch neue Gruppen definieren. Anschließend versehen Sie die definierten Geschäftsvorfälle und Gruppen mit funktionaler Bedeutung. Dazu wechseln Sie zur Customizing-Funktion **Gruppierungsschemata pflegen und Geschäftsvorfälle zuordnen**. SAP liefert bereits ein Gruppenschema aus, das Sie an Ihre Bedürfnisse anpassen können. Dazu markieren Sie das vorhandene Gruppenschema und klicken doppelt auf **Geschäftsvorfälle zuordnen**. Nun fügen Sie die von Ihnen definierten Geschäftsvorfälle dem Gruppenschema hinzu und nehmen pro Geschäftsvorfall die gewünschten Einstellungen vor, etwa welche Bewegungsart vom System angewendet werden soll und ob der Geschäftsvorfall dem Anwender in SAP In-Store MIM als Default-Wert vorgeschlagen werden soll.

Zuletzt entscheiden Sie für jeden Geschäftsvorfall, welcher Gruppe er zugeordnet sein soll. Dadurch legen Sie fest, ob er beim Menüeintrag **Warenbewegung** oder bei **Umlagerung** erscheinen wird. Dazu markieren Sie einen Geschäftsvorfall und klicken doppelt auf **Gruppen von Geschäftsvorfällen zuordnen**. Hier wählen Sie eine der bereits definierten Gruppen von Geschäftsvorfällen aus; Sie können auch mehrere zuordnen.

Das von SAP ausgelieferte Gruppenschema ist bereits als Standard gekennzeichnet, gilt also für alle Filialen, für die keine anderslautenden Einstellungen hinterlegt sind. Sofern Ihre bisherigen Einstellungen für die gesamte Organisation gelten sollen, ist Ihre Arbeit deshalb damit erledigt. Andernfalls legen Sie ein oder mehrere neue Gruppenschemata an. Beachten Sie dabei, dass der Schlüssel für ein neues Gruppenschema im Kundennamensraum liegen muss. Nun fügen Sie die jeweils benötigten Geschäftsvorfälle hinzu und vervollständigen die Pflege wie beschrieben. Anschließend legen Sie unter **Zuordnung Einstellungsschemata zu Betrieben** fest, welche Filialen ein anderes als das Standardschema verwenden sollen.

Falls Sie eine zusätzliche Gruppe von Geschäftsvorfällen angelegt haben, müssen Sie nun noch einen weiteren Menüpunkt hinzufügen. Dafür starten Sie Transaktion PFCG und wählen die gewünschte Rolle aus. Fügen Sie dort die Web-Dynpro-Anwendung `WDA_WSGM_QAF_GM` hinzu, und ergänzen Sie mittels der Auswahlhilfe die zugeordnete Anwendungskonfiguration. Als Parameter geben Sie »IV_BUS_TRANS_GROUP« an und ordnen als Wert die von Ihnen neue definierte Gruppe zu. Bestätigen Sie Ihre Eingaben mit [↵], und speichern Sie Ihre Änderungen ab.

6.5.5 Wareneingang

Der Wareneingang bezeichnet die physische Entgegennahme von angelieferten Waren, ihre Prüfung auf Richtigkeit, Vollständigkeit und Mängel, die Einlagerung sowie die Erfassung all dieser Aspekte im SAP-Retail-System (siehe Abschnitt 5.2, »Wareneingangsprozess«). Ein Wareneingang erfolgt für jede Ware, die in den Verfügungsbereich gelangt, also nicht nur für eingekaufte Ware, sondern auch für Kommissionsware.

Mangelhafte Ware wird abgewiesen und als Reklamation elektronisch erfasst (eine notwendige Information für Buchhaltung und Einkauf). Übermengen werden je nach Unternehmensvorgabe meist abgewiesen; nur selten werden sie vereinnahmt. Mindermengen werden als solche erfasst, doch wird bei wiederbestellbarer Ware in der Regel keine Nachlieferung gewünscht, da im Zuge der bedarfsgesteuerten Disposition ein automatischer Ausgleich stattfindet.

Die Anlieferung wird auch dafür verwendet, dem Lieferanten oder Spediteur Ware mitzugeben, etwa aus Kundenretouren oder Leergut. Daher ist der Wareneingangsprozess fast immer auch mit einem Retourenprozess gekoppelt.

Traditionell findet im Wareneingang eine vollständige Kontrolle statt. Aus Aufwands- und Zeitgründen kann jedoch eine Stichprobenkontrolle wünschenswert sein; etwa bei Lieferanten, die über längere Zeit eine sehr geringe Beanstandungsquote aufweisen. Bei Belieferungen aus dem unternehmenseigenen Zentrallager kann es sogar genügen, die Ware pauschal, d. h. ohne jegliche Prüfung, zu vereinnahmen. Voraussetzung sind allerdings geeignete Maßnahmen im Warenausgang des Zentrallagers, die Vollständigkeit und Mängelfreiheit sicherstellen.

Üblicherweise muss die Prüfung unverzüglich erfolgen, also unmittelbar bei Entgegennahme der Ware, da ansonsten die Menge laut Lieferschein als geliefert und mängelfrei gilt. Es gibt aber auch Absprachen zwischen Handelsunternehmen und Lieferant, die dem Händler eine erweiterte Prüfungsfrist einräumen. Dann wird meist zunächst ein sogenannter *Grobwareneingang* vorgenommen, bei dem die

Ware gemäß Lieferschein ohne Prüfung vereinnahmt wird. Die Prüfung auf Vollständigkeit und Mängel, der sogenannte *Feinwareneingang*, erfolgt dann erst beim Einräumen in die Regale.

Funktionsumfang des Prozesses in SAP In-Store MIM

Der Wareneingang im SAP In-Store MIM fasst mehrere Prozesse zusammen, nämlich die Vereinnahmung der angelieferten Ware (den Wareneingang im engeren Sinn), die Stornierung bereits erfasster Wareneingangsbelege und die Rücklieferung an Lieferanten, Verteilzentren oder andere Filialen.

Den Wareneingang (im engeren Sinn) können Sie mit Bezug auf einen Referenzbeleg anlegen (siehe Abbildung 6.36). Als Referenzbeleg eignen sich Bestellungen, Lieferungen mit oder ohne Versandelemente und Artikelbelege, die aus einer zweistufigen Umlagerung entstanden sind.

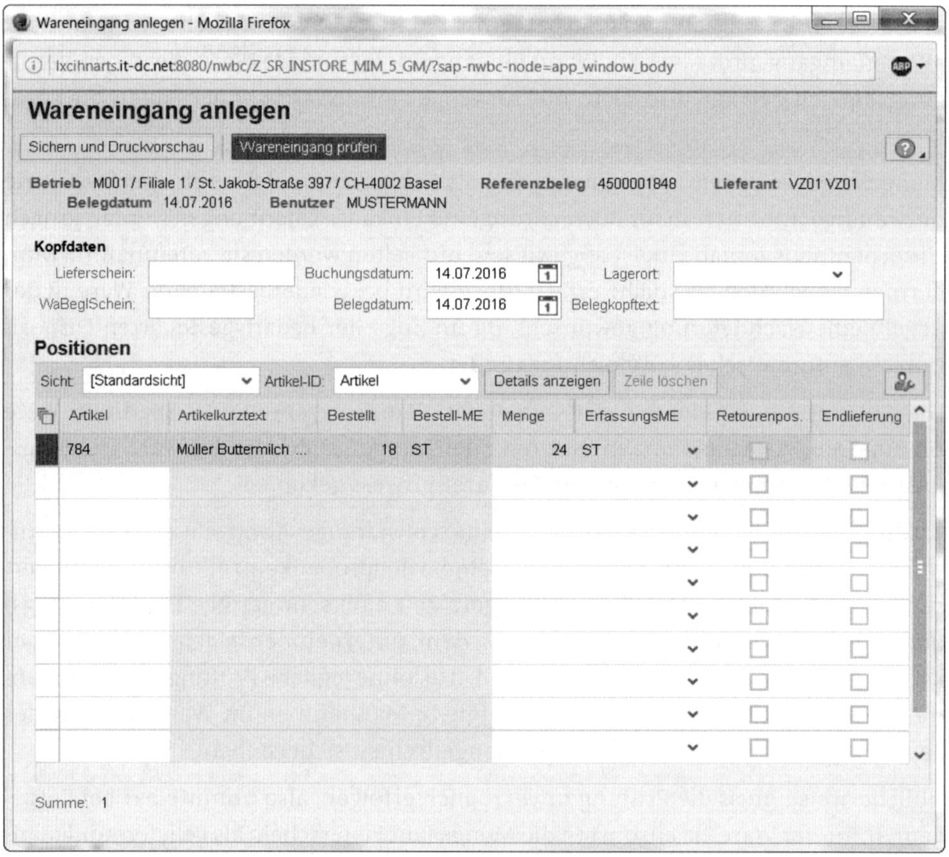

Abbildung 6.36 Wareneingang mit Referenz erfassen

Der Vorteil dieses Bezugs liegt nicht nur darin, dass die Erfassungspositionen aus dem Inhalt des Referenzbelegs voreingeblendet werden und Sie nur noch die Abweichungen korrigieren müssen. Dabei können Sie abweichende Mengen erfassen, bei einer Mindermenge die Position als **endgeliefert** kennzeichnen, aber auch Artikelpositionen hinzufügen, die im Referenzbeleg nicht aufgeführt sind. Der Bezug zu einem Referenzbeleg trägt darüber hinaus zu einem lückenlosen Belegfluss bei, von der Bestellung und der (optionalen) Lieferung über den Wareneingangsbeleg bis zur nachfolgenden Rechnung und der Auszifferung.

Sollte kein Referenzbeleg existieren, etwa weil die Ware telefonisch bei einem lokalen Lieferanten geordert wurde, legen Sie einen *Wareneingang ohne Referenz* an. In diesem Fall müssen Sie den Lieferanten sowie sämtliche Artikelpositionen von Hand erfassen. Der Lieferant kann ein externer Lieferant, aber auch ein Verteilzentrum oder eine eigene abgebende Filiale sein.

Die beiden Varianten (Wareneingang mit oder ohne Referenzbeleg) sind funktional weitgehend identisch. In beiden Fällen stellen Sie mittels einer optionalen Lieferscheinnummer oder eines Warenbegleitscheins einen Bezug zum Lieferbeleg Ihres Lieferanten her, was der Buchhaltung später die Zuordnung der Lieferantenrechnung erleichtert. Buchungsdatum und Belegdatum werden vom System mit dem Tagesdatum vorbelegt und können überschrieben werden. Als Belegdatum verwenden Sie das Ausstellungsdatum des Originalbelegs. Das Buchungsdatum dagegen gibt an, wann der Beleg in der Buchhaltung bzw. in der Kostenrechnung berücksichtigt wird, und kann (muss aber nicht) mit dem tatsächlichen Erfassungsdatum identisch sein. Die Eingabe eines Lagerorts ist nur dann erforderlich, wenn für Ihre Filiale mehr als ein Lagerort hinterlegt ist.

Artikelpositionen können Sie anhand der Artikelnummer, der Lieferantenartikelnummer oder der GTIN identifizieren. Dabei wird die Erfassungsmengeneinheit aus dem Artikelstammsatz automatisch voreingeblendet, ggf. können Sie eine Auswahl treffen. Wenn Sie Artikel hinzufügen, prüft das System, ob der gewählte Lieferant für den erfassten Artikel zulässig ist, und gibt eventuell eine Fehlermeldung aus.

Falls Sie eine bestimmte Position nicht vereinnahmen, sondern dem Lieferanten als Retoure mitgeben wollen, kreuzen Sie das Feld **Retourenpos.** an. Falls die gelieferte Menge geringer als die erwartete Menge ist, geben Sie über das Feld **Endlieferung** an, ob eine Nachlieferung erwartet wird oder ob die Bestellung als erledigt betrachtet werden soll. Das Feld existiert nur für den Wareneingang mit Referenz.

Etwas versteckt stehen Ihnen weitere Eingabemöglichkeiten zur Verfügung. Markieren Sie dazu eine Artikelposition, und klicken Sie auf **Details anzeigen**. Hier können Sie, teils in Abhängigkeit von den Festlegungen im Artikelstammsatz, eine Chargennummer, das Mindesthaltbarkeitsdatum oder das Herstelldatum erfassen. Falls die Verkaufspreisbewertung aktiv ist, die wertmäßige Bestandsführung also zum Verkaufspreis erfolgt, können Sie hier den Verkaufspreis inklusive der Mehrwertsteuer (MwSt.) eingeben. Andernfalls versucht das System, den Verkaufspreis automatisch zu ermitteln. Darüber hinaus können Sie einen abweichenden Lagerort festlegen oder auch einen erläuternden Text eingeben (siehe Abbildung 6.37).

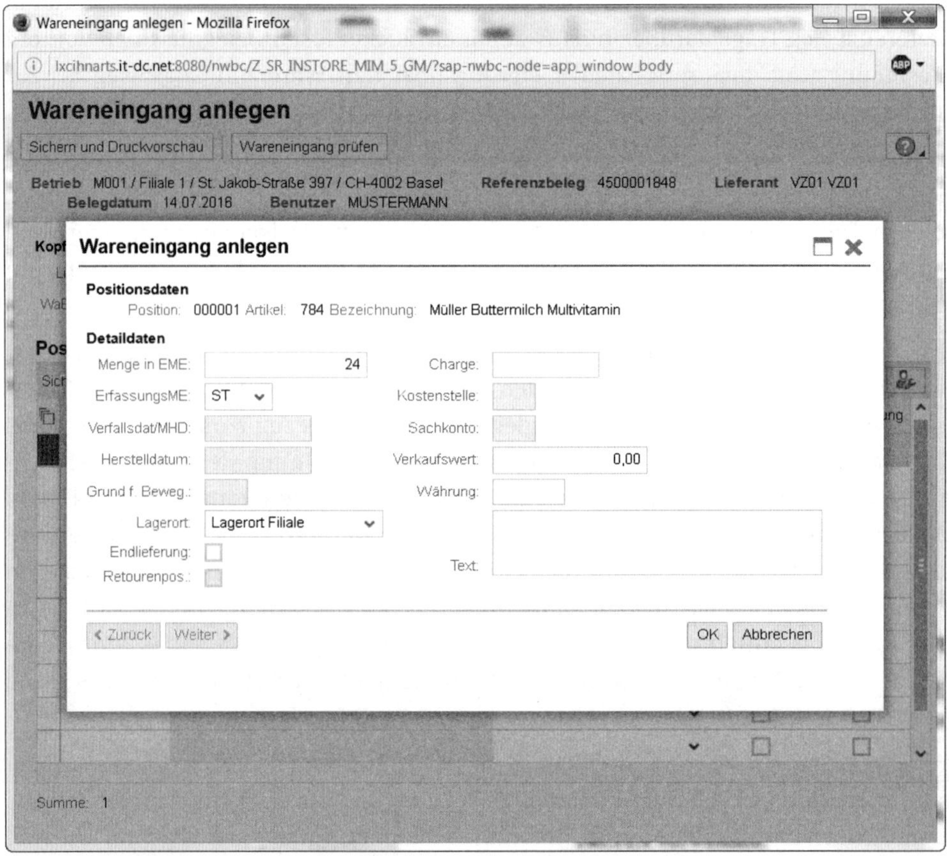

Abbildung 6.37 Wareneingang Erfassungsmaske – Details anzeigen

Sie können Ihre Eingaben jederzeit auf Korrektheit und Vollständigkeit prüfen lassen, indem Sie [↵] drücken oder den Button **Wareneingang prüfen** anklicken.

Zuletzt sichern Sie Ihre Eingaben. Das System gibt Ihnen die Nummer des erzeugten Artikelbelegs zurück und zeigt Ihnen den Beleg im PDF-Format an, sodass Sie ihn ausdrucken oder lokal abspeichern können.

Wenn Sie Ware zum Lieferanten oder Lieferbetrieb zurücksenden wollen, können Sie dies wie beschrieben im Rahmen eines regulären Wareneingangs als Retourenposition tun. Alternativ steht Ihnen dazu aber mit der *Rücklieferung* eine separate Funktion zur Verfügung. Wie beim Wareneingang können Sie eine Rücklieferung mit oder ohne Referenz erfassen. Letztere Funktion verwenden Sie, wenn Sie die Rücklieferung in einem Schritt planen und durchführen wollen. Erstere Funktion gibt Ihnen die Möglichkeit, über eine Retourenbestellung und Lieferung mit anschließender Rücklieferung einen vollständigen Retourenprozess abzubilden. Funktional entspricht die Rücklieferung dem Wareneingang. Die beiden Prozesse unterscheiden sich aus Anwendersicht nur dadurch, dass das Feld **Retourenpos.** bei ersterem bereits aktiviert ist.

Wenn Sie einen getätigten Wareneingang, eine Retoure oder eine andere Warenbewegung komplett oder teilweise rückgängig machen wollen, z. B. weil Ihnen bei der Erfassung ein gravierender Fehler unterlaufen ist, müssen Sie eine *Stornierung* vornehmen (siehe Abbildung 6.38).

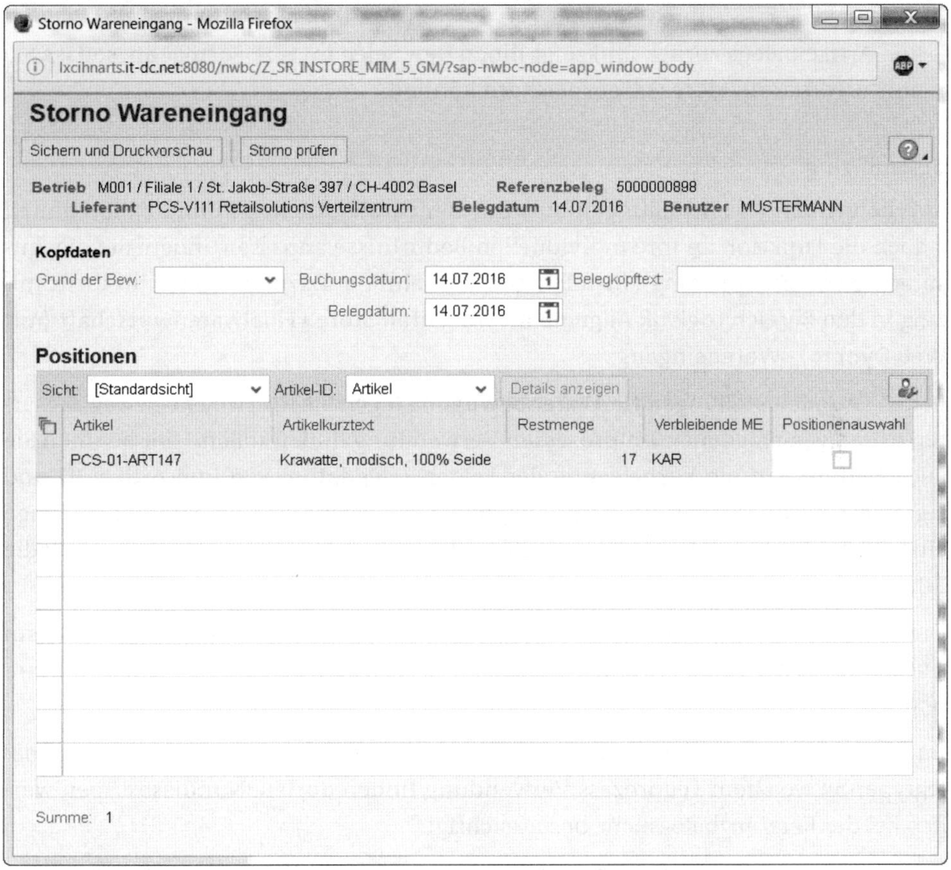

Abbildung 6.38 Stornierung

Dabei wird mit Bezug zum Originalbeleg ein neuer Artikelbeleg erzeugt, der die einzelnen Positionen und Positionsmengen wiederholt, ihnen aber die jeweils entsprechende Stornobewegungsart zuordnet. Bestandsseitig ist damit der Zustand vor dem Wareneingang wiederhergestellt.

1. Sie beginnen damit, dass Sie den Beleg auswählen, den Sie stornieren wollen. Sollten Sie die Belegnummer nicht kennen, können Sie anhand verschiedener Kriterien, etwa des Lieferanten bzw. Lieferbetriebs, eines im Beleg enthaltenen Artikels oder eines früheren Beleg- oder Lieferdatums, eine Suche durchführen.
2. Anschließend legen Sie fest, welche Belegpositionen Sie stornieren wollen, und geben optional einen Grund für Ihre Stornierung an. Auch hier werden Buchungsdatum und Belegdatum mit dem Tagesdatum eingeblendet, können aber von Ihnen überschrieben werden.
3. Zuletzt sichern Sie Ihre Eingaben. Das System gibt Ihnen die Nummer des erzeugten Artikelbelegs zurück und zeigt Ihnen den Beleg im PDF-Format an, sodass Sie ihn ausdrucken oder lokal abspeichern können.

Customizing

SAP liefert bereits Einstellungen aus, mit denen Sie arbeiten können. Sie können jedoch die Funktion an Ihre individuellen Bedürfnisse anpassen, indem Sie die entsprechenden Customizing-Einstellungen vornehmen. Dazu gehen Sie im Customizing in den Bereich **Logistik Allgemein • SAP Retail Store • Filialwarenwirtschaft (mit Web Dynpro) • Wareneingang**.

In den **Grundeinstellungen für Warenbewegung** legen Sie fest, welche Bewegungsarten in den verschiedenen Teilprozessen Verwendung finden sollen. Hier nehmen Sie auch Einfluss auf die Vorbelegung der Felder **Belegdatum von** und **Artikel-ID** und legen fest, ob die Menge aus dem Referenzbeleg automatisch als Erfassungsmenge eingeblendet wird, ob Versandelemente in der Anzeige aufgelöst werden und ob die Erfassung von Zusatzpositionen beim Wareneingang mit Referenz zulässig ist.

Darüber hinaus können Sie die Gestaltung des PDF-Formulars zur Anzeige und zum Ausdruck des Artikelbelegs ändern. Dazu ist es erforderlich, eine Web-Dynpro-Komponente zu implementieren und hier anzugeben.

Im Bereich **Gruppierung zulässiger Referenzbelege** legen Sie fest, welche Referenzbelegtypen in welchem Teilprozess Verwendung finden dürfen. Nur diese Typen werden bei der Referenzbelegsuche berücksichtigt.

Der Bereich **Gruppierung zulässiger Sachkonten** erlaubt Ihnen, für die Kontierung von Bestellpositionen im Wareneingang zulässige Sachkonten festzulegen. Diese stehen dann auf dem Bildschirm **Details anzeigen** über eine Dropdown-Box zur Auswahl bereit.

Über **Erweiterte Materialsuche • Grundeinstellungen für erweiterte Artikelsuche** legen Sie fest, welche Informationen in der *erweiterten Artikelsuche* angezeigt werden sollen. Beachten Sie, dass dafür die Business Function ISR_RETAIL_STORE aktiviert sein muss. Für die TREX-Suchmaschine muss außerdem der entsprechende Index für Artikel aufgebaut werden.

Die genannten Customizing-Einstellungen sind in mehrere Standardschemata zusammengefasst. Sofern Sie für Ihre Organisation unterschiedliche Sets an Einstellungen benötigen, können Sie weitere Schemata pflegen und diese einzelnen Betrieben zuordnen.

6.5.6 Inventur

Jedes Unternehmen unterliegt im Rahmen des jeweiligen Handels- und Steuerrechts seines Landes der Verpflichtung zur Inventur, die dem Zweck dient, ein vollständiges Vermögensverzeichnis des Unternehmens (das sogenannte *Inventar*) zu erstellen. Dazu zählen Vermögensgegenstände wie Immobilien, Maschinen, gelagerte Materialien und Verkaufsprodukte sowie Schulden. Im Handel werden üblicherweise unter *Inventur* die (mengen- oder auch nur wertmäßige) Erfassung der Handelsware und ihre Bewertung zum Zwecke der Bilanzerstellung verstanden (siehe auch Abschnitt 5.6.3).

Funktionsumfang des Prozesses in SAP In-Store MIM

Der SAP-Inventurprozess besteht aus mehreren Inventurschritten:

1. Inventur planen
2. Zählung durchführen
3. Differenzen zwischen Zählmengen und Buchbestand ermitteln
4. Zählmengen korrigieren (optional)
5. Differenzen ausbuchen und damit die Inventur beenden

Für die permanente Inventur werden Artikel nach geeigneten Kriterien selektiert und Inventurbelege angelegt. Das kann systemgestützt in der Handelszentrale erfolgen. Alternativ können geeignete Algorithmen für eine automatische Generierung mittels BAdI implementiert werden. Beim *Cycle Counting* wird dafür das Cycle-Counting-Kennzeichen aus der Sicht **Logistik Filiale** im Artikelstamm herangezogen.

In der Praxis kann es aber auch sinnvoll sein, dass die Filiale zumindest in einzelnen Sortimentsbereichen selbst festlegt, welche Artikel zu welchem Zeitpunkt gezählt werden sollen. Dafür bietet SAP In-Store MIM die Möglichkeit, Inventurbelege anzulegen. Die zu zählenden Artikel können einzeln eingegeben oder auch nach entsprechender Vorselektion aus Listen ausgewählt werden.

Die Anlage von Inventurbelegen ist als *Guided Procedure* ausgeprägt. Mit solchen Guided Procedures wird eine einfache Struktur zur Verfügung gestellt, mit der sich Geschäftsprozesse über eine intuitive Benutzeroberfläche definieren lassen. Mit dieser Benutzeroberfläche können auch technisch unerfahrene Benutzer entsprechende Szenarien erstellen oder ändern.

1. In einem ersten Schritt stellen Sie die Kopfdaten ein. Verpflichtend ist dabei nur das geplante Zähldatum, optional können Sie auch eine Inventurnummer und eine Bezeichnung festlegen. Sofern Sie die Inventurzählung für einen anderen als den frei verfügbaren Bestand planen, können Sie auch noch einen Sonderbestand festlegen.

[»]

Inventurnummer

Bei der Inventurnummer handelt es sich um einen beliebigen Wert, der nicht eindeutig sein muss. Nummer und Bezeichnung können Ihnen als logische Klammer dienen, wenn Sie im Rahmen einer Inventur mehrere Inventurbelege anlegen wollen, da sie Ihnen Belegsuche und Folgebearbeitung erleichtern.

2. Im nächsten Schritt legen Sie die zu zählenden Artikel fest. Dazu starten Sie eine Selektion und markieren in der Trefferliste alle gewünschten Artikel mit [Strg] und einem Klick mit der linken Maustaste.
3. Anschließend fügen Sie die markierten Artikel zur Artikelliste hinzu. Die Selektion können Sie beliebig oft wiederholen und auf diese Weise die Artikelliste sukzessive aufbauen. Je nach vorliegendem Customizing können Sie möglicherweise über das Dropdown-Feld **Zusätzliche Auswahl** gezielt Artikel mit negativem Bestand oder Leergutartikel selektieren.
4. Als nächsten Schritt lassen Sie sich die Artikelliste anzeigen und haben dort die Möglichkeit, einzelne Artikel wieder zu entfernen.
5. Zuletzt überprüfen Sie den anzulegenden Beleg nochmals. Dabei legen Sie auch noch fest, ob die vom System anzulegenden Inventurbelege warengruppenrein sein sollen und wie viele Positionen ein einzelner Beleg maximal enthalten soll.
6. Durch **Fertig stellen** veranlassen Sie das System, die einzelnen Inventurbelege gemäß Ihren Vorgaben zu erzeugen.

Die auf diese Weise angelegten Inventurbelege dienen der Filiale als Arbeitsvorrat. Über die Belegsuche lassen sich relevante Inventurbelege anhand des geplanten Zähldatums filtern. Wenn Sie die erweiterte Suchfunktion verwenden, können Sie Belege zusätzlich anhand der Inventurnummer suchen oder auf Belege einschränken, die einen bestimmten Artikel oder Positionen mit einem bestimmten Zählstatus enthalten. Letzteres ist insbesondere dann sinnvoll, wenn teilbearbeitete Belege komplettiert werden müssen. In dieser Übersicht finden Sie alle Inventurbelege gemäß den von Ihnen vorgegebenen Selektionskriterien, ggf. auch diejenigen, die bereits teilweise oder vollständig gezählt oder ausgebucht sind. In Verbindung mit den Sortier- und Filterkriterien von Web Dynpro gibt Ihnen diese Funktion ein flexibles Werkzeug an die Hand, um den Fortschritt Ihrer Inventuren zu beobachten.

Durch Auswahl des gewünschten Inventurbelegs gelangen Sie in die *Zählliste*. Diese können Sie ausdrucken, was Ihnen die Möglichkeit bietet, auch ohne ein mobiles Erfassungsgerät die Zählung direkt am Regal vorzunehmen. Anschließend erfassen Sie die gewünschten Werte in der Zählliste und speichern ab. Mehrfachplatzierungen berücksichtigen Sie, indem Sie die einzelnen Zählungen zu einem Gesamtwert zusammenfassen. Sie können die Erfassung jederzeit zwischensichern und zu einem späteren Zeitpunkt fortführen. Außerdem können Sie die Übersichtlichkeit erhöhen, indem Sie die Anzeige auf ungezählte Positionen einschränken (Abbildung 6.39). Auch können Sie erfasste Zählmengen beliebig oft korrigieren. Artikel ohne Bestand zählen Sie über die Eingabe einer Nullmenge. Alternativ lassen Sie sich nur die ungezählten Positionen anzeigen und nutzen die Buttons **Alle markieren** sowie anschließend **Nullzählung erfassen**.

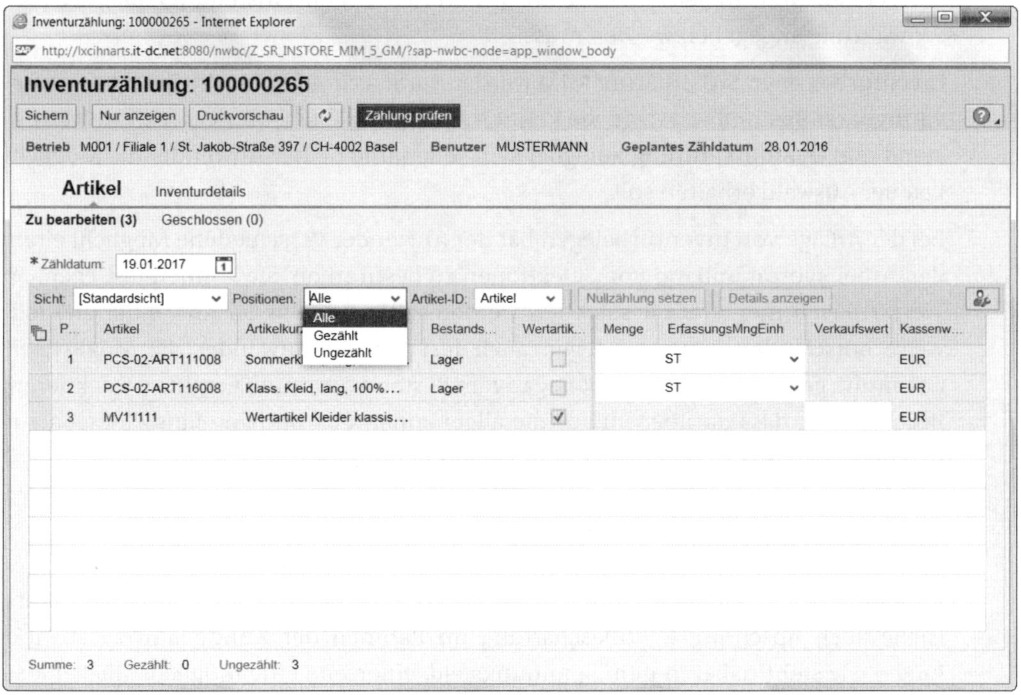

Abbildung 6.39 Inventur – Zählliste bearbeiten

[»] **Weitere Spalten einblenden**

Beachten Sie bei der Zählliste, dass in der Standardauslieferung nur eine minimale Anzahl von Spalten eingeblendet wird. Über die generische Personalisierungsfunktion (siehe Abschnitt 6.5.1, »Anpassungsmöglichkeiten«) können Sie weitere Spalten einblenden, z. B. zur Eingabe eines Verkaufspreises bei Warengruppen-Wertartikeln.

Sobald Sie die Zählerfassung abgeschlossen haben, können Sie im nächsten Schritt die Differenzen kontrollieren, korrekte Zählungen mit automatischer Anlage eines Artikelbelegs buchen und falsch gezählte Positionen ggf. unter Angabe eines Grundes löschen. Beachten Sie, dass die Buchung von Inventurdifferenzen in der gleichen oder, sofern dies zulässig ist, in der folgenden Periode erfolgen muss, in der der Inventurbeleg angelegt wurde.

Customizing

Um die von SAP ausgelieferten Voreinstellungen anzupassen, wechseln Sie im Customizing in den Bereich **Logistik Allgemein • SAP Retail Store • Filialwarenwirtschaft (mit Web Dynpro) • Inventur**. Dort legen Sie fest, ob bei der Zählung von Wertartikeln der Verkaufspreis in der Buchungskreiswährung (Default-Einstellung) oder der Kassenwährung angegeben werden muss.

Inventurbelege in SAP In-Store MIM werden standardmäßig für die Bestandsart **frei verfügbarer Bestand** angelegt. Sie können jedoch festlegen, ob sie auch für **Sperrbestand** und **Qualitätsprüfung** anlegbar sein sollen und ob der Anwender die Möglichkeit der Auswahl erhalten soll.

Bei der Anlage von Inventurbelegen hat der Anwender verschiedene Möglichkeiten, den Arbeitsvorrat anhand von Selektionen zu bestimmen. Sie können festlegen, ob Wertartikel immer oder nie selektiert werden sollen oder ob der Anwender dies fallweise entscheiden kann. Sie legen auch fest, ob der Anwender die Möglichkeit bekommt, gezielt nur Artikel mit negativem Bestand oder nur Leergut zu selektieren. Beachten Sie, dass darüber hinaus die allgemeinen Customizing-Einstellungen zur Inventur auch in SAP In-Store MIM Anwendung finden.

6.5.7 Filialbestellung

Kernaufgabe der Filialbestellung ist die Wiederbeschaffung von verkaufter Ware (siehe auch Abschnitt 4.2, »Beschaffung im Rahmen der Kundenauftragsabwicklung«). Sie steht dabei in dem Spannungsfeld, einerseits eine möglichst lückenlose Verfügbarkeit im Verkaufsregal zu gewährleisten, andererseits aber auch unnötig hohe Bestandskosten zu vermeiden.

SAP In-Store MIM unterstützt sowohl eine interne Bestellung beim eigenen Verteilzentrum als auch eine Direktbestellung beim Lieferanten.

Funktionsumfang des Prozesses in SAP In-Store MIM

Die Filialbestellung in SAP In-Store MIM ist direkt in die Beschaffungsprozesse von SAP Retail integriert. Ihnen steht eine Bestellbelegsbearbeitung zur Verfügung, die funktional den entsprechenden Transaktionen in SAP Retail entspricht, allerdings mit einer Oberfläche, die an die Situation in der Filiale angepasst ist. Sie können darüber sowohl Bestellungen bei externen Lieferanten als auch Umlagerungsbestellungen bei Verteilzentren oder Lieferfilialen innerhalb des gleichen Buchungskreises vornehmen.

Sie können über den Bestellprozess aber auch Retouren anstoßen, um sie anschließend in den logistischen Prozessen durchzuführen. Das kann entweder als Retourenposition zu einer Normal- oder Umlagerungsbestellung oder als komplette Retourenbestellung erfolgen.

Sie können im Rahmen des Bestellprozesses zwischen verschiedenen Möglichkeiten wählen:

- Zum einen können Sie einen umfassenden Bestellprozess wählen, der alle möglichen Varianten zur Auswahl bietet. Damit finden Sie ein Werkzeug vor, das im Funktionsumfang Transaktion ME21N entspricht. Diese Flexibilität ist im Filialbereich nicht immer gewünscht und erforderlich.
- Alternativ können Sie die Funktionen **Externe Bestellung**, **Umlagerbestellung** und **Retourenbestellung** verwenden, die sich jeweils auf eine einzelne Prozessvariante beschränken, ansonsten funktional aber identisch sind.

Darüber hinaus gibt Ihnen der SAP In-Store MIM den *Filialauftrag* an die Hand (siehe Abbildung 6.40). Anders als bei der Bestellung wird der Anwender hier wesentlich stärker geführt. Insbesondere wird Ihnen ein hierarchisch aufgebautes Sortiment angeboten, aus dem Sie die zu bestellenden Artikel auswählen. Grundlage ist die *Sortimentslistenstruktur*. Je nach Customizing erfolgt die Strukturierung nach Warengruppen, Lieferanten, Abteilung oder Layout.

Sie können einen bestimmten Lieferanten auswählen, für den bestellt werden soll. Dann wird das angezeigte Sortiment auf diejenigen Waren eingeschränkt, die vom gewählten Lieferanten beziehbar sind. Sie können auch ein gewünschtes Lieferdatum festlegen. Alternativ können Sie die Lieferanten- und Lieferterminbestimmung aber auch dem System überlassen und sich ausschließlich auf die Auswahl der Artikel und die Festlegung von Bestellmengen konzentrieren. Unterstützt werden Sie dabei durch *Bestellvorschläge*, die vom System generiert wurden, und durch die

Angabe des aktuellen Bestands, einer eventuell vorhandenen ATP-Menge und des Verkaufspreises. ATP steht für *Available-to-Promise* und bezeichnet die Menge, die noch für die Bestätigung neu eintreffender Aufträge verfügbar ist.

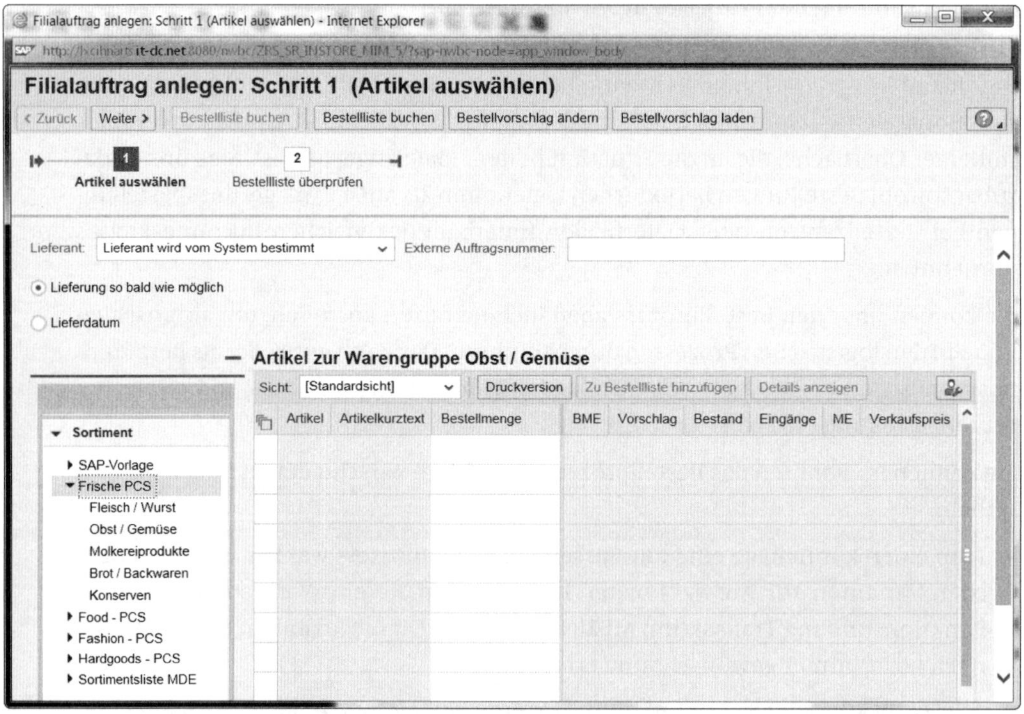

Abbildung 6.40 Filialauftrag anlegen – Artikel auswählen

Die angezeigte Struktur erlaubt Ihnen, einzelne Warenbereiche der Reihe nach zu bearbeiten. Sie legen dort Bestellmengen fest oder passen Vorschlagsmengen an und übernehmen die bearbeiteten Artikel in die *Bestellliste*, die Sie auf diese Weise allmählich aufbauen. Anschließend überprüfen Sie die Bestellliste nochmals (siehe Abbildung 6.41). Dort können Sie Positionen löschen oder einzelne Artikel hinzufügen, auch ohne dass diese in einer Sortimentsliste enthalten sind. Sie müssen nur für die entsprechende Filiale bestellbar sein.

Wenn Sie die Bestellliste buchen, werden die entsprechenden Belege angelegt, und Ihnen werden die Belegnummern zurückgegeben. Letzteres setzt voraus, dass die Hintergrundverarbeitung nicht aktiviert ist.

Customizing

Um die von SAP ausgelieferten Voreinstellungen anzupassen, wechseln Sie im Customizing in den Bereich **Logistik Allgemein • SAP Retail Store • Filialwarenwirtschaft (mit Web Dynpro)**. Im Bereich **Filialauftrag** legen Sie innerhalb der Grundeinstellungen fest, ob Bestände und offene Zugänge angezeigt werden sollen und ob Vorschlagsmengen aus Bestellanforderungen oder aus Nachschubbedarfen ermittelt werden.

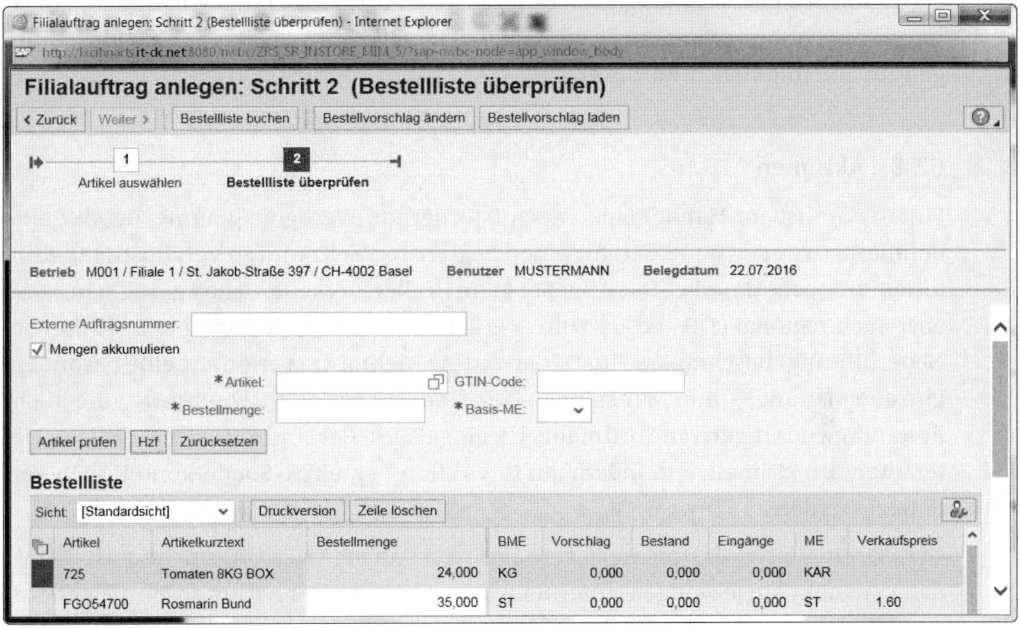

Abbildung 6.41 Bestellliste überprüfen

Außerdem nehmen Sie Einfluss auf die Dialogsteuerung. So steuern Sie, wie viele Einträge maximal in der Dropdown-Box zur Lieferantenauswahl angezeigt werden sollen; wird diese Zahl überschritten, bietet das System anstelle der Dropdown-Box eine reguläre Suchhilfe an.

Auch können Sie festlegen, ob die Disposition direkt in der Artikelübersicht oder in einer artikelweise aufzurufenden Detailsicht erfolgt. Letzteres hat den Vorteil, dass Sie in der Detailsicht umfangreiche Erweiterungen vornehmen und zusätzliche Daten einlesen können und gleichzeitig die Übersichtlichkeit der Artikelliste erhalten. Die Verbuchung der vorgenommenen Erfassungen können Sie optional im Hintergrund ablaufen lassen. Dadurch erhalten Sie zwar keine Buchungsbestätigung mehr, können aber auch bei sehr großen Bestellbelegen sofort weiterarbeiten.

Wenn Sie mehrere Einstellungsschemata pflegen, können Sie für einzelne Filialen unterschiedliche Einstellungen festlegen. Beachten Sie dabei, dass der Schlüssel für ein neues Gruppenschema im Kundennamensraum liegen muss. Anschließend legen Sie unter **Zuordnung Einstellungsschemata zu Betrieben** fest, welche Filialen ein anderes als das Standardschema verwenden sollen.

Der Filialauftrag erzeugt Folgebelege, die in den nachfolgenden Prozessen verwendet werden. Im Customizing legen Sie fest, nach welcher Anzahl von Tagen Filialauftragsbelege und ihr Bezug zu den Folgebelegen aus dem System gelöscht werden. Die erzeugten Belege (Bestellung, Lieferung, Bestellanforderung) sind von dieser Reorganisation nicht betroffen. Beachten Sie, dass der Filialauftrag auch auf die Einstellungen zur Sortimentsliste zurückgreift.

6.5.8 Aktionen

Eine *Aktion* ist im Handel eine verkaufsfördernde Werbemaßnahme, bei der eine definierte Gruppe von Waren für einen begrenzten Zeitraum zu vergünstigten Konditionen angeboten wird. Das Angebot kann in allen Verkaufsstellen gültig sein, kann aber auch regional (z. B. Aktion zum Schulanfang) oder anderweitig (z. B. Aktion bei Neueröffnung) beschränkt sein. Der erwartete Mehrabsatz erfordert eine besondere Einkaufsplanung, unter Umständen wird auch spezielle *Aktionsware*, die nicht Bestandteil des regulären Sortiments ist, eingekauft. Oft sind auch die jeweiligen Lieferanten direkt involviert, indem auf die Aktion begrenzte Sonderkonditionen vereinbart werden.

Die Planung einer Aktion stellt eine typische Aufgabe der Unternehmenszentrale dar. Es hängt vom jeweiligen Unternehmen und der Art der Aktion ab, ob die *Aktionsmengenplanung* ausschließlich durch die Zentrale erfolgt oder ob die betroffenen Filialen mit einbezogen werden.

Spätestens im Rahmen der *Aktionsbekanntmachung* werden die beteiligten Filialen über geplante Aktionen informiert. Sie sind dann dafür verantwortlich, die angelieferte Aktionsware zu vereinnahmen und vor Aktionsbeginn zwischenzulagern. Zu Aktionsbeginn muss die Ware gemäß den entsprechenden Unternehmensvorgaben auf der Verkaufsfläche präsentiert, müssen eventuelle Flyer und Plakate aufgehängt sowie die Aktionspreisetiketten ausgedruckt und an den Regalbereichen gesteckt sein.

Eine detaillierte Beschreibung des SAP-Aktionsprozesses finden Sie in Kapitel 7.

Funktionsumfang des Prozesses in SAP In-Store MIM

SAP In-Store MIM berücksichtigt den filialseitigen Teil des übergreifenden Aktionsprozesses. Dafür stehen Ihnen mehrere Applikationen zur Verfügung:

- Die *Personal Object Worklist* (POWL) *Aktionen* gibt Ihnen verschiedene Selektions- und Filtermöglichkeiten für einen Überblick über vorhandene Aktionen und erlaubt die Änderung einer vorhandenen Aktion.

- Funktional damit identisch ist die Applikation *Aktionen suchen*; allerdings fehlt hier die Funktion, bei der Einschränkung auf den Aktionszeitraum berechnete Werte zu verwenden, wie z. B. »heute minus n Arbeitstage«.
- Falls Sie direkt über die Aktionsnummer in die Anzeige oder Bearbeitung einsteigen wollen, können Sie dazu die Applikation *Aktion öffnen* verwenden.

Da alle Applikationen einander funktional sehr ähnlich sind, beschreiben wir die POWL ausführlicher. Sie gibt Ihnen einen schnellen Überblick über alle Aktionen, für deren Bearbeitung Sie zuständig sind. Eine Aktion muss für Ihre Filiale bekannt gemacht worden sein, bevor sie für Sie sichtbar ist. Welche Aktionen genau Ihnen in der Übersicht angezeigt werden, können Sie über die Filter der *Kriterienschnellpflege* detaillieren; sollen Ihre Vorgaben dauerhaft sein, können Sie wie bei jeder POWL die bestehende Abfrage ändern oder eine neue definieren.

Die *Übersicht über anstehende Aktionen* liefert Ihnen eine ganze Reihe von Angaben. Allerdings wird nur ein Teil davon bereits in der Standardauslieferung angezeigt. Sie können die Anzeige aber über das Einstellungssymbol rechts oberhalb der Listanzeige an Ihre persönlichen Bedürfnisse anpassen. Sie können sich z. B. folgende Informationen zusätzlich anzeigen lassen:

- Aktionstyp
- Enddatum für Ihre Rückmeldung von Wunschmengen
- Verkaufszeitraum der Aktion
- geplanter Zeitraum für die Warenlieferung
- spätester Wareneingang in der Filiale
- Anzahl von Positionen in der Aktion

Stellen Sie sich genau die Angaben zusammen, die Ihnen einen schnellen Überblick über die anstehenden Aktionen erlauben.

Durch einfachen Klick auf die Aktionsnummer gelangen Sie direkt in die Detailanzeige. Sofern in den Kopfdaten der Aktion eine aktive Beteiligung der Filiale vorgesehen ist, können Sie nun die Wunschmengen pflegen. Andernfalls werden Ihnen die Aktionsdetails lediglich angezeigt.

Über die Schaltfläche **Druckvorschau** haben Sie die Möglichkeit, für Ihre Unterlagen einen Ausdruck zu fertigen. Danach wird ein PDF erzeugt und über das PDF-Reader-Plug-in Ihres Browsers angezeigt.

Customizing

Um die von SAP ausgelieferten Voreinstellungen anzupassen, wechseln Sie im Customizing in den Bereich **Logistik Allgemein • SAP Retail Store • Filialwarenwirtschaft**

(mit Web Dynpro) • Aktion. Sie können die Aktionsbearbeitung in SAP In-Store MIM auf folgende Weise per Customizing anpassen:

- Fokus setzen
- Art der Artikelidentifikation
- Komponente für die Drucksteuerung

Wenn Sie **Fokus setzen** aktivieren, springt der Cursor bei Bearbeitung einer Aktion direkt in das Wunschmengenfeld der ersten noch nicht bearbeiteten Zeile. Haben alle Zeilen eine (vorgeschlagene oder bereits erfasste) Wunschmenge, dann wird die Menge der ersten Zeile markiert und durch eine Eingabe direkt überschrieben. Ohne noch zusätzlich die Maus bewegen zu müssen, können Sie also direkt mit der Eingabe beginnen.

Im Bearbeitungsbildschirm einer Aktion können Sie frei entscheiden, ob in den einzelnen Artikelpositionen die Artikelnummer aus SAP Retail oder die (Haupt-)GTIN angezeigt werden soll. Über das Customizing-Feld **Artikel-IdentifikatArt** legen Sie die Standardeinstellung dafür fest.

Wenn Ihre Einstellungen für alle Filialen des Unternehmens gelten sollen, genügt es, das in der Standardauslieferung enthaltene Einstellungsschema anzupassen. Andernfalls erstellen Sie weitere Einstellungsschemata und pflegen sie gemäß Ihren Anforderungen. Anschließend legen Sie unter **Zuordnung Einstellungsschemata zu Betrieben** fest, welche Filialen ein anderes als das Standardschema verwenden sollen.

Die Komponente `WDC_WSPR_PROMO_PRINT` übernimmt das Drucken von Aktionen in SAP In-Store MIM. Sollten Sie andere Anforderungen an die Druckfunktion haben, können Sie eine eigene Komponente implementieren und hier angeben. Lassen Sie das Feld leer, wenn Sie die Druckmöglichkeit unterbinden wollen.

6.5.9 Kundenauftragsabwicklung

Kunden erwarten vom stationären Einzelhandel heute eine Vielzahl von Dienstleistungen, die über die einfache Mitnahme und sofortige Bezahlung von vorrätigen Waren weit hinausgehen. Nicht vorrätige Ware soll bestellt werden, bestellte oder auch vorrätige Artikel werden geliefert, die Bezahlung erfolgt mittels Einzel- oder Sammelrechnung. Darüber hinaus ist der stationäre Einzelhandel heute nur noch ein, wenn auch zentraler, Baustein in umfassenden Verkaufs- und Kundenmanagementszenarien, wie sie unter dem Begriff des *Omni-Channel* zusammengefasst werden.

Funktionsumfang des Prozesses in SAP In-Store MIM

Die Kundenauftragsabwicklung in SAP In-Store MIM orientiert sich an der entsprechenden SAP-Retail-Funktion, ist aber durch die benutzerfreundliche Oberfläche und einen reduzierten Funktionsumfang an die Filialsituation angepasst.

Es werden die folgenden Funktionsbereiche abgedeckt:

- Pflege von Kundendaten
- Anzeige des Debitorenstammblatts
- Pflege von Angeboten und Kundenaufträgen
- Auftragserfüllung
- Kundenretoure

Die Pflege von Kundenanfragen ist in der Standardauslieferung nicht enthalten. Wie Sie diese Funktion aber leicht »nachrüsten« können, erfahren Sie im Folgenden im Abschnitt »Erweiterungen der Kundenauftragsfunktion«.

Damit sind die Voraussetzungen für diverse Omni-Channel-Szenarien gegeben. Ausführliche Informationen dazu finden Sie in Kapitel 10, »Omni-Channel Retailing«.

Kundendaten pflegen

Die Funktion **Kunde anlegen** (siehe Abbildung 6.42) gibt Ihnen eine einfache, schnelle Möglichkeit, einen Debitorenstammsatz anzulegen, mit dem Sie unmittelbar darauf arbeiten können. Dazu sind nur die persönlichen Angaben des Kunden erforderlich, alle Steuerungsdaten, die das System benötigt, werden im Hintergrund hinzugelesen.

Zu Beginn legen Sie fest, ob es sich um einen Firmen- oder einen Privatkunden handelt. Diese Auswahl dient dazu, Ihnen die passenden Eingabefelder anzuzeigen, und hat Einfluss auf die Abspeicherung der Daten (siehe auch folgenden Abschnitt »Customizing«).

Die Eingaben, die mit einem Stern markiert sind, sind zwingend. Wie Sie die Länder, die in einer Dropdown-Liste angezeigt werden, auf eine sinnvolle Anzahl reduzieren können, erfahren Sie ebenfalls im Abschnitt »Customizing«.

Wenn Sie einen Kunden ändern wollen, werden Sie zunächst zur Eingabe der Debitorennummer aufgefordert. Über das Suchhilfesymbol stehen Ihnen mehrere Suchhilfen per Dropdown-Liste zur Auswahl, die Ihnen teilweise eine große Anzahl an Suchfeldern bieten. Voreingeblendet wird Ihnen die Suchhilfe, die Sie zuletzt verwendet haben.

Debitorenstammblatt

Das Debitorenstammblatt gibt Ihnen einen Gesamtüberblick über einen Kunden. Unter anderem sehen Sie auf einen Blick:

- die Kontaktdaten des Kunden
- die Klassifikation aus den Marketingdaten des Debitorenstamms in SAP Retail
- statistische Angaben zum Kaufverhalten
- offene Angebote

Sie rufen das Debitorenstammblatt über die Kundennummer auf. Alternativ können Sie auch die Suchfunktion verwenden, die identisch mit derjenigen in der Funktion **Kunden öffnen** ist.

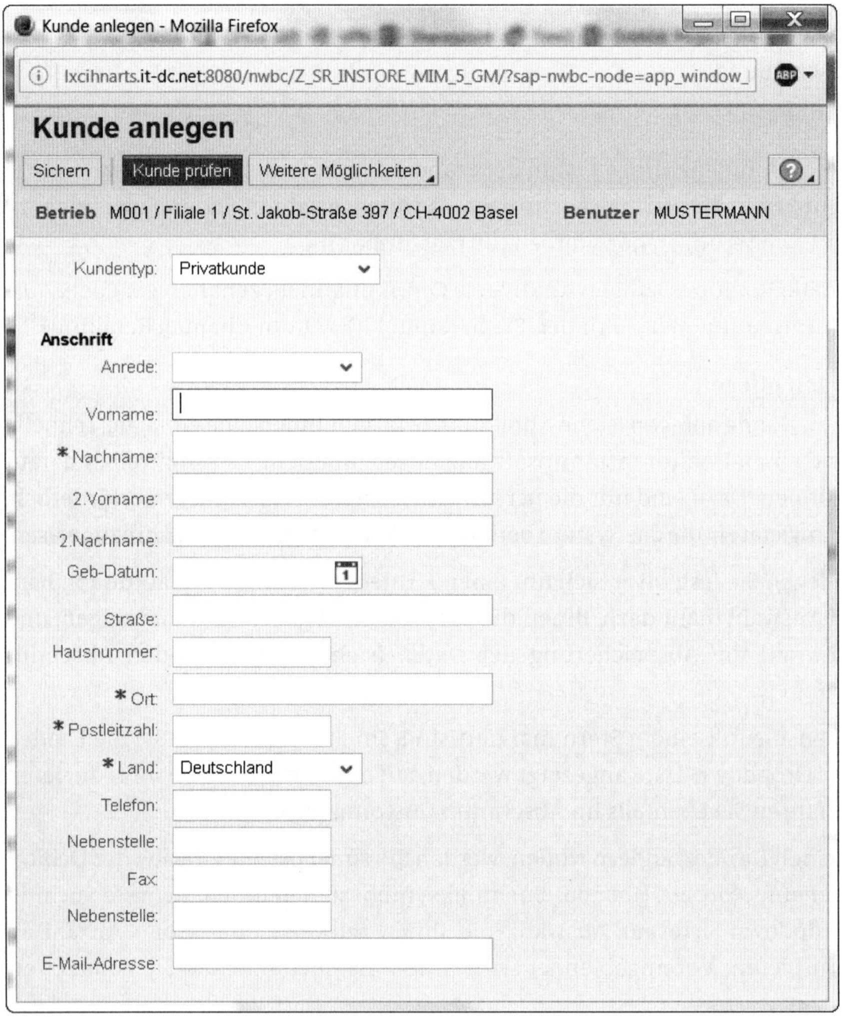

Abbildung 6.42 Kunde anlegen

Die **Kontaktdaten** umfassen Anschrift, Telefonnummer und E-Mail-Adresse. Die **Klassifikation** wird in den Marketingdaten des Debitorenstamms in SAP Retail hinterlegt.

Die *statistischen Angaben zum Kaufverhalten* zeigen z. B., in welchem Wert der Kunde Aufträge platziert oder wie viele Retouren er veranlasst hat.

Angebot bzw. Kundenauftrag anlegen

Die beiden Funktionen **Angebot anlegen** und **Kundenauftrag anlegen** sind weitestgehend identisch. Sie unterscheiden sich im Wesentlichen darin, dass ein Verkaufsbeleg vom Typ B (Angebot) bzw. C (Auftrag) angelegt wird.

In der Einstiegsmaske geben Sie einen **Auftraggeber** an. Sofern dieser genau einem Vertriebsbereich zugeordnet ist, werden die entsprechenden Felder automatisch gefüllt; andernfalls werden Ihnen die zur Auswahl stehenden Vertriebsbereiche des Kunden angezeigt.

In der Hauptsicht (siehe Abbildung 6.43) erfassen Sie ggf. einen abweichenden **Warenempfänger**, pflegen das **Bestelldatum** (sofern es vom Tagesdatum abweicht), ein **Wunschlieferdatum** und optional die zeitliche Befristung, sofern es sich um ein Angebot handelt. In derselben Sicht pflegen Sie auch die Positionen des Angebots bzw. Kundenauftrags. Ebenso können Sie die Verfügbarkeit der einzelnen Positionen prüfen lassen sowie nach erfolgter Änderung eine komplette oder teilweise Verkaufspreisneukalkulation anstoßen. In vielen Fällen reicht die Hauptsicht vollkommen aus.

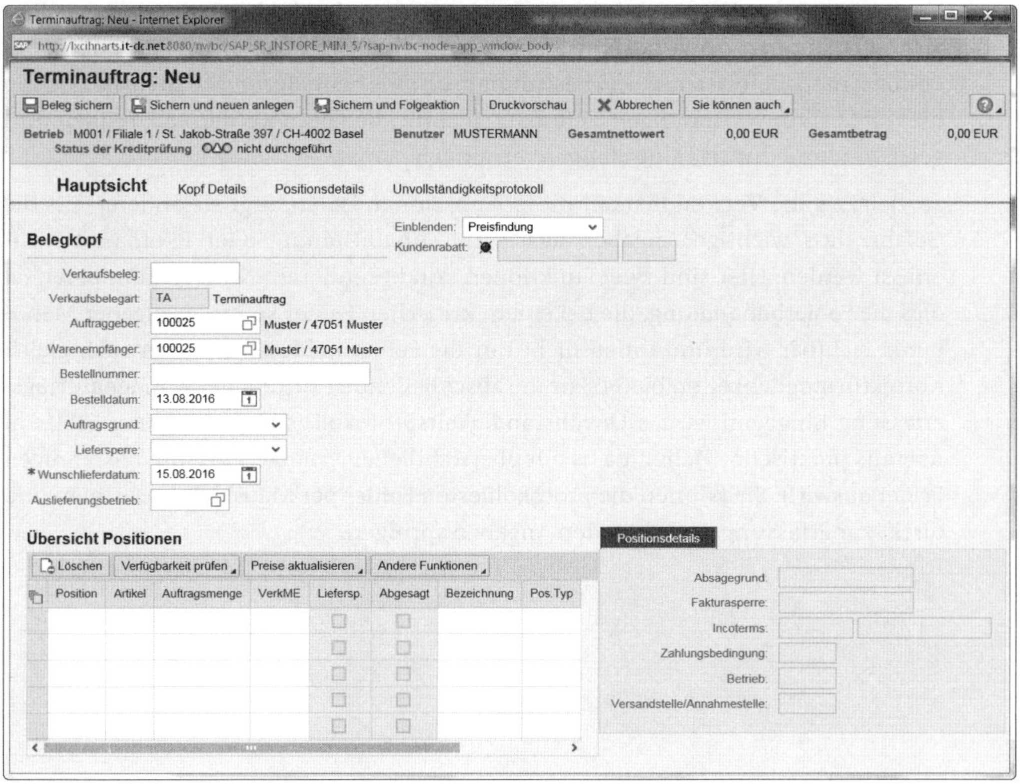

Abbildung 6.43 Kundenauftrag anlegen – Hauptsicht

Umfassendere Eingabemöglichkeiten stehen Ihnen in den Sichten **Kopfdetails** und **Positionsdetails** zur Verfügung. Erstere Sicht erlaubt Ihnen die Pflege verschiedener Partnerrollen, wie Regulierer, Rechnungs- oder Warenempfänger. In der Preisfindung können Sie über die Festlegung von Konditionen auf Kopfebene im Rahmen des hinterlegten Kalkulationsschemas Einfluss auf die Preiskalkulation nehmen; hier vergeben Sie z. B. einen Sonderrabatt auf den gesamten Auftrag.

Gleichermaßen können Sie auch auf Positionsebene, d. h. für einzelne Artikel, in die Preiskalkulation eingreifen, indem Sie z. B. einen Vorzugspreis festlegen oder einen besonderen Artikelrabatt gewähren.

In den **Positionsdetails** steht Ihnen eine Vielzahl von Informationen und Einflussmöglichkeiten zur Verfügung. So können Sie versandrelevante Informationen wie Netto-/Bruttogewicht und Transportvolumen oder Versandbedingungen einsehen und ggf. eigens für diesen Auftrag abändern. Sie können die Belieferung mittels Einteilungen staffeln, für einzelne Positionen abweichende Partnerrollen vergeben und auch beliebige Informationen in Textform erfassen. Letzteres ist z. B. sinnvoll bei Sonderbestellungen, die speziell für diesen Kunden angefertigt werden.

Über die Funktion **Verfügbarkeit prüfen** und die Sicht **Produktverfügbarkeit** erhalten Sie Informationen zur voraussichtlichen Verfügbarkeit des jeweiligen Produkts zum gewünschten Liefertermin und bestimmen, ob eine Teillieferung zulässig ist oder ob die Ware bis zur vollständigen Lieferbarkeit zurückbehalten werden soll. Teillieferungen können Sie mittels **Einteilungen** terminlich planen.

So vielfältig die Verwendbarkeit dieser Funktionen ist, so birgt sie andererseits die Gefahr, dass wichtige Angaben falsch, nur unvollständig oder überhaupt nicht erfasst werden. Hier sind zwei Funktionen von besonderem Nutzen. Zum einen ist dies die **Fehlerbehandlung**, die bei einem kritischen Fehler sofort als eigener Menüpunkt sichtbar wird und Ihnen nicht nur die Fehlermeldung, sondern auch gleich Korrekturmöglichkeiten bietet. Für die abschließende Prüfung der Kundenauftragserfassung hingegen ist das **Unvollständigkeitsprotokoll** (siehe Abbildung 6.44) ein überaus praktischer Helfer, da es ein übersichtliches Protokoll der unvollständigen Felder auswirft. Sie können die protokollierten Fehler per Mausklick auswählen und direkt zur Erfassung der fehlenden Angaben springen.

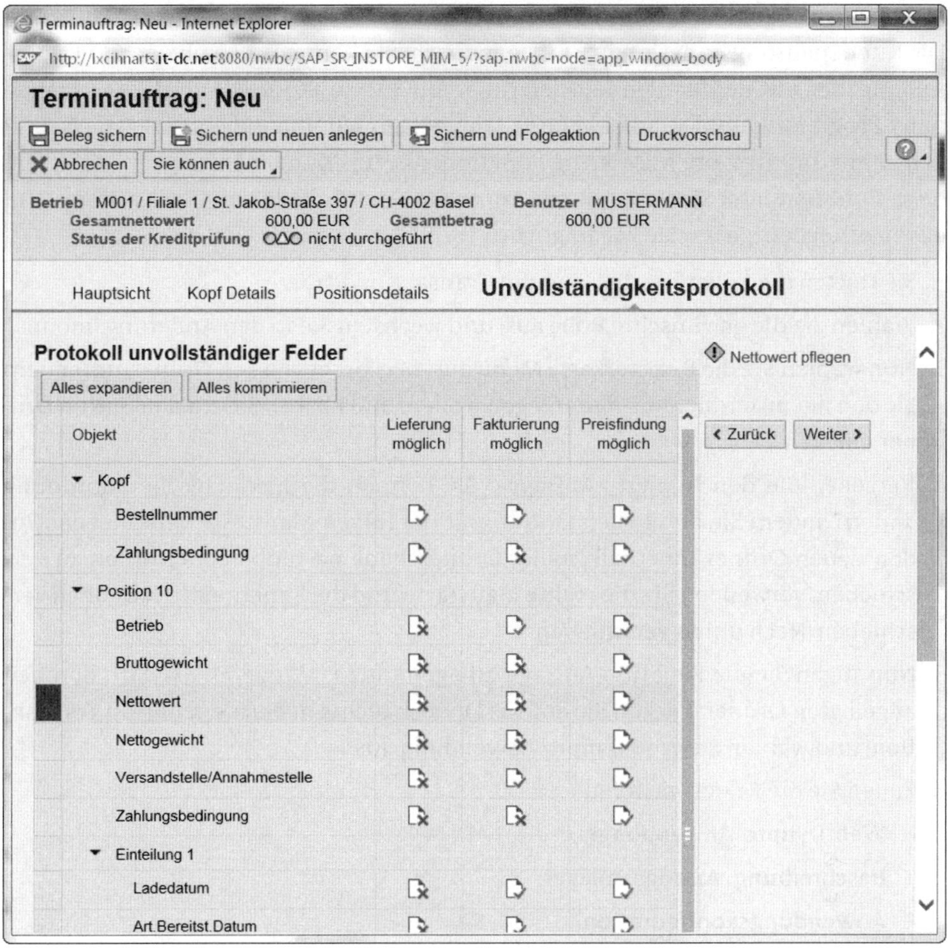

Abbildung 6.44 Unvollständigkeitsprotokoll

Auftragserfüllung

Als Filialmitarbeiter können Sie für Ihren Kunden Aufträge erfassen. Ebenso können Sie aber auch im Filialumfeld bereits getätigte Aufträge erfüllen, gleichgültig, ob diese in der eigenen Filiale, einer anderen Verkaufsstelle oder gar über einen anderen Verkaufskanal wie das Internet erfasst wurden. Relevant ist nur, dass Ihre Filiale als Erfüllungsort im Kundenauftrag hinterlegt ist. In diesem Fall können Sie eine Warenreservierung bestätigen, wodurch eine Lieferung angelegt und ein Lieferschein gedruckt wird. Falls Sie den Auftrag aufgrund der Bestandssituation nur teilweise erfüllen können, können Sie die offenen Positionen absagen und einen Absagegrund hinterlegen. Über die Funktion **Filialabholung bestätigen** erfassen Sie dann in einem nächsten Schritt die tatsächliche Abholung der reservierten Ware und erstellen eine Rechnung.

Erweiterungen der Kundenauftragsfunktion

Die Kundenauftragsfunktion ist stark generisch. Sie können deshalb den Funktionsumfang, der mit der Standardauslieferung von SAP In-Store MIM nutzbar ist, auch ohne Programmieraufwand erweitern. Dies zeigen wir anhand eines Beispiels: SAP liefert mit SAP In-Store MIM keine Funktion aus, um Kundenanfragen zu erfassen; diese Funktion lässt sich aber durch Anpassung der Rolle leicht »nachrüsten«. Um das zu erreichen, gehen Sie wie folgt vor:

1. Sie starten die Rollenbearbeitung mit Transaktion PFCG.
2. Wählen Sie die gewünschte Rolle aus, und wechseln Sie in den Änderungsmodus.
3. Nun wählen Sie die Registerkarte **Menü** aus. Markieren Sie den Ordner, unter dem Sie den neuen Ordner **Abfrage** anlegen wollen, und klicken Sie auf den Button **Ordner anlegen**.
4. Vergeben Sie den Namen »Anfrage«. Sie können die hierarchische Zuordnung ändern, indem Sie den neuen Ordner mit der linken Maustaste verschieben. Um den neuen Ordner innerhalb seiner Ordnerebene nach oben oder unten zu verschieben, verwenden Sie die rechte Maustaste und die Funktionen **Nach oben verschieben/Nach unten verschieben**.
5. Nun fügen Sie die Funktion **Anfrage anlegen** hinzu. Markieren Sie dazu den neu angelegten Ordner, klicken Sie auf das Dreieck rechts neben dem Button **Transaktion**, und wählen Sie **Web Dynpro Anwendung** aus.
6. Füllen Sie die Felder wie folgt:
   - **Web-Dynpro-Anwendung**: `LO_OIF_MAIN_APP`
   - **Beschreibung**: Anfrage anlegen
   - **Anwendungskonfiguration**: `LO_OIF_SDOC_APPL`
7. Legen Sie außerdem die folgenden Parameter dazu an (beachten Sie dabei die Großschreibung):
   - Parameter `TRTYP` mit dem Wert H
   - Parameter `VBTYP` mit dem Wert A

   Der Parameter `VBTYP` (Vertriebsbelegtyp) steuert, ob eine Anfrage (Wert = A), ein Angebot (Wert = B) oder ein Auftrag (Wert = C) angelegt wird.
8. Bestätigen Sie Ihre Eingaben mit [↵].

Customizing

Um die von SAP ausgelieferten Voreinstellungen anzupassen, wechseln Sie im Customizing in den Bereich **Logistik Allgemein • SAP Retail Store • Filialwarenwirtschaft (mit Web Dynpro) • Kundenauftrag**.

Kundenpflege

In den **Grundeinstellungen für Kundenpflege** legen Sie folgende Einstellungen fest:

- Verwendung eines Vorlagekunden beim Anlegen eines Debitorenstammsatzes
- Fokus für die Kundenpflege
- auswählbare Länder in der Kundenpflege

Um die Neuanlage eines Debitorenstammsatzes möglichst einfach zu halten, werden zusätzlich zu den manuell erfassten Angaben im Hintergrund Daten eines Vorlage- oder eines Referenzkunden verwendet. Das Systemverhalten steuern Sie wie folgt:

- Wenn Sie einen Kunden vom Typ Firmenkunde erfassen, dann wird in jedem Fall ein vollständiger Debitorenstammsatz angelegt. Zur Vervollständigung der Angaben greift das System auf den Kunden zu, den Sie im Feld **Vorlagekunde** hinterlegt haben.
- Handelt es sich dagegen um einen Privatkunden, wird das Feld **Konsumentenpflege zulassen** berücksichtigt.

Ist es inaktiv, dann wird beim Anlegen eines Privatkunden ein vollständiger Debitorenstammsatz angelegt, und die fehlenden Angaben werden aus dem *Vorlagekunden* gezogen. Das Verhalten ist also identisch mit dem Anlegen eines Firmenkunden. Der Vorlagekunde wird auch dazu verwendet, im Kundenauftrag Preise und Verfügbarkeiten zu simulieren, falls noch kein existierender Kunde angegeben wurde.

Wenn das Feld **Konsumentenpflege zulassen** aktiv ist, wird ein neu angelegter Kunde, sofern er vom Typ Privatkunde ist, als Konsument angelegt. Es wird also ein reduzierter Debitorenstammsatz ohne Organisationsdaten angelegt. Die fehlenden Organisationsdaten werden bei Bedarf aus dem *Referenzkunden* gelesen, etwa bei Anlage eines Kundenauftrags. Diesen Referenzkunden pflegen Sie über die normale Kundenpflege und deklarieren ihn anschließend in Transaktion VD07 als Referenzkunden. Beachten Sie, dass es im gesamten Systemmandanten nur einen Referenzkunden geben kann. Wenn das Feld **Konsumentenpflege zulassen** aktiv ist, wird der Referenzkunde auch anstelle des Vorlagekunden für die Kundenauftragssimulation verwendet.

[!]

Konsumentenpflege nicht nachträglich deaktivieren

Wenn bereits Kunden bei aktivem Feld **Konsumentenpflege zulassen** angelegt wurden, sollten Sie das Feld nicht mehr auf inaktiv setzen, da dadurch Dateninkonsistenzen entstehen können.

Das Feld **Fokus setzen** steuert, wie die Erfassungsmaske sich direkt nach dem Aufruf präsentiert. Ist es aktiv, dann steht der Cursor bereits im Feld **Vorname**, sodass Sie sofort mit der Erfassung beginnen können. Ist das Feld nicht aktiv, müssen Sie zunächst das Eingabefeld auswählen, mit dem Sie die Erfassung beginnen wollen.

Soll der Fokus auf ein anderes Feld als den Vornamen gesetzt werden, steht Ihnen dafür ein BAdI zur Verfügung.

In der **Gruppierung von Ländern für Kundenpflege** können Sie einschränken, welche Länder bei der Anlage eines Debitorenstammsatzes zur Auswahl stehen. Es empfiehlt sich, diese Einstellung vorzunehmen, da ansonsten sämtliche Länder, die in den globalen Customizing-Einstellungen hinterlegt sind, angezeigt werden.

Viele Länder unterteilen sich in Regionen, z. B. Deutschland in Bundesländer oder die Schweiz in Kantone. Setzen Sie das Kennzeichen **Region**, wenn Sie möchten, dass auch die Region des Kunden erfasst wird. Das führt dazu, dass nach Auswahl des entsprechenden Landes ein weiteres Dropdown-Feld angezeigt wird; die Eingabe einer Region ist optional.

Darüber hinaus können Sie festlegen, ob das Eingabefeld bereits mit einem bestimmten Land vorbesetzt sein soll. Existiert keine solche Festlegung, ist das Eingabefeld zunächst leer.

[»]

Sprachabhängige Sortierung von Ländern und Regionen

Die Sortierung von Land und Region in den Dropdown-Listen ist sprachabhängig und sortiert nach den Landes- und Regionsbezeichnungen, wie sie in den allgemeinen Einstellungen des SAP-Retail-Systems hinterlegt sind.

Wenn Ihre Einstellungen für alle Filialen des Unternehmens gelten sollen, genügt es, das in der Standardauslieferung bereits enthaltene Einstellungsschema anzupassen. Andernfalls erstellen Sie weitere Einstellungsschemata und pflegen sie gemäß Ihren Anforderungen. Anschließend legen Sie unter **Zuordnung Einstellungsschemata zu Betrieben** fest, welche Filialen ein anderes als das Standardschema verwenden sollen.

Kundenauftrag

In den **Grundeinstellungen für den einfachen Auftrag** legen Sie fest, welche Belegarten für Anfragen, Angebote, Aufträge und Kundenretouren vorgeschlagen werden. Das Kennzeichen **OrgDatenvorschl.** steuert, ob aus dem Betrieb, der dem Benutzer zugeordnet ist, Vertriebsbereich und Verkaufsbüro als Vorschlagswerte übernommen werden. Darüber hinaus legen Sie fest, wie mit noch nicht gelisteten Artikeln umgegangen wird, also ob und unter welchen Bedingungen eine automatische Listung stattfinden soll.

6.5.10 Reporting

Der Bereich **Reports** bietet Ihnen Zugriff auf verschiedenste Datenquellen. Sie können hier beliebige Transaktionen, URLs und Links auf Berichte einbinden. Diesem Bereich ist in der Rollendefinition das *Launchpad* zugeordnet. Dieses pflegen Sie im

Customizing unter **Logistik Allgemein • SAP Retail Store • Filialwarenwirtschaft (mit Web Dynpro) • Allgemeine Funktionen • Launchpad einrichten**.

Sie können hier verschiedenste Anwendungen verlinken, etwa BI-Reports, SAP-Transaktionen oder auch Web-Dynpro-ABAP-Anwendungen. Darüber hinaus können Sie die verlinkten Anwendungen in Gruppen gliedern und auf diese Weise komplette Menüstrukturen erzeugen. Beachten Sie, dass die komplette Funktion zur Pflege möglicherweise nur in der Anmeldesprache Englisch zur Verfügung steht.

Die Customizing-Pflege definiert die Gesamtheit der über das Launchpad nutzbaren Anwendungen. Als Endanwender können Sie Ihr persönliches Launchpad ändern, indem Sie einzelne dieser Anwendungen ausblenden und Einfluss auf die Gruppierung und Reihenfolge der sichtbaren Anwendungen nehmen.

TEIL II

Erweiterte Prozesse

Kapitel 7
Aktionsprozess

In diesem Kapitel stellen wir Ihnen die speziell für den Aktionsplanungsprozess entwickelte Plattform SAP Promotion Management for Retail vor.

Der Aktionsprozess wird im Handel heutzutage häufig durch das *Category Management* gesteuert. Das Ziel des Category Managements ist es, die in den Planungszyklen festgelegten strategischen Ziele des Händlers zu unterstützen. Die Aktion ist dabei eine der Taktiken, um die Strategien des Unternehmens umzusetzen, neben dem Sortiment, dem Preis und der richtigen Platzierung der Ware.

Die wichtigsten Ziele einer Aktion sind:

- Erhöhung der Kundenfrequenz
- Erhöhung des Umsatzes, den ein Warenkorb erzielt
- Pflege des Images des Händlers
- Abgrenzung zur Konkurrenz
- Generierung von Marge
- Erhöhung der Aufmerksamkeit für bestimmte Warengruppen (bzw. -kategorien)

Neben dem Category Management steuert auch das *Marketing* die Aktionen. Es berücksichtigt dabei sowohl exogene Faktoren wie das Markt- und Konkurrenzverhalten als auch die Angebote des Lieferanten. Diese Prozesse laufen je nach Handelsunternehmen parallel nebeneinander oder voll integriert ab.

Eine besondere Herausforderung der heutigen Zeit ist die Integration der Aktionsprozesse in den Omni-Channel-Vertrieb. Die meisten Handelsunternehmen sind heute bereits neben ihren stationären Filialen auch online oder mobil vertreten. Es ist also wichtig, die Aktionen in allen relevanten Kanälen umzusetzen und zu kommunizieren. Waren die Aktionen in der Vergangenheit hauptsächlich nach dem Gießkannenprinzip (Wurfsendungen, Hausprospekte, Kundenzeitungen ...) an ein generelles Publikum kommuniziert worden, so spielen in Zukunft immer mehr die gezielten Werbemaßnahmen (Weinclubangebote, Gourmetangebote, Kundenkarten ...), abgestimmt auf Kundengruppen oder sogar auf den individuellen Kunden, eine Rolle. Voraussetzung für das Aktionsmanagement im Omni-Channel Retailing ist der Einsatz analytischer und prädiktiver Applikationen, die mit den operativen Systemen sehr eng verknüpft sind. Nur so ist es möglich, die richtigen Kunden erfolgreich mit den richtigen Aktionen anzusprechen und dabei die Ziele des eigenen Unternehmens umzusetzen.

Im SAP-Retail-System können Aktionsprozesse in ihren verschiedenen Ausprägungen abgebildet werden. Die dafür eingesetzte Applikation SAP PMR beschreiben wir in diesem Kapitel.

7.1 Aktionsplanung mit SAP Promotion Management for Retail

In den meisten Handelsunternehmen werden Aktionen aus einem Prozesszyklus heraus gestartet. Dieser Prozesszyklus folgt einer langfristigen Planung und ist in die Prozesse des Marketings, der Beschaffung und der Logistik sowie des Merchandisings eingebettet (siehe Abbildung 7.1).

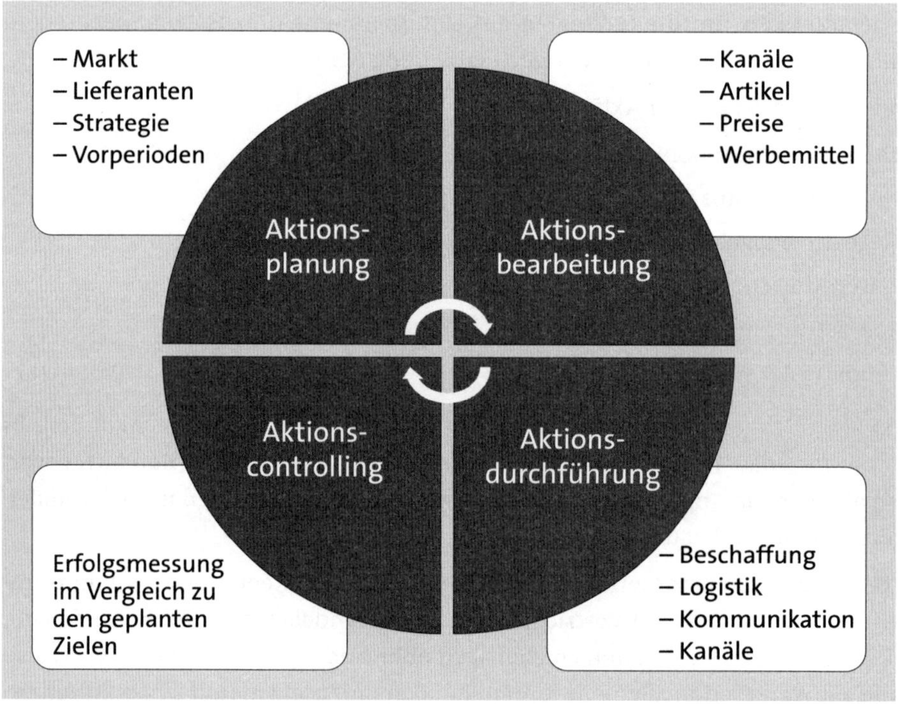

Abbildung 7.1 Aktionsprozess

In der Regel wird im Handel mit einem Planungshorizont von 1 bis 1,5 Jahren vor der Durchführung der Aktion gerechnet. Dieser Planungszyklus ist allerdings abhängig von der Warengruppe und deren Beschaffungsprozessen und basiert meist auf den Erfahrungen, die in vergangenen Aktionszyklen gemacht wurden.

Der Aktionsprozess startet mit der *Grobplanung*. In dieser Phase werden die Werbemaßnahmen oder Kampagnen für den folgenden Planungszyklus festgelegt. Diese Maßnahmen sind dann für den Zeitraum einer Woche gültig. Es kann sich z. B. um Angebote wie eine Italienwoche, eine Spargelwoche, die Weihnachtsknaller oder den Wochenhit handeln. Daneben gibt es aber auch Maßnahmen, die durch den Lieferanten angestoßen werden. Dabei handelt es sich häufig um Produktneueinführungen oder Imagekampagnen. Diese Kampagnen des Lieferanten werden meist durch Anreize für den Handel, etwa bezahlte Verkostungen, Werbekostenzuschüsse oder Lieferantenvergütungen, unterstützt.

Aber auch betriebswirtschaftliche Faktoren führen zu Kampagnen. So können z. B. Rückstellungen minimiert werden, wenn die Kunden im Rahmen einer Aktion mit den über ihre Kundenkarte gesammelten Punkten bezahlen können.

Alle diese Kampagnen bzw. Werbemaßnahmen können mit *SAP Promotion Management for Retail* (SAP PMR) abgebildet werden.

7.1.1 Architektur

SAP PMR wird im Rahmen des Application Bundles für das SAP Customer Activity Repository (SAP CAR), CARAB, ausgeliefert (siehe Abbildung 7.2).

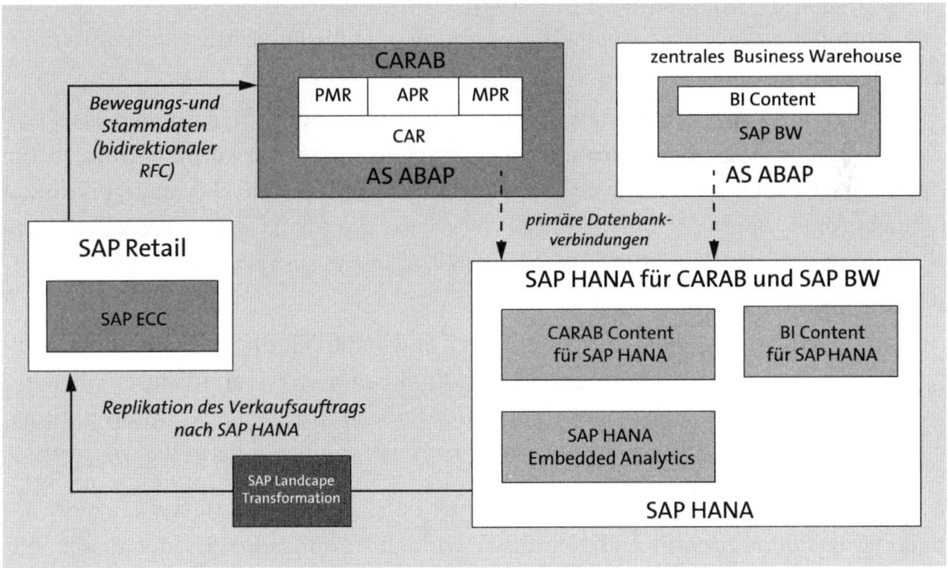

Abbildung 7.2 Architektur CARAB 2.0 mit PMR

Mit der Integration in SAP CAR stehen SAP PMR neben den Stammdaten aus SAP Retail auch die gesamten im Repository verfügbaren Daten aus der *Demand Data Foundation* (DDF) und dem *Unified Demand Forecast* (UDF, siehe Abschnitt 1.2.1, »SAP Customer Activity Repository«) zur Verfügung. Auf dieser Datenbasis können Vorhersagen über die für eine Aktion benötigten Warenmengen und die Umsätze abgeleitet werden. Diese Vorhersagen werden auch von den Applikationen *SAP Assortment Planning for Retail* (SAP APR) und *SAP Merchandise Planning for Retail* (SAP MPR) genutzt. In naher Zukunft werden von SAP weitere Applikationen angeboten werden, die diese Datenquellen nutzen.

7.1.2 Benutzeroberfläche und Customizing

Das Customizing für SAP PMR finden Sie im Einführungsleitfaden unter den folgenden Pfaden:

- **Anwendungsübergreifende Komponenten • Demand Data Foundation**
- **Anwendungsübergreifende Komponenten • PMR**

In den folgenden Abschnitten geben wir detailliertere Pfade zu einzelnen Customizing-Einstellungen an, wo diese erforderlich sind.

SAP PMR nutzt verschiedene UI-Technologien (User Interfaces) für die Benutzeroberflächen:

- **SAP GUI**
  Mit den SAP-GUI-Oberflächen werden administrative Prozesse wie etwa das Customizing, die Schnittstellenüberwachung oder die Replikation unterstützt.
- **Web Dynpro**
  Der Planungsprozess wird hauptsächlich über Weboberflächen auf der Basis von Web Dynpro abgebildet. Um diese Oberflächen nutzen zu können, müssen die entsprechenden Services in SAP PMR konfiguriert sein und die richtigen Rollen zugeordnet werden. Über diese Services wird die Struktur der Prozessschritte dann im *SAP NetWeaver Business Client* (NWBC) bereitgestellt.
- **SAP Fiori**
  Ab dem Release CARAB 1.0 FP03 steht auch eine neue Oberfläche in Form von SAP-Fiori-Applikationen zur Verfügung. Diese Applikationen bilden zu diesem Release-Stand allerdings nur die Angebotsplanung als Teilprozess der gesamten Aktionsplanung ab. Auch ist diese Applikation noch nicht vollständig in die Gesamtprozesse von SAP PMR integriert.

In den folgenden Abschnitten beschreiben wir den Planungsprozess, der ausschließlich im NWBC stattfindet. Deshalb zeigen wir Ihnen hier zunächst kurz die Bedienung des NWBC. Wie Sie in Abbildung 7.3 am Beispiel des Aufrufs einer Kampagne sehen können, ist die Oberfläche des NWBC wie folgt aufgebaut:

❶ Gesamtmenü
Das Gesamtmenü ist in verschiedene Registerkarten aufgeteilt. Welche Auswahl Ihnen hier angezeigt wird, ist von der Ihnen zugeordneten Berechtigungsrolle definiert. In dem Beispiel in Abbildung 7.3 ist eine Administratorrolle zugeordnet, bei der alle Registerkarten zur Verfügung stehen (**Aktionsplanung**, **Datenmanagement**, **Services**).

❷ Untermenü
Das Untermenü für die ausgewählte Registerkarte finden Sie im linken Bereich. Welche Auswahl Sie dort vorfinden, wird ebenfalls durch Ihre Berechtigungsrolle sowie durch die im Gesamtmenü ausgewählte Registerkarte bestimmt.

❸ Bereich für Abfragen/Filter
Dieser Bereich ist mit **Aktive Abfragen** und **Vordefinierte Filter** überschrieben. Hier können Abfragen definiert und Filterkriterien gesetzt werden, die dann den Inhalt des Listenbereichs definieren.

❹ Listenbereich
Abhängig von den gesetzten Abfragen und Filtern werden die gefundenen Objekte in einer *Personal Object Worklist* (POWL), d.h. einem Arbeitsvorrat im Listenbereich, angezeigt. Per Doppelklick können die einzelnen Elemente in der Liste aufgerufen und bearbeitet werden. Auswahl und Reihenfolge der angezeigten Spalten in der Liste können durch Personalisierung eingestellt werden.

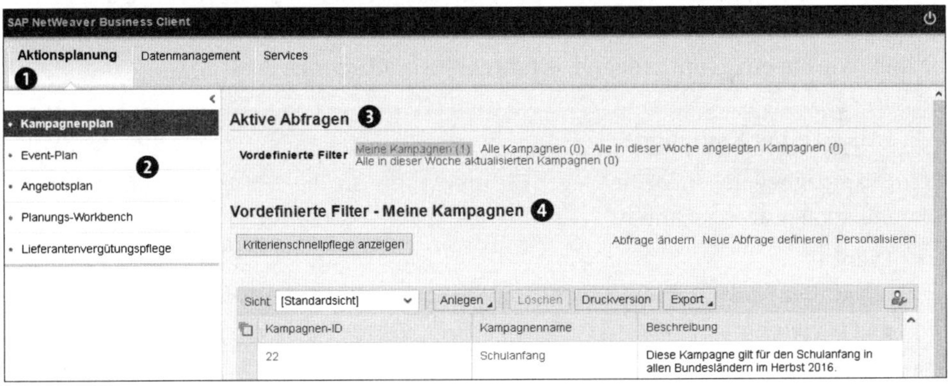

Abbildung 7.3 Standardeinstiegsbildschirm von SAP Promotion Management for Retail im NWBC

7.1.3 Planungsobjekte

In SAP PMR gibt es drei grundsätzliche Planungsobjekte:

- Kampagne
- Event
- Angebot

Abbildung 7.4 zeigt, in welcher Beziehung diese drei Objekte zueinander stehen.

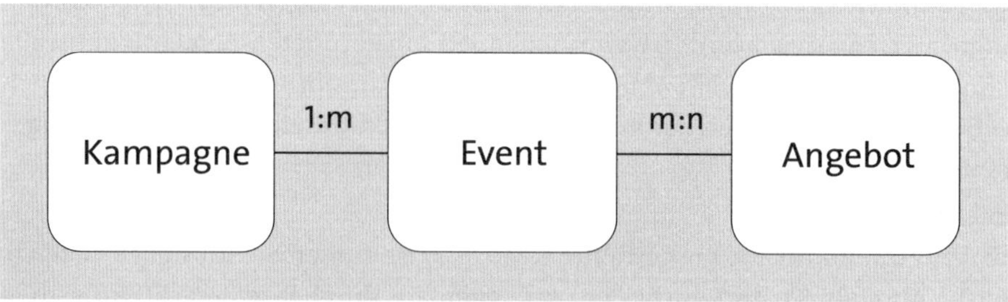

Abbildung 7.4 Objektbeziehungen in SAP Promotion Management for Retail

Die *Kampagne* bildet im Prozess eine Art Kumulationsebene und fasst eine beliebige Anzahl von Events zusammen. Diese Events können dann auf der Ebene der Kampagne analysiert und ausgewertet werden. In der Praxis werden oft die Werbemedien (z. B. Flyer, Fernsehspots, Aufsteller, Kundenzeitung), die eine Kampagne, z. B. eine Italienwoche oder eine Aktion zum Schulanfang, abbilden, als Events zu einer Kampagne zusammengefasst. Das Kampagnenmanagement erläutern wir in Abschnitt 7.1.5.

Das *Event* bildet in SAP PMR das Medium ab, mit dem eine Kampagne beworben werden soll. Es fasst alle dort enthaltenen Angebote (Aktionen) zusammen. Das Event als Werbemedium verfügt üblicherweise über ein bestimmtes *Layout*, das in SAP PMR gepflegt wird. So bildet ein Event in der Praxis z. B. einen Werbeflyer ab. Dieser kann in Seiten und Blöcke gegliedert sein. Den Blöcken werden dann die Angebote zugeordnet. Wie Sie ein Event anlegen, erfahren Sie in Abschnitt 7.1.8.

[zB]

Events zu einer Kampagne

Zur Kampagne »Italienwoche« legen Sie drei Events an, die Sie für Ihre Kundenkommunikation nutzen möchten:

- **Event 1**
  ein großes Plakat, mit dem Sie in der Innenstadt die Leader-Produkte der Kampagne bewerben
- **Event 2**
  eine sechsseitige Postwurfsendung mit allen Produkten der Kampagne
- **Event 3**
  ein Aufsteller mit den ausgewählten Artikeln, der am Eingang der beteiligten Filialen als Information für die Kunden platziert wird

Dem *Angebot*, in der Handelssprache üblicherweise auch *Aktion* oder *Promotion* genannt, werden die Artikel und deren Konditionen und Bedingungen zugeordnet. Beispiele aus der Praxis sind eine Rabattaktion, eine Stattpreisaktion oder die Promotion »Kaufe drei Artikel, und erhalte einen Artikel gratis«. Wie Sie ein Angebot anlegen, beschreiben wir in Abschnitt 7.1.6, »Angebotsplanung und -abwicklung«, und Abschnitt 7.1.7, »SAP-Fiori-Anwendung für die Angebotsplanung«.

7.1.4 Stammdatenobjekte

Die folgende Stammdatenobjekte spielen in SAP PMR eine Rolle:

- Produkt
- Platzhalterprodukt
- Produktgruppe
- Produkthierarchie
- Lokation
- Lokationshierarchie

Produkt

Das *Produkt* in SAP PMR ist identisch mit dem *Artikel* in SAP Retail. Die Produktdaten werden direkt aus den Artikelstammsätzen im stammdatenführenden System, also SAP Retail, in SAP PMR repliziert. Sie können in SAP PMR auch nicht verändert werden.

Platzhalterprodukte sind Artikel, die in den Werbemaßnahmen bereits eingeplant sind, aber physisch noch nicht existieren. Deshalb sind sie im stammdatenführenden System auch noch nicht angelegt und können nicht repliziert werden. Da in der Praxis aber die Aktionsplanung oft schon startet, bevor die zu bewerbenden Artikel in der technisch benötigten Ausprägung existieren, haben Sie die Möglichkeit, im PMR-System Platzhalterprodukte anzulegen. Dies ist hauptsächlich im Bereich Fashion oder bei Nonfood-Ware mit langen Beschaffungszyklen sinnvoll.

Ein Platzhalterprodukt wird im SAP-PMR-System wie folgt angelegt:

1. Über den Pfad **Datenmanagement • Platzhalterprodukte** gelangen Sie in die Übersicht, die Sie in Abbildung 7.5 sehen.
2. Öffnen Sie hier im Listenbereich das Dropdown-Menü **PHP anlegen**. Die Platzhalterprodukte können mit und ohne Referenz angelegt werden.
3. Es öffnet sich die Pflegemaske, die Sie in Abbildung 7.6 sehen.

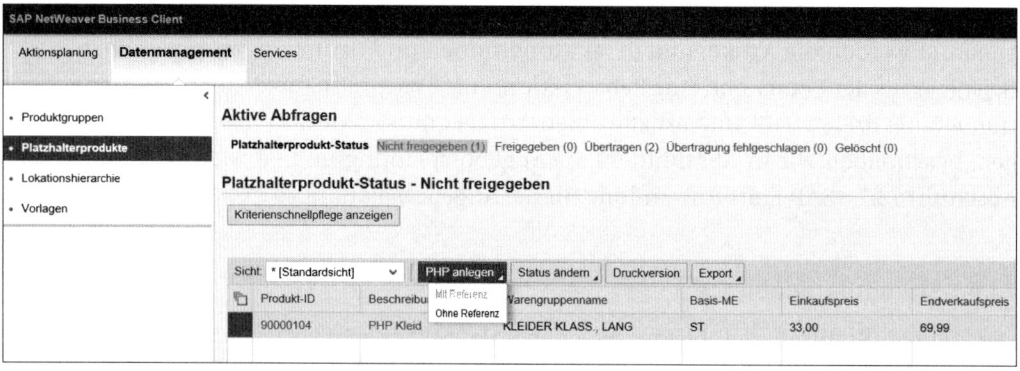

Abbildung 7.5 Platzhalterartikel anlegen

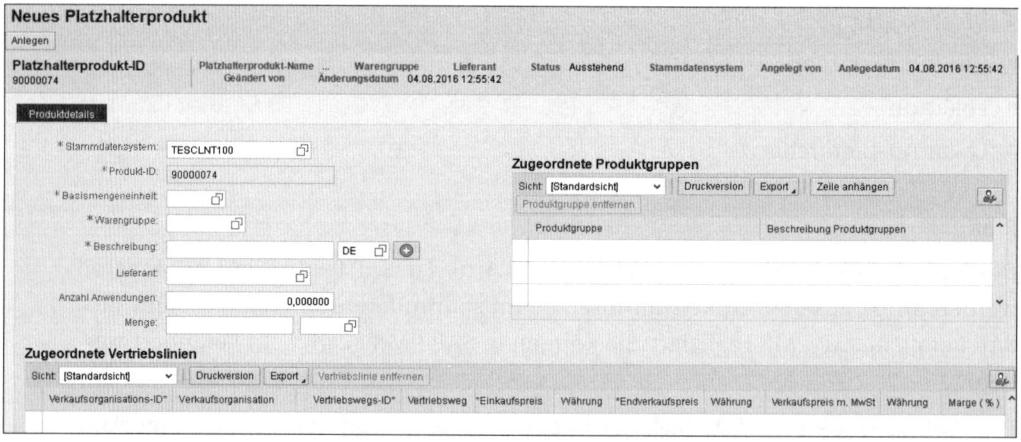

Abbildung 7.6 Pflegemaske für ein Platzhalterprodukt

4. Folgende Felder können Sie hier pflegen. Die in der Maske mit einem Sternchen (*) gekennzeichneten Felder sind Muss-Felder:
   - **Stammdatensystem**: Das Stammdatensystem ist das SAP-Retail-System, in das das Platzhalterprodukt übertragen werden soll. Der Platzhalterartikel kann im Stammdatensystem vollständig gepflegt werden und wird dann über die Replikation als vollwertiger Artikel wieder ins SAP-PMR-System gespeist. Dort ist das Platzhalterprodukt genau wie der replizierte Artikel verwendbar, kann aber erst zusammen mit dem Angebot als vollwertiges Produkt in die Handelsaktion übertragen werden.

Das Customizing für die Platzhalterprodukte finden Sie unter folgendem Pfad im Einführungsleitfaden:

Anwendungsübergreifende Komponenten • Demand Data Foundation • Datenpflege • Platzhalterprodukte.

- **Produkt-ID**: Die Produkt-ID wird je nach Definition und Nummernkreis (Customizing) gepflegt oder vom System automatisch vergeben.
- **Basismengeneinheit**: Die Basismengeneinheit können Sie in der Dropdown-Liste auswählen.
- **Warengruppe**: Die Warengruppen wurden im Vorfeld aus dem Stammdatensystem repliziert. Hier können Sie jetzt dem Artikel eine Warengruppe aus dem vorher definierten Stammdatensystem zuordnen.
- **Beschreibung**: Hier können Sie eine Artikelbeschreibung eingeben. Es erfolgt keine weitere Prüfung.
- **Lieferant**: Die Lieferanten wurden im Vorfeld aus dem Stammdatensystem repliziert. Sie können jetzt einen Lieferanten auswählen.
- **Vertriebslinie**: Die Vertriebslinien sind ebenfalls aus dem Stammdatensystem repliziert worden. Sie können hier eine Vertriebslinie auswählen. Mit der Vertriebslinie ist auch jeweils die Währung verknüpft, die dann automatisch gezogen wird.
- **Einkaufspreis**: Hier pflegen Sie den Einkaufspreis. Dieser wird bei der Angebotsplanung für die Margenkalkulation herangezogen. Der Einkaufspreis wird später bei der Replikation des vollständigen Artikels aus SAP Retail überschrieben.
- **Endverkaufspreis**: Hier pflegen Sie den Endverkaufspreis. Dieser wird bei der Angebotsplanung für die Margenkalkulation herangezogen und gilt als Aktionspreis. Er kann in der Angebotsplanung noch angepasst werden.
- **Produktgruppe**: Bei Bedarf können Sie den Platzhalterartikel einer Produktgruppe zuordnen.

Die *Produktgruppe* ist eine Gruppierung von Artikeln. Sie wird in SAP PMR unter **Datenmanagement • Produktgruppen** gepflegt (siehe Abbildung 7.7):

1. Auch in dieser Pflege können Sie zwischen **Anlegen mit Referenz** und **Anlegen ohne Referenz** auswählen.

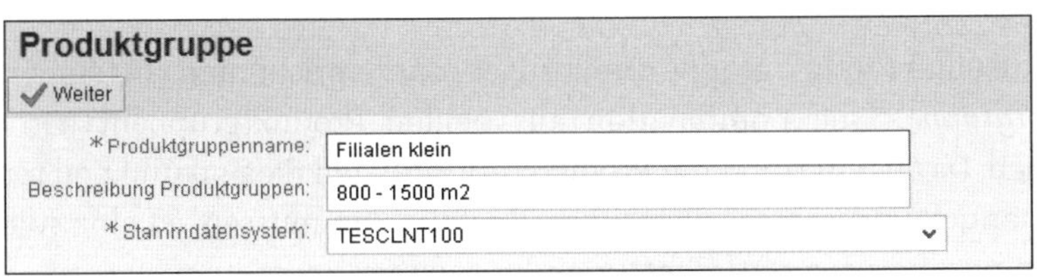

Abbildung 7.7 Einstieg in die Produktgruppenpflege

2. Wählen Sie **Anlegen ohne Referenz**, gelangen Sie in die Pflege der Kopfdaten (siehe Abbildung 7.8).

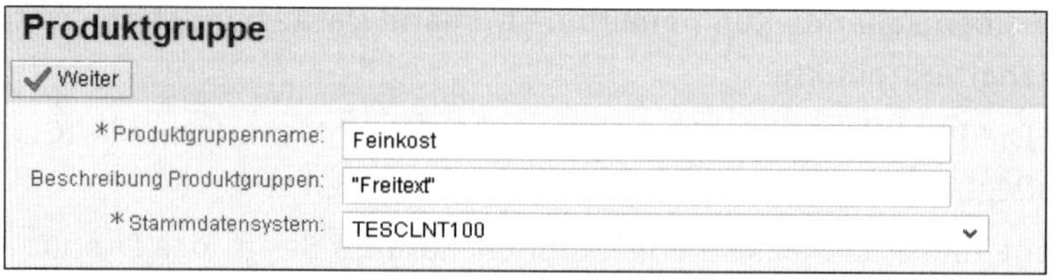

Abbildung 7.8 Eigenschaften der Produktgruppe pflegen

3. Sie geben nun einen Produktgruppennamen ein und wählen das **Stammdatensystem** aus. Klicken Sie dann auf den Button **Weiter**.
4. Vom ausgewählten Stammdatensystem aus können Sie anschließend die Produkte oder eine Hierarchiestufe wählen und der Produktgruppe zuordnen. In der Zuordnungsmaske können Sie grundsätzlich zwischen einer dynamischen Produktgruppe und einer statischen Produktgruppe unterscheiden. Dynamische Produktgruppen werden, wie in Abbildung 7.9 gezeigt, über die Zuordnung von Hierarchiestufen gebildet. Wird also ein neuer Artikel aus dem Stammdatensystem repliziert, der sich in einer der zugeordneten Hierarchieebenen befindet, ist er automatisch auch der Produktgruppe zugeordnet.

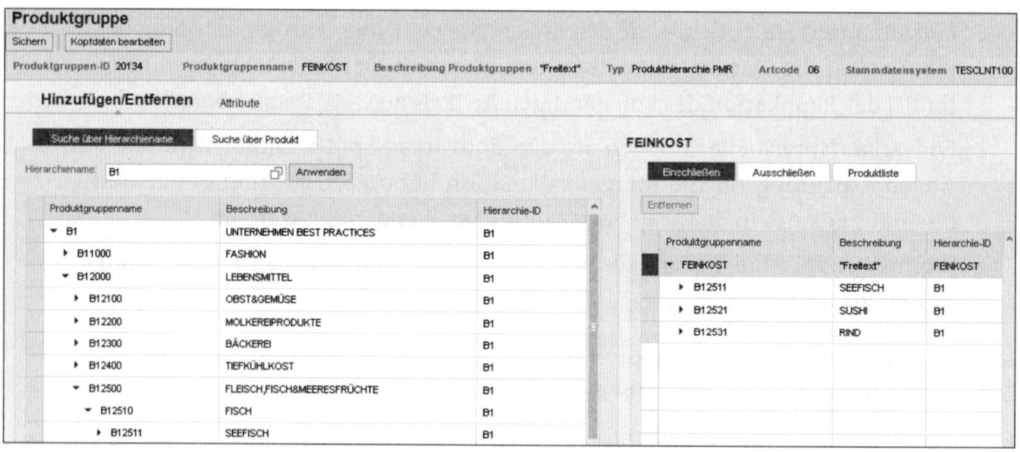

Abbildung 7.9 Produktgruppe durch Zuordnung von Hierarchieknoten erstellen

Werden Produkte einer Produktgruppe direkt zugeordnet, spricht man von einer *statischen Produktgruppe*. Eine Kombination aus beiden Produktgruppentypen ist ebenfalls möglich. Da aber die direkten Produktzuordnungen fix sind und neu replizierte Artikel manuell und nachträglich zugeordnet werden müssen, ist eine solche kombinierte Gruppe eher den statischen Produktgruppen zuzuordnen.

Die Produktgruppe wird auch genutzt, um *Ausschlussprodukte* zu pflegen (siehe Abbildung 7.10). So könnte z. B. eine Produktgruppe »Waschmittel ohne Flüssigwaschmittel« oder »Fleisch, Fisch und Meeresfrüchte ohne Meeresfrüchte« gepflegt werden.

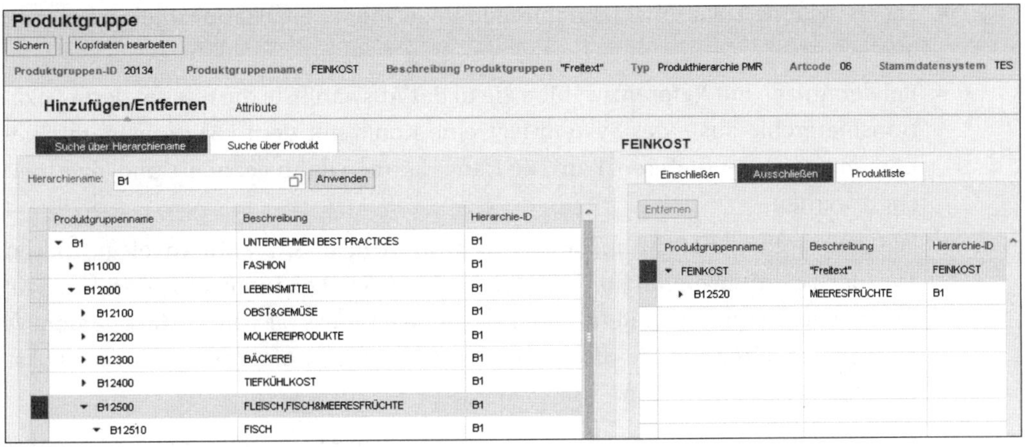

Abbildung 7.10 Produktgruppe mit ausgeschlossenen Produkten

Produkthierarchien sind die aus dem SAP-Retail-System replizierten Warengruppen- und Artikelhierarchien. Das Customizing für die Produkthierarchie finden Sie im Einführungsleitfaden unter dem folgenden Pfad:

Anwendungsübergreifende Komponenten • Demand Data Foundation • Datenpflege • Produkthierarchie.

Weitere Artikelhierarchien direkt in SAP PMR erzeugen

Beim Laden der Staging-Tabellen `/DMF/MDIF*` in die Tabellen des SAP-PMR-Systems können Sie weitere Artikelhierarchien erzeugen. Hierzu gibt es aber keine Standard-SAP-Transaktion.

Lokation

Der Begriff *Lokation* ist betriebswirtschaftlich mit dem Betrieb aus dem SAP-Retail-System gleichzusetzen. Die Lokationen werden aus dem stammdatenführenden System repliziert.

Die *Lokationshierarchie* ist eine Gruppierung von Lokationen und wird entweder aus den Stammdatensystemen repliziert oder manuell gepflegt. Bei der Replikation wird standardmäßig die Betriebshierarchie als Klassenart 030 des Klassensystems oder die über die Referenzbetriebe aufgebaute Hierarchie übernommen.

Die manuelle Pflege einer Lokationshierarchie ist über den folgenden Pfad erreichbar: **Datenmanagement • Lokationshierarchie**. Es können drei verschiedene Arten von Lokationshierarchien angelegt werden: **Lokationshierarchie PMR**, **mit Referenz** oder als **Geographische Lokationshierarchie** (siehe Abbildung 7.11).

- Legen Sie eine Lokationshierarchie neu an, wählen Sie **Lokationshierarchie PMR** aus.
- Bei der Anlage **mit Referenz** wählen Sie in der Auswahlliste die referenzierte Lokationshierarchie aus – das System legt eine Kopie mit dem Lokationshierarchienamen **Kopie von {Referenz}** an. Die Daten können dann geändert und abgespeichert werden.
- Die geographische Lokationshierarchie wird nicht in SAP PMR angelegt. Diesen Typ der Lokationshierarchie können Sie über des Lokations-Clustering in SAP Assortment Planning for Retail anlegen (siehe Kapitel 9, »Fashion Management«). Anschließend können Sie diese Hierarchie dann im SAP-PMR-System als Lokationshierarchie auswählen.

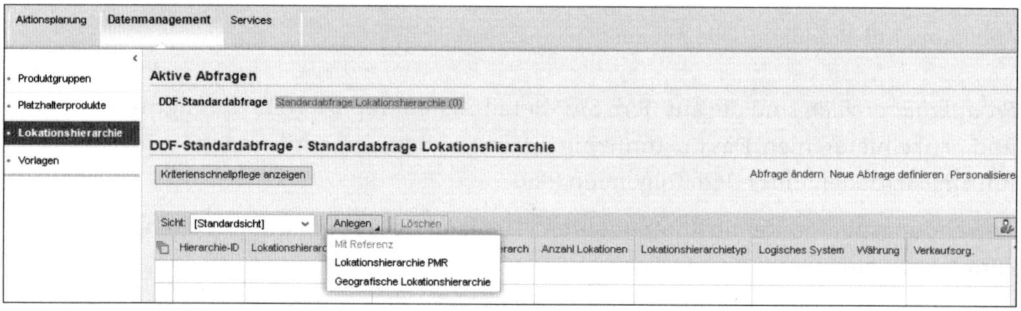

Abbildung 7.11 Einstieg in die Lokationshierarchiepflege

Wenn Sie eine neue Lokationshierarchie über die Auswahl **Lokationshierarchie PMR** anlegen, gelangen Sie als Nächstes in die Lokationshierarchiepflege, in der Sie die Eigenschaften der Lokationshierarchie festlegen können (siehe Abbildung 7.12).

Abbildung 7.12 Eigenschaften einer Lokationshierarchie definieren

Dort pflegen Sie auf der Registerkarte **Eigenschaften** folgende Felder, wobei die mit einem Sternchen markierten Felder wiederum Pflichtfelder sind:

- **Lokationshierarchiename**: Hier vergeben Sie einen Namen für die Lokationshierarchie. Dabei kann ein Name nicht doppelt vergeben werden.
- **Beschreibung**: Hier können Sie eine beschreibende Information als Freitext einpflegen.
- **Stammdatensystem**: Sie wählen das Stammdatensystem aus, aus dem die Stammdaten (replizierte Hierarchien, Betrieb, Werke, Lieferanten, Kunden) bezogen werden sollen.
- **Verkaufsorganisation**: Hier wählen Sie die entsprechende Verkaufsorganisation aus. Das System weist anhand dieser Information die richtige Währung zu.

Auf der Registerkarte **Editor** können Sie nun die Lokationen zuordnen (siehe Abbildung 7.13).

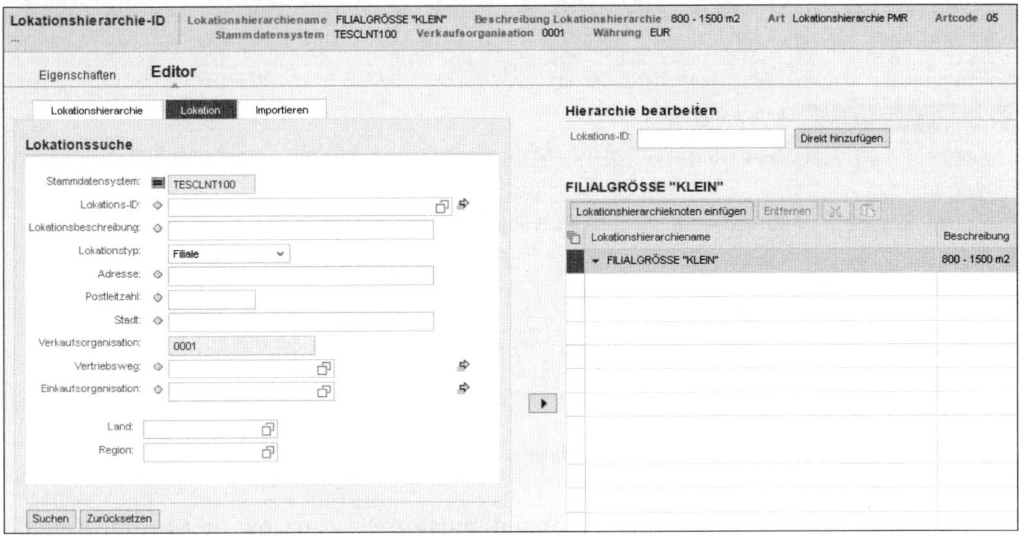

Abbildung 7.13 Lokationen einer Lokationshierarchie zuweisen

Im linken Bildschirmbereich können Sie wählen, wie die Hierarchie angelegt wird. Dazu wählen Sie entweder existierende Lokationshierarchien und/oder Ebenen dieser Hierarchien sowie Lokationen aus oder importieren die Hierarchie. Für die Auswahl steht Ihnen eine Suchfunktion zur Verfügung, die es erlaubt, anhand von Selektionskriterien die richtigen Lokationen zu finden. Diese gefundenen Lokationen werden dann auf der rechten Seite in einer hierarchischen Liste angezeigt. Markieren Sie Lokationen, die Sie der Hierarchie hinzufügen möchten, und ordnen Sie diese der Lokationshierarchie zu.

Das Customizing für die Lokationshierarchien finden Sie im Einführungsleitfaden unter folgendem Pfad:

Anwendungsübergreifende Komponenten • Demand Data Foundation • Datenpflege • Lokationshierarchie.

7.1.5 Kampagnenmanagement

Das Customizing für die Kampagne finden Sie im Einführungsleitfaden unter folgendem Pfad:

Anwendungsübergreifende Komponenten • PMR • Nummernkreis für Kampagnen pflegen.

Die Kampagnenplanung rufen Sie im NWBC über die Registerkarte **Aktionsplanung** auf. Wählen Sie hier den Bereich **Kampagnenplan** (siehe Abbildung 7.14).

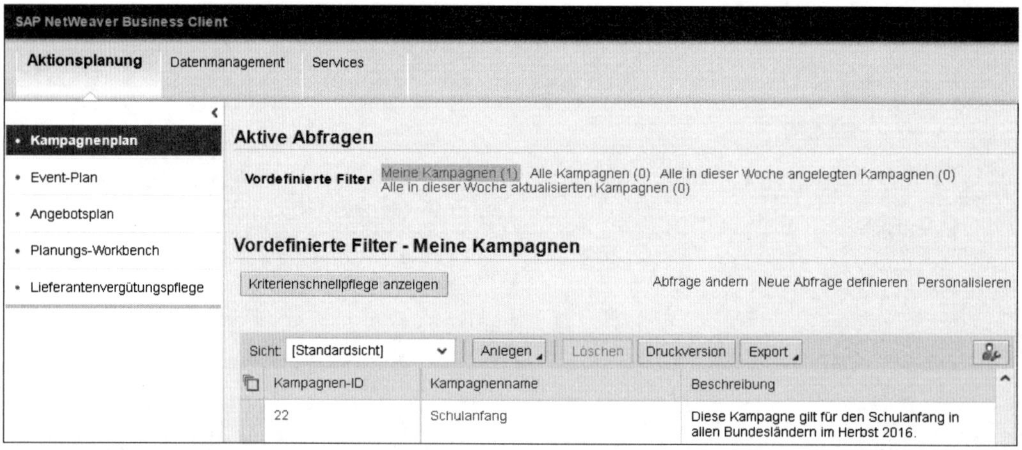

Abbildung 7.14 Navigation zur Kampagnenplanung

Um eine Kampagne anlegen zu können, müssen Sie zunächst im Customizing die Nummernkreise für die Kampagne pflegen. Anschließend legen Sie die Kampagne wie folgt an:

1. Klicken Sie auf den Auswahl-Button **Anlegen**. Sie können zwischen der Anlage **Mit Referenz** und der Anlage **Ohne Referenz** wählen (siehe Abbildung 7.15).

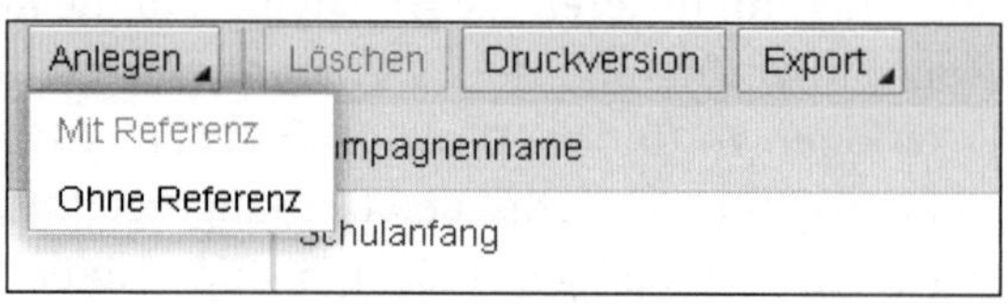

Abbildung 7.15 Kampagne anlegen

2. Soll eine Kampagne ohne Referenz angelegt werden, öffnet sich der Kampagnenpflegebildschirm aus Abbildung 7.16.
3. Hier pflegen Sie die Eigenschaften und Attribute der Kampagne. Als **Eigenschaften** gelten dabei der **Kampagnenname** und die **Beschreibung**. Beides sind Freitextfelder. Der Kampagnenname ist dabei ein Pflichtfeld (darauf weist das Sternchen am Feldbezeichner hin).

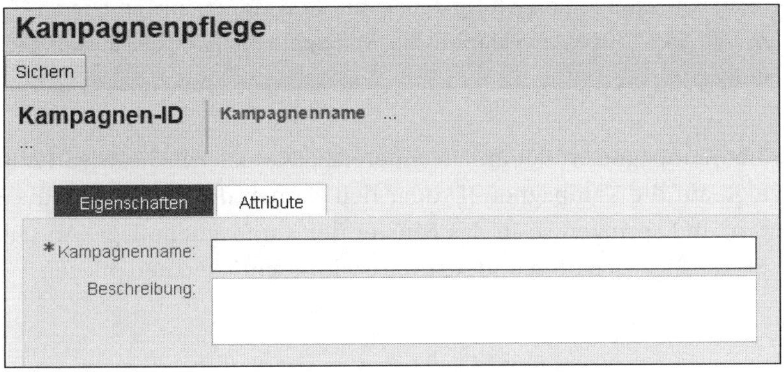

Abbildung 7.16 Eigenschaften Kampagne

4. Die Kampagnen-ID wird im Hintergrund angelegt und bei interner Nummernvergabe fortlaufend vom System vergeben. Es ist auch eine externe Nummernvergabe möglich.
5. Auf der Registerkarte **Attribute** können einer Kampagne Attribute zugeordnet werden, die zuvor im Customizing definiert wurden. In der Praxis sind diese Attribute oft zusätzliche Texte zur Erläuterung oder zum Prozess bzw. ein Datum für die Gültigkeit der Kampagne.
6. Markieren Sie ein Attribut in der Liste (siehe Abbildung 7.17), können Sie darunter im Feld **Wert** einen Attributwert pflegen. Durch ein Aktualisieren wird dieser Wert in der Datenbank gespeichert.

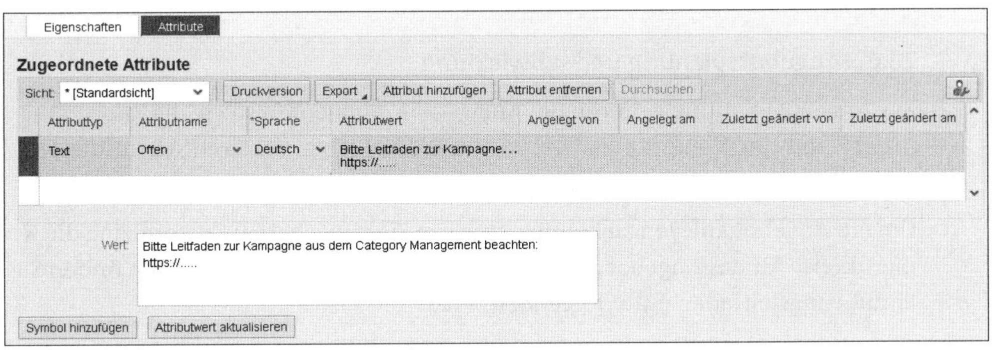

Abbildung 7.17 Kampagnenplan – Attribute zuordnen

Soll eine Kampagne mit Referenz angelegt werden, markieren Sie den Referenzeintrag in der Liste und wählen **Mit Referenz**. Die neue Kampagne wird dann mit allen Einträgen kopiert. Die Bezeichnung wird automatisch gesetzt: **Kop. 1 V. <Name Referenzkampagne>**.

[»]

Kein Import von Kampagnen möglich

Derzeit gibt es noch keine Importschnittstellen für Kampagnen aus anderen SAP-Applikationen wie SAP Customer Relationship Management (SAP CRM) oder SAP Hybris Marketing.

Das Ändern einer Kampagne erfolgt im Listenbereich. Dort klicken Sie, wie in Abbildung 7.18 gezeigt, auf die Kampagnen-ID oder den Namen der Kampagne, die Sie ändern möchten, und springen so in das Fenster der Kampagnenpflege. Anschließend können Sie die Eigenschaften und Attribute wie beschrieben neu pflegen.

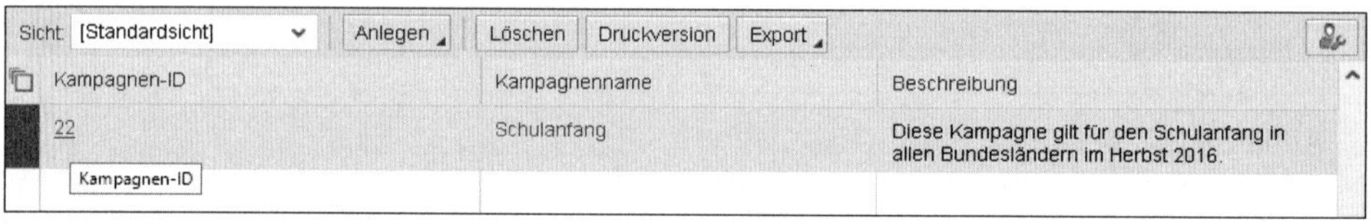

Abbildung 7.18 Kampagne ändern

Zum Löschen einer Kampagne markieren Sie die zu löschende Kampagne in der Liste und klicken auf den Button **Löschen** (siehe Abbildung 7.19). Ist die Kampagne schon einem Event zugeordnet, kann sie nicht mehr gelöscht werden.

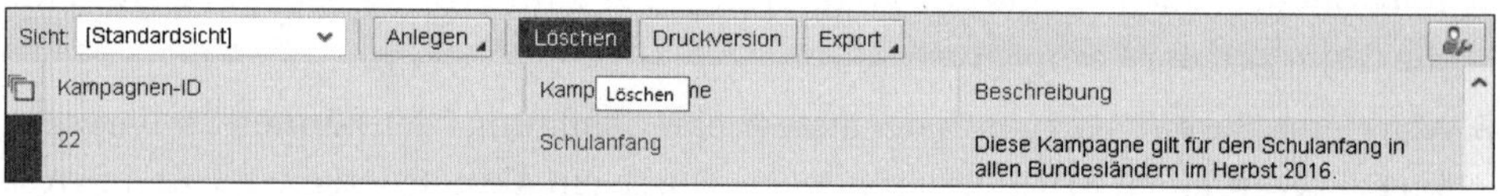

Abbildung 7.19 Kampagne löschen

7.1.6 Angebotsplanung und -abwicklung

Zur Angebotsplanung gehören die Anlage von Angeboten sowie die Zuordnung der Artikel und der Konditionen. Neben diesen Aufgaben erklären wir in diesem Abschnitt, wie Sie Angebote lokalisieren können.

Um ein Angebot anlegen zu können, müssen Sie zunächst im Customizing die Nummernkreise für das Angebot definieren. Das Customizing zum Angebot finden Sie im Einführungsleitfaden unter folgendem Pfad:

SAP Anwendungsübergreifende Komponenten • Demand Data Foundation • Datenpflege • Angebot.

Angebot anlegen

Ein Angebot legen Sie im Listenbereich der **Angebotsplanung** im Bereich **Angebotsplan** an. Das Angebot kann dabei entweder als Angebot **ohne Referenz**, **mit Referenz** oder mit Referenz auf eine Lieferantenvergütung (**Mit Ref. auf Lieferantenv.**) angelegt werden (siehe Abbildung 7.20).

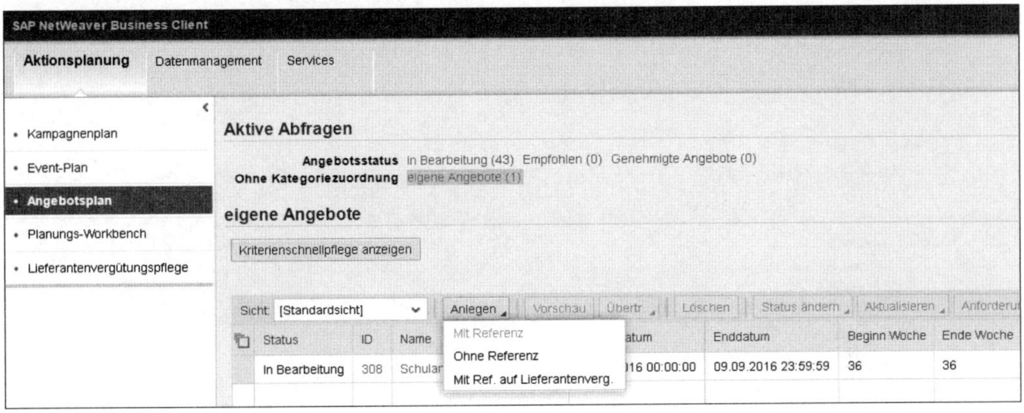

Abbildung 7.20 Angebot anlegen

Zunächst zeigen wir Ihnen, wie ein Angebot ohne Referenz angelegt wird. Angebote mit Referenzen werden auf die gleiche Weise angelegt, es sind dabei jedoch bestimmte Felder schon vorbelegt.

Sie starten mit der Pflege der Angebotseigenschaften (siehe Abbildung 7.21). Folgende Felder müssen Sie hier pflegen (mit einem Sternchen markierte Felder sind Pflichtfelder):

- **Angebotsname**: Den Angebotsnamen können Sie frei wählen. Eine Doppelvergabe ist nicht möglich, da das System prüft, ob der Name schon vergeben wurde. Die Angebots-ID wird im Hintergrund angelegt bzw. muss bei externer Nummernvergabe eingegeben werden.
- **Angebotsbeschreibung**: Hier geben Sie einen Freitext ein.
- **Stammdatensystem**: Aus dem Stammdatensystem werden die replizierten Stammdaten, Preise etc. gezogen und geprüft. Aus diesem Grund muss dieses Feld gepflegt werden. Existiert nur ein einziges Stammdatensystem, können Sie im Customizing hinterlegen, dass das Feld **Stammdatensystem** bei der Angebotsanlage automatisch vorbelegt wird.

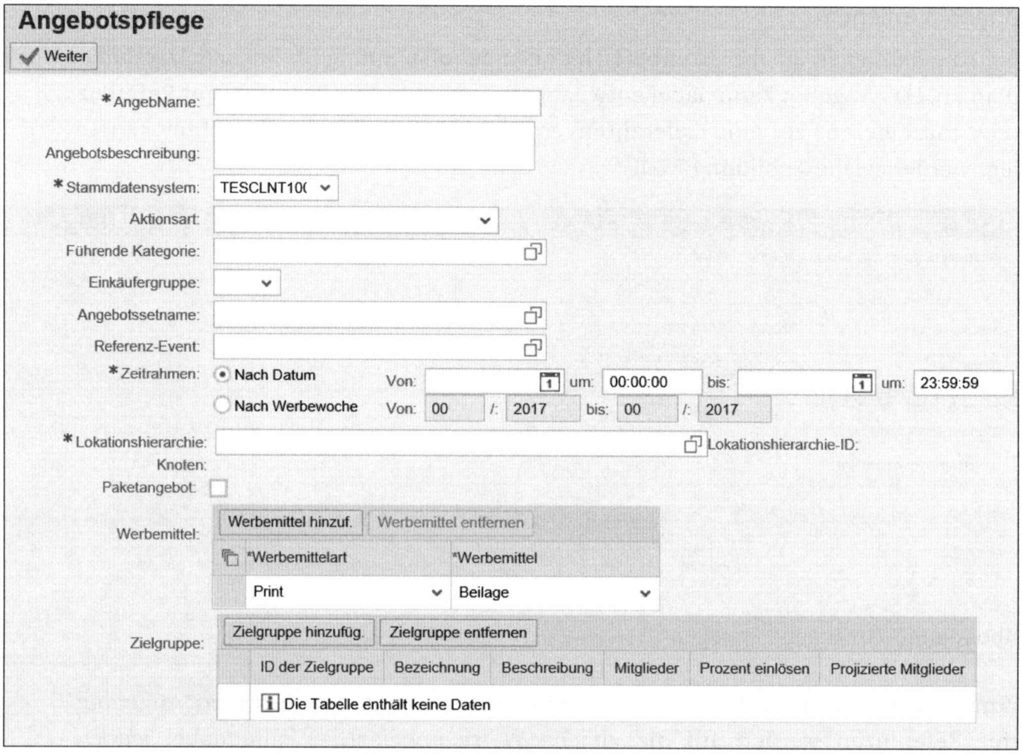

Abbildung 7.21 Angebotseigenschaften pflegen

- **Aktionsart**: Die Aktionsart muss ebenfalls im Customizing gepflegt werden und kann dann bei der Angebotsanlage ausgewählt werden. Die Aktionsarten müssen mit den im SAP-Retail-System eingestellten Aktionsarten identisch sein. Sie werden beim automatischen Anlegen der Handelsaktionen aus dem SAP-PMR-System mitgegeben. Außerdem ist die Aktionsart ein Kriterium für die mögliche Zusammenfassung mehrerer Angebote zu einer Handelsaktion.
- **Führende Kategorie**: Die führende Kategorie ist im Allgemeinen die Warengruppe oder die Artikelhierarchie. Beide Hierarchien werden aus dem Stammdatensystem repliziert. Ist dieses Feld gefüllt, können diese Informationen für folgende Aktivitäten genutzt werden:
  - bei der Zuordnung der Angebote zu den Events
  - bei der Kumulation von Angeboten zu einer Handelsaktion
  - bei der Zuordnung der Artikel
- **Einkäufergruppe**: Die Einkäufergruppe dient der Berechtigungssteuerung. Angebote können so angelegt werden, dass sie nur von bestimmten Einkäufern bearbeitet werden können.

- **Angebotssetname**: Angebote, die logisch zusammengehören, können in einem *Angebotsset* gebündelt werden. Sie können dann später auch auf der Ebene dieses Angebotssets ausgewertet werden.
- **Referenz-Event**: Wenn Sie ein Angebot mit Bezug zu einem existierenden Event anlegen wollen, geben Sie in dieses Feld die Nummer des Events ein, auf das Sie sich beziehen. Damit werden die folgenden Felder automatisch aus dem Referenz-Event gezogen: **Zeitrahmen**, **Lokationshierarchie** und **Werbemittel**. In der Praxis wird diese Funktion oft genutzt, um sicherzustellen, dass das Angebot dem Event zugeordnet werden kann.
- **Zeitrahmen**: Die Gültigkeit des Angebots kann in Kalenderwochen oder über eine Datumsangabe gepflegt werden. Bei Eingabe der Kalenderwoche wird das Datum automatisch gezogen (die Basis ist der im Customizing gepflegte Fabrik- und Feiertagskalender).
- **Lokationshierarchie**: Hier pflegen Sie die Lokationshierarchie, die alle Filialen bündelt, für die das Angebot gültig ist.
- **Paketangebot**: Im Paketangebot haben Sie die Möglichkeit, mehrere definierte Artikel in einem Paket zu einem festen Preis anzubieten. Ein typisches Beispiel für ein Paketangebot wäre das Angebot einer Dose Cola zusammen mit einer Tüte Kartoffelchips zum Gesamtpreis von 1,50 €. Die Bedingungen dazu pflegen Sie auf der Registerkarte **Versionen**. Hier definieren Sie durch das Setzen des Kennzeichens **Paketangebot**, dass Sie ein Paketangebot anlegen wollen (siehe Abbildung 7.22).

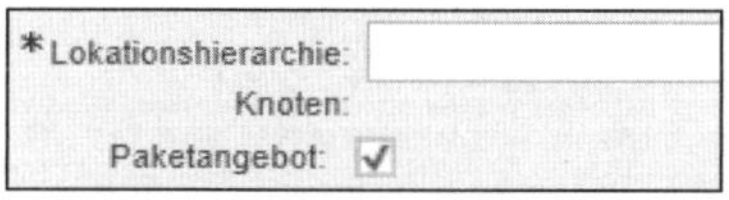

Abbildung 7.22 Paketangebot anlegen

- **Werbemittel**: Im Feld **Werbemittel** definieren Sie sowohl das Werbemittel als auch die Werbemittelart. Die dazugehörigen Auswahlmöglichkeiten müssen Sie im Vorfeld im Customizing hinterlegen. Sie können mehrere Kombinationen von Werbemitteln und Werbemittelarten pflegen. Dabei können nur solche Angebote einem oder mehreren Events zugeordnet werden, die eine identische Werbemittel-Werbemittelart-Kombination aufweisen.
- **Zielgruppe**: Sie haben die Möglichkeit, hier eine Zielgruppe auszuwählen, um mit einem Angebot nur eine bestimmte Gruppe von Kunden anzusprechen. Die Kundengruppe kann nicht in SAP PMR gepflegt werden. Sie wird ab Release CARAB 1.0 FP03 über eine SAP-Standardschnittstelle aus SAP Hybris Marketing eingespielt oder kann aus anderen Systemen ebenfalls über eine entsprechende Schnittstelle befüllt werden.

Nachdem alle notwendigen Felder gefüllt sind, klicken Sie auf den Button **Weiter** in der linken oberen Ecke (siehe Abbildung 7.21).

Daraufhin erscheinen alle definierten Eigenschaften in einer Kopfzeile, in der alle wichtigen Daten zusammengefasst sind (siehe Abbildung 7.23). Jetzt können Sie das Angebot sichern, bevor Sie weiter damit arbeiten. Dabei wird bei interner Nummernvergabe die Angebots-ID zugeordnet, und das System setzt den Angebotsstatus auf **in Bearbeitung**. In diesem Status kann das Angebot weiterhin in vollem Umfang bearbeitet werden.

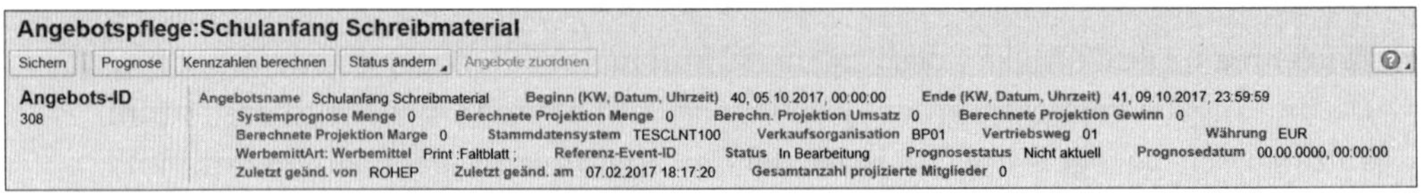

Abbildung 7.23 Kopfdaten des Angebots

Angebotsversionen

Nachdem Sie die Kopfdaten des Angebots in den Eigenschaften gepflegt haben, wechseln Sie auf die Registerkarte **Versionen**. Dort werden die Artikel und ihre Konditionen zu dem Angebot zugeordnet und ggf. Versionen angelegt. Eine *Angebotsversion* beschreibt ein von der Grundgesamtheit abweichendes Angebot (z. B. abweichende Artikel oder abweichende Konditionen), das nur für eine definierte Anzahl von Lokationen gültig ist.

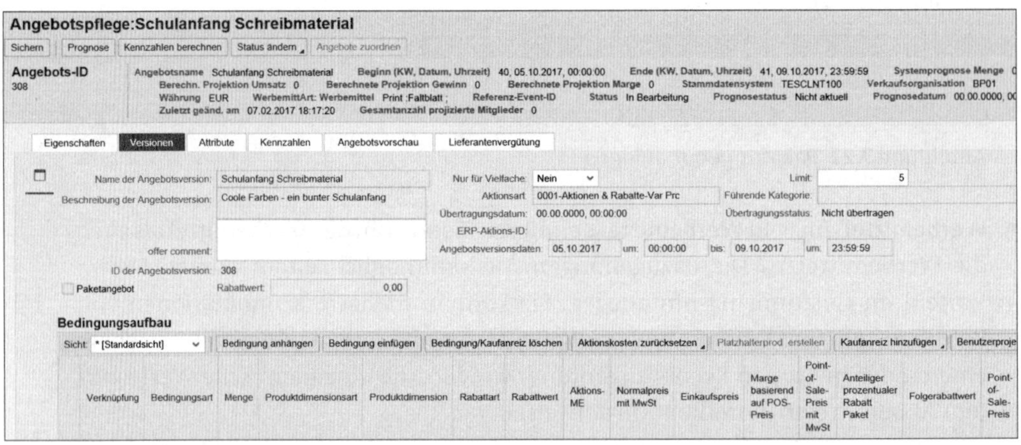

Abbildung 7.24 Registerkarte »Versionen«

In Abbildung 7.24 sehen Sie die Registerkarte zur Pflege der Angebotsversionen im Überblick. Im Folgenden erklären wir die einzelnen Bereiche, über die Sie die Versionen definieren können.

Lokationshierarchie

Im linken Bereich der Registerkarte sehen Sie die **Lokationshierarchie**, die Sie in den Eigenschaften zugeordnet haben (zur Pflege der Lokationshierarchien siehe Abschnitt 7.1.4, »Stammdatenobjekte«) mit den zugeordneten Filialen. Hier haben Sie die Möglichkeit, *Versionen* zu definieren. Dazu markieren Sie eine oder mehrere Filialen (oder einen Hierarchieknoten, sofern die gewählte Hierarchie mehrstufig ist) und legen über **Versionen • Anlegen** eine Angebotsversion an (siehe Abbildung 7.25).

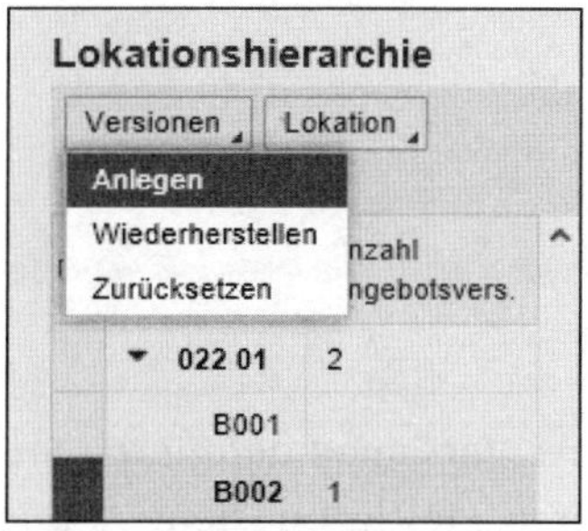

Abbildung 7.25 Angebotsversion anlegen

In unserem Beispiel haben wir die Filiale **B002** markiert. An der 1 in der Spalte **Anzahl Angebotsvers.** erkennen Sie nun, dass eine neue Angebotsversion angelegt wurde. Auf der obersten Ebene der Lokationshierarchie wird in der gleichen Spalte angezeigt, wie viele Angebotsversionen insgesamt angelegt wurden. In diesem Bespiel haben Sie insgesamt zwei Angebotsversionen angelegt.

Sie haben hier auch die Möglichkeit, die Angebotsversionen in den Ausgangszustand zurückzusetzen bzw. wiederherzustellen. Sollen die Angebote nicht für alle Filialen der Lokationshierarchie gültig sein, können Sie einzelne Filialen ausschließen, wie Sie in Abbildung 7.26 sehen. Wollen Sie z. B. ein Angebot für die bediente Fleischtheke anlegen, können Sie die Filialen, die keine bediente Fleischtheke haben, ausschließen.

Abbildung 7.26 Einzelne Filialen von einem Angebot ausschließen

In unserem Beispiel haben wir dazu die Filiale **B002** markiert und auf **Lokation • Ausschließen** geklickt. Die Filiale **B002** wird nun ausgegraut dargestellt und wird das Angebot nicht bekommen.

Über die Funktion **Wieder aufnehmen** können Sie die Filiale wieder dem Angebot zuordnen. Der Button **Projektionen** erlaubt es Ihnen, die Benutzerprojektionen für die markierten Filialen zurückzusetzen.

[»] **Projektionen**

Projektionen sind Angebotsmengen auf Ebene der Produktdimensionsart (Produkt) und der Lokation. Der Wert wird vom System auf Basis von Vergangenheitswerten errechnet.

Bedingungsaufbau

Im Listenbereich **Bedingungsaufbau** auf der Registerkarte **Versionen** definieren Sie die Angebotsarten, indem Sie Bedingungen und Kaufanreize festlegen (siehe Abbildung 7.27).

Abbildung 7.27 Bedingungsaufbau in der Versionspflege

Wie Sie diese Bedingungen pflegen, erklären wir anhand einiger Beispiele. Im ersten Beispiel sollen 20 % Rabatt für ein Produkt oder eine Gruppierung von Produkten gegeben werden:

1. Klicken Sie auf den Button **Bedingung einfügen** oder **Bedingung anhängen**.
2. Es wird nun eine Zeile in der Liste hinzugefügt, die automatisch mit der Bedingungsart **Kauf** verknüpft ist (siehe Abbildung 7.28).
3. Folgende Felder können Sie bei der Pflege der Bedingungen in der Liste ausfüllen:
   - **Bedingungsart**: Hier definieren Sie die Bedingung für die Gewährung des Rabatts. In diesem Fall muss der Kunde ein Produkt kaufen.
   - **Menge**: Hier definieren Sie, wie viele Produkte der Kunde kaufen muss, um den Rabatt zu bekommen. In unserem Beispiel bekommt der Kunde schon beim Kauf eines Produkts den Rabatt.

- **Produktdimensionsart**: Hier definieren Sie, welches Produkt (**Produkt**, Produkt aus **Produktgruppe**, Produkt aus **Produkthierarchie**, **Sammelprodukt**, **Displayprodukt**) der Kunde kaufen muss, um den Rabatt zu bekommen.
- **Produktdimension**: Hier definieren Sie den Wert der Produktdimensionsart, also die Produktnummer, die Produktgruppennummer etc.
- **Rabattart**: Hier definieren Sie die Art des Rabatts. In unserem Beispiel pflegen Sie den Prozentrabatt.
- **Aktions-ME**: Hier definieren Sie die Mengeneinheit des Produkts, auf die Sie den Rabatt gewähren werden. In unserem Beispiel ist es das Stück, das rabattiert wird.
- **Rabattwert**: Hier definieren Sie den Prozentwert, mit dem Sie den Normalpreis rabattieren wollen. In unserem Beispiel sind es 20 %.

Abbildung 7.28 Beispiel für eine Abgebotsbedingung: 20 % Rabatt auf ein Produkt

Wenn Sie dagegen 20 % Rabatt für ein Produkt oder eine Gruppierung von Produkten bei einem Einkauf dieser Produkte mit einem Mindestumsatz von 50 € definieren möchten, pflegen Sie zusätzlich noch den **Mindestausgabenbetrag** (siehe Abbildung 7.29).

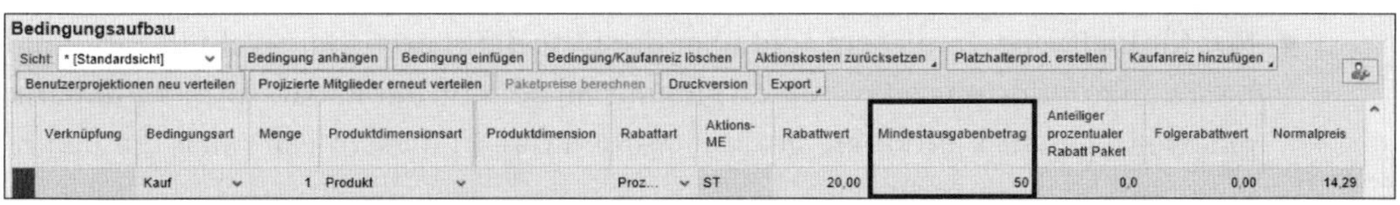

Abbildung 7.29 Mindestausgabenbetrag von 50 € definieren

Als drittes Beispiel nehmen wir an, dass die 20 % Rabatt ausschließlich beim Kauf von mindestens drei Stück des Produkts 699 auf dieses Produkt gegeben werden. Alternativ werden nur 10 % Rabatt auf das Produkt 685 gegeben, wenn der Kunde mindestens fünf Stück dieses Produkts kauft. In diesem Fall müssen Sie folgende Felder pflegen (siehe Abbildung 7.30):

- **Verknüpfung**: Hier wird definiert, ob die einzelnen Bedingungen mit **und** oder **oder** verknüpft werden. In diesem Fall ist es eine **oder**-Verknüpfung. Wenn die Verknüpfung **und** ist, müssen beide Bedingungen erfüllt sein, damit Sie einen Rabatt bekommen. In diesem Beispiel bedeutet das, dass der Kunde mindestens drei Produkte 699 *und* mindestens fünf Produkte 685 kaufen muss, um das Angebot zu erhalten.
- **Bedingungsart**: Hier definieren Sie die Bedingung für die Gewährung des Rabatts. In diesem Fall muss der Kunde kaufen.
- **Menge**: Hier definieren Sie, wie viele Produkte der Kunde kaufen muss, um den Rabatt zu erhalten. In diesem Fall muss der Kunde mindestens drei Produkte 699 kaufen, um einen Rabatt von 20 % auf das Produkt 699 zu bekommen, sowie mindestens fünf Produkte 685, um 10 % Rabatt auf dieses Produkt zu erhalten.
- **Produktdimensionsart**: Hier definieren Sie, welches Produkt (**Produkt**, Produkt aus **Produktgruppe**, Produkt aus **Produkthierarchie**, **Sammelprodukt**, **Displayprodukt**) der Kunde kaufen muss, um den Rabatt zu erhalten. In unserem Beispiel sind es Einzelprodukte, die der Kunde kaufen muss.
- **Produktdimension**: Hier definieren Sie den Wert der Produktdimensionsart. In unserem Beispiel sind es die Produktnummern 699 für die erste Bedingung und 685 für die zweite Bedingung.
- **Rabattart**: Hier definieren Sie die Art des Rabatts. In diesem Fall pflegen Sie den Prozentrabatt für beide Bedingungen.
- **Aktions-ME**: Hier definieren Sie die Mengeneinheit des Produkts, auf das Sie den Rabatt gewähren werden. In diesem Fall ist es das Stück, das rabattiert wird.
- **Rabattwert**: Hier definieren Sie den Prozentwert, mit dem Sie den Normalpreis rabattieren wollen. In unserem Beispiel sind das 20 % für die erste Bedingung und 10 % für die zweite Bedingung.
- **Nur für Vielfache**: In diesem Feld über der Liste definieren Sie, ob ein Rabatt beim Kauf von mindestens x Produkten gilt (**Initial**) oder ob der Rabatt immer nur dann gilt, wenn genau x Produkte gekauft werden (**Ja**). In diesem Fall muss die Bedingung mindestens erfüllt sein.

  Der Kunde bekommt bei Bedingung 1 also ab dem dritten Produkt alle Produkte 20 % billiger oder bei Bedingung 2 ab dem fünften Produkt einen Rabatt von 10 % auf alle Produkte.
- **Limit**: In diesem Feld über der Liste definieren Sie, ob das Angebot in einer Kauftransaktion einmal oder mehrmals angewandt werden kann. In unserem Beispiel haben wir »0« eingetragen, d. h., das Angebot kann ohne Limit (also beliebig oft pro Kauf) genutzt werden.

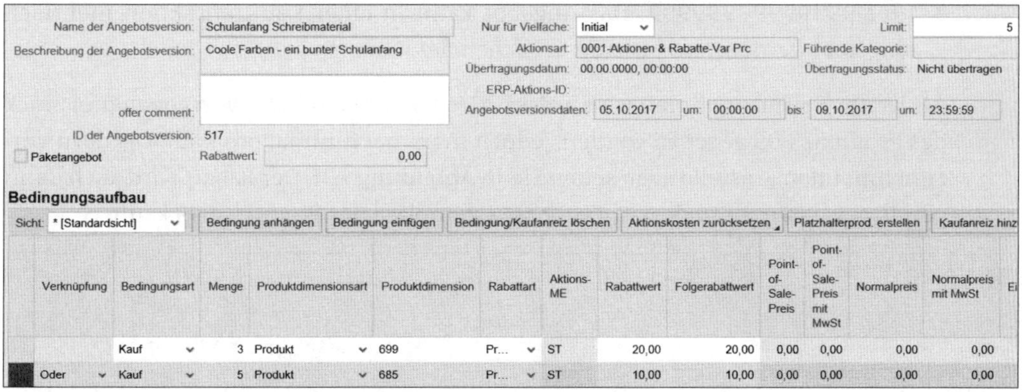

Abbildung 7.30 Oder-Bedingung definieren

Der Kunde bekommt den Rabatt auch für beide Produkte, wenn er mindestens dreimal das Produkt 699 und mindestens fünfmal das Produkt 685 kauft. Das liegt an der Einstellung im Feld **Nur für Vielfache**. Dieses Feld lässt folgende Werte zu:

- **Initial**: Ist dieser Wert gesetzt, gilt der Rabatt, wenn mindestens die definierte Anzahl des Produkts gekauft wird. Für alle weiteren Stückmengen gilt dann der gleiche Rabatt. Ist der Wert **Initial** gepflegt, kann zusätzlich in der Bedingung ein Folgerabatt gepflegt werden. Dieser gilt dann bei Erreichen der Mindestanzahl für alle weiteren Mengen des rabattierten Produkts dieser Bedingung. Das System setzt diesen Wert gleich dem Rabattwert. Er kann aber manuell geändert werden. Über diese Funktion können also Staffeln abgebildet werden.
- **Ja**: Ist dieser Wert gesetzt, gilt der Rabatt nur, wenn genau die angegebene Anzahl eines Produkts gekauft wird. In unserem Bespiel müssen genau drei Stück des Produkts 699 gekauft werden. Danach gilt der Rabatt nur noch für Vielfache von 3, also 6, 9, 12 etc.
- **Nein**: Ist dieser Wert gepflegt, bekommt der Kunde schon ab dem ersten gekauften Exemplar des Produkts den Rabatt.

Vier für zwölf

Sie pflegen die Bedingung »Kaufe vier Produkte zu 12 €«. Das System rechnet jetzt:

12 € ÷ 4 = 3 €

Der Kunde bekommt also ab dem ersten Stück den Preis von 3 € pro Stück. Beim Kauf von zwei Stück bezahlt er also 6 € und beim Kauf von sieben Stück 21 €.

Für das Feld **Limit** können Sie folgende Werte pflegen:

- **0**: Es gibt kein Limit. Das bedeutet in unserem Fall, dass der Kunde immer den Rabatt bekommt, wenn die Bedingungen erfüllt sind.

- **1** bis **99999999999999**: Das Angebot kann in einer Kauftransaktion mehrfach eingelöst werden, also bis zum Erreichen des Zählers.

Als letztes Beispiel nehmen wir an, dass 20 % Rabatt beim Kauf von genau drei Stück des Produkts 699 gegeben werden, jedoch maximal fünfmal pro Kauf. Die dazu vorzunehmenden Einstellungen sehen Sie in Abbildung 7.31. Der Rabatt wird auch dann gewährt, wenn ein Kunde 6, 9, 12 oder 15 Exemplare des Produkts 699 kauft.

Abbildung 7.31 Maximalwert definieren

Sie können auch einen Rabatt abhängig vom Gesamtumsatz eines Kaufs, d. h. der Produktdimensionsart **Transaktion**, gewähren. In Abbildung 7.32 haben wir z. B. definiert, dass der Kunde ab einem Mindesteinkauf von 100 € einen Rabatt von 25 % erhält.

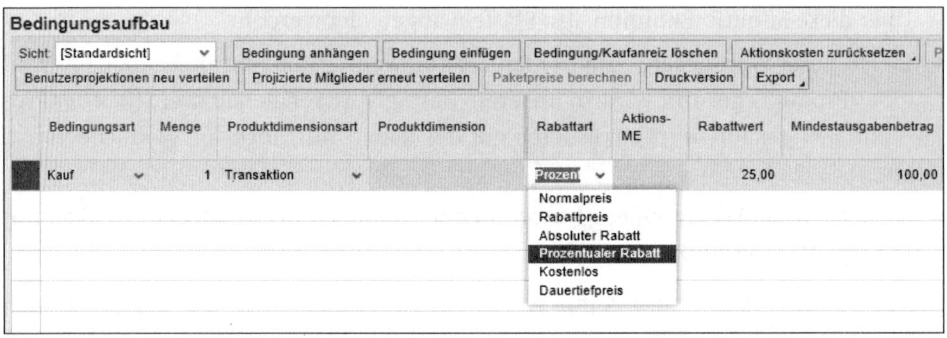

Abbildung 7.32 Rabatt auf Transaktion

In Abbildung 7.33 haben wir ein Paketangebot definiert. Kauft der Kunde in diesem Beispiel ein halbes Kilogramm Rinderhack zusammen mit einem Paket Spaghetti, erhält er beides zu einem Preis von zusammen 3 €.

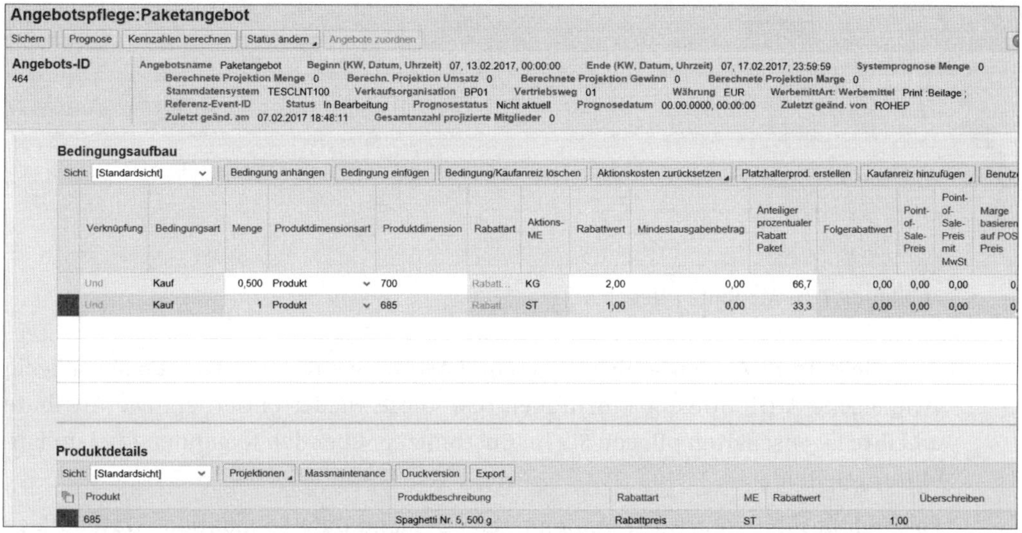

Abbildung 7.33 Paketangebot definieren

> **Produktbezeichnungen anzeigen**
>
> Im oberen Bereich der Bedingungspflege werden Ihnen nur die Produktnummern und keine Produktbezeichnungen angezeigt. Um weitere Informationen zu einer Bedingung zu sehen, markieren Sie die Zeile in den Bedingungen. In den Produktdetails sehen Sie dann die weiteren Informationen inklusive der Produktbezeichnung.

Als letztes Beispiel definiert Abbildung 7.34 die Bedingung für ein Bonusprodukt. Bei einem Kauf von drei Stück eines Produkts erhält der Kunde hier ein Stück gratis.

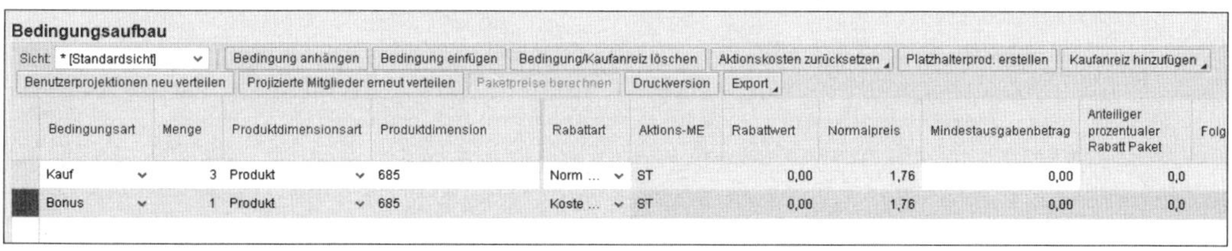

Abbildung 7.34 Bonusartikel definieren

Angebotsattribute

Wenn Sie dem Angebot zusätzlich kundenindividuelle Informationen anhängen wollen, können Sie dazu die Attribute verwenden. Klicken Sie dazu in der Angebotsplanung auf die Registerkarte **Attribute**. Sie gelangen zu der Sicht aus Abbildung 7.35.

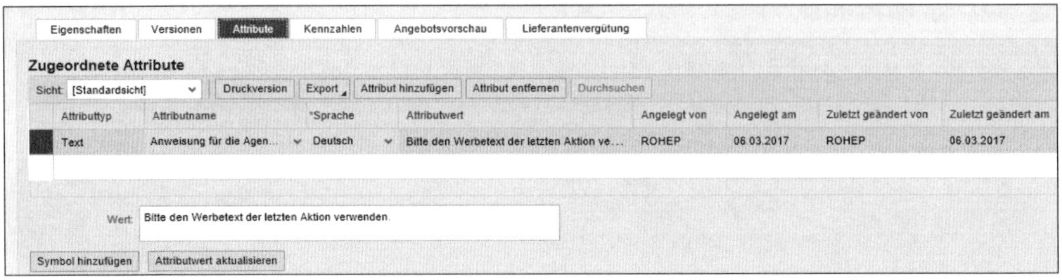

Abbildung 7.35 Attribute pflegen

Über die Buttons **Attribute hinzufügen** und **Attribute entfernen** können Sie beliebig viele eigene Attributfelder hinzufügen bzw. diese wieder entfernen. Die Attribute und ihre Eigenschaften pflegen Sie im Customizing über den folgenden Pfad im Einführungsleitfaden:

Anwendungsübergreifende Komponenten • Demand Data Foundation • Datenpflege • Attribute.

Den Inhalt der Attribute pflegen Sie anschließend in der Spalte **Attributwert** auf der Registerkarte **Attribute**. In Abbildung 7.35 wird eine Anweisung an die Agentur als Attribut gepflegt. Sie können die Attributwerte aber auch im Customizing festlegen. Dann werden Sie Ihnen in der Spalte **Attributwert** über eine Dropdown-Liste zur Auswahl angeboten.

Angebotskennzahlen

Um sich die Kennzahlen zu dem Angebot anzeigen zu lassen, wechseln Sie auf die Registerkarte **Kennzahlen**, die Sie in Abbildung 7.36 sehen.

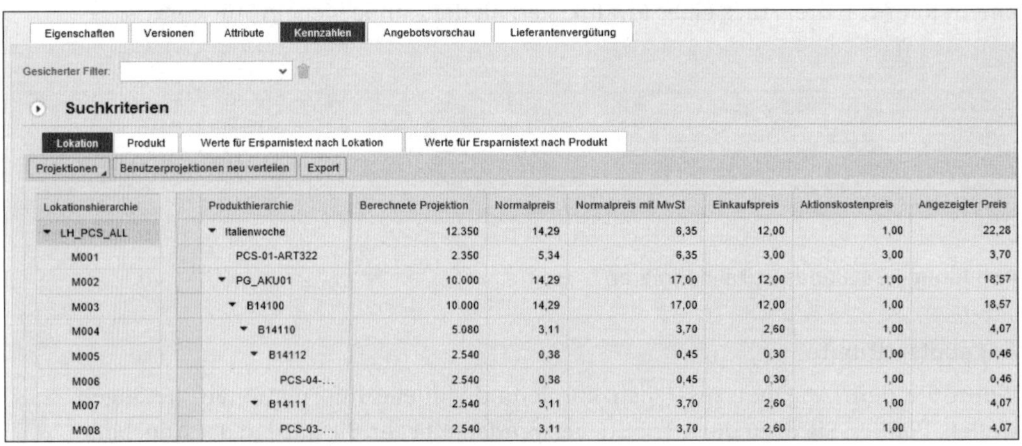

Abbildung 7.36 Kennzahlensicht zum Angebot

In dieser Sicht können Sie die Angebotskennzahlen je nach Auswahl wie folgt strukturieren:

- Lokationshierarchie und Einzellokationen
- Produkthierarchie und Artikel
- Ersparnis (zusätzliche Anzeige der Ersparnis für den Kunden). Dieser Wert kann auch auf dem Werbemittel angedruckt werden.

Angebotsvorschau

Auf der Registerkarte **Vorschau** können Sie sich das Angebot grafisch darstellen lassen. Die Vorschau basiert auf voreingestellten Templates und Attributen und wird vom System automatisch erzeugt.

Lieferantenvergütung

Aus der Angebotsplanung heraus können Sie auch Lieferantenvergütungen pflegen und diese dem Angebot zuordnen. Diese Funktion erreichen Sie über die Registerkarte **Lieferantenvergütung**. Wir beschreiben diese Funktion in Abschnitt 7.1.9, »Lieferantenvergütung anlegen«.

7.1.7 SAP-Fiori-Anwendung für die Angebotsplanung

Ab dem Release CARAB 1.0 FP03 steht eine SAP-Fiori-basierte Benutzeroberfläche für die Erfassung der Angebote zur Verfügung. Diese wird aktuell von SAP noch weiterentwickelt und in ihrem Funktionsumfang erweitert. Der grundlegende Unterschied zur Oberfläche im NWBC besteht (neben der abweichenden Technologie und dem Design, auf die wir hier nicht weiter eingehen) in der Trennung der Bereiche **Kaufen** und **Erhalten** bei der Erfassung der Angebotskonditionen (siehe Abbildung 7.37).

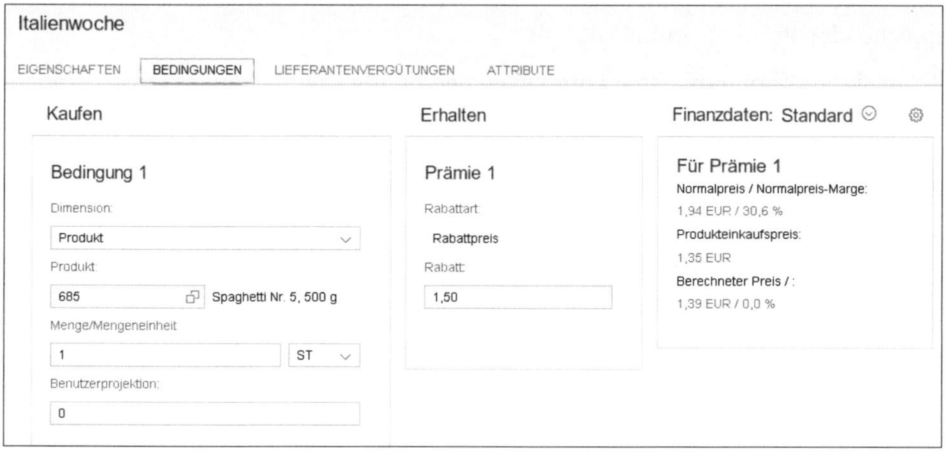

Abbildung 7.37 Bedingungspflege in der SAP-Fiori-Anwendung

Im Bereich **Kaufen** wird die Bedingung erfasst, unter der ein Kunde ein Angebot, z. B. einen bestimmten Rabatt, erhält. Im Bereich **Erhalten** wird die sogenannte *Prämie*, also z. B. der Rabatt, festgelegt.

Die gesamte Darstellung der Angebotspflege ist deutlich strukturierter und wirkt aufgeräumter als in der NWBC-Oberfläche. Diese Vereinfachung der Benutzeroberfläche erleichtert das Verständnis für die zum Teil komplizierten Angebotsbedingungen.

Die Registerkarten **Lieferantenvergütung** und **Attribute** erlauben Ihnen die Zuordnung einer Lieferantenverfügung bzw. eines Attributs zum Angebot, ähnlich wie das in der Angebotspflege im NWBC möglich ist (siehe Abbildung 7.38).

Abbildung 7.38 Ansicht der Lieferantenvergütung und der Attribute

Eine weitere Vereinfachung bringen die sogenannten *Bedingungsmuster* mit sich. SAP liefert ein Set von verschiedenen vordefinierten Bedingungsmustern aus, die dann nur noch mit Werten gefüllt werden müssen. Wählen Sie ein Bedingungsmuster aus, wie in Abbildung 7.39 gezeigt, wird der Bereich **Kaufen** automatisch mit den entsprechenden Bedingungen und der Bereich **Erhalten** automatisch mit den entsprechenden Prämien vorbelegt.

Wenn Sie zur Abbildung einer komplexen Bedingung kein passendes Muster finden, können Sie das Muster **Freestyle-Bedingung** auswählen. Mit diesem Muster können Sie alle Bedingungen abbilden, die Sie auch auf der Benutzeroberfläche des NWBC definieren können.

[»]

Fehlende Angebotsschau

In der SAP-Fiori-Anwendung wird die Funktion der Angebotsvorschau, die Sie aus dem NWBC kennen, derzeit noch nicht angeboten.

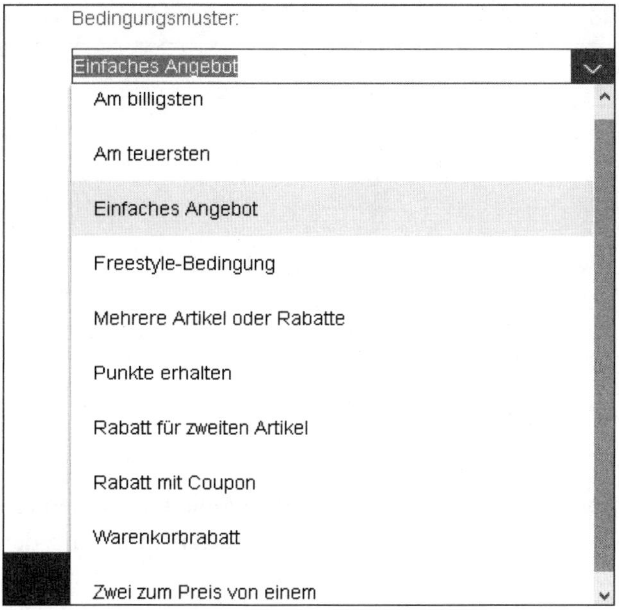

Abbildung 7.39 Bedingungsmuster

7.1.8 Event anlegen

Planung und Abbildung von Werbemitteln erfolgen in SAP PMR über das Event-Objekt. Ein Event definiert ein Werbemedium, das alle zugeordneten Angebote in einem definierten Zeitraum abbildet. Dieses Werbemedium verfügt üblicherweise über ein bestimmtes Layout, das in SAP PMR gepflegt wird. So kann das Event in der Praxis z. B. einen Werbeflyer abbilden. Dieser kann in Seiten und Blöcke gegliedert sein. Den Blöcken werden die einzelnen Angebote eines Events zugeordnet. Über diese Struktur können Sie in SAP PMR jedoch auch alle anderen Medien vom Papier bis zum Fernsehspot planen. Das fertige Event kann dann an die Produktion oder ein DTP-Programm (Desktop Publishing) versendet und dort grafisch auf- oder nachbearbeitet werden.

Zur Event-Pflege gelangen Sie über den Pfad **Aktionsplanung • Event-Plan** (siehe Abbildung 7.40).

In der Event-Übersicht sehen Sie die Events, die den Kriterien der Abfrage entsprechen. Auswahl und Anlage eines Events erfolgen ähnlich wie die eines Angebots (siehe Abschnitt 7.1.6, »Angebotsplanung und -abwicklung«). Im Folgenden erläutern wir daher nur diejenigen Felder, die spezifisch für die Event-Pflege sind.

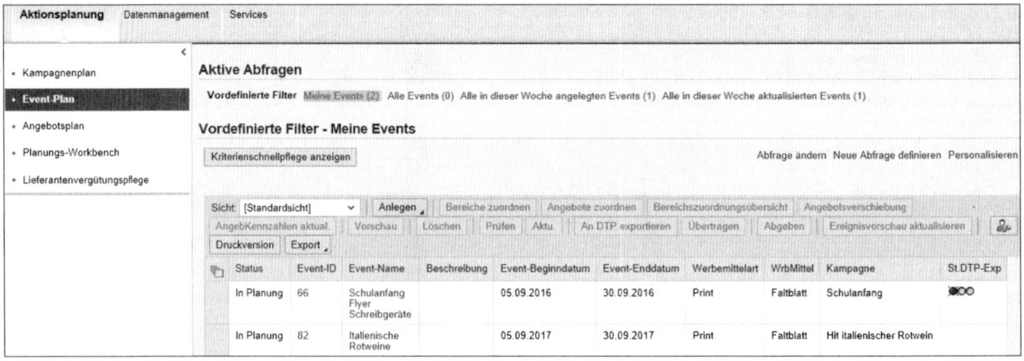

Abbildung 7.40 Event-Übersicht

Eigenschaften und Attribute

Um ein Event anzulegen, klicken Sie auf den Auswahl-Button **Anlegen**. Wählen Sie dann **ohne Referenz**, gelangen Sie zur Registerkarte **Eigenschaften** innerhalb der Event-Pflege (siehe Abbildung 7.41).

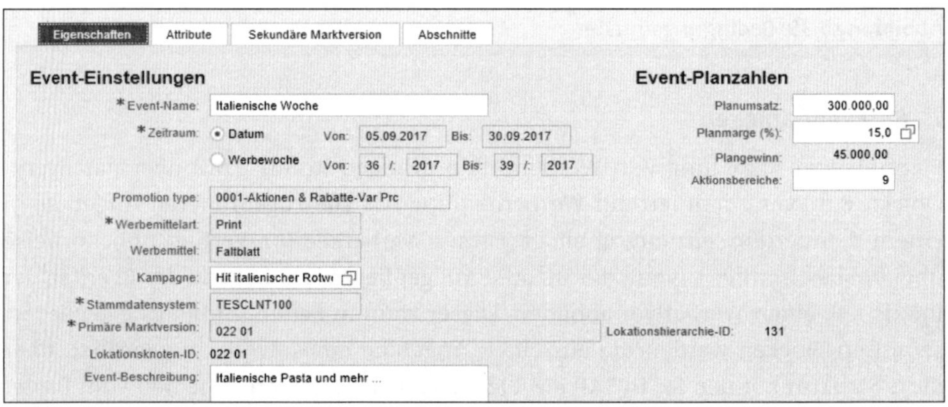

Abbildung 7.41 Eigenschaften eines Events pflegen

Hier sind die folgenden Felder von besonderer Bedeutung:

- **Primäre Marktversion**: Die primäre Marktversion beschreibt die Gesamtheit der Filialen, in denen das Werbemedium, also das Event, gültig ist und verteilt werden soll.
- **Event-Planzahlen**: In den Feldern zur Definition der Event-Planzahlen können Sie die finanziellen Ziele des Events definieren. Diese werden dann in den folgenden Prozessen immer wieder mit den tatsächlich zugeordneten Kennzahlen in den Abschnitten und Angeboten abgeglichen. Sie sehen so also immer, ob Sie mit den Angeboten im Event die gesetzten Planwerte erreichen werden oder nicht. So haben Sie die Möglichkeit, immer wieder nachzujustieren.

Pflege und Zuordnung der **Attribute** erfolgen analog zur Zuordnung von Attributen zu den Kampagnen und Angeboten.

Sekundäre Marktversion

Die *sekundäre Marktversion*, die Sie über die gleichnamige Registerkarte pflegen, bildet regionale Unterschiede für den Einsatz des Werbemediums ab. Die Filialen der sekundären Marktversion sind eine Teilmenge der Filialen der primären Marktversion. Ihnen werden unterschiedliche Angebote zugewiesen. Auch kann das Werbemedium unterschiedlich gestaltet sein (z. B. eine abweichende Seitenzahl oder mehr oder weniger Blöcke pro Seite).

Werbemittel lokalisieren

Sie können z. B. regionale Produkte über ein und dasselbe Event bewerben, indem Sie in einer sekundären Marktversion für eine bestimmte Region einen regionalen Wein oder eine regionale Fleischspezialität anbieten. Genauso könnten Sie in der sekundären Marktversion unterscheiden, ob Sie Filialen mit oder ohne Fischbedientheke bewerben, und so nur für die gewünschten Filialen die entsprechenden Seiten des Flyers drucken.

Abschnitte

Im Bereich **Abschnitte**, den Sie in Abbildung 7.42 sehen, definieren Sie die Struktur des Werbemediums (bzw. des Events). Mit dem hier gezeigten Event soll ein Umsatz von 300.000 € erzielt werden, indem 29 Angebote auf vier Seiten platziert werden.

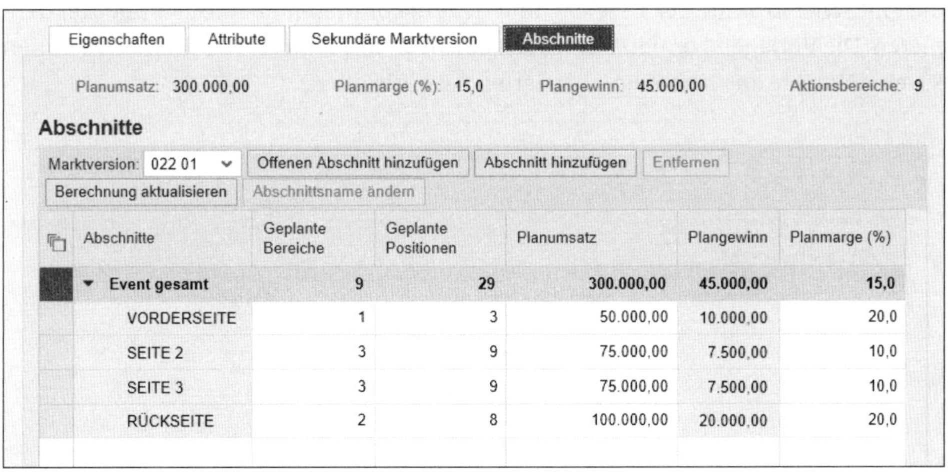

Abbildung 7.42 Abschnitte definieren

Die wichtigsten Strukturen eines Events sind:

- **Abschnitt**
  Es wird zwischen *offenen Abschnitten* und *geschlossenen Abschnitten* unterschieden. Der offene Abschnitt beschreibt meist eine strukturelle Einheit des gewählten Werbemediums (z. B. Frontseite, Mittelteil, Teaser oder Mood) oder ein inhaltliches Thema (z. B. Non Food, Fahrräder oder Weine).

  Der (geschlossene) Abschnitt definiert einen bestimmten Warenbereich. Dazu wird dem Abschnitt ein Knoten der Produkthierarchie zugeordnet. Durch diese Zuordnung kann gesteuert werden, wer diesen Abschnitt pflegen darf und welche Angebote zugeordnet werden können. Einen Abschnitt dürfen nur die Einkäufer pflegen, für die dieser Verantwortungsbereich definiert wurde. Den Verantwortungsbereich definieren Sie über den Pfad **Services • Verantwortungsbereich festlegen**.

  Darüber hinaus können nur Angebote diesem Abschnitt zugeordnet werden, die Artikel des definierten Produkthierarchieknotens enthalten.
- **Bereich**
  Der Bereich definiert, ob ein Abschnitt ein- oder mehrseitig ist und wie viele Positionen (Blöcke) er enthält.
- **Position**
  Die Position entspricht einem Block in einem Printwerbemedium und repräsentiert genau ein Angebot im Werbemedium.

Im Arbeitsbereich **Bereich-Vorlage-Zuordnung** können Sie die Abschnitte strukturieren (siehe Abbildung 7.43). Sie ordnen den Abschnitten die Bereiche zu und vergeben die Namen für die Bereiche. Den Bereichen ordnen Sie nun jeweils Vorlagen zu, die die grafische Struktur der Bereiche und der zugeordneten Positionen (Blöcke) definieren. Die Vorlagen können Sie in dieser Sicht ad hoc definieren. Alternativ können Sie eine Vorlage aus einem vordefinierten Set auswählen.

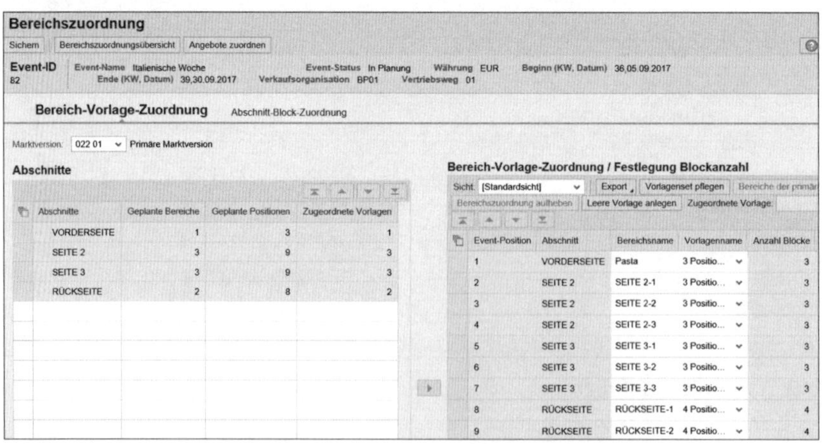

Abbildung 7.43 Beispiel für eine Bereich-Vorlage-Zuordnung

Vorlagen definieren

Um in SAP PMR eine Angebotsvorschau oder eine Event-Vorschau generieren zu können, müssen Sie vorher verschiedene Vorlagen definieren. Dies geschieht über den Pfad **Datenmanagement • Vorlagen**.

Es gibt die folgenden Vorlagenarten:

- In einer *Bereichsvorlage* definieren Sie die Breite und Höhe eines Bereichs. Außerdem legen Sie fest, ob der Bereich ein- oder mehrseitig ist. Eine Bereichsvorlage ist einer Werbemittelart zugeordnet. Sie kann in beliebig viele Positionen (Blöcke) unterteilt werden.
- In einer *Blockvorlage* definieren Sie die Boxattribute und die zugeordneten Inhaltsvorlagen. Das bedeutet, dass dem gesamten Abschnitt Attribute zugeordnet werden können, die dann im System hinterlegt sind und automatisch gezogen werden. Ein Beispiel dafür könnte ein bestimmtes Mood in Form eines Bildes sein.
- In den *Inhaltsvorlagen* können Sie dann den Block in weitere Informationsblöcke unterteilen, die wiederum Attribute enthalten, die vom System gefüllt werden. Dies sind in der Regel Preisinformationen, Werbetexte, Artikelbilder, Streichpreise etc.

Abbildung 7.44 zeigt ein Beispiel für eine Blockvorlage. Hier sind drei Inhaltsvorlagen für ein Bild, einen Werbetext und den Preis enthalten.

Abbildung 7.44 Beispiel für eine Blockvorlage

In diesem Bereich wählen Sie außerdem aus, ob Sie eine primäre oder sekundäre Marktversion pflegen.

Auf der Registerkarte **Abschnitt-Block-Zuordnung** haben Sie die Möglichkeit, auf Blockebene zu definieren, aus welchem Knoten der Produkthierarchie die Angebote zugeordnet werden können. Damit definieren Sie auch, welcher Einkäufer die Blöcke pflegen darf. Diese Zuordnung kann nur für (geschlossene) Abschnitte vorgenommen werden.

Angebote zuordnen

Um einem Event die Angebote zuzuordnen, klicken Sie im Kopf der Event-Pflege auf den Button **Aktionen zuordnen** (siehe Abbildung 7.45).

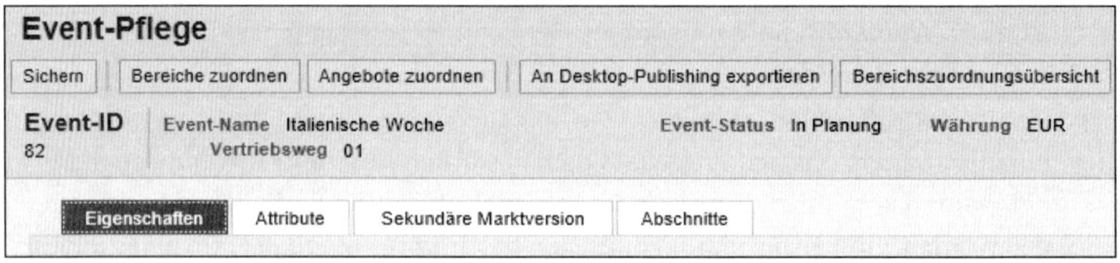

Abbildung 7.45 In die Angebotszuordnung abspringen

Sie gelangen in die Zuordnungsmaske. Diese Zuordnungsmaske ist in drei Bereiche aufgeteilt:

- Abschnittszuordnung Event/Waren
- Zugeordnete Bereiche/Blöcke des ausgewählten Abschnitts
- Angebotszuordnung

Im ersten Bereich **Abschnittszuordnung Event/Waren**, den Sie in Abbildung 7.46 sehen, markieren Sie den Abschnitt, dem Sie die Angebote zuordnen wollen, z. B. die **Vorderseite**.

Abbildung 7.46 Abschnitt auswählen

Danach bearbeiten Sie den zweiten Bereich **Zugeordnete Bereiche/Blöcke des ausgewählten Abschnitts** (siehe Abbildung 7.47). Markieren Sie dort den Bereich, dem Sie das Angebot zuordnen wollen, in unserem Beispiel den Bereich **Pasta**.

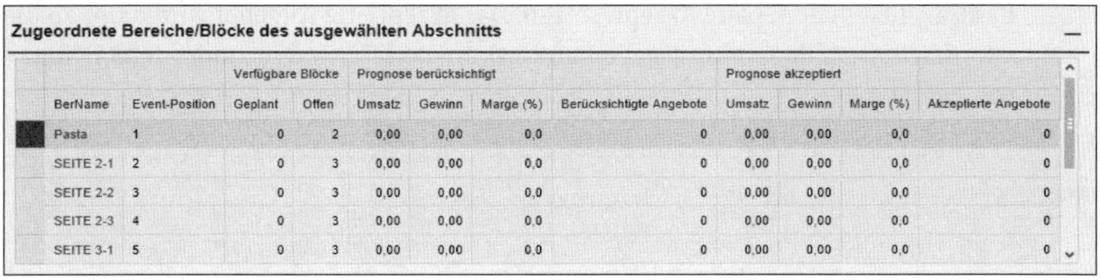
Zugeordnete Bereiche/Blöcke des ausgewählten Abschnitts

		Verfügbare Blöcke		Prognose berücksichtigt				Prognose akzeptiert			
BerName	Event-Position	Geplant	Offen	Umsatz	Gewinn	Marge (%)	Berücksichtigte Angebote	Umsatz	Gewinn	Marge (%)	Akzeptierte Angebote
Pasta	1	0	2	0,00	0,00	0,0	0	0,00	0,00	0,0	0
SEITE 2-1	2	0	3	0,00	0,00	0,0	0	0,00	0,00	0,0	0
SEITE 2-2	3	0	3	0,00	0,00	0,0	0	0,00	0,00	0,0	0
SEITE 2-3	4	0	3	0,00	0,00	0,0	0	0,00	0,00	0,0	0
SEITE 3-1	5	0	3	0,00	0,00	0,0	0	0,00	0,00	0,0	0

Abbildung 7.47 Bereich auswählen

Anschließend ordnen Sie die Angebote im dritten Bereich **Angebotszuordnung** zu. Dazu nutzen Sie die Angebotssuche, die Sie über den Button **Angebote suchen** aufrufen können (siehe Abbildung 7.48).

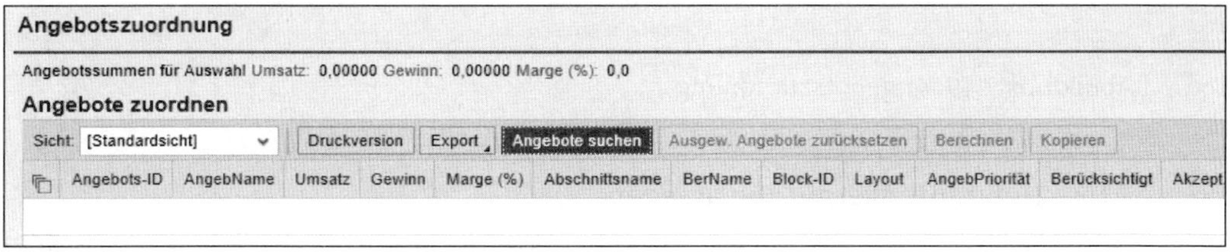

Abbildung 7.48 Angebot zuordnen

Das System sucht jetzt nach allen Angeboten, die zu diesem Event passen. Dazu müssen mindestens folgende Kriterien erfüllt sein:

- Angebots- und Event-Gültigkeit müssen sich mindestens einen Tag überschneiden.
- Werbemittel und Werbemittelart von Angebot und Event müssen identisch sein.
- Die Angebote müssen den Status **genehmigt** haben.
- Angebot und Event muss die gleiche Stammdatensystem-ID zugeordnet sein.
- Die Lokationshierarchie des Angebots und die Marktversion des Events müssen identisch sein.

Sie können in dieser Ansicht auch ein Angebot mit Referenz zum Event erstellen und pflegen. Dann sind alle genannten Bedingungen erfüllt, da das System die Daten aus dem Event übernimmt.

Abbildung 7.49 zeigt die von der Angebotssuche gefundenen Angebote. Sie können einem Abschnitt des Events mehrere Angebote zuordnen. Pro Abschnitt kann aber nur ein Angebot akzeptiert werden. Dies unterstützt den Kommunikationsprozess zwischen dem Marketing und dem Einkauf. Als Einkäufer können Sie mehrere Angebote einem Abschnitt zuordnen und dann das beste davon akzeptieren, indem Sie das Häkchen in der Spalte **Akzept.** setzen. Das akzeptierte Angebot wird dann an die Exportschnittstellen weitergegeben und z. B. an das DTP-System und/oder SAP Retail weitergeleitet.

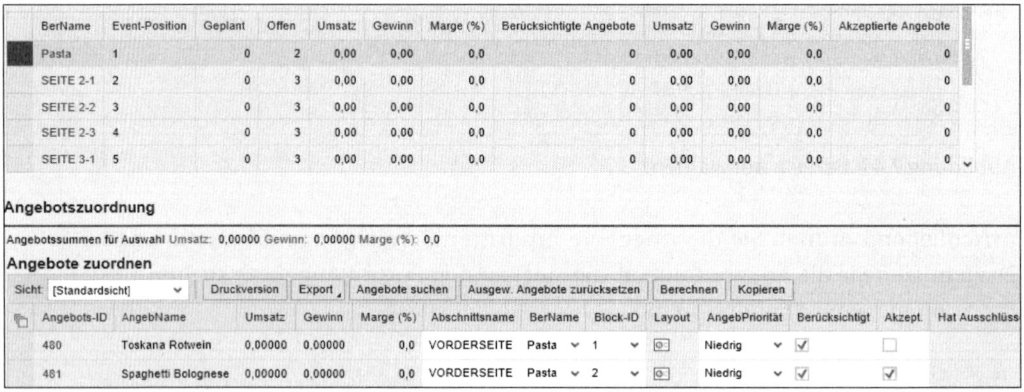

Abbildung 7.49 Angebotszuordnung

7.1.9 Lieferantenvergütung anlegen

Die Lieferantenvergütung beschreibt Vereinbarungen mit dem Lieferanten, z. B. eine Abnahmemenge, ein Abnahmevolumen oder gezielte Aktivitäten in einem definierten Zeitraum. Die in SAP PMR angelegten Lieferantenvergütungen werden an SAP Retail übergeben und dort in der Anwendung des Konditionskontrakts abgerechnet. Mehr über Konditionskontrakte erfahren Sie in Abschnitt 4.1.6, unter der Überschrift »Konditionskontrakt«.

Das Customizing für die Lieferantenvergütung finden Sie im Einführungsleitfaden über den folgenden Pfad:

Anwendungsübergreifende Komponenten • Demand Data Foundation • Datenpflege • Lieferantenvergütung.

Zur Anlage einer Lieferantenvergütung gelangen Sie über den Pfad **Aktionsplanung • Lieferantenvergütungspflege** oder über den Pfad **Services • Lieferantenvergütungsservices • Lieferantenvergütungspflege**.

Vergütungsbedingungen

Sie können eine Lieferantenvergütung ähnlich wie ein Angebot und ein Event mit oder ohne Referenz anlegen. Wählen Sie **Anlage • ohne Referenz**, gelangen Sie in die Pflegemaske der **Vergütungsbedingungen**, die Sie in Abbildung 7.50 sehen.

Abbildung 7.50 Pflegemaske für die Lieferantenvergütung

Die wichtigste Information, die Sie an dieser Stelle pflegen, ist – neben der Vertriebslinie – die **Vergütungsart**. Hier können Sie aus den folgenden Vergütungsarten auswählen:

- Rechnungsabschlag
- abverkaufsbasierter Bonus
- einkaufsbasierter Bonus
- Pauschale
- fester Betrag

Je nachdem, welche Vergütungsart Sie gewählt haben, müssen Sie weitere Daten einpflegen. Bei den Vergütungsarten **Rechnungsabschlag**, **Abverkaufsbasierter Bonus** und **Einkaufsbasierter Bonus** pflegen Sie zusätzlich noch die Felder, die Sie in Abbildung 7.51 sehen.

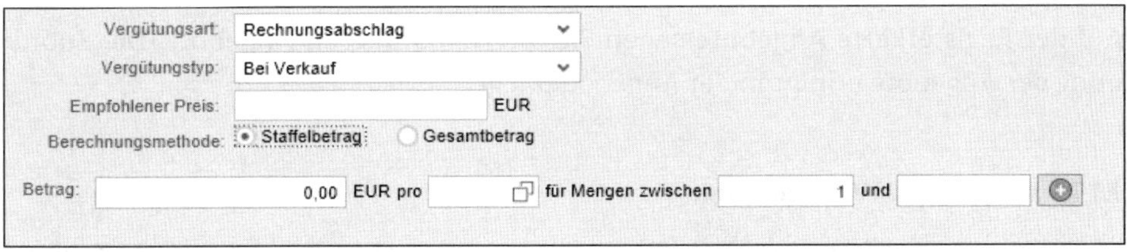

Abbildung 7.51 Zu pflegende Felder für die Vergütungsart Rechnungsabschlag (gilt auch für den abverkaufsbasierten und einkaufsbasierten Bonus)

In allen drei Fällen wählen Sie den passenden **Vergütungstyp**. Hier stehen folgende Typen zur Auswahl:

- bei Verkauf
- bei Kauf
- bei Rechnungsstellung

Außerdem wählen Sie zwischen **Staffelbetrag** und **Gesamtbetrag**. Entscheiden Sie sich für den Gesamtbetrag, können Sie in den Feldern darunter nur die Gesamtmenge eingeben, auf die sich die Vergütung bezieht.

Möchten Sie eine Vergütung der Vergütungsart **Pauschale** oder **Fester Betrag** anlegen, müssen Sie noch die Felder füllen, die Sie in Abbildung 7.52 sehen.

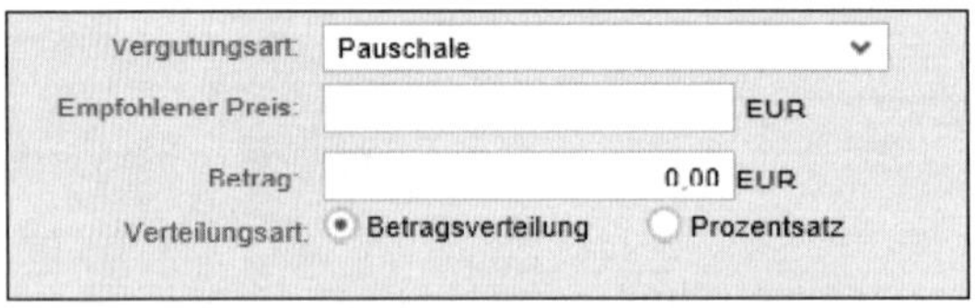

Abbildung 7.52 Pflegemaske »Pauschale« (gilt auch für einen festen Betrag)

Sollen die Vergütungsbedingungen nur für speziell verhandelte Produkte, Produktgruppen oder Platzhalterprodukte gelten, müssen diese in der Liste **Vergütete Produkte** gepflegt werden (siehe Abbildung 7.53).

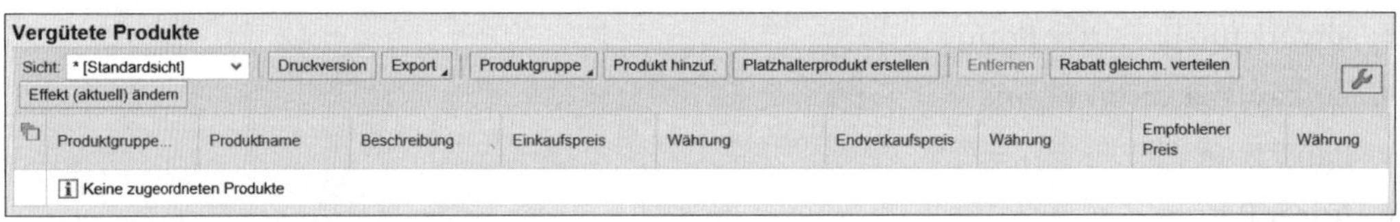

Abbildung 7.53 Produkte zu den Vergütungsbedingungen zuordnen

Lokationen und Angebote

Auf der Registerkarte **Lokationen** werden alle Lokationen (d. h. Filialen) angezeigt, die über die Vertriebslinie ermittelt wurden.

Auf der Registerkarte **Angebote** sehen Sie die zugeordneten Angebote. Die Zuordnung der Angebote erfolgt in der Angebotspflege.

7.1.10 Planungs-Workbench

Die Planungs-Workbench stellt die Planungsdaten den über die Events und Angebote erfassten und gebündelten Kennzahlen gegenüber. Sie können so z. B. die Kennzahlen für einzelne Events, Abschnitte und zu besetzende Blöcke miteinander vergleichen und sowohl den Fortschritt als auch die Abweichungen zum Plan messen und den Plan ggf. anpassen.

Die Planungs-Workbench rufen Sie über den Pfad **Aktionsplanung • Planungs-Workbench** auf. Abbildung 7.54 zeigt exemplarisch die Planungs-Workbench für ein Event.

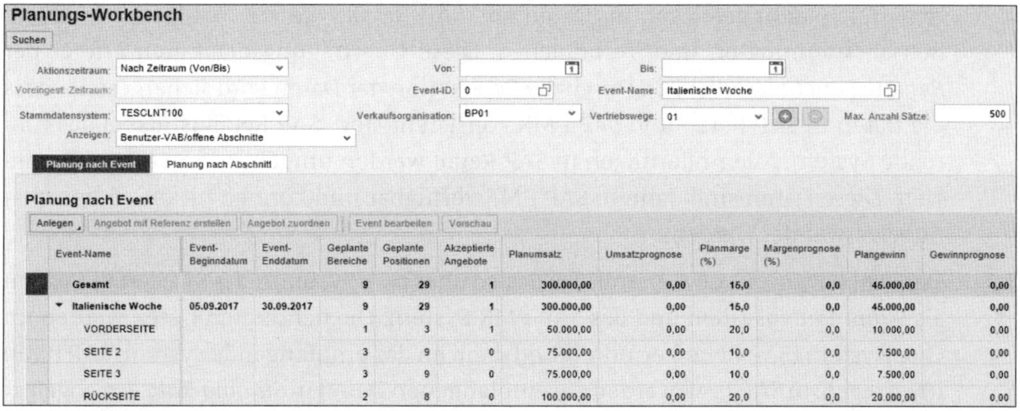

Event-Name	Event-Beginndatum	Event-Enddatum	Geplante Bereiche	Geplante Positionen	Akzeptierte Angebote	Planumsatz	Umsatzprognose	Planmarge (%)	Margenprognose (%)	Plangewinn	Gewinnprognose
Gesamt			9	29	1	300.000,00	0,00	15,0	0,0	45.000,00	0,00
Italienische Woche	05.09.2017	30.09.2017	9	29	1	300.000,00	0,00	15,0	0,0	45.000,00	0,00
VORDERSEITE			1	3	1	50.000,00	0,00	20,0	0,0	10.000,00	0,00
SEITE 2			3	9	0	75.000,00	0,00	10,0	0,0	7.500,00	0,00
SEITE 3			3	9	0	75.000,00	0,00	10,0	0,0	7.500,00	0,00
RÜCKSEITE			2	8	0	100.000,00	0,00	20,0	0,0	20.000,00	0,00

Abbildung 7.54 Planungs-Workbench

7.2 SAP Promotion Management for Retail mit SAP Retail integrieren

SAP PMR empfängt Daten aus dem angebundenen SAP-ERP-System, d. h. SAP Retail, sendet aber auch Daten zur Weiterverarbeitung an das SAP-Retail-System. Abbildung 7.55 stellt den Datenfluss zwischen diesen beiden Systemen grob dar.

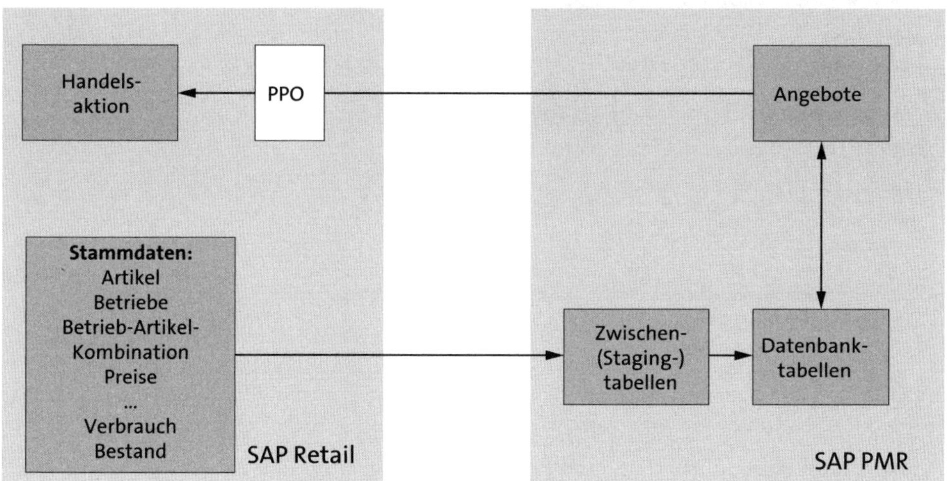

Abbildung 7.55 Datenfluss zwischen SAP Retail und SAP Promotion Management for Retail

In den folgenden Abschnitten beschreiben wir diesen Datenaustausch genauer.

7.2.1 Stammdaten aus SAP Retail importieren

Unter einer *Replikation* von Daten versteht man die Versorgung des SAP-PMR-Systems mit planungsrelevanten Daten aus SAP Retail, wie z. B. Artikelstammdaten, Betriebsstammdaten und Verbräuchen. Diese Übertragung der Daten erfolgt per *Remote Function Call* (RFC). Durch die Replikation der Daten wird sichergestellt, dass die Daten in SAP Retail und SAP PMR konsistent sind. SAP Retail ist dabei das führende System. Alle Änderungen in SAP Retail werden umgehend in SAP PMR repliziert. Diese Daten sind dann in SAP PMR verfügbar und können für die Aktionsplanung verwendet werden.

Der Replikationsprozess erstreckt sich also über zwei Systeme, das SAP-Retail-System als *Stammdatensystem* und das SAP-PMR-System. Die benötigten Daten werden im Quellsystem (SAP Retail) ermittelt und dann an das empfangende System (SAP PMR) übertragen. In SAP PMR werden die empfangenen Daten in *Staging-Tabellen* abgelegt und können dort geprüft und verarbeitet werden. Bei erfolgreicher Verarbeitung werden die Daten in den relevanten Datenbanktabellen abgelegt und stehen der Verwendung im SAP-PMR-System zur Verfügung.

Replikationsprozess in SAP Retail

Die zentrale Transaktion für die Definition des Replikationsprozesses im SAP-Retail-System ist Transaktion DRFOUT (siehe Abbildung 7.56).

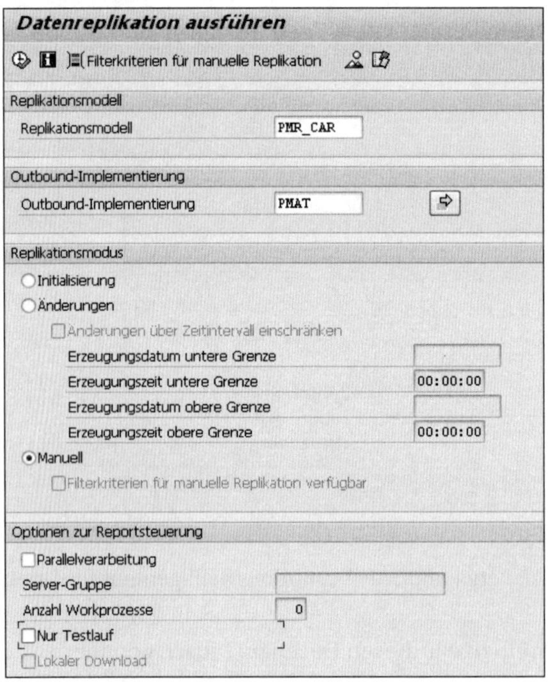

Abbildung 7.56 Transaktion DRFOUT

Über diese Transaktion erfolgt sowohl die erstmalige Versorgung mit den Stammdaten als auch die Änderungsversorgung. Darüber können Sie einen Report starten, der aufgrund der großen Datenmengen, die übertragen werden, im Hintergrund ausgeführt werden sollte.

Im Bereich **Replikationsmodell** wird Ihnen das für die Datenübertragung verwendete Replikationsmodell angezeigt. Es wird im Customizing definiert. Über dieses Objekt wird gesteuert, welches das stammdatenempfangende System ist und welche Outbound-Implementierungen (also welche Stammdaten- bzw. Business-Objekte) in der Replikation verwendet werden können.

Im Bereich **Outbound-Implementierung** können Sie definieren, welches Stammdaten- bzw. Business-Objekt an das empfangende System gesendet werden soll. Dazu klicken Sie auf den Pfeil-Button, damit Ihnen eine Liste der möglichen Outbound-Implementierungen angezeigt wird (siehe Abbildung 7.57). Als Beispiele seien hier die Warengruppe, der Artikel und die Artikel-Betrieb-Kombinationen genannt.

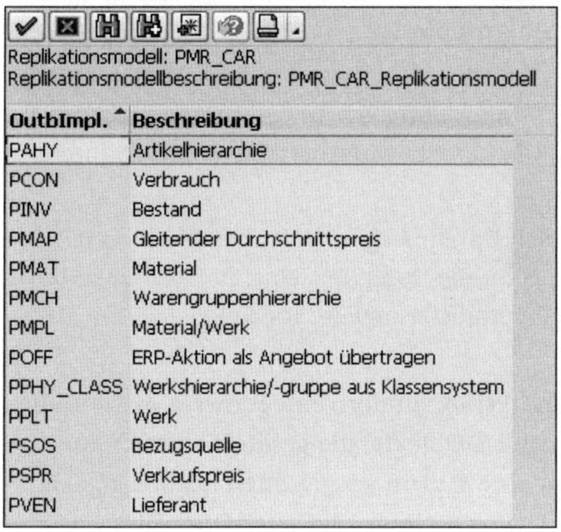
Replikationsmodell: PMR_CAR
Replikationsmodellbeschreibung: PMR_CAR_Replikationsmodell

OutbImpl.	Beschreibung
PAHY	Artikelhierarchie
PCON	Verbrauch
PINV	Bestand
PMAP	Gleitender Durchschnittspreis
PMAT	Material
PMCH	Warengruppenhierarchie
PMPL	Material/Werk
POFF	ERP-Aktion als Angebot übertragen
PPHY_CLASS	Werkshierarchie/-gruppe aus Klassensystem
PPLT	Werk
PSOS	Bezugsquelle
PSPR	Verkaufspreis
PVEN	Lieferant

Abbildung 7.57 Outbound-Implementierungen zum Replikationsmodell PMR_CAR

Im Bereich **Replikationsmodus** können Sie steuern, ob es sich um eine initiale Versorgung, eine Änderungsversorgung oder eine manuell erzeugte Versorgung handelt. Bei der manuellen Versorgung können Sie in bestimmten Outbound-Implementierungen Filterkriterien, wie z. B. Artikel und Betrieb, vorgeben. Voraussetzung für die Änderungsversorgung und die manuelle Anforderung ist eine vorher durchgeführte initiale Versorgung mit den relevanten Stammdatensätzen.

Im Bereich **Optionen zur Reportsteuerung** können Sie definieren, ob ein Testlauf der Versorgung erfolgen soll. Darüber hinaus können Sie Einstellungen für eine Parallelverarbeitung vornehmen.

Nach der Ausführung von Transaktion DRFOUT wird das Ergebnis der Replikation ausgegeben.

[!]

Logische Reihenfolge der Stammdatenobjekte

Bei der Ausführung der Replikation muss immer auf die logische Reihenfolge der Stammdatenobjekte geachtet werden. Zum Beispiel müssen erst die Warengruppen repliziert werden, bevor die Artikel versorgt werden können. Die Replikation der Artikel und die Replikation der Werke sind wiederum Voraussetzung für die Übertragung der Artikel-Betrieb-Kombinationen etc.

Eine weitere wichtige steuernde Transaktion ist Transaktion DRFF. Mit dieser Transaktion können Sie Filter für bestimmte Outbound-Implementierungen definieren, die bei der Replikation verwendet werden. Auf diese Weise ist es möglich, Daten in Paketen oder ausgewählten Datenbereichen zu übertragen.

[!]

Datenmengen in Einführungsprojekten gruppieren

Die Gruppierung der zu übertragenden Daten in Pakete und Datenbereiche ist bei einer stufenweisen Einführung von SAP PMR wichtig. So können bestimmte Artikel oder Filialen schon über das SAP-PMR-System bewirtschaftet werden, während andere noch nicht live geschaltet wurden.

Auch kann eine Replikation von zu großen Datenmengen zu Problemen führen. Sie können also durch gezieltes Setzen der Filter die Daten in kleineren Paketeinheiten ins SAP-PMR-System replizieren (dazu gibt es auch Hinweise von SAP).

Transaktion DRFF ist keine SAP-GUI-Transaktion, sondern eine Browser-Anwendung, die Sie in Abbildung 7.58 sehen. Die Business-Objekte, die gefiltert werden können, sind hier in der Spalte **Filterkriterien** mit einem grün ausgefüllten Rechteck gekennzeichnet. Es gibt nicht zu jedem Business-Objekt einen aussteuerbaren Filter.

Die Filter können *exkludierende Filter* sein, bei denen bestimmte Werte von der Replikation ausgeschlossen sind. Sie können aber auch *inkludierende Filter* setzen, bei denen die Werte eingeschlossen werden. Darüber hinaus gibt es *generische Filter*, zu denen Sie manuell keine Werte vorgeben können.

Das Customizing der Replikation in SAP ERP finden Sie über folgenden Pfad:

Logistik Allgemein • Warenlebenszyklus • Optimierung • Ausgang.

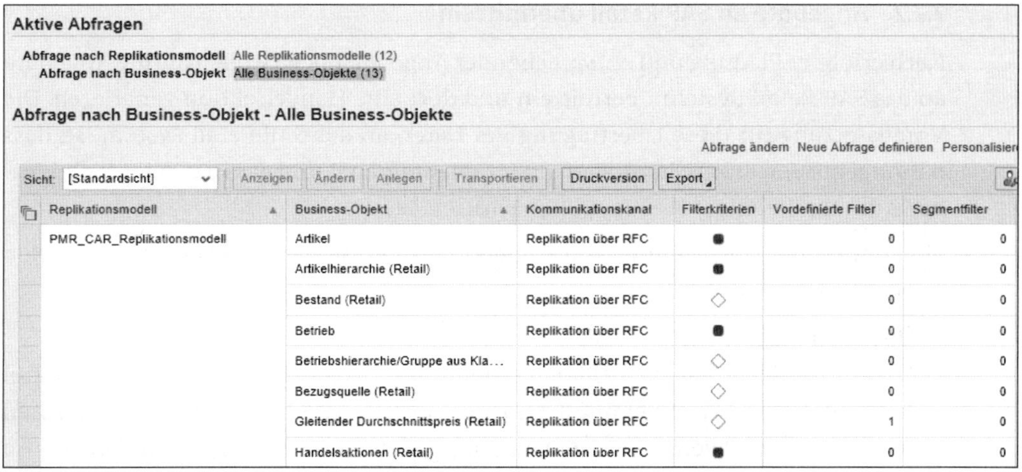

Abbildung 7.58 Transaktion DRFF im Browser

Der Replikationsprozess in SAP Promotion Management for Retail

Nach erfolgter Replikation rufen Sie im SAP-PMR-System den Überwachungsmonitor über den Pfad **Services • Importe Überwachen** auf. Hier können Sie die übermittelten Daten sichten und prüfen, den Verarbeitungsstatus und mögliche Fehler erkennen sowie die Eingangsdaten bearbeiten (siehe Abbildung 7.59). Die Daten werden dann in die PMR-Tabellen übernommen oder können bei Bedarf gelöscht werden.

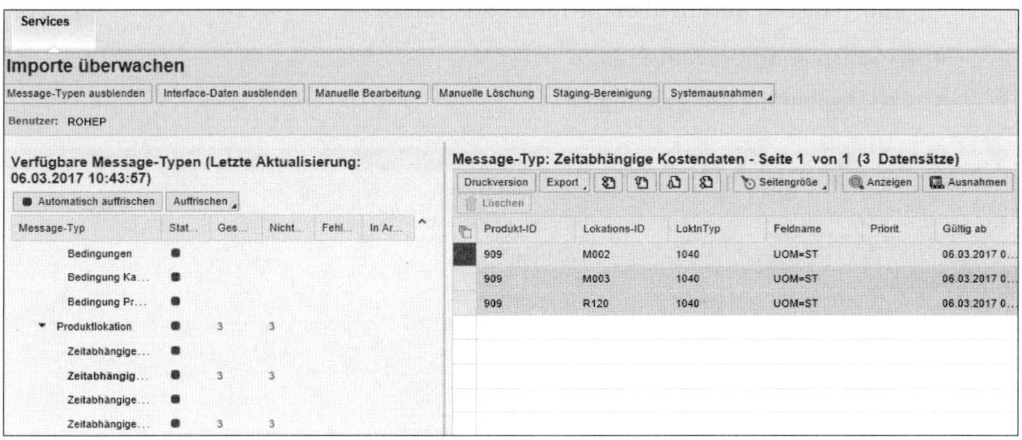

Abbildung 7.59 Funktion »Importe überwachen« in SAP Promotion Management for Retail

Alternativer Zugang zu den importierten Daten

Neben dem Zugang über den Überwachungsmonitor können Sie die Verarbeitung der Daten auch über den Pfad **Staging-Tabellen bearbeiten • Eingang** ausführen.

7.2.2 Angebote an SAP Retail übermitteln

Nach erfolgter Planung und entsprechender Angebotspflege wollen Sie die Angebote an das SAP-Retail-System übermitteln und dort eine Handelsaktion generieren. Die Voraussetzung für diese Übertragung der Daten an das SAP-Retail-System ist, dass das Angebot den Status **Empfohlen** oder **Genehmigt** hat und dass das späteste Freigabedatum für die Angebote nicht überschritten ist.

Sie können die Übertragung von Angeboten über den Event-Plan oder über den Angebotsplan anstoßen:

- **Über den Event-Plan**
  Der Anstoß über den Event-Plan hat den Vorteil, dass alle zum Event zugeordneten Angebote an SAP Retail übertragen werden. Eine Information, bei welchen Angeboten des Events die Übertragung ggf. fehlgeschlagen ist, finden Sie im Event-Plan allerdings nicht. Dazu müssen Sie in den Angebotsplan abspringen und die übertragenen Angebote prüfen.
- **Über den Angebotsplan**
  Werden die Angebote direkt aus dem Angebotsplan übertragen, können Sie den Verlauf der Übertragung sofort erkennen. Darüber hinaus wird die Nummer der generierten Handelsaktion angezeigt, und Sie können direkt in die generierte Handelsaktion abspringen.

In beiden Fällen erfolgt die Übertragung, indem Sie auf den Buttons **Übertr.** klicken. Sie finden diesen Button über die folgenden Pfade:

- **Aktionsplanung • Event-Plan**
- **Aktionsplanung • Angebotsplan**

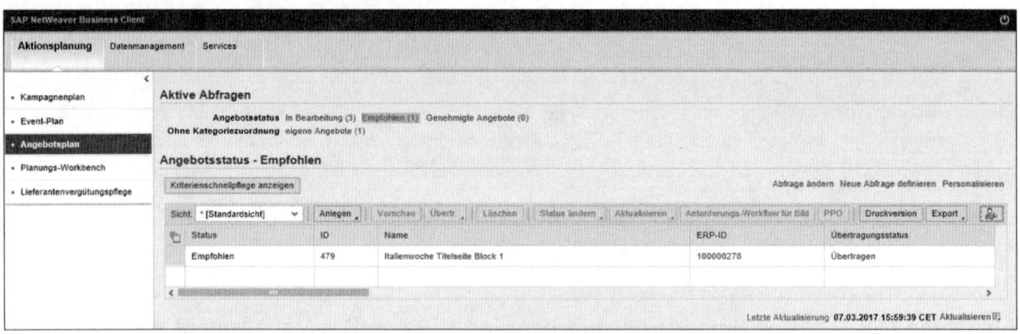

Abbildung 7.60 Anzeige eines an SAP Retail übertragenen Angebots

Abbildung 7.60 zeigt die Übersicht über die übertragenen Angebote im Angebotsplan. Je nachdem, ob das übertragene Angebot ein Stattpreisangebot, ein Angebot mit Rabatt oder ein Bonuskauf ist, werden die Informationen auf unterschiedlichen Registerkarten der Handelsaktion ausgegeben: **Schnellerfassung**, **Rabatt** oder **Bonus-**

kauf. In der Handelsaktion wird auf Positionsebene die Angebots-ID abgespeichert. So ist immer klar, aus welchem Angebot oder welchen Angeboten die Handelsaktion im SAP-Retail-System erzeugt wurde.

Angebote zurückziehen

In bestimmten Fällen kann es nötig sein, bereits übertragene Angebote wieder zurückzuziehen. Dazu ist in SAP PMR ebenfalls eine Funktion unter dem Button **Übertr.** verfügbar. Wählen Sie hier den Eintrag **Zurückz.** Aus dem Dropdown-Menü (siehe Abbildung 7.61). Beim Zurückziehen einer Übertragung wird auch der Status der Folgeverarbeitung der Handelsaktion geprüft. Als Ergebnis des erfolgreichen Zurückziehens eines Angebots wird in der Handelsaktion in SAP Retail die Position gelöscht, die aufgrund des Angebots erstellt wurde.

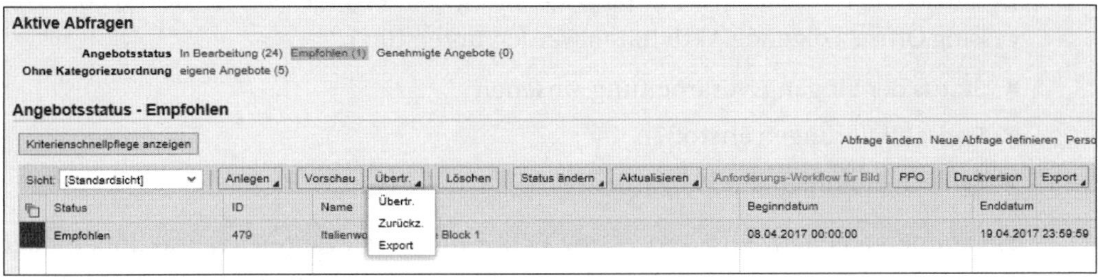

Abbildung 7.61 Angebot zurückziehen

Angebote gruppieren

Um zu vermeiden, dass für jedes übertragene Angebot immer eine eigenständige Handelsaktion generiert wird, sind Gruppierungskriterien definiert. Anhand dieser Kriterien werden die Angebote mit bestimmten Ausprägungen unter einer Handelsaktion zusammengefasst. Die vordefinierten Gruppierungskriterien sind die Aktionsart, die Betriebe, der Gültigkeitszeitraum, die Zielgruppe und die Währung. Über ein Business Application Programming Interface (BAPI) können Sie zusätzlich kundenspezifische Anforderungen umsetzen.

Das Customizing der Angebotsübermittlung erfolgt über den folgenden Pfad in Transaktion SPRO:

Anwendungsübergreifende Komponenten • Datenpflege • Angebot • Angebotsexport ins Ausführungssystem.

7.2.3 Post Processing Office

Nach der Eingangsverarbeitung der Angebote in SAP Retail werden sowohl die positiv verarbeiteten Daten als auch Fehler im *Post Processing Office* (PPO) aufgelistet. Das Post Processing Office rufen Sie über Transaktion WPMLOG auf. Diese Transaktion können Sie über das SAP-Retail-System oder durch einen Absprung aus dem Angebotsplan (Button **PPO**, siehe Abbildung 7.62) aufrufen.

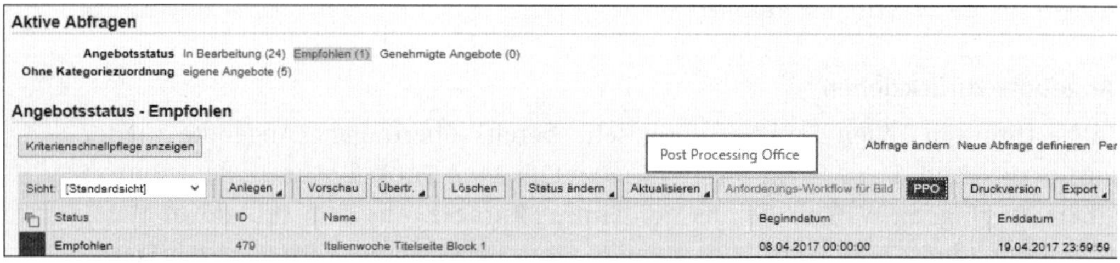

Abbildung 7.62 Post Processing Office über den Angebotsplan aufrufen

Im Post Processing Office können Sie anhand vorgegebener Selektionskriterien die gewünschten Datensätze ermitteln. Abbildung 7.63 zeigt die Oberfläche des Post Processing Office. Folgende Aktivitäten werden unterstützt:

- Status der Eingangsverarbeitung einsehen
- Preisaktivierungen anstoßen
- Fehlermeldungen direkt bearbeiten

Sie können aus dem Post Processing Office in die relevanten Transaktionen oder Belege abspringen und bei bestimmten Fehlerkonstellationen automatisiert Änderungen ausführen. Zum Beispiel können Sie aus der Fehlermeldung heraus sowohl die Aktionspreise der Handelsaktion deaktivieren als auch die Aktionsposition mit einem Sperrgrund versehen.

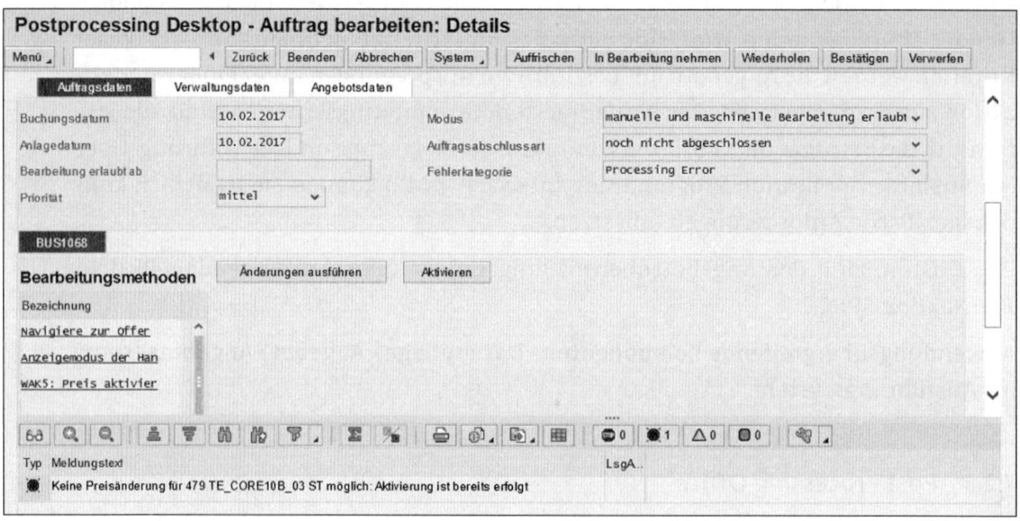

Abbildung 7.63 Post Processing Office

[«]

Übergreifende Funktion für die Eingangsverarbeitung in SAP Retail

Das Post Processing Office ist keine Anwendung, die ausschließlich für die Eingangsverarbeitung aus SAP PMR verwendet wird, sondern eine anwendungsübergreifende Funktion.

7.2.4 Export an Desktop-Publishing-Systeme

Sie können die Daten für Events, die Sie in SAP PMR erstellt haben, auch an DTP-Systeme (Desktop Publishing) im XML-Format exportieren. Dazu klicken Sie im Event-Plan auf den Button **An DTP exportieren** (siehe Abbildung 7.64). Auf diese Weise können Sie eine Beschreibung des Layouts Ihres Werbematerials an Systeme wie QuarkXPress oder Adobe InDesign exportieren. Ein Drittanbieter oder SAP-Partner muss dazu eine Konvertierung der Daten, die SAP PMR standardmäßig im XML-Format anlegt, in das Format vornehmen, das das jeweilige DTP-Programm erfordert. Neben dem XML-Format können Sie die Daten auch als flache Datei (Flat File) exportieren.

Abbildung 7.64 Event an ein DTP-System exportieren

Das Customizing dieses Datenexports erfolgt in Transaktion SPRO über den Pfad **Anwendungsübergreifende Komponenten • PMR • Exporte • Werbeexportparameter pflegen**.

7.2.5 Ausblick: SAP Hybris Marketing und Pricing Engine anbinden

Wenn Sie SAP Hybris Marketing nutzen und entsprechend konfiguriert haben, können Sie die dort definierten *Zielgruppen* dem SAP-PMR-System verfügbar machen. Diese Funktion ist für eine marktadäquate Omni-Channel-Strategie unerlässlich. Dank dieser Funktion haben Sie die Möglichkeit, zielgruppenspezifische Angebote zu erstellen. Die Zielgruppe wählen Sie in den Eigenschaften des Angebots in der Tabelle **Target Group** aus (siehe Abbildung 7.65).

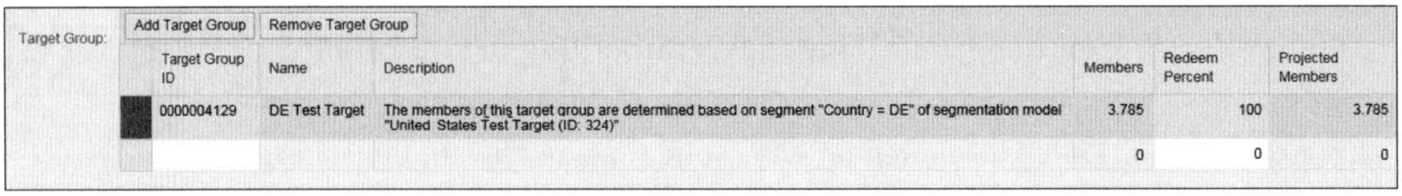

Abbildung 7.65 Zielgruppe in den Angebotseigenschaften

Neben der Möglichkeit, Zielgruppen in SAP PMR zuzuordnen, können Sie bei der Verwendung von SAP Hybris Marketing auch eine *Angebotsempfehlung* pflegen. Diese Anwendung heißt *SAP Offer Recommendation Intelligence* (ORI). Sie erlaubt es, den in SAP Hybris Marketing definierten Zielgruppen automatisiert spezifische Angebote zuzuordnen.

SAP liefert außerdem mit dem neuesten CARAB-Release die sogenannte *Pricing Engine* aus. Um diese Engine nutzen zu können, muss im Customizing der Transfer der DDF-Daten (d. h. der Daten aus dem PMR-Datenmodell Data Demand Foundation) zu den OPP-Daten (d. h. den Daten für den Service *Omni-Channel Pricing and Promotion* für SAP CAR) aktiviert sein. Bei einer Aktivierung dieses Datentransfers werden die Angebotsdaten der Pricing Engine in SAP PMR zur Verfügung gestellt. Die Pricing Engine berechnet dann den auf den gültigen Angeboten basierenden, aktuell richtigen Verkaufspreis und stellt diesen allen angebundenen Kanälen zur Verfügung. Sie stellen damit sicher, dass die Kasse, der Kundenauftrag in SAP Retail, der über SAP Hybris Commerce gesteuerte Onlineshop und alle anderen vertriebsorientierten Systeme mit demselben Preis versorgt werden.

[»]

ARTS-Standard

Der Service OPP und damit auch die Pricing Engine arbeiten nach dem Standard der Association for Retail Technology Standards (ARTS, siehe auch Abschnitt 6.2.3, »POS Inbound Processing Engine«) und unterstützen deshalb nicht alle in SAP PMR definierbaren Angebotsarten. Beschränkt sind hauptsächlich die Mix- und Match-Angebote. Genauere Informationen dazu finden Sie im SAP Help Portal unter: *http://s-prs.de/v407205*

Kapitel 8
Frischeabwicklung

In diesem Kapitel erhalten Sie einen Überblick über die grundsätzlichen Funktionen und Abläufe in der Frischeabwicklung. Dazu werden Ihnen eine SAP-GUI-basierte Lösung und die auf dem SAP NetWeaver Business Client basierende Frischebeschaffung zur Verfügung gestellt.

8

Frischeprodukte wie Blumen, Fisch und Meeresfrüchte, Fleisch und Wurst sowie Molkereiprodukte unterliegen besonderen Anforderungen für die Beschaffung bei Lieferanten und die Abgabe an die Filialen. Merkmale dieser Produkte sind die geringen Mindesthaltbarkeitszeiten und häufig eng begrenzte Lieferkapazitäten der einzelnen Lieferanten.

Die Bestellbedarfe für die Filialversorgung werden daher oft von mehreren Lieferanten abgedeckt. Aus diesem Grund benötigt der Einkäufer ein spezielles Werkzeug für seine Arbeiten in der Disposition und Beschaffung. Es muss die wesentlichen Informationen zu den intern benötigten Mengen für die Filialen, mögliche Liefermengen, Einkaufspreise und Liefertermine übersichtlich zur Verfügung stellen. Primäres Ziel ist dabei, sowohl die externen Beschaffungsprozesse beim Lieferanten als auch die interne Verteilung auf die eigenen Filialbetriebe mit optimierten Logistikprozessen zügig zu erledigen.

In diesem Kapitel vermitteln wir Ihnen einen Überblick über die Beschaffung und die Abwicklung von Frischeprodukten in SAP Retail. Dazu stehen zwei unterschiedliche Lösungen zur Verfügung, die speziell auf die besonderen Anforderungen im Bereich Frische eingehen:

- die *Frischeabwicklung* auf Basis des *SAP GUI*
- die *Frischebeschaffung* auf Basis des SAP NetWeaver Business Clients (NWBC), d. h. als Client-Anwendung

Mit beiden Lösungen können Sie Frischeprodukte beschaffen und verteilen sowie an die Filialen abgeben. Auf die wesentlichen funktionalen Unterschiede der beiden Anwendungen gehen wir am Ende des Kapitels zusammenfassend ein.

8.1 Frischeabwicklung im SAP GUI

Ziel der Frischeabwicklung ist die Erstellung einer *Frischedispositionsliste*, mit der der Einkäufer die Frischeartikel beschaffen kann. Diese Liste wird mit Transaktion WDFR erstellt. Da diese Transaktion das Kernstück der Frischeabwicklung bildet, verwenden wir im Folgenden den Transaktionscode WDFR auch als Synonym für die Frischeabwicklung.

Die Basis für die Erzeugung der Dispositionsliste ist ein zulässiger Arbeitsvorrat mit den gelisteten Artikeln der Artikelart Frische, die sogenannte *Sortimentsliste* für die Frischeprodukte. Diese Liste legen Sie, wie in Abschnitt 2.7.5 beschrieben, für den disponierenden Betrieb an. Der disponierende Betrieb kann sowohl ein Verteilzentrum als auch eine Filiale sein. Dass die sonstigen Stammdaten für die Beschaffung gepflegt wurden (Lieferantenstammsätze, Einkaufsinfosätze für die externe Beschaffung sowie die entsprechende Ausprägung der beteiligten Betriebe mit Debitorenstämmen für die interne Abwicklung), betrachten wir an dieser Stelle als gegeben. Nähere Informationen dazu finden Sie in Kapitel 2, »Stammdaten«.

8.1.1 Varianten der Frischeabwicklung

Die Frischedisposition kann mit drei Verfahren erfolgen:

- **Bestellung**
  Dieses Variante ist für die flexible manuelle Handhabung der Disposition vorgesehen. Mit einer Bestellung lassen sich sowohl die Fremdbeschaffung bei externen Lieferanten als auch die Abgabe der Ware an die Filialen abwickeln. In letzterem Fall wird eine Filialbestellung an das Verteilzentrum (Umlagerungsbestellung) erstellt.
- **Aufteiler**
  Wie in Abschnitt 5.3, »Warenverteilung«, beschrieben, nutzt man diese Funktion für zentrale Push-Prozesse, um die Gesamtbestellmenge auf die Filialen zu verteilen.
- **Sammelbestellung**
  Die Sammelbestellung ist ein Verfahren für den Pull-Prozess, bei dem die Umlagerungsbestellungen der Filialen (Filialaufträge) berücksichtigt werden. Für diese Bestellmengen werden Sammelbestellungen erzeugt (siehe auch Abschnitt 4.3, »Nachrichtensteuerung in der Beschaffung«).

Jedes dieser Verfahren bestimmt den Aufbau der Dispositionsliste und die Art der Folgebelege, die erzeugt werden können. So kann z. B. die Nettopreispflege nur bei einer Bestellung erfolgen.

8.1.2 Customizing von Transaktion WDFR

Für die Frischeabwicklung können Sie abhängig von Ihren Anforderungen verschiedene Einstellungen vornehmen, die wir in diesem Abschnitt beschreiben.

Sortimentslistenart

Eine Sortimentslistenart muss definiert sein, um die Artikel in der Sortimentsliste klassifizieren und definieren zu können. Die Sortimentslistenart ist auch ein zentraler Selektionsparameter für die Artikel in der Frischedispositionsliste. Zur Aufbereitung der Sortimentslisten kann pro Sortimentslistenart eine eigene Zeitsteuerung gepflegt werden.

8

Das Customizing für die Sortimentslistenart nehmen Sie im Einführungsleitfaden unter **Logistik Allgemein • Sortiment • Sortimentslistenarten** vor. Man kann die Sortimentslistenart z. B. so wählen, dass die Artikel in Obst und Gemüse oder Fleisch und Wurstwaren eingeteilt werden (siehe Abbildung 8.1).

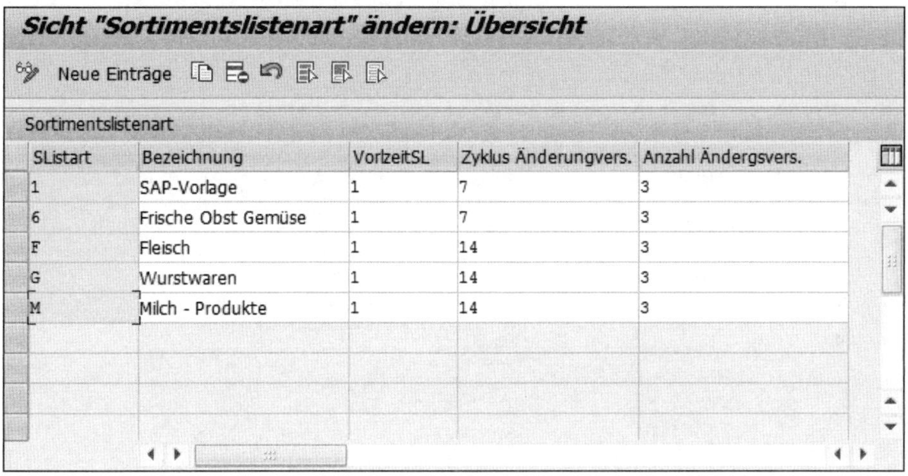

SListart	Bezeichnung	VorlzeitSL	Zyklus Änderungvers.	Anzahl Ändergsvers.
1	SAP-Vorlage	1	7	3
6	Frische Obst Gemüse	1	7	3
F	Fleisch	1	14	3
G	Wurstwaren	1	14	3
M	Milch - Produkte	1	14	3

Abbildung 8.1 Sortimentslistenarten

Sortimentslistenprofil

Über die Zuordnung der definierten Sortimentslistenart zu einem Sortimentslistenprofil werden diverse Steuerungsparameter für die Sortimentsliste festgelegt. Das Profil wird dem Betrieb, der die Frischedisposition vornimmt und die Sortimentsliste erstellt, zugeordnet. Zum Beispiel werden durch die Ausprägung des Profils mit der Struktur `WBBP_WDFR` die Felder der Frischesortimentsliste bestimmt.

Das Customizing für das Sortimentslistenprofil nehmen Sie im Einführungsleitfaden unter **Logistik Allgemein • Sortiment-Profil für Sortimentslisten pflegen** vor. Dem Sortimentslistenprofil **0007 VZ** in Abbildung 8.2 werden Sortimentslistenarten zugeordnet. Abbildung 8.3 zeigt die Ausprägung des Sortimentslistenprofils **0007 VZ**.

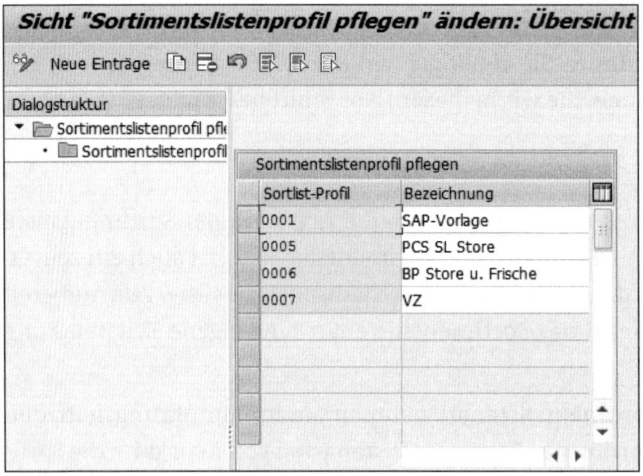

Abbildung 8.2 Sortimentslistenprofil

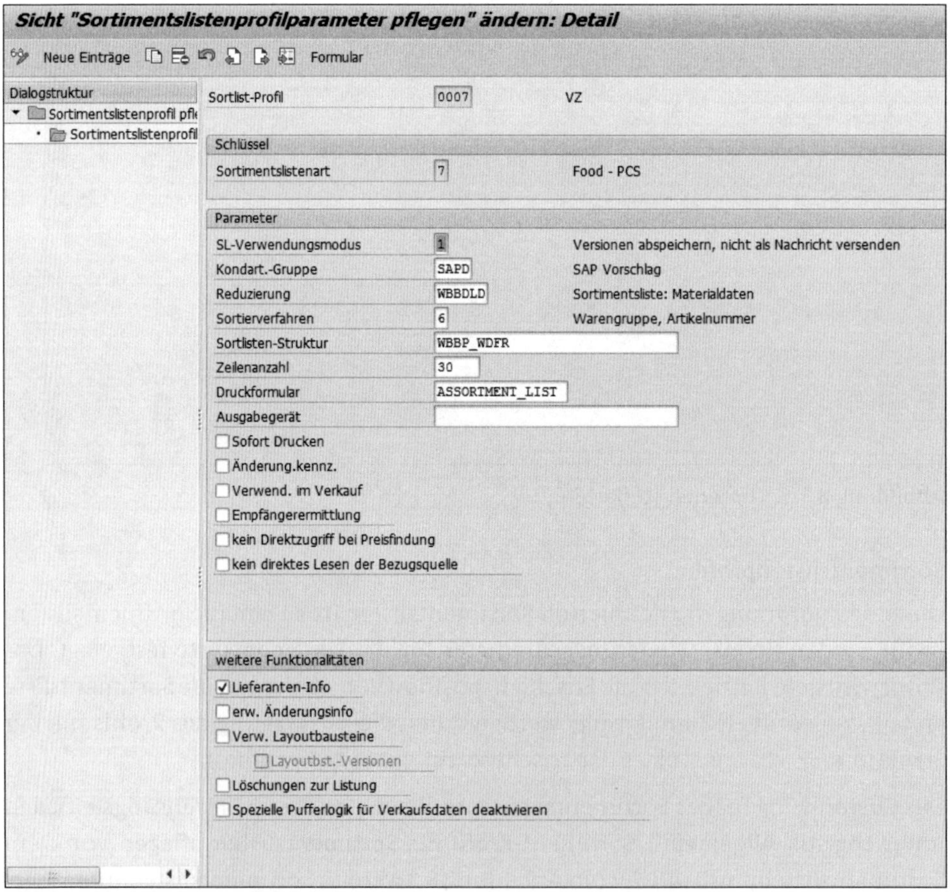

Abbildung 8.3 Sortimentslistenprofil VZ

Frische-Infosystem

Der Unterstützung der Frischedisposition dient das Frische-Infosystem, das Sie über die Umfeld-Funktion der Frischedispoliste aufrufen können. Mithilfe des Frische-Infosystems können Kennzahlen untersucht und ausgewertet werden. Abbildung 8.4 zeigt den Selektionsbildschirm zum Aufruf des Frische-Infosystems.

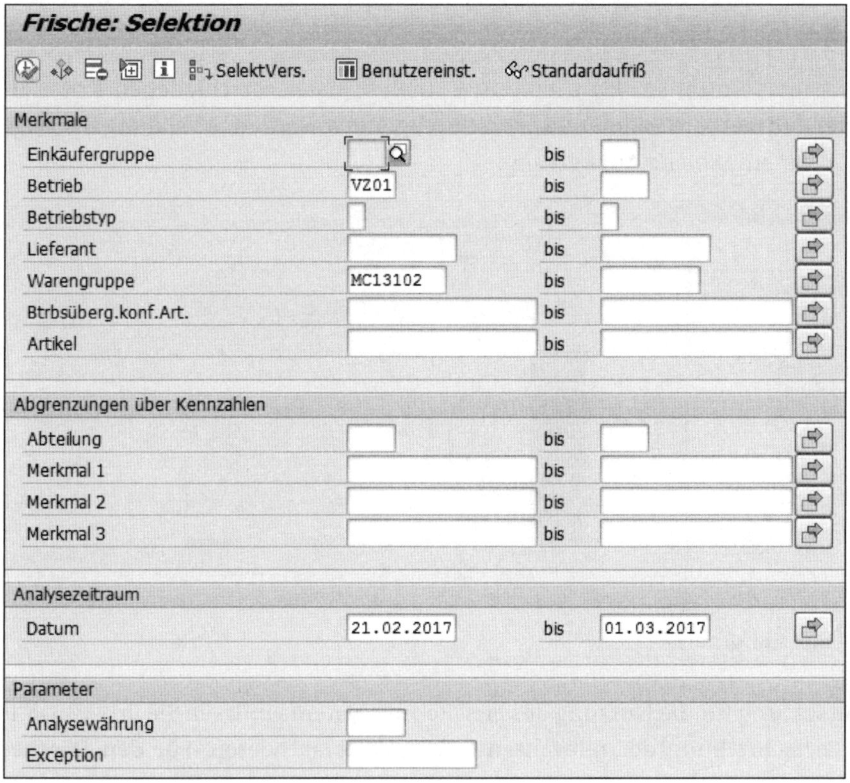

Abbildung 8.4 Frische-Infosystem

Abbildung 8.5 zeigt ein Beispiel für eine Zusammenstellung von Kennzahlen.

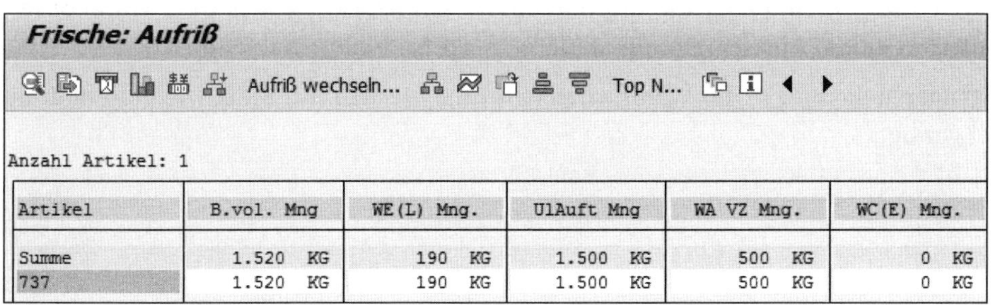

Artikel	B.vol. Mng	WE(L) Mng.	UlAuft Mng	WA VZ Mng.	WC(E) Mng.
Summe	1.520 KG	190 KG	1.500 KG	500 KG	0 KG
737	1.520 KG	190 KG	1.500 KG	500 KG	0 KG

Abbildung 8.5 Beispiel eines Frische-Infosystems

Im Frische-Infosystem stehen folgende Kennzahlen zur Verfügung:

- Bestellvolumen Menge
- Wareneingang Lieferant Menge
- Umlagerungen Menge
- Warenausgang VZ Menge
- Warenclearing Menge

Anhand dieser Kennzahlen kann eine ABC-Analyse nach verschiedenen Kriterien und für frei definierbare Segmentgrößen durchgeführt werden. Abbildung 8.6 zeigt ein Beispiel für eine solche Auswertung.

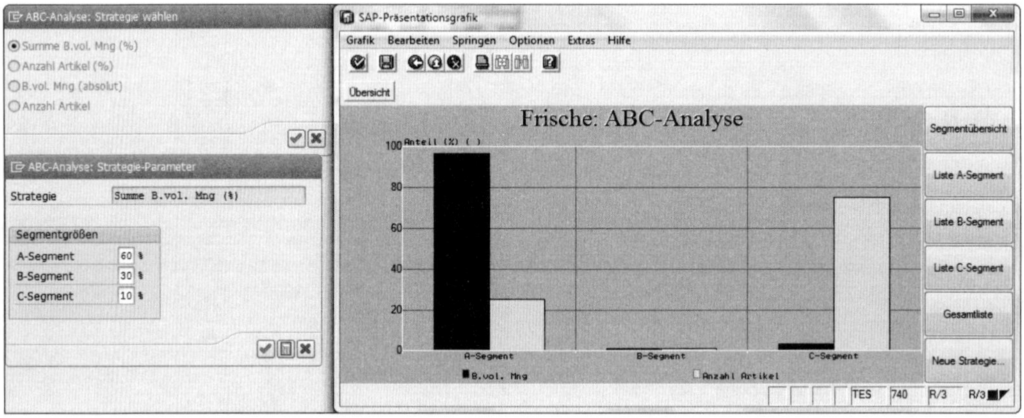

Abbildung 8.6 ABC-Analyse

Als Voraussetzung für die Nutzung des Frische-Infosystems müssen Sie im Customizing die Fortschreibung der relevanten Infostruktur aktivieren. Für den Frischebereich stellt SAP standardmäßig die Infostruktur S160 bereit.

Das Customizing für das das Frische-Infosystem nehmen Sie im Einführungsleitfaden unter dem folgenden Pfad vor:

Logistik Allgemein • Logistik-Informationssystem (LIS) • Logistics-Data Warehouse • Fortschreibung • Fortschreibungssteuerung • Fortschreibung aktivieren

Aktivieren Sie hier in der Warenwirtschaft (RIS) die Struktur S160, wie in Abbildung 8.7 gezeigt.

Abbildung 8.7 Fortschreibung von Infostrukturen

8.1.3 Dispositionsliste

Zur Erstellung und Bearbeitung der Dispositionsliste sind verschiedene Arbeitsschritte erforderlich, die wir in den folgenden Abschnitten beschreiben.

Selektion

Rufen Sie zunächst Transaktion WDFR auf. Sie gelangen in das Selektionsbild für den disponierenden Betrieb (siehe Abbildung 8.8). Wählen Sie im Bereich **Artikelauswahl** die zu bearbeitenden Artikel aus. Wählen Sie außerdem das **Bearbeitungsverfahren** (**Bestellung**, **Aufteiler** oder **Sammelbestellung**, siehe Abschnitt 8.1.1, »Varianten der Frischeabwicklung«). Grenzen Sie auf der Registerkarte **Beschaffung und Abgabe** den Termin für die Beschaffung beim Lieferanten (Bereich **Beschaffung**) sowie für die Filialbeschaffung (Bereich **Abgabe**) ein. Nachdem Sie Ihre Eingaben auf dem Selektionsbildschirm vorgenommen haben, klicken Sie auf **Ausführen** ().

Die Terminblöcke in der Selektion sollten dabei berücksichtigen, welcher logistische Ablauf in der Beschaffungskette umsetzbar ist – von der Beschaffung beim Lieferanten bis zur Abgabe (Verteilung) an die Filialen. Mit dem Verkauf in der Filiale werden die prognostizierten Abverkäufe gedeckt. Abbildung 8.9 zeigt die Bestelllogik und den Lieferrhythmus anhand einer beispielhaften Lieferkette.

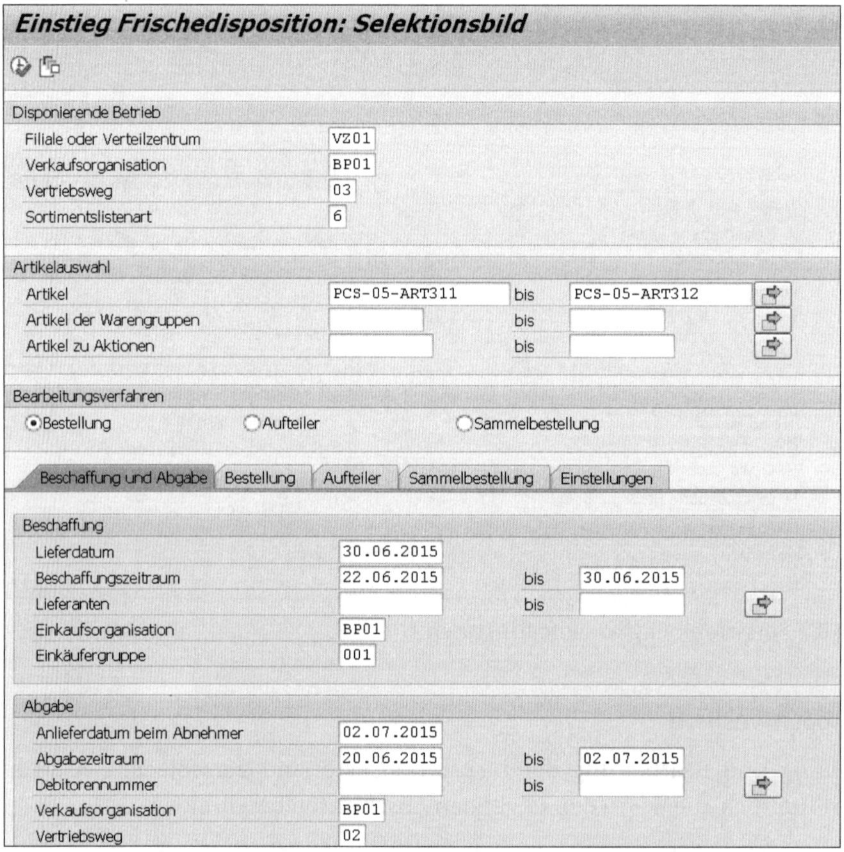

Abbildung 8.8 Einstieg in die Frischedisposition und Selektionskriterien

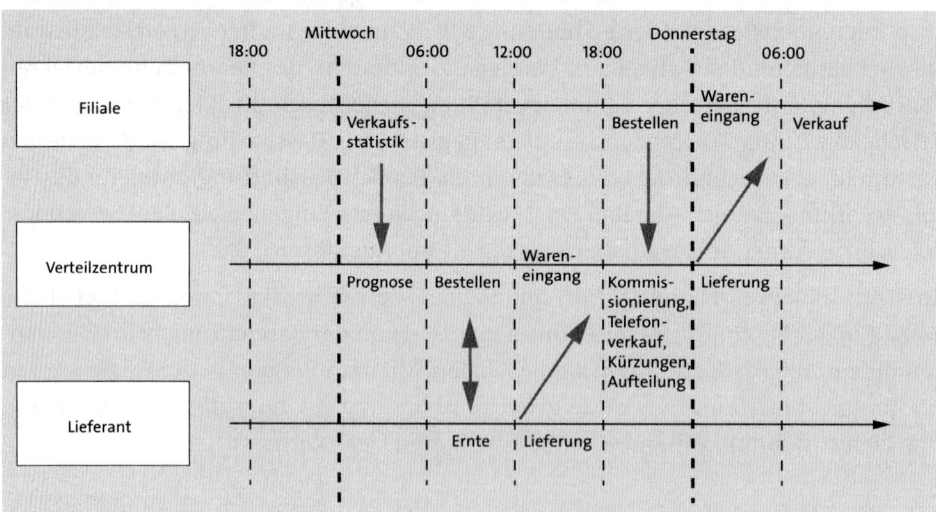

Abbildung 8.9 Beschaffungskette vom Lieferanten bis zur internen Filialversorgung

Disposition und Beschaffung mit der Dispositionsliste

Ergebnis der Eingaben auf dem Selektionsbildschirm ist die **Frischedispositionsliste**, die Sie in Abbildung 8.10 sehen. Sie listet die ausgewählten Artikel und deren mögliche Bezugsquellen (d. h. die Lieferanten) mit ihren Nettopreisen auf. Die Frischedispositionsliste lässt sich sowohl für eine Kombination aus Fremd- und interner Beschaffung als auch nur für die Fremd- oder nur für die interne Beschaffung einsetzen.

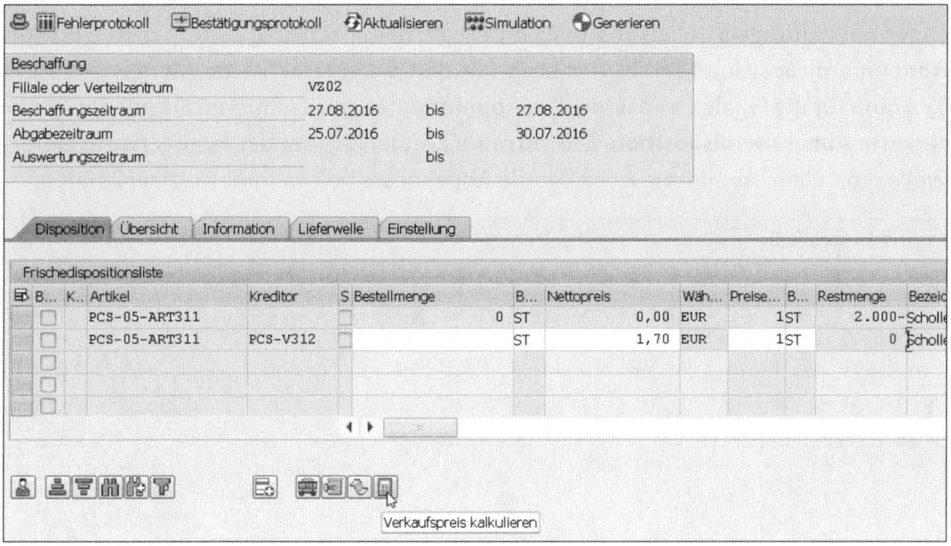

Abbildung 8.10 Frischedispositionsliste mit Bestellbedarf (aufgrund einer negativen Restmenge)

In einer Artikelzeile wird die Bestellmenge beim ausgewählten Lieferanten erfasst. Damit wird der zukünftige Bedarf abgedeckt, der als negative **Restmenge** dargestellt wird. Der ermittelte Einkaufspreis wird vom Einkäufer angepasst, falls sich die Bestellpreise ändern.

Im Fall der Fremdbeschaffung generieren Sie anhand der Dispositionsmenge neue Lieferantenbestellungen, ggf. zunächst in einem *Simulationsmodus*. Dabei werden die Werte im Feld **Bestellmenge** für alle Positionen auf der Liste berücksichtigt.

Berechnung der Bedarfsmengen

Bei der Ermittlung der richtigen Nachbestellmengen beim Lieferanten unterstützt SAP Retail den Einkäufer, indem es automatisch eine Restmenge berechnet und anzeigt. Welche Objekte in die Berechnung einbezogen werden, legen Sie bereits im Einstiegsselektionsbild von Transaktion WDRF auf der Registerkarte **Einstellungen** fest. Es können z. B. Lieferantenbestellungen, Filialbestellungen oder Abverkäufe für eine Prognose berücksichtigt werden.

Mit User-Exits kann zusätzlich die Rechenlogik angepasst werden. Solche User-Exits können auch an anderen Stellen der Frischeabwicklung verwendet werden, um Anpassungen vorzunehmen. Die relevanten User-Exits erkennen Sie an den Namen `EXIT_SAPMWOG1_001` bis `EXIT_SAPMWOG1_015`.

Abgabeliste für die Abnehmer

Für den Abgabeprozess an die Filialen als *Abnehmer* rufen Sie die **Abgabeliste** zur Lagerbeschaffung auf. Hierfür gibt es innerhalb der Frischedispositionen den Button **Abnehmerdisposition** ( ). In der Liste können Sie interaktiv die Mengen und die Termine für die Filialen anpassen. Die Abnahmemengen definieren Sie auf der Registerkarte **Abnehmerdisposition**. Die Termine können Sie auf der Registerkarte **Lieferwelle** einstellen. Abbildung 8.11 zeigt die Abgabeliste beispielhaft für zwei Filialen.

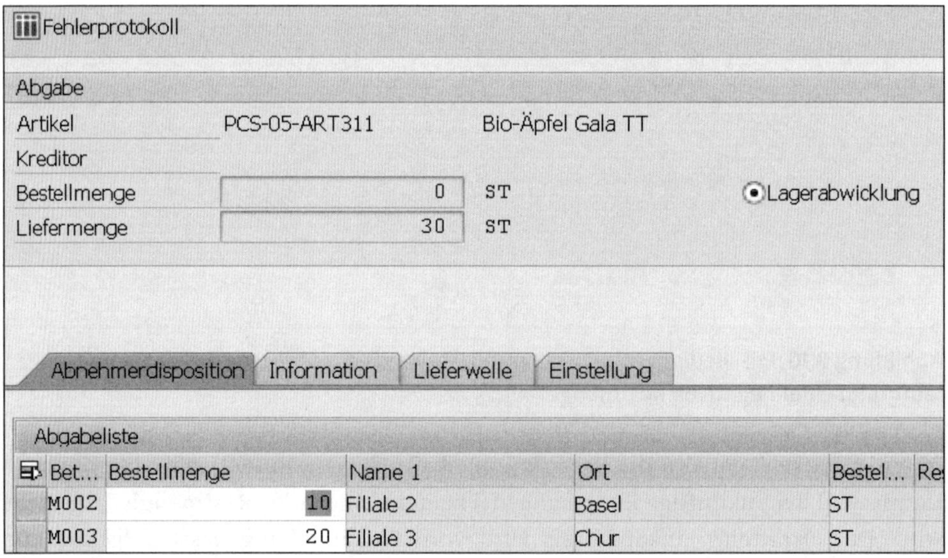

Abbildung 8.11 Abgabeliste

Als Ergebnis des Beschaffungsprozesses generieren Sie mit der Abgabeliste zusätzlich zur Lieferantenbestellung die *Umlagerungsbestellungen* von den Verteilzentren zu den Filialen. Die Erstellung beider Bestellungen wird übersichtlich in Form eines Protokolls dokumentiert (siehe Abbildung 8.12), das Sie über den Button **Fehlerprotokoll** in der Funktionsleiste aufrufen können.

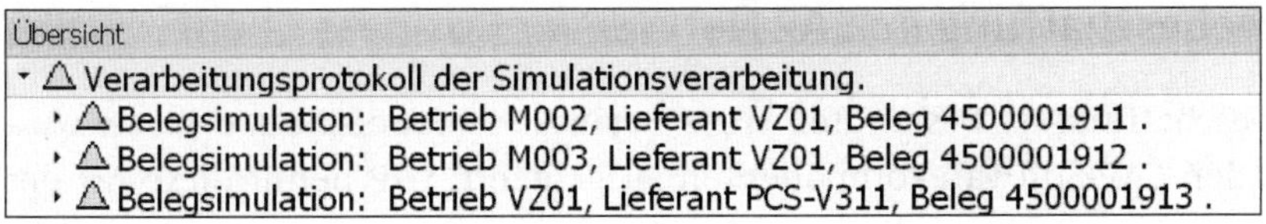

Abbildung 8.12 Protokoll zur Lieferantenbestellung und zu den Abgabebelegen an die Filialen

8.1.4 Listen und Umfeldfunktionen

Unterstützend zur Frischedispositionsliste können für die Zwecke der Disposition die bekannten Listen aus der »normalen« Disposition und Beschaffung aufgerufen werden (Bestelllisten etc. aus Transaktion MD04). Außerdem sind ein Frische-Informationssystem und die Funktion der Handelskalkulation in die Frischeabwicklung integriert.

Über die Verknüpfung zum *Frische-Informationssystem* können diverse Auswertungen für das Controlling erstellt werden, z. B. eine ABC-Analyse, die Artikel in abverkaufsstarke und abverkaufsschwache Artikel einteilt (siehe auch Abschnitt 8.1.2, »Customizing von Transaktion WDFR«, Überschrift »Frische-Infosystem«). Außerdem kann auf der Basis dieser Information eine Ausnahmebehandlung im Rahmen eines Frühwarnsystems implementiert werden.

Die in der *Handelskalkulation* in SAP-Retail kalkulierten Verkaufspreise werden direkt in der Frischedispositionsliste zusammen mit den zugrunde gelegten Einkaufspreisen angezeigt. Über den Button **Verkaufspreis kalkulieren** (▦) können die Preise neu kalkuliert werden (siehe Abbildung 8.10).

Abbildung 8.13 zeigt ein Beispiel für eine solche Kalkulation.

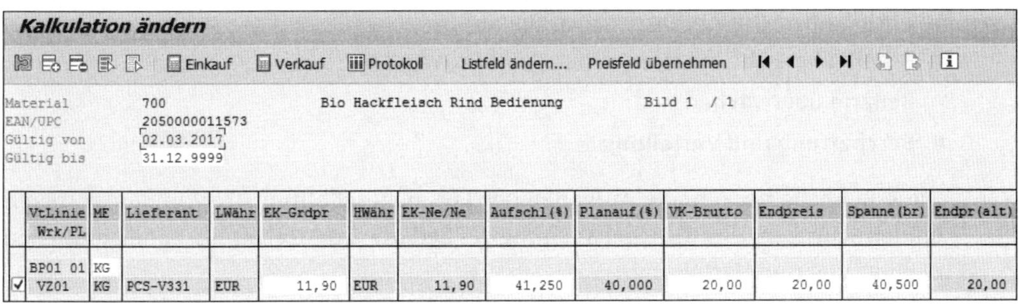

	VtLinie Wrk/PL	ME	Lieferant	LWähr	EK-Grdpr	HWähr	EK-Ne/Ne	Aufschl(%)	Planauf(%)	VK-Brutto	Endpreis	Spanne(br)	Endpr(alt)
	BP01 01	KG											
☑	VZ01	KG	PCS-V331	EUR	11,90	EUR	11,90	41,250	40,000	20,00	20,00	40,500	20,00

Abbildung 8.13 Beispiel für eine Kalkulation

8.2 Frischebeschaffung im SAP NetWeaver Business Client

Die Frischebeschaffung ist Bestandteil eines Business Function Sets, d. h., sie wird separat von den SAP-Softwarekomponenten ausgeliefert. SAP nennt diese Art der Auslieferung *Business Package*. Wie bei jeder Branchenlösung müssen Sie den Schalter für diese Business Function – `ISR_RET_PERISH_PROCUREMENT` – aktivieren, um die Funktion nutzen zu können.

Da die Funktionen der Frischebeschaffung über eine webbasierte Oberfläche bereitgestellt werden, muss außerdem die SAP-Softwarekomponente SAP NetWeaver Portal 7.0 installiert sein.

8.2.1 Work Center »Frischebeschaffung«

Ihr Arbeitsbereich für die Frischebeschaffung, das sogenannte *Work Center*, ist im Gegensatz zu Transaktion WDFR keine einzelne Transaktion, sondern ein umfassendes Cockpit. Dieses Cockpit ist so aufgebaut, dass Sie alle wesentlichen Funktionen über einen einzigen Einstieg in der Arbeitsübersicht finden und aufrufen können. Dazu gehören die folgenden Funktionen:

- Listen zu Einkaufsbelegen
- vorbereitende Schritte im *Verantwortungsbereich*, in dem organisatorische und lieferbeziehungsrelevante Definitionen vorgenommen werden
- vorbereitende Schritte im *Artikelbereich*, in dem die *Artikelvorräte* festgelegt und die Einkäufergruppen zugeordnet werden
- BI-Reports

Je nach Prozessschritt können Sie diese Funktionen über die folgenden Bereiche aufrufen, die Sie in Abbildung 8.14 sehen:

- **Arbeitsübersicht** mit den vorbereitenden Arbeiten
- **Bedarfe überwachen**
- **Beschaffung und Verteilung**

Diese Bereiche decken alle Aufgaben der Frischebeschaffung ab, von den vorbereitenden Schritten über die Überwachung der Bedarfssituation bis hin zur eigentlichen Beschaffung und Verteilung.

[»]

Cockpit erweitern

Wenn Sie das Cockpit um kundeneigene Funktionen erweitern möchten, ist dies mithilfe der Web-Dynpro-Technologie möglich. Mithilfe der sogenannten *Personal Object Worklists* (POWLs) können Sie z. B. eigene *Queries* einbinden. Mit diesen Queries können Sie dann z. B. die Selektionskriterien für die anzuzeigenden Bestellungen ändern.

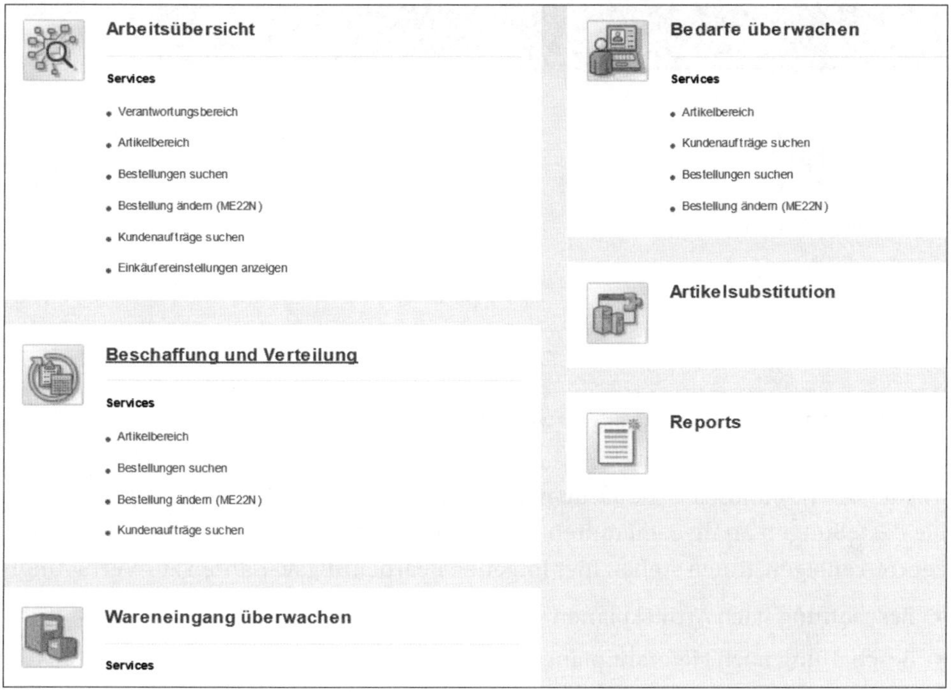

Abbildung 8.14 Work Center »Frischebeschaffung«

Verantwortungsbereich und Artikelbereich

Im Prozessschritt **Verantwortungsbereich** definieren Sie die organisatorischen und abnehmerrelevanten Zuordnungen sowie die Lieferbeziehungen zwischen den Lieferbetrieben und den Filialen als Kunden.

Im **Artikelbereich** werden die Artikelvorräte bzw. Produktvorräte bestimmt, die die Einkäufergruppen bearbeiten müssen. An dieser Stelle werden auch die Lieferanten für die einzelnen Artikel ausgewählt.

Beschaffung und Verteilung

Der eigentliche Kern der Frischebeschaffung besteht aus dem Arbeitsbereich **Beschaffung und Verteilung**. Hier finden Sie die folgenden drei Funktionen, jeweils pro Verteilzentrum (siehe Abbildung 8.15):

- Artikel beschaffen
- Artikel verteilen
- Materialstatusmonitor öffnen

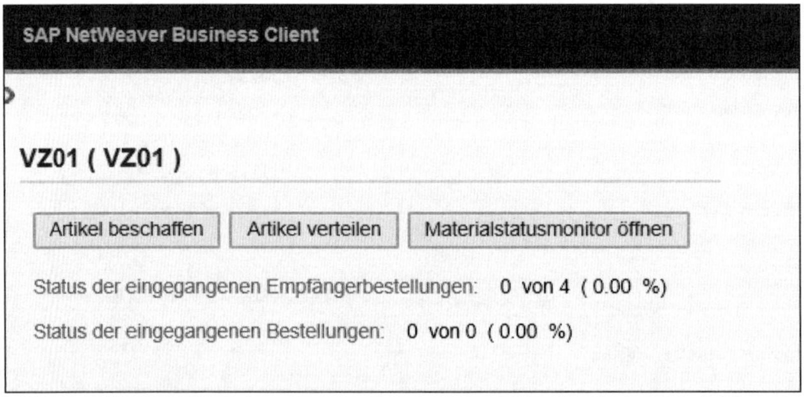

Abbildung 8.15 Aufruf der Listen zur Beschaffung und Verteilung

Mit der *Beschaffungsliste*, die Sie über den Button **Artikel beschaffen** aufrufen, können Sie Bestellungen an die Lieferanten sowie Umlagerungsbestellungen an die Verteilzentren anlegen. Ihnen stehen hier folgende Bearbeitungsvarianten zur Verfügung:

- Beschaffung nach Artikel planen
- Beschaffung nach Lieferant planen

Sie können sich für jeden ausgewählten Artikel aus der Beschaffungsliste Details anzeigen lassen (z. B. den Preis, offene Bestellmengen, Bedarfe etc.). Außerdem können Sie von der Beschaffungsliste aus über den Button **Weitere Möglichkeiten** in andere Anwendungsbereiche abspringen. Abbildung 8.16 zeigt dies anhand der Beschaffungsliste nach Artikeln.

Die *Verteilungsliste*, die Sie über den Button **Artikel verteilen** aufrufen, ist ein Arbeitsvorrat ausgewählter Artikel, die den empfangenden Betrieben, also den abnehmenden Filialen, zugeordnet werden sollen. Dazu stehen Ihnen folgende Funktionen in der Verteilungsliste zur Verfügung (siehe Abbildung 8.17):

- Verteilungsprozess für Empfänger planen und initiieren
- Umlagerungsbestellungen anlegen/ändern

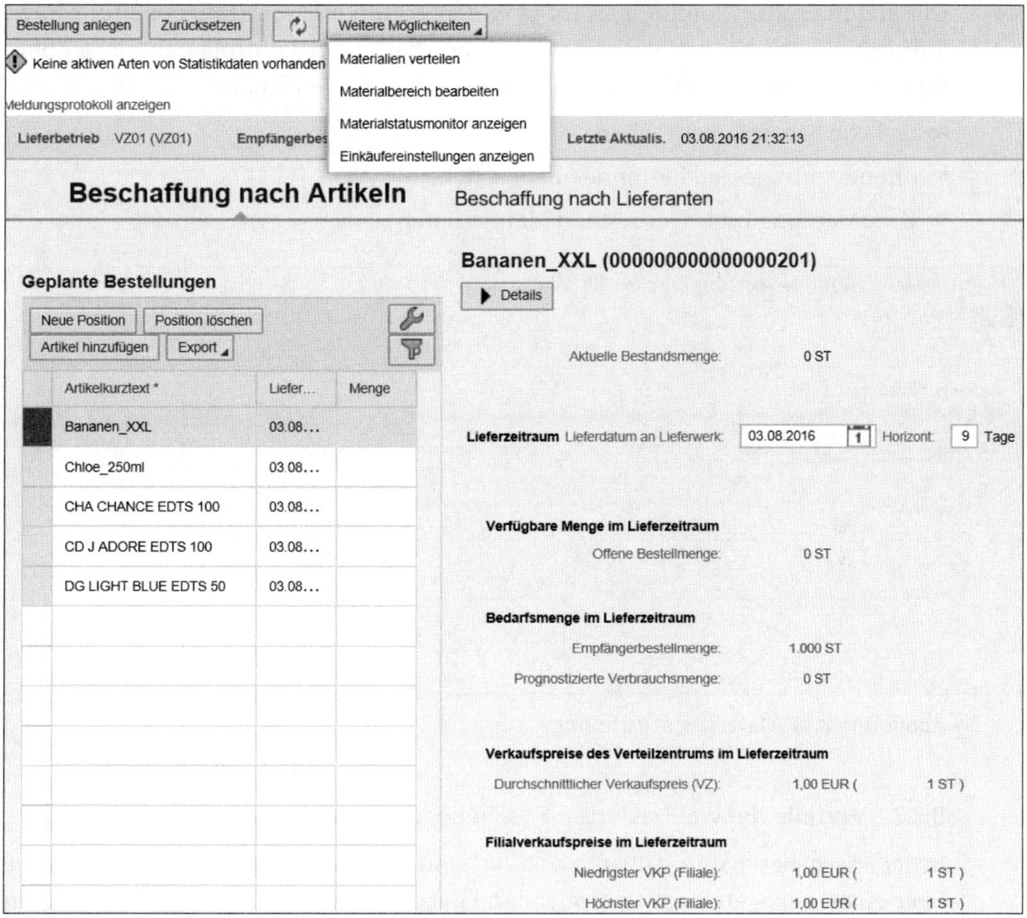

Abbildung 8.16 Beschaffungsliste nach Artikeln

Abbildung 8.17 Verteilungsliste

Der Materialstatusmonitor, den Sie über den Button **Materialstatusmonitor öffnen** aufrufen, dient dazu, den Status der Artikelbeschaffung zu kontrollieren (siehe Abbildung 8.18). Folgende Funktionen stehen Ihnen hier zur Verfügung:

- tägliche Bedarfe überwachen
- offene Aufträge und Bestände überwachen
- Unterdeckung und Überbestand identifizieren

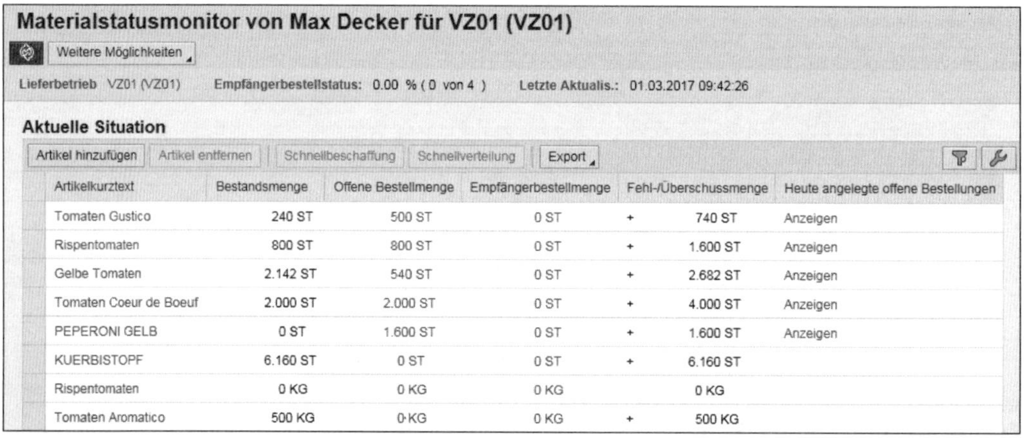

Abbildung 8.18 Materialstatusmonitor

8.2.2 Vorteile der webbasierten Frischebeschaffung

In der Frischebeschaffung über den NWBC sind alle Funktionen auf einer Oberfläche über einen einzigen Einstieg erreichbar. Sie können den Arbeitsvorrat an Artikeln selbst bestimmen bzw. um weitere Artikel ergänzen. Zudem hat dieses Tool sein eigenes *Orderbuch*. Viele Möglichkeiten der Steuerung, die sonst bereits im Artikelstamm festgelegt werden müssen, werden dezentralisiert in das webbasierte Tool ausgelagert. Es wird also nicht bereits im Artikelstamm bestimmt, bei welchen Lieferanten ein Artikel beschafft werden kann. Jeder Einkäufer bzw. Disponent ist durch die Definition des festgelegten Verantwortungs- und Artikelbereichs für seine Variante zuständig.

Ebenso wie in der SAP-GUI-basierten Frischeabwicklung können Sie auch in der Frischebeschaffung die Artikel komfortabel bei mehreren Lieferanten beschaffen. Im Gegensatz zur Frischebeschaffung in Transaktion WDFR ist es in der Beschaffungsliste allerdings möglich, zwischen Artikel- oder Lieferantensicht zu wechseln. Welche Perspektive Sie wählen, müssen Sie in Transaktion WDFR bereits bei der Erstellung der Frischedispositionsliste über die **Sortimentsliste** und die Selektion im Einstiegsbildschirm festlegen.

Über die Funktion der POWLs ist es in der webbasierten Anwendung möglich, eine personalisierte Anwendung und Oberfläche für die Frischebeschaffung zu gestalten.

Außerdem ist in der Frischebeschaffung im NWBC bereits eine Anbindung an Business-Intelligence-Tools wie SAP Business Warehouse (BW) vorgesehen. Dagegen arbeitet das Frische-Infosystem von Transaktion WDFR auf Basis der Infostrukturen des Retail Information Systems (RIS) bzw. des Logistics Information Systems (LIS).

Kapitel 9
Fashion Management

Die besondere Herausforderung für den Fashion-Handel liegt in der Komplexität der Planungs- und Steuerungsprozesse und deren Integration in Ihre bestehende IT-Infrastruktur. Dieses Kapitel gibt Ihnen einen Überblick über die Funktionen, die dazu von SAP zur Verfügung gestellt werden.

Was die Modebranche für den Kunden so attraktiv macht, stellt den Handel immer wieder vor neue Herausforderungen: schnelle Kollektionswechsel bei gleichzeitig langen Vorlaufzeiten, zunehmende Vertikalisierung, verschiedene Formen der Flächenbewirtschaftung sowie das nahtlose Zusammenspiel von On- und Offlinekanälen. Die Ansprüche an Planung und Steuerung sind komplex und steigen stetig. Denn allem Wandel zum Trotz – der Käufer erwartet nach wie vor die richtige Ware zur richtigen Zeit am richtigen Ort – und das muss operativ beherrscht werden!

Das voll integrierte, umfassende Lösungspaket von SAP für die Modebranche ist speziell auf die besonderen Herausforderungen der saisonorientierten und schnelllebigen Branche zugeschnitten. Ziel ist die Realisierung einer durchgängigen und transparenten Prozesskette von der strategischen Planung über das Sortimentsmanagement, die Logistik und die Warenverteilung in die Filialen bis hin zum Abverkauf. Durch den modularen Aufbau der SAP-Lösung kann diese sowohl in einzelnen Teilbereichen als auch als integriertes Gesamtsystem eingesetzt werden.

In diesem Kapitel erhalten Sie einen Gesamtüberblick über die planerischen und warenwirtschaftlichen Prozesse im textilen Einzelhandel. In den einzelnen Abschnitten gehen wir zunächst auf den jeweiligen Prozess ein und bilden im Anschluss den Abdeckungsgrad der Prozessschritte anhand der SAP-Softwarekomponenten ab.

Zunächst möchten wir Ihnen den in sich geschlossenen *Fashion Retail Loop* anhand eines Referenzmodells vorstellen. Referenzmodelle haben den Anspruch, möglichst allgemeingültig zu sein. Sie bilden den Ausgangspunkt für die Ableitung spezifischer Modelle, z. B. Modelle für spezifische Branchen oder Sektoren.

Darauf aufbauend, betrachten wir den Planungsprozess, der unter anderem auch die zunehmende Vertikalisierung im Textileinzelhandel thematisiert. Dazu gibt es die Lösung *SAP Fashion Management* mit einem integrierten Design- und Produktionsprozess. Bei dieser Lösung handelt es sich um eine Weiterentwicklung der bekannten

Software *SAP Apparel and Footwear* (SAP AFS). Bei der neuen Lösung wurde der Schwerpunkt auf die Integration in das SAP-Retail-System gelegt.

Der allgemeine Planungsprozess von der strategischen Finanzplanung bis zur Waren- und Sortimentsplanung wird vorzugsweise innerhalb der *BW-integrierten Planung* in SAP Business Warehouse (SAP BW) durchgeführt. Zur Übertragung von Daten aus der Release-Workbench an das operative SAP-Retail-System gibt es eine standardisierte Schnittstelle. Im Rahmen der operativen Sortimentsplanung und -steuerung werden die Sortimente qualitativ und quantitativ verfeinert und an die saisonale Bestellabwicklung übergeben. Dort findet nach der Bestellfreigabe die *Open-to-buy-Prüfung* statt. Zeitgleich zur Lieferantenbestellung werden die initialen Mengen aus der Sortimentsplanung über Warenverteilaufträge an das Verteilzentrum gesendet. Die zeitliche Steuerung auf Basis der Wareneingangstermine kann individuell definiert werden.

Nachdem die Saisonware in der Filiale angekommen ist, wird der Nachschub der eingelagerten Artikel z. B. anhand einer Bestellpunktdisposition beim Verteilzentrum abgerufen. Das anschließende *In Season Management* bzw. das *Slowseller-Management* bietet Ihnen anhand von BW-Berichten die Möglichkeit zur regelbasierten Steuerung Ihrer saisonalen Sortimente auf der Fläche, z. B. im Rahmen von Abschriften oder Umlagerungen.

9.1 Retail Loop

Unter dem *Retail Loop* versteht man das Zusammenspiel der einzelnen Prozessketten innerhalb der Wertschöpfungskette eines filialisierten Einzelhändlers: von der Planung über die Beschaffung und die Verteilung auf die Fläche bis hin zur Steuerung auf Basis von Abverkäufen.

9.1.1 Prozessmodell

Grundsätzlich orientiert sich der gesamte Retail Loop konsequent an den Bedürfnissen und Anforderungen der Endkunden. Außerdem muss er sich nach den Kapazitäten der Flächen ausrichten. Heutige Warenwirtschaftssysteme, wie z. B. SAP Retail bilden die Kernprozesse der Planung, des Einkaufs, der Logistik und des Controlling in einem geschlossenen Regelkreislauf ab. Abbildung 9.1 beinhaltet eine High-Level-Prozessübersicht dieses *Closed Retail Loop*. Es handelt sich dabei um die Referenzdarstellung des Soll-Prozesses nach Michael Kunkel (»Planung und Controlling im Retail Loop«, Eul Verlag 2004, S.10). Sie bildet die Grundlage für die im Folgenden beschriebenen Prozessunterpunkte.

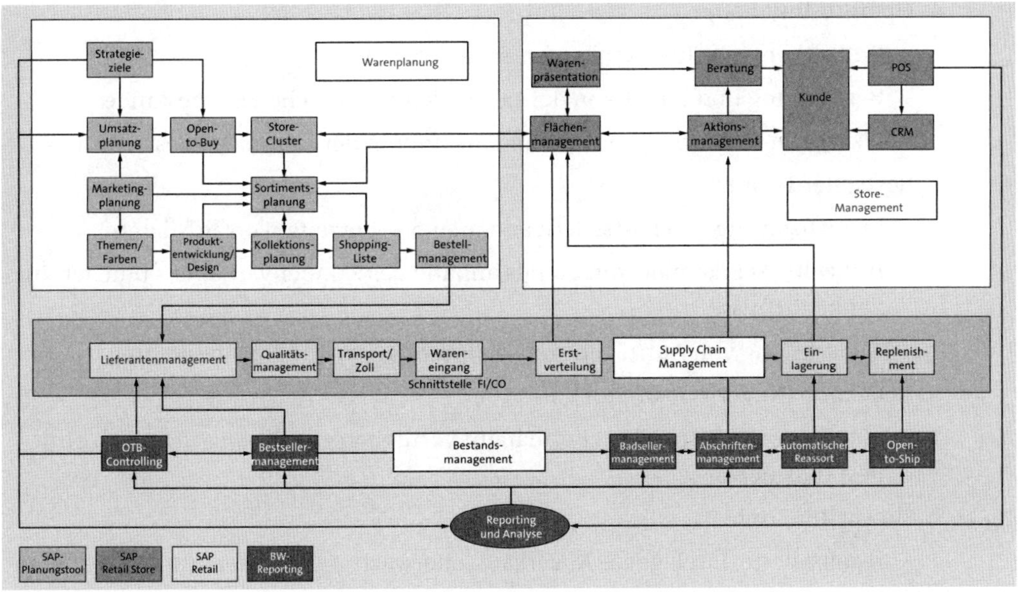

Abbildung 9.1 Die Teilregelkreise des Retail Loops

In der Praxis des saisonabhängigen Retail Loops haben sich sieben Teilregelkreise herausgebildet, deren Inhalte, Integration und gegenseitige Abhängigkeiten im Folgenden kurz genannt werden:

1. **Planungs-Loop:**
   - Sortimentsbildung mit Fokus auf die Kundenbedürfnisse
   - strategische Planung, Festlegung der Unternehmensziele
   - Marketingplanung, z. B. Planung von Werbeereignissen, Kampagnen etc.
   - Umsatzplanung (Flächen- und Filialplanung)
   - Limit- und Sortimentsplanung (Kapazitäts- und Bedarfsplanung, Sortimentsmodule, Verteilschlüssel etc.)
   - Shopping-Einkaufsliste (permanenter Plan-Ist-Vergleich)
2. **Design-Loop:**
   - Produktentwicklung
   - Qualitätsmanagement
   - Lieferantenmanagement
3. **Loop der logistischen Lieferkette:**
   - Ziel dieses Loops ist das richtige mode-, qualitäts- und preisgerechte Produkt zum richtigen Zeitpunkt in der richtigen Filiale.
   - von der Produktion bis zum Wareneingang
   - Tracking- und Tracing der physischen Lieferkette

4. **Open-to-Buy-Loop:**
   - Budgetkontrolle für Nachkaufentscheidungen
   - Berechnung und Projektion der saisonalen monatlichen Endbestände
   - Plandaten als Zielvorgabe für den Einkäufer in der saisonalen Beschaffung
5. **Bestseller-Loop:**
   - Identifizierung von Bestsellern anhand von Echtzeitabverkaufsdaten
   - frühzeitiges Erkennen von Trends anhand des Kundenverhaltens und der Kundenbedürfnisse
   - Generierung von Aufträgen zur Nachproduktion und Nachbestellung
6. **NOS-Loop (Never-out-of-Stock):**
   - automatische Disposition permanent verfügbarer Artikel (Basisartikel) ohne Bestandslücken
7. **Slowseller-Loop:**
   - regelbasierte, intelligente Abverkaufsüberwachung mit Steuerungsinstrumenten
   - Gegenreaktionen bei Langsamdrehern anhand von Umlagerungen, Umplatzierungen, Abschriften, Retouren und Aktionen

9.1.2 Umsetzung des Referenzmodells im SAP-System

Zielsetzung eines warenwirtschaftlichen Planungsinstruments ist es, die optimale Verfügbarkeit des richtigen Produkts in der richtigen Menge am richtigen Platz (Ort) zum richtigen Zeitpunkt und zum richtigen Preis sicherzustellen. Dazu müssen die Planungselemente so miteinander verbunden und abgestimmt werden, dass die zukünftig zu erwartende Ist-Situation möglichst treffsicher abgebildet werden kann. Für die Planung und das Controlling der Supply-Chain-Prozesse eines modischen, saisonabhängigen Handelsunternehmens müssen integrative IT-Instrumente zum Einsatz kommen. Sie müssen in der Lage sein, die komplexen Schnittstellen zwischen den strategischen Zielen der Geschäftsführung, der Waren- und Sortimentsplanung des Produkt-Managements, dem Einkauf, der Filialverteilung und dem Flächen- und Bestandsmanagement zu vernetzen. Jedes einzelne Produkt muss dabei auf der Ebene des lagergeführten Artikels (*Stock Keeping Unit*, SKU) betrachtet werden können.

Abbildung 9.2 skizziert den Ablauf dieses Planungsprozesses über die verwendeten Systemkomponenten Warenplanung, Sortimentsplanung und Aufteilung hinweg.

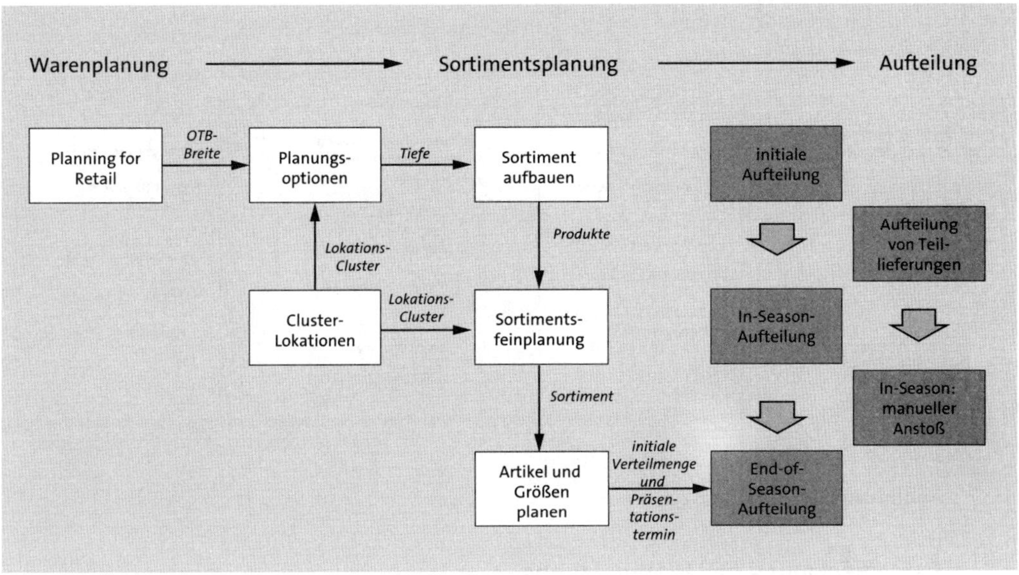

Abbildung 9.2 Prozessdiagramm für die SAP-Fashion-Planungslösung

Die beiden SAP-Lösungskomponenten *SAP Assortment Planning for Retail* und *SAP Merchandise Planning for Retail* sind im *SAP Customer Activity Repository* (SAP CAR) eingebettet. Diese Plattform versetzt Händler in die Lage, das Kundenverhalten in schnelllebigen Märkten genauer zu beobachten und auf Veränderungen umgehend zu reagieren. SAP CAR führt die Kunden-, Abverkaufs- und Bestandsdaten an einem Ort zusammen und schafft so eine Gesamtsicht, die es ermöglicht, Kunden über alle Kanäle hinweg einheitlich anzusprechen, effizienter zu arbeiten und die Markenwahrnehmung zu verbessern.

Der eigentliche Planungsprozess für den saisonalen Einzelhandel sieht im Allgemeinen die folgenden Schritte vor (siehe Abbildung 9.3):

1. strategische Planung
2. Warenplanung inklusive Omni-Channel- und Open-to-buy-Planung (OTB-Planung)
3. Sortimentsplanung
4. operative Sortimentsplanung und -steuerung
5. saisonale Beschaffung
6. In-Season Management

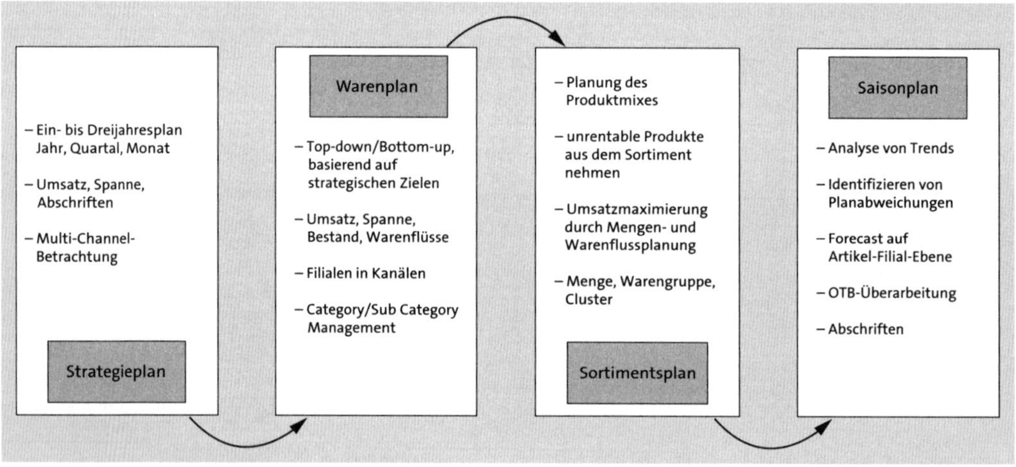

Abbildung 9.3 Planungszyklus

Strategieplanung und Warenplanung

Der strategische Finanzplan und die Warenplanung erfolgen in der Komponente *SAP BusinessObjects Analysis for Microsoft Office*. Das bedeutet für den Anwender, dass er die Planungsfunktionen der BW-integrierten Planung in einer in Microsoft Excel integrierten Frontend-Lösung nutzen kann.

In der strategischen Planung – auch als *Geschäftsplanung* bezeichnet – legt ein Handelsunternehmen die strategischen Ziele seiner Warenbewirtschaftung fest. Dieser Geschäftsplan wird auf der obersten Ebene für das gesamte Unternehmen erstellt, aber auch für einzelne Vertriebswege oder höhere Ebenen in der Warenhierarchie.

Die *Warenplanung* dient der detaillierten Ausgestaltung der übergeordneten strategischen Richtlinien. Dabei wird entlang der Knoten einer Warengruppen- oder Artikelhierarchie geplant. Die Ware (der Artikel) selbst wird dabei nicht im Detail angegeben. Es werden verschiedene Kennzahlen, wie z. B. Umsatz, Margen, Bestände oder Retouren, definiert. Außerdem erfolgt eine Gruppierung der Filialen nach verschiedenen Merkmalen pro Warenbereich, um die Zielvorgaben auch auf Sortimentsebene festlegen zu können. Mögliche Gruppierungs- oder Segmentierungsmerkmale sind z. B. Umsatz und Fläche pro Warengruppe, aber auch Region, Klima, Flächenrentabilität, Größenformat, Inventarmerkmale, wie z. B. eine Kosmetikberatung im Beauty-Shop, Bars, Restaurants etc.

Im nächsten Schritt wird diese Filialgruppierung für die *strategische Sortimentsplanung* genutzt: Für die gruppierten Filialen werden Sortimente gebildet, die einem Zeitfenster zugeordnet sind. Man spricht dann von *Sortimentsversionen*. Anschließend werden die Planmengen z. B. mittels vorher definierter Aufteilregeln auf die verschiedenen Sortimentsversionen verteilt. Abbildung 9.4 veranschaulicht beispielhaft das Zusammenspiel von Finanz- und Warenplanung unter Einbeziehung der organisatorischen Zuordnung.

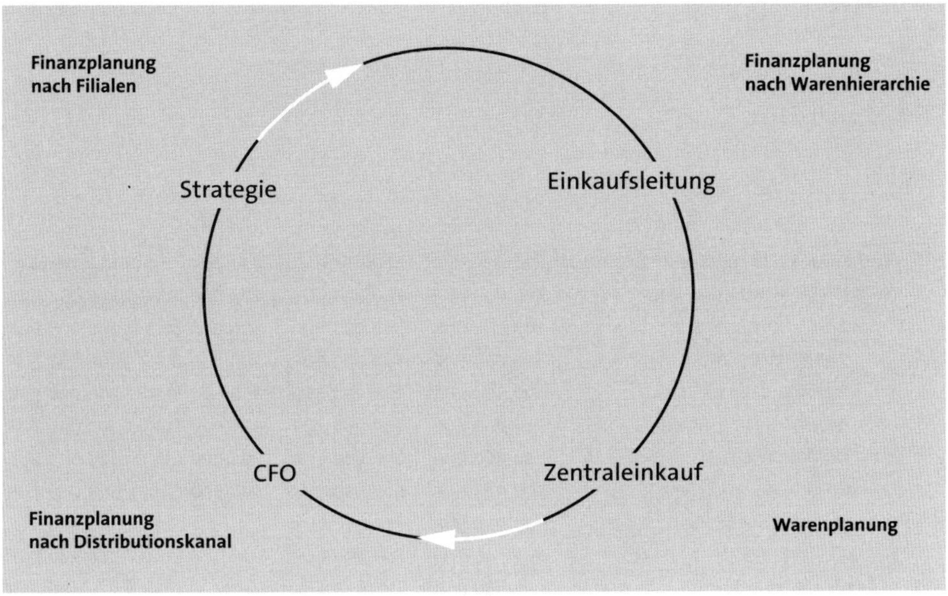

Abbildung 9.4 Warenplanungsprozess

Abbildung 9.5 zeigt ein Beispiel für die finanzielle Warenplanung in SAP BusinessObjects Analysis for Microsoft Office auf der Ebene der Warengruppe aus der Praxis. Sie haben hier alle bekannten Excel-Funktionen zur Verfügung sowie zusätzlich erweiterte Planungsfunktionen wie z. B. Verteilungsmechanismen, Uplift-Faktoren, Zellensperre etc. Im oberen linken Bildschirmbereich finden Sie eine Übersicht über die gesamte Zahlungsbilanz Ihres Warengruppenmixes. Darunter befinden sich Ihre Kennzahlen, die Sie nun per Top-down- oder Bottom-up-Analyse planen und berechnen lassen können.

SAP Merchandise Planning for Retail bietet in Ergänzung zu den Funktionen von SAP BusinessObjects Analysis for Microsoft Office eine konsistente, durchgängige Top-down- und Bottom-up-Planung. Außerdem werden vordefinierte Retail-Geschäftsprozesse basierend auf erprobten Best Practices bereitgestellt. Die Lösung ist in SAP CAR integriert und erleichtert verschiedene Prozesse in den Bereichen Finanzen, Warenplanung, Filialplanung und Open-to-Buy, einschließlich Bestandsführung, Einkaufsplanung und Budgetierung. Durch ein zentrales Repository für alle Planungsaktivitäten können strategische Warenpläne schnell abgestimmt werden. So kann der manuelle Aufwand erheblich reduziert werden.

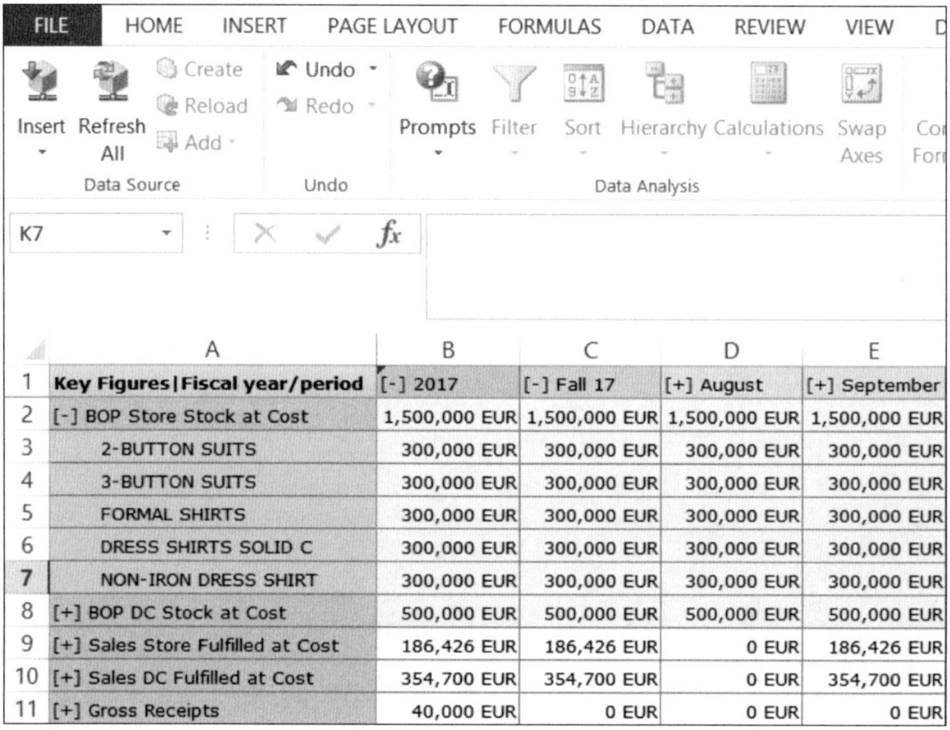

	A	B	C	D	E
1	Key Figures | Fiscal year/period	[-] 2017	[-] Fall 17	[+] August	[+] September
2	[-] BOP Store Stock at Cost	1,500,000 EUR	1,500,000 EUR	1,500,000 EUR	1,500,000 EUR
3	2-BUTTON SUITS	300,000 EUR	300,000 EUR	300,000 EUR	300,000 EUR
4	3-BUTTON SUITS	300,000 EUR	300,000 EUR	300,000 EUR	300,000 EUR
5	FORMAL SHIRTS	300,000 EUR	300,000 EUR	300,000 EUR	300,000 EUR
6	DRESS SHIRTS SOLID C	300,000 EUR	300,000 EUR	300,000 EUR	300,000 EUR
7	NON-IRON DRESS SHIRT	300,000 EUR	300,000 EUR	300,000 EUR	300,000 EUR
8	[+] BOP DC Stock at Cost	500,000 EUR	500,000 EUR	500,000 EUR	500,000 EUR
9	[+] Sales Store Fulfilled at Cost	186,426 EUR	186,426 EUR	0 EUR	186,426 EUR
10	[+] Sales DC Fulfilled at Cost	354,700 EUR	354,700 EUR	0 EUR	354,700 EUR
11	[+] Gross Receipts	40,000 EUR	0 EUR	0 EUR	0 EUR

Abbildung 9.5 Beispiel eines Planungslayouts

Der Wachstumsfaktor der unterschiedlichen Vertriebskanäle wird anhand der folgenden Kennzahlen geplant:

- vergleichbare Filialumsätze (Einzelhandelsvertriebsweg)
- Direktverkäufe an Kunden (online oder Katalog)
- Großhandelsgeschäfte (Kunden oder andere Einzelhandelsorganisationen)

Sortimentsplanung mit SAP Assortment Planning for Retail

Mit SAP Assortment Planning for Retail können Sie Ihre Sortimente für eine zukünftige Saison auf der Grundlage historischer Umsatzzahlen für die verschiedenen Warengruppen und Verkaufslokationen planen und die Sortimentsbreite und -tiefe an Ihren strategischen Zielen ausrichten. Darüber hinaus können Sie bereits im Rahmen der Sortimentsplanung die zu erwartenden Bedarfsmengen ermitteln. Insbesondere bietet Ihnen SAP Assortment Planning for Retail folgende Vorteile:

- Optimierung der Sortimentsbreite und -tiefe entsprechend Ihren Zielsetzungen
- Maximierung von Normalpreisumsätzen und Margen durch optimale Zuordnung von Produkten zu Lokations-Clustern

- Optimierung der prozessübergreifenden Planung vom Abverkauf über die Bestandsführung bis zum Einkauf
- Reduzierung der Bestandskosten über eine eingebundene Umsatzprojektion
- Bereitstellung der Ergebnisse von Analysen und Algorithmen zu den Sortimentsplänen in Echtzeit durch Nutzung von SAP HANA und der zugehörigen prognostischen Analyse-Engines

SAP Assortment Planning for Retail umfasst verschiedene SAP-Fiori-Apps sowie Arbeitsmappen von SAP BusinessObjects Analysis for Microsoft Office. Der Ablauf des Sortimentsplanungsprozesses und die Verteilung der Teilprozesse auf die Apps und Arbeitsmappen sind in Abbildung 9.6 grafisch dargestellt.

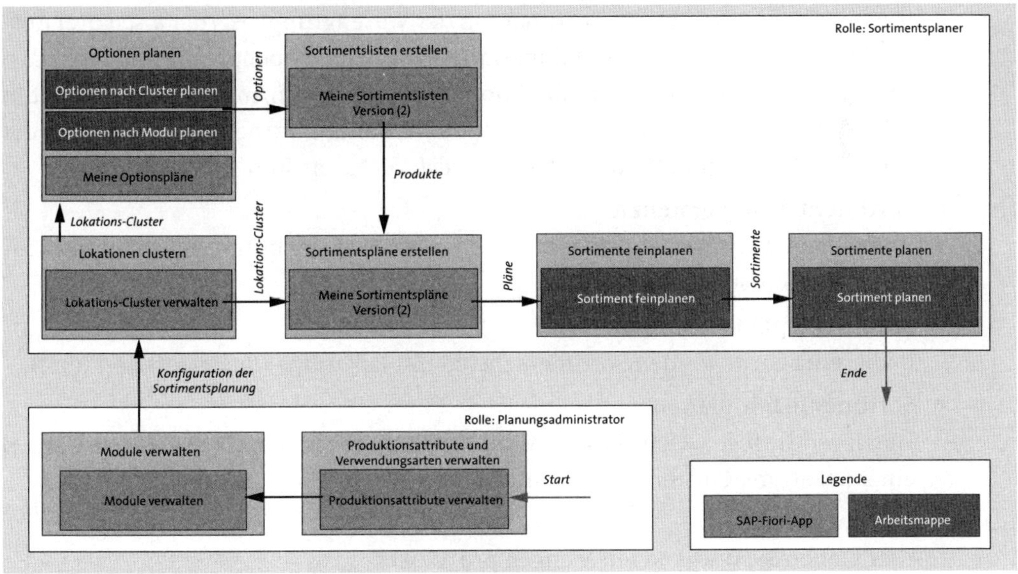

Abbildung 9.6 Übersicht des Sortimentsplanungsprozesses

Der Sortimentsplanungsprozess besteht aus den folgenden Anwendungen, auf die Sie als Sortimentsplaner über das in Abbildung 9.7 dargestellte SAP Fiori Launchpad zugreifen können:

- **Produktattribute verwalten**
  Produktattribute können zum einen aus dem operativen SAP-Retail-System repliziert oder auch direkt in der Fiori-Applikation manuell angelegt werden. Diese Attribute werden nun in einem zweiten Schritt den aus dem SAP-Retail-System übertragenen Warengruppen zugeordnet. Zu den Attributen gehören sowohl nicht typisierte Merkmale aus Transaktion CT04 als auch typisierte Merkmale, wie z. B. Marke, Preistyp, Modegrad, Farbe, Größe etc.

- **Module verwalten**
  Hier können Sie Sortimentsmodule anlegen und bearbeiten, wie z. B. **Saison** oder **Basis**. Diese Module werden anschließend in der Optionsplanung weiterverwendet.
- **Lokationen clustern**
  In diesem Schritt werden die einzelnen Filialen anhand gemeinsamer Merkmale oder Attribute, wie z. B. nach Geographie, Format oder Verkaufsfläche, zusammengefügt.
- **Optionen planen**
  In diesem Schritt nehmen Sie eine erste Planung vor, noch bevor die genauen Produkte für das Sortiment der geplanten Saison feststehen. Wenn z. B. bereits feststeht, dass das geplante Sortiment in der Warengruppe *Herrenhosen* drei Auswahlmöglichkeiten für die Kombination High Fashion/hochpreisig und zehn Auswahlmöglichkeiten für die Kombination Medium Fashion/mittelpreisig enthalten soll, können Sie zunächst auf dieser Ebene eine Planung vornehmen, auch wenn die genauen Modelle und Produkt-IDs noch nicht bekannt sind.
- **Sortimentslisten erstellen**
  Anhand von Umsatzmengen oder Roherträgen wird der optimale Produktmix für Ihre Sortimentslisten ermittelt.
- **Sortimentspläne erstellen**
  In diesem Schritt werden Sortimentslisten mit Lokations-Clustersets verknüpft.
- **Sortimente feinplanen**
  Hier legen Sie fest, welche Produkte aus der Sortimentsliste in welchen Lokationen eines Lokations-Clustersets verkauft werden sollen.
- **Sortimente planen**
  Hier planen Sie die genauen Mengen pro Artikel.

Nachdem Sie alle Schritte ausgeführt haben, können die Sortimente inklusive aller Plankennzahlen an das operative System, d. h. an SAP Retail, übermittelt werden. Dies kann aktiv durch den Anwender oder im Hintergrund durch einen Batch-Job ausgeführt werden. In den darauffolgenden Schritten innerhalb der operativen Sortimentsplanung und -steuerung (auch als *Einkaufsliste* oder *Kollektionsrahmenplan* bezeichnet) können Sie die Sortimente auf Basis des Hierarchieknotens, der Saison und der Kollektion weiter verfeinern, um auf deren Grundlage letztlich die Artikelstammdaten anzulegen und Bestellungen zu erzeugen. Der Zusammenhang ist in Abbildung 9.8 dargestellt.

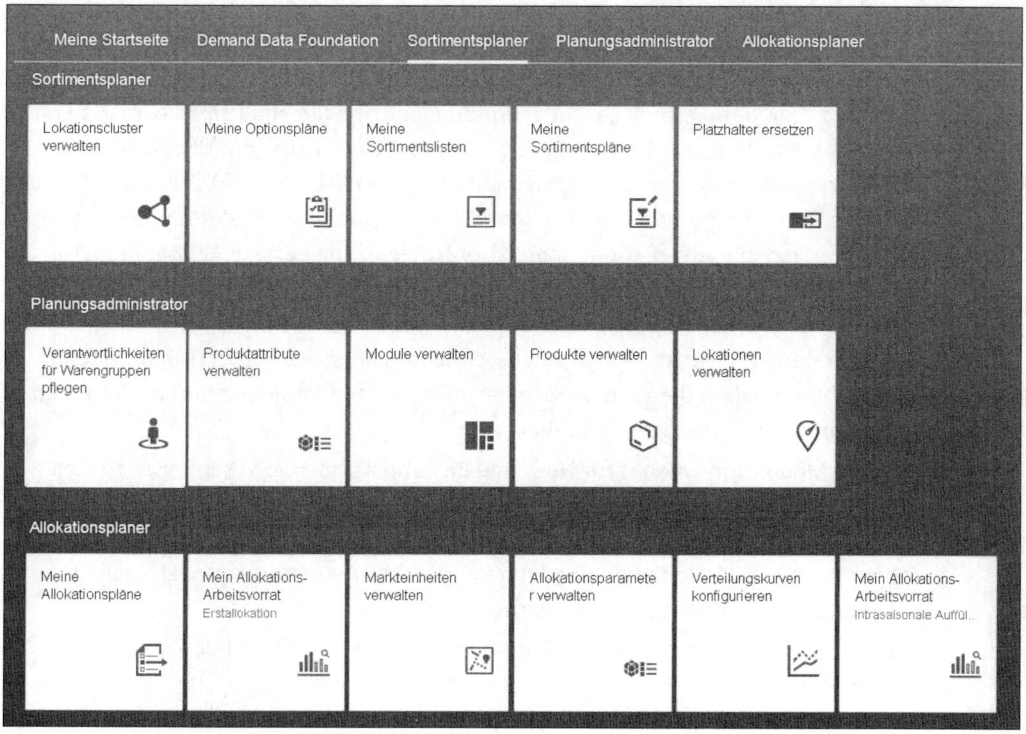

Abbildung 9.7 Fiori Launchpad für den Sortimentsplaner

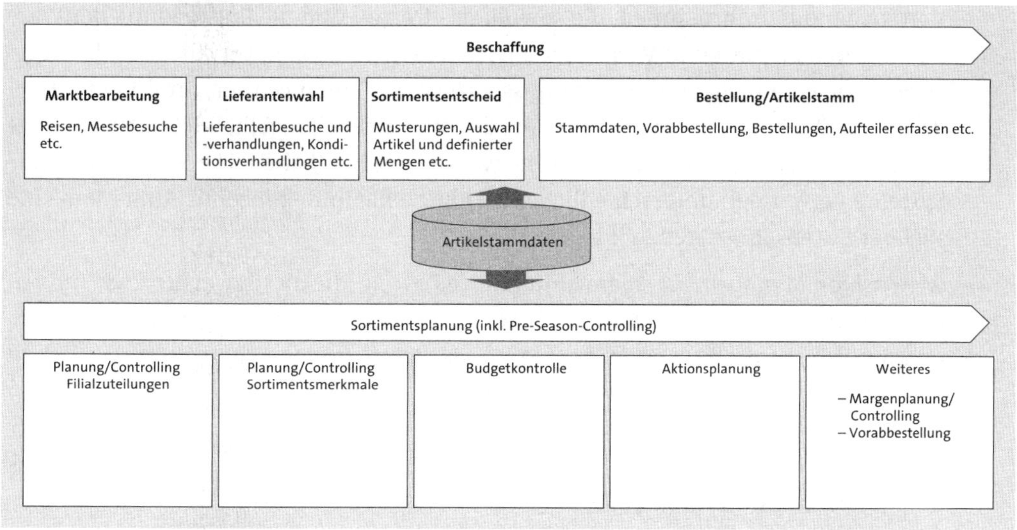

Abbildung 9.8 Integration einer externen Sortimentsplanung mit der Artikelplanung und der operativen Beschaffung

[»]

Rapid Deployment Solutions

Rapid Deployment Solutions (RDS) sind spezielle SAP-Lösungen, die zu einem Festpreis, mit klar definiertem Leistungsumfang und im Regelfall in maximal zwölf Wochen beim Kunden implementiert werden. Die Lösungen kombinieren die bewährte SAP-Software mit Implementierungsservices. Diese umfassen Best Practices, vorkonfigurierte Inhalte und Schulungsunterlagen für Endanwender. Dadurch sollen ein schneller und messbarer Nutzen, eine bessere Agilität und effizientere Prozesse für die Geschäftsbereiche ermöglicht werden. Rapid Deployment Solutions sind in sich abgeschlossene, vollständige Lösungen, die sich kombinieren und erweitern lassen und für fast alle Geschäftsbereiche zur Verfügung stehen. Unternehmen haben die Wahl zwischen verschiedenen Implementierungsoptionen (On-Premise-, Hosting- oder Cloud-Betrieb).

Das RDS-Modell von SAP hat für Neu- und Bestandskunden gleichermaßen Vorteile: Die Neueinführung einer SAP-Software kann in einem überschaubaren Zeitraum erfolgreich und sicher durchgeführt werden. Bestehende SAP-Kunden können Innovationen – wie z. B. mobile Anwendungen, In-Memory-Computing oder analytische Funktionen – schrittweise und risikoarm einführen.

SAP Merchandise Planning und SAP Assortment Planning for Retail werden jeweils als RDS-Paket ausgeliefert.

9.1.3 SAP Fashion Management

Vertikale Modeunternehmen, die sowohl das Design und die Entwicklung der Ware als auch den Einkauf und Verkauf zu ihren Prozessen zählen, verwalten in der Regel zwei unterschiedliche Geschäftsprozesse: Über den einen werden Großhandelskunden bedient, über den anderen Kunden, die über eigene Einzelhandelsvertriebswege verfügen. Diese Abwicklung erfolgt in zwei unterschiedlichen SAP-Systemen. Beide Systeme verwenden unterschiedliche Datenmodelle und -konzepte. Außerdem sind sie über Datenschnittstellen integriert.

SAP Fashion Management ist eine integrierte Lösung, die diese zwei Prozesse für vertikale Modeunternehmen in einem System zusammenführt. Mit dieser Lösung können Sie Ihre gesamten Geschäftsprozesse in einer großen Datensystemlandschaft verwalten. Dank der In-Memory-Technologie erhalten Modeunternehmen trotz umfangreicher Datenmengen einen schnellen und präzisen Überblick über die Produkte. Dies führt zu höherer Effizienz, kürzerer Entwicklungszeit bis zur Marktreife und besserer Bestandskontrolle.

Insbesondere für vertikal agierende Handelsunternehmen ist die Integration von SAP Fashion Management, d. h. der Funktionen aus SAP Apparel and Footwear, in SAP Retail von Vorteil. Diese Integration ermöglicht es, die gesamten Wertschöpfungskette von der Produktion und dem Design bis hin zum Verkauf in den eigenen

Läden und über den Großhandelsvertrieb zu kontrollieren. So können Sie als Anwender schnell und ohne Medienbrüche auf neue Marktanforderungen reagieren.

SAP Fashion Management wird als Add-on zu SAP Retail installiert und separat lizenziert. Eine Rapid Deployment Solution gibt es für diese Lösung nicht, SAP stellt aber Migrationstools zur Verfügung.

9.2 Operative Sortimentsplanung und -steuerung

Modische oder saisonale Ware zeichnet sich in der Regel durch recht kurze Lebenszyklen und lange Vorlaufzeiten aus. Artikel dieser Art werden daher üblicherweise nur einmal geplant, anschließend bestellt und in die Filialen verteilt. In der operativen Sortimentsplanung und -steuerung (OSPS bzw. *Einkaufsliste*) können Sie die Artikel und die jeweiligen Mengen festlegen, die Sie zur Lieferung an die Filialen sowie zur Einlagerung im Verteilzentrum bestellen möchten. Dazu legen Sie zunächst eine Einkaufsliste an und fügen dieser dann Planartikel hinzu.

In eine Einkaufsliste können die folgenden Artikelarten aufgenommen werden:

- Artikel, die im ERP-System bereits vorhanden sind
- über PRICAT übertragene Artikel, deren Daten Sie über IDocs von Ihren Lieferanten erhalten haben
- völlig neue Artikel, zu denen noch keinerlei Daten vorhanden sind. Bei diesen Artikeln können Sie auch zusätzliche Farben oder Größen angeben.

Abbildung 9.9 zeigt den Prozess der operativen Sortimentsplanung und -steuerung im Überblick.

Der operative Planungsprozess in SAP Retail beginnt in der Einkaufsliste. Die vorgelagerten Prozesse der strategischen Waren- und Sortimentsplanung übergeben die Zielkennzahlen, auf deren Basis nun für die Sortimente die Mengen der saisonalen Artikel geplant werden. Nachdem die Mengen bedarfsgerecht auf die drei Ebenen fix, variabel und Einlagerung verteilt wurden, errechnet das System noch im Rahmen einer automatischen Terminierungsfunktion die Bestell- und Wareneingangstermine (Präsentationstermin in der Filiale), die zusammen mit den Artikeln nach dem Freigabeprozess an die saisonale Beschaffung übergeben werden.

Hier wird als Nächstes eine vollständige OTB-Prüfung (Open-to-Buy) durchgeführt und die Bestellung bei erfolgreicher Prüfung erzeugt. Kommt es zu einer negativen OTB-Prüfung, kann diese über einen Sonderfreigabeprozess übersteuert werden. Die Mengen auf der Ebene des Sortiments werden an die Aufteilerfunktion übergeben, um daraus z. B. Umlagerungsbestellungen zu erzeugen. Dabei ermittelt das System aus der Einkaufsliste zusätzliche Informationen – etwa, welche Filialen den Sortimenten zugeordnet sind.

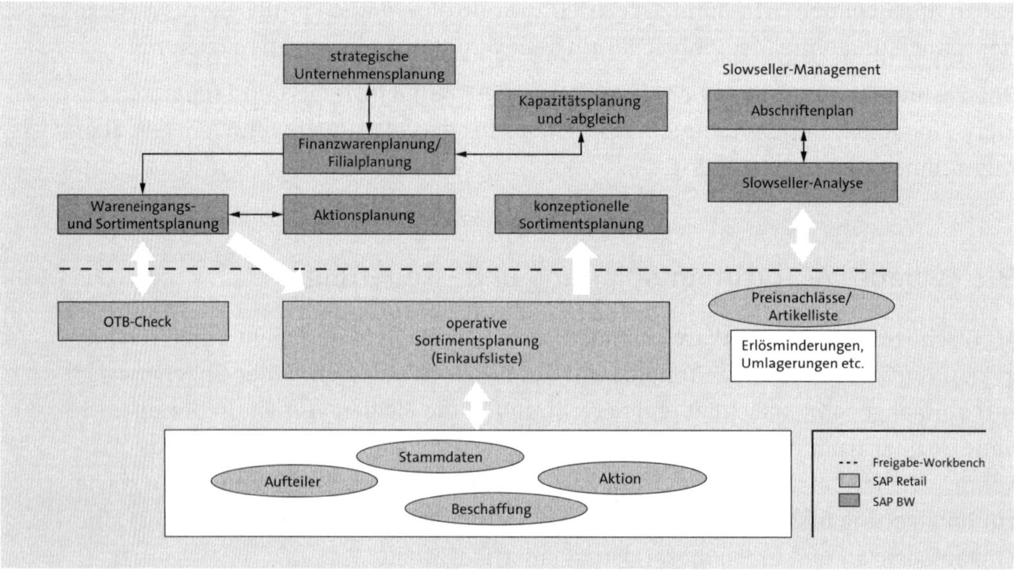

Abbildung 9.9 Operative Sortimentsplanung und -steuerung

Abbildung 9.10 zeigt die einzelnen Prozessschritte in SAP Retail im Überblick. Die Prozesse der saisonalen Beschaffung und des Aufteilers beschreiben wir in Abschnitt 9.3, »Saisonale Beschaffung«, im Detail.

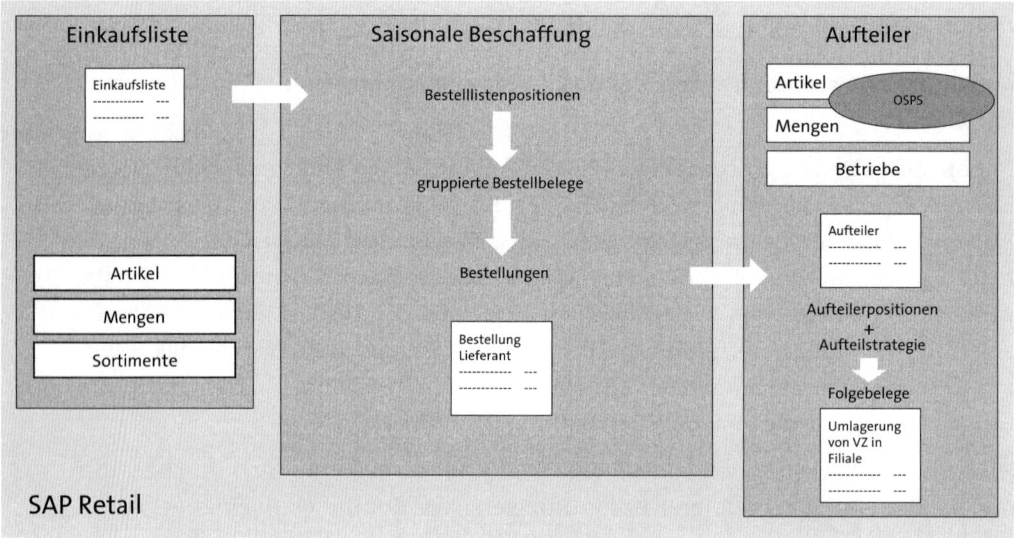

Abbildung 9.10 Saisonaler Planungsprozess in SAP Retail

9.2.1 Kennzahlen

Die Aufgaben der operativen Sortimentsplanung und -steuerung können im Allgemeinen anhand der *6-R-Regel* veranschaulicht werden (siehe Abbildung 9.11): Im Sinne der Kundenzufriedenheit ist es das primäre Ziel, den richtigen Artikel am richtigen Ort zur richtigen Zeit in der richtigen Menge mit dem richtigen Preis zur Verfügung zu stellen.

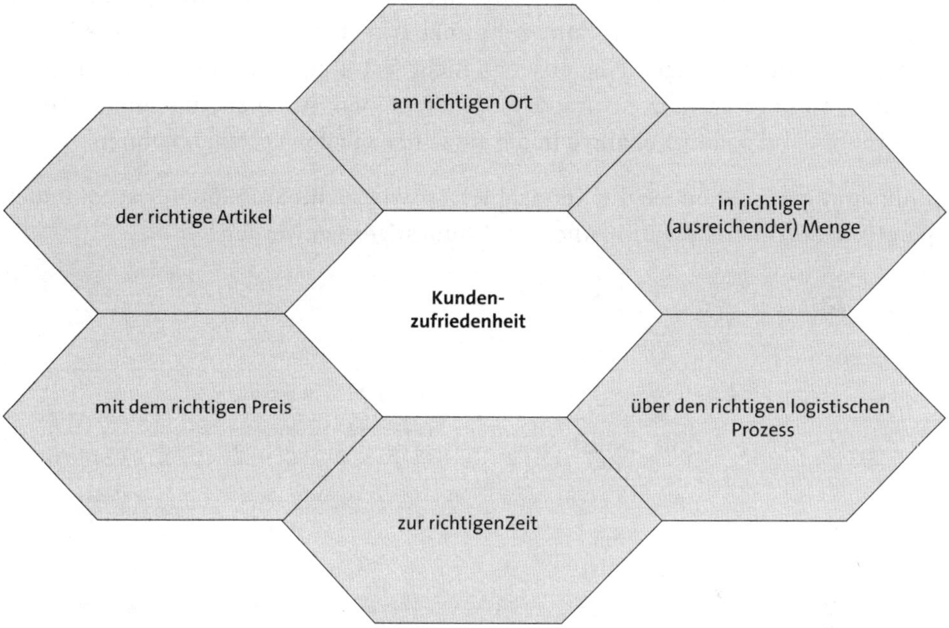

Abbildung 9.11 Aufgaben der operativen Sortimentsplanung und -steuerung

In der Sortimentsplanung stehen Ihnen standardmäßig drei Kennzahlen zur Verfügung:

- **Initial Fix (IF)**
  Sie planen mit dieser Kennzahl einen fixen Mengenanteil für jede Filiale und für jede Periode. Damit wollen Sie gewährleisten, dass während Ihrer Saison immer wieder in regelmäßigen Zeitabschnitten (z. B. pro Woche oder Monat) saisonale Ware in Ihre Filiale gefüllt wird. Sie können so verhindern, dass es während der Saison in Ihren Filialen zu leeren Regalen kommt. Ihre Filiale kann also während der ganzen Saison diese Ware dem Kunden anbieten (Erstbestückung).
- **Initial Variable (IV)**
  Mit dieser Kennzahl planen Sie variable Mengenanteile für jede Filiale und für jede Periode. Damit regeln Sie den Nachschub zwischen den Erstbestückungen, die z. B. pro Woche oder Monat stattfinden. Mit den variablen Mengenanteilen wollen Sie gewährleisten, dass während der Saison saisonale Ware nachgeschoben werden

kann. Dabei sollen die Mengen variabel sein, d. h., Sie wollen die aktuelle Abverkaufssituation in der Filiale berücksichtigen. Sie können flexibel reagieren und die Mengen gegebenenfalls erhöhen, wenn z. B. bestimmte Artikel sich ungeplant gut abverkaufen lassen. Außerdem können Sie mithilfe des variablen Anteils z. B. neue Farben in die Filialen nachschieben.

- **Einlagerung (Put Away, PA)**
  Mit dieser Kennzahl planen Sie eine Menge, die lediglich zur Einlagerung in das Verteilzentrum gedacht ist. Zum Zeitpunkt der Planung steht die Aufteilungsmenge für die jeweiligen Filialen noch nicht fest. Damit schaffen Sie sich einen Puffer in Ihrem Verteilzentrum, den Sie über einen Aufteiler zu einem späteren Zeitpunkt und bedarfsabhängig in die einzelnen Filialen verteilen können.

In Abbildung 9.12 sehen Sie die Kennzahlen so, wie sie im SAP-Retail-System in der operativen Sortimentsplanung und -steuerung angezeigt werden.

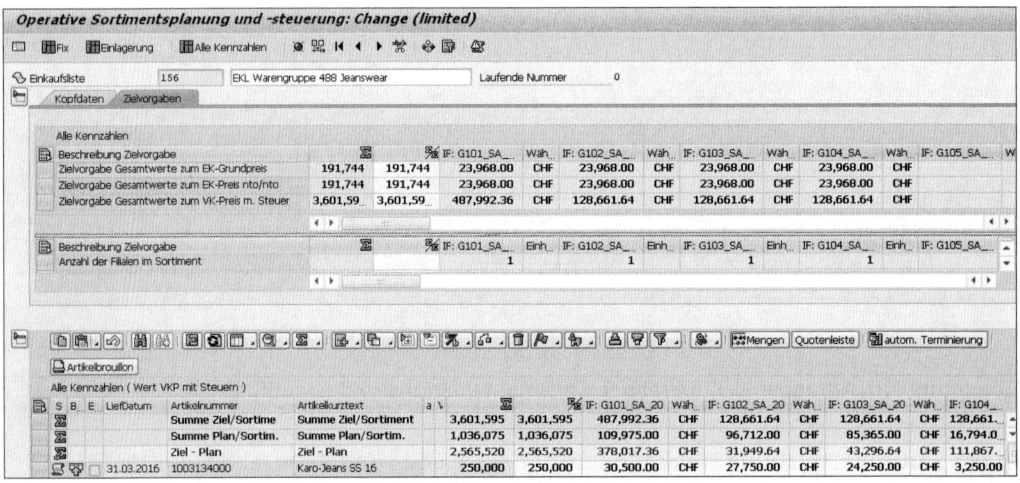

Abbildung 9.12 Anzeige der Zielvorgaben in einer Einkaufsliste

9.2.2 Einkaufsliste anlegen

Wenn Sie eine Einkaufsliste anlegen, müssen Sie zunächst die Kopfdaten definieren. Dazu gehören folgende Attribute (siehe Abbildung 9.13):

- Artikelhierarchieknoten (z. B. Sektor, Warengruppe, Class etc.)
- Sortimentsart (z. B. Fashion, Basis)
- Saison/Saisonjahr
- Kollektion (optional)
- organisatorische Zuordnungen (VK-Org, VT-Weg, EK-Org, EK-Gruppe)

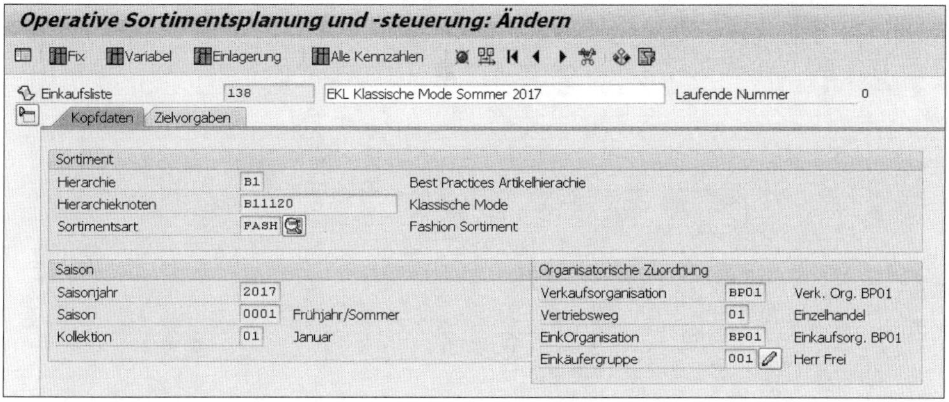

Abbildung 9.13 Kopfdaten einer Einkaufsliste in SAP Retail

Der Bildschirm (Arbeitsbereich) zur Bearbeitung der Einkaufsliste ist in vier Teilbereiche aufgegliedert, die separat oder auch gemeinsam angezeigt werden können (siehe Abbildung 9.14):

- Im allgemeinen Datenbereich auf der Registerkarte **Zielvorgaben** ❶ zeigt das System pro Kennzahl und Sortiment die Gesamtmengen aus den vorgelagerten Planungsprozessen in Mengeneinheiten und Wert (Einkaufspreis, Verkaufspreis) an.
- Im Kopfdatenbereich ❷ haben Sie jederzeit die Sicht auf die im Einstiegsbildschirm gesetzten Selektionsparameter.
- Im Bildschirmteil darunter befindet sich der *Übersichtsbereich* ❸. Hier wird vom System jeweils eine Zeile für die Zielvorgaben, eine Zeile für die zurzeit in der Einkaufsliste geplanten Gesamtsummen und eine Zeile für die Differenz zwischen diesen beiden Werten angezeigt. Um diese Zeilen einzublenden, klicken Sie auf den Auswahl-Button **Summe** (Σ, ❹). Hier können Sie wählen, ob die Summe **pro Artikel**, **pro Filiale** oder **pro Sortiment** gebildet werden soll.

  Darüber hinaus werden im Übersichtsbereich neue Artikelhülsen hinzugefügt und diverse Artikelattribute angezeigt und ausgewertet. Auf dieser Stufe könnten auch bereits Planmengen auf die einzelnen Sortimente verteilt werden, um schnell eine gute Gesamtübersicht über die geplante Kollektion zu erhalten.
- In der *Detailübersicht* ❺ der Einkaufsliste werden die Stammdaten, die Attribute, Lieferanten und Preise sowie die Terminierung festgelegt. Sie können hier über den Button **Lot** in die Darstellung der **Lotdefinition** verzweigen, um zum einen die Farben und Größen zu planen und zum anderen die Mengen mittels Aufteilregel auf die Sortimente (Filialen) zu verteilen.

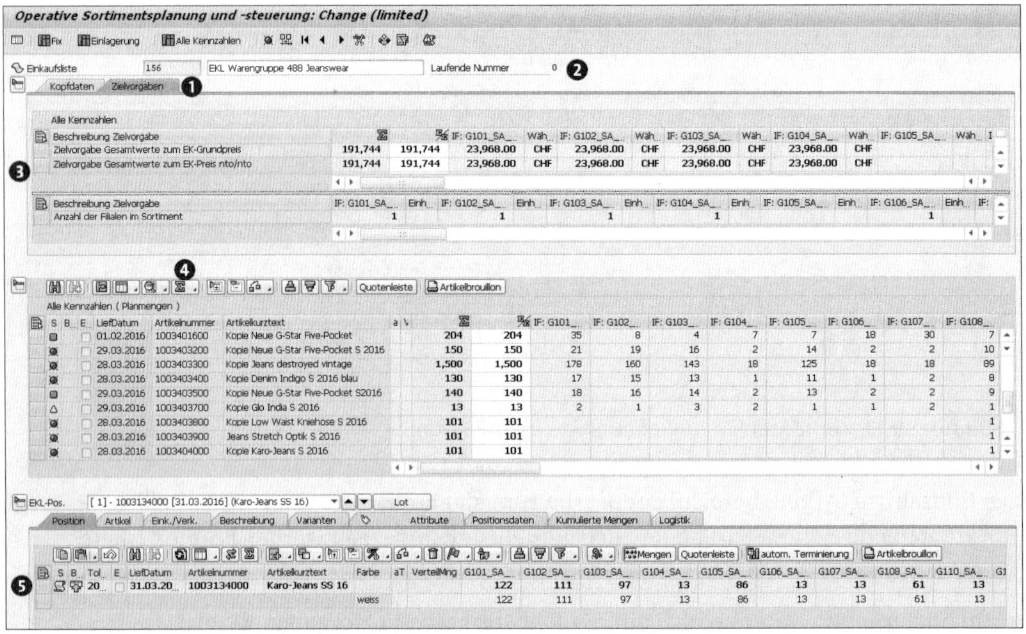

Abbildung 9.14 Bildschirmaufbau einer Einkaufsliste

9.2.3 Erfassung einer Artikelhülse

Der erste Schritt zur erfolgreichen Planung Ihrer Kollektion ist die Erfassung eines neuen Planartikels, im Folgenden auch *Artikelhülse* genannt. Diesem Artikel werden dann schrittweise Stammdaten, Merkmale und Attribute, Mengen und Zeiträume zugeordnet. Klicken Sie dazu, wie in Abbildung 9.15 zu sehen, auf den Auswahl-Button **Hinzufügen** ( ), und wählen Sie dann **Hauptgröße • Vorhanden**, damit alle relevanten Größen gemäß der Merkmalswerteleiste angezeigt werden. Zusätzlich können Sie über **Neu** auch neue Merkmalswerte hinzufügen.

Abbildung 9.15 Planartikel anlegen (Einzel- oder Sammelartikel)

Abweichend von der Anlage eines Einzelartikels werden hier noch die in Abbildung 9.15 gezeigten Merkmale **Farbe** und **Hauptgröße** zur späteren Variantenbildung gepflegt. Einem Einzelartikel können keine Merkmalswerte zugeordnet werden.

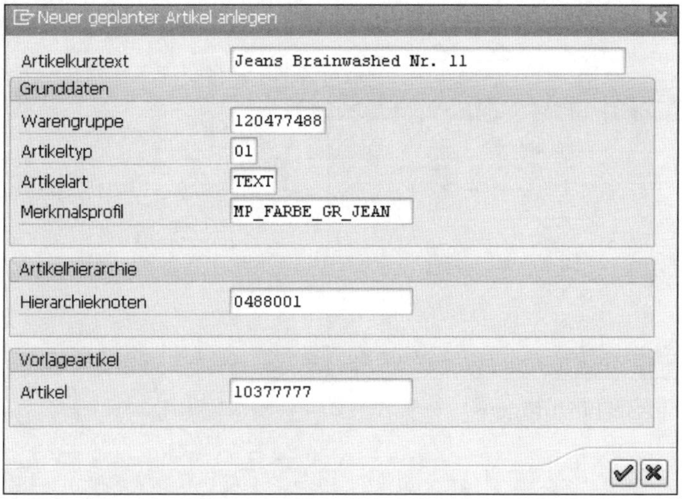

Abbildung 9.16 Eigenschaften des Planartikels pflegen

Für die Einkaufsliste kann über ein Add-on eine Funktion zum Kopieren von einzelnen und mehreren Positionen implementiert werden. Über den Auswahl-Button **Kopieren** ( ) können Sie dann wählen, ob Sie die Position innerhalb der gleichen Einkaufsliste als neuen Artikel (neue Hülse) oder mit gleichem Artikel für eine Nachbestellung kopieren möchten (siehe Abbildung 9.17). Die gleichen Möglichkeiten können auch zum Kopieren eines Artikels in eine andere Einkaufsliste, z. B. für eine kommende Saison, implementiert werden. Dabei nehmen Sie die Vorsaison als Kopiervorlage für eine neue Saison und ändern nur noch die notwendigen Styles, Farben und Größen ab. Innerhalb einer solchen Kopierfunktion können Sie auch konkret entscheiden, welche Felder und Attribute Sie von der jeweiligen Position kopieren möchten.

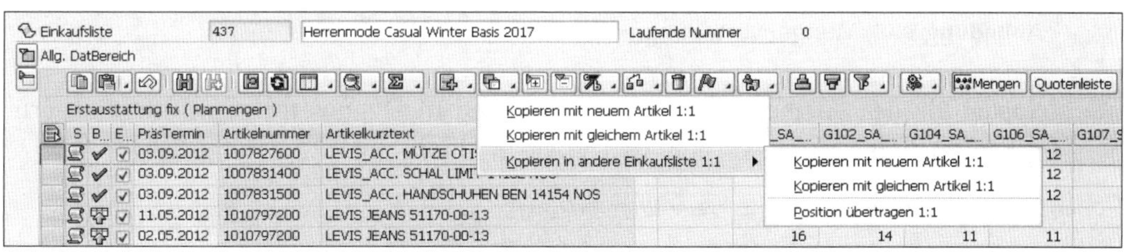

Abbildung 9.17 Erweiterte Kopierfunktion (Add-on)

Das Hinzufügen von Farben, Größen und anderen qualitativen Merkmalen zum Artikel erfolgt in einem weiteren Schritt innerhalb der Einkaufsliste. Dazu wählen Sie wieder den Auswahl-Button **Hinzufügen** ( ) und klicken diesmal auf **Hauptgröße • Vorhanden**.

Anschließend können Sie die Größenschlüssel hinzufügen, wie in Abbildung 9.18 dargestellt.

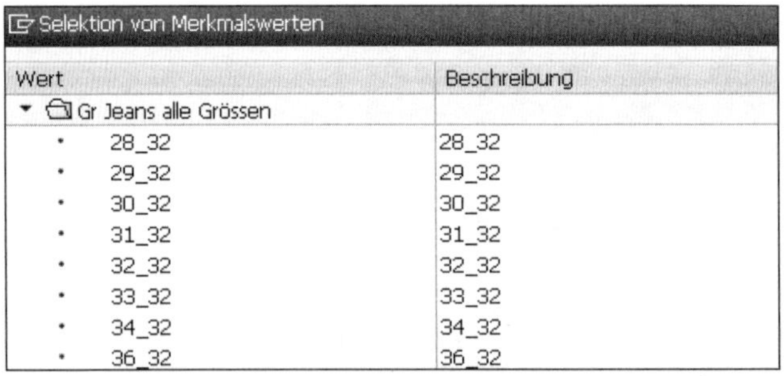

Abbildung 9.18 Größenschlüssel hinzufügen

9.2.4 Mengenplanung

Nach Abschluss der Pflege der Artikelmerkmale kann die Mengenplanung vorgenommen werden. Dazu wird die Gesamtplanmenge pro Position auf die Farben und Größen verteilt. Diesen Vorgang können Sie manuell oder mithilfe einer Quotenleiste durchführen. Dazu müssen Sie die **Quotenleiste** zunächst über den gleichnamigen Button z. B. auf Basis von Abverkaufs- bzw. Vergangenheitsdaten anlegen und einer Warengruppe zuordnen (siehe Abbildung 9.19).

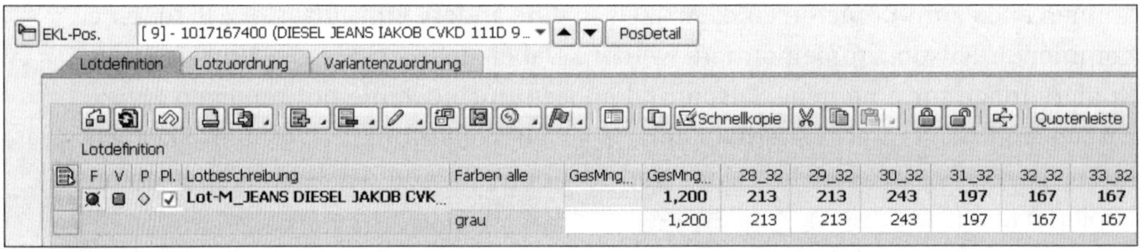

Abbildung 9.19 Mengenverteilung

Sobald Sie den Artikel vollständig erfasst und die Planwerte gegen die Zielwerte geprüft haben, können Sie den Artikel, wie in Abbildung 9.20 gezeigt, freigeben.

Abbildung 9.20 Artikel freigeben

Befindet sich der Artikel im Status **Freigegeben**, können keine Stammdaten mehr geändert werden. Die Freigabe kann jedoch vom Einkäufer bis zur vollständigen Übernahme in den SAP-Artikelstamm zurückgenommen werden. Danach kann der Artikel wieder bearbeitet werden.

Im nächsten Schritt kann die Einkaufslistenposition, wie in Abbildung 9.21 zu sehen, freigegeben werden, d. h., der Artikel ist nun zur Bestellung bereit. Auch diese Freigabe kann so lange vom Einkäufer manuell zurückgenommen werden, bis das System aus den Bestelllisteneinträgen Bestellungen generiert hat.

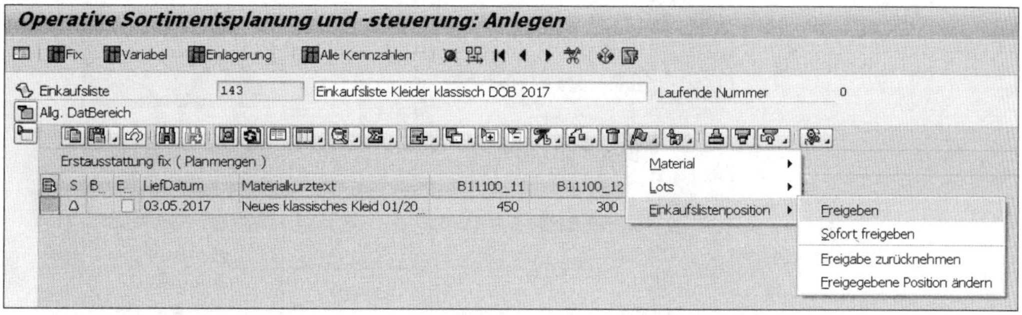

Abbildung 9.21 Einkaufslistenposition freigeben

9.3 Saisonale Beschaffung

Die saisonale Beschaffung ist von der klassischen Beschaffung (z. B. mit Transaktion ME21N) losgelöst und kann in SAP Retail über einen eigenen Menübereich aufgerufen werden. Ihre Prozesse schließen sich direkt an die operative Sortimentsplanung und -steuerung an. Die saisonale Beschaffung stellt damit den Beginn der Prozesse der operativen Belegbearbeitung dar. Der Fokus der saisonalen Beschaffung liegt auf der Verarbeitung von Plan- und Termindaten (z. B. aus der OSPS oder über eine standardisierte Schnittstelle aus SAP Supply Chain Management, SCM), der Bearbeitung von Einkaufsvorgängen sowie der Beschaffung und Disposition von saisonalen (also nicht wiederbeschaffbaren) Artikeln. Abbildung 9.22 stellt die in den Prozess involvierten Systemkomponenten dar.

Durch den in der Komponente für die saisonale Beschaffung enthaltenen *Bestellmanager* lassen sich die langen Abstände zwischen Budgetierung, Bestellung und Lieferung überwachen, und die Einhaltung der strategischen Vorgaben (Budget, Termine) lässt sich kontrollieren. Neben der Möglichkeit des Monitorings und der langfristigen Terminierung werden über diesen Manager auch die Funktionen zum Anlegen und Bearbeiten von Bestellungen mit abgebildet. In Abbildung 9.23 sehen Sie, welche Belegobjekte im saisonalen Beschaffungsprozess interagieren und wie letztlich die Filialbestellmengen in die Aufteilerfunktion münden.

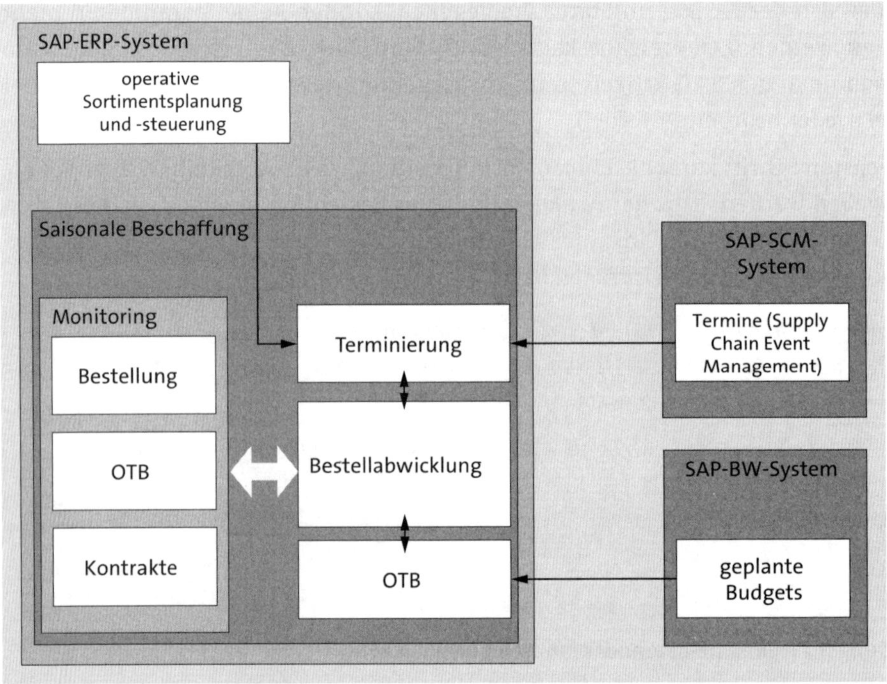

Abbildung 9.22 Systemintegration für die saisonale Beschaffung

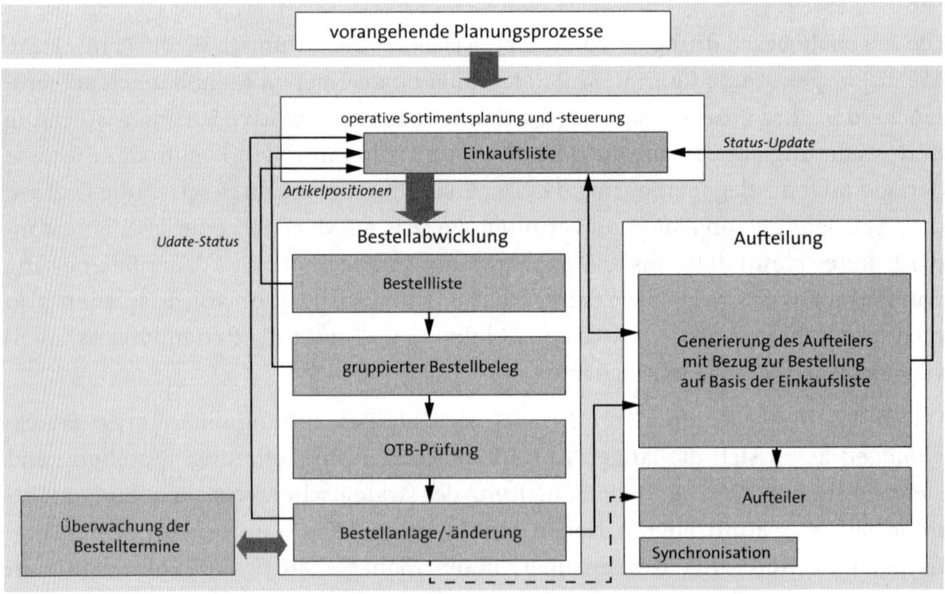

Abbildung 9.23 Belegelemente und Aufteilerintegration

Der Aufteiler dient als zentrales Element im saisonalen Beschaffungsprozess, d. h., wenn Sie z. B. Bestellmengen oder Liefertermine in der Lieferantenbestellung ändern, werden die Daten direkt in Echtzeit mit dem Aufteiler synchronisiert.

9.3.1 Bestellabwicklung

Der Fokus der saisonalen Beschaffung liegt auf der Bestellabwicklung. Die Workbench-Anwendung *Bestellmanager* ist deren zentrale Komponente. Vom Bestellmanager ist die Verzweigung in alle weiteren Anwendungen der Bestellabwicklung möglich. Die wesentlichen Funktionen sind die Bestellliste, der gruppierte Bestellbeleg (GBB), die Bestellung, die OTBs (Budgettöpfe) sowie die Sichten des Bestell-Monitorings. Planungsinformationen werden in die Bestellliste übernommen. Das System gruppiert diese Positionen nach festen und variablen Kriterien in gruppierte Bestellbelege oder Bestellungen.

Bestellliste

Die Bestellliste ist eine Sammlung möglicher zukünftiger Bestellpositonen. Sie kann sowohl manuell als auch systemisch erfasst werden. Die Bestellliste ist somit nur die Vorstufe eines Belegs und eine Art Arbeitsvorrat.

- Bei der *manuellen Erfassung* von Positionen werden automatisch die einzelnen Termine berechnet und in der Terminleiste gesichert. Findungslogiken aus dem normalen Bestellprozess (z. B. aus der Bezugsquellenfindung) können auch beim Erfassen von Bestelllistenpositionen verwendet werden.
- Die *systemische Erfassung* der Bestellliste erfolgt entweder durch eine Einkaufsliste aus dem OSPS oder aus einem angeschlossenen Fremdsystem, z. B. durch einen Upload von Daten aus Microsoft Excel. Einkaufslistenpositionen werden gesammelt pro Verteilzentrum an die Bestellliste übergeben. Dabei hat die Terminierung schon im OSPS stattgefunden.

Systemisch erstellte Positionen müssen im Ursprungssystem geändert und anschließend neu übertragen werden. Manuell erfasste Bestelllistenpositionen können direkt innerhalb der Bestellliste geändert werden. Abbildung 9.24 zeigt den Bestellmanager. Hier können Sie neue Bestelllistenpositionen manuell anlegen und systemisch erzeugte Positionen anzeigen und prüfen.

Die Bestellliste ist damit Ihr erster Arbeitsvorrat für die zu erstellenden Bestellungen. Auf Basis der gepflegten Termine (z. B. Lieferzeit oder Präsentationstermin) errechnet der Bestellmanager den letztmöglichen Bestelltermin und löst eine Gruppierung der Bestelllistenpositionen aus.

Abbildung 9.24 Bestellliste ändern

Bestelllistenpositionen können sowohl nach feststehenden als auch nach variablen Kriterien gruppiert werden:

- Feststehende Kriterien
  - Bestellart
  - Buchungskreis
  - Einkaufsorganisation
  - Lieferant
- Variable Kriterien:
  - Betrieb
  - Einkäufergruppe
  - Aufteillerrelevanz
  - Liefertermin
  - Lieferperiode
  - Budgetnummer
  - Fixgeschäft
  - Kontrakt
  - Positionstyp

Das Gruppieren der Positionen ist die Voraussetzung, um aus den Bestelllistenpositionen einen gruppierten Bestellbeleg zu erzeugen. Nach Erstellung der gruppierten Bestellbelege ist eine weitere Änderung der Bestelllistenposition nicht mehr möglich. Dieser Status wird an das OSPS zurückgemeldet. Anschließend können auch die Einkaufslistenpositionen nicht mehr geändert werden.

Gruppierter Bestellbeleg

Der gruppierte Bestellbeleg ist das Bindeglied zwischen der Bestellliste und der saisonalen Bestellung. In der Bestellliste wird die manuelle oder automatische Gruppierung der Bestelllistenpositionen durchgeführt. Aus der Bestelllistengruppierung entsteht der gruppierte Bestellbeleg. Ein gruppierter Bestellbeleg ist zwar technisch schon ein Bestellbeleg, bildet aber trotzdem nur eine Vorstufe zur eigentlichen saisonalen Bestellung. Es handelt sich nur um einen internen Beleg, der nicht zur Kommunikation mit den Lieferanten dienen soll. Der gruppierte Bestellbeleg weist strukturell einen Belegkopf, Belegpositionen, einen Terminleistenkopf und die Termindetaildaten auf.

Der gruppierte Bestellbeleg beinhaltet sowohl Positionen der OSPS als auch der manuellen Erfassung und bildet die Basis für die *OTB-Prüfung*. Diese Vorstufe wird intern auch dann durchlaufen, wenn Bestelllistenpositionen direkt zu einer saisonalen Bestellung gruppiert werden. Der Grund dafür ist die OTB-Prüfung. Im gruppierten Bestellbeleg sind auf Positionsebene der Budgetbedarf und das verfügbare Budget ersichtlich. Die Bearbeitung des gruppierten Bestellbelegs kann über die zentrale Anwendung des Bestellmanagers bzw. über die Funktion des gruppierten Bestellbelegs erfolgen. Die OTB-Prüfung des gruppierten Bestellbelegs wird bei der Bestellungsgenerierung durchgeführt:

- *Negativ OTB-geprüfte Positionen* verbleiben in diesem Status im gruppierten Bestellbeleg. Soll der gruppierte Bestellbeleg trotz negativ OTB-geprüfter Position verarbeitet werden, hat ein Budgetverantwortlicher die Möglichkeit, ihn in einem Freigabeprozess freizugeben.
- *Positiv OTB-geprüfte Positionen* werden in einen Bestellbeleg übernommen. Sollte dieser Bestellbeleg noch einmal angepasst werden, findet zwar eine erneute OTB-Prüfung, aber keine Rückführung in den gruppierten Bestellbeleg statt.

Bearbeitung von Bestellungen der saisonalen Beschaffung

Lieferantenbestellungen werden somit automatisch aus Bestelllistenpositionen und aus gruppierten Bestellbelegen generiert. Für die Bearbeitung der Bestellungen aus der saisonalen Beschaffung wird der Bestellmanager eingesetzt. Der Arbeitsvorrat kann auch nur teilweise bearbeitet werden. Zur Filterung lassen sich z. B. die Einkaufsorganisation (EKORG), der Lieferant, die Art des Belegs (z. B. Bestelllistenpositionen, Bestellungen) auswählen, aber explizit einzelne Belegnummern selektieren.

Die Workbench strukturiert den Arbeitsvorrat dann in einen Navigations- und einen Arbeitsbereich. Die Kopfdaten, Positions- und Einteilungsdaten, Terminleisten und Termindaten stehen der saisonalen Beschaffung zur Verfügung, um die Bestellungen detailliert bearbeiten zu können.

[!]

Keine Kompatibilität zu Standardbelegen

Die saisonale Beschaffung unterscheidet sich hinsichtlich der Belegbearbeitung von der Standardbestellung. Bestellungen können jeweils nur in der Anwendung bearbeitet werden, in der sie erstellt wurden. Zum Beispiel kann eine Bestellung, die mit der Standardanwendung für die Bestellung (z. B. Transaktion ME21N) erstellt wurde, nicht mit den Funktionen der Bestellabwicklung für die saisonale Beschaffung bearbeitet werden. Sie kann im Rahmen der saisonalen Beschaffung nicht selektiert werden.

Bei der Verwaltung der saisonalen Beschaffung wird zwischen zwei Bestellarten unterschieden:

- saisonale Bestellungen bzw. Bestellpositionen, die ungeplant manuell erfasst wurden
- Bestellungen, die basierend auf geplanten Positionen (aus der OSPS oder einer externen Anwendung) aus Bestelllisten oder gruppierten Bestellbelegen generiert werden

Um zu verhindern, dass ein Einkäufer Artikel aus anderen Einkäufergruppen bestellt, kann in der Bestellabwicklung festgelegt werden, dass die in einer Bestellposition eingegebene Einkäufergruppe stets mit der im Artikelstamm in der Logistiksicht hinterlegten Einkäufergruppe abgeglichen wird. Diese Einstellung gilt gleichermaßen für Bestelllistenpositionen wie für Positionen in einem gruppierten Bestellbeleg.

Abbildung 9.25 zeigt die Selektionsmöglichkeiten zum Aufbau Ihres Arbeitsvorrats für die saisonale Beschaffung. Nachdem Sie Ihre Belege selektiert haben, erscheinen diese in der von Ihnen konfigurierten Ansicht in der Workbench.

In Abbildung 9.26 sehen Sie den Bildschirmaufbau der Bestellmanager-Workbench für die saisonale Beschaffung. Im linken Teil des Bildes, in dem eine Baumstruktur zu sehen ist, befindet sich die *Belegauswahl* ❶. Die Kriterien zur Auswahl der Belege können wie zuvor beschrieben beliebig pro Benutzer definiert und als Variante abgespeichert werden. Der rechte Teilbereich bezieht sich auf die im linken Bereich markierten Belege und ist in Kopfdaten ❷, Positionsdaten ❸ und Terminierungsdaten ❹ untergliedert. Zusätzlich haben Sie über eine Schnellerfassungsfunktion die Möglichkeit, Belege ad hoc in der Workbench anzulegen. Diese Funktion gibt es nur für Bestelllistenpositionen. Bestellungen können über den Button **Bestellung neu anlegen** auch ad-hoc aus der Workbench angelegt werden.

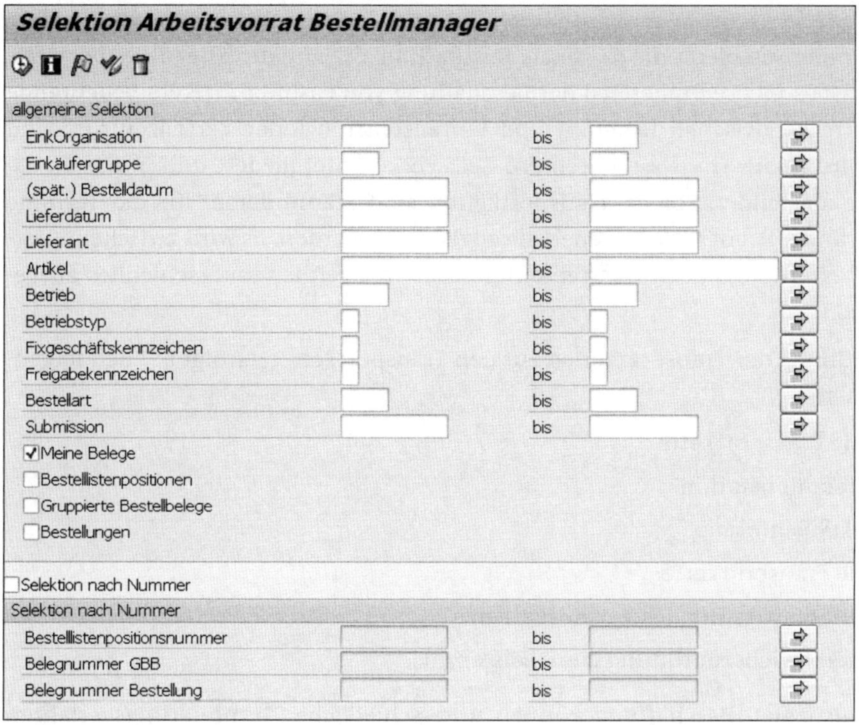

Abbildung 9.25 Selektion des Arbeitsvorrats für die Bestellmanager-Workbench

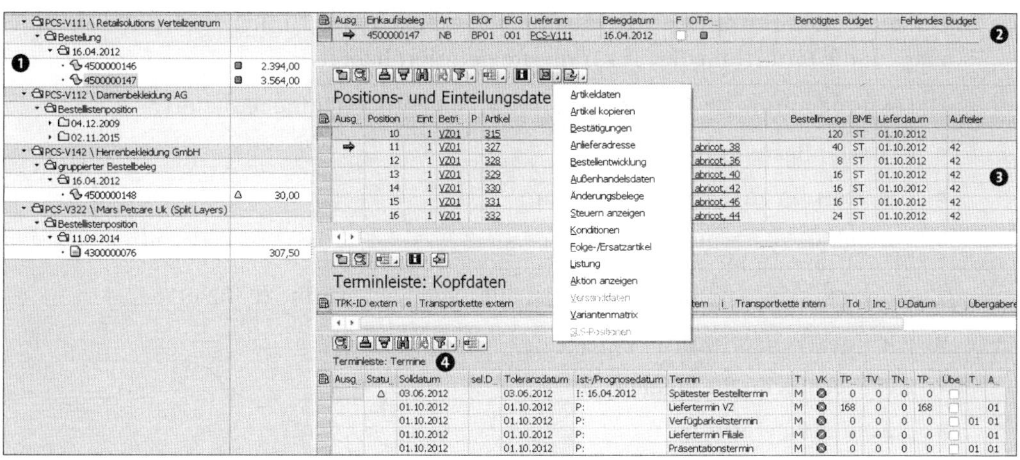

Abbildung 9.26 Aufbau der Bestellmanager-Workbench in SAP Retail

Transportkette

Zur Terminierung bietet die saisonale Beschaffung die Funktion der *Transportkette* an. Die insbesondere im Bereich der Beschaffung von Fashion-Artikeln bedeutende Gesamtstrecke zwischen Lieferant und Verteilzentrum (oder Verteilzentrum und Filiale) wird in die Transportzeiten pro Teilstrecke untergliedert und in der Transportkette abgebildet. Solche Transportketten sind Stammdaten, für die Termine angelegt und z. B. auf Lieferantenebene zugeordnet werden. Es wird zwischen internen und externen Transportketten differenziert, die zeitlich unterschiedlich ausgeprägt sind.

Die Zuordnung der Transportzeiten zur den Transportketten erfolgt auf den folgenden Ebenen:

- Externe Transportkette:
  - Lieferantenstamm
  - Einkaufsinfosatz
- Interne Transportkette:
  - Kreditorenstamm des Verteilzentrums
  - Lieferbetriebszuordnung des Filialstamms

In der saisonalen Beschaffung können unterschiedliche Terminierungsverfahren genutzt werden: die *maximale* und die *minimale Terminleiste*. Dabei wird jeweils noch einmal zwischen einer externen und einer internen Terminleiste differenziert. Die maximale Terminleiste beinhaltet alle möglichen Termine, die Sie im Customizing für die Ermittlung der Terminleiste definiert haben.

Die externe minimale Terminleiste ist auf folgende Termine reduziert:

- spätester Bestelltermin
- Liefertermin an das Verteilzentrum
- Verfügbarkeitstermin

Die interne minimale Terminleiste ist auf folgende Termine reduziert:

- Verfügbarkeitstermin
- Liefertermin an die Filiale
- Präsentationstermin

Im Rahmen der Prozesse zur saisonalen Beschaffung erfolgt eine automatische Terminierung. Pro Artikelposition werden die von der Terminierung berechneten Termine in einer Terminleiste abgelegt. Diese Information steht in sämtlichen Belegen der saisonalen Beschaffung zur Verfügung. Ziel der Terminleiste ist es, einen schnellen Überblick über die Ist-Situation der bestellten Ware zu gewährleisten.

Wird ein Beleg mit einem Liefertermin erstmalig verwendet, wird eine *Transportkettenfindung* durchgeführt. Eine solche Transportkettenfindung erfolgt z. B., wenn eine Bestelllistenposition oder ein Bestellbeleg (auch GBB) der saisonalen Beschaffung angelegt wird. Darüber hinaus erfolgt die Transportkettenfindung, wenn sich folgende Daten ändern:

- Lieferant
- Verteilzentrum
- Filiale
- Artikel
- Versandweg

9.3.2 Open-to-Buy

Aus Prozesssicht geht es nun im nächsten Schritt weiter mit der Bestellfreigabe. Wenn Sie aus den gruppierten Bestellbelegen die Bestellungen erzeugen (manuell oder über ein Rahmenprogramm), wird geprüft, ob genügend Budget für diese Bestellung zugewiesen wurde. Voraussetzung für diese Prüfung ist, dass eine Budgetart aktiviert bzw. ein vollständig konfiguriertes OTB-Customizing (Open-to-Buy) durchgeführt wurde. Unter OTB versteht man in diesem Kontext das dem Einkäufer zur Verfügung stehende Budget für einen bestimmten Warenbereich (z. B. eine Warengruppe) zu einem definierten Zeitraum (z. B. einem Monat). Dieses Budgetlimit ist solange »geöffnet«, bis es durch Bestellungen erreicht wird. Eine OTB-Prüfung kann nicht nur aus dem gruppierten Bestellbeleg heraus vorgenommen werden, sondern auch bei der direkten Bestellanlage oder bei der Generierung von Bestellungen aus dem Aufteiler.

OTB-Prüfung

Das verfügbare Einkaufsbudget als Steuerungselement einzusetzen ist eines der wichtigsten Ziele in den Prozessen der saisonalen Beschaffung. Um dieses Ziel zu erreichen, gibt es die systemübergreifende Anwendung *Open-to-Buy* (OTB), die sowohl bei der Planung als auch beim Monitoring unterstützt.

Basis des in Abbildung 9.27 dargestellten Prozesses ist die Planung der OTB-Budgets auf einer bestimmten Ebene (z. B. Saison, Hierarchieknoten) in SAP Business Warehouse (SAP BW). Die Planwerte der OTB-Budgets werden nach erfolgter Freigabe durch den Anwender aus der Freigabe-Workbench in SAP BW an SAP Retail übertragen.

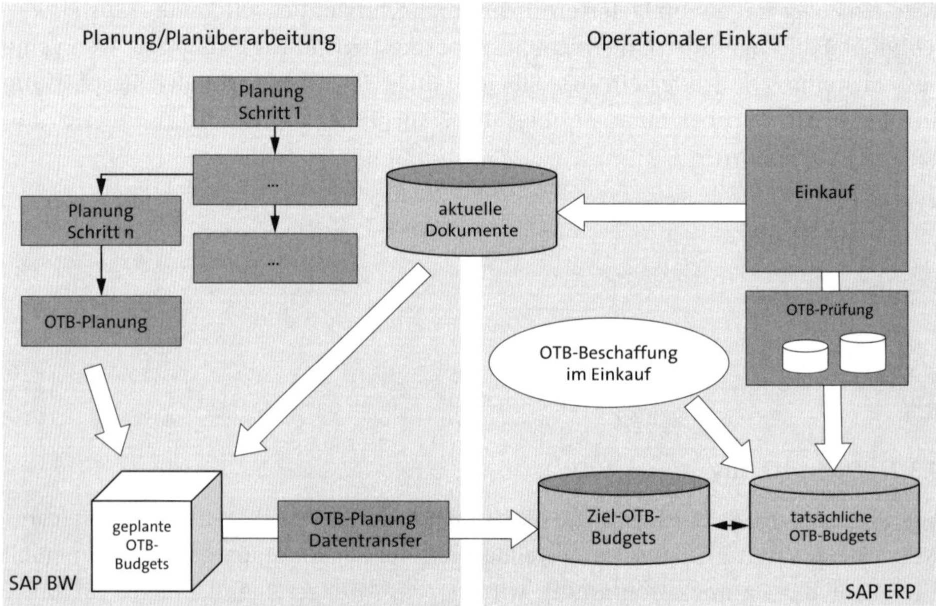

Abbildung 9.27 OTB-Prozessüberblick

Wenn in den Prozessen der saisonalen Beschaffung eine Bestellung angelegt oder geändert wird und der Einkaufsbeleg OTB-relevant ist, führt das System eine OTB-Prüfung durch. Das System bestimmt zunächst die zugehörige Budgetnummer und überprüft dann, ob noch ausreichend Budget für die Bestellung bzw. die Bestellposition/-einteilung vorhanden ist. Dazu vergleicht das System den aus der Planung übertragenen Soll-Wert mit dem durch schon vorhandene Bestellungen bereits ausgeschöpften Anteil des Budgets (Ist-Wert), wie in Abbildung 9.28 skizziert.

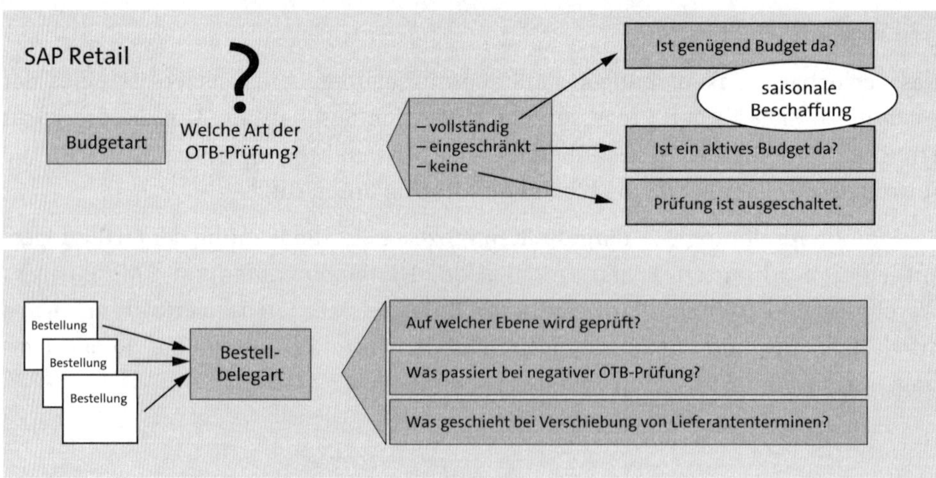

Abbildung 9.28 Ablauf der Budgetprüfung

Die bereits erwähnte *Budgetart* steuert, welche Art der Prüfung durchgeführt wird. Dabei wird zwischen vollständiger, eingeschränkter und keiner Prüfung unterschieden. Sie können die Budgetarten kundenindividuell auf bestimmte Sortimente anwenden, z. B. können Sie festlegen, dass für Basisware keine Budgetprüfung vorgenommen werden soll. Die *vollständige* Prüfung ermittelt hart, ob für den jeweiligen Beleg oder die Belegposition ausreichendes Budget vorhanden ist. Was zu tun ist, wenn die Budgetprüfung fehlschlägt, erläutern wir im Folgenden kurz. Die *eingeschränkte* Prüfung prüft nur die Existenz eines geplanten Budgettopfs und führt z. B. bei Überdeckung nicht zu einem gesperrten Bestellbeleg. Wird die Prüfungsart **Keine Prüfung** verwendet, wird auch nicht nach einem OTB-Budgettopf gesucht.

Grundsätzlich soll ein Budget geplant werden, um einen Soll-Ist-Abgleich zu ermöglichen und so die Transparenz in der Gesamtwarenplanung sicherzustellen. Die Beschaffung soll aber, da sie verbrauchsorientiert ist, nicht reglementiert werden. Um dies zu gewährleisten, gibt es verschiedene Möglichkeiten der Freigabe (z. B. über Belegänderungen oder eine Sonderfreigabe).

Im Rahmen der OTB-Prüfung sind Toleranzen definierbar. Dies können Toleranzen mit Bezug auf den Bestellwert sein, die in Prozent abgebildet werden, es kann aber auch eine Toleranz in Tagen hinsichtlich eventueller Lieferterminverschiebungen sein. Nachdem über die Budgetart die Art der OTB-Prüfung festgelegt wurde, ist nun je Bestellbelegart definiert, auf welcher Ebene die Prüfung stattfindet. Sie kann auf der Kopf- oder auf der Positionsebene des Belegs stattfinden.

Bei negativer OTB-Prüfung bestehen folgende Möglichkeiten:

- Reservierung des verfügbaren Budgets und Aufbau eines Arbeitsvorrats für die OTB-Beschaffung. In diesem Fall wird ein Sonderfreigabeprozess angestoßen.
- Abbruch ohne Bestellbeleganlage oder Löschen einer Bestellbelegposition
- Löschen einer Einteilung der Bestellbelegposition
- Lieferterminverschiebungen unter Berücksichtigung definierter Toleranztage
- Änderung eines anderen offenen Belegs, der der gleichen Budgetnummer wie die Bestellbelegposition bzw. -einteilung zugeordnet ist

Folgende Positionen sind nicht OTB-relevant:

- statistische, Retouren- und Leergutpositionen
- Positionen mit dem Positionstyp Limit, Lohnbearbeitung, Text, Umlagerung oder Dienstleistung
- Sammelartikel (die Prüfung erfolgt auf der Ebene der Varianten)
- abweichende Wareneingangsdaten

Die OTB-Prüfung wird wie folgt durchgeführt:

1. **Ermittlung der Budgetart**
   Unabhängig von der OTB-Prüfungsebene überprüft das System bei der OTB-Prüfung zunächst, ob die Budgetprüfung aktiv ist. In diesem Fall ermittelt das System im nächsten Schritt, welche Budgetart (z. B. Einkauf national oder Einkauf regional) für den gerade vorliegenden Bestellbeleg zutreffend ist (siehe Abbildung 9.29).

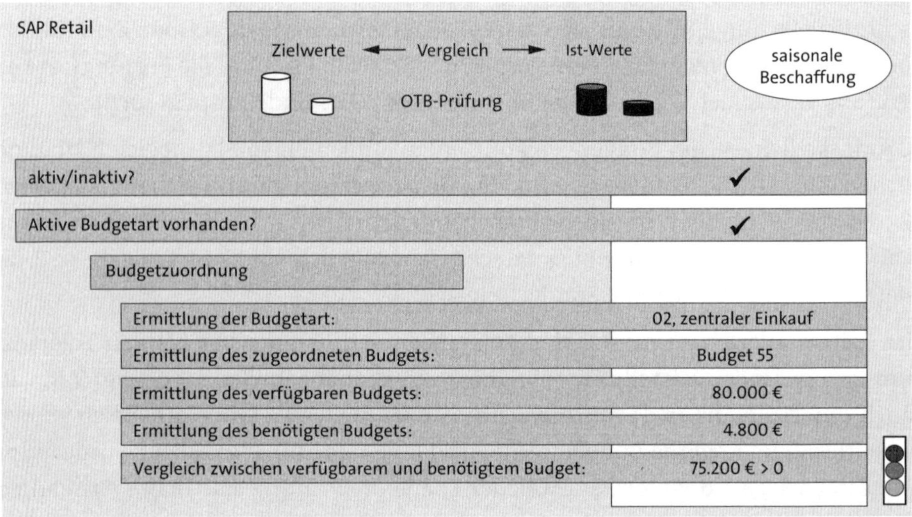

Abbildung 9.29 Ermittlung der Budgetart mit positiver Budgetprüfung

2. **Zuordnung der Budgetnummer**
   Auf Basis der Budgetart erfolgt die Ermittlung des zugeordneten Budgets und der Budgetnummer. Ist ein Artikel in der Artikelhierarchie mehrfach zugeordnet, existieren für diesen Artikel mehrere Budgetnummern. In diesem Fall wird das Systemverhalten über die Steuerung der Belegart definiert. Hier ist dann eine Dialogauswahl bzw. ein Abbruch möglich.
3. **Ermittlung des benötigten Budgets**
   Das System berechnet das benötigte Budget anhand der benötigten Menge und des über das Kalkulationsschema festgelegten Werts pro Mengeneinheit. Es erfolgt ein Vergleich zwischen dem verfügbaren und dem benötigten Budget.

   Bestellpositionen mit Löschkennzeichen sind nicht budgetrelevant. Reservierte Budgets werden wieder freigegeben.

Mit der Funktion des *OTB-Monitors*, den Sie in Abbildung 9.30 sehen, überwachen Sie die Budgets. Sie können sich die aktuellen Budgetwerte anzeigen lassen und prüfen, wie viel Budget Ihnen noch zur Verfügung steht. Sie können auch das Löschen von Budgets vorbereiten. Dazu ermitteln Sie die OTB-relevanten Einkaufsbelege, die noch auf eine Budgetnummer verweisen.

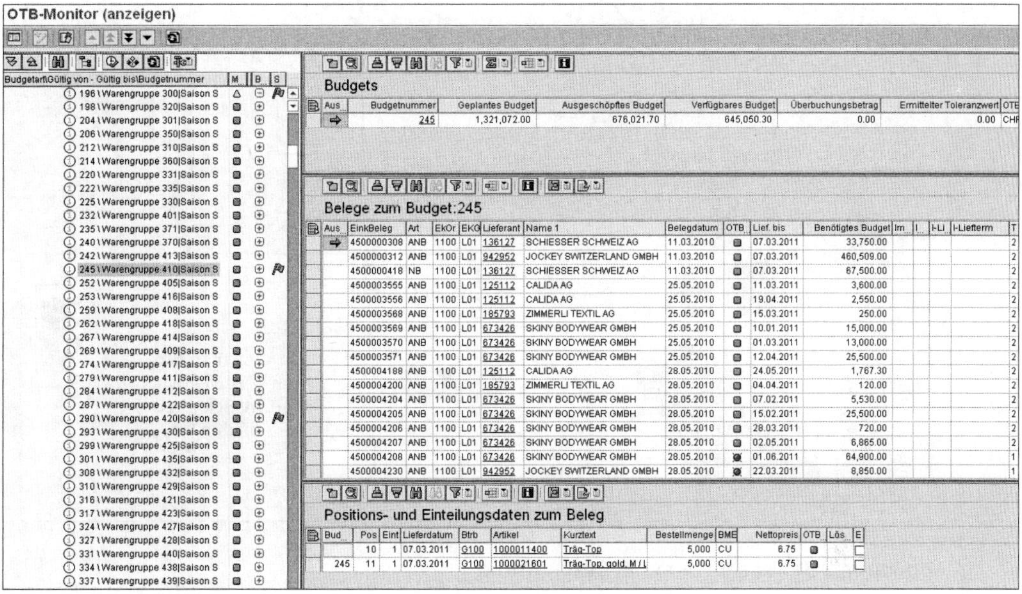

Abbildung 9.30 OTB-Monitor

Der OTB-Monitor verfügt über einige besondere Anwendungsfunktionen. Der linke Teilbereich des Monitors listet alle Budgettöpfe gemäß Ihrer Selektion nach frei konfigurierbaren Kriterien auf. Im rechten Bildbereich des Monitors sehen Sie auf Kopfebene, wie hoch das geplante Budget pro Budgetnummer ist. Diese Daten wurden im SAP-BW-System geplant und an SAP Retail übertragen.

Darüber hinaus wird gegenübergestellt, wie hoch das ausgeschöpfte Budget und das somit noch verfügbare Budget pro Budgetnummer ist. Darunter werden die zugehörigen Belege angezeigt, die Sie sortieren und nach bestimmten, individuellen Kriterien filtern können.

OTB-Beschaffung

Die OTB-Beschaffung dient dazu, das benötigte Budget für Bestellungen und gruppierte Bestellbelege zu beschaffen, die aufgrund eines negativen Ergebnisses bei der OTB-Prüfung in den Arbeitsvorrat der OTB-Beschaffung gestellt wurden. Abbildung 9.31 stellt den Prozessablauf von der Planung in SAP BW bis zur Plandatenübertragung an SAP Retail grafisch dar. Der Prozess mündet in der Fragestellung, wie man nach einer negativen OTB-Prüfung einen positiv geprüften Beleg erhält.

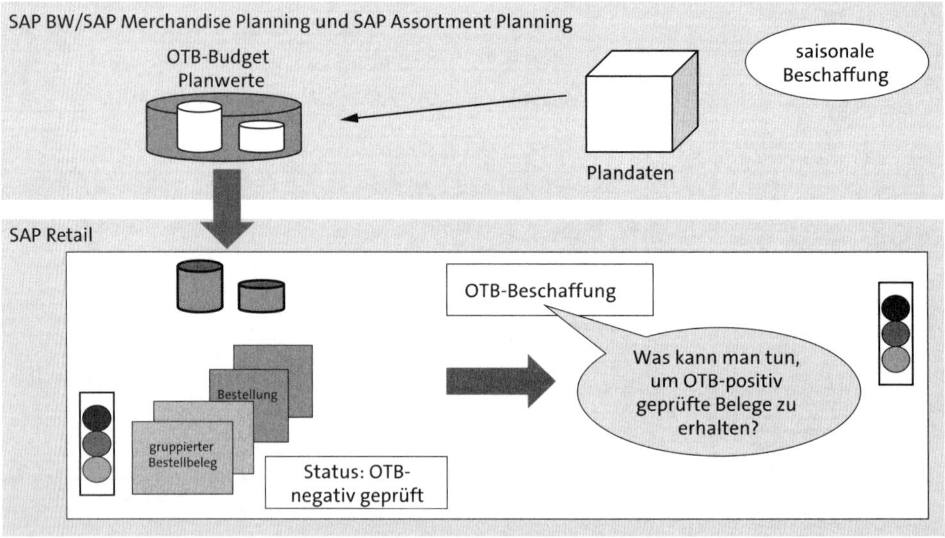

Abbildung 9.31 Prozess der OTB-Beschaffung

Es bestehen folgende Möglichkeiten der OTB-Beschaffung:

- Reduzierung der Menge einer Bestellposition/Einteilung des negativ geprüften Bestellbelegs
- Löschen einer Einteilung einer Bestellposition des negativ geprüften Bestellbelegs
- Löschen einer Bestellposition des negativ geprüften Bestellbelegs. Eine gelöschte Bestellbelegposition gilt stets als OTB-positiv geprüft.
- Verschiebung des Lieferdatums einer Bestellposition/Einteilung des negativ geprüften Bestellbelegs in eine andere Lieferperiode
- Reduzierung der Menge einer Bestellposition/Einteilung eines anderen Bestellbelegs zur gleichen Budgetnummer
- Löschen einer Bestellposition/Einteilung eines anderen Bestellbelegs
- OTB-Sonderfreigabe zum Bestellbeleg. In der Bearbeitung der Positionsdaten der OTB-Sonderfreigabe kann eine Freigabe per Workflow angestoßen werden.

Abbildung 9.32 zeigt die Sonderfreigabefunktion. Zur Genehmigung der Anforderung muss ein Genehmigungsgrund angegeben werden. Durch die Bestätigung der Sonderfreigabe wird das OTB-Budget überbucht. Die Gründe für die Anforderung der Sonderfreigabe (z. B. »Teuerungsbedingte Budgeterhöhung«) können Sie im Customizing definieren.

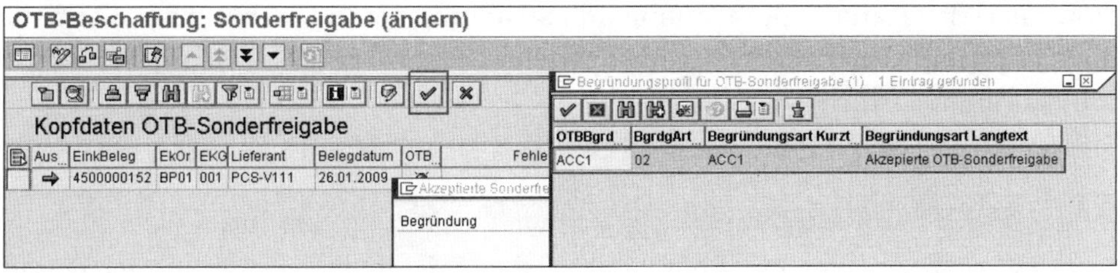

Abbildung 9.32 OTB-Sonderfreigabe

Saisonale Beschaffung erweitern

Der gesamte Bereich der saisonalen Beschaffung bietet Ihnen sehr viele Möglichkeiten zur Definition kundeneigener Abweichungen zum SAP-Standardvorgehen mittels Business Add-Ins (BAdIs). Eine Übersicht über die in diesem Bereich vorhandenen BAdIs finden Sie im Einführungsleitfaden (Implementation Guide, IMG). Sie sind nach den jeweiligen Themenschwerpunkten sortiert (siehe Abbildung 9.33).

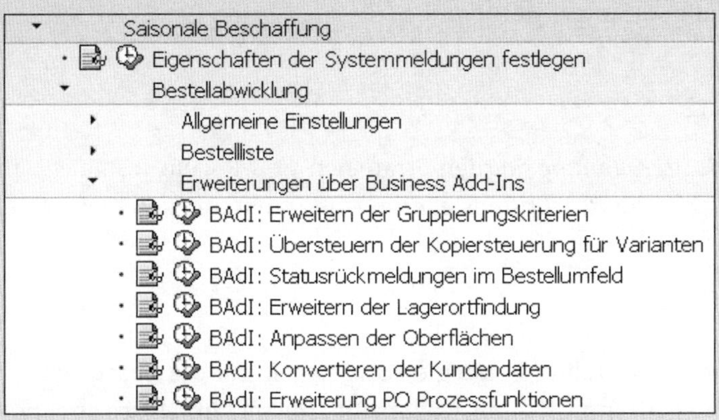

Abbildung 9.33 BAdIs zur saisonalen Beschaffung

9.4 In-Season Management

In diesem Abschnitt betrachten wir das *In-Season Management*, das sich mit der Frage beschäftigt, wie Sie saisonale Fashion-Artikel innerhalb der Saison in SAP Retail steuern können. Über den BW-Standard-Content wird Ihnen dazu von SAP ein Slowseller-Report zur Verfügung gestellt, auf dessen Basis die Budgettöpfe für Abschriftenvolumen generiert werden können.

Die zentrale, operative Anwendung für die Überwachung des In-Season Managements ist der in Abschnitt 9.3.2, »Open-to-Buy«, beschriebene OTB-Monitor. Die Daten aus dem OTB-Monitor bilden die Grundlage sowohl für das *Slowseller-Management* (SSM) als auch für die *Preisplanungs-Workbench* (PPW). Dabei dient das

Slowseller-Management der Planung und Steuerung der In-Season-Phase, während die Preisplanungs-Workbench für die operative Umsetzung dieser Planung im Preisumfeld verantwortlich ist.

9.4.1 Slowseller-Management

Das Slowseller-Management dient der Überwachung und Steuerung der Abverkäufe von Saisonartikeln über den Saisonzeitraum. Auf Basis von Abverkaufs- und Bestandsdaten können Abschriften zeitbezogen geplant werden. Das Slowseller-Management unterstützt den Einkauf dabei, die Warenbestände zum Saisonende zu reduzieren. Zudem können Abschriftenverluste durch eine Preisminderung von Artikeln zum Saisonende reduziert werden. Die Überwachung durch das Slowseller-Management ermöglicht es gleichzeitig auch, Bestseller zu identifizieren. So kann die Nachbestellung von Artikeln innerhalb einer Saison frühzeitig eingeleitet werden.

Der Prozess des Slowseller-Managements gliedert sich in zwei Phasen, die in den folgenden Abschnitten näher erläutert werden:

- Abschriftenplanung
- Abschriftensteuerung

In der Phase der *Abschriftenplanung* werden Strategien und Regeln festgelegt, mit denen in der zweiten Phase der *Abschriftensteuerung* die Erzeugung von Abschriftenvorschlägen bearbeitet wird.

Abschriftenplanung

Die von SAP zur Verfügung gestellten Strategien und Regeln für die Abschriftenplanung nennen sich Abschriftenprofil und Abverkaufsmuster. Im *Abschriftenprofil* werden die relevanten Hierarchien, Modegrade und Kategorien festgelegt. Zudem können das Saisonjahr, die Saison und die Laufzeit im Profil festgelegt werden. Auf Basis dieser Regeln werden die Preisnachlässe während der Saison gesteuert. Dazu erstellt das System automatisch Abschriftenvorschläge im Arbeitsvorrat unter Berücksichtigung der Bestands- und Abverkaufsdaten.

Abschriftenprofile werden in einer Hierarchie dargestellt. Die Struktur kann z. B. wie folgt aussehen (siehe auch Abbildung 9.34):

1. Saisonjahr
2. Saison
3. Warengruppe
4. Modegrad

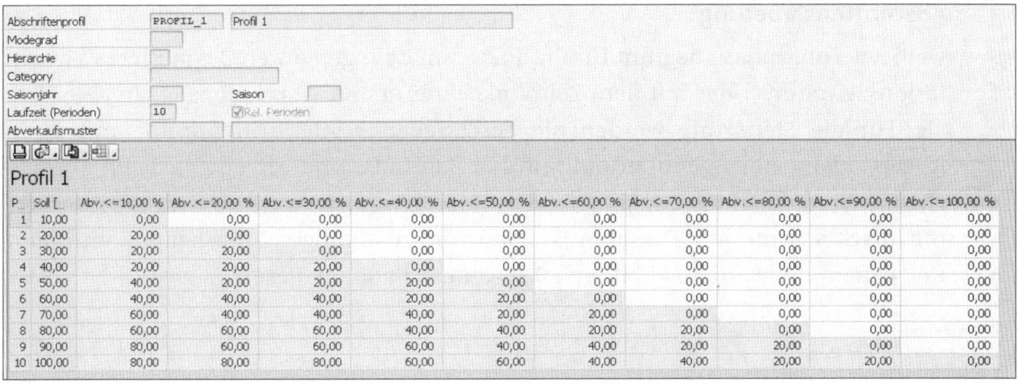

Abschriftenprofil PROFIL_1 Profil 1
Modegrad
Hierarchie
Category
Saisonjahr Saison
Laufzeit (Perioden) 10 Rel. Perioden
Abverkaufsmuster

Profil 1

P...	Soll [...	Abv.<=10,00 %	Abv.<=20,00 %	Abv.<=30,00 %	Abv.<=40,00 %	Abv.<=50,00 %	Abv.<=60,00 %	Abv.<=70,00 %	Abv.<=80,00 %	Abv.<=90,00 %	Abv.<=100,00 %
1	10,00	0,00	0,00	0,00	0,00	0,00	0,00	0,00	0,00	0,00	0,00
2	20,00	20,00	0,00	0,00	0,00	0,00	0,00	0,00	0,00	0,00	0,00
3	30,00	20,00	20,00	0,00	0,00	0,00	0,00	0,00	0,00	0,00	0,00
4	40,00	20,00	20,00	20,00	0,00	0,00	0,00	0,00	0,00	0,00	0,00
5	50,00	40,00	20,00	20,00	20,00	0,00	0,00	0,00	0,00	0,00	0,00
6	60,00	40,00	40,00	40,00	20,00	20,00	0,00	0,00	0,00	0,00	0,00
7	70,00	60,00	40,00	40,00	40,00	20,00	20,00	0,00	0,00	0,00	0,00
8	80,00	60,00	60,00	60,00	40,00	40,00	20,00	20,00	0,00	0,00	0,00
9	90,00	80,00	60,00	60,00	60,00	40,00	40,00	20,00	20,00	0,00	0,00
10	100,00	80,00	80,00	80,00	60,00	60,00	40,00	40,00	20,00	20,00	0,00

Abbildung 9.34 Abschriftenprofil

Jedem Abschriftenprofil können mehrere *Abverkaufsmuster* zugeordnet werden. Zudem ist es möglich, Abschriftenprofile zu Produkten zuzuordnen. Das Abverkaufsmuster repräsentiert eine mögliche prozentuale Abverkaufskurve. Diese wird in Form einer Matrix dargestellt. Durch die Anlage mehrere Abverkaufsmuster können verschiedene Szenarien abgebildet werden.

In einem Abverkaufsmuster werden für jeden Teil der Laufzeit Abverkaufsquoten (Soll AQ) und eine Abschriftenstrategie definiert.

Abverkaufsmuster

In dem exemplarischen Abverkaufsmuster in Abbildung 9.35 würde eine Ist-Abverkaufsquote von weniger als 60 % nach vier Wochen zu einen Abschriftenvorschlag von 20 % führen. Bei einer Abverkaufsquote von weniger als 80 % nach sechs Wochen betrüge der Abschriftenvorschlag 40 %.

Laufzeit	Soll AQ	Laufzeit				
		AQ ≤ 20 %	AQ ≤ 40 %	AQ ≤ 60 %	AQ ≤ 80 %	AQ ≤ 100 %
1	6 %					
2	26 %					
3	45 %	40	20			
4	65 %	60	40	***20***		
5	85 %	60	60	40	20	
6	100 %	60	60	60	40	20
7	100 %	60	60	60	60	40

BW-Analyse
Laufzeit: 4 Perioden; Verkaufsquote: 45 % → Abschriftenvorschlag: 20 %

Abbildung 9.35 Beispiel für ein Abverkaufsmuster eines Abschriftenprofils

Abschriftensteuerung

Die Steuerungsphase beginnt für Produkte mit dem geplanten Beginn ihres Präsentationszeitraums oder mit dem Zeitpunkt ihres ersten Wareneingangs in einer Filiale. Für die Steuerung werden die beschriebenen Abschriftenprofile mit ihren Abverkaufsmustern genutzt und mit den Bestands- und Abverkaufsdaten abgeglichen. Sollten dabei die entsprechenden Quoten erreicht werden, wird ein Abschriftenvorschlag generiert. Dieser muss dann vom zuständigen Mitarbeiter kontrolliert und genehmigt werden. Abbildung 9.36 veranschaulicht diesen Prozess.

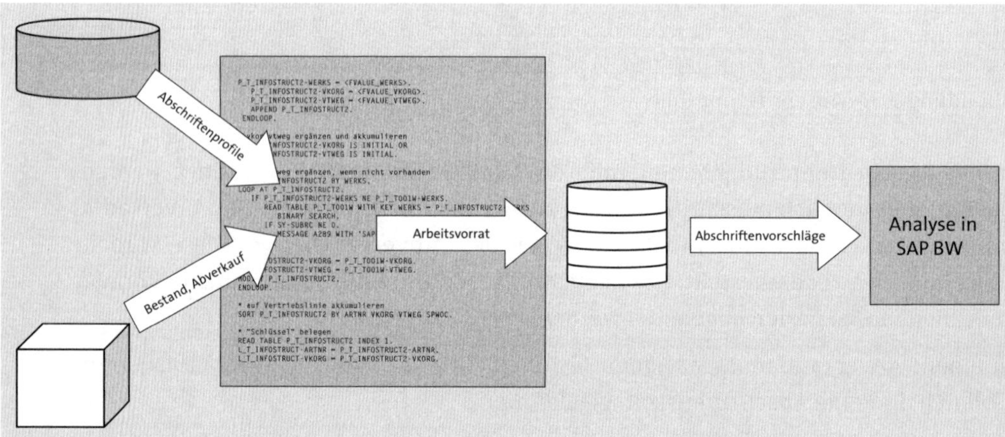

Abbildung 9.36 Ablauf der Abschriftensteuerung

Durch das Genehmigen des Abschriftenvorschlags wird dieser an das operative Instrument, die Preisplanungs-Workbench (PPW), übergeben.

9.4.2 Preisplanungs-Workbench

Im Kontext saisonaler Budgets und deren Steuerung ist nicht nur die Beschaffung, sondern insbesondere auch die Preisgestaltung saisonaler Ware von Bedeutung. In der In-Season-Phase haben Abverkaufserwartungen und notwendige Preisänderungen bei Planabweichungen Einfluss auf das Budget. Preisänderungen können unter Berücksichtigung entsprechender Budgetdaten geplant und aktiviert werden. Zu diesem Zweck werden Abschriftenvorschläge des Slowseller-Managements von SAP BW an das SAP-Retail-System weitergegeben (siehe Abbildung 9.37).

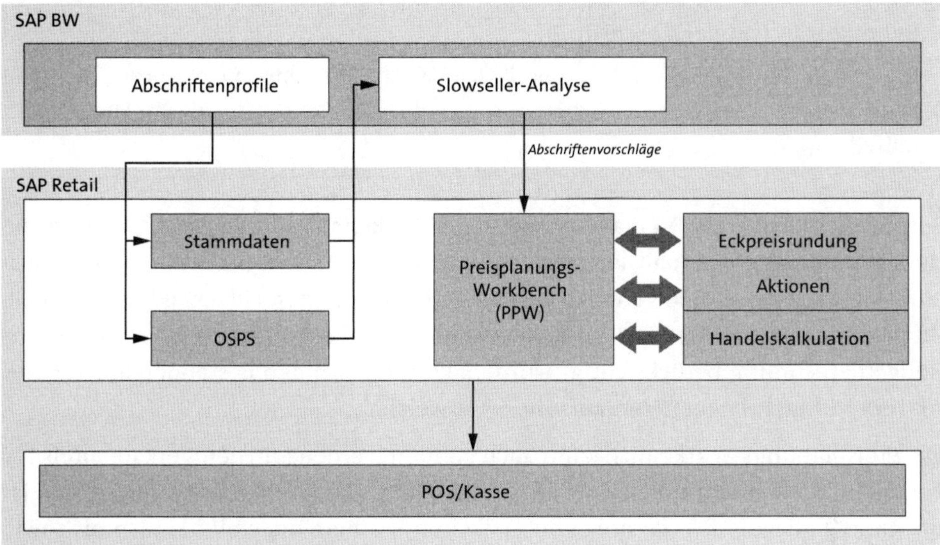

Abbildung 9.37 Einbindung der Preisplanungs-Workbench in das Slowseller-Management

Es gibt drei Prozesse, die aus der Preisplanungs-Workbench heraus aufgerufen werden können (siehe Abbildung 9.38):

- Abschriften
- manuelle Preisänderungen
- Aktionen

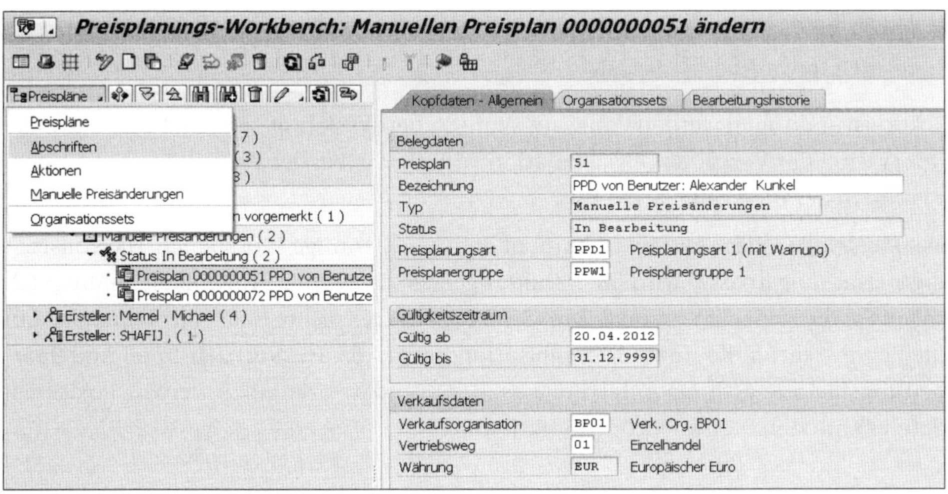

Abbildung 9.38 Preisplanungs-Workbench

[»]

Indirekter Aufruf der Abschriften

Die Abschriften als Folgeprozess der Slowseller-Analyse können nicht direkt aufgerufen werden. Hier wird der Arbeitsvorrat stattdessen aus den SAP-BW-Daten ermittelt.

Sobald die geänderten Verkaufspreise ihr Gültigkeitsdatum erreichen, sollten die Budgetdaten wieder aktualisiert werden. Zu diesem Zeitpunkt (Aktivierung des Preisplans) werden die aktuellen Artikelbestände der betroffenen Filialen gelesen und die Budgetdaten aktualisiert. Die Artikelbestände, die bei der Anlage des Preisplans zur Budgetberechnung berücksichtigt wurden, können von den Beständen am Tag der Aktivwerdung des neuen Verkaufspreises abweichen.

Die Preisplanungs-Workbench kann auch genutzt werden, um den Verkaufspreis für Artikel manuell und mit Relevanz für das Budget zu ändern. Ein weiterer Prozess ist die Aktionspflege. Die Erfassung von Artikeln mit einem neuen Verkaufspreis sowie einer Planmenge ruft beim Speichern die Anlegemaske für eine Handelsaktion auf.

Die Preisplanungs-Workbench bietet jedem Prozess seine eigenen individuellen Informationen. Die Planung der Preisänderungen erfolgt unter Einbeziehung entsprechender Budgetdaten. Folgende Preisänderungsarten können verwendet werden:

- Preisänderung durch Angabe eines neuen Verkaufspreises
- prozentuale Änderung auf Basis des Ursprungs- bzw. des aktuellen Verkaufspreises
- absolute Preisänderung durch Angabe einer Differenz zum aktuellen oder Ursprungsverkaufspreis

Eckpreisrundungen werden dabei auf Wunsch berücksichtigt. Durch die funktionale Integration der Verkaufspreiskalkulation können Sie bei der Preisplanung die Informationen der Preiskalkulation nutzen.

Der *Preisplan* ist das zentrale Dokument der Preisplanungs-Workbench. Die vollständige Erfassungsmaske wird in Abbildung 9.39 dargestellt. Im linken Bildbereich sehen Sie die Preispläne gemäß Ihrer Selektion ❶. Der rechte Bildschirmbereich ist in die Registerkarten **Kopfdaten**, **Organisationssets** (z. B. eine Vertriebslinie) und **Bearbeitungshistorie** ❷ aufgeteilt. Unterhalb der Kopfdaten befinden sich die Positionsdaten ❸ mit den Preisänderungsfunktionen.

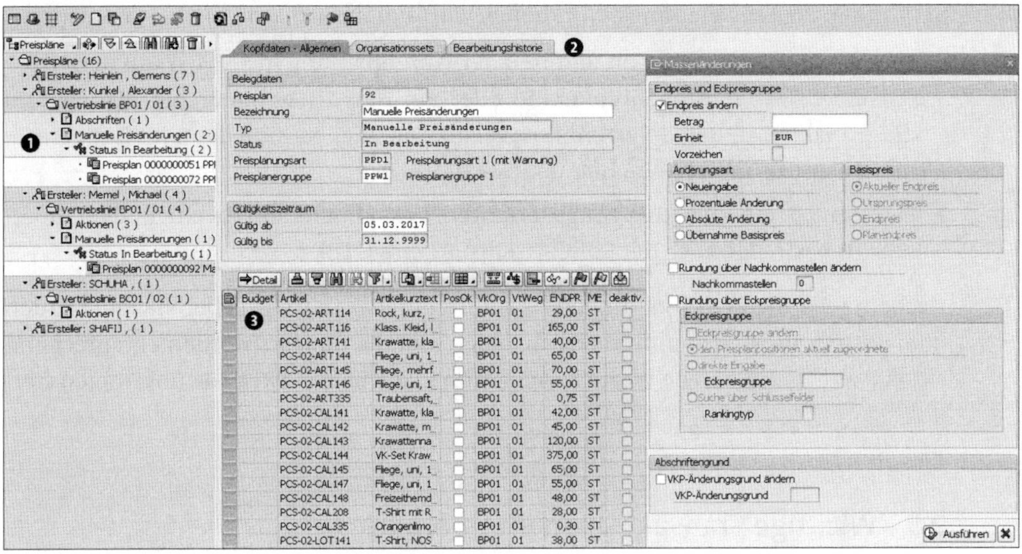

Abbildung 9.39 Preisplan und Preispflege

Auf der Basis von Preisartikeln, der Reduzierungsdaten und der konkreten Preisänderung erfolgt eine Prüfung im Vergleich mit dem Budget aus der Preisplanungs-Workbench. Das verbrauchte Budget errechnet sich aus der Höhe der Preisreduzierung und der Anzahl der Artikel im Bestand (siehe Abbildung 9.40, PPD steht hier für das Preisplanungsdokument). Bei einer Preiserhöhung wird allerdings kein neues Budget beschafft.

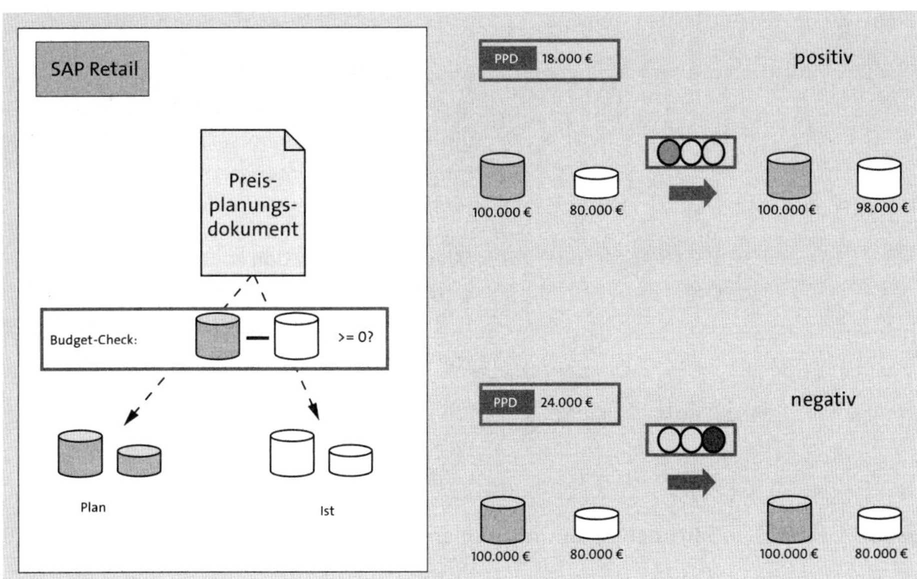

Abbildung 9.40 Budget-Check – Planwerte minus Ist-Werte

Sie können die Preisplanungs-Workbench wie folgt nutzen:

- Sie können Ihre Budgets im Rahmen der Warenplanung in SAP BW auf dem Knoten einer Warengruppenhierarchie oder auf der Artikelhierarchie planen und diese an das SAP-Retail-System übergeben. Die Budgets sind dann im Budgetmonitor sichtbar und können hier überwacht werden.
- Sie können ein Genehmigungsverfahren verwenden, sofern ein Budget überschritten wird (ähnlich der Sonderfreigabe beim OTB).

Nachdem Sie alle Preisänderungen bzw. Ihren Preisplan freigegeben haben, werden vom System Verkaufskonditionen angelegt, und die Budgets werden entsprechend aktualisiert. Aufgelaufene Werte können nun in die nächste Periode übertragen werden.

9.5 Wichtige Transaktionen im Überblick

In den folgenden Tabellen haben wir die wichtigsten Transaktionen für die operative Sortimentsplanung und -steuerung (siehe Tabelle 9.1) sowie für die saisonale Beschaffung (siehe Tabelle 9.2) zusammengestellt.

Transaktion	Bezeichnung	Bemerkung
WRFAPC01	Einkaufsliste anlegen	
WRFAPC02	Einkaufsliste bearbeiten	
WRFAPC03	Einkaufsliste anzeigen	
WRFAPC11	Geplante Artikel freigeben	Mit dieser Transaktion können Sie aus geplanten Artikeln, die in der Transaktion für die operative Sortimentsplanung und -steuerung angelegt wurden, Artikel in der SAP-Systemdatenbank anlegen.
WRFAPC12	Einkaufslistenpositionen freigeben	Mit dieser Transaktion können Sie aus Einkaufslistenpositionen, die in der operativen Sortimentsplanung und -steuerung angelegt wurden, Bestelllistenpositionen erzeugen.
WRFAPC14	Einkaufslisten löschen	Mit dieser Transaktion können Sie alle Positionen in einer Einkaufsliste sowie die Einkaufsliste selbst löschen.

Tabelle 9.1 Operative Sortimentsplanung und -steuerung

Transaktion	Bezeichnung	Bemerkung
WRFAPC15	Artikel in Einkaufslisten	Mit dieser Transaktion können Sie alle Einkaufslistenpositionen abrufen, die einen bestimmten (geplanten oder vorhandenen) Artikel enthalten.
WRFAPC21	Planungsrelevante Artikelhierarchieebene festlegen	Mit dieser Transaktion legen Sie die für die Planung relevante Artikelhierarchiestufe pro Sortimentsart fest.
WRFAPC22	Aktive Kennzahlen festlegen	Mit dieser Transaktion legen Sie die für die Planung relevanten aktiven Kennzahlen pro Sortimentsart fest.
WRFAPC23	Merkmalreihenfolge	Mit dieser Transaktion legen Sie die Reihenfolge und Position der variantenbildenden Merkmale innerhalb der Einkaufslistenpflege fest.
WRFAPC24	Attributfelder in der Einkaufslistenbearbeitung festlegen	
WRFAPC25	Registerkarten ausblenden	Mit dieser Transaktion können Sie Registerkarten (z. B. OTB-Daten oder Zielvorgaben) innerhalb der Einkaufslistenpflege deaktivieren.
WRFAPC26	Gültige Quotenleisten pro Hierarchieknoten/Merkmal	Mit dieser Transaktion legen Sie Default-Werte für die Auswahl von Quotenleisten pro Hierarchieknoten und Merkmal fest.
WRFAPC27	Ausnahmen zur Artikelhierarchieebene	Mit dieser Transaktion legen Sie die Ausnahmen fest, wenn Sie auf einer abweichenden Ebene planen möchten.

Tabelle 9.1 Operative Sortimentsplanung und -steuerung (Forts.)

Transaktion	Bezeichnung	Bemerkung
WPOHF1	Bestellmanager	Aufruf der Bestellmanager-Workbench
WPOHF2C	Bestellliste anlegen	Manuelle Anlage von Bestelllistenpositionen
WPOHF2X	Bestellliste ändern	Manuelles Ändern von Bestelllistenpositionen

Tabelle 9.2 Saisonale Beschaffung

Transaktion	Bezeichnung	Bemerkung
WPOHF2D	Bestellliste anzeigen	
WPOHF3C	Gruppierter Bestellbeleg anlegen	Manuelle Anlage eines gruppierten Bestellbelegs
WPOHF3X	Gruppierter Bestellbeleg ändern	Manuelles Ändern eines gruppierten Bestellbelegs
WPOHF3D	Gruppierter Bestellbeleg anzeigen	
WPOHF4C	Bestellung (saisonal) anlegen	Manuelle Anlage eines saisonalen Bestellbelegs
WPOHF4X	Bestellung (saisonal) ändern	
WPOHF4D	Bestellung (saisonal) anzeigen	
WPOHF8	Automatische Belegerzeugung saisonale Beschaffung	Programm zur Belegerzeugung für die Bestellabwicklung in der saisonalen Beschaffung. Es lassen sich gruppierte Bestellbelege oder Einkaufsbestellungen erzeugen.
WPOHF7	Automatische Erstellung Umlagerungsbestellung saisonale Beschaffung	Programm zur Generierung von Umlagerungsbestellungen (kann auch für Hintergrundverarbeitung genutzt werden)
WOTB1	OTB-Beschaffung	Aufruf der OTB-Beschaffungs-Workbench zum Bearbeiten von OTB-geprüften Bestellbelegen
WOTB6	OTB-Beschaffung: Sonderfreigabe	Selektionsbildschirm zur OTB-Sonderfreigabe
WOTB3	OTB-Umbuchung	Mithilfe dieses Reports selektieren Sie alle noch nicht verarbeiteten Umbuchungsätze und führen alle notwendigen Umbuchungsaktivitäten durch.

Tabelle 9.2 Saisonale Beschaffung (Forts.)

Transaktion	Bezeichnung	Bemerkung
WOTB4	OTB: Budgets reorganisieren	Im Rahmen des OTB-Prozesses nimmt die Anzahl der existierenden OTB-Töpfe im operativen Einkaufssystem stetig zu, weshalb die veralteten Töpfe in regelmäßigen Abständen gelöscht werden müssen. Dies geschieht mithilfe dieses Reports, der die zu löschenden Töpfe automatisch ermittelt und wenn möglich löscht.
WOTB2	OTB-Monitor	Listet alle Budgets gemäß Ihrer Selektion auf.
WPCTRR	Beschaffungsmonitoring: Bestellmonitor reagierend	Setzen Sie SAP Event Management (SAP EM) ein, werden Ihnen hier neben den berechneten Soll-Terminen stets auch die aktuellen Ist-Termine angezeigt.
WPCTRA	Beschaffungsmonitoring: Bestellmonitor agierend	Über den agierenden Bestellmonitor können Sie sich jederzeit einen Überblick darüber verschaffen, welcher Anteil Ihrer bestellten Ware sich auf welchem Abschnitt des Transportweges befindet. So können Sie jederzeit, unabhängig von Terminüberschreitungen oder Mengenabweichungen, agieren.
WCOC	Beschaffungsmonitoring: Kontraktmonitor	Hier können Sie sich einen Überblick über die bereits getätigten Abrufe und den aktuellen Ausschöpfungsgrad ihrer Kontrakte verschaffen.
WCHAIN1	Terminierung: Transportkette anlegen	manuelle Anlage einer internen oder externen Transportkette
WCHAIN2	Terminierung: Transportkette ändern	
WCHAIN3	Terminierung: Transportkette anzeigen	
WROUTE	Transportzeiten bearbeiten	Anzeige und Änderung der Transportzeitentabelle

Tabelle 9.2 Saisonale Beschaffung (Forts.)

Kapitel 10
Omni-Channel Retailing

Eine der vielleicht wichtigsten Weiterentwicklungen von SAP Retail in den letzten Jahren ist die Einbindung in die parallel existierenden Absatzkanäle des Handels. In diesem Kapitel beschreiben wir, wie die SAP-Produkte im Rahmen einer Omni-Channel-Retailing-Strategie miteinander interagieren.

Mit zunehmender Digitalisierung und dem Ausbau alternativer Absatzkanäle hat sich die Rolle der Filiale innerhalb eines Handelsunternehmens im Laufe der letzten Jahrzehnte zunehmend verändert. Die Inspiration des Kunden und die Interaktion zwischen Kunden und Händler stehen nun stärker im Vordergrund des filialisierten Einzelhandels als früher. Der Handel steht nicht mehr *vor* der Evolution alternativer Absatzkanäle, sondern befindet sich schon mitten in dieser Evolution. Eine Umfrage von PWC Online Research, einer Markforschungssparte des Unternehmens PricewaterhouseCoopers, erbrachte dazu die folgenden Ergebnisse (Total Retail 2016, S. 8 ff.):

- 86 % aller Handelskunden nutzen zurzeit schon mehr als einen Absatzkanal, um Käufe zu tätigen.
- Kunden benutzen mehrere Kanäle, um Produktcharakteristika zu untersuchen, bevor ein Kauf durch einen der Kanäle getätigt wird.
- Preis und Convenience werden bei der Mehrzahl der Kunden als ausschlaggebendes Kriterium betrachtet, um einen Kauf online zu tätigen.

In diesem Kapitel stellen wir Ihnen die vielfältigen Omni-Channel-Funktionen von SAP Retail und korrespondierender Systeme – v. a. SAP Hybris – vor. Die Strategie von SAP geht ganz eindeutig in die Richtung einer nahtlosen Integration der unterschiedlichen Komponenten. Ob diese Systeme ursprünglich von SAP Hybris (Commerce) oder aus dem SAP-Marketing stammen, wird in naher Zukunft keine Rolle mehr spielen. Mit der Integration von Aktionen aus SAP Promotion Management for Retail und Echtzeitbeständen aus dem SAP Customer Activity Repository bietet Ihnen das übergreifende Szenario von SAP in Kombination mit SAP Retail Möglichkeiten, die sonst kein anderer Softwarehersteller anbieten kann.

10.1 Einführung in das Omni-Channel Retailing

Unter *Omni-Channel Retailing* wird ein Geschäftsmodell verstanden, bei dem Kunden eine Vielzahl von Kanälen zur Verfügung steht, durch die sie ihre Einkaufserlebnisse anreichern können. Unter einem *Einkaufserlebnis* im Rahmen des Omni-Channel-Geschäftsmodells werden nicht nur alle Transaktionen, sondern auch alle sonstigen Interaktionen mit den Kunden verstanden, d. h. auch das Browsing auf der Internetseite des Anbieters, das Kaufen und Retournieren sowie alle Pre-Sales- und After-Sales-Services. Neben den Filialen haben sich folgende Absatzkanäle innerhalb von Handelsunternehmen entwickelt:

- Onlineshops
  - traditionelle Medien wie Laptop oder Desktop-Computer
  - Mobilgeräte und Tablet-PCs
  - mobile Apps
  - soziale Medien
- TV- und Telefonverkauf über ein Call-Center
- Katalogverkauf/Mailorder
- eBay und andere Handelsplattformen

Da sich viele dieser Absatzkanäle in den Unternehmen nicht parallel etabliert haben, bedeutet dies oft, dass sich im Laufe der Zeit unterschiedliche Systeme entwickelt haben, um die diversen Kanäle zu steuern. Dies brachte, aufgrund oft unterschiedlicher Technologien und Philosophien, eine Reihe von Integrationsproblemen mit sich und lief darauf hinaus, dass sich die Absatzkanäle als eigenständige Geschäftseinheiten entwickelten. Um dem Kunden eines Handelsunternehmens allerdings ein einheitliches Kauferlebnis bieten zu können, ist es notwendig, dass die Kundendaten dem Unternehmen in allen Kanälen bekannt sind und dass die Systeme zur Kundeninteraktion und Abwicklung der Transaktionen miteinander integriert sind.

Zwangsläufig hat in den letzten Jahren eine Evolution des Absatzkanalmixes im Handel stattgefunden. Diese Evolution lässt sich durch das *MXO-Modell* von Lars Hofacker beschreiben (Studie »Omni-Channel-Commerce 2015«):

- **M (Multi-Channel)**
  mehrere Kanäle, keine Verbindung zwischen den Kanälen
- **X (Cross-Channel)**
  mehrere Kanäle mit Verbindungen zwischen den Kanälen
- **O (Omni-Channel)**
  Kanäle werden unsichtbar; es besteht ein nahtloser Übergang zwischen diesen Kanälen, und das Kundenerlebnis bzw. der Kunde steht im Mittelpunkt.

Um eine Omni-Channel-Strategie innerhalb einer Handelsorganisation effizient gestalten zu können, müssen die folgenden vier Elemente sowohl prozess- als auch systemtechnisch adressiert worden sein:

- **Buy, fulfil and return anywhere**
  Kunden muss es systemtechnisch möglich sein, Kauftransaktionen, Lieferungen und Retouren über alle Kanäle und vor allem konsistent ausführen zu können.
- **Mobilität**
  Ein Zugang zu den digitalen Absatzkanälen sollte über mobile Webseiten (im responsiven Design) oder Apps ermöglicht werden.
- **Single View**
  Dies bezieht sich auf:
  - *Kundeninformationen*: Viele Handelsunternehmen kennen ihren Kunden, wenn überhaupt, nur über einen einzelnen Kanal, aber nicht über alle Absatzkanäle hinweg. Das bedeutet, dass die Informationen über die Kundendaten konsolidiert, bereinigt und verwertet werden müssen. Dies ist typischerweise kein einmaliger Prozess, sondern muss wiederholt stattfinden, um eine Erosion der Kundendaten zu vermeiden.

    Traditionell stehen dem Händler dazu Kundenloyalitätsprogramme sowie CRM-Systeme (Customer Relationship Management) zur Verfügung.
  - *Artikelinformationen*: Um Kunden über alle Absatzkanäle hinweg die gleichen Produktinformationen zur Verfügung stellen zu können, müssen diese konsistent und aktuell gehalten werden. Da z. B. beim Absatzkanal Filiale davon ausgegangen werden kann, dass Kunden das Produkt im Unterschied zum online gekauften Produkt vor dem Kauf physisch untersuchen können, ist das nicht bei allen anderen Absatzkanälen der Fall. Daher müssen den verschiedenen Kanälen zum Teil unterschiedliche Produktinformationen bzw. -attribute bereitgestellt werden. Zum Beispiel genügt es im Onlineshop nicht, nur die Produktbeschreibung, den Preis und die Artikelnummer darzustellen. Es müssen darüber hinaus viele weitere Produktattribute an den Onlineshop kommuniziert werden, um z. B. dynamische Suchhilfen zu unterstützen, die Varianten eines Sammelartikels anhand von Größe, Farbe etc. identifizieren können. Im Bereich von Lebensmitteln müssen z. B. Informationen über den Inhalt bzw. die Zusammensetzung hinterlegt werden.
  - *Bestand und Verfügbarkeit*: Ein wesentlicher Bestandteil des Kundenerlebnisses ist die Verfügbarkeit des gewünschten Artikels. Die Information über die Verfügbarkeit an den Kunden weiterzugeben ist im Rahmen des Filial-Absatzkanals relativ einfach, denn ein Kunde erkennt sofort, ob ein Artikel verfügbar ist oder nicht. Da sich der Kunde bei vielen In-Store- bzw. Filialkaufentscheidungen jedoch schon vorher online über das Produkt informiert, ist es äußerst wichtig, genaue Bestandsinformationen auch dort zu kommunizieren.

- **Personalisierte und kontextuelle Interaktion über alle Kanäle**
  Eine personalisierte Kundenansprache und Interaktion über alle Kanäle wird dadurch ermöglicht, dass Kundendaten kanalübergreifend gesammelt, bereinigt und gespeichert werden. Zum Beispiel können diese Daten aus Loyalitätssystemen, CRM-Systemen oder sozialen Medien stammen oder auch von Drittanbietern kommen.

  Eine kontextabhängige Interaktion und ein personalisiertes Kundenmarketing können realisiert werden, wenn man das Kaufverhalten der Kunden analysiert und mit dem Verhalten in früheren Interaktionen vergleicht, wie z. B. dem Verhalten bei Antworten auf E-Mail-Umfragen, Posts in sozialen Medien, Website-Cookies etc. Auf diese Weise können Kunden in Zielgruppen segmentiert werden (zum Teil auch in individuelle Personen), und der Content kann in den digitalen Kanälen zielgruppenspezifisch angepasst werden.

Die Lösungen, die SAP dem Einzelhandel zur Verfügung stellt, um eine Omni-Channel-Retail-Strategie zu unterstützen, sind in Abbildung 10.1 dargestellt:

- **SAP Retail**
  SAP Retail ist das zentrale Warenwirtschaftssystem für das Management aller zentralen Logistik- und Warenwirtschaftsprozesse.
- **SAP Hybris Commerce**
  SAP Hybris Commerce ist eine Plattform, auf der alle kunden-orientierten Frontend-Prozesse aufsetzen können.
- **SAP Customer Activity Repository (SAP CAR)**
  SAP CAR ist das zentrale System, in dem nahezu in Echtzeit alle Verkaufstransaktionen, Artikelbestände, Preise und Aktionen persistiert sind.
- **SAP Hybris Marketing**
  SAP Hybris Marketing ist eine Lösung, mit der Kunden- und Transaktionsdaten zusammengefasst und ausgewertet werden können, um ein kontextbasiertes Marketing zu ermöglichen.

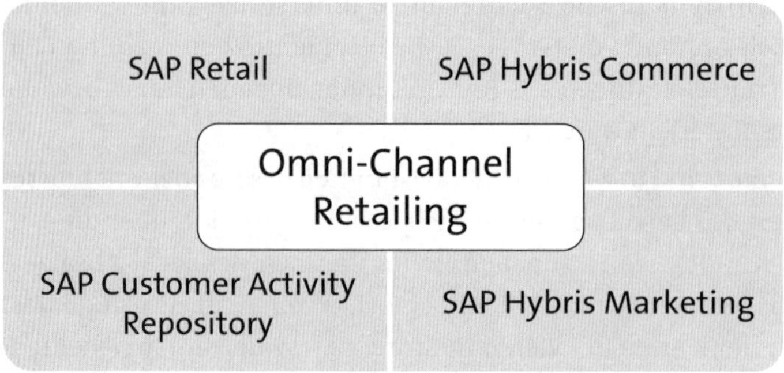

Abbildung 10.1 SAP-Systeme für das Omni-Channel Retailing

Neben diesen vier Hauptkomponenten können die folgenden Komponenten die Systemlandschaft ergänzen:

- **SAP Customer Relationship Management (CRM)**
  SAP CRM ist das zentrale System, mit dem Debitorenstammdaten persistiert werden.
- **SAP HANA**
  SAP HANA ist die zentrale In-Memory-Plattform, die als Datenbasis für alle SAP-Applikationen dient.

Abbildung 10.2 zeigt diese Komponenten und deren Funktionen in einem detaillierteren Überblick. In den folgenden Abschnitten beschreiben wir die Einbindung der einzelnen Komponenten in den Omni-Channel-Ansatz genauer.

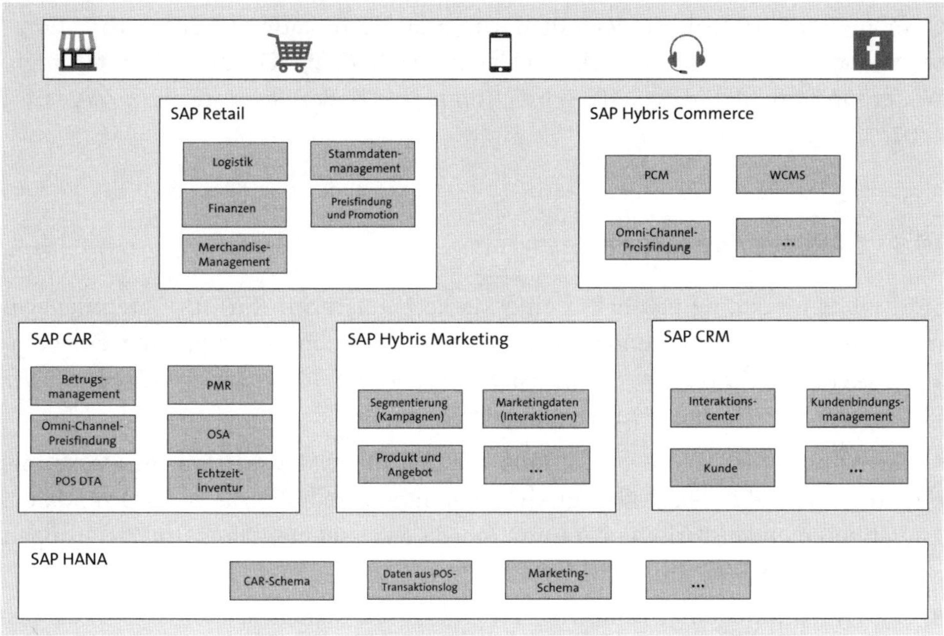

Abbildung 10.2 Systemkomponenten der Omni-Channel-Commerce-Strategie

10.2 SAP Hybris Commerce

SAP Hybris Commerce als autarke Komponente innerhalb der SAP-Omni-Channel-Architektur ist mehr als ein Webshop. Als Plattform bietet diese Lösung über ihre modularen Komponenten alle notwendigen Funktionen, um erfolgreich in die Omni-Channel-Welt zu starten:

- Datenbank
- Benutzerverwaltung

- Szenarien zwischen Einzelhandel und Kunden (Business to Consumer, B2C) sowie zwischen Einzelhandel und Lieferanten (Business to Business, B2B) über alle Kanäle – von stationär bis mobil
- Product-Content-Management
- Web-Content-Management-System (WCMS)
- Zahlungsabwicklung
- Bestellmanagement
- Marketing-Konvertierung
- Such- und Merchandising-Funktionen

Im Prinzip stellt SAP Hybris Commerce Händlern alle Backend-Prozesse zur Verfügung, die benötigt werden, um die diversen Komponenten innerhalb einer Omni-Channel-Retail-Strategie zu versorgen. Unter anderem kann mit SAP Hybris Commerce auch ein Webshop entwickelt oder ein bestehender Webshop versorgt werden. Weitere Informationen zu SAP Hybris Commerce finden Sie unter *http://s-prs.de/v407202*.

10.3 SAP Hybris Marketing

SAP Hybris Marketing beinhaltet eine Marketingplattform für das Datenmanagement, die Kundendaten (Kunden, Kontakte, Interaktionen, Zielgruppen) in einer einzigen Sicht zur Verfügung stellt (siehe Abbildung 10.3). Basierend auf dieser Plattform werden folgende Anwendungen bereitgestellt:

- *SAP Hybris Marketing Segmentation* ermöglicht es Mitarbeitern im Marketing, Vertrieb und Kundenservice, große Kundenmengen auf Basis von Stammdaten, Attributen und historischen Transaktionsdaten zu segmentieren und Zielgruppen zur weiteren Verwendung abzugrenzen.
- *SAP Hybris Marketing Acquisition* ermöglicht es, Marketingkampagnen, die per E-Mail und SMS an den Kunden kommuniziert werden, anzulegen, die auf vordefinierten Inhaltsvorlagen basieren. Marketingkampagnen können mit dieser Lösung (falls freigegeben) an eine vordefinierte Liste von Kontakten, wie etwa bestimmte Zielgruppen, gesendet werden.
- *SAP Hybris Marketing Insight* bietet dem Verkauf und dem Marketing Einblicke in alle Kundendaten. Mit dieser Lösung können Aufträge, Rechnungen und Finanzdaten in Echtzeit analysiert werden. Auf diese Weise kann der Erfolg von Marketinginvestitionen überprüft werden. Ein integriertes Dashboard enthält die wichtigsten Key Performance Indicators (KPIs) zur Messung der Effektivität des Marketings.

- *SAP Hybris Marketing Planning* unterstützt Marketingmanager bei der Planung von Budgets, Programmen und Ausgaben. Auch Marketingexperten werden dabei unterstützt, Kampagnen und Ausgaben auf einfache und intuitive Weise zu planen. In einem Kalender erhalten Marketingmanager und Marketingexperten eine Gesamtübersicht über laufende und geplante Marketingaktivitäten.
- *SAP Hybris Marketing Recommendation* ermöglicht es, Empfehlungsmodelle anzulegen und zu verwalten. Diese Modelle stellen Endverbrauchern kontextrelevante Empfehlungen in Echtzeit zur Verfügung. Dies ist über mehrere Vertriebskanäle hinweg möglich.

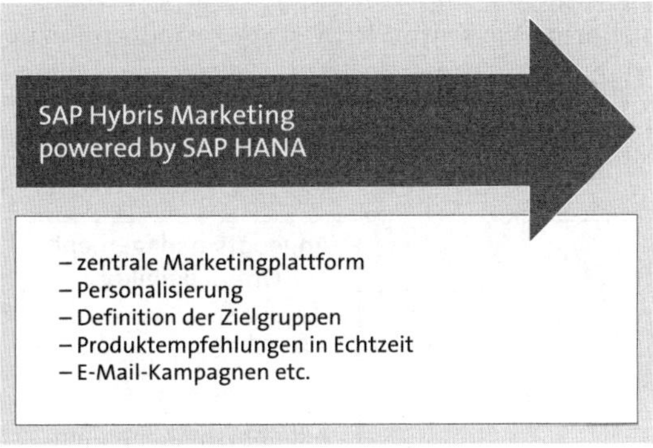

Abbildung 10.3 SAP Hybris Marketing

Bei den von SAP Hybris Marketing Recommendation generierten Empfehlungen wird zwischen *Produkt-* und *Angebotsempfehlungen* unterschieden:

- **Produktempfehlungen**

  Ebenso wie traditionelle Lösungen bietet auch SAP Hybris Marketing Recommendation die Möglichkeit, Produktempfehlungen auf Basis von Kundenpräferenzen sowohl statisch als auch auf Basis des Kaufverhaltens zu generieren und diese dann an die Channel-Systeme weiterzugeben.

  Diese Produktempfehlungen sind personalisiert, kontextrelevant und in Echtzeit mit der WCMS-Komponente von SAP Hybris Commerce integriert. Sie können also direkt über Browser, App etc. an den Endkunden kommuniziert werden.

  Sogenannte *algorithmenbasierte Empfehlungsmodelle* können in der Applikation hinterlegt werden und greifen auf die vorhandenen Daten zu, um die entsprechenden Resultate zu generieren. Die gängigsten Modelle sind:

  – oft zusammen gekaufte Positionen (dabei werden alle Interaktionen, also nicht nur Onlineverkaufstransaktionen, berücksichtigt)

  – meistverkaufte Positionen
  (auch dabei werden alle Interaktionen berücksichtigt)

  – bereits gekaufte Positionen entfernen

- **Angebotsempfehlungen**
  Über die Produktempfehlungen hinaus besteht mit SAP Hybris Marketing Recommendation die Möglichkeit, dem Kunden sogenannte *Incentives* bzw. Angebote in Echtzeit zu kommunizieren. Konkret bedeutet dies, dass abhängig vom Kaufverhalten des Kunden ein Zusatzkauf angeboten wird. Hat der Kunde z. B. gerade zwei Artikel im Warenkorb, wird ihm angeboten, noch einen dritten zu kaufen, um dann 50 % Rabatt zu erhalten.

  Durch die Etablierung von Regeln innerhalb der Lösung werden, basierend auf dem Kontext, in dem sich der Kunde befindet, die besten Angebote selektiert, (z. B. innerhalb einer Websession, als Empfänger von E-Mail-Marketing, am Point of Sale (POS) etc.). Dabei wird auf das bisherige Kauf- und Browsing-Verhalten Bezug genommen (falls dazu ausreichend Daten vorhanden sind).

Abbildung 10.4 stellt den Prozess der Angebotsempfehlung grafisch dar.

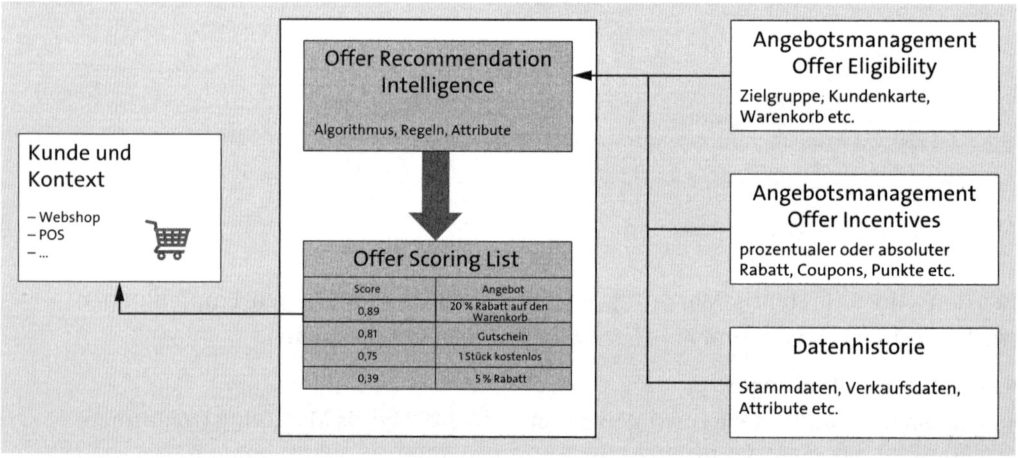

Abbildung 10.4 Prozess der Angebotsempfehlung

Wie bei den Produktempfehlungen werden auch bei den Angebotsempfehlungen Modelle hinterlegt (*Offer Recommendation Intelligence*), die auf Basis von Kunden- und Angebotsattributen alle möglichen Angebote für den jeweiligen Kunden selektieren. Die Basis dafür sind zum einen die Daten- bzw. Interaktionshistorie des Kunden, zum anderen die Informationen aus der Angebotsanlage (*Offer Incentives*) sowie die Berechtigung eines Kunden bzw. einer Kundengruppe, ein Angebot zu erhalten (*Offer Eligibility*).

Die Resultate (*Offer Scoring List*) werden dann mit einem sogenannten *Score* bewertet und sind in einer Rangliste enthalten. Über verschiedene Einstellungen kann dann ausgewählt werden, welche dieser Angebote dem Kunden kommuniziert werden. Die Angebote können aus bereits vorhandenen Angeboten ausgewählt werden, die z. B. mithilfe von SAP Promotion Management for Retail (SAP PMR) erstellt wurden. Angebote werden nicht automatisch von SAP Hybris Marketing Recommendations angelegt. Darüber hinaus ist SAP Hybris Marketing Recommendations nicht für die Anzeige bzw. die Kommunikation des Angebots gegenüber dem Kunden verantwortlich. Dies geschieht über die Web-Content-Management-Komponente (WCMS) von SAP Hybris Commerce bzw. über bestehende Lösungen zur E-Mail-, Social-Media- oder SMS-Kommunikation.

Um die Daten und Resultate aus SAP Hybris Marketing für Kunden sichtbar zu machen bzw. diese in den Gesamtprozess einzubeziehen, wird die Lösung mit dem WCMS integriert. Das WCMS steuert das Verhalten der Webseite bzw. des Webshops, auf der bzw. in dem sich ein Kunde gerade befindet.

[«]

SAP Hybris Data Hub

SAP geht davon aus, dass alle Artikel bzw. Produkte zuerst im SAP-ERP-System, z. B. SAP Retail, angelegt werden und dann über den SAP Hybris Data Hub an SAP Hybris Commerce bzw. das integrierte Product-Content-Management-System übertragen werden. Der Data Hub spielt dabei eine zentrale Rolle. Die Daten werden mithilfe des IDoc-Formats in XML-Nachrichten konvertiert.

Mit dem Release 6.0 von SAP Hybris Commerce soll eine neue Version des Data Hubs angeboten werden, eine *Enterprise Edition*, die die Orchestrierung mehrerer SAP-ERP-Systeme ermöglicht und es u. a. zulässt, dass SAP Hybris Commerce direkt auf die Artikelverfügbarkeitsdaten zugreift, die innerhalb von SAP CAR bereitgestellt werden.

10.4 Integrationsszenarien

Die zentrale Komponente der Omni-Channel-Retail-Integration ist das SAP Customer Activity Repository (SAP CAR), das von SAP derzeit wesentlich erweitert wird. Innerhalb von SAP CAR können u. a. untertägige Filialbestände, Verkaufstransaktionen und Kundenaufträge über alle Kanäle ausgewiesen werden. Das bedeutet, dass SAP CAR sich gut als Datenbasis eignet, um viele In-Store-Prozesse, wie z. B. *Click and Collect*, effizienter zu gestalten. Darüber hinaus unterstützt SAP CAR einen synchronen Webservice-Aufruf, ausgehend von SAP Hybris Commerce. Dank dieser Funktion können Sie als Kunde Ihre bisherigen Aufträge einsehen, ganz gleich, ob diese online, in einer Filiale oder über einen sonstigen Kanal getätigt wurden.

Abbildung 10.5 stellt beispielhaft dar, wie personalisierte bzw. zielgruppenspezifische Angebote mithilfe von SAP PMR und SAP Hybris Marketing an die Endkunden kommuniziert werden können:

❶ Kundensegmentierung in SAP Hybris Marketing

Aufgrund von Marketingattributen und transaktionalen Informationen, wie z. B. der Einkaufshistorie, des Browserverhaltens oder anderer Input-Faktoren, können in SAP Hybris Marketing über die Zuordnung von Attributen Zielgruppen definiert werden, die einzelne oder mehrere Kunden zusammenfassen. Ausgeschlossen werden die Kunden, denen eines oder mehrere der Attribute nicht zugeordnet werden können.

Das Ergebnis dieses Prozessschritts ist die Etablierung einer oder mehrerer Zielgruppen. Diese Zielgruppendaten werden in der in Abbildung 10.5 dargestellten Abbildung auf der SAP-HANA-Datenbank als Objekte abgelegt, da SAP Hybris Marketing in der hier dargestellten Architektur auf SAP HANA basiert.

❷ Angebotsdefinition in SAP Product Management for Retail

In SAP PMR kann bei der Erstellung von Angeboten auf die vorhandenen Zielgruppen zugegriffen werden. Für diese Zielgruppen können Offer Incentives angelegt werden. Je nach Verkaufskanal können hier zusätzlich noch Filialen oder andere Lokationen hinzugefügt werden, um die Angebote räumlich zu begrenzen. Das heißt, Sie können eingrenzen, ob alle oder nur einzelne Kanäle an dem Angebot teilnehmen. Innerhalb eines Kanals können Sie bestimmte Lokationen ein- oder ausschließen.

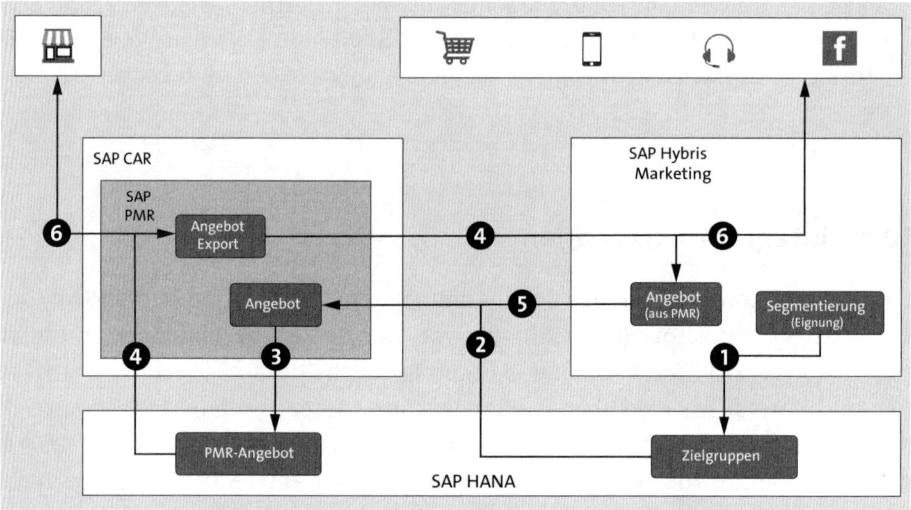

Abbildung 10.5 Integration des Angebotsprozesses in SAP PMR mit SAP Hybris Marketing für die verschiedenen Kanäle

Da auch SAP PMR auf SAP HANA basiert, kann innerhalb von SAP PMR auf die Zielgruppen zugegriffen werden, die in SAP Hybris Marketing erstellt wurden. Diese können nun in die Angebotsdefinition mit einbezogen werden und stellen damit ein Berechtigungskriterium (Offer Eligibility) für die Kunden- und Angebotskombination dar.

❸ **Angebot als Objekt in SAP HANA**
Sobald ein Angebot erstellt wurde, ist dieses mit den zugehörigen Attributen als Datenobjekten sowohl in der Applikation als auch auf der SAP-HANA-Datenbank verfügbar.

❹ **Weiterverarbeitung und Export des Angebots in SAP Product Management for Retail**
Wird in SAP PMR die Weiterverarbeitung der Angebote angestoßen, indem die Exportfunktion ausgeführt wird, werden die Angebotsdaten zum einen an das SAP-Retail-System (und damit z. B. auch an die angebundenen Kassensysteme) und zum anderen an SAP Hybris Marketing weitergegeben. Innerhalb von SAP Hybris Marketing wird das Angebot persistiert und erhält eine entsprechende Identifikationsnummer (*Offer-ID*).

❺ **Rückgabe der Identifikationsnummer an SAP Product Management for Retail**
Diese wird wiederum zurück an SAP PMR kommuniziert, um eine eindeutige Identifizierung der Entitäten zu gewährleisten.

❻ **Kommunikation an die Channel-Systeme**
Durch die Verbindung von SAP Hybris Marketing mit der WCMS in SAP Hybris Commerce ist es nun möglich, personalisierte und kontextrelevante Angebote in Echtzeit an die Kunden zu kommunizieren bzw. über die existierenden Wege an die Kassensysteme zu übertragen. Voraussetzung dafür ist, dass die entsprechenden POS-Systeme die Möglichkeiten bieten, zielgruppenspezifische Preise und Aktionsdaten zu führen.

10.5 Omni-Channel Pricing and Promotion

Preise, Angebote und Aktionen müssen im Omni-Channel Retailing konsistent über alle Kanäle an die Kunden kommuniziert werden. Der Handel nutzt dazu derzeit eine Vielzahl von Systemen und Lösungen, die Preise kalkulieren und persistieren können. In Handelsunternehmen, die SAP Retail im Einsatz haben, werden Preise, Angebote und Aktionen zentral in SAP ERP bzw. in SAP PMR gepflegt. Diese werden dann über Schnittstellen an Drittsysteme übergeben. Abbildung 10.6 zeigt den Informationsfluss in einem Unternehmen, das SAP Retail als ERP-System und SAP PMR im Einsatz hat.

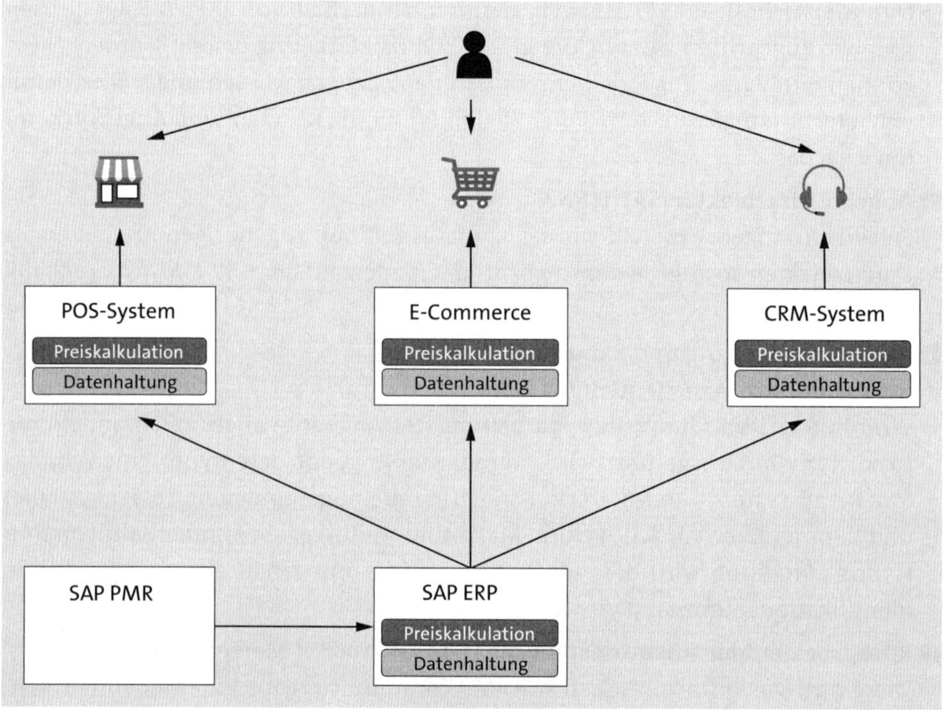

Abbildung 10.6 Informationsfluss zwischen SAP ERP, SAP PMR und den Umsystemen

Konkret bedeutet dies, dass Angebote, Aktionen und Preise sowohl in SAP PMR (für die Angebots- und Aktionsdefinition) als auch in SAP ERP (für die Preiskalkulation) gepflegt und in den jeweils anderen Systemen persistiert werden.

Die in Abbildung 10.6 dargestellte Anbindung von POS-Systemen erfolgt in der Regel über den POS-Inbound bzw. -Outbound, der eine Vielzahl von IDocs bzw. Nachrichtentypen beinhaltet. Diese Schnittstelle beschreiben wir in Abschnitt 6.1, »Integration des Point of Sale mit der POS-Schnittstelle«, ausführlich.

Die Anbindung von E-Commerce-Systemen erfolgt in der Regel ebenfalls über eine Vielzahl von Nachrichtentypen. Neben den Basisdaten (GTIN, Artikelnummer, Bezeichnung und Preis) können weitere marketingrelevante Informationen wie z. B. Produktbeschreibungen, Inhaltsstoffe etc. über die E-Commerce-Systeme an die Kunden kommuniziert werden. Typischerweise kommen dabei Nachrichtentypen wie `ARTMAS` und `COND_A` sowie kundenspezifische Erweiterungen dieser Nachrichtentypen zum Einsatz.

Der Anschluss eines CRM-Systems ist relativ einfach, falls es sich um SAP CRM handelt. Handelt es sich um ein Fremdsystem, ist die Anbindung etwas komplexer. In diesem Fall wird in der Regel auf die gleichen Mechanismen zurückgegriffen, die bei der Versorgung eines E-Commerce-Systems genutzt werden. Normalerweise erfolgt außerdem noch ein Abgleich der Stammdaten zwischen dem SAP-ERP- und dem CRM-System, falls das SAP-ERP-System für die Faktura verantwortlich ist.

Neben den klassischen Integrationsmöglichkeiten mithilfe von Nachrichtentypen kann auch auf Webservices zurückgegriffen werden. Diese Webservices werden durch Geschäftsprozesse ausgelöst und benötigen bestimmte Informationen. Insbesondere stehen dabei die Szenarien der Bestandsanfrage und der Kundendeterminierung im Vordergrund. Aber auch andere Szenarien, wie z. B. Kreditlimit-Checks, können abgedeckt werden.

Die Herausforderung bei dieser Architektur ist, dass es bei der Interpretation von Preisen, Angeboten und Aktionen aus den Absatzkanalsystemen unter Umständen zu Problemen kommen kann. Zum Beispiel kann es vorkommen, dass ein Kunde zu einem bestimmten Zeitpunkt berechtigt ist, von mehreren Angeboten bzw. Aktionen gleichzeitig zu profitieren, die denselben Artikel betreffen. Dies kommt vor allem dann vor, wenn der Kunde Mitglied eines Kundenbindungsprogramms ist oder wenn es einerseits zielgruppenspezifische Angebote und andererseits reguläre Aktionspreise gibt. In diesem Fall muss gewährleistet werden, dass die Kalkulationslogik, die bestimmt, welcher Preis letztlich angewandt wird, in allen Absatzkanälen die gleiche ist. Erfahrungsgemäß können mit der SAP-Konditionstechnik und -Preisfindung alle noch so komplizierten Logiken abgebildet werden. Das ist hingegen in Drittanwendungen wie POS-Systemen oder E-Commerce-Lösungen oft nicht der Fall.

Darüber hinaus kann die Einführung neuer Angebotstypen einen erheblichen Entwicklungs- und Testaufwand mit sich bringen, da sich alle Systeme bei der Interpretation des Angebotstyps konsistent verhalten müssen.

Um diese Problemstellungen zu adressieren, hat SAP die auf SAP CAR basierende Lösung *Omni-Channel Pricing and Promotion* entwickelt. Dabei handelt es sich um ein Repository von Preisen, Aktionen und Pricing-Regeln. Die Pricing-Regeln können angelegt werden, um die Logik der Endkundenpreisfindung darzustellen. Abbildung 10.7 zeigt die Architektur dieser Lösung.

Im Rahmen dieser Lösung werden alle artikelgenauen Verkaufspreise von SAP Retail an die Omni-Channel-Pricing-and-Promotion-Lösung übertragen und auch dort persistiert – dies stellt das Pricing and Promotion Repository sicher. Darüber hinaus können Java-basiert Regeln erstellt werden, in denen die Logik der Endkundenpreisfindung umgesetzt wird. Diese sind in der Lösung als *Promotional Rules* ausgewiesen. Sie sind für die Kalkulation der Artikelpreise pro Absatzkanal verantwortlich.

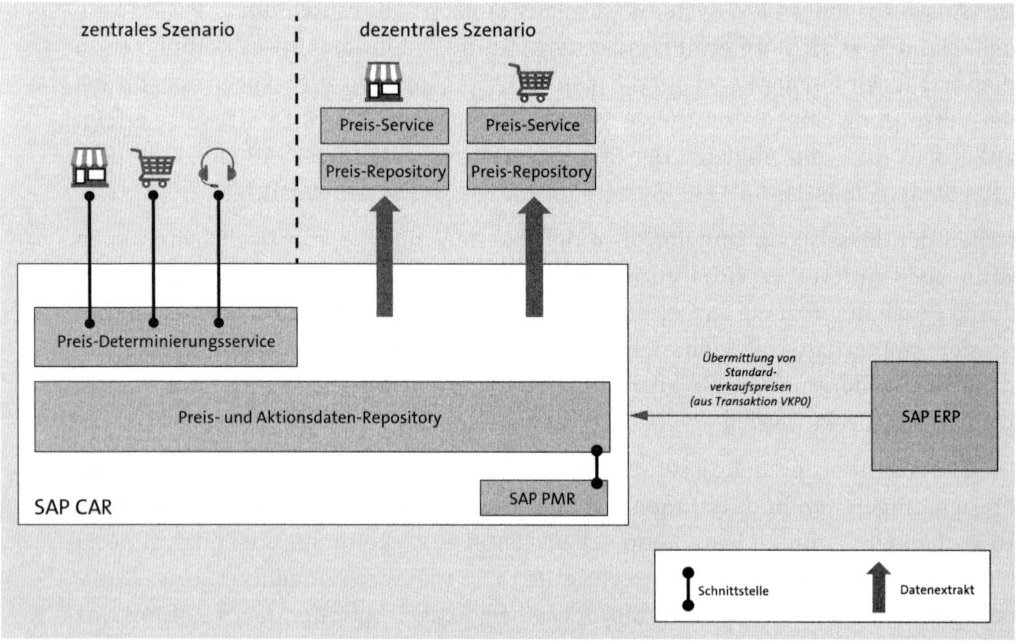

Abbildung 10.7 Kommunikation der Preise und Angebote an Drittsysteme

Drittsysteme können auf zwei verschiedenen Wegen auf die Daten aus Omni-Channel Pricing and Promotion zugreifen:

- **Onlinezugriff**
  Der Onlinezugriff von Drittsystemen wie POS-Systemen und Onlineshops auf die Applikation erfolgt über Business Application Programming Interfaces (BAPIs). Im Rahmen eines Geschäftsvorfalls, wie z. B. eines Abverkaufs am POS oder wenn ein Kunde Ware in den Onlinewarenkorb legt, wird die Funktion aufgerufen und ein Preis ermittelt. Dies hat den Vorteil, dass keine dezentrale Datenhaltung erfolgt und zu jeder Zeit und in Echtzeit von allen relevanten Systemen auf den richtigen Preis zugegriffen werden kann. Der Nachteil besteht darin, dass eventuell über Fallback-Szenarien nachgedacht werden muss, falls keine Konnektivität zwischen dem Drittsystem und SAP CAR besteht.
- **Remote-Zugriff**
  Sollen die potenziellen Nachteile des Onlinezugriffs auf das Repository vermieden werden, können sowohl das Preis- und Aktionsdaten-Repository als auch die Logik der Preisfindung, d. h. der Preis-Determinierungsservice, exportiert werden. Dazu können die entsprechenden Tabellen aus SAP CAR entweder repliziert oder per IDoc exportiert werden. Zusätzlich können die Logik bzw. die Pricing-Regeln mithilfe von Java-Coding an die Subsysteme übergeben werden.

10.6 Order-Fulfilment-Optionen

Mit der Ausbreitung vielfältiger Einkaufsoptionen für Konsumenten geht eine Reihe von *Fulfilment-Optionen* einher, die Händler ihren Kunden über den Einkauf und die Bezahlung in der Filiale hinaus anbieten können. Im Folgenden stellen wir speziell die Fulfilment-Optionen *Click & Collect*, *Click & Ship* sowie *Drop-Ship* vor. Dabei gehen wir darauf ein, wie diese in einer SAP-Systemumgebung abgebildet werden können.

10.6.1 Click & Ship

Click & Ship als Fulfilment-Option für Omni-Channel-Aufträge bildet im Prinzip das klassische Fulfilment aus dem Versandhandel- bzw. E-Commerce-Geschäft ab. Dabei bestellt der Kunde einen Warenkorb über einen digitalen Absatzkanal. Anschließend wird die Ware an eine von Kunden genannte Lieferadresse zugestellt.

In der Regel erfolgt die Bezahlung entweder über eine während des Verkaufsvorgangs hinterlegte Zahlungsart, d. h., per Kreditkarte, Lastschrift/Bankeinzug oder via PayPal. Im Gegensatz zu anderen Ländern besteht in Deutschland auch die Möglichkeit, Onlinebestellungen auf Rechnung zu tätigen. Nach der Studie »EHI handelsdaten aktuell 2016« der EHI Retail Institute GmbH bevorzugen die deutschen Onlinekäufer insgesamt folgende Zahlungsarten (Gewichtung nach dem Anteil der jeweiligen Zahlungsart):

1. Rechnung
2. PayPal
3. Lastschrift/Bankeinzug
4. Kreditkarte
5. Vorauszahlung/Überweisung

Bei der Fulfilment-Option Click & Ship ergibt sich der in Abbildung 10.8 dargestellte Prozessablauf. Der Kunde bzw. die Kunden bestellen beim Händler einen Warenkorb mit Artikeln des Onlineshops. Der Click-&-Ship-Prozess wird durch den Checkout im Onlineshop ausgelöst. Im Folgenden erläutern wir die einzelnen Prozessschritte:

❶ Mit dem Checkout wird die Anlage eines Kundenauftrags angestoßen. Je nach gewählter Zahlungsart erfolgt die Vorabautorisierung der Kreditkarte bzw. des PayPal-Kontos. Bei anderen Zahlungsarten kann dieser Schritt entfallen.

❷ Der Onlineshop übermittelt eine Bestellbestätigung an den Kunden. Gegebenenfalls kann dem Kunden die Kundenauftragsnummer als Referenz mitgeteilt werden.

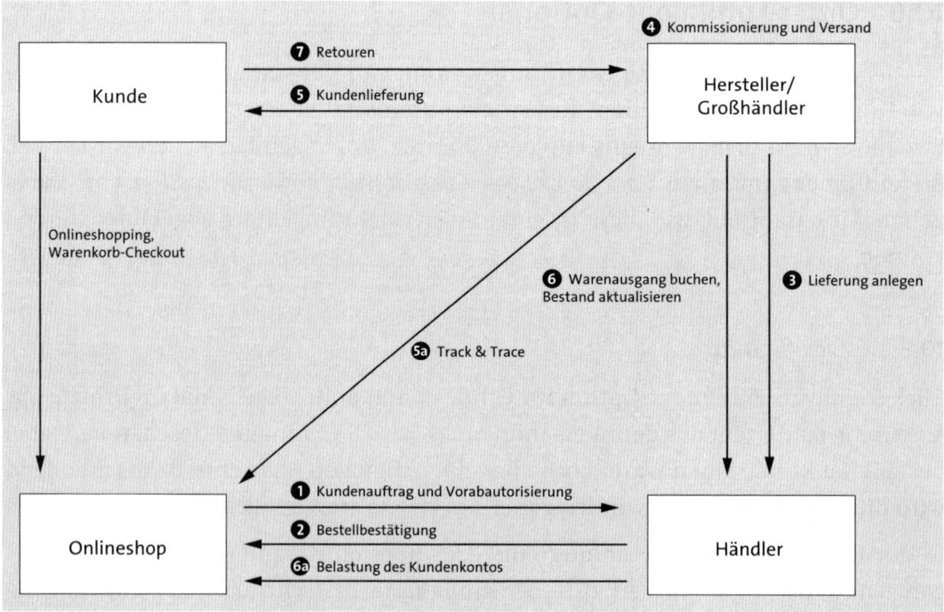

Abbildung 10.8 Ablauf des Click-&-Ship-Prozesses

❸ Nach der Verarbeitung des Kundenauftrags wird ein Lieferdokument erzeugt, über das dem Lagerverwaltungssystem mitgeteilt wird, dass die bestellten Artikel kommissioniert und zum Versand an den Kunden bereitgestellt werden sollen.

❹ Im Lagerverwaltungssystem erfolgen die Kommissionierung und die Bereitstellung zum Versand.

❺ Es erfolgt die Lieferung an den Kunden. Hier können diverse Subszenarien umgesetzt werden, je nachdem, ob die Lieferung direkt vom Händler oder über ein Kurierunternehmen erfolgt. Gegebenenfalls übermittelt der Onlineshop eine Referenz zur Sendungsnachverfolgung an den Kunden. Dies kann auch per E-Mail erfolgen (Track & Trace 5a).

❻ Mit dem Versand der Ware an den Kunden wird auch der Warenausgang gebucht, und die Bestände werden entsprechend aktualisiert. Mit dem Buchen des Warenausgangs erfolgt in der Regel auch erst die Belastung des hinterlegten Zahlungsmittels 6a, da zwischen dem Erstellen des Kundenauftrags und der eigentlichen Lieferung Mengenabweichungen auftreten können. Auch das zwischenzeitliche Ersetzen eines Artikels durch einen anderen ist möglich.

❼ Etwaige Retouren können durch Rücksendung der Ware an den Händler angestoßen werden. Dabei wird dann der gezeigte Prozess in umgekehrter Reihenfolge durchlaufen.

10.6.2 Click & Collect

Bei der Fulfilment-Option *Click & Collect* wählt der Kunde die Option, die Ware in einer Filiale des Händlers abzuholen, anstatt sie an eine Lieferadresse versenden zu lassen. Dadurch kann er z. B. Liefergebühren sparen oder die Ware auf dem Weg zur bzw. von der Arbeit oder währenddessen abholen.

Generell sind bei der Click-&-Collect-Option zwei Fälle zu unterscheiden. Die Unterschiede scheinen zwar aus der Sicht des Konsumenten relativ trivial, aus der Sicht des Händlers können sie jedoch signifikant sein:

- **Fulfilment des Kundenauftrags aus dem Bestand des Verteilzentrums**
  Beim Fulfilment aus dem Verteilzentrum (VZ) entspricht der erste Teil des Prozesses im Prinzip dem Click-&-Ship-Prozess. Die Kommissionierung erfolgt hier allerdings im Verteilzentrum bzw. im Lager, und der Versand erfolgt nicht an die Lieferadresse des Kunden, sondern an die vom Kunden ausgewählte oder vom Onlineshop bestimmte Filiale des Händlers. Ein wichtiger Unterschied ist dabei, dass die Geschäftsprozesse in der Filiale darauf ausgelegt werden müssen, zwischen dem generellen Wareneingang und dem Wareneingang eines Click-&-Collect-Auftrags zu unterscheiden. Bei Letzterem muss die Ware bis zur Abholung durch den Kunden aufbewahrt werden.
- **Fulfilment des Kundenauftrags aus dem Filialbestand**
  Beim Fulfillment aus dem Bestand der Filiale müssen die Filialprozesse darauf ausgerichtet sein, dass der Auftrag in der Filiale kommissioniert und zur Abholung bereitgestellt wird. Dazu benötigten die Filialmitarbeiter die entsprechenden Systeme.

Abbildung 10.9 zeigt den Click-&-Collect-Prozess in einem Omni-Channel-Retailing-Unternehmen. Der Prozess wird komplett vom SAP-System unterstützt:

❶ Im Onlineshop wird eine Bestellung ausgelöst, und die Bestellart Click & Collect wird ausgewählt. Voraussetzung dafür ist in der Regel, dass zuvor die Filiale bestimmt wurde, die am nächsten an der Adresse des Kunden liegt. Dies kann z. B. über die IP-Adresse oder die Postadresse des Kunden erfolgen.

Alternativ kann eine Filiale durch den Kunden ausgewählt werden. Mit dem Absenden der Bestellung erfolgt die Anlage eines Kundenauftrags in SAP Retail. Außerdem wird eine Bestellbestätigung an den Kunden versandt ❶a.

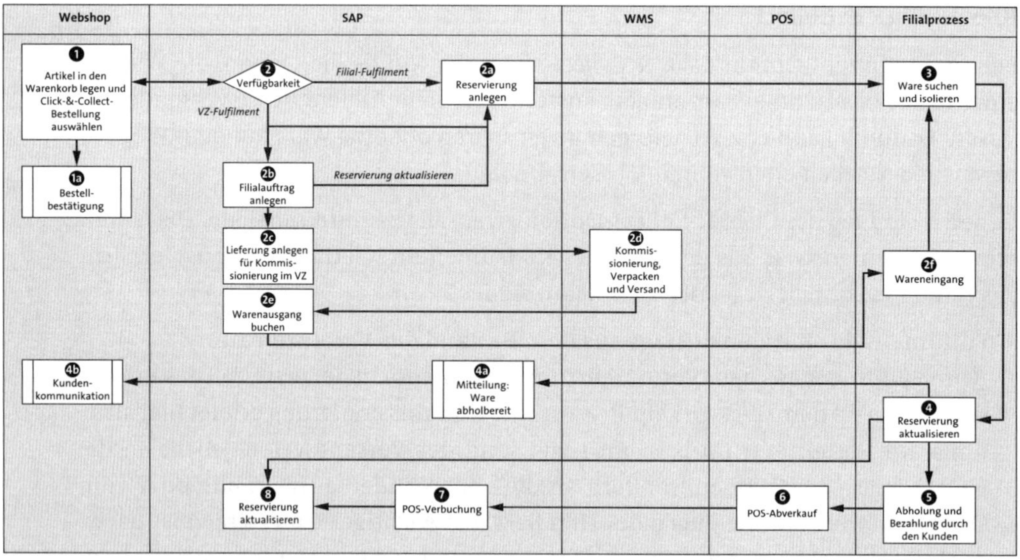

Abbildung 10.9 Prozessablauf Click & Collect Fulfilment

❷ Bei der Verarbeitung des Kundenauftrags erfolgt eine Verfügbarkeitsprüfung für die vom Kunden bestellten Artikel. Je nachdem, ob der Bedarf vom Filialbestand gedeckt werden kann oder nicht, wird entweder ein Filial-Fulfilment oder ein VZ-Fulfilment angestoßen:

- *Filial-Fulfilment:* Kann der Bedarf durch den Bestand in der ausgewählten Filiale gedeckt werden, wird eine Reservierung angelegt (2a), die die entsprechende Artikelmenge berücksichtigt.
- *VZ-Fulfilment:* Kann der Bedarf nicht vom Filialbestand gedeckt werden, wird ein Filialauftrag bzw. eine Umlagerungsbestellung (2b) angestoßen, um die entsprechenden Artikel vom Verteilzentrum an die Filiale zu senden. Zeitgleich wird eine Reservierung angelegt und auf die Umlagerungsbestellung verwiesen.

Der Filialauftrag wird durch das Verteilzentrum in den entsprechenden Schritten abgearbeitet ((2c) bis (2e)). Beim Wareneingang in der Filiale (2f) erfolgt die Isolierung der Lieferung.

❸ Wird der Kundenauftrag durch Filialbestand erfüllt, erfolgen in diesem Schritt die Kommissionierung der Artikel aus den Regalen der Filiale und die Isolierung der Lieferung. Eine Isolierung der Lieferung erfolgt ebenso als Konsequenz der Wareneingangsbuchung, falls der Kundenauftrag aus dem Bestand des Verteilzentrums erfüllt wird.

❹ Bei erfolgter Kommissionierung und Isolierung des Kundenauftrags wird die Reservierung bestätigt und als abholbereit gekennzeichnet. Dies wird dem Kunden mithilfe der beteiligten Systeme mitgeteilt (Schritte 4a bzw. 4b).

❺ Nach erhaltener Bestätigung erfolgt die Abholung der Ware durch den Kunden. Dabei kann unterschieden werden, ob die Bezahlung in der Filiale erfolgen soll oder ob eine Bezahlung schon vorab im Onlineshop erfolgt ist. In dem Beispiel in Abbildung 10.9 erfolgt die Bezahlung durch den Kunden über den Checkout-Prozess am POS, der bei der Verbuchung im SAP-Retail-System wiederum auf die Reservierung referenziert und diese somit schließt (Schritte ❻ bis ❽).

10.6.3 Drop-Ship-Prozess

Beim Drop-Ship-Prozess bietet der Händler einen Artikel in seinem Onlinesortiment zum Verkauf an, dieser wird aber von Drittanbietern an den Kunden ausgeliefert. Als Beispiel können hier bestimmte Prozesse der Shopping-Plattformen Amazon, eBay oder Alibaba genannt werden. Keiner dieser Händler führt einen eigenen Bestand aller im Shop angebotenen Artikel.

Generell ermöglicht der Drop-Ship-Prozess die Erweiterung des Sortiments des Händlers, ohne dass Einkaufs- und/oder Bestandsoptimierungsprozesse angestoßen werden müssen. Auf diese Weise wird das Geschäftsrisiko, teilweise aber auch die Marge des Händlers reduziert.

Abbildung 10.10 stellt den Ablauf des Drop-Ship-Prozesses dar:

❶ Mit dem Anlegen und Absenden eines Warenkorbs im Webshop wird ein Kundenauftrag erstellt. Gegebenenfalls wird die Kreditkarte vorab autorisiert.

❷ Dem Kunden wird eine Bestellbestätigung gesendet.

❸ Dem Großhändler bzw. Hersteller des angebotenen Artikels wird mitgeteilt, dass ein Artikel vom Kunden bestellt wurde und dass dessen Auslieferung gemäß den im Auftrag vermerkten Bestelldetails erfolgen soll.

❹ Der Versand an den Kunden erfolgt durch den Hersteller bzw. Großhändler:

- Mit dem Versand an den Kunden wir eine Versandbestätigung an den Händler übermittelt 4a.
- Mit dem Erhalt der Versandbestätigung erfolgt die Belastung der Kreditkarte bzw. die Erstellung und Kommunikation der Rechnung an den Kunden 4b.

❺ Dem Händler wird eine Rechnung über den Einkaufspreis des Artikels übermittelt.

Basierend auf SAP CAR und den darauf aufsetzenden Applikationen stehen Händlern ausreichende Möglichkeiten zur Verfügung, um die verschiedenen Omni-Channel-Fulfilment-Szenarien mithilfe von SAP-Lösungen zu realisieren.

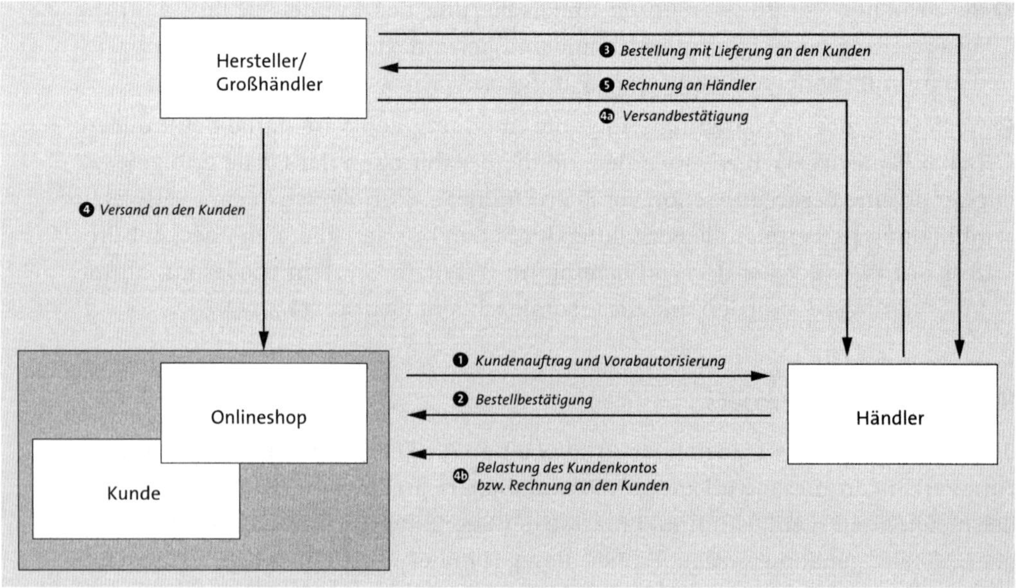

Abbildung 10.10 Ablauf des Drop Ship Fulfilments

10.6.4 Omni-Channel-Artikelverfügbarkeit

Die Omni-Channel-Artikelverfügbarkeit (Omni-Channel Article Availability, OAA) unterstützt die Szenarien Click & Ship sowie Click & Collect. Auf die betriebswirtschaftliche und insbesondere die marketingtechnische Bedeutung genauer Bestände für das Kundenerlebnis haben wir bereits an verschiedenen Stellen dieses Buches hingewiesen.

Um die Omni-Channel-Artikelverfügbarkeit nutzen zu können, sind die folgenden SAP-Softwarekomponenten Voraussetzung:

- SAP Retail
- SAP CAR
- SAP Hybris Commerce
- SAP Hybris Commerce, Integrationspaket für SAP Retail

Je nach Szenario nutzt die Omni-Channel-Artikelverfügbarkeit unterschiedliche Funktionen dieser Lösungen:

- Das Szenario *Click & Ship* nutzt die Standard-ATP-Prüfung (Available-to-Promise) für ein Verteilzentrum (wenn das Verteilzentrum der liefernde Betrieb ist). Der Prozess wird aus Performance-Gründen in SAP Retail parallelisiert und abhängig vom Fortschritt des Verkaufsprozesses im Shop stufenweise durchgeführt (vom Durchsuchen des Artikelkatalogs und Anzeigen von Artikeln über das Aufrufen des Warenkorbs und den »Gang« zur Kasse). Dabei werden jeweils ATP-Snapshots des Artikelbestands im Verteilzentrum gezogen.

Aus Performance-Gründen empfehlen wir einen täglichen ATP-Lauf sowie mehrere untertägige Delta-Läufe im Delta-ATP-Modus (dazu muss ein BAdI implementiert werden). Zur Berechnung des tatsächlichen Bestands werden außerdem noch temporäre Reservierungen verrechnet.

- Das Szenario *Click & Collect* greift auf die Bestandsinformationen in SAP CAR zurück (wenn der liefernde Betrieb eine oder mehrere Filialen ist/sind). Es werden dann die verfügbaren Mengen online und quasi in Echtzeit aus den Anfangsbeständen und den verarbeiteten POS-Transaktionen, den Kundenaufträgen und den reservierten Beständen ermittelt. Anschließend erfolgt eine temporäre Reservierung des Bestellbestands.

Für beide Szenarien müssen Sie die Bezugsquellenfindung mit entsprechenden Strategien einrichten. Die Bezugsquellenfindung wird im Prozess mehrmals durchlaufen:

- beim Aufrufen der Kasse
- bei der Eingabe der Versandadresse
- bei der Eingabe der Lieferart
- beim Absenden der Bestellung

Das Fulfilment beider Szenarien erfolgt dann wieder über den klassischen SAP-Retail-Kundenauftrag mit entsprechendem Versand oder Filialabholung (siehe Abschnitt 10.6.1, »Click & Ship«, bzw. Abschnitt 10.6.2, »Click & Collect«).

Kapitel 11
Management-Informationssysteme

In diesem Kapitel zeigen wir Ihnen die Möglichkeiten der Management-Informationssysteme (MIS) von SAP, insbesondere von SAP Business Warehouse. Darüber hinaus lernen Sie die Möglichkeiten der SAP-BusinessObjects-Tools sowie deren Integration in die MIS-Landschaft kennen.

Die Idee der Management-Informationssysteme entstand schon vor ca. 50 Jahren, vor allem bedingt durch den technischen Fortschritt in der Computertechnik. Heute wird dieser Begriff zumeist als Oberbegriff für analytische Informationssysteme verwendet.

In diesem Kapitel erklären wir zunächst, was sich hinter dem Begriff der Management-Informationssysteme im Allgemeinen verbirgt. Anschließend stellen wir die SAP-Technologien vor, die für diese Zwecke bereitgestellt werden. Dabei gehen wir insbesondere auf die Besonderheiten im Bereich Retail ein. Sie lernen die technischen Voraussetzungen und die vielfältigen Möglichkeiten für die Analyse und das Reporting kennen.

Im Bereich SAP BW und BI greift ebenso wie im Bereich SAP ERP die aktuelle Simplifizierungs- und Verschlankungsoffensive von SAP. So werden die zahlreichen – für den Endanwender oft schwer überschaubaren – Tools derzeit in verschiedene Bereiche aufgeteilt (Datenanalyse und Apps, Microsoft-Office-Integration Reporting-Tools) und konsolidiert.

11.1 Einführung in Management-Informationssysteme

Die Anforderungen an ein Managementinformationssystem sind laut der Onlinedatenbank ProFirma Professional von Haufe (*http://s-prs.de/v407203*) vielfältig:

- einfache Benutzung und Auswertung
- Flexibilität bei der Erstellung der Planung bzw. von Prognosen und Simulationsszenarien
- gezielte Verdichtung von Daten

- grafische Umsetzung der Ergebnisse
- Frühwarnfunktion, d. h. ein automatischer Hinweis auf Fehlentwicklungen

Als Datenbasis solcher Systeme dient meistens ein *Data Warehouse*. Ein Data Warehouse oder *Business Warehouse* ist im engeren technischen Sinne eine vom operativen Datenverarbeitungssystem isolierte Datenbank. Diese Datenbank bildet eine einheitliche Datenbasis für alle Entscheidungsebenen eines (Handels-)Unternehmens.

Im weiteren Sinne beschreibt der Begriff Data Warehouse ein Konzept zur Informationsanalyse und -aufbereitung. Dabei werden Daten aus diversen Quellen konsolidiert und vereinheitlicht und in einer einheitlichen Systemumgebung zur Verfügung gestellt (siehe Abbildung 11.1).

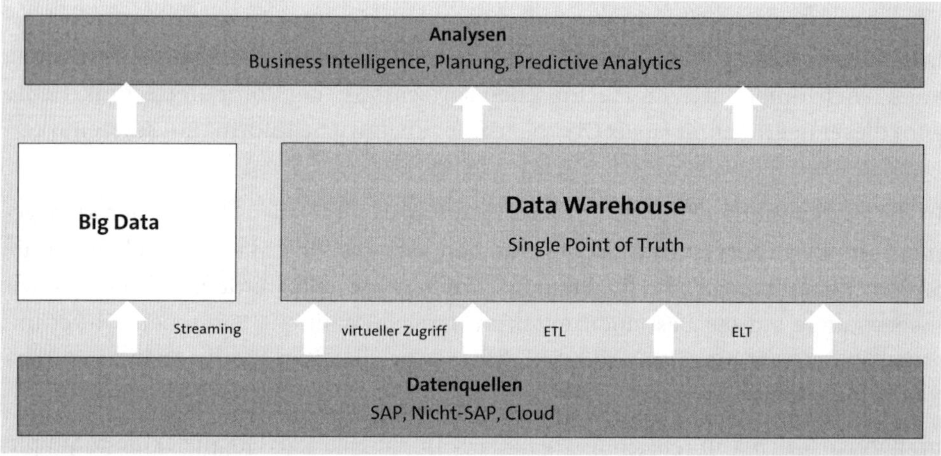

Abbildung 11.1 Funktionen eines Data Warehouses

Zunehmend wird der Begriff Data Warehouse durch den Begriff *Business Intelligence* (BI) ergänzt. BI-Lösungen sind als Erweiterung des Data Warehousings zu sehen, da darunter insbesondere die darauf aufbauenden analytischen Anwendungen sowie die anwendungsseitigen Prozesse verstanden werden. Der Zweck von BI-Lösungen sind laut dem Gabler Wirtschaftslexikon die Analyse und Aufbereitung von Informationen mit dem Ziel, neue Zusammenhänge zu erkennen und handlungsorientiertes Wissen zu generieren.

SAP verwendet im Zusammenhang mit seiner Data-Warehousing-Lösung *SAP Business Warehouse* (SAP BW) beide Begriffe, BI und BW. SAP BW bietet eine Enterprise-Data-Warehousing-Plattform, die auf allen gängigen Datenbanksystemen installiert werden kann. Über den Einsatz des mitgelieferten Business Contents (des *BI Contents*) und der Best-Practice-Modelle kann in kurzer Zeit eine komplette Data-Warehousing-Landschaft konzipiert und implementiert werden.

Im Zusammenspiel mit der *SAP BusinessObjects Business Intelligence (BI) Platform* werden zudem eine Vielzahl von Analyse- und Reporting-Tools angeboten. Diese decken Szenarien von der Extraktion aus diversen Quellen bis hin zur Verdichtung der Daten hin zu einem aussagekräftigen Reporting und zur Visualisierung wichtiger Geschäftsprozesse ab.

Mit SAP S4/HANA hat SAP darüber hinaus eine Lösung entwickelt, die laut SAP die neueste Technologie bietet, um Geschäftsprozesse zu vereinfachen und Entscheidungen in Echtzeit zu ermöglichen – weitestgehend unter Verzicht auf redundante Datenhaltung. Diese Ankündigung hat bei vielen SAP-Kunden die Frage aufgeworfen, ob SAP S4/HANA SAP BW ersetzen kann. S4/HANA bietet die Vorteile der Schnelligkeit, Agilität und einfachen Nutzbarkeit. Dennoch sprechen viele Gründe auch für eine weitere Nutzung von SAP BW:

- **Integration und Harmonisierung von Daten**
  Komplexe, heterogene Landschaften sind die Regel. Selten werden alle Prozesse in einem operativen System abgebildet.
- **Historisierung der Daten**
  In operativen Systemen werden meist nur aktuelle Ausprägungen gespeichert, es besteht jedoch fast immer die Anforderung, über große Zeitspannen auch Änderungen zu analysieren.
- **Datenanreicherung**
  Vielfach gibt es auch Informationen, die außerhalb des operativen Systems liegen, aber notwendig zur Unternehmenssteuerung sind.
- **Big Data und Advanced Analytics**
  Umfassende Analysen auf großen Datenmengen aus heterogenen Quellen lassen sich auch heute nicht ohne eine mögliche Beeinträchtigung des laufenden Betriebs in operativen Systemen umsetzen.

Diese Gründe wurden in einem Positionspapier der *Deutschsprachigen SAP-Anwendergruppe* (DSAG) formuliert (»Bedeutet S/4 HANA das Aus für das Business Warehouse?«, DSAG 2015). Die Bedeutung einer separaten Data-Warehouse-Lösung zeigt sich nicht zuletzt an der Tatsache, dass SAP Ende 2016 die neue Data-Warehousing-Lösung *SAP BW4HANA* vorgestellt hat. Für die nächsten Jahre ist bereits eine Roadmap zur weiteren Entwicklung dieser neuen Lösung geplant.

11.2 SAP-Technologien und -Plattformen

In diesem Abschnitt stellen wir Ihnen die verschiedenen Lösungen für das Data Warehousing SAP BW, SAP BW auf SAP HANA, SAP S/4HANA und SAP BW/4HANA genauer vor, bevor sie dann in den Retailkontext gestellt werden.

11.2.1 SAP Business Warehouse

SAP BW kann inzwischen auf eine ca. 20-jährige Geschichte zurückblicken. Ursprünglich wurde die Lösung eingesetzt, um das SAP-ERP-System zu entlasten, sowohl von einer für Auswertungen nötigen langfristigen Datenhaltung als auch von der Belastung durch komplexe Analysen. Es entwickelte sich im Laufe der Jahre stetig weiter zu einer strategischen Plattform. Diese Plattform besteht aus einem Data Warehouse in Kombination mit zentralen und weitgehend einheitlichen Analysetools für die Planung, das Reporting und Analysen.

Abbildung 11.2 zeigt die Verbreitung verschiedener Varianten von SAP BW unter den SAP-Kunden.

Abbildung 11.2 Verteilung der SAP-BW-Kunden auf die verschiedenen Versionen (Quelle: SAP, Stand September 2016)

Die weite Verbreitung von SAP BW in Unternehmen, die SAP-Lösungen einsetzen, hat laut Sergei Peleshuk vielfältige Gründe (»Five Good Reasons for Keeping BW on HANA«, *www.biportal.org*):

- SAP liefert mit seinem Produkt zusätzlichen Business Content in Form des sogenannten *BI Contents*. Dabei handelt es sich um vordefinierte und optimal auf die SAP Business Suite abgestimmte Objekte und Auswertungen für verschiedenste Branchen und deren Geschäftsprozesse. Diesen Content liefert SAP bereits seit über 15 Jahren aus, und er wurde für SAP HANA umfassend überarbeitet und optimiert.
- SAP BW bietet die Möglichkeit der Historisierung als zusätzliche Persistenzschicht. In operativen Systemen finden Sie sonst oft nur aktuelle Daten, aber keine zeitliche Entwicklung.
- SAP BW bietet umfassende Werkzeuge zur Integration externer Datenquellen.
- Es besteht die Möglichkeit zur Anreicherung der Daten.
- Datenladeprozesse und Monitoring-Möglichkeiten sind bereits in die Lösung integriert.

- Es werden nicht-kumulative Kennzahlen (Bestandskennzahlen, Headcounts) verwendet.
- Es gibt weitreichende Planungsmöglichkeiten über die *BW-integrierte Planung* (IP) und SAP BusinessObjects Planning and Consolidation (BPC, siehe auch Abschnitt 11.2.5, »Reporting-Clients: SAP BusinessObjects«).

Allerdings gibt es auch weiterhin Kritik an SAP BW. Der »DSAG-Leitfaden SAP HANA« kritisiert etwa die mangelnde Flexibilität und unzureichende Performance, da sehr große Datenmengen und zeitkritische Informationen ggf. nicht schnell genug für Auswertungen zur Verfügung stehen. Dies kann z. B. bei einer eher heterogenen Systemlandschaft der Fall sein. Zudem können auch kleinere Änderungen am Datenmodell oft zu langen Durchlaufzeiten führen, deren Kosten relativ hoch sind.

Kunden fordern mehr Agilität und Flexibilität sowie kostengünstigere Lösungen. Dabei tritt immer mehr der hauptspeicherbasierte Ansatz in den Vordergrund. SAP stellte daher bereits 2006 mit dem *SAP BW Accelerator* (SAP BWA) eine Lösung zur Verfügung, mit der ein Teil der BW-Daten auf einen separaten Server repliziert werden konnte, um die Auswertungsperformance deutlich zu verbessern.

11.2.2 SAP BW auf SAP HANA

Sechs Jahre später entwickelte SAP schließlich *SAP NetWeaver BW Powered by SAP HANA* (später umbenannt in SAP BW powered by SAP HANA, im Folgenden SAP BW auf SAP HANA genannt). Mit dieser Lösung kann nicht nur die Auswertungsperformance für einzelne Auswertungsbereiche beschleunigt, sondern auch die Datenlade- und generelle Berechnungsgeschwindigkeit von SAP BW verbessert werden. Seit der Version SAP BW 7.4 – der ersten für SAP HANA optimierten SAP-BW-Version – wurde diese Kombination aus SAP BW und SAP HANA von SAP kontinuierlich weiterentwickelt.

Bei allen neuen Technologien und Entwicklungen von SAP wird SAP HANA als zugrunde liegende Plattform vorausgesetzt. Alle Werkzeuge und Funktionen werden daher nach und nach für SAP HANA optimiert.

SAP HANA bietet als Datenbankplattform für SAP BW unter anderem folgende Vorteile:

- Einfachheit (weniger Persistenz der Daten, Virtualisierung der Schichten)
- Schnelligkeit, z. B. beim Laden der Daten
- bessere Auswertungsperformance und Möglichkeit komplexer und vorausschauender Analysen
- Prozessierung massiver Datenvolumen
- Agilität (schnellere Strukturänderungen sind möglich)

- Offenheit für verschiedene Quellen
- Reduktion des Datenvolumens durch bis zu zehnfache Kompression der Daten
- In-Memory-Planung

Abbildung 11.3 veranschaulicht den Aufbau von SAP BW auf SAP HANA.

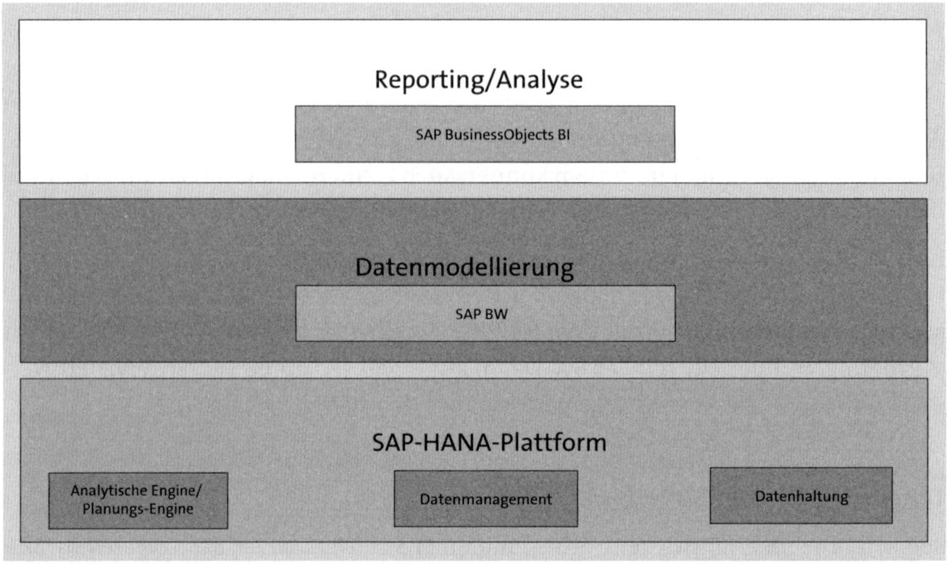

Abbildung 11.3 SAP BW on HANA

SAP BW bietet dabei zusätzlich Funktionen, die SAP HANA allein nicht bereitstellen kann und die für eine Enterprise-Data-Warehouse-Lösung essenziell sind:

- Berechtigungswesen
- komplexe Hierarchien
- nicht-kumulative Daten
- ETL-Werkzeuge (d. h. Werkzeuge für die Extraktion, Transformation und das Laden der Daten)
- Möglichkeiten zur Erstellung fortgeschrittener Modelle und Datentransformationen
- umfassende Funktionen zur Berichtserstellung

Damit sind mit SAP BW auf SAP HANA Reporting-Szenarien möglich, die bisher nicht vorstellbar waren – etwa die Anzeige großer Datenmengen mit hohem Detaillierungsgrad, schnellere Ergebnisse und Prognosen zukünftiger Ereignisse oder Verhaltensweisen.

11.2.3 SAP S/4HANA Embedded Analytics

Mit Einsatz von SAP S/4HANA kann ein Teil des Reportings – das sogenannte *operative Reporting* – zurück ins ERP-System verlagert werden. Man spricht dann von *SAP S/4HANA Embedded Analytics*. Abbildung 11.4 zeigt eine darauf aufbauende Systemarchitektur.

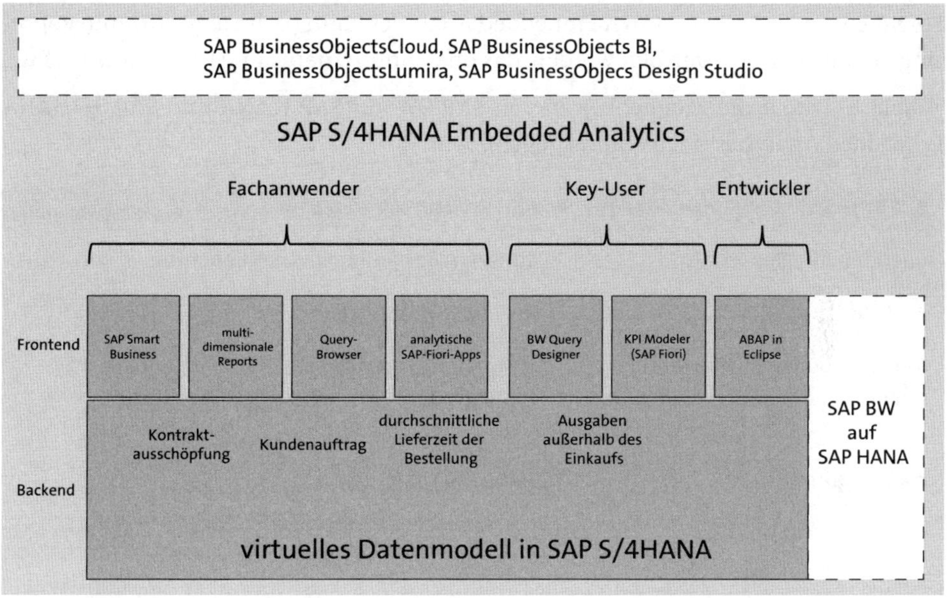

Abbildung 11.4 SAP S/4HANA Embedded Analytics

Das operatives Reporting findet auf der Basis hochaktueller Daten aus dem SAP-S/4HANA-System mithilfe von ABAP-basierten Core Data Services (CDS) statt. Diese stellen einen Content bereit, der sehr schnell nutzbar ist. Er ersetzt den aus der SAP Business Suite bekannten SAP HANA Live Content. Die CDS-Views werden zum Aufbau eines virtuellen Informationsmodells genutzt, über das auf die Daten zugegriffen werden kann.

Für die Auswertungen der Daten gibt es unterschiedliche Möglichkeiten:

- **SAP-Fiori-Apps/SAP Smart Business**
  Der Zugriff auf die Daten erfolgt hier über das SAP Fiori Launchpad.
- **Embedded BW**
  BusinessObjects-Tools wie SAP BusinessObjects Design Studio, SAP BusinessObjects Lumira oder SAP BusinessObjects Analysis for Microsoft Office greifen auf virtuelle InfoProvider zu.
- **SAP BW auf SAP HANA**
  für das Enterprise Data Warehousing

Der letzte Punkt zeigt, dass trotz der ersten beiden Auswertungsmöglichkeiten in SAP S/4HANA meist noch traditionelle Data-Warehouse-Themen wie die Integration und Harmonisierung von Daten oder ihre Historisierung und Anreicherung adressiert werden müssen. Daher ist SAP BW auch in Zeiten von SAP S/4HANA nicht obsolet. Dennoch könnten sich die Aufgaben des SAP-BW-Systems ändern. Der Fokus kann stärker auf das strategische Reporting gelegt werden. In Kombination mit SAP HANA Live oder SAP S/4HANA Embedded Analytics kann so ein abgestimmte Reporting-Gesamtkonzept verfolgt werden, das über eine gemeinsame Datenbasis verfügt.

Tabelle 11.1 stellt die Möglichkeiten von SAP BW auf SAP HANA und SAP S/4HANA Embedded Analytics noch einmal gegenüber.

SAP S/4HANA Embedded Analytics	SAP BW auf SAP HANA
operationales Reporting	strategisches und taktisches Reporting
Echtzeit	in der Regel Ladezyklus
Modelle können in analytischen Applikationen wiederverwendet werden.	Integration, Harmonisierung, Konsistenz über Systeme hinweg; verschiedenste Datenquellen
Direktzugriff	(teilweise) Redundanz Harmonisierung und Speicherung in SAP BW
keine Planungsmöglichkeiten	Planung
»einfachere« Auswertungen ohne komplexe Berechnungen	vielfältige Reporting-Möglichkeiten (in Kombination mit den SAP-BusinessObjects-Tools)

Tabelle 11.1 Vergleich von SAP S/4HANA Embedded Analytics und SAP BW auf SAP HANA

Um die Entscheidung für den Einsatz eines oder mehrerer Tools zu unterstützen, haben die SAP-Mitarbeiter Jürgen Butsmann, Thomas Fleckenstein, Matthias Kretschmer, Andreas Tenholte und Ulrich Christ ein Scoring-Modell entwickelt (»SAP S/4HANA Analytics & SAP BW Data Integration«, *http://s-prs.de/v407204*). Je nach Punktzahl wird dann die Nutzung von SAP S/4HANA Embedded Analytics, SAP BW oder eines hybriden Ansatzes empfohlen.

11.2.4 SAP BW/4HANA

Nach denselben Prinzipien, die der Entwicklung von SAP S/4HANA zugrunde lagen (Vereinfachung, Offenheit und Performance) wurde auch SAP BW/4HANA entwickelt. Dies ist ein neues Produkt von SAP, das seit Ende 2016 verfügbar ist und in dem die Prinzipien von SAP BW für SAP HANA weiterentwickelt wurden. Abbildung 11.5 zeigt eine Landschaftsarchitektur mit SAP S/4HANA und SAP BW/4HANA.

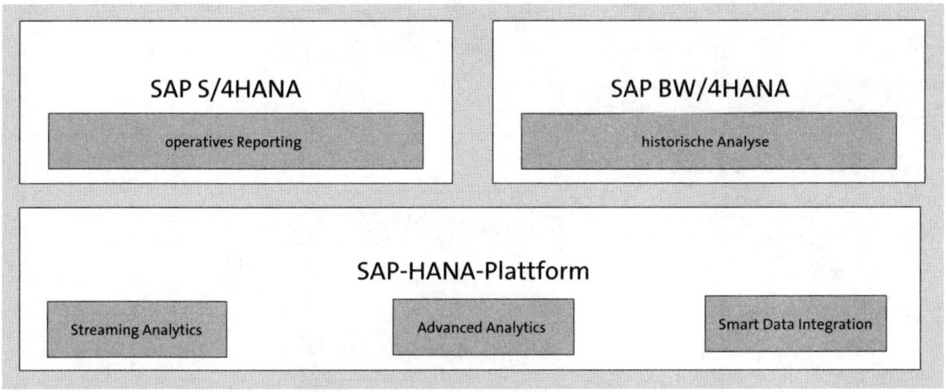

Abbildung 11.5 Landschaft mit SAP S/4HANA und SAP BW/4HANA

Bereits zum Release SAP BW 7.50 hat SAP eine ganze Reihe von BW-Objekttypen zu veralteten Objekten erklärt, z. B. den InfoCube, das klassische DataStore-Objekt (DSO) oder den MultiProvider. Diese Objekte wurden jedoch unter SAP BW 7.50 weiterhin unterstützt. SAP BW/4HANA bietet diese Unterstützung aus Gründen der Vereinfachung und Verschlankung nun nicht mehr.

SAP BW/4HANA steht Ihnen als On-Premise-Lösung und als Cloud-Lösung zur Verfügung. Für SAP BW/4HANA wird es auch neu optimierten BI Content geben.

11.2.5 Reporting-Clients: SAP BusinessObjects

Nicht erst seitdem das Schlagwort Big Data in aller Munde ist, sind die intelligente Aufbereitung und Nutzung der immer größer werdenden Datenmengen ein Thema. War es früher oft technisch nicht möglich, große Datenmengen flexibel, performant und anwenderfreundlich zur Verfügung zu stellen, ist dies heute realisierbar.

Auch die Anforderungen an das Aussehen und die Möglichkeiten des Reportings wachsen. Anstelle der historisch gewachsenen Auswertungstools in SAP BW (z. B. dem BEx Analyzer und dem BEx Web Application Designer) standen spätestens nach der Integration der BusinessObjects-Tools in die SAP-Produktpalette eine Reihe neuer Möglichkeiten zur Verfügung. Dabei gab es jedoch auch Altlasten und nicht unerhebliche Überschneidungen bezüglich der Funktionsumfänge, die nun allmählich konsolidiert werden (siehe Abbildung 11.6).

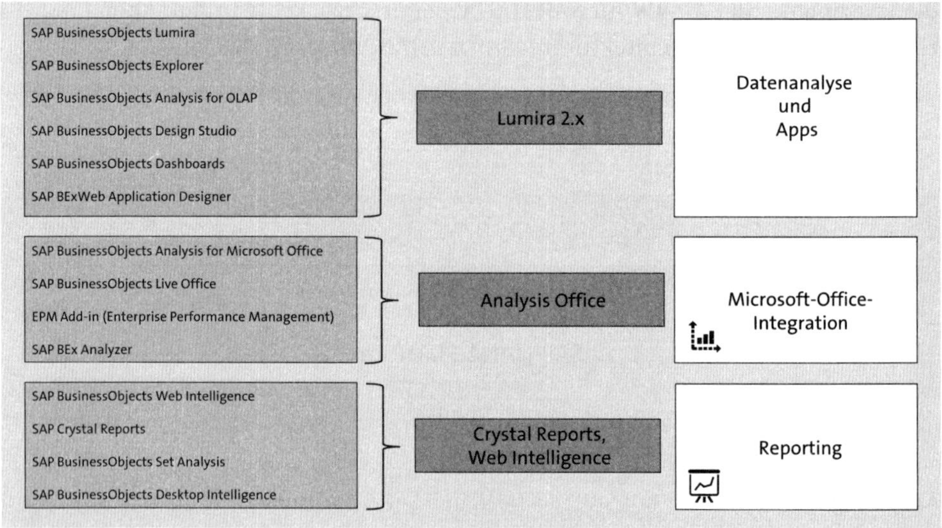

Abbildung 11.6 Konsolidierung der SAP-Reporting-Tools

Die Tools unterscheiden sich hinsichtlich ihrer Funktionalität und Anwendungsszenarien, lassen sich aber grundlegend in die folgenden Kategorien einteilen:

- Dashboard und Apps
- Datenerhebung und Analyse/agile Visualisierung
- Microsoft-Office-Integration
- Reporting

Im Folgenden stellen wir Ihnen die einzelnen Tools vor.

SAP BusinessObjects Design Studio

SAP BusinessObjects Design Studio (im folgenden kurz *Design Studio* genannt) wird vor allem verwendet, um Unternehmensdaten verdichtet und interaktiv über Dashboards zu visualisieren. Die Darstellung der Analysen erfolgt wahlweise im Browser oder auf mobilen Endgeräten. Die Erstellung von Planungsapplikationen ist ebenfalls möglich. Die Ergebnisse können sowohl auf die SAP BusinessObjects BI Platform, über SAP NetWeaver oder SAP HANA verteilt und präsentiert werden.

Für die Erstellung von Design-Studio-Dashboards sind Programmierkenntnisse in JavaScript, HTML und CSS notwendig. Daher liegt die Umsetzung der Analysen eher in den Händen der IT-Abteilungen. Allerdings gibt es auch Templates, mit deren Hilfe webbasierte Berichte auch ohne IT-Kenntnisse einfach erstellt werden können. Abbildung 11.7 zeigt ein Beispiel für ein in Design Studio erstelltes Dashboard.

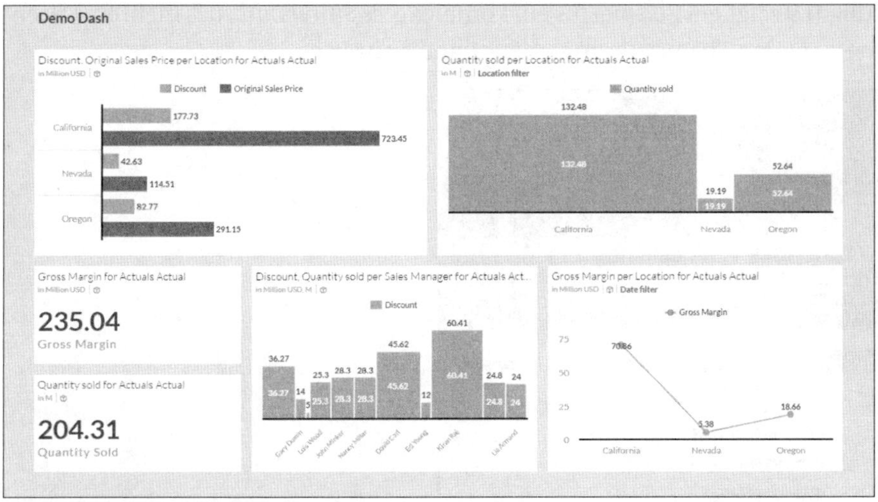

Abbildung 11.7 Beispiel für ein Dashboard in SAP BusinessObjects Design Studio

SAP BusinessObjects Lumira

SAP BusinessObjects Lumira (im Folgenden kurz *Lumira* genannt) gilt als Self-Service-BI-Tool, mit dem Daten visuell dargestellt werden können. Dabei macht es keinen Unterschied, ob diese Daten aus SAP BW, aus Microsoft Excel, aus SAP S/4HANA oder aus relationalen Datenbanken stammen. Daten können auch ohne Scripting- oder Programmierkenntnisse analysiert werden. Durch die Visualisierung können neue Erkenntnisse gewonnen werden, sofern die vorgegebenen Layouts und Diagramme genutzt werden. Abbildung 11.8 zeigt ein einfaches Layout für eine Geodatenanalyse in Lumira.

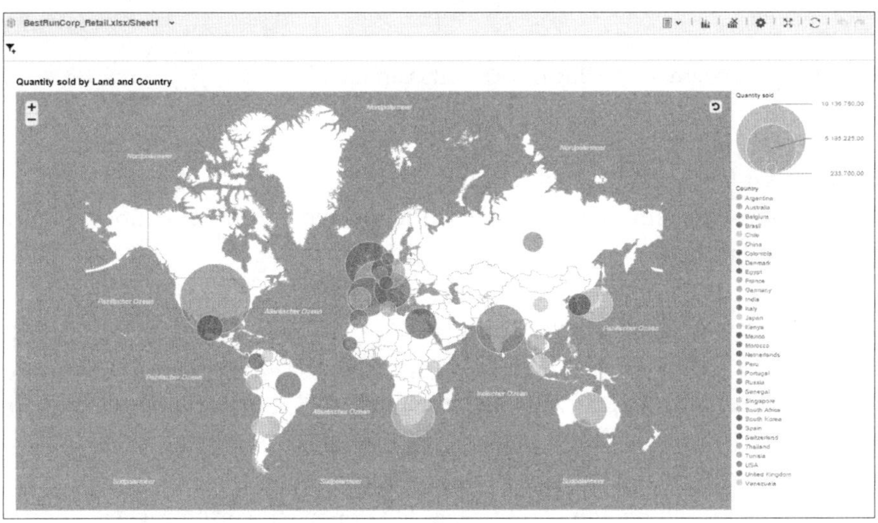

Abbildung 11.8 Geodatenanalyse in SAP BusinessObjects Lumira

Abbildung 11.9 zeigt ein Beispiel für ein komplexeres *Storyboard*, das mehrere Datenanalysen zu einem Thema zusammenfasst und auswertet.

Abbildung 11.9 Storyboard in SAP BusinessObjects Lumira

Zukünftig werden Lumira und Design Studio unter dem Namen SAP Lumira 2.x zusammengefasst (siehe auch Abbildung 11.6). Das neue Tool soll die Stärken beider Lösungen kombinieren, ein neues Nutzungserlebnis bieten und eine noch engere Verzahnung ermöglichen.

SAP BusinessObjects Analysis for Microsoft Office

SAP BusinessObjects Analysis (im Folgenden kurz *Analysis Office* genannt) ist ein einfaches Analysewerkzeug für SAP BW und SAP HANA. Die vielen Anwendern vertraute Umgebung in Microsoft Excel wird dazu durch ein Add-in um OLAP-Analysemöglichkeiten erweitert. Das Tool wird als Premium-Alternative zum SAP BEx Analyzer platziert. Auch die Erstellung von Planungsapplikationen ist damit möglich. Zusätzlich können Arbeitsmappen von Analysis Office per Klick in Design Studio überführt und dadurch für mobile Anwendungen genutzt werden. Abbildung 11.10 zeigt die Benutzeroberfläche von Analysis Office.

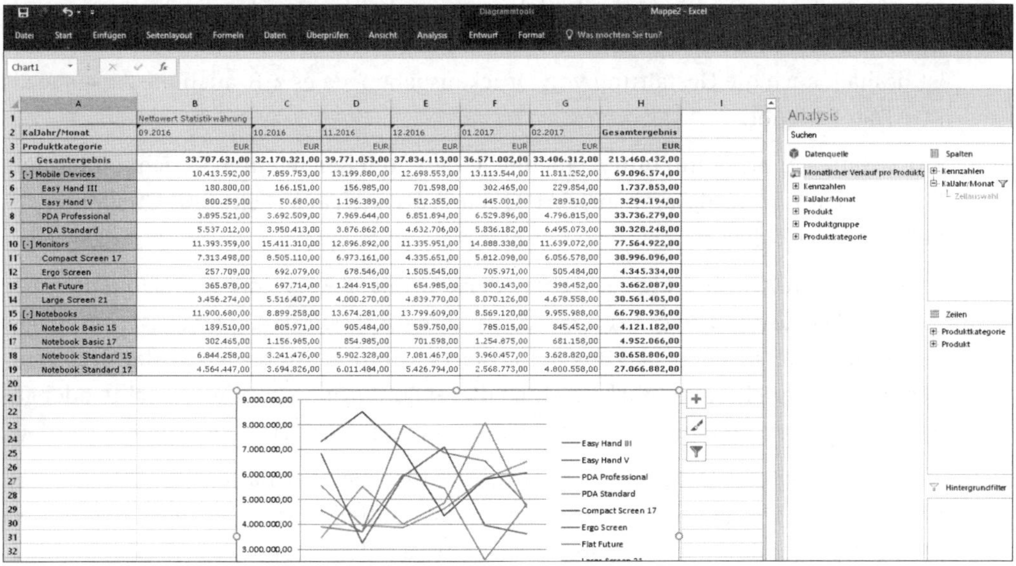

Abbildung 11.10 Arbeitsoberfläche von SAP BusinessObjects Analysis for Microsoft Office

SAP BusinessObjects Web Intelligence

SAP BusinessObjects Web Intelligence (WebI) ist ein webbasiertes Tool, mit dem Ad-hoc-Berichte erstellt werden können. WebI zeichnet sich durch einfache Bedienung und große Funktionsvielfalt aus. Grundlegende Programmierkenntnisse sind für die Erstellung der Berichte von Vorteil, etwa um Daten zu filtern. Abbildung 11.11 zeigt einen WebI-Bericht.

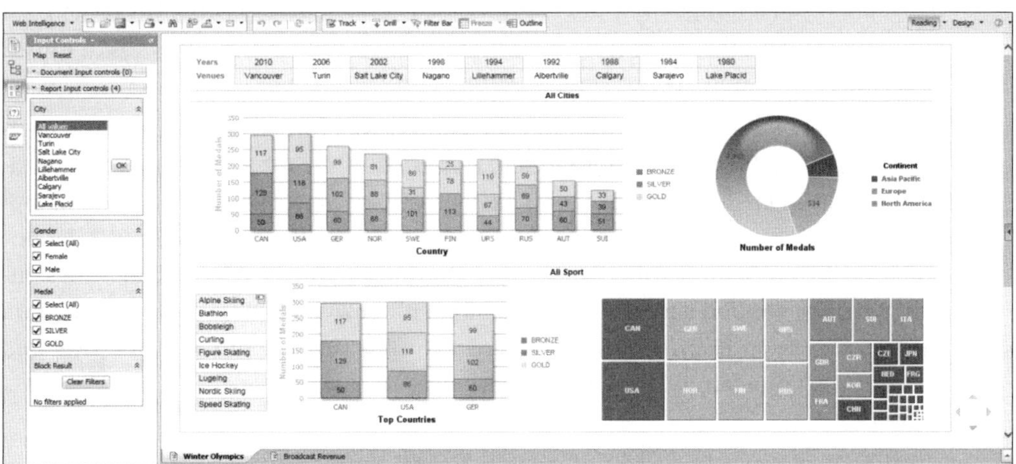

Abbildung 11.11 Beispiel für einen Bericht in SAP BusinessObjects Web Intelligence

SAP Crystal Reports

SAP Crystal Reports ist ein sehr flexibles und leistungsstarkes Werkzeug zur Erstellung formatierter Berichte oder Berichtshefte. Tabellen, Grafiken und Texte können innerhalb eines Berichts pixelgenau positioniert werden. Eine Domäne dieses Tools ist deshalb auch die Gestaltung von Druckausgaben, da es z. B. auch die Ausgabe als PDF-Datei erlaubt.

SAP Crystal Reports kann unterschiedliche Datenquellen in einen Bericht einbinden. Das Tool kann sowohl Daten aus SAP-Quellen als auch aus Nicht-SAP-Quellen verarbeiten und visualisieren.

Es ist als Client-Anwendung verfügbar oder kann als *SAP Crystal Reports for Enterprise* in die SAP-BusinessObjects-BI-Plattform integriert werden. Dann ist ein enges Zusammenspiel mit den SAP-BusinessObjects-Komponenten wie z. B. der Veröffentlichung von Berichten möglich. Mithilfe dieser Funktionen können Berichte oder gar vollständige Berichtshefte z. B. auch zeit- oder ereignisgesteuert verarbeitet werden.

Die Crystal-Reports-Dokumente sind hinsichtlich der Formatierung statisch, d. h., nur die Daten werden beim Aufruf des Reports aktualisiert. Eine freie Analyse, vergleichbar mit anderen hier vorgestellten Tools, ist nicht möglich.

Planungswerkzeuge

Im Planungsbereich unterscheidet man im Wesentlichen die folgenden Bereiche:

- integrierte Planung
- Business-Planung und Konsolidierung

2005 führte SAP mit dem Release SAP BW 7.0 die *BW-integrierte Planung* (BW-IP) als neue Planungsapplikation ein. Integrierte Planung bedeutet in diesem Zusammenhang, dass die Planungsfunktionen von SAP BW ohne Zusatzlizenz genutzt werden können und dass die Lösung technisch vollständig mit SAP BW integriert wurde, sodass Reporting und Planung eng verzahnt sind.

SAP BusinessObjects Planning and Consolidation (BPC, mit verschiedenen historischen Varianten bei der Namensgebung) ist seit 2007 im SAP-Portfolio. Es gibt Versionen für die Microsoft-Plattform und für die SAP-NetWeaver-Plattform, d. h. für SAP BW. SAP BusinessObjects Planning and Consolidation unterstützt die Anwender mit einer intuitiven Benutzeroberfläche, die in der Regel ohne größeren Schulungsaufwand bedient werden kann. Die Lösung bietet oft gewünschte Funktionen wie etwa die Erfassung von Kommentaren, die Prozessunterstützung durch Workflows und das Erfassen von Stammdaten für die Planung.

BPC Embedded scheint zunächst nur eine Ergänzung der BPC-Standardvariante zu sein. Tatsächlich aber ist es eine Kombination aus der BPC-Standardvariante und der BW-integrierten Planung. Es nutzt technologisch SAP HANA mit BW-IP als Basis und kann außerdem das *Planning Application Kit* (PAK) verwenden, die Optimierung der integrierten Planung für SAP HANA. Berechnungen werden dabei von der Applikationsschicht in die Datenbankschicht verlagert. Abbildung 11.12 veranschaulicht dieses Konzept.

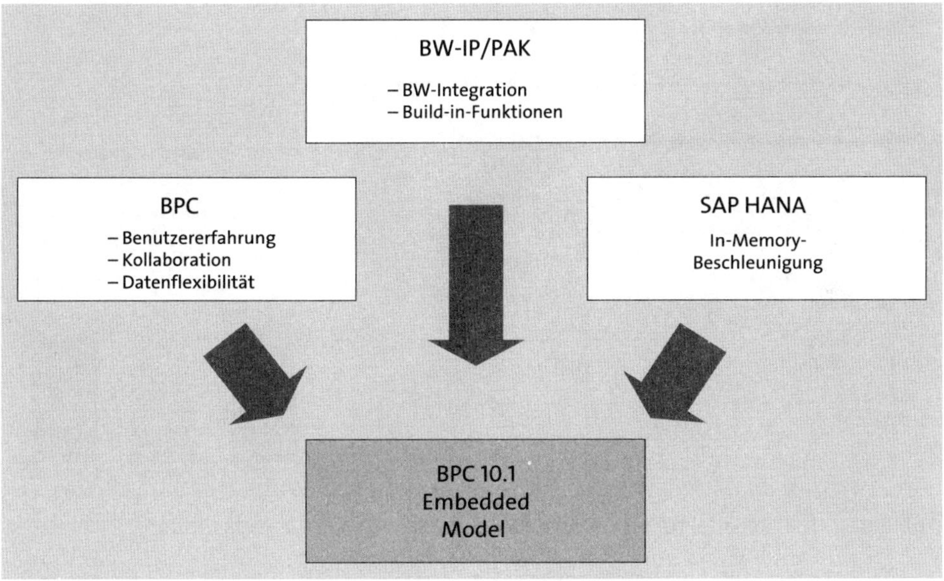

Abbildung 11.12 Embedded Model von SAP BusinessObjects BPC

SAP BusinessObjects Cloud

Die SAP BusinessObjects Cloud (früher SAP Cloud for Analytics) basiert auf der SAP Cloud Platform (früher SAP HANA Cloud Platform) und adressiert verschiedenste Bereiche der Business Intelligence mit dem Ziel, alles in einer Lösung abzudecken – von der Datenmodellierung über die Erstellung von Queries, das Reporting, Dashboarding bzw. Storytelling bis hin zur Planung und komplexeren Themen wie Prognosen mithilfe von Predictive Analytics.

Ein Anwendungsbeispiel ist der *SAP Digital Boardroom* für Anwender von SAP S/4HANA. Er dient als digitaler Konferenzraum, in dem Kennzahlen aller Geschäftsbereiche in Echtzeit abgerufen werden können. Abbildung 11.13 zeigt ein Beispiel für eine solche Auswertung.

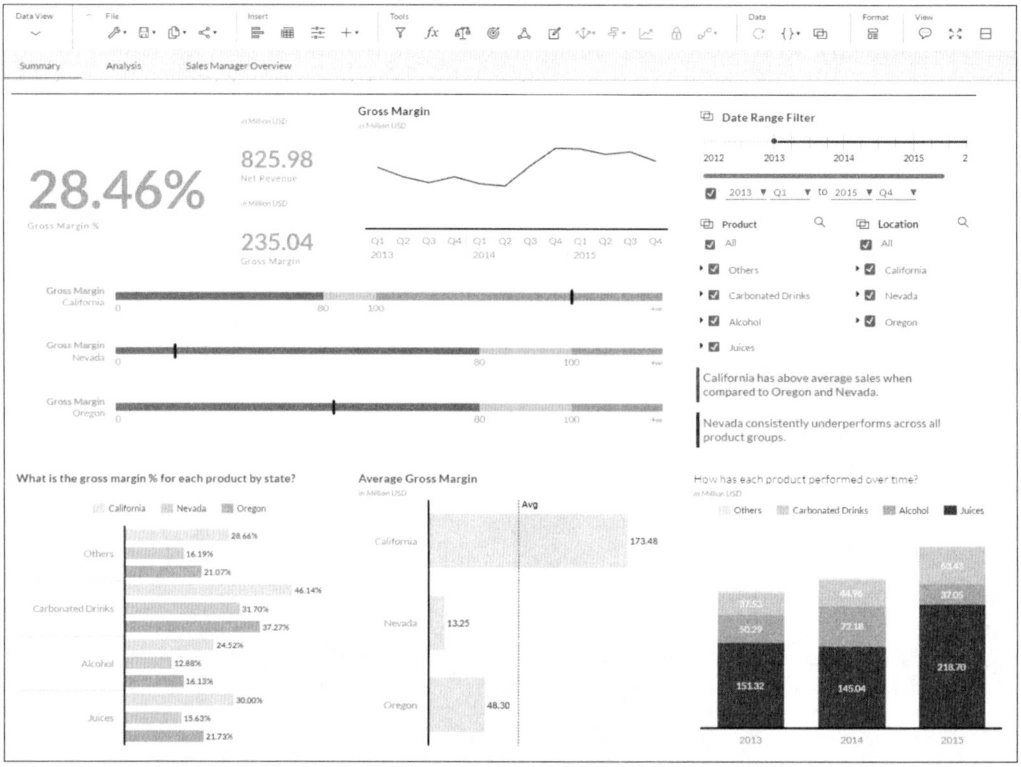

Abbildung 11.13 Beispiel für eine Auswertung in SAP BusinessObjects Cloud

11.3 Analysebereiche und Besonderheiten im Handel

In den letzten Jahren wurde der teilweise etwas in die Jahre gekommene BI Content von SAP BW komplett überarbeitet und für die Nutzung mit SAP HANA optimiert. Der BI Content liefert Informationsmodelle, Reporting- und Analyse-Szenarien aus, die so gut wie alle betriebswirtschaftlichen Bereiche eines Händlers abdecken und Inhalte aus fast allen SAP-Anwendungen integrieren. Der für SAP HANA optimierte Content deckt die wesentlichen, aber noch nicht alle Bereiche des bisherigen Contents ab. Wichtige Neuerungen sind:

- neue, erweiterte Layered Scalable Architecture (LSA++)
- hohes Detaillevel bis hin zur Zeilenebene
- Mischung von SAP-HANA- und BW-Content-Modellen (wo sinnvoll)
- mehr Flexibilität bei der Datenbeschaffung und im Reporting

Unter den bereits optimierten Bereichen können die folgende Elemente auch für Analysen im Bereich Retail interessant sein:

- Finanzmanagement und Controlling
- Beschaffung
- Bestandsführung
- Vertrieb (Verkaufsbelege, Lieferung, Faktura)

Mit der Vorstellung von *SAP S/4HANA Retail for Merchandise Management* (siehe Abschnitt 1.1, »Von SAP R/3 zu SAP S/4HANA«) sollen die neuen Herausforderungen, die unter Stichworten wie *Digital Economy* und *Omni-Channel-Lösungen* zusammengefasst werden, unterstützt werden. Basierend auf SAP HANA können mit dieser Lösung große Datenmengen gesammelt und über alle Kanäle analysiert werden:

- Unterstützung für alle Kernprozesse von Stammdaten bis zu Point of Sale
- schnellere Prozessabwicklung und höherer Datendurchsatz durch einfache Datenmodelle und Lösungen
- Einsicht in operationale Daten wie z. B. Bestandsbewertungen zur Beschleunigung von Prozessen wie etwa dem Nachschubprozess und als Grundlage für schnelle und bessere Entscheidungen
- eine intuitive Benutzeroberfläche mit einer rollenbasierten und benutzerorientierten Bedienung (SAP Fiori)

Auch für diese Lösung wurden veraltete Lösungen grundlegend überarbeitet und Funktionen erneuert und vereinfacht. Dies gilt auch für das operative Reporting.

Der Handel ist im Wandel – folgende Aspekte werden immer wichtiger:

- **Digitalisierung**
  Integration der Onlinewelt in die Geschäftsstrategie
- **Der Kunde im Fokus**
  Erfüllung neuer Kundenerwartungen in Bezug auf Preise und Aktionen, die durch die Möglichkeiten der Vergleichbarkeit im Internet entstehen
- **Multi-Channel-Konzepte**
  Ansprache des Kunden über alle Kanäle hinweg, Schaffung eines nahtlosen, einheitlichen Erlebnisses aller Geschäftsprozesse
- **Leistungsfähige Logistikprozesse**
  Bewältigung der Komplexität

Die Nutzung von Informationstechnologie und geeigneter Soft- und Hardware ist ein wichtiger Punkt, um im wettbewerbsintensiven Handel mögliche Vorteile zu realisieren. Dabei geht es nicht nur darum, die Effizienz der Prozesse zu erhöhen, sondern z. B. auch darum, durch geeignete Kundenansprache und Services die Kundenzufriedenheit zu steigern.

Im Folgenden möchten wir Ihnen beispielhaft anhand ausgewählter Teilbereiche die Analysemöglichkeiten kurz detaillierter beschreiben.

11.3.1 Planung

Das SAP Customer Activity Repository (SAP CAR, siehe Abschnitt 1.2.1) führt Kunden-, Abverkaufs- und Bestandsdaten zusammen und schafft so eine Gesamtsicht. Basierend auf SAP CAR wird im Umfeld des Fashion Managements ein Planungsszenario angeboten, das aus zwei Komponenten besteht und sowohl die strategische als auch die operative Planung umfasst (siehe Abschnitt 9.1.2, »Umsetzung des Referenzmodells im SAP-System«):

- **SAP Merchandise Planning for Retail**
  Die Lösung umfasst Prozesse wie Bestandsführung, Einkaufsplanung und Budgetierung über alle Kanäle. Strategische Warenpläne sollen so schnell abgestimmt werden, wobei der manuelle Aufwand reduziert werden soll.
- **SAP Assortment Planning for Retail**
  Sortimente werden hier für verschiedenste Warengruppen und Lokationen geplant, um die Sortimentsbreite und -tiefe an den vorher definierten strategischen Zielen auszurichten.

Abbildung 11.14 zeigt als Beispiel die Möglichkeiten des Sortimentsplans in SAP Fiori.

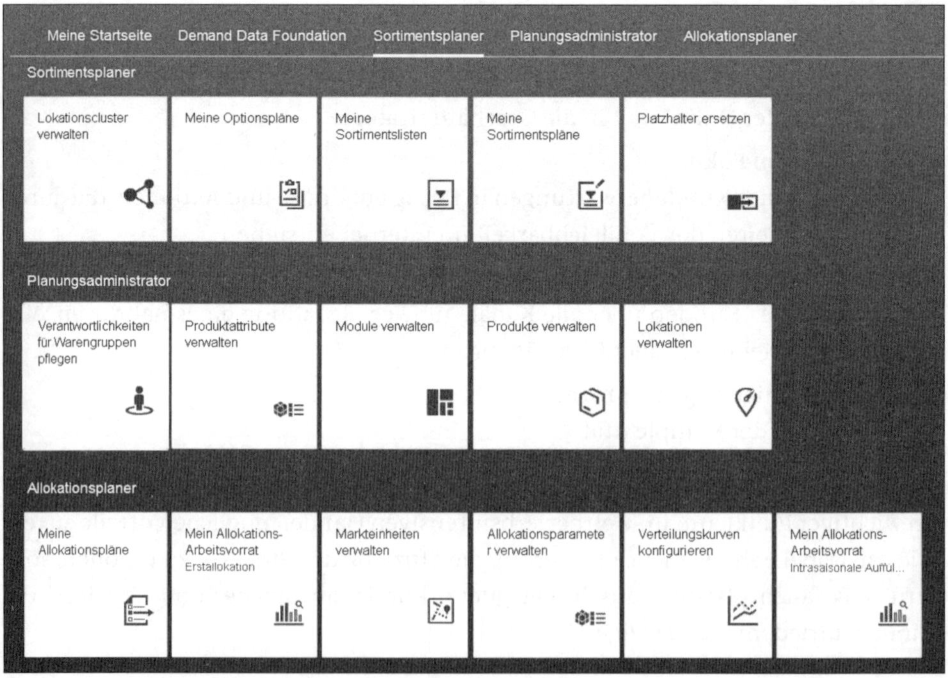

Abbildung 11.14 Sortimentsplan in SAP Fiori

11.3.2 Supply Chain Management und Beschaffung

Für die Bestände und die Beschaffung existiert seit BI Content Release 7.57 SP 06 ein SAP-HANA-optimierter BI Content, der die neu in SAP BW verfügbaren Objekte wie das *Advanced DataStore Object* (aDSO) und den *CompositeProvider* verwendet. Dieser Content ist zwar nicht spezifisch für die Zwecke des Handels ausgelegt, bietet aber dennoch eine gute Bestandsübersicht. Für die Szenarien der Bestandsführung sind Reichweiten und Altbestandsinformationen verfügbar, und für die Beschaffung werden eine Beschaffungswertanalyse und detaillierte Lieferanteninformationen zur Verfügung gestellt.

Für die Erstellung komplexerer Dashboards im Bereich Forecasting and Retailing (F&R) ist SAP BusinessObjects Design Studio das richtige Tool. Abbildung 11.15 zeigt ein Beispiel für einen Design-Studio-Bericht in einem firmeneigenen Design.

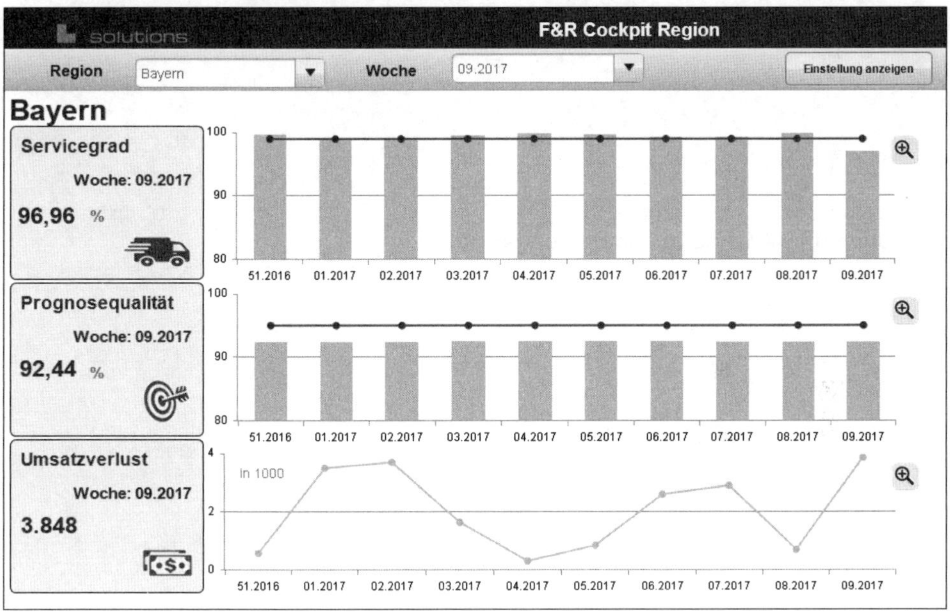

Abbildung 11.15 F&R-Bericht in SAP BusinessObjects Design Studio

11.3.3 Point of Sale und Filialmanagement

Abverkaufs- und Bestandsdaten zeitnah über alle Kanäle hinweg analysieren zu können ist immens wichtig für jeden Händler. Geht es z. B. um Kassendaten aus den Filialen, können diese mithilfe von SAP POS Data Management oder dessen Nachfolger POS Data Transfer and Audit (POS DTA, siehe Abschnitt 6.3) analysiert werden. Da darüber hinaus auch Kundenauftragsdaten in SAP CAR gespeichert werden, wird eine Gesamtsicht über alle relevanten Verkaufskanäle des Unternehmens ermöglicht.

Zur Auswertung können Views des SAP HANA Contents und die umfangreichen Möglichkeiten von SAP BW auf SAP HANA genutzt werden. Dabei können die Daten im Gegensatz zu früher auch sehr granular auf Bondatenebene ausgewertet werden, um die Verhaltensmuster und Bedürfnisse der Kunden kennenzulernen und sie zielgerichtet ansprechen zu können. Abbildung 11.16 zeigt eine Visualisierung von Abverkaufszahlen mit SAP BusinessObjects Lumira.

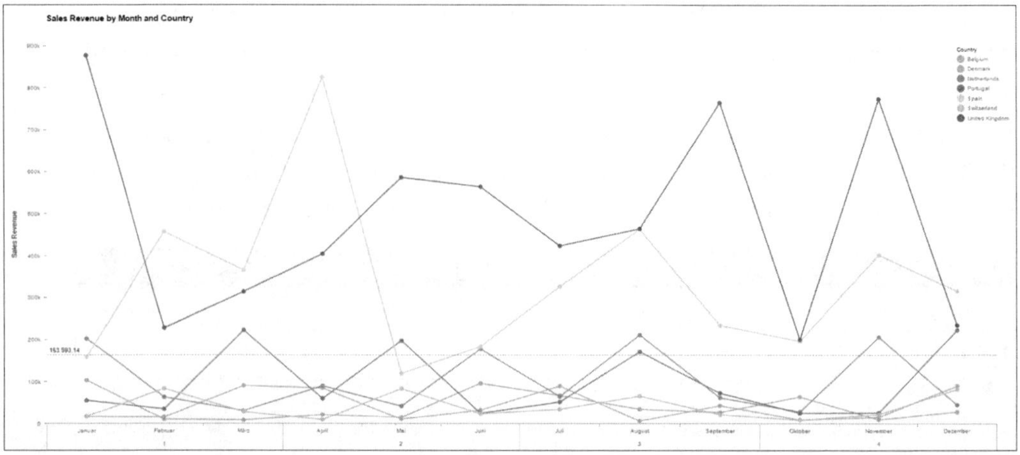

Abbildung 11.16 Analyse von Abverkaufszahlen

Anhang A
Glossar

1WorldSync Netzwerk zum Austausch von Produktinformationen.

ABAP Advanced Business Application Programming; die SAP-eigene Programmiersprache.

Add-on Softwareerweiterung, die das bestehende SAP-System um optionale Funktionen erweitert.

ALE Application Link Enabling erlaubt die nachrichtenbasierte Integration verteilter Anwendungen. Mit ALE ist ein loser und plattformunabhängiger Anwendungsverbund möglich, in dem sowohl SAP-Systeme (z. B. unterschiedliche Mandanten) als auch andere Systeme technisch verbunden werden. Anwendungsübergreifende Geschäftsprozesse, die von den ALE-Diensten bereitgestellt werden, realisieren sogenannte *Business Process Networks* zwischen Unternehmenszentralen, Produktionsstätten, Niederlassungen und Tochtergesellschaften für eine reibungslose, länder- und bereichsübergreifende Kommunikation. Im Business Framework erlaubt die ALE-Technologie den Kunden, Geschäftsprozesse und Informationsflüsse über Komponenten hinweg zu integrieren.

Änderungsliste Benutzerabhängige Liste von Objekten im Integration Builder, die in Bearbeitung sind. Objekte in einer Änderungsliste sperrt der Integration Builder so lange gegen Änderungen anderer Benutzer, bis sie der Besitzer der Änderungsliste aktiviert. Danach werden die Objekte für andere Benutzer sichtbar und aus der Änderungsliste entfernt.

Angebot Das Angebot im SAP PMR wird in der Handelssprache üblicherweise auch *Aktion* oder *Promotion* genannt.

Anlieferung Beleg, der die Anlieferung der Ware in den Betrieb dokumentiert.

Artikel Grundlegendes Stammdatenobjekte in SAP Retail. Im Artikelstamm werden alle Informationen gepflegt, die für das Einkaufen, Einlagern, Verkaufen und Transportieren der Ware nötig sind – d. h. alle Daten des Artikels, die den reibungslosen Ablauf der Prozesse in der Warenwirtschaft gewährleisten.

ARTS Internationale »Non-Profit-Standards«-Vereinigung. Zu den Mitgliedern gehören Einzelhändler und Anbieter. Sie ist eine Abteilung der National Retail Federation. Ihre Aufgabe ist es, niedrigere Kosten und den raschen Einsatz von Technik im Einzelhandel durch unabhängige Plattformen zu ermöglichen.

Attachment Ein Attachment ist ein Anhang an eine Message der Exchange Infrastructure. Ob Attachments unterstützt werden, hängt von der Schnittstellentechnologie des Senders bzw. des Empfängers ab.

Auslieferung Dokument, das die Verbringung der Ware vom Betrieb zum Warenempfänger dokumentiert. Eine ausgedruckte Auslieferung wird oft *Lieferschein* genannt.

Bedarfseinflussfaktor Der Bedarfseinflussfaktor beschreibt die grundlegenden Eigenschaften bestimmter Ereignisse oder Werte, die den Bedarf eines Produkts signifikant beeinflussen.

Bedingung Die Bedingung im SAP PMR beschreibt die Aktivität, die ein Kunde ausführen muss, um einen definierten Rabatt zu bekommen. Die Definition des Rabatts ist Bestandteil der Bedingung im SAP PMR. Zum Beispiel muss der Kunde bestimmte Produkte kaufen und einen Mindestumsatz machen, um einen Rabatt von 20 % auf diese Produkte zu erhalten.

Berechtigung Erlaubnis eines Benutzers, eine bestimmte Transaktion im SAP-System durchzuführen.

Bestandsführung Die Bestandsführung beschäftigt sich mit der mengen- und wertmäßigen Führung der Materialbestände, der Verwaltung der Warenbewegungen und der Durchführung der Inventur. Im SAP-Retail-System wird die Bestandsführung von der Komponente MM unterstützt.

Bestandskategorien Untergliederung eines Warenbestands. Es gibt vier Bestandskategorien: frei verfügbaren Bestand, Qualitätsbestand (Q-Bestand), Sperrbestand (X-Bestand) und Retourenbestand (R-Bestand).

Bestellanforderung Kurz BANF; stößt den Beschaffungsvorgang an. Eine Bestellanforderung wird in der Filiale oder im Verteilzentrum aufgrund eines Bedarfs an Artikeln oder Dienstleistungen erstellt.

Best of Breed »Das Beste seiner Art«. Die für den jeweiligen betriebswirtschaftlichen Anwendungsfall optimale Lösung, ohne Betrachtung von Seiteneffekten hinsichtlich der Kommunikationsschnittstellen, Programmierkonzepte, bereits vorhandenen Anwendungen etc.

Betrieb Organisationseinheit des SAP-Systems aus Handelssicht. Ein Betrieb entspricht in anderen Branchen dem Werk. Ein Betrieb ist wie ein Werk einem Buchungskreis zugeordnet. Im Handel ist ein Betrieb entweder ein Verteilzentrum oder eine Filiale.

Bezugsquellenfindung Dient der Zuordnung von Bezugsquellen zu Bedarfen. Als Bezugsquellen kommen sowohl interne Bezugsquellen (Verteilzentren) als auch externe Bezugsquellen (externe Lieferanten) in Betracht. Das System nutzt die Bezugsquellenfindung z. B. in den Anwendungen Disposition, Bestellwesen, Aufteilung und Filialauftrag. Jede Anwendung kann den Ablauf der Bezugsquellenfindung über Eingangsparameter steuern und die Ergebnisse unterschiedlich auswerten.

Branchenlösung Engl. Industry Solution (kurz IS); auf eine bestimmte Branche zugeschnittene Softwarelösung von SAP, z. B. SAP for Retail oder kurz SAP Retail.

Buchungskreis Teil der Organisationsstruktur im SAP-System; kleinste organisatorische Einheit der Finanzbuchhaltung, für die eine vollständige, in sich abgeschlossene Buchhaltung abgebildet werden kann.

Business Application Programming Interface Kurz BAPI; Standardschnittstelle im SAP-System, mit der kundeneigene Entwicklungen oder andere Softwarekomponenten angebunden werden können.

Business Server Pages Kurz BSP; von SAP entwickelte Technologie zur einfachen dynamischen Erzeugung von dynamisch erzeugten HTML- und XML-Seiten. Logik und Design können unabhängig voneinander implementiert werden.

Charge Teilmenge eines Artikels bzw. Produkts, die während eines bestimmten Produktionslaufs hergestellt wurde. Eine Charge wird als Teilmenge eines Produkts oder Artikels mit homogenen Eigenschaften definiert.

Click & Collect Prozess, bei dem der Kunde Ware online bestellt und diese in einer Filiale oder einer Abholstelle (Pick-up Point) abholt.

Click & Ship Prozess, bei dem ein Kunde Ware online bestellt und diese per Versand erhält.

Client-Server-Architektur Dreistufige Systemarchitektur, die aus einer Präsentations-, Applikations- und Datenbankschicht besteht und es ermöglicht, Aufgaben innerhalb eines Netzwerks auf Clients und Server zu verteilen.

Cross Docking Verfahren in der Lagerwirtschaft, bei dem die Ware nicht eingelagert, sondern direkt vom Wareneingang wieder zum Warenempfänger gebracht wird. Ein Umpacken der Ware ist nicht notwendig.

Customizing Engl. to customize = anpassen; Anpassung bzw. Konfiguration der SAP-Retail-Standardsoftware an die Kundenspezifika. Im Customizing wird die Software ohne Programmierung an die Prozesse des Unternehmens angepasst.

Data Warehouse Datenhaltungsebene zu Auswertungszwecken, deren Daten aus unterschiedlichen Quellen (z. B. SAP Retail, SAP PMR) stammen und für Analyse und Reporting bereitgestellt werden. Historische Daten sind dort ebenfalls enthalten und können zu Prognosezwecken bereitgestellt werden. Das Data Warehouse im SAP-System heißt → SAP Business Warehouse.

DataSource Umfasst eine Menge von Feldern, die in einer flachen Struktur, der Extraktstruktur, zur Datenübertragung in das Data Warehouse angeboten werden. Beschreibt außerdem die Eigenschaften des dazugehörigen Extraktors bezüglich der Datenübertragung in das Data Warehouse.

Datenqualitätsmanagement Bezeichnung für sämtliche Maßnahmen, die eine wertorientierte Betrachtung von Daten in einem Unternehmen ermöglichen.

Datentyp Interface-Objekt in der Exchange Infrastructure, das die Struktur von Daten in Message-Typen definiert. Datentypen enthalten Elemente und Eigenschaften für die Typdefinition. Die Definition erfolgt in der XML Schema Definition Language (XSDL).

Debitorenbuchhaltung Engl. Accounts Receivable; zeichnet alle Geschäftsvorfälle auf, die Kunden betreffen. Sie erhält viele ihrer Informationen aus dem Vertrieb. Im SAP-System wird die Debitorenbuchhaltung von der Komponente FI-AR aus SAP ERP Financials unterstützt.

DESADV (Despatch Advice) Technischer Name für ein Lieferavis.

Dezentrale Lagerwirtschaft Aufteilung des gesamten Logistikprozesses in zwei Systeme: das Materialwirtschaftssystem (ERP) und das Lagerverwaltungssystem (LVS oder WMS). Das LVS kann dabei ein SAP-System (z. B. EWM) oder ein System eines externen Anbieters sein. Das Gegenteil davon ist die → integrierte Lagerwirtschaft.

Disposition Oberbegriff für die Planung von Bedarfen, die Anlage von Lieferantenbestellungen und Aufteilung von Aufträgen.

Drop-Ship Prozess, bei dem ein Händler Artikel aus dem Sortiment eines Dritten (Hersteller, Großhändler) online zum Verkauf anbietet, diese aber direkt vom Dritten an den Kunden geliefert oder zur Abholung bereitgestellt werden.

Dynpro Abkürzung für *dynamisches Programm*. Ein Bildschirm im SAP GUI sowie die zugehörige Ablauflogik. Dynpros werden mithilfe des Screen Painters innerhalb der ABAP Workbench erstellt.

Efficient Receipt Settlement (ERS) Häufig verwendete Prozessvariante in der Rechnungsprüfung. Man spricht hier auch von *automatischer Wareneingangsabrechnung*. In diesem Verfahren wird die Rechnungsprüfung auf den Lieferanten übertragen. Der Händler erstellt lediglich eine Gutschrift über die im Wareneingang gebuchte Ware.

InfoCube Ein InfoCube ist eine Menge von relationalen Tabellen, die nach dem Sternschema zusammengestellt sind: eine große Faktentabelle im Zentrum und mehrere sie umgebende Dimensionstabellen.

Einkauf Erwerb von Waren und Dienstleistungen zu einem optimalen Preis-Leistungs-Verhältnis, die zur richtigen Zeit am richtigen Ort sind. Im Gegensatz zur Beschaffung, die eher strategische Aufgaben umfasst, ist der Einkauf weitgehend mit operativen Tätigkeiten beschäftigt. Der Einkauf wird im SAP-System mithilfe der Komponente Materials Management (MM) abgewickelt. → Materialwirtschaft

Einkäufergruppe Organisationseinheit in SAP Retail, die für die Beschaffung bestimmter Warengruppen, Artikel oder Dienstleistungen zuständig und Ansprechpartner für bestimmte Lieferanten ist.

Einkaufsorganisation Organisationseinheit in SAP Retail, die für sämtliche Einkaufsvorgänge verantwortlich ist. Einkaufsorganisationen werden Buchungskreisen und Betrieben (Verteilzentren, Filialen) zugeordnet.

Electronic Data Interchange Kurz EDI; Verfahren zum elektronischen Datenaustausch.

Enhancement Package Kurz EHP; zusätzliche Funktion, die periodisch erscheint und das SAP-Retail-System erweitert.

ERP Enterprise Resource Planning; übergreifende Bezeichnung für eine Softwarelösung, die alle Kerngeschäftsprozesse im Unternehmen – von der Beschaffung bis zum Abverkauf – sowie wertschöpfungsunterstützende Prozesse abdeckt.

ERP Central Component Auch Enterprise Core Component – kurz ECC; technischer Kern von SAP ERP.

Event Ein Event ist eine Handelsaktivität zur Durchführung verkaufsfördernder Maßnahmen mit einem oder mehreren Angeboten in einem festgelegten Zeitraum mit einem bestimmten Werbeträger in einer festgelegten Gruppe von Lokationen.

Extraktor Programm, das die Extraktstruktur einer DataSource mit Daten aus Datenbeständen des SAP-Quellsystems füllt.

Extranet Ein geschlossenes Netz von über das Internet verbundenen Unternehmen mit entsprechenden Zugriffsrechten. Extranets basieren wie Intranets auf der Nutzung von Internettechnologien (z. B. VPN).

Filiale Eine besondere Form des Betriebs. Normalerweise die Stelle, an der Ware dem Kunden verkauft wird.

Flow-through Effiziente Beschaffungsmethode im Handel. Hier werden die Filialbestellungen zu einer Sammelbestellung summiert und dem Lieferanten gesendet. Der Lieferant liefert an das Verteilzentrum. Die Ware wird nicht eingelagert, sondern an einem speziellen Lagerort zwischengeparkt und filialgerecht kommissioniert.

Geschäftspartner Natürliche oder legale Person oder Gruppe außerhalb des Unternehmens, mit der das Handelsunternehmen geschäftlich zusammenarbeitet.

Geschäftsprozess Reihe miteinander und ggf. abteilungsübergreifend verbundener Aktivitäten, die zu einem definierten Ergebnis führen und in einem Handelsunternehmen ausgeführt werden. SAP Retail unterstützt typische Geschäftsprozesse wie die Beschaffung, den Verkauf oder die Fakturierung.

Global Data Synchronization Network Kurz GDSN; ist ein internetbasiertes, weltweit genutztes System, das gewährleistet, dass zwischen Handelspartnern ausgetauschte Daten den GS1-Standards entsprechen.

Global Registry Im Rahmen des GDSN zentrales Repositorium, in dem alle identifizierenden Basisdaten (Schlüsselinformationen) eines Artikels und alle Datenanforderungen (Subskriptionen) zusammenkommen.

Governance, Risk and Compliance Kurz GRC; SAP-Modul, das Handlungsmaximen für eine verantwortungsvolle und erfolgreiche Unternehmensführung unterstützt, in der Risiken erkannt und Normierungen eingehalten werden. Basis für Fraud Management allgemein und Retail im Besonderen.

Graphical User Interface Kurz GUI oder SAP GUI; grafische Benutzeroberfläche, über die der Anwender mit dem SAP-Retail-System kommuniziert.

GS1 (Global Standards One) Weltweite Organisation, die globale Standards zur Verbesserung von Wertschöpfungsketten gestaltet und umsetzt.

Handelskalkulation Die Handelskalkulation in SAP Retail ermöglicht die Kalkulation des Verkaufspreises anhand ermittelter Einkaufspreise und Konditionen eines Lieferanten mit Zu- und Abschlägen, Planungskonditionen und Margen unter Berücksichtigung eventueller Rundungsregeln.

Handling Units Lagereinheiten; Behältnisse, auf oder in denen sich Ware befinden kann. Beispiele: Paletten, Kisten, Container oder Gitterboxen.

Hintergrundjob Systemaktivität, die in SAP Retail in einer Hintergrundverarbeitung ohne das Eingreifen des Benutzers abläuft.

IDoc Intermediate Document; SAP-Standardformat zum elektronischen Datenaustausch zwischen Systemen. Verschiedene Nachrichtentypen (z. B. Lieferschein oder Bestellung) entsprechen in der Regel verschiedenen speziellen Formaten, den sogenannten *IDoc-Typen*.

IDoc-Adapter Adapter zum Anschließen von SAP-Komponenten (oder Fremdsystemen) an einen Integration Server über IDocs.

IDoc-XML IDoc in XML-Darstellung bis auf Segmentebene.

Implementation Guide Kurz IMG; Einführungsleitfaden; Menü für das Customizing des SAP-Retail-Systems. Der Leitfaden ist hierarchisch strukturiert und orientiert sich im Aufbau an der Hierarchie der SAP-Komponenten.

Importiertes Interface Diese Interfaces sind aus einem SAP-System in das Integration Repository importiert worden.

InfoCube Beschreibt einen (aus Reporting-Sicht) in sich geschlossenen Datenbestand z. B. eines betriebswirtschaftlichen Bereichs. Dieser

Datenbestand kann mit einer BW Query ausgewertet werden.

InfoObject Betriebswirtschaftliche Auswertungsobjekte (Kunden, Umsätze etc.). InfoObjects untergliedern sich in Merkmale, Kennzahlen, Einheiten, Zeitmerkmale und technische Merkmale (wie z. B. die Request-Nummer).

Input-Message-Typ Teile von Message-Interfaces. Sie definieren die Nachricht, die ein Message-Interface empfängt.

Integrierte Lagerwirtschaft Im Gegensatz zur dezentralen Lagerwirtschaft wird der gesamte Logistikprozess in einem System abgewickelt. Das heißt: Die Materialwirtschaft und die Lagerwirtschaft sind Komponenten eines Systems.

Inventur Gesetzlich vorgeschriebene Bestandsaufnahme aller vorhandenen Vermögenswerte eines Unternehmens, insbesondere aller Lagerbestände. Im Gegensatz zur Inventur in der Materialwirtschaft, bei der die Bestände jedes Artikels gezählt werden, werden innerhalb des Lagerverwaltungssystems die Bestände jedes Lagerplatzes inventiert.

Investment Buying Eine Methode in SAP Retail, die z. B. bei einer in Zukunft zu erwartenden Preiserhöhung die aktuellen Bestände mit den prognostizierten Bedarfen vergleicht und die Bestell-, Transport- und Lagerungskosten in Hinblick auf den *Return on Investment* (ROI) gegeneinander abwägt.

Kampagne Eine Gruppierung von Events zur Durchführung von verkaufsfördernden Maßnahmen für bestimmte Angebote in einem bestimmten Zeitraum.

Kommissionierbereich Untergliederung des Lagers. Zusammenfassung aller Lagerplätze innerhalb eines Lagertyps mit gleichen Eigenschaften hinsichtlich der Auslagerung.

Kommissionierung Auch *Auslagerung*; Zusammenstellen der Ware im Lager für einen Warenempfänger. Die Ware wird durch einen Kommissionier-Transportauftrag von einem Lagerplatz zu einer Versandzone gebracht.

Kreditorenbuchhaltung Engl. Accounts Payable; verbucht alle Geschäftsvorfälle, die Lieferanten betreffen, und bezieht ihre Daten im Wesentlichen aus dem Einkauf. Sie wird von der Komponente FI-AP von SAP ERP Financials unterstützt.

Lagerbereich Untergliederung des Lagers. Zusammenfassung aller Lagerplätze innerhalb eines Lagertyps mit gleichen Eigenschaften hinsichtlich der Einlagerung.

Lagereinheit Engl. Handling Unit; Behältnis, auf oder in dem sich Ware befinden kann. Beispiele: Paletten, Kisten, Container oder Gitterboxen. Lagereinheiten gibt es nur innerhalb eines Lagerverwaltungssystems.

Lagerort Organisationseinheit der Logistik im SAP-System, die eine Differenzierung von Beständen innerhalb eines Werkes ermöglicht. Ein Werk kann mehrere Lagerorte haben. In einem komplexen Lager kann ein Lagerort weiter in Lagernummern, Lagertypen und Lagerplätze aufgeteilt werden.

Lagerplatz Kleinste Einheit innerhalb eines Lagers, in der Ware gelagert werden kann.

Lagerquant Auch Platzmenge; Bestandseinheit im Lagerverwaltungssystem.

Lagerstrategien Methoden und Verfahren, wie Artikel optimal eingelagert (Einlagerungsstrategien) oder ausgelagert werden (Auslagerungsstrategien). Die bekanntesten Strategien sind die chaotisch-dynamische Einlagerungsstrategie und die FIFO-Auslagerungsstrategie (First in, First out).

Lagertyp Untergliederung des Lagers. Zusammenfassung aller Lagerplätze mit gleichen Eigenschaften.

Lagerverwaltung Engl. Warehouse Management (WM). Die Komponente WM in SAP Retail dient der Steuerung und Verwaltung innerbetrieblicher Warenbewegungen, dem Wareneingang und Warenausgang sowie sämtlichen Lagerprozessen.

Lieferantenvergütung Die Lieferantenvergütung ist ein zusätzlicher finanzieller Anreiz, den Lieferanten den Handelsunternehmen anbieten, damit diese verkaufsfördernde Maßnahmen für die Produkte der Lieferanten durchführen.

Lieferavis Auch *Anlieferung*, DESADV. Beleg, der vom Lieferanten gesendet werden kann und die Anlieferung der Ware in den Betrieb dokumentiert.

Lokation Die Lokation in SAP PMR ist betriebswirtschaftlich mit dem Betrieb aus dem SAP-Retail-System gleichzusetzen. Die Lokationen werden aus dem stammdatenführenden System repliziert.

Lokationshierarchie Die Lokationshierarchie in SAP PMR ist eine Gruppierung von Lokationen und wird entweder aus den Stammdatensystemen repliziert oder manuell gepflegt.

Mandant Oberste Organisationseinheit im SAP-System; ein gesamtes Unternehmen kann z. B. durch einen Mandanten abgebildet werden. Die Anmeldung an einem SAP-Retail-System erfolgt immer in einem Mandanten.

Mindesthaltbarkeitsdatum (MHD) Mindesthaltbarkeitsdatum eines Bestands. Das MHD wird spätestens beim Wareneingang des Bestands ins Lager erfasst und gespeichert.

Nachschub, Lagernachschub Lagerinternes Verfahren, bei dem Ware aus einem Reservebereich des Lagers in einen Kommissionierbereich des Lagers gebracht wird. Nachschub gibt es nur bei Lagern mit dieser Aufgabentrennung.

Namensraum Jeder XML-Webservice benötigt einen eindeutigen Namensraum (engl. Namespace), damit eine beliebige Client-Anwendung die verschiedenen Webservices auseinanderhalten kann.

NVE Engl. SSCC (Serial Shipping Container Code); Nummer der Versandeinheit. Dient der Identifikation logistischer Einheiten/Transporteinheiten. Sie enthält – etwa vergleichbar mit einem Kassenbon – sämtliche Komponenten der jeweiligen Transporteinheit. Damit wird eine logistische Einheit über die gesamte Lieferkette (rück-)verfolgbar.

ODS-Objekt Beschreibt einen konsolidierten Datenbestand aus einer oder mehreren InfoSources. Dieser Datenbestand kann mit einer BW Query ausgewertet werden. Ein ODS-Objekt enthält einen Schlüssel (z. B. Belegnummer, -position) sowie Datenfelder, die als Kennzahlen auch Charakterfelder (z. B. Kunde) enthalten können. Die Daten eines ODS-Objekts können per Delta-Fortschreibung in InfoCubes und/oder weitere ODS-Objekte im selben System oder systemübergreifend fortgeschrieben werden.

Omni-Channel-Artikelverfügbarkeit Engl. Omni-Channel Article Availability (OAA). Funktion innerhalb von SAP CAR, die eine erweiterte Verfügbarkeitsprüfung unter Einbezug von Echtzeitdaten ermöglicht.

Omni-Channel Pricing and Promotion Komponente innerhalb von SAP CAR, die den diversen Vertriebskanälen Artikelverkaufspreise, Aktionspreise und Angebote konsistent zur Verfügung stellt.

Omni-Channel Retailing Geschäftsmodell, bei dem Kunden eine Vielzahl von Kanälen zur Verfügung stehen, durch die sie ihre Einkaufserlebnisse verbessern.

Organisationsstruktur Abbildung der Unternehmensstruktur im SAP-System, in der jeder Unternehmensbereich (z. B. die Finanzbuchhaltung) über Organisationseinheiten strukturiert wird.

Outbound Bezeichnung für eine Ausgangsschnittstelle.

Planlieferzeit Bezeichnung der Zeit im SAP-Retail-System (in Kalendertagen), die der Artikel von der Bestellung des Händlers bis zum Wareneingang im Verteilzentrum oder von der Bestellung in der Filiale bis zum Wareneingang in der Filiale benötigt.

Platzhalterprodukt Produkt, das in den Werbemaßnahmen bereits eingeplant ist, aber im SAP-Retail-System noch nicht als Artikel angelegt ist.

Portale Webanwendungen, in denen Inhalte, Dienste und Funktionen integriert werden. Portale werden per Webbrowser genutzt und benötigen keine Installation beim Anwender. Oft bezeichnet man Eingangswebseiten als Portal, die lediglich zu einem größeren Angebot an Informationen führen. Im engeren technischen Sinn basiert ein Portal auf einem Portalserver und präsentiert verschiedene Anwendungsprogramme in einzelnen Fenstern (Portlets) in einer einheitlichen Webanwendung. Dabei ergeben sich Vorteile wie einheitliche Bedienung, Single Sign-on, anwendungsübergreifende Suchfunktionen, einfach einzurichtende Kommunikation und Verknüpfungen zwischen den verschiedenen

Anwendungen und Daten sowie die Möglichkeit der benutzerspezifischen Anpassung (Personalisierung).

POS-Download Entspricht dem Outbound-Szenario. Dabei handelt es sich um eine Ausgangsschnittstelle aus SAP Retail, die Kassensysteme mittels Standard-IDocs versorgt. Informationen, die in diesem Szenario übergeben werden, sind etwa Artikelstammdaten, Warengruppen, Sortimente, Preise und Promotionen, Steuersätze etc.

Produkt Das Produkt in SAP PMR ist identisch mit dem *Artikel* in SAP Retail.

Produktgruppe Eine benutzerdefinierte Gruppierung von einem oder mehreren Produkten in SAP PMR.

Produkthierarchie Aus dem SAP-Retail-System replizierte Warengruppen- und Artikelhierarchien.

RACI Technik zur Analyse und Darstellung von Verantwortlichkeiten (Verantwortlichkeitsmatrix). Der Name leitet sich aus den Anfangsbuchstaben der englischen Begriffe Responsible, Accountable, Consulted und Informed ab.

Rahmenvertrag Auch *Kontrakt*; wird vom Händler mit einem Lieferanten abgeschlossen, wenn er sich eine gewisse Menge an Waren sichern und diese in mehreren Zyklen abrufen möchte. Grundsätzlich sieht SAP Retail sowohl *Mengen-* als auch *Wertkontrakte* vor, wobei ein Mengenkontrakt über eine bestimmte vereinbarte Menge und ein Wertkontrakt über einen Wert geschlossen wird.

Rechnungsprüfung Vergleich von Lieferantenrechnungen mit der Bestellung und dem Wareneingang bzw. dem Lieferavis.

Release-Übernahme Übernahme von Objekten einer Softwarekomponentenversion in eine andere Softwarekomponentenversion des gleichen Repositorys. In der Regel wird diese Funktion des Integration Builders verwendet, wenn die Entwicklung einer Softwarekomponentenversion abgeschlossen ist und alle Objekte in der nächsten Version zugänglich gemacht werden sollen. Bei der Übernahme entsteht noch keine neue Objektversion.

Restriktionsprofil Legt die Mindestmenge, Vielfache oder Rabattstaffeln eines Bestellvorschlags fest. Über Restriktionsparameter wird definiert, welche Menge, welches Gewicht oder welchen Preis ein Bestellvorschlag mindestens haben muss.

Retoure Ware, die entweder vom Kunden an den Betrieb (Kundenretoure) oder vom Betrieb an den Lieferanten zurückgesendet wird (Lieferantenretoure).

RFC Remote Function Call; SAP-Schnittstellenprotokoll, das auf CPI-C beruht. Damit wird die Programmierung von Kommunikationsabläufen zwischen Systemen wesentlich vereinfacht. Mit RFCs können vordefinierte Funktionen auf einem entfernten System – oder innerhalb des gleichen Systems – aufgerufen und ausgeführt werden.

Sales Auditing Im Rahmen der PoS-Eingangsschnittstelle (im PoS Interface Monitor) von SAP Retail bestehende Möglichkeit, → IDocs übersichtlich darzustellen und komfortabel nachzubearbeiten. Möglichkeit, bongenaue Abverkaufsdaten zu recherchieren, um problematische Verkaufstransaktionen zu finden und Daten ggf. zu korrigieren.

SAP Business Warehouse Kurz SAP BW. Das Data Warehouse von SAP; das Management-Informationssystem (MIS) von SAP.

SAP Business Workflow SAP-Komponente, die eingesetzt wird, um Geschäftsabläufe zu erleichtern. Ein Workflow steuert den Fluss von Dokumenten oder Belegen im SAP-System, an deren Bearbeitung in der Regel mehrere Personen beteiligt sind und die nach einem festgelegten Muster ablaufen müssen.

SAP Customer Activity Repository Kurz CAR; eigene Datenhaltungsebene für sämtliche kundenbezogenen Daten (Kundenstammdaten und Bewegungsdaten, etwa Online- oder Offlineeinkäufe), Bestände und Preise. Enthalten sind u. a. die Tools Unified Demand Forecast (UDF), SAP POS Data Management, POS Data Transfer and Audit und die Omni-Channel-Artikelverfügbarkeit.

SAP Fiori Neue Benutzeroberflächentechnologie von SAP, die eine rollenbasierte Arbeit unabhängig von den verwendeten Geräten (Smartphones, Tablets oder Desktop-PCs) ermöglicht. Basiert auf HTML5-Technologie und OData.

SAP HANA High Performance Analytics Appliance; die In-Memory-Datenbank von SAP.

SAP Hybris Commerce Technologieplattform, auf der alle kundenorientierten E-Commerce-Frontend-Prozesse zusammenlaufen.

SAP Hybris Marketing Auf SAP HANA basierende Softwarelösung, mit der Kunden- und Transaktionsdaten zusammengefasst und ausgewertet werden, um ein kontextbasiertes Marketing zu ermöglichen.

SAP NetWeaver Die umfassende Integrations- und Applikationsplattform von SAP eröffnet Unternehmen die Möglichkeit, Menschen, Informationen und Geschäftsprozesse, technologie- und unternehmensübergreifend zusammenzuführen. SAP NetWeaver ermöglicht eine vollständige Geschäftsintegration innerhalb offener und heterogener IT-Umgebungen, wodurch bestehende Investitionen gewinnbringender eingesetzt werden können.

SAP NetWeaver Business Client Kurz NWBC; SAP-Benutzeroberfläche auf Basis eines Thin Clients, die SAP GUI und Weboberfläche verbindet.

SAP NetWeaver Master Data Governance Kurz SAP MDG; Komponente für das Stammdatenmanagement.

SAP Process Integration Kurz SAP PI, vormals XI; Komponente von SAP NetWeaver, die als Middleware die Integration und Kommunikation zwischen SAP- und Nicht-SAP-Anwendungen ermöglicht.

SAP Promotion Management for Retail Kurz PMR; eigene Engine zur Aktionsplanung, Aktionsdurchführung (in Kombination mit SAP Retail) sowie für das Erfolgscontrolling für durchgeführte Aktionen. Die Replikation der Stammdaten (Artikel, Betriebe, Preise etc.) sowie der Bewegungsdaten (Verbräuche) aus SAP Retail erfolgt automatisiert. SAP PMR ermöglicht darüber hinaus die Planung der Werbemedien (Flyer, Fernsehspots, Kundenzeitung etc.) und deren Einbettung in Kampagnen.

SAP S/4HANA Retail for Merchandise Management Für SAP HANA optimiertes Nachfolgeprodukt von SAP Retail ECC 6.0.

SAP Service Marketplace Onlinehilfesystem von SAP, in dem (Fehler-)Meldungen von Kunden erfasst und von SAP-Mitarbeitern bearbeitet werden (*http://service.sap.com*; Anmeldung erforderlich). In *SAP-Hinweisen* (früher OSS-Hinweisen) wird Hilfestellung zu verschiedenen Themen gegeben.

SAP Solution Manager Ein Support-Werkzeug von SAP, das SAP-Kunden bei der Implementierung, Dokumentation sowie dem Test und Betrieb von SAP Retail unterstützt.

SAP Supply Chain Management Kurz SAP SCM; SAP-Lösung aus dem Bereich der Beschaffung und Logistik; dient zur Koordination von Angebot und Nachfrage sowie zur Bereitstellung von Collaboration- und Analysewerkzeugen. Bedeutung für Händler als Basissystem für Forecasting & Replenishment (F&R).

SAPUI5 Framework zur Entwicklung von SAP-Weboberflächen, basierend auf HTML5. Alle SAP-Fiori-Anwendungen werden mit SAPUI5 entwickelt.

SD/QC SAP-Add-on der Firma retailsolutions, über das Funktionen zur Verbesserung der Stammdatenqualität bereitgestellt werden.

Service Operation, die von einem (Backend-) System innerhalb einer Systemlandschaft angeboten wird. Ein Service entspricht einem Eintrag im Integration Directory und wird von einer Schnittstelle beschrieben, die repository-spezifiziert ist. Zur Laufzeit greift die Integration Engine auf die Servicebeschreibungen zu.

Simplification List Liste aller gestrichenen, neuen oder zusammengelegten Funktionen beim Übergang von SAP ERP nach SAP S/4HANA.

Sonderbestand Untergliederung eines Warenbestands. Beispiele: Kundeneinzelbestand, Konsignationsbestand.

Sortimentierung Konzept zur Erstellung des lokalen Marktauftritts eines Unternehmens. Aufbau und Struktur der Listung innerhalb des SAP-Systems.

Stammdaten Engl. Master Data; Informationen, die über einen längeren Zeitraum unverändert bleiben und immer wieder in den Geschäftsabläufen benötigt werden. Name, Adresse und Geburtsdatum eines Mitarbeiters sind beispielsweise Stammdaten.

Stammdatenmanagement Umfasst alle strategischen, organisatorischen, methodischen und technologischen Aktivitäten in Bezug auf die Stammdaten eines Unternehmens.

Switch Framework Framework, das der Steuerung der Sichtbarkeiten von Entwicklungsobjekten oder Erweiterungen dient. Die Steuerung erfolgt über Schalter.

Transaktionscode Kombiniert alphanumerischen/numerischen Code, der im SAP-System zur schnellen Navigation über das Befehlsfeld dient.

Transitbestand Ware, die bei einer Umlagerungsbestellung bereits aus einem Betrieb ausgelagert wurde, aber noch nicht im empfangenden Betrieb eingelagert wurde.

Transportauftrag Beleg im Lagerverwaltungssystem, der die Bewegung der Ware von einem Lagerplatz zu einem anderen Lagerplatz dokumentiert. Der Transportauftrag kann in Papierform oder in elektronischer Form vorhanden sein.

Umlagerungsbestellung Beleg im SAP-Retail-System, der die Bewegung von Ware von einem Betrieb in einen anderen Betrieb dokumentiert. Die Umlagerungsbestellung ist insbesondere wichtig bei der Versorgung der Filialen aus einem Verteilzentrum.

Unified Demand Forecast Kurz UDF; neue einheitliche Prognose basierend auf SAP CAR.

User-Exit Analog Enhancement Point, vorgefertigte Andockstellen im SAP-System für Eigenentwicklungen (eigener Programmcode).

Verkaufsorganisation Organisationseinheit im SAP-System, die das wichtigste Element im Vertrieb darstellt. Sie steht für eine verkaufende Einheit im rechtlichen Sinn und ist für Konditionen verantwortlich. Vollständige Geschäftsvorfälle im Vertrieb werden hier abgewickelt. Ein Buchungskreis kann mehrere Verkaufsorganisationen haben; eine Verkaufsorganisation gehört aber nur einem Buchungskreis an.

Versandstelle Zentrales Selektionskriterium der versandfälligen Lieferbelege. Sie ist eine Organisationseinheit in der Logistik, um eine differenzierte Bearbeitung des Versandgeschäfts vorzunehmen.

Verteilzentrum (VZ) Eine besondere Form des Betriebs. Das Verteilzentrum enthält im Allgemeinen ein Lager.

Vertrieb Engl. Sales and Distribution; bezeichnet alle Prozesse, die notwendig sind, um ein Produkt oder eine Dienstleistung an den Kunden zu bringen. Die Komponente SD unterstützt den Verkauf sowie die Auslieferung und den Transport zum Kunden und ist Teil von SAP ERP.

Vertriebsweg Organisationseinheit im SAP-System, in der im Vertrieb verschiedene Absatzkanäle (z. B. Großhandel) abgebildet werden. Einer Verkaufsorganisation können beliebig viele Vertriebswege zugeordnet werden.

Vorlage Beschreibt ein Layout, das wiederverwendet werden kann und den grafischen Aufbau einer Werbemaßnahme definiert. Es kann z. B. definiert werden, welches Papierformat verwendet wird, an welcher Stelle Preis und Textinformationen stehen sollen etc.

Webservice Baustein aus Programmcode, der eine betriebswirtschaftliche Funktion zur Verfügung stellt und über das Internet bereitgestellt wird. Er ist meist mit anderen Webservices zu einem Geschäftsprozess verknüpft und kann, einmal erstellt, in anderen Geschäftsprozessen wiederverwendet werden.

Werbemittel Das Werbemittel beschreibt zusammen mit der *Werbemittelart* das Medium, mit dem eine Werbemaßnahme umgesetzt wird. Eine Werbemittelart kann z. B. »Print« und das Werbemittel ein »Prospekt« sein, oder die Werbemittelart ist »online« und das Werbemittel »E-Mail«.

XML Extensible Markup Language; Speicherung von Datenelementen in Textdateien mithilfe einer Struktur (*http://www.w3.org/XML*).

XML-Message Nachricht im XML-Format, die von der Integration Engine verarbeitet werden kann.

Anhang B
Literatur und wichtige Internetquellen

Weiterführende Literatur

Die folgenden Publikationen enthalten weiterführende Informationen. Sind sie nicht über den Buchhandel erhältlich, haben wir Download-Links angegeben:

- DSAG-Gremium HANA Analytics: *Bedeutet S/4HANA das Aus für das Business Warehouse?* DSAG-Positionspapier 2015.

  Sie können dieses Positionspapier unter *https://www.dsag.de/news/neu-dsag-positionspapier-bedeutet-s4hana-das-aus-fuer-das-business-warehouse* kostenlos herunterladen.
- EHI Retail Institute GmbH: EHI handelsdaten aktuell 2016. EHI Retail Institute GmbH 2016.

  Dieses Dokument ist kostenpflichtig unter *https://www.ehi-shop.de/de/handelsthemen/handelsstruktur/handelsdaten-aktuell-2016* verfügbar.
- Hofacker, Lars: *Omnichannel-Commerce 2015*. EHI Retail Institute GmbH 2015.

  Dieses Dokument ist kostenpflichtig unter *https://www.ehi-shop.de/de/handelsthemen/e-commerce/studie-omnichannel-commerce-2015* verfügbar.
- Lauffer, Oliver; Rauscher, Jan; Zimmermann, René: *Stammdatenmanagement mit SAP Master Data Governance*. Bonn: SAP PRESS 2016.
- Experian Marketing Services: *Datenmanagement Trend Report 2016*. Experian Deutschland GmbH 2016.

  Dieses Dokument ist unter *http://www.experian.de/marketing-services/whitepaper/data-management-trend-report-2016.html* verfügbar.
- Zentes, Joachim; Morschett, Dirk; Schramm-Klein: *Strategic Retail Management*. 3. Auflage Wiesbaden: Gabler Verlag 2017.

Internetquellen

Die folgenden Internetquellen haben wir bei der Erstellung dieses Buches verwendet:

- Product Availability Matrix (PAM):
  https://support.sap.com/release-upgrade-maintenance/pam.html [21.2.2017]
- SAP ERP 6.0. SAP Enhancement Package 8:
  http://help-legacy.sap.com/erp608 [17.2.2017]

- SAP Master Data Governance (SAP MDG) im SAP Help Portal: *http://help-legacy.sap.com/mdg* [15.12.2016]
- SAP Store Connectivity: *http://help.sap.com/scenarios_bus2008/helpdata/en/72/5f0554b3cd2421e10000000a174cb4/content.htm* [31.8.2016]
- Omni-Channel-Aktionspreisfindung im SAP Help Portal: *http://help.sap.com/saphelp_car200_fp3/helpdata/de/f9/26833051d0432a8ac6957023aae5dd/content.htm?current_toc=%2Fde%2F66%2F36477202734290bbb74c08d9929d7d%2Fplain.htm&frameset=%2Fde%2F49%2F7e65e84b3d414cbe78ca373ed766a8%2Fframeset.htm&node_id=223* [9.2.2017]
- PWC: *Total Retail Survey 2016: http://www.pwc.com/gx/en/industries/retail-consumer/global-total-retail.html* [23.1.2017]
- ProFirma Professional: *MIS (Management Informations-Systeme)*: *https://www.haufe.de/unternehmensfuehrung/profirma-professional/mis-management-informationssystem_idesk_PI11444_HI719524.html* [22.1.2017]
- Peleshuk, Sergej: *Five Good Reasons for Keeping BW on HANA*: *http://www.biportal.org/sap_bi_blog/3140107* [18.1.2017]
- Butsmann, Jürgen; Fleckenstein, Thomas; Kretschmer, Matthias; Tenholte, Andreas; Christ, Ulrich: *SAP S/4HANA Analytics & SAP BW Data Integration*: *http://www.sap.com/documents/2016/06/a221357d-767c-0010-82c7-eda71af511fa.html* [7.1.2017]

Weitere nützliche Informationen finden Sie auf den folgenden Internetseiten:

- SAP Retail im SAP Service Marketplace: *service.sap.com/retail*
- SAP Store mit Download-Möglichkeit für die SAP-Produkte: *www.sapstore.com*

Anhang C
Die Autoren

Dr. **Michael Anderer** ist Mitbegründer der auf den Handel spezialisierten SAP-Unternehmensberatung retailsolutions AG. In seiner Funktion als geschäftsführender Gesellschafter ist er für die strategische Managementberatung und das Projektmanagement bei großen Handelsunternehmen verantwortlich. Nach seinem betriebswirtschaftlichen Studium an der Universität Essen wechselte er an die Universität des Saarlandes in Saarbrücken. Dort promovierte er am Lehrstuhl für Außenhandel und Internationales Management. Seine Karriere als Berater begann Anderer 1996 bei der internationalen Unternehmensberatung Droege & Comp. Von 1998 bis 2007 arbeitete er als Projektleiter und Consulting Manager für SAP Retail Solutions Deutschland sowie für die SAP Schweiz AG. Seine Tätigkeits- und Interessenschwerpunkte sind seit über 20 Jahren die Einführung und Integration komplexer Retail-Systeme bei namhaften Handelsunternehmen. Er hat es sich zur Aufgabe gemacht, innovative Ideen und Technologien erfolgreich mit dem Kerngeschäft der Kunden zu verknüpfen.

Diplom-Informatiker **Manfred Balzer** deckt als Platinum-Berater bei retailsolutions das Thema Logistik ab. Er ist seit über 20 Jahren in der SAP-Beratung tätig und hat in zahlreichen SAP-Projekten, sowohl im Retail-Umfeld als auch in anderen Branchen, die SAP-Logistik erfolgreich bei Kunden eingeführt.

Manfred Balzer hat Kapitel 5, »Logistik und Warenverteilung«, verfasst.

Diplom-Kaufmann **Jörg Frisch** ist geschäftsführender Gesellschafter bei retailsolutions und hat seit mehr als 20 Jahren Erfahrung im Handel und im Konsumgüterbereich. Er ist in den Bereichen Beschaffungsprozesse und Projektmanagement in internationalen Projekten tätig.

Jörg Frisch hat Kapitel 4, »Beschaffung«, und Kapitel 8, »Frischeabwicklung«, verfasst. Unterstützend mitgewirkt haben Moritz Orth, Frank Theobald, Oliver Ochotta, Vitali Steinhauer, Benjamin Heim und Clemens Heinlein.

Diplom-Wirtschaftsinformatiker **Patrick Hinsberger** ist Managing-Partner bei retailsolutions. Er ist seit über 20 Jahren in der IT und dem Handelsumfeld unterwegs. Nach seiner Ausbildung bei der Firma Globus und einem dualen Studium bei der SAP AG arbeitete er bei SAP zunächst im globalen Technical Retail Consulting und später als Produktmanager für Retail-Lösungen von SAP. Seit 2009 ist er für retailsolutions im europäischen Raum für die Projektakquise und Projekte im Bereich SAP CAR und Filialprozesse verantwortlich.

Patrick Hinsberger hat Kapitel 6, »Verkaufsprozesse und Point of Sale«, verfasst. Unterstützend mitgewirkt haben Stefan Keller und Guido Mössinger.

Diplom-Kauffrau **Ruth-Maria Katemann** arbeitet als Platinum Solution Consultant und CC-Leiterin BO bei retailsolutions. Sie ist seit 2000 im BI-/BO-Umfeld tätig, immer mit Bezug zum Handel. Während ihrer Projektarbeit hat sie langjährige und umfassende Kenntnisse in den unterschiedlichsten Bereichen von SAP BW und SAP-BusinessObjects-Produkten gesammelt. Ruth-Maria Katemann hat Kapitel 11, »Management-Informationssysteme«, verfasst.

Diplom-Kaufmann **Lars Klimbingat**, MBA, ist Managing-Partner bei retailsolutions und hat seit mehr als 17 Jahren Erfahrung im Handel und im Konsumgüterbereich. Er ist in den Bereichen Business- und SAP-Consulting tätig und zeichnet für Projekte mit den Schwerpunkten Stammdatenmanagement und Omni-Channel verantwortlich.

Lars Klimbingat hat Kapitel 3, »Datenmanagement und Datenaustausch«, verfasst. Unterstützend mitgewirkt hat Süleyman Önder.

Diplom-Kaufmann **Alexander Kunkel** ist seit 2015 Managing-Partner bei retailsolutions und bereits seit 2007 als Leiter des Competence Centers zuständig für Fashion-Prozesse. Er blickt zurück auf mehr als 20 Jahre Erfahrung in der IT- Branche mit Schwerpunkt auf Handels- und Fashion-Prozessen. Nach seinem Studium der Betriebswirtschaftslehre war er zunächst als Senior-Consultant und Teilprojektleiter im Bereich SAP-Implementierungen mit dem Schwerpunkt Fashion-Planungsprozesse und deren Integration in die operative Systemumgebung tätig. Später hatte er diverse Führungspositionen in der IT-Beratung von Handelsindustrien inne.

Alexander Kunkel hat Kapitel 9, »Fashion Management«, verfasst. Unterstützend mitgewirkt haben Alexander Antseburov und Michael Memel.

Michael Niestroy ist seit 1996 im SAP-Retail-Umfeld als Consultant und Solution Architect in internationalen Projekten tätig. In seinen derzeitigen Verantwortungsbereich gehören das Management von Projekten in Großbritannien und im Nordics-Bereich sowie die Verantwortung des operativen Geschäfts der retailsolutions in diesen Ländern.

Michael Niestroy hat Kapitel 10, »Omni-Channel Retailing«, verfasst.

Diplom-Ingenieur **Philipp Rohe** ist geschäftsführender Gesellschafter bei retailsolutions und hat seit mehr als 20 Jahren Erfahrung im Handel und im Konsumgüterbereich. Er ist in den Bereichen Category Management und Projektmanagement in internationalen Projekten tätig.

Philipp Rohe hat Kapitel 7, »Aktionsprozess«, verfasst. Unterstützend mitgewirkt hat Christian Schüttau.

Diplom-Betriebswirt (BA) **Thomas Stalter** ist seit 2015 Managing-Partner und seit 2011 Leiter des Competence Centers ERP bei retailsolutions. Er arbeitet seit 18 Jahren im SAP-Retail-Umfeld und war an zahlreichen SAP-ERP-Einführungen bei namhaften Einzelhändlern beteiligt. Sein Themenschwerpunkt bei retailsolutions liegt bei allen Fragen rund um die Retail-Stammdaten sowie bei Omni-Channel-Prozessen im Stammdatenumfeld.

Thomas Stalter hat Kapitel 2, »Stammdaten«, verfasst. Als Co-Autoren haben Julian Balzer, Sebastian Theobald, Michael Klotten, Florian Casper, Thomas Schöffel, Serpil Riether und Lars Klimbingat mitgewirkt.

Index

C

D

E

H

I

K

L

N

O

P

U

V

W

X

Y

Z